国家电网有限公司
STATE GRID
CORPORATION OF CHINA

国家电网有限公司
技能人员专业培训教材

变电运维（220kV 及以下）

国家电网有限公司　组编

中国电力出版社
CHINA ELECTRIC POWER PRESS

图书在版编目（CIP）数据

变电运维：220kV 及以下 / 国家电网有限公司组编. —北京：中国电力出版社，2020.5（2025.9 重印）

国家电网有限公司技能人员专业培训教材

ISBN 978-7-5198-3392-3

Ⅰ. ①变… Ⅱ. ①国… Ⅲ. ①变电所–电力系统运行–技术培训–教材 Ⅳ. ①TM63

中国版本图书馆 CIP 数据核字（2019）第 141720 号

出版发行：中国电力出版社
地　　址：北京市东城区北京站西街 19 号（邮政编码 100005）
网　　址：http://www.cepp.sgcc.com.cn
责任编辑：刘丽平（010-63412348）
责任校对：黄　蓓　太兴华　常燕昆
装帧设计：郝晓燕　赵姗姗
责任印制：石　雷

印　　刷：北京天泽润科贸有限公司
版　　次：2020 年 5 月第一版
印　　次：2025 年 9 月北京第九次印刷
开　　本：710 毫米×980 毫米　16 开本
印　　张：41
字　　数：797 千字
印　　数：6501—7000 册
定　　价：123.00 元

本书编委会

主　任　吕春泉

委　员　董双武　张　龙　杨　勇　张凡华

　　　　王晓希　孙晓雯　李振凯

编写人员　崔绍军　姚建民　陈久兵　刘锦科

　　　　高　平　周　飞　花　盛　吴忠明

　　　　曹爱民　战　杰　贺永平　支叶青

前　言

为贯彻落实国家终身职业技能培训要求，全面加强国家电网有限公司新时代高技能人才队伍建设工作，有效提升技能人员岗位能力培训工作的针对性、有效性和规范性，加快建设一支纪律严明、素质优良、技艺精湛的高技能人才队伍，为建设具有中国特色国际领先的能源互联网企业提供强有力人才支撑，国家电网有限公司人力资源部组织公司系统技术技能专家，在《国家电网公司生产技能人员职业能力培训专用教材》（2010 年版）基础上，结合新理论、新技术、新方法、新设备，采用模块化结构，修编完成覆盖输电、变电、配电、营销、调度等 50 余个专业的培训教材。

本套专业培训教材是以各岗位小类的岗位能力培训规范为指导，以国家、行业及公司发布的法律法规、规章制度、规程规范、技术标准等为依据，以岗位能力提升、贴近工作实际为目的，以模块化教材为特点，语言简练、通俗易懂，专业术语完整准确，适用于培训教学、员工自学、资源开发等，也可作为相关大专院校教学参考书。

本书为《变电运维（220kV 及以下）》分册，由崔绍军、姚建民、陈久兵、刘锦科、高平、周飞、花盛、吴忠明、曹爱民、战杰、贺永平、支叶青编写。在出版过程中，参与编写和审定的专家们以高度的责任感和严谨的作风，几易其稿，多次修订才最终定稿。在本套培训教材即将出版之际，谨向所有参与和支持本书籍出版的专家表示衷心的感谢！

由于编写人员水平有限，书中难免有错误和不足之处，敬请广大读者批评指正。

目　录

前言

第一章

一 次 设 备 巡 视

▲ 模块 1　一次设备的正常巡视（Z09E1001 Ⅰ）

【模块描述】本模块通过介绍变电站设备巡视的一般规定和巡视项目及要求，对运行中设备缺陷发展成设备事故及电网事故的危险点进行分析，进一步提高运维人员的巡视水平。

【模块内容】

设备巡视是变电运行维护的一项重要工作，是保证变电站安全运行的基础工作。

一、设备巡视的一般规定

巡视必须符合有关规程的要求，佩戴安全防护用品，严禁不符合巡视人员要求者进行巡视。巡视人员须搭配合理，设备分工合理没有死角。巡视前，考虑当时的天气情况，防止高温中暑或低温冻伤，全面巡视宜在晴好天气下进行；必须检查并确保所使用的安全工器具完好；如果现场施工存在电缆盖板没盖等安全隐患，必须提醒巡视人员注意安全，并采取临时补救措施；巡视人员须携带巡视指导书、笔。

进出高压室，必须随手将门关好，并检查防鼠门是否良好。

进入设备区，必须正确佩戴安全帽，按规定着装。严格按照巡视路线图巡视。巡视检查时，不得进行其他工作，不得移开或越过遮栏。若有必要移开遮栏时，必须有监护人在场，并与带电设备保持足够的安全距离（10kV，0.7m；35 及 20kV，1m；110kV，1.5m；220kV，3m）。巡视检查时，不得进行登高巡视。

进入高压设备室应随手关门，防止小动物进入，不得将食物带入室内夜间巡视，应及时开启设备区照明（夜巡应带照明工具）开、关保护屏门应小心谨慎，防止过大振动。严格执行五防解锁管理规定。在继电室禁止使用移动通信工具，防止造成保护及自动装置误动。发现设备缺陷及异常时，及时汇报，采取相应措施，不得擅自处理。巡视设备时禁止变更检修现场安全措施，禁止改变检修设备状态。登高检查设备时做好有感应电思想准备，严禁单人进行登高或登杆巡视。巡视设备时严禁触摸电机转动部位。巡视高压设备时，注意相邻带电部位可能的危险，保持安全距离。高压设备发生接地时，室内不得接近故障点 4m 以内，室外不得靠近故障点 8m 以内，进入上述范围人员必须穿绝缘靴，接触设备的外壳和架构时，必须戴绝缘手套。雷雨天气，需要巡视高压设备时，应穿绝缘靴，并不得靠近避雷器和避雷针。进入 SF_6 设备室时，应提前 15min 开启通风装置进行通风。巡视蓄电池室时应严禁烟火。

（一）设备巡视的目的

对变电站设备巡视的目的是监视设备的运行状态，掌握设备运行情况，通过对设备巡视检查，以便及时发现变电站运行设备的缺陷、隐患或故障，并采取相应措施及早消除，预防事故发生，确保设备安全运行。

在实际工作中，也可能有一些错误的认识，认为现在的综合自动化变电站或无人值班变电站自动化程度非常高，一旦有异常后台监控系统会立即发信，因此对设备巡视工作不够重视，过分地依赖于后台监控系统。实际上，有时现场设备运行状况与监控系统的实时监控会有一定的偏差，也有可能一些设备的异常情况是无法通过电触点传送到后台的，如地基下陷、绝缘子裂纹等。因此，搞好变电站的设备巡视工作，是每个变电运维人员担负的安全责任，将事故的隐患被消灭在萌芽之中。

（二）设备巡视的方法和要求

1. 巡视的方法

设备巡视可以使用智能巡检系统、巡视卡或巡视记录。运行值班人员在巡视中一般通过看、听、摸、嗅、测等方法对设备进行检查。

（1）看：主要是对设备外观、位置、温度、压力、发热、渗漏、油位、灯光、信号、指示等检查项目进行观察和记录，通过分析、比较和判断，掌握设备运行情况，发现设备的缺陷或异常。

（2）听：主要通过声音判断设备运行是否正常。例如变压器正常运行时其声音是均匀的嗡嗡声，超额定电流运行时会发出较高而且沉重的嗡嗡声等。通过对设备运行中声音是否正常，有无异常声响，有无异常电晕声、放电声等，可以判断设备运行是否存在异常。

（3）摸：通过以手触试不带电的设备外壳，判断设备的温度、振动等是否存在异常。例如触摸的变压器外壳，检查温度是否正常，与平时比较有无明显差别等。

（4）嗅：通过气味判断设备有无过热、放电等异常。例如通过嗅觉判断气味是否正常，有无焦煳味等异常气味。

（5）测：通过测量的方法，掌握确切的数据。例如根据设备负荷变化情况，及时用红外线测温仪测试设备触点温度是否异常，有无超过正常温度；对电容式电压互感器二次电压进行测量，检查有无异常波动等。

2. 巡视的要求

（1）设备巡视时，必须严格遵守 Q/GDW 1799.1—2013《国家电网公司电力安全工作规程（变电部分）》关于高压设备巡视的有关规定。例如：① 巡视高压设备时，注意相邻带电部位可能的危险，保持安全距离。巡视人员不得进行其他工作，不得移开或越过遮栏；② 雷雨天气，需要巡视高压设备时，应穿绝缘靴，并不得靠近避雷器和避雷针；③ 高压设备发生接地时，室内不得接近故障点 4m 以内，室外不得接近故障点 8m 以内，进入上述范围人员必须穿绝缘靴；④ 进入 SF₆ 设备室时，应提前 15min 开启通风装置进行通风；⑤ 巡视蓄电池室时应严禁烟火；⑥ 进入高压设备室应随手关门，防止小动物进入，不得将食物带入室内等。

（2）必须按本单位制定的设备巡视标准化作业指导书要求，按照规定巡视路线进行巡视。在巡视中，巡视人员应具有高度的工作责任心，做到不漏巡，及时发现设备缺陷或安全隐患，提高巡视质量。例如，一次设备按设备间隔顺序巡视：断路器→电流互感器→隔离开关→耦合电容器→结合滤波器→电容式电压互感器→阻波器等；二次设备（控制室、保护室）按屏顺序巡视：直流屏→中央信号屏→保护屏→自动化屏等。

（3）按照设备巡视标准化作业指导书的规定，巡视前应认真做好危险点分析及安全措施，确保巡视人员和运行设备安全。例如：巡视前，检查并确保所使用的安全工器具完好；巡视检查时应与带电设备保持足够的安全距离；雷雨天气，需要巡视高压设备区时，应穿绝缘靴，并不得靠近避雷器和避雷针；发现设备缺陷及异常时，及时汇报，采取相应措施，不得擅自处理等。

（4）设备巡视时，应对照各类设备的巡视项目和标准，逐一巡视检查，并用巡视卡或智能巡检设备进行记录。在巡视中发现缺陷或异常，要详细填写缺陷及异常记录，及时汇报调度和上级。

（5）巡视人员必须精神状态良好，应戴安全帽并按规定着装，单独进入高压设备区的巡视人员应具有相应的技能等级和安全资质。

设备巡视是变电运行维护工作的一项重要现场作业，应严格按本单位变电运行标准化作业管理制度和作业标准进行，设备巡视标准化作业标准可以是标准作业卡或作业指导书，一般可由运行单位结合变电站现场实际情况编制。

（三）设备巡视的分类及周期

变电站的设备巡视检查分为例行巡视、全面巡视、专业巡视、熄灯巡视和特殊巡视。

1. 例行巡视

（1）例行巡视是指对站内设备及设施外观、异常声响、设备渗漏、监控系统、二次装置及辅助设施异常告警、消防安防系统完好性、变电站运行环境、缺陷和隐患跟踪检查等方面的常规性巡查，具体巡视项目按照现场运行通用规程和专用规程执行。

（2）配置机器人巡检系统的变电站，机器人可巡视的设备可由机器人巡视代替人工例行巡视。

（3）二类变电站每 3 天不少于 1 次，三类变电站每周不少于 1 次，四类变电站每 2 周不少于 1 次。

2. 全面巡视

（1）全面巡视是指在例行巡视项目基础上，对站内设备开启箱门检查，记录设备运行数据，检查设备污秽情况，检查防火、防小动物、防误闭锁等有无漏洞，检查接地引下线是否完好，检查变电站设备厂房等方面的详细巡查。全面巡视和例行巡视可一并进行。

（2）需要解除防误闭锁装置才能进行巡视的，巡视周期由各运维单位根据变电站运行环境及设备情况在现场运行专用规程中明确。

（3）二类变电站每 15 天不少于 1 次，三类变电站每月不少于 1 次，四类变电站每 2 月不少于 1 次。

3. 熄灯巡视

（1）熄灯巡视指夜间熄灯开展的巡视，重点检查设备有无电晕、放电，接头有无过热现象。

（2）熄灯巡视每月不少于 1 次。

4. 专业巡视

（1）专业巡视指为深入掌握设备状态，由运维、检修、设备状态评价人员联合开展对设备的集中巡查和检测。

（2）二类变电站每季不少于 1 次，三类变电站每半年不少于 1 次，四类变电站每年不少于 1 次。

5. 特殊巡视

特殊巡视指因设备运行环境、方式变化而开展的巡视。遇有以下情况，应进行特殊巡视：① 大风后；② 雷雨后；③ 冰雪、冰雹后，雾霾过程中；④ 新设备投入运行后；⑤ 设备经过检修、改造或长期停运后重新投入系统运行后；⑥ 设备缺陷有发展时；⑦ 设备发生过负载或负载剧增、超温、发热、系统冲击、跳闸等异常情况；⑧ 法定节假日、上级通知有重要保供电任务时；⑨ 电网供电可靠性下降或存在发生较大电网事故（事件）风险时段。

二、变电站设备巡视的流程

变电站应按设备的实际位置确定科学合理巡视检查路线和检查项目，巡视应按变电站现场规程和标准化作业指导书规定的时间、路线和内容进行。设备巡视的流程包括巡视安排、巡视准备、核对设备、检查设备、巡视汇报等。

1. 巡视安排

设备巡视工作由值班负责人进行安排，巡视安排时必须明确本次巡视任务的性质（正常巡视、全面巡视、特殊巡视、熄灯巡视、专业巡视），并根据现场情况提出安全注意事项。特殊巡视还应明确巡视的重点及对象。

2. 巡视准备

根据巡视任务性质准备智能巡检器或巡视卡、巡视记录；根据巡视性质，检查所需要使用的钥匙、工器具、照明器具以及测量器具是否正确、齐全；检查着装是否符合现场规定；检查巡视人员对巡视任务、注意事项、安全措施和巡视重点是否清楚。

3. 核对设备

开始巡视前，巡视人员记录巡视开始时间。设备巡视应按变电站规定的设备巡视路线进行，不得漏巡。到达巡视现场后，巡视人员根据巡视卡（智能卡或纸质卡）的内容认真核对设备名称和编号。

4. 检查设备

设备巡视时，巡视人持巡视卡或巡视记录，根据巡视卡或巡视记录的内容，逐一巡视检查部位。巡视人员按照分工，依据巡视作业指导书的项目和标准逐项检查设备状况，并做好记录。巡视中发现紧急缺陷时，应立即终止其他设备巡视，仔细检查缺陷情况，详细记录，及时汇报。

5. 巡视汇报

全部设备巡视完毕后，由巡视负责人填写巡视结束时间，所有参加巡视人员分别签名。巡视性质、巡视时间、发现问题均应记录在运行工作记录簿中。巡视发现的设备缺陷，应按照缺陷管理制度进行分类定性，并详细向值班负责人汇报设备巡视结果，值班负责人将有关情况向站长（队长）汇报。必要时，值班长应再带领运维人员或会同站长（队长）进一步对有关设备缺陷或异常进行核实。站长（队长）应及时安排处理或上报。使用过的巡视卡妥善保存，按月归档。

三、一次设备的巡视项目及要求

变电站一次设备正常巡视的内容包括主变压器、开关设备、母线、互感器、避雷器和配电装置等。由于设备巡视的内容比较多，变电运维人员在巡视时很容易遗漏，巡视不全面，为避免这种情况，可以实行设备巡视卡制度，逐项巡视检查，保证巡视质量。

（一）变压器的正常巡视检查项目及要求

1. 变压器正常巡视检查项目

（1）变压器的油温和温度计应正常，储油柜的油位应与温度相对应。

（2）变压器各部位无渗油、漏油。

（3）套管油位正常，套管外部无破损裂纹、无严重油污、无放电痕迹及其他异常。

（4）变压器声响均匀、正常。

（5）各冷却器手感温度应相近，风扇、油泵、水泵运转正常，油流继电器工作正常。

（6）水冷却器的油压应大于水压（制造厂另有规定者除外）。

（7）吸湿器完好，吸附剂干燥，油封油位正常。

（8）引线接头、电缆、母线应无发热迹象。

（9）压力释放器、安全气道及防爆膜应完好无损。

（10）有载分接开关的分接位置及电源指示应正常。

（11）有载分接开关的在线滤油装置工作位置及电源指示应正常。

（12）气体继电器内应无气体。

（13）各控制箱和二次端子箱、机构箱应关严，无受潮，温控装置工作正常。

（14）各类指示、灯光、信号应正常。

（15）变压器室的门、窗、照明应完好，房屋不漏水，温度正常。

（16）检查变压器各部件的接地应完好。

（17）现场规程中根据变压器的结构特点补充检查的其他项目。

2. 变压器正常巡视检查的要求

（1）变压器的油温和温度计应正常，储油柜的油位应与制造厂提供的油温、油位曲线相对应，温度计指示清晰。

1）储油柜采用玻璃管做油位计，储油柜上标有油位监视线，分别表示环境温度为-20℃、20℃、40℃时变压器对应的油位；如采用磁针式油位计时，在不同环境温度下指针应停留的位置，由制造厂提供的曲线确定。

2）根据温度表指示检查变压器上层油温是否正常。变压器冷却方式不同，其上层油温或温升亦不同，具体应不超过规定（一般应按制造厂或 DL/T 572《电力变压器运行规程》规定）。变电运维人员不能只以上层油温不超过规定为标准，而应该根据当时的负荷情况、环境温度以及冷却装置投入的情况等，及历史数据进行综合判断。就地与远方油温指示应基本一致。绕组温度仅作参考。

3）由于油温在 40℃左右时，油流的带电倾向性最大，因此变压器可通过控制油泵运行数量来尽量避免变压器绝缘油运行在 35～45℃温度区域。

（2）变压器各部位无渗油、漏油。应重点检查变压器的油泵、压力释放阀、套管接线柱、各阀门、隔膜式储油柜等。

1）油泵负压区的渗油，容易造成变压器进水受潮和轻瓦斯有气而发信。

2）压力释放阀的渗油、漏油（应检查有否动作过）。

3）套管接线柱处的渗油。

（3）套管油位应正常，套管外部无破损裂纹、无严重油污、无放电痕迹及其他异常现象。检查瓷套，应清洁，无破损、裂纹和打火放电现象。

（4）变压器声响均匀、正常。若变压器附近噪声较大，应利用探声器来检查。

（5）各冷却器手感温度应相近，风扇、油泵、水泵运转正常，油流继电器工作正常。冷却器组数应按规定启用，分布合理，油泵运转应正常，无其他金属碰撞声，无漏油现象。运行中的冷却器的油流继电器应指示在"流动位置"，无颤动现象。

1）油泵及风扇电动机声响是否正常，有无过热现象，风扇叶子有无抖动碰壳现象。

2）冷却器连接管是否有渗漏油。

3）油泵、风扇电动机电缆是否完好。

4）冷却器检查及试验工作以及辅助、备用冷却器运转和信号是否正常。是否按月切换冷却器，是否每季进行一次电源切换并做好记录。

5）运行中油流继电器指示异常时，应检查油流继电器挡板是否损坏脱落。

（6）吸湿器完好，吸附剂干燥。检查吸湿器，油封应正常，呼吸应畅通，硅胶潮解变色部分不应超过总量的2/3。运行中如发现上部吸附剂发生变色，应注意检查吸湿器上部密封是否受潮。

（7）引线电缆、母线接头应接触良好，接头无发热迹象。

（8）压力释放阀、安全气道及防爆膜应完好无损。压力释放阀的指示杆未突出，无喷油痕迹。

（9）有载分接开关的分接位置及电源指示应正常。操动机构中机械指示器与控制室内分接开关位置指示应一致。三相联动的应确保分接开关位置指示一致。

（10）在线滤油装置工作方式及电源指示应正常，无异常信号。有载分接开关调压后一般应启动在线滤油装置，有载分接开关长期无操作，也应半年进行一次带电滤油。

（11）气体继电器内应无气体。

（12）各控制箱和二次端子箱、机构箱门应关严，无受潮，电缆孔洞封堵完好，温控装置工作正常。冷却控制的各组工作状态符合运行要求。

（13）各类指示、灯光、信号应正常。

（14）变压器室的门、窗、照明应完好，房屋不漏水，温度正常。

（15）检查变压器各部件的接地应完好。检查变压器铁芯接地线和外壳接地线，应良好，铁芯、夹件通过小套管引出接地的变压器，应将接地引线引至适当位置，以便在运行中监测接地线中是否有环流。当运行中环流异常增长变化，应尽快查明原因，严重时应检查处理并采取措施。如环流超过 300mA 又无法消除时，可在接地回路中串入限流电阻作为临时性措施。

（16）用红外测温仪检查运行中套管引出线联板的发热情况及本体油位、储油柜、套管等其他部位。

（17）在线监测装置应保持良好状态，并及时对数据进行分析、比较。

（18）事故储油坑的卵石层应符合要求，保持储油坑的排油管道畅通，以便事故发生时能迅速排油。室内变压器应有集油池或挡油矮墙，防止火灾蔓延。

（19）检查灭火装置状态应正常，消防设施应完善。

（20）现场规程中根据变压器的结构特点补充检查的其他项目。

（二）断路器、隔离开关的正常巡视检查项目及要求

1．断路器的正常巡视检查

（1）一般检查项目：

1）检查断路器分、合闸位置指示是否与当时的运行情况相一致。

2）检查接头接触是否良好，有无过热现象，瓷质外绝缘有无裂纹、放电痕迹，断路器本体有无脏污和杂物，引线是否过松或过紧。

3）带电外露部分相序色是否完好，紧急脱扣的红色标记是否齐全。

4）断路器本体及底座接地是否完好，接地引下线有无断裂和锈蚀。

5）端子箱、机构箱是否完好，各接线端子有无松动或飞弧，是否清洁、完整，端子箱、机构箱门是否关闭紧密，有无水分、灰尘和杂物进入，烘潮灯是否完好，封堵是否完好。

6）断路器内部有无放电或其他异常声响。

7）断路器的各种仪表、油位计指示是否在正常范围以内。

（2）特殊检查项目：

1）SF_6 断路器：① SF_6 气体压力值是否正常，是否符合压力温度关系曲线；② 断路器各部分及管道有无异声（漏气声、振动声）及异味，管道接头是否正常，阀门状态是否正确。

2）真空断路器：① 真空灭弧室有无异常，内部有无异常声响；② 真空泡外壳是否清洁。

2. 隔离开关的正常巡视检查

（1）瓷绝缘应完好无裂纹和放电痕迹。

（2）隔离开关及操动机构各部件无开焊、变形、锈蚀、松动、脱落现象，连接轴销、螺母应紧固完好。

（3）闭锁装置应完好，锁销应锁牢。

（4）隔离开关及操动机构接地引下线、螺栓应可靠，接地良好，辅助触点位置应正确良好。

（5）带有接地刀闸的隔离开关在接地时，三相接地刀闸接地均应良好。

（6）隔离开关合闸后触头之闸接触应良好。

（7）隔离开关通过短路电流及耐受过电压后，应检查隔离开关的绝缘子有无破损、裂纹、放电痕迹，动静触头及接地引线接头有无熔化、发热变色现象。

（8）高温及过负荷时对隔离开关应加强巡视，并对接头和接触部分用红外测温仪进行测试（温度不应超过 70℃）。

（9）中性点直接接地系统发生单相接地短路后，应检查主变压器中性点连接线、中性点接地刀闸和接地引下线有无烧伤和异常。

（三）互感器、电容器、母线、避雷器等一次设备的正常巡视项目及要求

1. 互感器的正常巡视检查内容

（1）瓷套是否清洁、完整，有无损坏及裂纹，有无放电现象。

（2）油位、油色是否正常，有无漏油现象，硅胶潮解变色部分是否超过 2/3。若油位看不清楚，应查明原因。

（3）内部有无异常声响。

（4）各侧引线的接头连接是否良好，有无过热发红。

（5）电压互感器的高压熔断器限流电阻及断线保护用电容器是否完好，一次、二次熔断器是否完好。

（6）互感器的外壳和二次侧接地是否良好。

（7）检查带金属膨胀器的互感器，其油位指示一般应在中间值（20℃）附近。

（8）检查端子箱是否清洁、受潮，箱门是否关好。

（9）检查二次回路的电缆及导线有无腐蚀和损伤现象，二次回路有无短路、开路现象。

2. 电容器的正常巡视检查内容

（1）一般规定：

1）对电力电容器本体的巡视至少每周一次；

2）进入电容器室内进行巡视检查时必须先停电后检查；

3）要注意监视电容器三相电流是否平衡，有无不稳定及急增现象。

（2）对集合式电力电容器应检查以下内容：

1）油位、油色、油温是否正常；

2）吸湿器内硅胶是否变色；

3）电容器有无渗漏油。

（3）对电力电容器成套装置应检查以下内容：

1）电容器外壳有无膨胀及变形。

2）电容器熔丝有无熔断。

3）电容器套管瓷质部分有无闪络痕迹。

4）电气连接部分有无松动过热现象。

5）电容器室温度是否在允许范围内。

3. 母线的正常巡视检查内容

变电站的母线是站内重要的一次设备，通过巡视检查，及时发现母线设备的缺陷或故障隐患，对保证变电站安全运行，避免全站失电等事故发生是十分重要的。因此，需要对运行中的母线加强巡视检查。

（1）母线的正常巡视检查项目：

1）母线绝缘子是否清洁、无裂纹、无放电痕迹。

2）导线接头是否牢固并接触良好，有无局部过热、发红现象；当采用远红外测温装置进行设备带电测温时，接头温度一般不得超过 70℃。

3）导线有无断股、散股，线卡有无弯曲、裂纹，构架有无倾斜现象。

4）天气晴朗时，母线附近不应产生可见电晕。

（2）气候异常时，母线的特殊检查项目：

1）细雨、大雾时，应检查沿绝缘子表面有无严重放电现象；

2）雷雨、冰雹后，应检查绝缘子有无破碎、裂纹，表面有无闪络放电痕迹；

3）大风时应检查母线上有无附着杂物，导线有无断股等。

（3）新安装的母线应经验收合格，验收时还应着重注意进行以下项目的检查：

1）软母线不应有接头，不应有断股、散股现象。

2）管母线应有防微振措施。

3）硬母线较长时应在适当位置装设伸缩补偿装置。

4）从母线引向设备的连线不应过紧或过松；引线及母线（指软母线，包括组合母线）本身应有适当的弧垂，弧垂与跨度之比一般应为 1/30～1/15。

5）母线绝缘子的型号应与母线的电压等级、实际承受的机械负荷、母线的实际位置（户内或户外）以及环境条件（污秽等级）等相适应。母线绝缘子应按试验规程的要求试验合格。

4. 避雷器的正常巡视检查内容

（1）瓷套表面有无严重污秽，有无裂纹、破损及放电现象。

（2）避雷器内部有无放电响声，是否发出异味（若发生上述现象，须立即退出运行）。

（3）避雷器引线有无烧伤痕迹或断股。

（4）避雷器曾否动作、计数器读数是否有变化，连接是否牢固，连接片有无锈蚀，连接线是否造成放电计数器短路。

（5）落地布置时，围栏内应无杂草，以防避雷器电压分配不均。

巡视检查时应注意，雷雨时人员严禁接近避雷器。避雷器应设有集中接地装置，其接地电阻一般不大于 10Ω。集中接地装置与主地网之间应有可以拆卸的连接。

避雷器漏电流记录器是一种在线监测设备，用于监测在运行电压作用下通过避雷器的漏电流峰值，以判断避雷器内部是否受潮，元件有无异常。其运行注意事项有：① 应保持记录器观察孔玻璃的清洁，若玻璃内部脏污或积水应要求维修人员处理；② 巡视时，应注意各相记录器的指示是否基本一致，记录器发光管是否发亮；③ 应按规定及时记录毫安表读数，并注意分析其有无异常变化。

5. 电抗器的巡视检查内容

（1）电抗器正常巡视检查项目：

1）电抗器各接头是否接触良好，有无过热现象。

2）电抗器室内空气是否流通，有无漏水，门窗关闭是否良好。

3）有无振动和噪声。

4）电抗器周围是否清洁无杂物，无磁性物体。

5）对空心电抗器，检查电抗器支柱绝缘子是否清洁无裂纹，安装是否牢固；对油浸电抗器，检查套管是否清洁，有无裂纹，器身有无渗漏油现象。

（2）电抗器特殊巡视检查项目。每次发生短路故障后，对电抗器，要检查电抗器是否有位移，支柱绝缘子是否松动扭伤，引线有无弯曲，水泥支柱有无破碎，有无放电声及焦臭气味；对油浸电抗器，要检查瓷套表面有无放电，器身有无喷油等。

6. 其他设备的巡视检查内容

（1）接地装置的巡视检查内容：

1）检查接地引下线与设备的接地点连接是否良好，有无松动。

2）检查接地引下线有无损伤、引下线及入地处是否锈蚀。

3）观察接地体周围的环境情况：接地体周围不应堆放有强烈腐蚀性的化学物质。

4）设备大修后，应着重检查接地线是否牢固。

5）明敷的接地线表面所涂的标志漆应完好。

（2）消弧线圈的巡视检查内容：油位、油色、油温是否正常；是否无杂音；储油柜、油箱是否渗油和漏油；套管是否清洁、无破损及裂纹；引线是否连接牢固，接地装置是否完好；表计指示是否正确；呼吸器硅胶是否受潮等。

（3）电力电缆的巡视检查内容：

1）电缆沟盖板是否完整无缺。

2）沟道内的电缆支架是否牢固，有无锈蚀。

3）沟道内有无积水、杂物。

4）电缆铠甲是否完整，有无锈蚀，外护套有无损伤。

5）电缆标示牌是否脱落。

6）电缆终端头绝缘套管是否完整、清洁，有无闪络放电现象。

7）电缆与接线端子连接是否接触良好，有无过热现象。

8）电缆终端头有无漏胶、软化；有无漏油；铅包及封铅有无裂纹。

9）相序色是否明显。

10）接地线是否良好，有无松动及断股。

11）沟道内的电缆中间接头有无变形，是否过热。

四、设备巡视的危险点分析

设备巡视的危险点是指巡视地点的周围环境和特点，如邻近带电部分等可能给巡视人员带来的危险因素；巡视环境的情况，如雷雨天气、夜间、有害气体、缺氧、设备接地等，可能给巡视人员安全或健康造成的危害；巡视人员的身体状况不适、思想波动、不安全行为、技术水平能力不足等可能带来的危害或设备异常；其他可能给巡视人员带来危害或造成设备异常的不安全因素。通过对这些危险因素的分析，制定相应的安全措施。

一般规定的安全措施有：规定特殊天气巡视的措施，如雷雨、雪、大雾等；规定故障巡视的措施，如设备接地等；规定进出高压室的注意事项，如 SF$_6$ 设备室等；规定夜间巡视的照明要求；规定对危险点、相邻带电部位所采取的措施，如安全距离、围栏等；规定着装。

变电站设备巡视作业是运行维护的一项重要工作，为保证在巡视时巡视人员的人身和运行设备的安全。需要对巡视中可能存在的危险点进行分析，做好相应的防控措施。例如：某 110kV 变电站一次设备巡视的危险点和控制措施，见表 Z09E1001Ⅰ-1。

表 Z09E1001 I-1　　　　　　一次设备巡视的危险点和控制措施

项　目	危险点	控　制　措　施
误碰、误动、误登运行设备	意外伤人	(1) 巡视检查时应与带电设备保持足够的安全距离，10kV 及以下：0.7m；35kV：1m；110kV：1.5m。 (2) 不得移开或越过遮栏
巡视蓄电池室	酸雾影响人体呼吸系统	进入蓄电池室前开启风机
巡视 SF$_6$ 室	泄漏的 SF$_6$ 气体浓度大使人窒息	(1) 进入 SF$_6$ 室前 15min 启动引风机； (2) 进入 SF$_6$ 室前使用便携式检漏仪进行 SF$_6$ 气体浓度检测
SF$_6$ 断路器压力异常升高	断路器爆炸伤人	(1) SF$_6$ 断路器压力异常升高报警时，人员迅速离开，防止断路器爆炸伤人； (2) 人员朝上风处跑，防止 SF$_6$ 气体中毒
雷、雨、雾天	跨步电压伤人	(1) 原则上不得进行室外巡视； (2) 必须巡视时应穿绝缘靴，并远离避雷针和避雷器； (3) 注意与运行设备保持安全距离
雪天	人员滑跌	穿的鞋应尽可能采取防滑措施，注意行走安全
夜间	意外伤人	(1) 携带照明器具； (2) 两人同时进行； (3) 注意盖板窜动，注意沟、坎，误碰伤
大风天气	人身、设备安全威胁	(1) 及时发现和清理异物； (2) 防止人被砸伤
系统接地	设备和人身安全	(1) 检查设备时应戴好安全帽； (2) 巡视时应穿绝缘靴、戴绝缘手套； (3) 发现接地点应与接地点保持安全距离（室内不得接近故障点 4m 以内，室外不得靠近故障点 8m 以内）； (4) 电压互感器运行时间不得超过 2h
充油设备异响	设备爆炸	未采取可靠措施前不得靠近异常设备
户内电容器异音	电容器爆炸伤人	(1) 必须停电巡视； (2) 巡视时不能越过遮栏

五、案例

[案例1] 变电站设备巡视路线

设备巡视标准化作业指导书要求，进入变电站进行设备巡视必须按预先制定的设备巡视路线图进行。设备巡视路线图是根据实际变电站设备布置，按科学合理的巡视路线制定的平面图。例如，某 110kV 变电站巡视路线如图 Z09E1001 I-1 所示。

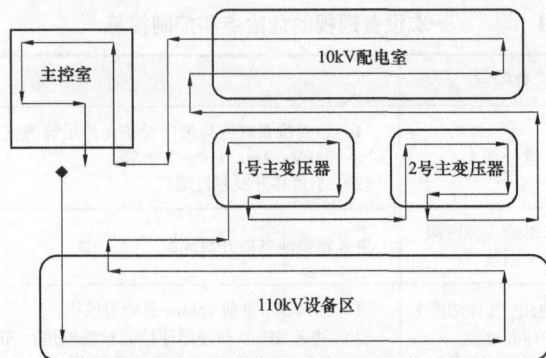

图 Z09E1001 I –1 110kV 变电站巡视路线图

[案例 2] 变压器的设备巡视卡

按照设备巡视标准化作业指导书的要求，对每一台被巡视的设备都必须有相应的设备巡视卡（可以是智能卡或纸质卡），按卡上内容和标准逐项巡视检查。因此，巡视卡是设备巡视的重要依据。表 Z09E1001 I –2 为变压器的设备巡视卡。

表 Z09E1001 I –2 油浸式变压器的设备巡视卡（压力释放）

设备名称	序号	巡视内容	巡 视 标 准	检查情况
主变压器	1	引线及导线、各接头	（1）无变色过热、散股、断股现象； （2）接头无变色、过热现象	
	2	本体及声响	（1）本体无锈蚀、变形； （2）无渗漏油； （3）声响正常，无杂音、爆裂声	
	3	线圈温度及上层油温度（记录数据）	（1）上层油温度：____℃，绕组温度____℃，环境温度____℃； （2）温度计指示温度符合运行要求，与主变压器控制屏远方温度显示器指示一致	
	4	本体储油柜	（1）完好，无渗漏油； （2）油位指示应和储油柜上的环境温度标志线相对应（指针式油位计指示，应与制造厂规定的温度曲线相对应）	
	5	有载调压储油柜	完好，无渗漏油	
	6	本体气体继电器及有载调压气体继电器	（1）气体继电器内应充满油，油色应为淡黄色透明，无渗漏油，气体继电器内应无气体（泡）； （2）气体继电器防雨措施完好、防雨罩牢固； （3）气体继电器的引出二次电缆应无油迹和腐蚀现象，无松脱	
	7	本体及有载调压储油柜呼吸器	（1）硅胶变色未超过 1/3； （2）呼吸器外部无油迹，油杯完好，油位正常	

设备名称	序号	巡视内容	巡视标准	检查情况
主变压器	8	压力释放器	完好、标示杆未突出	
	9	各侧套管	（1）相序标色齐全、无破损、放电痕迹； （2）油位显示正常	
	10	各侧套管升高座	升高座、法兰盘无渗漏油	
	11	各侧及中性点套管	（1）油位正常，无渗漏油； （2）无破损、裂纹及放电痕迹	
	12	各侧及中性点避雷器	（1）表面完好，无破损及放电痕迹； （2）线接头无过热现象	
	13	有载调压机构箱	（1）表面完好无锈蚀，名称标注齐全； （2）挡位显示与控制屏显示一致； （3）二次线无异味及放电打火现象，电动机无异常、传动机构无渗漏油、手动调压手柄完好、箱门关闭严密，封堵良好	
	14	主变压器铁芯、外壳接地	接地扁铁无锈蚀、断裂现象	
	15	冷却系统	（1）各运行冷却器温度相近； （2）油泵、风扇运转正常，投入数量满足主变压器运行要求	
	16	主变压器爬梯	完好无锈蚀，运行中已用锁锁死，并挂有安全标示牌	
	17	主变压器端子箱	（1）表面完好无锈蚀，名称标注齐全，箱体接地扁铁无锈蚀、断裂； （2）二次线无异味、无放电打火现象，封堵良好、箱门关闭严密	
	18	主变压器冷控箱	（1）表面完好无锈蚀，名称标注齐全，箱门关闭严密，箱体接地扁铁无锈蚀、断裂； （2）各冷却器电源空气开关完好无异常，各切换开关位置符合运行要求，指示灯指示正常，二次线无异味、无放电打火现象，封堵良好	
	19	110kV侧中性点电流互感器	（1）无锈蚀、变形、渗漏油； （2）接头无过热变色现象	
	20	中性点接地刀闸	（1）名称标注齐全，箱门关闭严密； （2）分、合位置符合运行方式要求； （3）接地刀闸无损伤放电现象，操作手柄完好、上锁； （4）二次线无放电、无异味、名称标注齐全，操动机构箱电源在分位，封堵良好、电机无异常、传动机构无渗漏油，手动分合闸手柄完好	
	21	储油池内鹅卵石	铺放整齐、无油迹	

【思考与练习】

1. 变电站设备巡视分为哪几类？它们的主要巡视内容是什么？

2. 一次设备正常巡视的要求是什么？

3. 在设备巡视中，为什么要采用设备巡视卡？

4. 变压器正常巡视检查项目有哪些？

▲ 模块 2 一次设备的特殊巡视（Z09E1001Ⅱ）

【模块描述】本模块包含一次设备的特殊巡视及缺陷定性；通过对设备特殊巡视项目及要求、缺陷分类与定性的介绍，达到掌握一次设备的特殊巡视内容，能及时发现设备缺陷并正确定性的目的。

【模块内容】

一、一次设备的特殊巡视目的及内容

1. 特殊巡视的分类及目的

在某些特殊情况下，需要加强对变电站设备的运行监视。通常在下列情况应进行特殊巡视：

（1）大风前后的巡视。大风前检查变电站内或站外的物体，是否有容易被风刮起或不坚固被风刮倒的情况，如横幅标语、棚布、杂物、树木等。大风后，检查变电站内设备或建筑上是否有飘落杂物或损坏，防止造成短路或接地故障。

（2）雷雨后的巡视。检查电气设备是否有雷电放电痕迹或雷击造成的设备损坏。

（3）冰雪、冰雹、雾天、高温的巡视。发现异常情况，及时消除或申请停电处理。防止冰雪在电气设备上大量凝结；防止冰雹造成设备的损坏；防止发生严重电晕放电；高温天气，需要加强设备巡视，防止电气设备油位过高、触头或引线接头发热、主变压器因环境温度高而过热等。

（4）设备变动后的巡视。更换设备后，新设备可能工作不稳定或存在故障隐患。

（5）设备新投入运行后的巡视。电气设备由于没有经运行考验，可能工作不稳定。

（6）设备经过检修、改造或长期停运后重新投入系统运行后的巡视。可能由于设备本身或安装调试的原因，带电运行出现问题等。

（7）变压器等主设备新装及大修后投运 4h 内（每 1h 一次）。

（8）异常情况下的巡视。主要是指过负荷或负荷剧增、超温、设备发热、系统冲击、有接地故障情况、系统异常或事故、系统特殊运行方式等，应加强巡视。必要时，应派专人监视。

（9）设备缺陷有发展时。前期已发现设备有一般缺陷，可以继续运行。但是，设备缺陷近期有发展，可能影响运行或造成设备损坏，应加强监视。

（10）法定节假日、上级通知有重要供电任务期间，应加强巡视，确保设备正常运行。

2. 特殊巡视检查的内容

特殊巡视的检查内容，应按本单位规定执行。一般检查的内容有：

（1）气温骤变时：① 注油设备油位有无异常；② 母线、引线等是否发生过紧、过松、断股等变化；③ 电气连接部分有无松动、发热。

（2）大风雷雨后：① 设备上有无杂物；② 导线有无断股；③ 瓷质外绝缘有无破裂及放电痕迹；④ 避雷器有无异常、曾否动作（应记录放电记录器读数）。

（3）浓雾、毛毛雨、雨雪时：① 瓷质外绝缘有无异常电晕、沿面闪络或其他放电现象；② 检查设备机构箱、端子箱有无受潮情况。

（4）设备过载运行时：① 检查并记录负荷电流；② 检查变压器冷却装置运行是否正常，防爆膜是否完好（释压器曾否动作），有无喷油、流油现象；③ 检查各过载设备温度、声响是否正常；④ 检查电气连接部分有无过热。

（5）系统异常运行或发生事故时：① 检查设备曾否喷油，油色是否变黑，油温是否正常；② 检查电气连接部分有无发热、熔断，瓷质外绝缘有无破裂；③ 检查母线、引下线等有无烧伤、断股，接地引下线有无烧断及放电现象。

（6）主设备新装及大修竣工投运后 4h 内：① 冷却装置运行是否正常，设备温度是否正常；② 电气连接部分有无松动、发热、发红；③ 设备有无异常声响，沿外绝缘表面有无放电。

二、特殊巡视项目及要求

特殊巡视的项目，应按本单位规定执行。运行单位应结合本单位、本地区设备和运行的具体情况制定相应规定。

（一）变压器的特殊巡视项目及要求

1. 新投入或经过大修的变压器的巡视要求

（1）变压器声音应正常，如发现响声特大，不均匀或有放电声，应认为内部有故障。

（2）油位变化应正常，应随温度的增加略有上升，如发现假油面应及时查明原因。

（3）每一组冷却器，温度应正常，冷却器的有关阀门已打开。

（4）油温变化应正常，变压器带负荷后，油温应缓慢上升。

（5）应对新投运变压器进行红外测温。

2. 异常天气时的巡视项目和要求

（1）气温骤变时，检查储油柜油位和瓷套管油位是否有明显变化，各侧连接引线是否有断股或接头处发红现象。各密封处有否渗漏油现象。

（2）雷雨、冰雹后检查引线摆动情况及有无断股，设备上有无其他杂物，瓷套管有无放电痕迹及破裂现象。

（3）浓雾、小雨、下雪时，瓷套管有无沿表面闪络和放电，各接头在小雨中和下雪后不应有水蒸气上升或立即熔化现象，否则表示该接头运行温度比较高，应用红外线测温仪进一步检查其实际情况。

雷雨天气有无放电闪络现象，避雷器放电记录仪动作情况；大雾天气检查套管有无放电打火现象，重点监视污秽瓷质部分；下雪天气应根据积雪融化情况检查接头发热部位。检查引线积雪情况，为防止套管因过度受力引起套管破裂和渗漏油等现象，应及时处理引线上过多的积雪和冰柱。

（4）高温天气应检查油温、油位、油色和冷却器运行是否正常。必要时，可启动备用冷却器。

3. 异常情况下的巡视项目和要求

在变压器运行中发现不正常现象时，应设法尽快消除，并报告上级部门和做好记录。

（1）系统发生外部短路故障后，或中性点不接地系统发生单相接地时，应加强监视变压器的状况。

（2）运行中变压器冷却系统发生故障，切除全部冷却器时，应迅速汇报有关人员，尽快查明原因。在许可时间内采取措施恢复冷却器正常运行。

当"冷却器故障"发信时，应到现场查明原因并尽快处理。处理不了时，投备用冷却器，并汇报调度等候处理。

（3）变压器顶层油温异常升高，超过制造厂规定或大于 75℃时，应按以下步骤检查处理：① 检查变压器的负载和冷却介质的温度，并与在同一负载和冷却介质温度下正常的温度核对；② 核对温度测量装置；③ 检查变压器冷却装置和变压器室的通风情况。

（4）若温度升高的原因是冷却系统的故障，且在运行中无法修理者，应将变压器停运修理；若不能立即停运修理，则应将变压器的负载调整至规程规定的允许运行温度下的相应容量。在正常负载和冷却条件下，变压器温度不正常并不断上升，且经检查证明温度指示正确，则认为变压器已发生内部故障，应立即将变压器停运。

（5）变压器渗油应根据不同部位来判断。

（6）气体继电器中有气体，应密切观察气体的增量来判断变压器产生气体的原因，必要时，取瓦斯气体和变压器本体油进行色谱分析，综合判断。

（7）变压器发生短路故障或穿越性故障时，应检查变压器有无喷油，油色是否变黑，油温是否正常，电气连接部分有无发热、熔断，瓷质外绝缘有无破裂，接地引下线等有无烧断及绕组是否变形。

（8）不接地系统发生单相接地故障运行时，应监视消弧线圈和接有消弧线圈的变压器的运行情况。

（9）当母线电压超过变压器运行挡电压较长时间时，应注意核对变压器的过励磁保护，并加强监测变压器的温度。还应监测变压器本体各部的温度，防止变压器局部过热。

4. 带缺陷设备的巡视项目和要求

（1）铁芯多点接地而接地电流较大且色谱异常时，应安排检修处理。在缺陷消除前，可采取措施将电流限制在 100mA 以下，并加强监视。

（2）变压器部分冷却装置故障，应经常监测温度，具体变压器温度控制应不超过规定。

（3）对其他缺陷的变压器应缩短巡视时间，若发现有明显变化时按照缺陷及异常管理的要求进行处理。

（4）近期缺陷有发展时应加强巡视或派专人巡视。

5. 过载时的巡视项目和要求

（1）变压器的负荷超过允许的正常负荷时，值班人员应及时汇报调度。

（2）变压器过负荷运行时，应检查并记录负荷电流，检查油温和油位的变化，检查变压器声音是否正常，接头是否发热，冷却装置投入量是否足够，运行是否正常，防爆膜、压力释放器是否动作过。

（3）当有载调压变压器过载 1.2 倍运行时，禁止分接开关变换操作并闭锁。

（二）断路器、隔离开关的特殊巡视项目

断路器、隔离开关等高压开关设备的特殊巡视包括设备新投运及大修后 72h 内；设备负荷有显著增加时；设备经过检修、改造或长期停用后重新投入系统运行后；设备缺陷近期有发展时；恶劣气候、事故跳闸和设备运行中发现可疑现象时；法定节假日和上级通知有重要供电任务期间等情况。特殊巡视的项目如下：

（1）大风天气：引线摆动情况及有无搭挂杂物。

（2）雷雨天气：瓷套管有无放电闪络现象。

（3）大雾天气：瓷套管有无放电，打火现象，重点监视污秽瓷质部分。

（4）大雪天气：根据积雪融化情况，检查接头发热部位，及时处理悬冰。

（5）温度骤变：检查注油设备油位变化及设备有无渗漏油等情况。

（6）节假日时：监视负荷及增加巡视次数。

（7）高峰负荷期间：增加巡视次数，监视设备温度，触头、引线接头，特别是限流元件接头有无过热现象，设备有无异常声音。

（8）短路故障跳闸后：检查隔离开关的位置是否正确，各附件有无变形，触头、引线接头有无过热、松动现象；油断路器有无喷油，油色及油位是否正常；测量合闸熔断器是否良好，断路器内部有无异音。

（9）设备重合闸后：检查设备位置是否正确，动作是否到位，有无不正常的声响或气味。

（10）严重污秽地区：瓷质绝缘子的积污程度，有无放电、爬电、电晕等异常现象。

（三）互感器、电容器等一次设备的特殊巡视项目

1. 互感器的特殊巡视

互感器的特殊巡视周期与高压开关设备相同，巡视的项目和要求如下：

（1）设备外观完整无损，外绝缘表面清洁、无裂纹及放电现象，油色、油位正常。

（2）互感器无异常振动、异常声音及异味，引线接触良好，接头无过热。

（3）金属部位无锈蚀，底座、支架牢固，无倾斜变形。

（4）瓷套、底座、阀门和法兰等部位应无渗漏油现象。

（5）电压互感器端子箱熔断器和二次空气开关正常。

（6）电流互感器端子箱引线端子无松动、过热、打火现象。

（7）防爆膜有无破裂、吸湿器硅胶是否受潮变色、金属膨胀器指示正常，无渗漏，无变形。

（8）各部位接地可靠。

（9）电容式电压互感器二次电压无异常波动。

（10）SF_6 气体绝缘电流互感器检查压力表指示是否在正常规定范围，有无漏气现象，密度继电器是否正常。复合绝缘套管表面是否清洁、完整、无裂纹、无放电痕迹、无老化迹象，憎水性良好。

（11）树脂浇注式互感器有无过热，有无异常振动及声响。互感器有无受潮，外露铁芯有无锈蚀。外绝缘表面是否积灰、粉蚀、开裂，有无放电现象。

互感器的特殊巡视项目与正常巡视相同，除上述内容外，应注意下列情况：① 大负荷期间用红外测温设备检查互感器内部、引线接头发热情况；② 大风扬尘、雾天、雨天外绝缘有无闪络；③ 冰雪、冰雹后外绝缘有无损伤。

互感器的巡视除变电运维人员以外，要求检修人员也要对设备巡视（由于检修人员对设备的结构、原理比较熟悉，可以更为准确地发现设备的缺陷），并定期进行红外检测。

2. 电容器的特殊巡视

电容器的特殊巡视周期有如下规定：

（1）环境温度超过规定温度时应采取降温措施，并应每 2h 至少巡视一次。

（2）户外布置的电容器装置雨、雾、雪天气每 2h 巡视一次。狂风、暴雨、雷电、冰雹之后应立即巡视一次。

（3）设备投入运行后的 72h 内，每 2h 巡视一次，无人值班的变电站每 24h 巡视一次。

（4）电容器断路器故障跳闸应立即对电容器的断路器、保护装置、电容器、电抗器、放电线圈、电缆等设备全面检查。

（5）系统接地，谐振异常运行时，应增加巡视次数。

（6）重要节假日或按上级指示增加巡视次数。

（7）每月结合运行分析进行一次鉴定性的巡视。

电容器的特殊巡视项目及标准如下：

（1）雨、雾、雪、冰雹天气应检查瓷绝缘有无破损裂纹、放电现象，表面是否清洁；冰雪融化后有无悬挂冰柱，桩头有无发热；建筑物及构架有无下沉倾斜、积水、屋顶漏水等现象。大风后应检查设备和导线上有无悬挂物，有无断线；构架和建筑物有无下沉倾斜变形。

（2）大风后检查母线及引线是否过紧过松，设备连接处有无松动、过热。

（3）雷电后应检查瓷绝缘有无破损裂纹、放电痕迹。

（4）环境温度超过或低于规定温度时，检查温蜡片是否齐全或熔化，各接头有无发热现象。

（5）断路器故障跳闸后应检查电容器有无烧伤、变形、移位等，导线有无短路；电容器温度、声响、外壳有无异常。熔断器、放电回路、电抗器、电缆、避雷器等是否完好。

（6）系统异常（如振荡、接地、低频或铁磁谐振）消除后，应检查电容器有无放电，温度、声响、外壳有无异常。

三、变电站设备缺陷管理

变电站设备缺陷管理的目的是掌握正在运行的电气设备存在的问题，以便按轻、重、缓、急消除缺陷，提高设备的健康水平，保障变电站的安全运行。另一方面，对缺陷进行全面分析，总结其变化规律，为大修、技改提供依据。加强对设备缺陷的分析。对于在巡视中发现的一些缺陷，特别是严重缺陷，应及时做分析，分析它对运行有哪些危害，有没有继续发展的可能。任何一个细小的纰漏都可能造成非常严重的后果。例如，当变电站变电运维人员巡视发现掉在地上的绝缘子小碎块，就可以查出绝缘子断裂的危急缺陷，避免母线停电事故的严重后果。

1. 设备缺陷分级

变电站的设备缺陷管理是变电运行值班人员的一项重要工作，通过设备巡视，发现设备的缺陷，及时掌握主要设备缺陷。结合设备评价工作对设备缺陷进行综合分析，根据缺陷产生的规律，提出反事故措施，并报上级。变电运行值班人员的职责是及时掌握本站或管辖站设备的全部缺陷和缺陷处理情况。对设备缺陷实行分类管理，做到每个缺陷都有处理意见和措施。发现缺陷后应对缺陷进行定性，并记入缺陷记录，报告主管部门。

变电站设备缺陷分类的原则：

（1）危急缺陷：设备或建筑物发生了直接威胁安全运行并需立即处理的缺陷，若不处理，则随时可能造成设备损坏、人身伤亡、大面积停电、火灾等事故。

（2）严重缺陷：对人身或设备有严重威胁，暂时尚能坚持运行但需尽快处理的缺陷。

（3）一般缺陷：上述危急、严重缺陷以外的设备缺陷，指性质一般，情况较轻，对安全运行影响不大的缺陷。

2. 设备缺陷管理

变电站的设备缺陷实行闭环管理，闭环管理是指从发现缺陷→缺陷记录→缺陷上报→检修计划→缺陷处理→缺陷消除→消缺记录等环节形成闭环。

运行单位发现危急、严重缺陷后，应立即上报。一般缺陷应定期上报，以便安排处理。消缺工作应列入各单位生产计划中，对危急、严重或有普遍性的缺陷还要及时研究对策，制定措施，尽快消除。缺陷消除时间应严格掌握，对危急、严重、一般缺陷要严格按照本单位规定的时间进行消缺处理。

四、变电站主要设备的缺陷分级

1. 变压器的缺陷分级

变压器的运行可分三种状态加以评估，即危急状态、严重状态和一般状态。

（1）一般情况下变压器存在以下缺陷可定为危急状态：

1）油中乙炔或总烃含量和增加速率严重超注意值，有放电特征，危及变压器安全，绝缘电阻、介质损耗因数等反映变压器绝缘性能指标的数据大多数超标，且历次数据比较，变化明显的；

2）变压器有异常响声，内部有爆裂声；

3）套管有严重破损和放电现象；

4）变压器严重漏油、喷油、冒烟着火等现象；

5）冷却器故障全停，且在规定时间内无法修复的；

6）轻瓦斯发信号，色谱异常。

变压器出现上述危急状态时，应立即停役，安排检修处理，并按设备管辖范围及时报告上级主管部门，要求在 24h 内予以处理。

（2）变压器存在以下缺陷可定为严重状态：

1）根据绝缘电阻、吸收比和极化指数、介损、泄漏电流等反映变压器绝缘性能指标的数据进行综合判断，有严重缺陷的；

2）强油循环变压器的密封破坏造成负压区、套管严重渗漏油或储油柜胶囊破损；

3）变压器出口短路后，绕组变形测试或色谱分析有异常，但直流电阻测试为正常的；

4）铁芯多点接地，且色谱异常。

变压器出现上述严重状态时，应及时报告上级主管部门，尽快安排检修处理。

（3）变压器存在以下缺陷可定为一般状态：

1）变压器本体及附件的渗漏油；

2）备用冷却装置故障；

3）变压器油箱及附件锈蚀；

4）铁芯多点接地，其接地电流大于 100mA。

对于变压器的一般缺陷应定期上报，以便安排处理。消缺工作应列入各单位生产计划中。

2. 开关设备的缺陷分级

在变电站一次设备巡视检查中，开关设备是重要的巡视检查内容。根据缺陷对设备安全运行的影响程度，高压开关设备的缺陷也分三种，即危急缺陷、严重缺陷和一般缺陷。具体分类标准见表 Z09E1001Ⅱ–1。

表 Z09E1001Ⅱ–1　　　　　开关设备缺陷分类标准

设备（部位）名称	危 急 缺 陷	严 重 缺 陷
1. 通则		
短路电流	安装地点的短路电流超过断路器的额定短路开断电流	安装地点的短路电流接近断路器的额定短路开断电流
操作次数和开断次数	断路器的累计故障开断电流超过额定允许的累计故障开断电流	断路器的累计故障开断电流接近额定允许的累计故障开断电流；操作次数接近断路器的机械寿命次数
导电回路	导电回路部件有严重过热或打火现象	导电回路部件温度超过设备允许的最高运行温度
瓷套或绝缘子	有开裂、放电声或严重电晕	严重积污
断口电容	有严重漏油现象、电容量或介损严重超标	有明显的渗油现象、电容量或介损超标

续表

设备（部位）名称	危 急 缺 陷	严 重 缺 陷
操动机构	液压或气动机构失压到零	液压或气动机构频繁打压
	液压或气动机构打压不停泵	
	控制回路断线、辅助开关接触不良或切换不到位	
	控制回路的电阻、电容等零件损坏	
	分合闸线圈引线断线或线圈烧坏	分合闸线圈最低动作电压超出标准和规程要求
接地线	接地引下线断开	接地引下线松动
断路器的分合闸位置	分、合闸位置不正确，与当时的实际运行工况不相符	

2. SF$_6$开关设备

设备（部位）名称	危 急 缺 陷	严 重 缺 陷
SF$_6$气体	SF$_6$气室严重漏气，发出闭锁信号	SF$_6$气室严重漏气，发出报警信号
		SF$_6$气体湿度严重超标
设备本体	内部及管道有异常声音（漏气声、振动声、放电声等）	
	落地罐式断路器或 GIS 防爆膜变形或损坏	
操动机构	气动机构加热装置损坏，管路或阀体结冰	气动机构自动排污装置失灵
	气动机构压缩机故障	气动机构压缩机打压超时
	液压机构油压异常	液压机构压缩机打压超时
	液压机构严重漏油、漏氮	
	液压机构压缩机损坏	
	弹簧机构弹簧断裂或出现裂纹	
	弹簧机构储能电机损坏	
	绝缘拉杆松脱、断裂	

3. 高压开关柜和真空断路器

设备（部位）名称	危 急 缺 陷	严 重 缺 陷
真空断路器	真空灭弧室有裂纹	真空灭弧室外表面积污严重
	真空灭弧室内有放电声或因放电而发光	
	真空灭弧室耐压或真空度检测不合格	
开关柜及元部件	元部件表面严重积污或凝露	母线室柜与柜间封堵不严
	母线桥内有异常声音	电缆孔封堵不严
4. 高压隔离开关	绝缘子有裂纹，法兰开裂	传动或转动部件严重腐蚀
		导体严重腐蚀

若开关设备发生诸如编号牌脱落、相色标志不全、金属部位锈蚀、机构箱密封不严等缺陷则可定为一般缺陷。

3. 互感器的缺陷分级

互感器的缺陷是指互感器任何部件的损坏、绝缘不良或不正常的运行状态，分为危急缺陷、严重缺陷和一般缺陷。

（1）危急缺陷：互感器发生了直接威胁安全运行并需立即处理的缺陷，若不及时处理，则随时可能造成设备损坏、人身伤亡、大面积停电和火灾等事故，例如下列情况：

1）设备漏油，从油位指示器中看不到油位；

2）设备内部有放电声响；

3）主导流部分接触不良，引起发热变色；

4）设备严重放电或瓷质部分有明显裂纹；

5）绝缘污秽严重，有污闪可能；

6）电压互感器二次电压异常波动；

7）设备的试验、油化验等主要指标超过规定不能继续运行；

8）SF_6 气体压力表示数为零。

（2）严重缺陷：互感器的缺陷有发展趋势，但可以采取措施坚持运行，列入月计划处理，不致造成事故者，例如下列情况：

1）设备漏油；

2）红外测量发现设备内部异常发热；

3）工作、保护接地失效；

4）瓷质部分有掉瓷现象，不影响继续运行；

5）充油设备油中有微量水分，呈淡黑色；

6）二次回路绝缘下降，但下降不超过 30%者；

7）SF_6 气体压力表指针在红色区域。

（3）一般缺陷：上述危急、严重缺陷以外的设备缺陷。指性质一般，情况较轻，对安全运行影响不大的缺陷，例如下列情况：

1）储油柜轻微渗油；

2）设备上缺少不重要的部件；

3）设备不清洁、有锈蚀现象；

4）二次回路绝缘有所下降者；

5）非重要表计指示不准者；

6）其他不属于危急、严重的设备缺陷。

发现设备缺陷应及时记录在设备缺陷记录簿上，并立即按规定汇报，根据缺陷严重程度进行处理。缺陷消除的期限一般规定为：

（1）危急缺陷。立即汇报调度和上级领导，并申请停电处理，应在 24h 内消除。

（2）严重缺陷。应汇报调度和上级领导，并记录在缺陷记录本内进行缺陷传递，在规定时间内安排处理。一般视其严重程度在一周或一个月内安排处理。

（3）一般缺陷。设备存在缺陷但不影响安全运行，应加强监视，针对缺陷发展做出分析和事故预想。可列入月度或季度大修计划进行处理或在日常维护工作中消除。

运行单位应全面掌握设备的健康状况，及时发现缺陷，认真分析缺陷产生的原因，尽快消除设备隐患，掌握设备的运行规律，努力做到防患于未然，保证设备经常处于良好的运行状态，实现设备缺陷的闭环管理。通常，变电站设备缺陷管理应进入生产管理和信息系统进行管理，变电站设备的所有缺陷管理流程都应在生产管理和信息系统上进行，特殊情况用消缺通知单来实现闭环管理。

变电运维人员发现设备缺陷后应对缺陷做出正确判断和定性。发现危急缺陷时，在按照现场运行规程采取必要的应急措施后，应首先汇报调度，交当值调度值班员处理。需要立即消缺的，当值调度值班员应直接通知检修维护单位负责人组织消缺，同时上报生产管理部门。发现其他缺陷后，由所属各班班长审核后录入生产管理和信息系统，同时报生产管理部门。对于特别重大和紧急缺陷，设备检修维护单位在接到设备缺陷汇报后，应立即组织消缺。消缺后应主动补充完善生产管理信息系统资料。对一般缺陷，生产管理部门缺陷管理专责按计划下达设备消缺通知单给检修维护单位，并将汇总表报安保部和分管生产领导。相应班组在接到消缺通知单后，应按消缺通知单限定时间自行完成缺陷处理。

检修维护部门处理完设备缺陷后，应认真填写相关记录。变电运维人员同时组织验收，验收后应做好归档工作。生产部门根据各自管辖范围按季度统计设备缺陷消缺率，累计消缺率将作为检修维护部门月度、季度、年度考核依据。消缺率统计的分类：按缺陷的划分，消缺率分为一般缺陷消缺率、严重缺陷消缺率和危急缺陷消缺率进行统计。各生产部门负责人、班组长每天应定时进入生产管理信息系统进行缺陷查询，及时了解设备消缺任务和消缺完成情况。

五、设备测温

变电站的各种电气设备在运行中，负荷电流过大、接头接触不良、导电部分存在缺陷或设备内部故障等原因都可能导致局部发热，对设备测温是发现这类缺陷或故障的有效手段。因此，开展测温工作能检查电气设备工作状态是否异常、是否存在缺陷或隐患，指导消缺、预试和检修。通过测温，常常还能发现一些隐蔽性的缺陷。

根据设备测温管理的要求，变电站的测温有三种类型：计划普测、跟踪测温及重点测温。

1. 测温周期

（1）计划普测。带电设备计划普测分为精确测温和一般普测，精确测温每年应安排两次，一般在预试和检修开始前应安排精确测温，以指导预试和检修工作；一般普测每月一次。

（2）跟踪测温。发现设备某处温度异常时，除按程序填报设备缺陷外，还要对其跟踪测温。根据温度变化情况，采取相应措施。

（3）重点测温。根据运行方式和设备变化安排测温时间，按以下原则掌握：

1）长期大负荷的设备应增加测温次数；

2）设备负荷有明显增大时，根据需要安排测温；

3）设备存在异常情况，需要进一步分析鉴定；

4）上级有明确要求时，如保电等；

5）新建、改扩建的电气设备在其带负荷后应进行一次测温，大修或试验后的设备必要时；

6）遇有较大范围设备停电（如变压器、母线停电等），酌情安排对将要停电设备进行测温。

2. 测温范围

只要表面发出的红外辐射不受阻挡都属于红外诊断的有效监测设备。例如：变压器、断路器、隔离开关、互感器、电力电容器、避雷器、电力电缆、母线、导线、组合电器、低压电器及二次回路等。

3. 测温方法

目前，电气设备的测温一般都采用红外热像仪或红外测温仪，红外热像仪可以从电气设备外部显现的温度分布热像图，可以判断出各种内部故障。对于无法进行红外测温的设备，可采取其他测温手段，如贴示温蜡片等。

红外检测技术集光电成像技术、计算机技术、图像处理技术于一身，通过接收物体发出的红外辐射将其热像显示在显示器上，从而准确判断物体表面的温度分布情况，具有准确、实时、快速等优点。与传统的测温方式相比，红外热像仪可在一定距离内实时、定量、在线检测发热点的温度。通过扫描，还可以绘出设备在运行中的温度梯度热像图，而且灵敏度高，不受电磁场干扰，便于现场使用。它可以在-20℃～2000℃的宽量程内以 0.05℃的高分辨率检测电气设备的热故障，揭示出如导线接头或线夹发热，以及电气设备中的局部过热点等。

六、案例

某 110kV 变电站变电运维人员在巡视设备时，发现 110kVⅡ母 A 相电压互感器的瓷质部分有明显裂纹。

由于这种缺陷可能直接导致互感器损坏，甚至可能导致 110kV 母线故障，引起全站停电事故。根据设备缺陷分级标准，这属于危急缺陷。按照危急缺陷的处理要求，变电运维人员应立即汇报调度和上报生产管理部门，并申请停电处理。设备检修维护单位在接到设备缺陷汇报后，应立即组织消缺，缺陷应在 24h 内消除。

同时，变电运维人员应将缺陷做好记录，录入生产管理系统，报生产管理部门。消缺后及时完善生产管理系统资料。

【思考与练习】

1. 变电站特殊巡视的分类及目的是什么？
2. 变压器、断路器、隔离开关的特殊巡视项目有哪些？
3. 变电站设备缺陷分类的原则是什么？
4. 变压器的缺陷如何分级？
5. 什么是设备缺陷的闭环管理？

▶ 模块 3 一次设备巡视分析（Z09E1001Ⅲ）

【模块描述】本模块包含对变压器等一次设备巡视发现的异常分析。通过综合实例分析介绍，掌握变压器等一次设备的巡视分析方法，发现隐蔽性缺陷和异常，并提出处理意见。

【模块内容】

一、运行分析方法

运行分析是运行值班人员掌握设备性能及其薄弱环节、掌握设备缺陷或事故发生的变化规律，确保安全生产、提高安全意识和岗位运行技术素质的重要措施。通过运行分析，可以了解发生异常的前因后果，做好事故预想，防范可能发生的事故，也为检修部门处理异常缺陷提供方便。本节主要介绍变压器的运行分析方法，通常有下列方法。

1. 异常信号分析

依据二次系统报警信号、光字信号、保护信号、表计信息、各类指示等现象对变压器的异常运行工况进行分析判断。

2. 故障征象分析

（1）根据巡视检查结果，对变压器各部位出现的不正常声响、振动、异味、变色、油位、渗油、温度、压力、电流、电压、功率等变化进行分析；

（2）定期试验、重大操作及运行方式改变以及穿越故障引起的破坏情况，对变压器状态进行分析；

（3）依据保护、故障录波、自动化系统、红外测温、在线监测装置等信息进行分析、比较、判断；

（4）根据电气试验、绝缘油试验、油色谱分析、绕组变形测试等，对数据进行分析。

3. 对比分析

（1）与规程、规范、变压器铭牌中规定的参数对比分析；

（2）与同类型设备的数据差异对比分析；

（3）与历史数据对比，进行变化规律推断分析；

（4）对多个表计参数指标的对比关系差异与突变量进行分析。

4. 检查判断分析

针对现场检查的表象试验数据，结合如气候、环境、运行方式等进行综合分析。查明变化的实质与根源，判断异常或故障的真实原因，以便于制定具体可行的防范措施，进行检修、维护或技改。

二、变压器运行分析

做好变压器的运行分析，可以使运行值班人员掌握变压器的运行工况，及时发现异常或缺陷，以便及时处理，保证变压器的安全运行。

（一）变压器过负荷及温度升高

1. 变压器的额定容量与负荷能力

变压器的额定容量是指在规定的环境温度下，变压器能获得经济合理的效率和正常寿命时所允许的长期连续运行功率。在额定电压、额定电流下运行时，三相变压器的额定容量为

$$S_N = \sqrt{3} I_N U_N$$

式中　S_N——额定容量（kVA）；

　　　U_N——额定电压（kV）；

　　　I_N——额定电流（A）。

变压器在正常环境温度下，以额定容量长期连续运行，绝缘将按正常的速度老化，变压器的寿命为20～30年。实际运行中，变压器的负荷变化范围很大，不可能是一个长期固定不变的负荷。例如，在高峰时段，变压器的负荷较重；在低谷时段，变压器的负荷较轻。除此之外，变压器的负荷还与运行方式、季节变化、负荷增长、事故运行等诸多因素有关。变压器在多数情况下是轻负荷运行状态，在事故情况下有时需要短时过负荷运行。因此，有必要规定变压器短时允许过负荷运行，即变压器的过负荷能力。

变压器的过负荷能力是指在不损坏变压器绝缘和不影响预期寿命的前提下，变压器短时间允许输送的容量。过负荷的大小通常用负荷电流的标幺值表示，有时也用过负荷倍数或百分数来表示。变压器的过负荷可分为正常过负荷和事故过负荷，变压器过负荷运行时将使变压器的某些部件，如绕组、铁芯、金属部件、绝缘材料、绝缘油等温度升高，从而使变压器的寿命缩短。因此，需要对变压器的过负荷进行限制。变压器的过负荷能力应根据变压器的温升试验报告进行计算和校核，有缺陷的变压器不宜过负荷运行。

根据变压器运行规范，变压器的负载状态分为三类：

（1）正常周期性负载。在周期性负载中，某段时间环境温度较高，或超过额定电流，但可以由其他时间内环境温度较低，或低于额定电流所补偿。从热老化的观点出发，它与设计采用的环境温度下施加额定负载是等效的。

（2）长期急救周期性负载。要求变压器长时间在环境温度较高，或超过额定电流下运行。这种运行方式可能持续几星期或几个月，将导致变压器的老化加速，但不直接危及绝缘的安全。

（3）短期急救负载。要求变压器短时间大幅度超额定电流运行。这种负载可能导致绕组热点温度达到危险的程度，使绝缘强度暂时下降。

在实际运行中，运行单位应根据制造厂的要求，编制一个变压器过负荷倍数和允许持续时间表，严格按规定执行。

2. 变压器运行温度要求

（1）油浸式变压器顶层油温一般不应超过表 Z09E1001Ⅲ-1 规定（制造厂另有规定的除外）。当冷却介质温度较低时，顶层油温也相应降低。自然循环冷却变压器的顶层油温一般不宜经常超过 85℃。

（2）油浸式变压器在不同负载状态下运行时，应按表 Z09E1001Ⅲ-1 所列数据控制变压器负载电流和温度最大限值（制造厂另有规定的除外）。

表 Z09E1001Ⅲ-1　　　　变压器负载电流和温度最大限值

负 载 类 型		中型电力变压器	大型电力变压器
正常周期性负载	电流（标幺值）	1.5	1.3
	热点温度及与绝缘材料接触的金属部件的温度（℃）	140	120
长期急救周期性负载	电流（标幺值）	1.5	1.3
	热点温度及与绝缘材料接触的金属部件的温度（℃）	140	130
短期急救负载	电流（标幺值）	1.8	1.5
	热点温度及与绝缘材料接触的金属部件的温度（℃）	160	160

为保证变压器的安全和正常的预期寿命，变压器在实际运行中不应超过上述限值运行。

3. 变压器油温异常升高

运行中的变压器，有时会发生温度异常升高的情况，发生时应分情况及时进行处理。

（1）变压器油温异常升高。

1）应通过比较安装在变压器上的几只不同温度计读数，并充分考虑气温、负荷的因素，判断是否为变压器油温异常。

2）变压器油温异常升高应进行的检查工作：① 检查变压器的负载和冷却介质的温度，并与在同一负载和冷却介质温度下正常的温度核对；② 核对测温装置准确度；③ 检查变压器冷却装置或变压器室的通风情况；④ 检查变压器有关蝶阀开闭位置是否正确，检查变压器油位情况；⑤ 检查变压器的气体继电器内是否积聚了可燃气体；⑥ 检查系统运行情况，注意系统谐波电流情况；⑦ 进行油色谱试验；⑧ 必要时进行变压器预防性试验。

3）若温度升高的原因是由于冷却系统的故障，且在运行中无法修复，应将变压器停运修理；若不能立即停运修理，则应按现场规程规定调整变压器的负载至允许运行温度的相应容量，并尽快安排处理。

4）若是变压器内部故障引起的温度异常，则立即停运变压器，尽快安排处理。

5）若由变压器过负荷运行引起，在顶层油温超过 $105℃$ 时，应立即降低负荷。

（2）在正常负载和冷却条件下，变压器油温不正常并不断上升，且经检查证明温度指示正确，则认为变压器已发生内部故障，应立即将变压器停运。

变压器在各种超额定电流下运行，且温度持续升高，应及时向调度汇报，顶层油温不应超过 $105℃$。

（3）变压器的很多故障都有可能伴随急剧的温升，应检查运行电压是否过高、套管各个端子和母线或电缆的连接是否紧密，有无发热迹象。冷却风扇和油泵出现故障、温度计损坏、散热器阀门没有打开等均有可能导致变压器油温异常。

（二）冷却系统的缺陷及异常

冷却装置是影响变压器安全运行的重要部件。变压器在带有负荷的情况下，不允许将强油冷却器全停，以免温度过高使线圈绝缘受损。在运行中，当冷却系统发生故障切除全部冷却器时，变压器在额定负载下允许运行时间不小于 20min。当油面温度尚未达到 75℃时，允许上升到 75℃，但冷却器全停的最长运行时间不得超过 1h。

变压器冷却系统的正常运行取决于控制箱及控制回路、油泵及风扇、电源及电缆连接、站用电等设备和系统。因此，在进行设备巡视检查时，应根据检查控制箱内各元器件及控制回路、油泵及风扇情况、电源电缆连接情况、站用电屏各元器件及回路情况、站用变压器运行情况等。可以通过下列检查发现缺陷：

（1）用手感觉变压器各组冷却器温度应相近，风扇、油泵、水泵运转正常，油流继电器工作正常。冷却器组数应按规定启用，分布合理，油泵运转应正常，无其他金属碰撞声，无漏油现象，运行中的冷却器油流继电器应指示在"流动位置"，无颤动现象。

（2）油泵及风扇电动机声响是否正常，有无过热现象，风扇叶子有无抖动碰壳现象。

（3）冷却器连接管是否有渗漏油，油泵、风扇电动机电缆是否完好。风冷装置电动机出现故障不能正常运转时，应检查电动机电气回路及电动机本体。

（4）强油风冷变压器发生轻瓦斯频繁动作发信时，应注意检查强油冷却装置油泵负压区渗漏。

（5）冷却器检查及试验工作以及辅助、备用冷却器运转和信号是否正常。是否按月切换冷却器，是否每季进行一次电源切换并做好记录。

（6）强油冷却系统全停时，应立即查明原因，紧急恢复冷却系统供电，同时注意变压器上层油温不得超过 75℃，并立即向上级汇报。

（7）强油冷却装置运行中检查是否出现过热、振动、杂音及严重渗漏油、漏气等现象。

运行中的变压器发生冷却器全停故障时，变电运行值班人员应进行的检查和处理工作包括下列内容：

（1）检查故障变压器的负荷和油位情况，密切注意变压器绕组温度、上层油温。

（2）立即检查工作电源是否缺相，若冷却装置仍运行在缺相的电源中，则应断开连接。

（3）立即检查冷却控制箱各负荷开关、接触器、熔断器、热继电器等工作状态是否正常，若有问题，立即处理。

（4）立即检查冷却控制箱内另一工作电源电压是否正常，若正常，则迅速切换至该工作电源。

（5）若冷却控制箱电源部分已不正常，则应检查所用电屏负荷开关、接触器、熔断器，检查站用变压器高压熔断器等情况，对发现的问题做相应处理。若变电运行值班人员不能消除缺陷，则应及时通知检修人员安排处理。

（6）及时将情况向调度及有关部门汇报，根据调度指令进行有关操作。

发生冷却全停时，调度应及时了解故障变压器的运行情况及缺陷消除情况，合理安排运行方式，必要时转移或切除部分负荷，以降低故障变压器的温升，同时，做好退出该变压器运行的准备。

（三）有载分接开关的缺陷及原因分析

变压器有载分接开关的运行维护必须遵循制造厂使用说明书和有关标准、规程所规定的要求。根据维护目的，检查有关部位，查看有关缺陷情况，测量必要的数据并进行分析。检查各部分密封及渗、漏油情况，并做好记录。进行手动和电动分接变换操作，检查各部分动作的正确性。有载分接开关维护周期原则上在有载调压变压器大、小修的同时，相应进行分接开关的大、小修。通常，有载分接开关的缺陷有：

（1）有载分接开关与电动机构分接位置不一致时，故障原因一般为分接开关与电动机构连接错误、连杆松动或脱落，应查明原因并进行连接校验。

（2）当全部分接位置的电动机构与远方控制分接位置指示不一致时，一般为电动机构内的位置转换器与分接开关的位置错位。排除方法为对电动机构的位置转换器与分接开关的实际位置进行校验，使远方控制分接位置与分接开关的实际位置相一致。

（3）分接开关连动故障的起因：① 分接开关交流接触器失电延时，使顺序开关或交流接触器动作不协调；② 机构箱内微动开关及接触器性能不可靠；③ 切换开关固定螺丝止动垫片的长度不够不能起止动作用；④ 分接开关切换时由于振动和频繁的切换造成螺丝松动等。

（4）切换开关拒动原因：① 快速机构的弹簧拉力不够大或弹簧拉断；② 开关没有防爆装置、切换开关本体未装短路环、软连线松散等；③ 切换开关油室底盘与中心轴密封太紧导致切换开关插不到位而出现拒动等。通常，切换开关拒动主要应从过渡触头、工作触头和快速机构几个方面找原因。

（5）与拒动相类似的现象的原因：切换开关切换时间延长或者不切换，应从拉簧疲劳、拉力减弱、拉簧断裂或机构卡死等方面找原因。

（6）分接开关越限故障的原因。分接开关越限主要是由于电动机构的连调使电气限位装置失去作用、机械限位装置误差过大或是定位块高度不够引起。

（7）选择开关动静触头接触不良的原因。选择开关动静触头接触不良主要是静触头间主弹簧软化、弹性极限和抗疲劳强度不够，安装位置没有对准造成拉弧使触头磨损等原因。

（8）油室渗漏油故障原因。油室渗漏油主要是因为油室密封缺陷和密封胶垫安装不到位或老化。

（9）分接开关的局部放电故障。分接开关的局部放电主要由绝缘性能下降引起，另外还由雷击过电压、操作过电压或强大外力作用引起。

（四）变压器油色谱异常

变压器本体油中气体色谱分析超过注意值时，应进行跟踪分析，根据各特征气体和总烃含量的多少及增长趋势，结合产气速率，综合判断。必要时缩短跟踪周期。不同的故障类型产生的主要特征气体和次要特征气体见表 Z09E1001Ⅲ-2。

表 Z09E1001Ⅲ-2　　　　　　不同故障类型产生的气体

故 障 类 型	主要气体组分	次要气体组分
油过热	CH_4, C_2H_4	H_2, C_2H_6
油和纸过热	CH_4, C_2H_4, CO, CO_2	H_2, C_2H_6
油纸绝缘中局部放电	H_2, CH_4, CO	C_2H_2, C_2H_6, CO_2
油中火花放电	H_2, C_2H_2	
油中电弧	H_2, C_2H_2	CH_4, C_2H_4, C_2H_6
油中纸中电弧	H_2, C_2H_2, CO, CO_2	CH_4, C_2H_4, C_2H_6

在变压器里，当产气速率大于溶解速率时，会有一部分气体进入气体继电器或储油柜中。当变压器的气体继电器内出现气体时，分析其中的气体，同样有助于对设备的状况做出判断。分析溶解于油中的气体，能尽早发现变压器内部存在的潜伏性故障，并随时监视故障的发展状况。

根据油色谱含量情况，运用 GB/T 7252《变压器油中溶解气体分析和判断导则》，结合变压器历年的试验（如绕组直流电阻、空载特性试验、绝缘试验、局部放电测量和微水测量等）的结果，并结合变压器的结构、运行、检修等情况进行综合分析，判断故障的性质及部位。根据具体情况对设备采取不同的处理措施。在某些情况下，有些气体可能不是设备故障造成的，如油中含有水，可以与铁作用生成氢；过热的铁芯层间油膜裂解也可生成氢；新的不锈钢中也可能在加工过程中或焊接时吸附氢而又慢慢释放至油中；在温度较高、油中有限溶解氧时，设备中某些油漆（醇酸树脂），在某些不锈钢的催化下，甚至可能产生大量的氢；有些油初期会产生氢气（在允许范围内）以后逐步下降。应根据不同的气体性质分别给予处理。

当油色谱数据超注意值时，还应注意排除有载调压变压器中切换开关油室的油向变压器本体油箱渗漏，或选择开关在某个位置动作时，悬浮电位放电的影响；设备曾经有过故障，而故障排除后绝缘油未经彻底脱气，部分残余气体仍留在油中；设备带油补焊；原注入的油中就含有某些气体等可能性。

三、电气设备的运行分析

1. 电气设备发热及原因分析

电气一次设备以及它们与母线、导线或电缆之间的电气连接部位，常常因某种原因产生发热，严重时将影响变电站的安全运行。

电气设备工作时，由于电流、电压的作用，将产生电阻损耗发热、介质损耗发热、铁芯损耗发热等三种热源。电气设备的热故障可分为外部故障和内部故障，接触不良是电气设备的外部故障。长期暴露在大气中的各种电气接头因表面氧化而接触不良，常常引起接头过热。电气设备的内部热故障是指封闭在固体绝缘、油绝缘以及设备壳体内部的电气回路故障和绝缘介质劣化引起的故障。根据各种电气设备的内部结构和运行状态，依据传热原理，分析金属导电回路、绝缘油和气体等引起的传导、对流，从电气设备外部显现的温度分布热像图，可以判断出各种内部故障。

常用的金属导体有铜、铝、锡、银、钢等。由于任何金属导体都有一定的电阻，其电阻与其本身的电阻率和平均温度系数有关，且有相应的熔点。对于电气接头类的纯电阻设备来说，根据 $Q=I^2Rt$，可以计算出电流流过导体时的发热量。当电气接头的接触电阻由于某种因素如接触表面状况不良、氧化程度严重、接触压力较小、有效接触面积减小而增大时，或电流增大时，其发热量（温度）将相应增大，电阻由于热效应而相应增大。电阻增大又使温度增加，如此恶性循环，将使接触面的温度升高超过其熔点而熔化，从而会使接头由于温度超过熔点温度而熔化。

当系统发生短路时，随着短路电流的急剧增加，接头因超温最容易发生熔化或熔断，同时会扩大为火灾事故和绝缘破坏事故。通常，金属导体的电阻是很小的，在不发生严重过载或短路的情况下，导体的发热也很小，在设计的散热条件下一般不会引起故障。但是，导体之间接触的接触电阻，除与环境温度和通过的电流有关外，还与接触面的材料、接触表面粗糙程度、接触面积的大小、接触表面氧化程度和接触压力等因素有关。而且，这些因素常常相互作用，恶性循环。例如，某设备的导体与引线的接触面由于压接不紧或接触面较小，在通过一定电流时产生发热；发热后加速了接触面的氧化，使接触电阻增大；接触电阻增大后使发热更严重，导致接头处严重过热，造成接头烧坏或熔断。可见，电气设备的局部发热，若不及时发现和处理，发热点会逐步扩大，可能会导致严重后果。

2. 电气设备的热故障

（1）金具质量。变电站母线及设备线夹等金具，选用优质产品，载流量及动热稳定性应符合设计要求。特别是设备线夹，应采用先进的铜、铝扩散焊工艺的铜铝过渡产品。

（2）检修工艺。安装检修时，设备接头的接触表面平整光洁，要进行防氧化处理，控制接头的紧固压力，严格按检修工艺程序。在定期检修工作中，按影响接触电阻的五个方面的因素进行相应的检查、分析与处理，处理后测量其接触电阻或直阻是否合格。

（3）巡视检查。对于运行设备，运行值班人员要定期巡视连接头发热情况。有些连接点过热可通过观察来确定，比如运行中过热的连接点会失去金属光泽，导体上连接点附近涂的色漆颜色加深，示温蜡片变红等。

（4）红外测温。红外热像仪可在一定距离内实时、定量、在线检测发热点的温度，通过扫描，还可以绘出设备在运行中的温度梯度热像图，揭示出如导线接头或线夹发热，以及电气设备中的局部过热点。红外热像仪具有灵敏度高，不受电磁场干扰，便于现场使用等特点，是目前广泛使用的电气设备测温方法。按运行规程要求，定期做好防止电气设备过热的红外测温检测工作。在环境温度变化、负荷增加等情况下，还应增加测温次数和检查导体接触面的项目。

（5）色谱分析。绝缘油中溶解气体组分含量的定期测定。用气相色谱法测定绝缘油中溶解气体的组分含量，判断运行中的充油电力设备是否存在潜伏性的过热、放电等故障。

四、案例

接触不良引起设备发热。

1. 缺陷发现经过

变电运维人员巡视某 110kV 站 10kV 开关柜时，发觉开关室内有异味，并且手触开关柜温度较高。通过开关柜前后侧的玻璃看窗检查，发现 029 间隔 B 相导体已发红色，当时负荷电流为 1900A。负荷调出后，导体温度有所降低。

2. 缺陷原因分析

029 断路器下静触头连接导线与电流互感器穿心导体连接不良是导致本次事故的原因。发热导体将热量传导至下层返线母排，使热缩护套发生损坏。

3. 缺陷定级

主导流部分接触不良，引起发热变色，定性为危急缺陷。

【思考与练习】

1. 变电站运行分析目的是什么？
2. 变压器三类负荷是如何定义的？
3. 引起电气设备发热的原因有哪些？
4. 变压器油温异常时应做哪些检查？

第二章

二次设备巡视

▲ 模块1 二次设备的正常巡视（Z09E2001Ⅰ）

【模块描述】本模块包含二次设备的正常巡视项目、巡视要求及注意事项。通过保护及自动装置、通信及自动化等实例，掌握变电站二次设备的巡视的内容及要求，发现保护装置的异常，并及时上报。

【模块内容】

一、二次设备巡视的一般规定

（一）变电站二次设备的概述

二次设备是指对一次设备的工作状况进行监视、测量、控制、保护、调节的电气设备或装置，如监控装置、继电保护装置、自动装置、信号装置等。通常还包括电流互感器、电压互感器的二次绕组、引出线及二次回路，站用电源及直流系统。这些二次设备按一定要求连接在一起构成的电路，称为二次接线或二次回路。二次回路主要包括以下内容。

1. 控制系统

控制系统的作用是，对变电站的开关设备进行就地或远方跳、合闸操作，以满足改变主系统运行方式及处理故障的要求。控制系统由控制装置、控制对象及控制网络构成。在实现了综合自动化的变电站中，控制系统控制方式包括远方控制和就地控制，远方控制有变电站端控制和调度（集控站或调控中心）端控制等方式，就地控制有操动机构处和保护（测控或监控）屏控制等方式。

2. 信号系统

信号系统的作用是，准确及时地显示出相应一次设备的运行工作状态，为变电运维人员提供操作、调节和处理故障的可靠依据。信号系统由信号发送机构、信号接收显示元件（装置）及其网络构成。按信号性质分为状态信号和实时登录信号，常见的状态信号有断路器位置信号、各种开关位置信号、变压器挡位信号等，常见的实时登录信号有保护动作信号、装置故障信号、断路器监视的各种异常信号等。按信号发出时间分为瞬时动作信号和延时动作信号。按信号复归方式分为自动复归信号和手动复归信号等。

3. 测量及监察系统

测量及监察系统的作用是，指示或记录电气设备和输电线路的运行参数，作为变电运维人员掌握主系统运行情况并进行故障处理及经济核算的依据。测量及监察系统是由各种电气测量仪表、监测装置、切换开关及其网络构成。变电站常见的有电流、电压、频率、功率、电能等的测量和交流、直流绝缘监察等。

4. 调节系统

调节系统的作用是调节某些主设备的工作参数，以保证主设备和电力系统的安全、经济、稳定运行，如有载调压分接开关等。调节系统由测量机构、传送设备、自控装置、执行元件及其网络构成。常用的调节方式有手动、自动或半自动方式。

5. 继电保护及自动装置系统

继电保护及自动装置的作用是：当电力系统发生故障时，能自动、快速、有选择地切除故障设备。减小设备的损坏程度，保证电力系统的稳定，增加供电的可靠性。及时反映主设备的不正常工作状态，提示变电运维人员关注和处理，保证主设备的完好及系统的安全。

继电保护及自动装置系统由电压/电流互感器的二次绕组、继电器、继电保护及自动装置、断路器及其网络构成。继电保护及自动装置是按电力系统的单元进行配置的。由断路器隔离的一次电气设备即构成一个电气单元（也称元件）。有了断路器可以将电力系统分隔为各种独立的电气元件，如发电机、变压器、母线、线路、电动机等。一次设备被分隔为各种电气单元，相应的就有了各种电气单元的继电保护装置，如发电机保护、变压器保护、母线保护、线路保护、电动机保护等。

6. 操作电源系统

操作电源系统的作用是：供给上述各二次系统的工作电源，断路器的跳、合闸电源，及其他设备的事故电源等。操作电源系统由直流电源或交流电源供电，一般常由直流电源设备和供电网络构成。

（二）二次设备巡视目的

变电站二次设备的主要功能是对一次设备运行的监视、测量、控制和调节。因此，巡视二次设备主要有两个目的：一是发现一次设备的故障和运行异常；二是监视二次设备和系统本身的运行状态，掌握二次设备运行情况，通过对二次设备巡视检查，及时发现二次设备和系统运行的异常、缺陷或故障，确保变电站和电网安全运行。

（三）二次设备巡视的方法

变电站的二次设备是监视、测量、控制、保护、调节一次设备运行的。通常二次设备本身的自动化程度高，尤其是现在大量采用的微机型保护或装置，这类装置一般都有自检程序，当装置发生故障或异常时会自动闭锁，并发出报警信号。因此，二次设备的巡视应重点检查保护装置、监控系统、自动化设备、直流设备等的信号和显示。

二次设备的巡视检查一般采用下列方法：

（1）外观检查：检查设备的外观，是否有破损、损坏、锈蚀、脱落、松动或异常等，检查设备有无明显发热、放电、烧焦等痕迹；

（2）信息检查：检查二次设备、各种装置、保护屏、电源屏、直流屏、控制柜、控制箱、监控系统等是否发出异常信号、报警信号、光字信号、报文信息、上传信息、打印信息、异常显示等；

（3）测试检查：利用装置、设备和系统等的自检功能，测试其工作状态；

（4）仪表检查：利用仪表测量电阻、电压和电流等；

（5）位置检查：检查设备和装置的压板、开关和操作把手位置是否符合运行方式；

（6）环境检查：检查主控室、保护室等的温度、清洁、工作环境是否符合要求；

（7）其他检查：检查是否有异响、异味，检查电缆孔洞、端子箱等的封堵。

（四）二次设备巡视的要求

二次设备巡视的基本要求、巡视周期、巡视流程与一次设备相同。巡视检查也必须按标准化作业指导书进行，按规定路线巡视，使用巡视卡（智能卡或纸质卡），详细填写巡视记录，严格执行相关规程规定，确保人身安全和设备安全运行。同时，为了保证巡视质量，运行值班人员除了应具备高度责任感，严格执行标准化作业要求外，还应正确理解微机继电保护、自动装置和监控系统的各种信息含义，以便及时发现问题。

（五）二次设备巡视的危险点分析

二次设备巡视的危险点主要是下列几个方面：

（1）未按照巡视线路巡视，造成巡视不到位，漏巡视；

（2）人员身体状况不适、思想波动，造成巡视质量不高或发生人身伤害；

（3）巡视中误碰、误动运行设备，造成装置误动或人员触电；

（4）擅自改变检修设备状态，变更安全措施；

（5）开、关装置或柜门，震动过大，造成设备误动；

（6）在保护室使用移动通信工具，造成保护误动；

（7）发现缺陷及异常时，未及时汇报；

（8）夜间巡视或室内照明不足，造成人员碰伤等。

二、监控系统的正常巡视检查

监控系统是集控站（监控中心）用于监视和控制无人值班变电站的自动化系统，

它是在调度自动化系统的基础上进行功能细化和完善形成的。通过监控系统，集控站（监控中心）可以对其所管辖的变电站实行遥测、遥信、遥控、遥调和遥视（五遥），完成各种远方操作、监视和控制等功能。由于监控系统主要是计算机设备、远动设备、通信设备、网络设备和信息传输通道等，因此，变电运行值班人员对监控系统的巡视检查主要是对设备外观、工作状态和工作环境等进行检查，同时还要检查监控系统的异常信号、运行状态和监控功能等。巡视检查的内容和要求如下：

（1）检查计算机柜、远动屏、通信屏、装置屏、机柜等设备，屏上的各种装置、显示窗口、操作面板、组合开关等是否清洁、完整、安装牢固；信号灯显示是否正常，有无异常信号。

（2）检查监控系统有无异常信息、报警信息、报文信息、上传信息等，是否出现故障信号、异常信号、动作信号、断线信号、温度信号、过负荷信号等。检查事件记录、操作日志、运行曲线、报表等是否异常，对监控信息进行分析判断。

（3）检查监控系统显示的运行状态与实际运行方式是否一致，各监控画面进行切换检查。检查频率、电压、电流、功率、电量等实时数据、参数显示是否正常。

（4）检查监控系统"五遥"功能、自检和自恢复功能是否正常。

（5）各种保护装置和监控装置的电源指示、时间显示、各信号指示灯应正确。通信、巡检应正常，液晶显示应与实际相符。

三、继电保护和自动装置的正常巡视检查

变电站所有的电气设备和线路，都应按规定装设保护装置、自动装置、测控装置及事件记录装置等二次设备。

1. 设备巡视的内容和要求

（1）各种控制、信号、保护、装置、直流和站用屏等应清洁，屏上所有装置和元件的标识应齐全。各种屏上的装置、显示、面板、信号、开关、压板等应清洁、完整、不破损、无锈蚀、安装牢固。

（2）继电保护及自动装置屏上的保护压板、切换开关、组合开关的投入位置应与一次设备的运行相对应，信号灯显示应正常，无异常信号，装置的打印纸应足够。

（3）控制屏、信号屏、直流屏和站用屏上的保险、开关、小刀闸等的投入位置应正确，信号灯显示应正常，无异常信号。

（4）断路器和隔离开关等的位置信号应正确，分、合显示应与实际位置相符。

（5）各种装置的电源指示、信号指示灯应正确，液晶显示应与实际相符。

（6）控制柜、端子箱、操作箱、端子盒的门应关好，无损坏。保护屏、端子箱、接线盒、电缆沟的孔洞应密封。

（7）继电保护室、开关室、直流室等的室内温度、湿度应符合规定。

对于无人值班站的巡视检查，应使用调度自动化监控系统，认真监视设备运行情况，做好各种有关记录。在监控机上检查各站有无各种信号发出以及检查各站的有、无功及电流、电压情况是否正常。班中检查：集控站（监控中心）应能对所辖各无人值班站实行监控，实现防火、防盗自动报警和远程图像监控。

2. 巡视检查发现问题的处理

（1）当低压信号或电压回路断线信号发出时，应检查电压互感器的熔断器及空气开关并设法处理，及时向调度汇报，经处理后，如仍无法恢复，该保护是否退出根据调度命令执行，并及时通知保护专业人员进行处理。

（2）当直流回路断线信号发出时，应检查控制熔断器及控制回路并设法处理，及时向调度汇报，如无法恢复，应及时通知保护专业人员进行处理。

（3）继电保护和安全自动装置异常信号发出后，应查明原因并设法处理，及时向调度汇报，经处理后，如仍无法消除，该保护是否退出应根据调度命令执行，并及时通知保护专业人员进行处理。

（4）监控系统发出异常信号，如无法查明原因且不能消除，应及时向调度汇报，通知自动化专业人员进行处理。

四、通信及自动化设备的正常巡视检查

（一）通信设备的巡视检查

电力通信是电网调度和自动化的基础，变电站的通信设备应纳入变电运行管理。电网通信系统主要包括微波通信系统、光纤通信系统、电力载波通信系统、通信电缆系统、调度程控交换系统等。

1. 通信设备日常巡视检查

为了提高通信设备的运行质量，确保系统内通信设备的安全运行，有人值班变电站的值班人员必须按规定对通信机房进行必要的巡视。

（1）做好设备的巡视、检查，做好设备运行日记录等工作；

（2）做好机房的环境卫生，保持室内温度在规定范围内；

（3）通信设备的电源要稳定可靠，运行正常；

（4）在日常巡视中发现故障及时向通信主管部门汇报。

2. 载波设备日常巡视内容

（1）观测运行情况：正常状态黄色灯亮，故障状态红色灯亮；交换系统电源灯正常状态应点亮；检测有无辅助带通盘高频信号。

（2）导频电平是否正常。

（3）电源盘各电压情况。

（二）自动化设备的巡视检查

变电站自动化设备是调度自动化、监控系统的主要部分，其将变电站的运行信息实时上传至监控中心和调度中心，并由监控中心发出指令对变电站进行控制。

1. 交接班检查

（1）自动化设备屏、柜的清洁情况，屏上所有元件的标识应齐全；

（2）检查自动化设备屏上主要指示灯的运行工况，应根据实际情况制定设备巡视卡；

（3）综合自动化变电站检查事故声响应正常，检查后台机主画面遥信位置与实际是否对应，遥测是否一致，且有刷新；

（4）检查自动化设备屏、柜的门（盖）应关好；

（5）检查自动化设备屏内是否有异声、异味。

2. 班中检查

（1）遥控输出压板的投入、退出应正确；

（2）检查自动化装置电源位置是否正确；

（3）综合自动化变电站后台机在遥信变位时发出声响，推出告警画面，遥测在刷新；

（4）检查上一班操作后的遥控出口连接片和开关的位置是否符合实际；

（5）自动化设备主要指示灯的运行工况是否正常；

（6）检查后台机是否有病毒侵害；

（7）当调度终端发出事故或异常告警时，变电运维人员应立即巡视相关设备。

【思考与练习】

1. 变电站二次设备的正常巡视项目有哪些？

2. 通信及自动化设备的正常巡视检查的内容有哪些？

3. 对二次设备巡视检查的要求是什么？

▲ 模块 2　二次设备特殊巡视（Z09E2001Ⅱ）

【模块描述】本模块包含二次设备的特殊巡视项目、巡视要求及注意事项。通过二次设备特殊巡视案例介绍，掌握变电站二次设备的特殊巡视的内容，发现缺陷和异常。

【模块内容】

一、变电站二次设备的特殊巡视

1. 特殊巡视的一般要求

变电站设备巡视检查的目的是发现运行设备存在的缺陷，及时进行处理，避免发生设备事故。二次设备的特殊巡视主要是从变电站安全运行角度出发来考虑，有针对性地、有重点地进行设备巡视检查。特殊巡视检查是指设备运行条件变化的情况下进行的检查，这类设备巡视检查不是按照周期性进行的，而是在设备一旦出现运行条件变化就应该立即进行的检查。设备运行条件的变化主要是指：

（1）气候条件的变化。雷雨、大风、冰雪、冰雹、大雾、高温等，对于这些异常气候的变化可能影响到的运行设备，都应该进行巡视检查。

（2）运行方式改变。运行方式改变可能使有缺陷的运行设备出现异常。当然如果是计划检修，事先就应该对运行设备状况进行全面检查，为设备计划检修提供依据，也作为制订检修计划的参考。

（3）有缺陷的设备。有些运行设备本来就存在缺陷，但是还可以继续运行，设备缺陷近期有发展时。

（4）二次设备经过试验、改造或长期停用后重新投入运行后，新安装的设备投入运行后。

（5）设备变动后的巡视。

（6）异常情况下的巡视。主要是指过负荷或负荷剧增、超温、设备发热、系统冲击、跳闸、有接地故障情况等，应加强巡视。必要时，应派专人监视。

（7）法定节假日及上级通知有重要供电任务期间，应加强巡视。

2. 特殊巡视的检查内容

二次设备由于主要在室内，所受外界环境变化的影响相对较小，主要是受室内温度、湿度等条件的影响。因此，装置或系统的缺陷、故障或异常信号，就是二次设备特殊巡视检查重要内容，可以根据变电站二次设备运行实际状况和运行方式的要求来决定需要检查的项目。根据国家电网公司《变电站管理规范》要求，特殊巡视检查的内容，应按本单位规定执行。一般应检查以下内容：

（1）保护室、控制室环境温度、通风、照明符合规定。

（2）保护及自动装置屏电源指示灯、插件指示灯、工作状态指示灯、液晶显示等正常，无异常信号。检查室内二次接线，无异味、无放电打火现象。

（3）保护及自动装置切换开关、连接片投入情况正确，与运行方式相符。

（4）通信、自动化设备工作正常，无异常信号。

（5）监控系统各部分功能正常，各种运行参数显示正确，无越限、异常及告警信号。

（6）直流设备及蓄电池运行正常，直流母线电压、充电电流、直流系统绝缘正常。

（7）新安装、试验、改造或长期停用后投入运行的二次设备，运行正常。

（8）二次设备存在的缺陷近期有无发展。

（9）根据本站设备情况，其他需要重点检查的项目。

二、案例

特殊巡视发现 1 号主变压器低压侧电流回路断开。

1. 运行方式

某 110kV 变电站接线如图 Z09E2001Ⅱ-1 所示。正常运行方式为东涵Ⅰ线带 110kV Ⅰ段运行，东涵Ⅱ线带 110kVⅡ段母线运行，110kV 桥 100 断路器热备用，高压侧装设备用电源自投入装置。10kV 分段 000 断路器热备用，装设备用电源自投入装置。

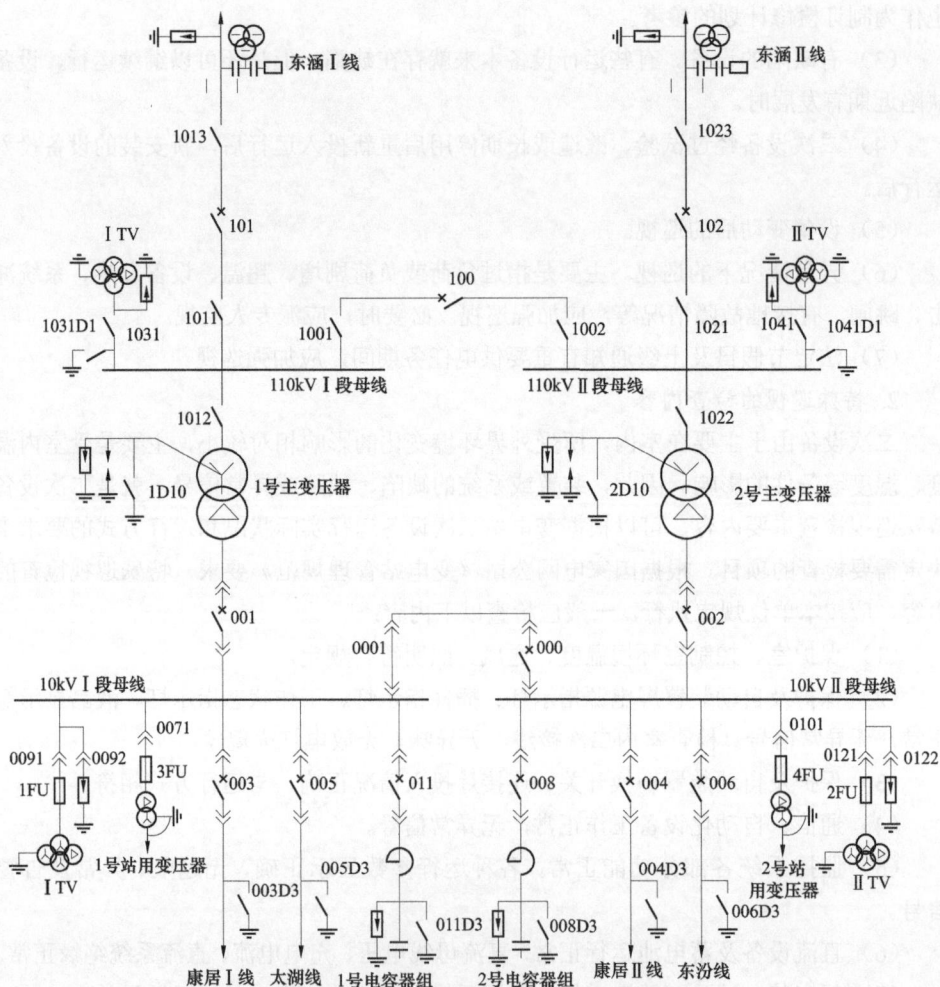

图 Z09E2001Ⅱ-1　某 110kV 变电站接线图

2. 缺陷发现经过

对保护回路进行特殊巡视，在检查变压器差动保护接线时，发现低压侧电流回路端子排三相连接片未连接。

3. 差动保护未发不平衡信号原因分析

正常运行时，1 号主变压器带康居 I 线、太湖线负荷，因为负荷电流较小（二次电流为 0.5A 左右），不能发出差流不平衡信号（定值为 $0.2I_N$，折合低压侧为 2.36A），而且由于三相都未接，低压侧保护也未发电流不平衡信号。

4. 可能造成的后果

当发生区外故障时，由于缺少低压侧电流，差动保护出现差流，达到保护动作定值，差动保护动作跳闸。

5. 防范措施

（1）立即完善继电保护和自动装置检验报告填写内容，编制完善保护作业指导书和事故处理作业指导书，有效指导现场标准化作业和事故处理工作，制定有效的监督办法。

（2）开展继电保护检验工作的专项培训，提高工作人员的检验水平。

（3）事故处理必须使用事故应急处理单，拆动二次回路要使用二次安全措施票，无事故应急单和二次安全措施票，工作许可人不办理开工手续。

（4）变电运维人员要深化设备巡视内容，在设备验收时发现异常现象要询问清楚，对检修人员遗忘的问题，要力所能及地把关。

【思考与练习】

1. 变电站二次设备的特殊巡视检查内容有哪些？

2. 电压互感器回路二次开路有何现象？

◢ 模块 3　二次设备巡视分析（Z09E2001Ⅲ）

【模块描述】本模块包含二次设备的运行分析，判断二次回路、设备、装置或系统的异常。通过实例介绍，掌握变电站保护及自动装置、通信及自动化等二次巡视异常分析，并上报处理。

【模块内容】

一、变电站二次设备的异常及分析

1. 直流回路接地或绝缘降低

变电站的直流回路涉及面很广，从直流电源屏到各保护屏、测控屏、自动装置屏，从各端子箱到变压器、断路器、隔离开关，涉及变电站的各个角落。一旦直流回路发生接地或绝缘降低，如果对直流系统的接线和原理不够了解，将很难快速处理并及时恢复变电站的正常运行。

变电站运维人员应熟悉变电站的直流电源供电网络。一般向直流供电网络提供电源的是蓄电池。在综合自动化的变电站中为了提高直流电源的可靠性，配置两组蓄电池，两组蓄电池分别向两段直流母线供电，两段直流母线由联络开关连接起来，按供电区域进行环网供电。例如：110kV 配电装置直流环网，35kV 配电装置直流环网，10kV 配电装置直流环网，控制室小母线直流环网等。如果断路器采用电磁操动机构的，还应配置合闸电源直流环网。有的保护测控装置要求给保护和控制回路分别提供直流电源，则有保护电源小母线环网和控制电源小母线环网等。

在变电站运行中，如果发生直流回路一点接地，接地点没有短路电流流过，不会造成短路及异常事故。但是如果不及时处理，再发生另一点接地时，就可能引起控制回路或保护回路误动作，而引起严重后果。由于直流系统的绝缘状况直接影响到变电站的安全运行，为监视直流系统的绝缘，变电站都装有微机型直流系统绝缘监察装置。当直流系统绝缘破坏时，能自动发出报警信号，并能测量直流系统的绝缘电阻。直流系统发出接地信号时，值班人员应立即汇报调度，并查找接地点或接地回路，尽快将其消除或隔离。

2. 断路器控制回路异常

断路器控制回路也是比较容易发生问题的部位，主要问题多出在断路器的操动机构中。例如，断路器的跳闸线圈中串接有断路器的动合辅助触点，其作用是当断路器执行跳闸操作后，此动合触点立即打开，切断跳闸脉冲。如果此动合触点调整不当，断开时间过长，可能会由保护出口中间继电器的触点来切断跳闸脉冲，而中间继电器触点的容量相对较小，有可能在断弧的过程中被烧坏。

断路器跳闸线圈有的是两个线圈连接使用，线圈并联时用于直流 110V 回路中，串联时用于直流 220V 回路中。在串联使用时，一定要注意同极性串联，否则，反极性串联产生的磁通相抵消，使跳闸线圈无法执行跳闸命令。有的断路器具有双跳闸线圈，一个接在主跳回路，另一个接在辅跳回路。如果保护装置也是双套配置的，这两套保护的出口回路分别接在两个跳闸回路中。这种情况下也一定要注意两个跳闸线圈接线的极性应保持一致，否则，当发生故障两套保护同时动作时，断路器将可能拒动。

对于气（液）压机构操作的断路器，一定要注意气（液）压力降低的闭锁触点，在接入回路中不同的压力按要求去闭锁不同的回路。断路器的操动机构有一些机械传动的部件，在多次操作后，有可能发生变位。当断路器经过检修后特别要注意检查控制回路的正确性，最好的方法就是通过传动试验来检查回路中的每一个部位。

3. 交流电压二次回路断线

变电站在运行中常出现交流电压二次回路断线的情况。这种情况如不及时处理，将给继电保护的安全运行带来威胁。因为交流电压回路的断线，很容易造成距离保护或接有阻抗元件的保护发生误动作。

发生交流电压二次回路断线的原因主要有以下两个方面：

（1）交流电压的二次回路，为了防止电压互感器在停电检修时电压互感器的二次向一次反供电，一般都经过电压互感器隔离开关的辅助触点来控制交流电压回路。即当电压互感器隔离开关在合闸时，才允许将交流电压的二次回路接通。电压互感器隔离开关的辅助触点也是机械传动的部件，多次操作后，有可能发生变位，容易产生触点接触不良的情况。当发生交流电压回路断线时，应注意检查电压互感器隔离开关的辅助触点。

（2）当有工作人员在交流电压二次回路上工作时，如果采取的安全措施不得当或工作人员不小心，很容易发生交流电压二次回路的接地或短路，造成电压互感器二次回路的空气开关跳闸，使交流电压二次回路断线。针对这种情况，对有工作人员在交流电压二次回路上工作时，要注意制定完备的安全措施，加强对工作人员的监护。当发生电压互感器二次回路的空气开关跳闸时，立即合上，使保护装置失去交流电压的时间尽可能地短。

4. 电流互感器极性出错

电流互感器极性的正确性对继电保护、自动装置的正确工作、对测控装置的正确测量起着关键性的作用。为此，必须始终保持运行中的电流互感器以正确的极性接入各类装置。一般新投运的设备，在安装过程中都要检测极性，设备带电后还要用负荷电流和工作电压进行试验，这样在运行中，电流互感器极性不会出错。但是，电流互感器每年要做预防性试验及定期检验，在试验中要拆动二次绕组的端子，如果工作人员稍有疏忽就可能将接线端子倒换，从而发生电流互感器极性接错。在现场运行中常发生此类现象。为防止此类问题的发生，当电流互感器检修或试验工作结束后，一定要核对接线正确性。在一次设备带负荷后，通过打印采样值或其他试验手段，确保交流电流电压回路的极性、相位及变比的正确性。这样才能保证在一次设备检修或试验后，保护、自动装置仍能安全、稳定、正确地运行。

5. 变压器本体二次回路异常

变压器本体所接的二次回路主要有气体继电器、释压器、温度计、变压器通风、有载调压等部分。虽然这部分回路不是很多，但是这部分在二次系统中却是运行环境最差的部位。因为这些设备都裸露在外，容易受到风吹雨淋；而且变压器本体在运行中温度较高，这样对二次电缆及其他电器设备的绝缘带来损害，很容易老化，如不注意维护可能发生故障。

在运行中最常见的是气体继电器、释压器的接线端子进水或受潮引起的短路，而造成保护误动作。防止的对策是：① 在气体继电器的顶盖上加防雨罩；② 接线的电缆从端子盒出来一定要有一个向下的弧度，防止通过电缆将雨水引入端子盒。释压器的接线端子要注意离变压器顶盖有一定的高度，若用航空插头接线的要注意其密封防潮。

为了防止变压器本体二次回路出现异常情况，要加强对这部分回路的绝缘监督。在定期检验中，或有停电检查的机会时，对其二次回路进行绝缘检验，发现问题要及时处理。

6. 高频保护通道异常

各类型的高频保护在运行中容易发生高频保护通道异常。高频保护通道是指输电线路及线路两端的阻波器、耦合电容器、结合滤过器、高频电缆和收发信机。在运行中高频保护通过高频通道正常地交换信号。在故障时正确传递高频信号，判断短路发生的地点，以确定高频保护是否应该动作。为保证高频信号的正确传递，高频收发信机要有足够的功率，其发信电平除保证两端正确地接收外，考虑到信号传输中的衰耗，还要保证有一定的余度电平。高频通道受到环境、外力、气候、干扰信号的影响，常有发生衰耗增大的现象，有时甚至影响了高频收发信机的正常接收。在运行中高频保护每天要通过高频通道交换高频信号，来检查高频通道是否完好。

如果衰耗增加使收发信机不能正常工作，则高频保护会发出"高频保护通道异常"的信号。这时，变电运维人员要及时退出高频保护，由继电保护人员检查处理。一般发生这类问题有以下几种可能：

（1）受气候变化的影响，阴雨、冰雪、大雾天气容易造成信号衰耗的增加；

（2）受干扰信号的影响；

（3）外力造成的信号短路现象；

（4）通道设备参数配置不当。

为防止这类问题的发生要注意从以下方面检查处理：

（1）保证信号传输芯线与屏蔽层（地）之间的绝缘；

（2）注意通道设备参数的配合，正确选用结合滤过器的抽头；

（3）正确选择高频收发信机的中心频率，尤其注意和相邻高频设备的频率隔离；

（4）做好抗干扰的措施，如与高频电缆并行接地铜排的敷设；

（5）正确选择高频电缆的长度，减小波阻抗反射的影响；

（6）做好高频通道的反措工作。

7. 保护装置的异常

（1）当低压信号或电压回路断线信号发出时，应检查 TV 熔断器及空气开关并设法处理，及时向当值调度员汇报，经处理后，如仍无法恢复，该保护是否退出根据调度命令执行，并及时通知保护专业人员进行处理。

（2）继电保护和安全自动装置异常信号发出后，应查明原因并设法处理，及时向当值调度员汇报，经处理后，如仍无法消除，该保护是否退出应根据调度命令执行，并及时通知保护专业人员进行处理。

（3）当继电保护和安全自动装置发生误动或拒动时，应保持保护装置当时的状态，及时通知相关部门及继电保护专业人员进行检查，同时详细做好记录并向当值调度员汇报。

（4）当继电保护和安全自动装置动作，断路器跳闸或合闸以后，变电运维人员应恢复声响信号及灯光信号、把控制开关复位。在继电保护屏上详细检查继电保护、安全自动装置及故障录波器的动作情况，提取事故报告，初步判断故障原因并做好记录，然后恢复动作信号。安控装置、低频减负荷或低频解列装置动作跳闸后，应做好记录，统计切负荷量，向当值调度员汇报。

二、综合自动化变电站的二次回路

1. 综合自动化变电站二次回路的特点

综合自动化变电站与传统变电站的二次回路相比较，具有接线相对简单，设备相对减少，系统性强，接线方式更合理等特点。传统变电站的二次回路是一个复杂的网络，它包括了控制系统、信号系统、测量与监察系统、继电保护与自动装置系统、调节系统及操作电源系统。其中仅信号系统就包括了位置信号、事故声响信号、瞬时预告信号、延时预告信号等。这些二次回路各系统之间全靠硬件连接，所以二次接线就比较繁多。而综合自动化的变电站从基本原理上打破了原来的框框，原来靠硬件连接的系统可以通过数字通信的方式联系，原来屏内设备间的连线由装置内部的印刷电路板取代，这样二次接线就要简单得多了。

综合自动化系统是由后台计算机和各功能模块组成的，各功能模块也是由单片微机组成的，所以计算机是构成这些系统的关键，要想更好地使用它，必须掌握计算机的操作和后台监控软件的有关内容。除此之外，还要掌握一些通信方面的知识，例如：综合自动化系统的各个子系统和功能模块是不同配置的单片机和微机组成，采用分布结构，通过网络，总线将微机保护、数据及控制系统连接起来，构成分层分布式的系统，我们应该了解各功能模块的硬件连接和各种功能设置。某变电站曾发现网络交换机的电源被人关掉和计算机的IP地址被人改动的情况。如果学习一些网络方面的知识，一方面自己不会做出类似的事情，另一方面自己在巡视设备时也可及时发现并准确汇报调度进行处理。

微机保护装置实质上是一种依靠单片机实现智能保护功能的工业控制装置，其核心是单片机微系统，它是由单片机和扩展芯片构成的一台小型工业控制微机，除了这些硬件之外，还有存储器里的软件系统。这些硬件和软件构成整个单片机系统，其主要任务是完成数据测量、计算、逻辑运算及控制和记录等任务。它与常规继电保护最大区别是：① 将保护和控制功能集成到同一装置；② 对电压、电流的测量不再利用传统的电磁感应式电流、电压互感器，而是采用先进的磁光效应的光电传感器，这样不仅避免了由于绝缘结构复杂带来的威胁，同时也解决了磁饱和和铁磁谐振等方面的影响；③ 微机保护利用微机的记忆功能，可明显改善保护性能，提高保护的灵敏度；④ 微机保护可实现故障自诊断、自闭锁和自恢复，这是常规保护装置所不能比拟的；⑤ 运行维护成本最小，现场调试方便，可在线修改或检查保护定值，不必停电校验定值等。

另外，还要充分认识到网络安全的重要性和必要性，要学会定期查毒和杀毒。要杜绝外来存储和通信设备接触后台机，除经许可的工作人员外，任何人要想安装和拷贝后台机的程序，均需汇报上级领导。

2. 变电站综合自动化系统的异常

（1）自动化设备全停。

1）检查自动化设备主机或主板运行状态，通过维护软件检查主机或主板的工作状态，是否对数据进行了处理，如果是软件问题及时恢复，是硬件问题及时检修，如不能检修应立即通知厂家进行修理，并上报相关管理机构备案。

2）检查到相应调度的 MODEM（调制解调器）运行是否正常，测量出口电平和频率是否与实际相符，检查 MODEM 的数据收发情况是否正常，如果 MODEM 出现问题应立即更换，或及时修理。

3）检查到后台机、五防机的数据是否正常运行，用维护软件检查通信口的数据输入输出是否正确，如果数据口有问题应及时修理，或用其他通信口代替，此时需重做数据，对该站信息应全部做试验。

4）检查设备电源是否运行正常，如果不正常应及时更换或检修。

在发生自动化设备全停时，变电运维人员首先恢复电源，将设备重新启动，如果故障不消除，检修人员应判断主板（主机）、网络设备、MODEM 是否正常，观察 MODEM 板的运行情况，用维护软件检查主板（主机）的运行情况是否对数据进行了处理，如果是软件问题应及时恢复，是硬件问题及时检修，如不能检修应立即通知厂家进行修理，并上报相关管理机构备案，如不能及时修复的无人值班变电站应有人值班。

（2）自动化设备原因引起其他设备不稳定运行。

1）如果是遥控的原因，首先断开自动化设备屏上遥控输出压板，检查遥控回路是否正确，对发现的问题及时处理。如果不能处理，应立即通知厂家进行维修，并上报相关管理部门进行备案。

2）如果是二次回路问题引起，应立即将二次电压回路开路、二次电流回路短路，在二次电路上工作必须做好安全措施，检查内部接线是否有问题，及时恢复。对无法恢复需要停电的应立即申请停电处理。

3）对于全站部分功能失去，例如没有遥测、遥信或一些回路没有监测数据等，应立即对自动化设备上板卡进行检查，观察这些设备的运行情况，检查主板与这些设备通信情况是否正常，若属板卡问题，应及时更换或检修，不能检修的设备应用备用更换，做好数据，将损坏的板卡及时寄回厂家进行检修，以为备用。

4）在综合自动化变电站自动化设备与其他智能设备通信存在问题时，应立即分析问题存在的地点，用维护软件检测通信口数据的收发情况，得出结论后由相关专业人员及时进行处理，对于例如四合一保护装置等原因引起变电站不能监控，属无人值班站的变电运维人员应到站职守。

5）由其他问题引起的，应仔细分析，及时处理，在工作中严格按照有关安全规定进行工作，危险地点工作必须专人监护，在需要停电处理时应及时提出申请，获得批准后方可进行处理。

【思考与练习】

1. 变电站直流回路接地或绝缘降低应如何检查？

2. 综合自动化变电站的二次回路有何特点？

第三章

站用交、直流系统巡视与维护

▲ 模块 1　站用交、直流系统的正常巡视（Z09E3001 Ⅰ）

【模块描述】本模块包含站用交、直流系统的巡视项目、巡视要求及注意事项等内容。通过对站用交流系统、直流系统巡视等实例进行分析，掌握站用交、直流系统的巡视的内容及要求，能发现站用交、直流设备的缺陷和异常，并及时上报处理。

【模块内容】

一、站用交流系统运行的一般规定

1. 站用交流系统

变电站的站用交流系统由站用变压器、配电盘、配电电缆、站用电负荷等组成。站用电负荷主要包括变压器冷却系统、蓄电池充电设备、油处理设备、操作电源、照明电源、空调、通风、采暖、加热及检修用电等。

变电站的站用电系统是保障变电站安全、可靠运行的一个重要环节。站用电系统出现问题，将直接或间接地影响变电站安全运行，严重时会造成设备停电。例如：主变压器的冷却风扇或强油循环冷却装置的油泵、水泵、风扇及整流操作电源等，这些设备是变电站的重要负荷，一旦中断供电就可能导致一次设备停电。因此，提高站用电系统的供电可靠性是保证变电站安全运行的重要措施。

无人值班变电站已成为一种发展趋势。对于无人值班变电站，站用电源的可靠转换非常重要，应能实现自动切换或远方操作。在变电站的设备运行维护中应加强对站用电系统的运行维护及巡视检查。

2. 站用交流系统的运行监视与巡视检查内容

（1）站用变压器高压侧用熔断器做保护时，熔断器性能必须满足站用电系统的要求。

（2）室内安装的变压器应有足够的通风，室温一般不得超过 40℃。

（3）站用变压器室的门应采用阻燃或不燃材料，门上标明设备名称、编号并应上锁。

（4）经常监视仪表指示，掌握站用变压器运行情况。电流超过额定值时，应做好记录。

（5）在最大负载期间测量站用变压器三相电流，并设法保持基本平衡。

（6）站用电系统的运行方式，在变电站现场运行规程中规定。

二、站用交流系统的巡视检查项目及要求

1. 油浸式站用变压器巡视检查项目

（1）运行时上层油温应不超过 80℃；

（2）有关过负荷运行的规定，应根据制造厂规定和导则要求，在现场运行规程中明确；

（3）变压器的油色、油位应正常，本体声响正常，无渗油、漏油，吸湿器应完好、硅胶应干燥；

（4）套管外部应清洁、无破损裂纹、无放电痕迹及其他异常现象；

（5）变压器外壳及箱沿应无异常发热，引线接头、电缆应无过热现象；

（6）变压器室的门、窗应完整，房屋应无漏水、渗水，通风设备应完好；

（7）各部位的接地应完好，必要时应测量铁芯和夹件的接地电流；

（8）各种标志应齐全、明显、完好，各种温度计均在检验周期内，超温信号应正确可靠；

（9）消防设施应齐全完好。

2. 干式变压器的运行规定及巡视检查项目

（1）干式变压器的温度限值应按制造厂的规定执行；

（2）干式变压器的正常周期性负载、长期急救周期性负载和短期急救负载，应根据制造厂规定和导则要求，在现场运行规程中明确；

（3）变压器的温度和温度计应正常；

（4）变压器的声响正常；

（5）引线接头完好，电缆、母线应无发热迹象；

（6）外部表面无积污。

3. 其他站用设备的检查内容

（1）站用电配电盘外壳清洁、无破损、无异常，各种标志应齐全、明显、完好；

（2）站用电母线电压正常，各部位的接地应完好，必要时应测量铁芯和夹件的接地电流；

（3）站用电设备接头接触良好、无发热现象，设备外壳的接地应完好。

三、变电站直流设备巡视检查内容及要求

1. 直流设备运行维护的基本要求

变电站的直流设备包括直流馈电设备、蓄电池（防酸蓄电池、镉镍蓄电池、阀控蓄电池）及其充电设备等。直流设备运行维护的基本要求：

（1）使变电站直流设备保持良好的运行状态，以保证变电站直流电源可靠，使用寿命延长；

（2）保证变电站直流系统各项指标在合格范围内；

（3）保证变电站蓄电池组经常有足够的放电容量（额定容量的 80%以上）。

2. 直流设备的巡视检查项目

（1）蓄电池外壳应完整清洁，无电解液外流现象，无爬碱现象（指镉镍蓄电池），支架应清洁、干燥。

（2）电解液液面应在两标识线之间。若低于下线应加蒸馏水，蒸馏水应无色透明，无沉积物（指防酸蓄电池和镉镍蓄电池）。

（3）检查蓄电池沉积物的厚度，检查极板有无弯曲短路，蓄电池极板应无龟裂、变形，极板颜色应正常，无欠充、过充电，电解液温度应不超过 35℃（指防酸蓄电池和镉镍蓄电池）。

（4）检查标示电池电压、比重（比重测量仅对防酸蓄电池），注意有无落后电池。

（5）蓄电池抽头连接线的夹头螺丝及蓄电池连接螺丝应紧固，端子无生盐，并有凡士林护层。

（6）蓄电池抽头母线及连接所用支柱绝缘子应完好、清洁，无破损裂纹，无放电痕迹。

（7）蓄电池室门窗应完好，关闭应严密，天花板、墙壁和蓄电池支架应无腐蚀，房屋无漏雨。

（8）蓄电池室交流、直流照明灯应充足，通风装置运转应正常，消防设备完好。

（9）储酸室应有足够数量的蒸馏水及苏打水，防酸用具、试药应齐备。

（10）空气中是否有酸味，若酸味过重应将通风机开启半小时。

（11）蓄电池室应无易燃、易爆物品。

（12）检查负荷电流应无突增，如有应查明原因。

（13）充电装置三相交流输入电压平衡，无缺相，运行噪声、温度无异常，保护的声光信号正常，正对地、负对地的绝缘状态良好，直流负荷各回路的运行监视灯无熄灭，熔断器无熔断。

（14）直流控制母线、动力母线在规定范围内，浮充电流适当，各表计指示正确。

（15）蓄电池呼吸器无堵塞，密封良好。

（16）检查蓄电池运行记录簿及充放电记录簿，了解充电是否正常，有无落后电池；测量负荷电流，测量每个电池的电压、比重，并记录在充放电记录簿上。测量负荷电流后应换算为额定电压时的电流值，对比看有无变化，若有变化则应查明原因。

（17）检查变电站存在的直流设备缺陷是否已消除。

（18）检查情况应记录在蓄电池运行记录簿上，内容包括直流母线电压、直流负荷、浮充电电流、绝缘状况以及运行方式等。

【思考与练习】

1. 变电站站用交流系统的巡视检查项目及要求是什么？
2. 变电站直流设备巡视检查内容有哪些？

▲ 模块 2　站用交、直流系统特殊巡视（Z09E3001Ⅱ）

【模块描述】本模块包含站用交、直流系统的特殊巡视内容。通过对站用交、直流系统设备特殊巡视内容的介绍，掌握站用交、直流系统的设备特殊巡视要求，能发现设备的缺陷及异常，并及时上报处理。

【模块内容】

一、站用交流系统特殊巡视

1. 特殊巡视一般要求

站用交流系统的特殊巡视检查是指在特殊运行条件的情况下进行的检查，这种巡视检查不是按照周期性进行的，而是在出现运行环境或运行条件变化时进行的巡视检查。

（1）气候条件的变化：雷雨、大风、高温等，特殊的气候变化，可能影响到的运行设备都应该进行全面检查，如站用变压器、照明电源、电缆沟等。

（2）运行方式改变：运行方式改变可能使设备负荷变化，这样可能使某些设备出现发热或异常，应加强监视。

（3）有缺陷的设备：有些站用设备或系统本来就存在缺陷，但是还可以运行，在巡视检查时要监视设备缺陷的变化情况。

（4）变电站负荷高峰期：在高峰负荷期间，对站用系统和站用设备进行巡视检查，尤其是对降温设备、冷却系统等进行检查，发现设备存在的缺陷或不正常工作状态。

（5）夜间检查：夜间检查的目的主要是检查照明系统或设备，以便发现有缺陷或损坏设备。

（6）站用电系统经过检修、改造或长期停用后重新投入运行后，新安装的设备投入运行后，需要进行特殊巡视。

（7）根据站用电系统发出的故障或异常信号，判断系统的运行来决定需要检查的项目。

2. 特殊巡视内容

（1）电缆绝缘有无破损；

（2）引线连接是否牢固，触点接触是否良好，有无严重发热、变形现象；

（3）动力电缆（高、低压）有无腐蚀发热现象，电缆头是否正常，有无流胶现象；

（4）站用 380V 母线有无异常；

（5）站用设备运行状态是否正常；

（6）检查有无小动物踪迹。

二、变电站直流系统的特殊巡视及异常处理

1. 直流系统的特殊巡视要求

（1）对新安装、大修、改造后的直流系统应进行特殊巡视。

（2）在直流系统出现交流电失压、短路、接地、熔断器熔断等异常现象后，也应进行特殊巡视。出现接地现象后，应首先检查正对地、负对地的绝缘电阻，判断接地程度，重点巡视施工、工作地点和易发生接地的回路。出现短路、熔断器熔断等现象后，应巡视保护范围内各直流回路元件有无焦煳味，有无过热元件，有无明显故障现象。

2. 直流绝缘监察装置的异常

（1）接地报警：此信号发出后，变电运维人员可根据监察装置显示的接地线路编号，判明接地线路并根据负荷性质进行处理。

（2）欠压报警：此信号发出后，变电运维人员可检查直流充电装置的输出电压和蓄电池的运行电压是否正常，同时汇报有关部门。

（3）过压报警：此信号发出后，变电运维人员可检查直流充电装置的输出电压和蓄电池的运行电压是否正常，同时汇报有关部门。

（4）故障及失电报警：装置本身故障及工作电源消失后，均发报警信号。变电运维人员可检查装置电源是否正常并汇报有关部门，要求立即派人处理。

3. 阀控蓄电池故障及处理

（1）阀控蓄电池壳体变形，一般造成的原因有充电电流过大、充电电压超过了 2.4V×N、内部有短路或局部放电、温升超标、安全阀动作失灵等原因造成内部压力升高。处理方法是减小充电电流，降低充电电压，检查安全阀是否堵死。

（2）运行中浮充电压正常，但一放电，电压很快下降到终止电压值，一般原因是蓄电池内部失水干涸、电解物质变质，处理方法是更换蓄电池。

4. 直流系统故障处理

（1）220V直流系统两极对地电压绝对值差超过40V或绝缘降低到25kΩ以下，48V直流系统任一极对地电压有明显变化时，应视为直流系统接地。

（2）直流系统接地后，应立即查明原因，根据接地选线装置指示或当日工作情况、天气和直流系统绝缘状况，找出接地故障点，并尽快消除。

（3）使用拉路法查找直流接地时，至少应由两人进行，断开直流时间不得超过3s。

（4）推拉检查应先推拉容易接地的回路，依次推拉事故照明、防误闭锁装置回路、户外合闸回路、户内合闸回路、6～10kV 控制回路、其他控制回路、主控制室信号回路、主控制室控制回路、整流装置和蓄电池回路。

（5）蓄电池组熔断器熔断后，应立即检查处理，并采取相应措施，防止直流母线失电。

（6）直流储能装置电容器击穿或容量不足时，必须及时进行更换。

（7）当直流充电装置内部故障跳闸时，应及时启动备用充电装置代替故障充电装置运行，并及时调整好运行参数。

（8）直流电源系统设备发生短路、交流或直流失压时，应迅速查明原因，消除故障，投入备用设备或采取其他措施尽快恢复直流系统正常运行。

（9）蓄电池组发生爆炸、开路时，应迅速将蓄电池总熔断器或空气开关断开，投入备用设备或采取其他措施及时消除故障，恢复正常运行方式。如无备用蓄电池组，在事故处理期间只能利用充电装置带直流系统负荷运行，且充电装置不满足断路器合闸容量要求时，应临时断开合闸回路电源，待事故处理后及时恢复其运行。

三、案例

[案例1] 站用电交流系统的异常情况

通常，变电站站用电交流系统发生异常有以下几种情况：

（1）站用变压器运行中发生温度不正常升高、声音异常、电压严重不对称、瓦斯告警、引线发热、大量漏油等异常现象。发生上述情况后，值班人员应立即向调度汇报，应及时停运站用变压器，切换站用电源，并查找原因，按现场规程处理。在停用一段母线并切换至备用母线时，要注意站用负荷的调整，尤其是对重要负荷，要尽量缩短其停电时间。

（2）站用变压器的保护动作。分析故障点可能在 380V 侧设备上，应结合其他开关跳闸情况将故障点隔离，然后恢复供电，如果查不出明显故障点，可通过空气开关分段试送电。

（3）站用电系统故障。值班人员应立即检查是哪些开关跳闸，哪些保护动作；备用电源是否投入；所用电各母线电压是否正常；主变压器冷却设备运转是否正常等。

根据具体情况，查明故障原因，并采取相应措施隔离已损坏的设备，迅速恢复并最大限度地保证重要站用负荷的供电。

因短路故障造成站用变压器低压开关跳闸或低压熔断器的熔断，未查明故障点又需要强送时，应尽量使用远方操作，避免手动操作。

（4）站用变压器断相运行。由于站用变压器高、低压侧均采用单相熔断器，出现断相运行的可能性极大。若低压侧出现断相的情况，有可能由于中性线截面小，导致过负荷发热；若高压侧出现断相，将造成变压器由三相供电变为单相供电。若运转中的电动机电流增加、电压降低、电机转速减慢，长时间运转将使电机发热或烧坏电动机等用电设备。

[案例2] 直流系统故障分析

通常，变电站直流系统发生故障有以下几种情况：

1. 直流馈线失电

（1）原因分析：在直流馈线开关没有跳开时直流馈线失电，即上级电源失电。或回路故障，直流馈线开关没有因熔丝的熔断而跳开。

（2）采取的措施：

1）根据失电直流回路的名称退出相应的保护启动出口连接片，如果是主变压器回路，母差回路应切换电源。

2）排除故障，尽快恢复上级电源，投回压板。

2. 蓄电池组回路失电

（1）原因分析：蓄电池组出线熔断器熔断。

（2）采取的措施：

1）确定失电范围，根据失电直流回路的名称退出相应的保护启动出口压板，如果主变压器保护回路，220kV 母差回路失电应切换电源（必须确定直流故障不在保护装置内部），检查蓄电池组是否仍正常。硅整流是否跳开。

2）排除故障，尽快恢复，投回压板。

3. 充电机故障

（1）原因分析：直流故障（过压，欠压）、充电机微机出错、过流动作、交流故障、快速熔断器熔断。

（2）采取的措施：

1）检查直流系统及充电模块面板显示电压、各指示灯是否正常，如发现是单台充电模块故障，可退出此故障的充电模块。若不是直流回路故障，则退出整套充电机，处理故障，尽快恢复。

2）如不能短时处理好充电机，应用一组蓄电池组和一组无故障整流器带两段直流母线的负荷运行。

3）若属直流回路故障，如直流接地引起的过流、欠压等，应确定失电范围，检查蓄电池组熔断器是否熔断，根据失电直流回路的名称退出相应的保护启动出口压板，如果主变压器保护回路、220kV 母差回路失电，应切换电源（必须确定直流故障不在保护装置内部），再按如下方法处理：

采用微机绝缘监测仪及直流系统接地故障定位装置，直流接地的查找相对方便，如果直流系统发生接地，装置将报警，并可根据打印判断是哪一支路接地，是正极还是负极，方便进一步查找接地点（对于不同的变电站，由于微机绝缘监测仪和直流系统接地故障定位装置的具体型号不同，可以根据使用说明书进行操作）。对不重要的直流馈线，采用试停法寻找具体接地点，如在拉开某一回路时，接地信号消失和各极对地电压正常，则说明接地点即在该回路中，但不论该回路是否有接地，拉开后均需先合上，然后再设法处理。在直流支路接地时，微机绝缘监测仪选出的支路和直流分电屏上的标签对应。

4）若确认是直流过压，应检查充电机模块定值，再分情况处理。蓄电池组过充、电压过高，应退出蓄电池组，使其恢复正常后投入；充电机模块故障，应将其退出后，尽快处理，恢复运行。

【思考与练习】

1. 变电站站用交流系统的特殊巡视的一般规定是什么？

2. 变电站站用交流系统的特殊巡视内容有哪些？

3. 变电站站用直流系统的特殊巡视要求有哪些？

▶ 模块 3　站用交、直流系统巡视分析（Z09E3001Ⅲ）

【模块描述】本模块包含站用交、直流系统的巡视分析内容。通过对站用交、直流系统的设备巡视、运行监视、表计信息、告警信号等分析和判断，能发现站用交、直流系统设备的隐蔽缺陷及异常，并及时处理或提出处理意见。

【模块内容】

变电站的站用交、直流系统是变电站安全运行的重要保证，站用交、直流系统的巡视分析的目的是加强运行监视、运行分析，及时发现设备或系统的运行异常，正确处理，保证变电站内的交、直流负荷供电。

一、站用交流系统的运行分析

1. 站用变压器的运行方式

变电站一般配两台站用变压器，通常有两种运行方式。

（1）明备用方式：低压侧 380V 通常设置单母线，一台带全站负荷，另一台作备用。装设站用电备用电源自动投入装置，当工作变压器发生故障或失电时，投入备用变压器。

（2）暗备用方式：低压侧 380V 通常设置分段母线，两台站用变压器各接在一段母线上。正常时 380V 两段母线分段运行，各带一半的站用电负荷，两台站用变压器互为备用。当某一段母线失压时，备用电源自动投入装置动作或手动切换，合上分段段路器，保证两段母线供电。设置分段母线的站用电系统，应将站用电的重要负荷分别接在两段母线上，使 380V 配电网络形成环形回路（正常时开环运行），保证重要的站用负荷不停电。

2. 站用电系统的运行及异常分析

（1）站用变压器高、低压侧断路器跳闸。根据情况巡视检查跳闸站用变压器、10kV 隔离开关至 380V 母线之间、380V 母线以及 380V 各出线有无接地短路及杂物。若 380V 母线及各出线无明显故障，断开 380V 各出线负荷，启用备用站用变压器对 380V 母线充电。正常后首先启用硅整流，然后启用主变压器冷却器电源等其他电源。若送某出线电源站变压器又跳闸，停用该出线再启用站用变压器送其他出线，最后将缺陷汇报上级有关领导。

（2）站用电 380V 电压偏低。由于 10kV 母线电压偏低或站用变压器挡位调得过低所致，10kV 母线电压偏低可根据站内无功功率平衡情况，投入电容器或调整主变压器有载调压分接头提高母线电压。对于无载调压变压器，分接头的调整只能在停用站用变压器后调整，调整后的分接头应打磨并测量线圈直流电阻。

（3）在站用电源故障使主变压器冷却系统部分或全部停运期间，应严密监视主变压器的负荷和温度，使之不超过规程规定的极限。如果站用电源一时无法恢复，应迅速投入备用电源。

3. 站用交流消失的原因分析

（1）站用交流消失的主要现象：

1）正常照明全部或部分失去；

2）所用负荷，如变压器控制箱、冷却器电源、断路器液压充油电源、隔离开关操作交流电源、加热器回路等分支电源跳闸；

3）直流硅整流装置跳闸，事故照明切换口；

4）变电站电源进线跳闸造成全站失压，照明消失；

5）变压器冷却电源失去，风扇停转。

（2）站用部分或全部失电的可能原因：

1）变电站电源进线线路故障，或因系统故障电源线路对侧跳闸造成电源中断或本站设备故障，失去电源；

2）系统故障造成全站失压；

3）站用电回路故障导致站用电失压。

（3）站用部分或全部失电的处理：

1）站用交流部分失电，变电运维人员应先做好人身绝缘措施，用万用表、绝缘电阻表对失电设备进行检查，查找故障点。若是环路供电，应先检查工作电源跳闸后备用电源是否已正常切换，若未自动切换应手动切换，保证站用负荷正常供电。

2）进一步检查失电分支交流熔断器是否熔断，或自动空气开关是否跳开，可试送电一次，若送电正常，则可判断该分支无明显故障点；若送电不成功，则拉开分支两侧隔离开关，用绝缘电阻表测量分支绝缘，查明故障点，报上级部门检修、处理。

3）站用交流全部失去时，事故照明应自动切换，主控盘显示站用负荷失电信号，如"主变压器风冷全停""交流电源故障"等光字牌。变电运维人员应首先分清失压是由于本站电源进线失电导致的全站停电，还是因为站内站用交流故障引起的全站停电。若是本站电源进线失电导致的全站停电，应投入备用变压器，或通过联络线接入站内；若是因为站内站用交流故障引起的全站停电，应迅速查找故障点。

4）查找站内故障点应采用分段查找方式进行检查，根据各种现象判断故障点可能的范围。在分段隔离后，用绝缘电阻表测量绝缘电阻，逐步缩小范围，直至找到故障点。变电运维人员短时无法查找事故原因的，应尽快通知有关专业人员进一步查找。

二、变电站直流设备的运行分析

1. 蓄电池的运行

变电站常用的阀控蓄电池组在正常运行中以浮充电方式运行，浮充电压值宜控制为（2.23～2.28）V×N，均衡充电电压值宜控制为（2.30～2.35）V×N。在运行中主要监视蓄电池组的端电压值、浮充电流值、每只单体蓄电池的电压值。

（1）阀控蓄电池的充放电：

1）恒流限压充电。采用 I_{10}（蓄电池 10h 放电率电流）进行恒流充电，当蓄电池端电压上升到（2.30～2.35）V×N 限压值时，自动或手动转为恒压充电。

2）恒压充电。在（2.30～2.35）V×N 的恒压充电下，I_{10} 充电电流逐渐减小，当充电电流减小到 $0.1I_{10}$ 电流时，充电装置的倒计时开始启动，当整定的倒计时结束时，充电装置将自动或手动地转为正常的浮充电运行。

3）补充充电。可弥补运行中因浮充电流调整不当造成的欠充，补偿不了蓄电池自放电和爬电漏电所造成蓄电池容量的亏损，根据需要设定时间（一般为 3 个月）充电装置将自动地或手动进行一次恒流限压充电→恒压充电→浮充电过程，使蓄电池组随时具有满容量，确保运行安全可靠。

（2）阀控蓄电池的核对性放电。变电站只有一组蓄电池组时，不能退出运行，也不能作全核对性放电，只允许用 I_{10} 电流放出其额定容量的 50%。在放电过程中，单体蓄电池电压不能低于 2V。放电后，应立即用 I_{10} 电流进行恒流限压充电→恒压充电→浮充电，反复放充 2～3 次，蓄电池组容量即得到恢复。

变电站若有两组蓄电池，则一组运行，带全站直流负荷，另一组断开负荷，进行全核对性放电。放电电流为 I_{10} 恒流。当单体电压为终止电压 1.8V 时，停止放电，再用 I_{10} 电流进行恒流限压充电→恒压充电→浮充电，反复放充 2～3 次。若放充 3 次达不到额定容量的 80%，可判定此组蓄电池使用寿命已到，并安排更换。

2. 充电设备的运行

（1）整流器的一般故障原因分析：

1）主回路的交、直流回路分闸。此时信号回路有下列四种情况：① 主回路交流侧过负荷，热继电器动作；② 直流回路过负荷，过流继电器动作；③ 直流回路过电压，过压继电器动作；④ 交流电源某相消失，或某相熔断器熔断：在复位与更换熔断器前，应检查故障原因，主要检查可控硅元件、硅元件、整流变压器、快速熔断器等。

2）装置运行不正常，整流电压突降。其原因可能是快速熔断器熔断或可控硅元件损坏。

3）主回路交直流回路合闸，装置运行突然停止，直流电流突降至零。其原因可能是快速熔断器熔断，应检查故障原因并消除。

4）检查可控硅元件及其他硅元件时，严禁用绝缘电阻表检查。应用万用表电阻挡，将阴极断开，测量其正反向电阻。如硅元件正反向电阻接近零或无穷大，则表示硅元件损坏；如正向电阻小，反向电阻极大，则表示硅元件完好。

（2）整流器的运行。整流器在投运前，应细心检查设备是否完好、屏内接线是否脱落、屏内所有元件及紧固件是否松动、屏间连线是否正确、三相电源是否缺相、相序是否正确、各插件位置是否正确、屏内有无杂物，以免造成设备意外损坏。根据运行需要和设备情况本装置有以下四种工作方式可供选择：

1）自动稳流（对蓄电池组进行主充电）；

2）浮充运行（长期带负荷并对蓄电池组浮充电）；

3）均衡充电（带负荷对蓄电池组补充充电，然后自动转换为长期带负荷对蓄电池组浮充电）；

4）手动运行。

（3）整流器一般故障处理：

1）"断相或 AC 失压"光字牌亮：应检查交流电源是否正常、交流熔断器是否熔断、屏后空气开关是否断开，并在查明原因后进行处理；

2）"过流动作"光字牌亮：应恢复屏后过流继电器；

3）"快熔熔断"光字牌亮：不应盲目更换快熔熔断器，以免扩大故障，而应检查出故障原因并消除。

3．高频开关直流电源的运行

高频开关电源装置由双路交流切换单元、高频开关电源模块、微机监控单元、告警单元、馈电、绝缘监察、放电单元、母线调压单元（可选）、电压监测（可选）等组成，并可通过 RS–232（RS–485）接口实现"三遥"功能。可通过 $N+1$ 的整流模块冗余来实现整流器的 1:1 备份，高频开关电源模块并联运行，任一整流模块损坏不应影响系统正常运行。

（1）直流电源系统的工作方式：

1）交流输入正常，高频开关电源模块启动，向动力母线负载供电，并根据电池的放电情况选定充电方式对电池充电。此时由监控器自动管理的各充电模块均流输出，可工作在恒流源或恒压源状态，以适应电池不同充电状态和不同充电阶段及负载变化的相应要求。

2）交流输入中断，高频开关电源模块停止工作，或者高频开关电源模块被强行关机，则由电池向接在动力母线、控制母线上的负载供电。

3）一旦交流输入恢复正常，高频开关电源模块将自动恢复工作，向负载供电，并可在监控器控制下，根据电池放电深度，自动对电池进行恒流限压充电→恒压充电→浮充电（正常运行）；

4）若运行中的充电装置内部故障跳闸，应及时启动备用充电装置代替故障充电装置，并及时调整好运行参数。

（2）高频开关电源模块两种工作模式如下：

1）高频开关电源模块通常工作在受控方式，由监控器协调各充电模块均流输出，输出电压可通过监控器连续设定。每个模块的输出电流、开关状态、故障状态和实时状态都可被监控器监测显示。

2）在监控器发生故障或拔出检修时，模块自动进入自主工作方式，输出电压服从出厂设定，输出电流只受各自最大输出电流的限制，充电模块均流度不如受控方式一致，但模块可长期工作在自主方式而不损坏，并能在浮充状态下运行。

4．微机监控器的运行

（1）运行中的操作和监视：

1）微机监控器是根据蓄电池组的端电压值，充电装置的交流输入电压值，直流输出电流值和电压值等数据来进行控制的。变电运维人员可通过微机的键盘或按钮来整定和修改运行参数。在运行现场的直流柜上有微机监控器的液晶显示面板或荧光屏，一切运行中的参数都能监视和进行控制，远方调度中心通过"三遥"接口，在显示屏上同样能监视，通过键盘操作同样能控制直流电源装置的运行方式。

2）运行中的微机监控器，只能通过显示按钮来检查各项参数，若各项参数均正常，禁止随意改动整定参数。

3）微机监控器若在运行中控制不灵，可重新修改程序和重新整定，若达不到需要的运行方式，应启动手动操作，调整到需要的运行方式，并将微机监控器退出运行，及时交专业人员检查修复后再投入运行。

4）各整定值的整定，应按现场运行规程执行。

（2）常见故障的分析处理：

1）交流故障：交流供电系统通常为双路电源自投，即当一路交流出现故障时，另一路交流电源自动投入，只有当两路交流都出现故障后，光字牌亮（有的直流屏出现一路交流失电时，光字牌也亮）：① 一路交流失电时，听到报警声后，到直流屏前观察一下另一路交流电源是否自动投入，如果已投入可不做处理，如果未投入，则应检查另一路电源是否缺相或失电，如果电源电压正常，应检查设备自投装置或将情况反映给生产厂家；② 两路交流均失电时，此时应注意监测控制母线电压，如果控制母线出现异常，用手动调压开关将控制母线电压调至正常值，并检查自动调压回路或将情况反映给生产厂家。

2）控制母线电压异常：用手动调压开关将控制母线电压调至正常值，并检查自动调压回路或将情况反映给生产厂家。

3）蓄电池故障：从微机监控器显示屏上，找出蓄电池故障组，打开蓄电池柜，检查该组每个蓄电池的端电压，找出电压异常的蓄电池，更换之。

4）模块故障：由于系统采用 $N+1$ 设计，1 个模块出现故障后，不会影响系统正常工作，通知生产厂家处理即可。

5）蓄电池熔丝断：检查蓄电池熔丝，如果确实已断，断开蓄电池开关，找出故障点后，更换之。

6）绝缘降低：从微机绝缘监察仪看是哪一路绝缘降低，找出绝缘降低原因，排除故障后，绝缘监察仪自动消除报警。

7）馈线开关跳闸：找出开关跳闸原因，排除故障后恢复。

8）微机监控故障：当微机监控器发生故障或退出时，电源模块由受控方式自动转入自主方式工作，输出电压、电流限制在出厂整定值。不影响系统正常工作，通知生产厂家处理。

9）自动调压装置故障：应手动调节手动调压开关或合上降压单元的紧急直通开关，以保持母线电压在额定值。

（3）定期维护检修：

1）定期对整流模块、降压单元等设备的进风罩进行清尘，防止灰尘长期积累影响散热；

2）每年一次对装置性能进行全面检测。

5. 直流控制母线电压调节装置的运行及维护

（1）利用硅堆降压方式调节直流控制母线电压。① 正常运行时由充电装置和蓄电池同时给直流母线提供电源，且充电装置对蓄电池进行浮充电；交流电源中断或充电装置停运时，由蓄电池对直流控制母线提供电源。② 直流控制母线与合闸母线之间采用调压二极管（硅堆）连接，通过投切调压二极管（硅堆）来调节直流母线电压，使之保持在额定值±5V 的范围内。③ 调压二极管的控制方式有自动和手动两种，在自动位置时，装置自身监测直流控制母线电压，自动投切调压二极管；在手动位置时，值班人员应加强对直流控制母线电压表的监视，如果直流控制母线电压发生偏差，则应调整直流屏上的直流控制母线电压调整开关（或按钮）以投切调压二极管，使直流控制母线电压保持合格。

（2）利用高频开关电源模块调节直流控制母线电压。① 必须要有备用调压装置。当备用调压装置投入运行时，直流（控制）母线应连续供电。② 随时监视高频开关电源模块的运行状态，发生故障及时修复。③ 设备在浮充电状态下运行，人为模拟无级调压装置故障，使备用调压装置自动投入，录出直流（控制）母线电压、电流波形，其测试结果应符合规定。

6. 直流绝缘监察装置的运行

（1）微机直流绝缘监察装置的运行规定：

1）变电站直流电源系统每段母线应配置一套绝缘监测装置，多台微机直流绝缘监察装置必须选用同一厂家的产品，保证互不干扰。

2）多台微机直流绝缘监察装置间不得有直接的电气联系（如通过馈线形成环路等），否则装置应报直流互窜报警。

3）微机直流绝缘监察装置配有打印功能时，变电站应备有一定数量的打印纸。

4）每年对微机直流绝缘监察装置进行一次全面检测。项目包括显示精确度、设定值、电压报警功能、绝缘报警功能、支路巡检功能、报警及对外通信等。

（2）直流系统绝缘降低的处理：

1）直流系统发生绝缘降低时，应停止在直流回路上的一切工作。变电运维人员应判断接地程度、极性，汇报并要求立即处理。

2）直流接地处理至少由直流工和继保工配合进行，需要其他工种配合时应要求到场配合。

　　3）处理直流接地时，应根据运行状态、运行方式、天气情况等分析，先室外、后室内，先次要回路、后主要回路。查找和处理直流接地时必须有两人以上工作，工作人员应戴线手套、穿戴必要的防护服等。所使用表计的内阻必须大于 2000Ω/V。防止在查找和处理过程中造成新的接地，致使保护装置等发生拒动或误动。

　　4）直流接地查找应先带电查找。即用微机直流绝缘监察装置或携带型绝缘监察装置进行查找。

　　5）若没有微机直流绝缘监察装置或携带型绝缘监察装置时，才能用拉路法查找。

　　6）推拉检查应先推拉有人工作的回路、容易接地的回路，再依次推拉事故照明、充电回路、防误闭锁装置回路、户外合闸回路、户内合闸回路、6～10kV 控制回路、主控制室控制回路、整流装置和蓄电池回路。

　　7）使用拉路法查找直流接地时，断开时间不得超过 3s。

　　8）推拉检查至少应由两人进行：一人推拉，一人看接地信号，找出接地回路后，再逐段寻找接地段和接地点。

【思考与练习】

　　1. 站用变压器的运行方式有哪些？

　　2. 站用电消失可能的原因有哪些？

　　3. 变电站直流设备运行分析的内容有哪些？

第四章

在线监测与辅助设施巡视与维护

▲ 模块1 辅助设施的巡视及维护（Z09E4001 Ⅰ）

【模块描述】本模块包含辅助设施的种类、巡视项目和维护内容；通过各种辅助设施的介绍，达到掌握辅助设施的巡视检查内容，能进行日常运行维护并及时发现缺陷的目的。

【模块内容】

变电站辅助设施虽然不属于电气设备，但对设备的安全运行起着重要的辅助作用，包括设备构架，建筑物，电缆沟（隧道、夹层），给排水设施，采暖、制冷设备，通风设备，消防系统，户内外照明，设备区场地，安全保卫系统，遥视系统等。

一、高层构架的检查

（1）高层构架应完好，无倾斜、基础下沉现象。

（2）钢材构架无锈蚀、脱焊开裂或螺钉松动现象；混凝土支架及设备过道梁无露筋、铁件锈蚀、开裂现象。

（3）混凝土走道板无露筋、铁件锈蚀、裂纹现象；钢材走道板无锈蚀、脱焊、开裂现象。

（4）走道栏杆牢固，无锈损。

（5）引至高层的电缆应固定良好，无摆动，固定件无锈蚀现象。

（6）构架脚钉、爬梯安全警示牌清晰、齐全，安装牢固、规范。

（7）构架接地良好，接地引下线（排）无断裂及锈蚀现象。

（8）构架的检查按照设备全面巡视周期执行。

二、建筑物的检查

（1）建筑物门窗完整不变形，关闭良好。

（2）建筑物的屋顶、墙壁门窗、通风孔洞应无渗水、漏水现象。

（3）屋顶、墙壁、地面应无裂缝，建筑物及其基础无下沉现象。

（4）伸缩缝应封堵良好。

（5）建筑物的天沟、地沟、排水管应畅通无堵塞。

（6）建筑物的检查按照设备全面巡视周期执行，遇有恶劣天气增加特巡。

三、电缆沟（隧道、夹层）的检查

（1）电缆沟完整、清洁，无积水现象，盖板齐全，盖板间无明显缝隙，盖板无露筋、铁件锈蚀、裂纹现象，沟道两侧基础无下沉现象。

（2）电缆隧道清洁，电缆孔洞封堵严密，无积水现象。

（3）电缆沟、电缆隧道、电缆夹层内支架牢固，无松动或锈烂现象，接地良好，接地引下线（排）无断裂及锈蚀现象。

（4）电缆竖井和电缆沟内的防火墙完好，施工过程中有损坏的应及时恢复，站内应有防火墙布置图，并在该处做出标记。

（5）电缆夹层内清洁，电缆排列整齐，封堵严密，严禁烟火，消防设施完好。

（6）电缆沟（隧道、夹层）的检查按照设备全面巡视周期执行。

四、给排水设施的检查

（1）变电站内下水道应畅通，阴沟无积淤或堵塞现象，排水泵运转良好。

（2）雨季、汛期到来前对排水沟道进行疏通，检查电缆沟的排水情况，防止排污井向电缆沟内倒灌积水。

（3）变电站的给水系统要满足水压要求，外露管道应有保暖措施，防止冻裂。

（4）生活用水应有净化措施，保证水质良好。

五、采暖、制冷设备的检查

（1）变电站控制室、保护室、通信机房、值班室以及其他对温度有较高要求的室内需装设采暖和制冷设备，使温度保持在允许的范围内。

（2）夏季、冬季到来前分别对制冷、采暖设备进行试投检查，清洗过滤网，确保其能正常运转。

六、通风设备的检查

（1）高低压配电室、蓄电池室、电容器室应装设通风设备，可采用自然进风，防爆型风机排风。

（2）通风口应有防小动物进入措施，排风扇扇叶中无鸟窝或杂草等异物。

（3）合上风机电源，检查风机运转是否正常，新装风机注意检查排风方向是否正确。

（4）通风设备的检查按照设备全面巡视周期执行。

七、消防系统的检查

变电站内的消防系统一般包括手提式灭火器、推车式干粉灭火器、消防沙箱、火灾报警系统、水消防系统和主变压器排油注氮式或自动水喷雾式灭火装置。

（1）灭火器应存放在消防专用工具箱处或指定地点，应保持完好、充足，如有过期、失效、损坏或使用，应报保卫部门及时补充更换。

（2）烟感报警系统由分布于建筑物内的烟感探头、感温探测器、手动报警按钮和联动型火灾报警控制器组成。每组探头对应一个固定场所，并在报警控制器显示窗上显示对应固定场所及编号。当发生火灾时，可根据报警控制器显示及打印出的火灾位置迅速地到达现场实施灭火。

（3）消防用水系统的管网、消防栓、消防泵应完好，水压充足，高压水龙带、连接头、水枪存放在规定地点，保持完好。

（4）主变压器灭火装置。

1）排油注氮式灭火装置。SBMH–1A 型排油注氮式变压器灭火装置原理图如图 Z09E4001Ⅰ–1 所示，该装置由灭火箱、氮气瓶、开启阀、注氮管路、排油管路、快速排油阀、探测器、关闭阀和控制箱组成。

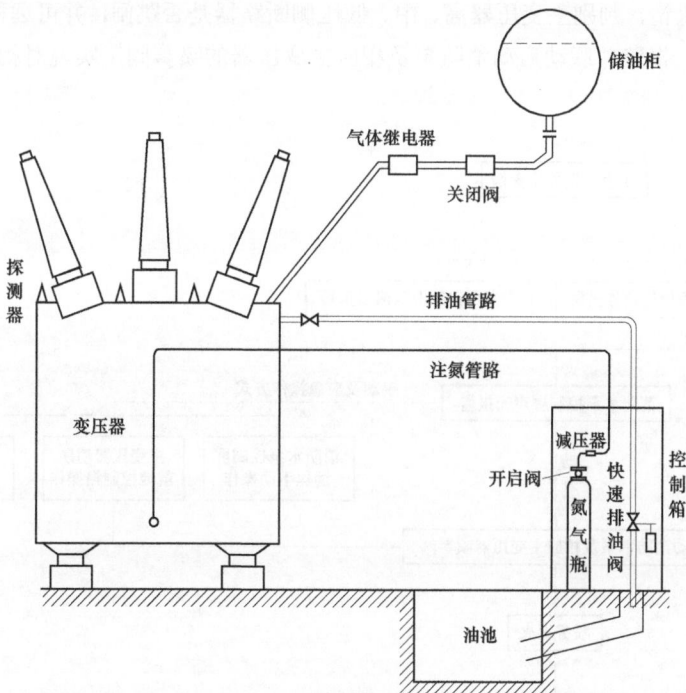

图 Z09E4001Ⅰ–1　SBMH–1A 型排油注氮式变压器灭火装置原理图

该装置在着火初期由气体继电器及靠近着火点的温度探测器同时动作，发出报警信号，电磁装置打开快速排油阀以排出变压器顶部的油，同时安装在储油柜与主变压器本体之间的关闭阀关闭，隔离储油柜，防止储油柜内油外溢或油浇到初燃的火上，加剧火势。排油阀打开后，经延时后氮气瓶开启阀打开，氮气通过减压阀、注氮管路进入油箱底部，迫使油箱内部变压器油循环，下部较低温度的油和顶层高温油混合，即可消除热油层，从而使表层油温降到闪点以下，同时，氮气覆盖在油表面，使表面氧气含量达到最少，油火在非常短的时间内被扑灭。

主变压器灭火装置投入后，应每日进行以下检查：① 控制箱电源在投入状态。② 控制箱运行方式开关在"自动"位置。③ 灭火箱内压力表指示正常，氮气管路及减压器无损伤等异常情况，排油管、阀无渗油情况。巡视时应记录气瓶本体的压力，氮气压力小于规定值时应充气。④ 灭火箱与主变压器连接排油管应无渗油等异常情况。⑤ 灭火箱内加热器控制功能应正常。

2）主变压器自动水喷雾式灭火装置。该装置在自动状态时（如图 Z09E4001Ⅰ-2 所示），能自动探测主变压器各个关键点的温度，并按设定值进行比较，智能判别主变压器是否有火情，判别主变压器高、中、低压侧断路器是否跳闸，并可远程发送命令，使开关断电，报警并联动启动消防泵及相应主变压器的喷雾阀，实现对相应变压器的自动灭火。

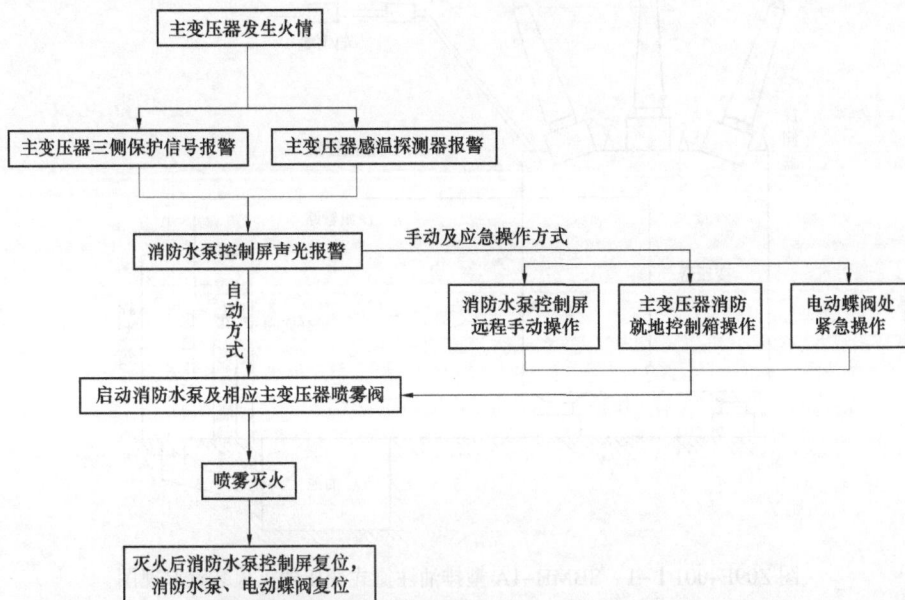

图 Z09E4001Ⅰ-2　主变压器自动水喷雾式灭火系统操作流程

主变压器灭火装置投入后应进行以下检查：① 经常检查消防水池和稳压水箱水

位，缺水时立即补水。② 消防泵在准工作状态时，两路电源均应该投入。③ 消防泵出口管道上的手动阀门均应处于开启状态，泄水电动蝶阀处于关闭状态。④ 系统在出口消声缓闭止回阀后至主变压器喷雾蝶阀之间的管道充满压力水，压力值符合要求。⑤ 喷雾蝶阀井内不得有积水，发现有积水应立即抽排。⑥ 喷头的安装角度经调试后定在最佳喷雾角度，不得随意改动，如发现松动、移位后能处理的应及时调整，不能解决的要及时上报。⑦ 消防现场控制柜门应闭合严密。⑧ 消防立管应无开裂，法兰处应无渗漏。⑨ 检查控制盘的表记及指示灯正常，与设备所处状态相符。

八、户内外照明的检查

（1）照明灯塔、灯杆无锈蚀及脱漆起壳现象，灯罩完整，灯头及罩壳无脱座或脱墙的现象。

（2）照明接线盒、电源箱无锈蚀及脱漆起壳现象，照明电源箱内清洁、铭牌完整。

（3）户内外照明完好，亮度充足。

九、场地及围墙的检查

（1）变电站内道路通畅，车道出入口限高、限速标志牌齐全、醒目。

（2）室外场地整齐、清洁，无积水现象，无堆积物品，杂草不得过高。

（3）室外场地固定遮栏或围栏完整，无断裂、锈蚀或脱漆起壳现象，标志齐全。

（4）围墙无倾斜、裂纹，墙面平整，设备区栏杆无锈蚀现象。

（5）变电站大门封闭良好，无锈蚀或脱漆起壳现象。

（6）围墙排水孔应有防小动物措施。

十、安全保卫系统

1. 高压脉冲电网的检查和维护

（1）设备内部应保持清洁，防止漏电电弧损坏设备元器件。

（2）装置投入运行时，必须缓慢升压，使电容慢慢充电。

（3）检查电压表指示应正常。

（4）设备长时间反复发出报警信号时，应加强巡逻，查明原因并采取有效措施保证设备正常运行。

（5）装置停运后，应将电容可靠对地放电并做好接地措施后方可进行检修维护工作，工作时须悬挂标示牌。

（6）电网警示标志齐全，无搭挂异物，应及时修剪附近树木。

（7）巡视时发现电压升不上去，首先将装置停运，可靠放电并做好接地措施，然后仔细巡视围墙电网，查看有无接地点，特别是围墙墙头有无杂草等导电体。若无异常现象，可将主机与电网分开，再开机如果能顺利升压则主机工作正常，必须继续检查电网；反之则为主机故障，应立即将装置退出运行并可靠放电，进行检查维修。

2. 其他安全保卫措施

（1）装有红外线报警装置的变电站应按规定时间开启报警装置。装置报警后应分析情况，组织人员，采取措施，不可单人贸然到现场。

（2）变电站大门平时应关闭，外来人员进入变电站要核实身份，做好登记。

（3）装有远程报警装置的变电站应按规定时间定期试验报警装置是否正常。

十一、遥视系统的检查

（1）运行中不得随意删除、修改本系统运行程序和存储信息。

（2）监控中心和变电站服务器工作正常、画面清晰，摄像机控制灵活，传感器运行正常。

（3）摄像机镜头清洁，安装牢固。摄像头应每季度至少清擦一次，脏污严重时，应及时进行清擦。

（4）本系统中的服务器、计算机等设备，应定期进行检查和除尘。

（5）信号线和电源引线安装牢固，无松动及风偏现象。

（6）按照规定的周期对可控制的摄像头进行远方位置调整，检查所有可见部分。

（7）有关人员应每天通过摄像头在固定位置进行巡视检查。

（8）通过遥视系统发现设备缺陷或其他异常应仔细进行核对，必要时要到现场进行检查。确认设备存在问题时应按照缺陷管理制度进行汇报、处理。

【思考与练习】

1. 试说明主变压器排油注氮式灭火装置的工作原理。

2. 主变压器自动水喷雾式灭火装置动作前为什么要检查主变压器三侧断路器位置？

3. 电缆沟（隧道、夹层）的检查内容有哪些？

▲ 模块2　在线监测系统巡视分析（Z09E4001Ⅲ）

【模块描述】本模块包含在线监测系统的巡视与运行分析，通过案例分析，掌握在线监测系统的巡视项目及要求，能通过巡视发现缺陷，并做运行分析。

【模块内容】

随着传感器技术、信号处理技术、计算机技术的发展与应用，集中型在线监测技术有了很大发展。目前，集中型在线监测装置不仅可以连续自动监测电容型设备的绝缘参数，还可以监测设备运行温度，环境温度、湿度和系统谐波、频率、电压等非绝缘参数。监测所得的参数经相应的软硬件综合处理分析，可以对被监测设备运行状况进行定时监视或随时监视。当有设备出现"超标"等异常情况时，监测系统可立即自动报警，将在线监测从预防性阶段进入到预知性阶段，使监测的有效性、灵敏性都大大提高。

一、检测参数的分类和选择

1. 检测参数分类

检测参数根据被监测设备分类如下：

（1）各类设备运行温度。包括设备运行温度监测、远程红外测温监测等。

（2）变压器类。主要为充油式电力变压器或电抗器。主要的检测量有油中溶解气体（单一组分或多种组分）、铁芯接地电流、油中微水、油温、绕组温度、局部放电、漏抗等。

（3）电容性设备。包括电容式套管、电流互感器、电容式电压互感器、电容器等。主要的检测量有介质损耗、泄漏电流、等值电容等。

（4）金属氧化物避雷器。检测量有总电流、阻性电流等。

（5）高压断路器。包括油断路器、SF_6 断路器（含 GIS 内的断路器）、真空断路器。主要检测量有遮断电流，合、分闸线圈电流，机械特性相关参数、振动，动态回路电阻，SF_6 气体的压力、泄漏、湿度监测等。

（6）GIS（气体绝缘金属封闭开关设备）。主要检测量有 SF_6 气体的压力、泄漏、湿度监测，SF_6 断路器机械特性和局部放电检测等。

（7）输电线路。检测量有覆冰，微气象，导线弧垂，导线温度，导、地线振动等。

（8）绝缘子。检测量有泄漏电流等。

（9）电缆。检测量有温度、局部放电等。

2. 宜采用的检测参数

在线监测实施时宜选用成熟、可靠的检测参数。在决策是否选用时还需结合被监测设备的重要性、监测系统的可靠性、维护量及其投入成本等做综合考虑。

（1）油中溶解气体。典型变压器油中溶解气体成分与变压器状态之间的关系见表 Z09E4001Ⅲ-1。

表 Z09E4001Ⅲ-1　　　　典型的变压器油中溶解气体成分反映的
变压器故障情况

被 测 气 体	诊 断
5%或更少的 O_2	密封变压器处于正常运行状态
多于 5%的 O_2	检查变压器密封状态
CO_2、CO，或 CO 和 CO_2 同时存在	变压器过载或过热，检查运行条件
H_2	电晕放电、水电解或铁锈

被 测 气 体	诊 断
H_2、CO 和 CO_2	电晕放电涉及绝缘纸或变压器严重过负荷
H_2、CH_4 和少量的 C_2H_4、C_2H_6	火花放电或别的不严重故障，主要是由油中放电引起的
H_2、CH_4、CO 和 CO_2 及少量其他气体，通常不存在 C_2H_2	火花放电或别的不严重故障，但已涉及固体绝缘
大量的 H_2 及其他烃类气体（包括 C_2H_2）	内部存在高能量的电弧放电，引起油快速劣化
大量的 H_2、CH_4、C_2H_4 及少量的 C_2H_2	小区域的高温过热，通常由于接地不良引起，故障未涉及固体绝缘
大量的 H_2、CH_4、C_2H_4 及少量的 C_2H_2，另外还有 CO 和 CO_2	小区域的高温过热，通常由于接地不良引起，故障已涉及固体绝缘

目前，油中溶解气体在线监测系统基本上有两种类型：一种是单一组分型或简易型，主要测 H_2 或 C_2H_2 的含量及增长率，用于对变压器早期故障的报警或预警；另一种是多气体组分型，可监测氢气、甲烷、乙烷、乙烯、乙炔、一氧化碳、二氧化碳等多种气体，以便对变压器的故障进行在线分析。油中溶解气体在线监测可以实现对设备状态的连续监测，其检测周期可以短到数小时，利于及早发现故障征兆，并及早采取纠正措施，这样既可减少故障漏报的风险和损失，又可减少人工测量所需的工作量。将在线监测系统与人工测量相结合，可准确地分析变压器运行状况。

（2）变压器铁芯接地电流。由于变压器铁芯接地电流的大小随铁芯接地点多少和故障严重的程度而变化，因此，可把铁芯接地电流作为诊断大型变压器铁芯短路故障的特征量。规程规定，如发现铁芯的对地绝缘电阻与前次相比数据变化较大但不能判断原因时，应在运行中检测铁芯接地电流，如果超过0.1A，应采取相应措施。对于铁芯和上夹件分别引出油箱外接地的变压器，可分别测出铁芯和夹件对地的电流，如果二者相等，且数值在数安以上时，往往是铁芯与夹件有连接点；如果前者远大于后者，且数值在数安以上时，往往是铁芯有多点接地；如果后者远大于前者，且数值在数安以上时，往往是夹件有多点接地。

铁芯或夹件接地电流数量级在几十毫安到几安甚至更大，检测量程比较宽，且主要是阻性电流，因此测量技术相对比较容易实现，一般都作为变压器状态监测的常选项之一。

（3）电容型设备的电容量与介质损耗。电容型设备主要是指油浸式电流互感器、电容式套管、耦合电容器等。

陨耗角正切 $\tan\delta$ 的测量对于整体性的绝缘劣化（如受潮、老化、杂质等）比较敏感，而电容量的测量对于发现套管、电容式电压互感器和电流互感器内部发生电容屏间短路的缺陷非常有效。

在设备运行额定电压下进行电容量与介质损耗因数的监测比低电压下的检测结果更加真实准确，该技术已相对比较成熟。如测变压器套管、电流互感器的 $\tan\delta$ 一般是通过末屏外接监测单元检测绝缘电流，并与就近的电压互感器等所测取的电压量进行比较，从而计算出绝缘介质的等值电容量与介质损耗因数。通过测量等值电容量与介质损耗因数能够较有效地反映其内部缺陷，多数的潜在故障都有可能通过它们检测出来。因此可将 $\tan\delta$ 和等值电容量作为电容型设备的常规在线监测参数，将绝缘电流作为辅助测量参数。

（4）金属氧化锌避雷器总电流和阻性电流。对金属氧化物避雷器在运行电压下监测其阀片总电流的阻性电流分量，可较灵敏地反映阀片的潜在故障。原因为：金属氧化物避雷器在运行中长期直接承受电力系统运行电压的作用，阀片将逐渐产生劣化；结构不良导致密封不严，使阀片在运行中容易受潮；无间隙的避雷器，当阀片受潮后阀片电流增大又会加剧劣化，从而进一步导致电流增大，电流中的阻性分量使阀片温度上升，产生有功损耗，形成热崩溃，严重时将导致避雷器损坏或爆炸。

可将总电流和阻性电流分量作为高压避雷器的常规在线监测项目。当测到的阻性电流受相别影响较大时，需注意与该相的历史数据相比较。如果阻性电流测量时包含瓷套表面污秽电流，也可将分开后的瓷裙表面污秽电流选作辅助监测参量。

（5）局部放电。对于很多绝缘材料，特别是有机绝缘材料，局部放电是衡量绝缘性能劣化的重要指标。局部放电水平的突然增长是某些突发绝缘故障的先兆，因此对局部放电实现在线监测非常必要。局部放电剧增会加速绝缘老化，但局部放电强度与绝缘的剩余寿命间明确的对应关系还难以确定。在内绝缘设计中，一般考虑在运行电压下应无有害的局部放电。

局部放电特性是衡量电力变压器绝缘系统质量的重要指标：110kV 以上的电力变压器，在出厂试验中每台都要做局部放电试验；220kV 以上的电力变压器在安装后的交接试验中，也需要通过现场局部放电试验的考核；在运行中发现油中含气量等超标时，一般也要做局部放电试验进行检查。变压器局部放电在线监测就是在设备运行时进行局部放电的连续监测，局部放电在线监测的技术难点是现场情况下如何抑制或辨别干扰，从而有效提取信号。

局部放电特性也是衡量 GIS 绝缘系统质量的重要指标。研究表明，GIS 中的局部放电会在 GIS 内部空腔及外壳对地之间产生超高频电磁波，使接地线上有放电脉冲电流流过。局部放电还会使通道气体压力骤增，在 GIS 气体中产生声波，并传递到金属外壳上，在外壳上出现各种纵波、横波和表面波等。目前，现场已有通过测量超高频或超声局部放电信号来寻找放电部位，并在实践中进一步积累应用经验。

（6）断路器的累计开断电流和分合闸线圈电流。对于断路器，预防性试验规定的导电回路电阻测量、分合闸线圈直流电阻测量等试验目前较难实现在线测量，而行程和速度特性的在线测量由于传感器安装及可靠性问题往往也受到一定限制。通过测量断路器的累计开断电流（据此计算触头累计磨损量）有助于实现判断触头状态和灭弧室绝缘状态的目的，这是一种较为可行的在线监测方法。通过监测和记录断路器操作时分合闸线圈的电流波形，进一步分析可判断操动机构的状态变化。

（7）绝缘子的泄漏电流（尚在积累经验，可试点采用）。绝缘子表面泄漏电流是电压、气候、污秽三要素的综合反映，绝缘泄漏电流在线监测的原理是通过特殊的引流装置卡采集沿绝缘子表面的泄漏电流，在线实时测量输电线路上绝缘子串的泄漏电流，经计算求得数个周期内泄漏电流的峰值平均值、峰值最大值及最大泄漏电流脉冲数等。

绝缘子泄漏电流在线监测系统能够对运行中绝缘子的泄漏电流和环境温度、湿度等进行在线实时监测，理论上可综合泄漏电流值、局部放电强度及气象条件等参数，得出等值附盐密度、零值电流、污秽发展趋势等的判断。该在线监测技术目前还没有大量运行经验证明监测系统运用在实际输电线路中的可靠性，主要问题有：① 检测数据分散性较大；② 对泄漏电流如何反映绝缘子的污秽程度尚没有明确的判据，仍在积累经验。

（8）其他参数。如设备运行温度监测、远程红外测温监测、变压器的油温、SF_6 密度、压力和微水检测装置等作为主设备的附件而引入的检测量。

（9）环境参数。变电站现场的环境参数（如温度、湿度等）可为诊断提供参考信息。

二、系统构成

1. 总体构成

在线监测系统的主要功能为实现对电力设备状态的参数的连续检测、传输、处理分析，并可实现越限报警，提示设备可能有潜在缺陷。根据设备状态综合诊断的需要，在线监测系统一般宜采取对多个状态量进行综合监测的方式，并可扩展到整个变电站。

根据实际需要，在线监测系统可以进行必要的简化配置，如仅由检测单元组成，有的就地显示监测数据（如避雷器泄漏电流表）或通过通信设备实时远传数据，或定期采集数据等。

（1）检测单元：被监测参数的采集、信号调理、模数转换和数据的预处理功能由检测单元实现。

（2）数据传输单元：监测数据的传输由通信和控制单元实现。

（3）数据的处理、分析和设备状态预警单元：监测数据的处理、计算、分析、存储、打印、显示及预警由主站单元实现。主站计算机系统通用功能包含人工召唤数据、定时自动轮询数据、对监测装置进行对时、更新数据浏览、历史数据浏览、特征参数趋势图显示、特征参数越限告警、重要状态变位告警、运行报表浏览及打印输出等。

对于在线监测系统所获取的数据，应进行综合比较和分析，并结合被监测设备的运行工况、交接和预防性试验数据及其他信息，进行全面分析。

2. 一次设备运行温度在线监测构成

超高压变电站内的众多开关、接头、刀闸、电容器、电缆等设备可能会由于过载、故障等原因导致发热，严重的会造成火灾事故。为了保证电网安全运行，必须对电站内可能的发热点进行在线温度监测。

现有超高压输变电设备的温度测量通常采用测温蜡片或红外线非接触测温方法，其存在以下不足：

（1）测温蜡片只能定性测温，而且必须通过人工定期巡查，才能根据不同熔化温度蜡片的熔化情况确定是否过热，是否发生故障。这种方法的优点是简单，设备成本非常低；缺点是检测温度的精度过低、实时性差、反故障扩散能力差、人工工作量大、人工成本高。

（2）红外线非接触测温的精度较高，但多数场合必须通过人工定期巡查。这种方法优点是非常直观，可以直接找到故障点；缺点是必须以目视方式检测，使用场合受到很大限制，设备成本很高、实时性差、反故障扩散能力差、人工工作量大、人工成本高。

所以必须研究更符合现场需求的温度在线监测方法，我们主要选择了基于无线传感器网络的测温方法。

（3）无线温度监测装置原理。基于物联网的智能化变电站一次设备运行温度在线监测系统采用 DWT100 无线数字温度监测装置为基础构建。

DWT100 无线数字温度监测装置采用完全自主知识产权的软、硬件设计，并开发了超低功耗的空中接口协议，该接口协议支持极低功耗超大占空比的无线传感器网络（WSN），并具有极大的扩展空间，可以满足本无线平台的系列化产品应用。历经 3 年多的严格测试和现场试用，证明了产品的稳定性和可靠性，具备大规模应用的技术能力和生产能力，并经电力工业电力设备及仪表质量检验测试中心和国网武汉高压研究院的检测证明产品符合国网公司和国家相关技术标准，可以在国家电网运行。

（4）装置组成。该子系统由 1 台主机，26 个数据传输基站，286 个设在主变电器套管、GIS 套管、10kV 出线柜、10kV 电容器等部位的无线温度传感器，以及 44 个布设在厂房、开关柜、端子箱内的环境温度传感器构成（如图 Z09E4001Ⅲ-1 所示）。

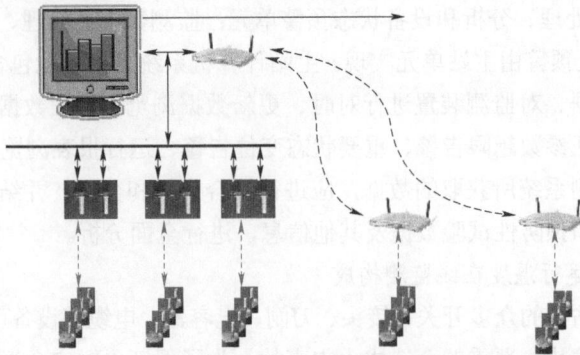

图 Z09E4001Ⅲ-1　无线测温检测系统图

（5）工作原理。无线温度传感器每分钟测量一次该监测点的电缆温度，环境温度传感器也会自动测量环境温度，这些温度数据通过 2.4GHz 无线信道传输到基站，基站会保存、记录这些数据。

主机会定时通过 CAN（控制器局域网络）总线或 RS-485 总线轮询各基站，各基站将收到的温度数据传输到主机，主机将总线温度数据进行处理并保存。主机与集控站可以通过 IEC 61850 以太网方式进行通信。

（6）无线温度传感器主要应用：① 高压母排接头温度在线监测；② 高压开关触头温度在线监测；③ 高压电容器运行温度在线监测；④ 高压六氟化硫 GIS 开关运行温度在线监测；⑤ 高压电流互感器、电压互感器运行温度在线监测；⑥ 其他可以实现主要、关键设备的实时运行温度在线监控（如图 Z09E4001Ⅲ-2～图 Z09E4001Ⅲ-4 所示）。

图 Z09E4001Ⅲ-2　电容器上安装的温度传感器

图 Z09E4001Ⅲ-3　出线柜安装的温度传感器

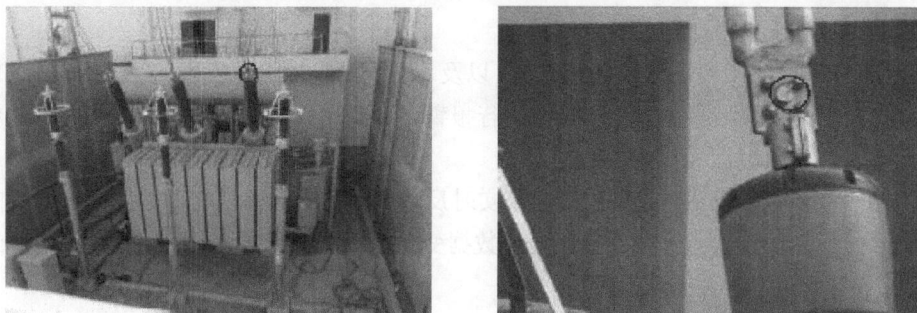

图 Z09E4001Ⅲ-4　主变压器套管上安装的温度传感器

3. 远程红外测温监测

电力设备在运行状态下的热分布正常与否是判断设备状态良好与否的一个重要特征。采用变电站远程红外自动监测系统，可以实时自动巡检运行设备的温度情况并按预先设定的预警值发出声音报警信号，从而使运维人员（或通过值班调度员）能及时采取相应的措施，用减少负荷或改变系统运行方式等手段，确保设备运行的安全，提高运维人员对设备缺陷的识别能力和预见性。

当运维人员选择查看变电站红外温度监测功能后，变电站远程红外测温模块提供一个基于变电站内部布置图的监测界面，界面上标注了所有被监测设备及监测点，并动态实时显示当前的温度情况和热分布图。同时提供监控数据变化趋势图、二维表、统计分析图展示的功能，如图 Z09E4001Ⅲ-5 所示。

图 Z09E4001Ⅲ-5　主变压器红外测温图

4. SF$_6$泄漏在线监测

SF$_6$泄漏状态主要是指对空气中 SF$_6$以及氧气含量进行实时监测，并据此判断 SF$_6$泄漏点位置等信息。根据预设告警值进行报警，并联动排风扇进行排风换气，以避免人员中毒事故发生。

基于变电站平面图，采用以颜色来实时反映站内 SF$_6$泄漏情况，并用闪烁提示的方式来定位 SF$_6$泄漏点。同时提供监控数据变化趋势图、二维表、统计分析图展示的功能。

三、运行管理

1. 基本要求

（1）运行单位应根据国家电网公司《输变电设备在线监测系统技术导则》、在线监测装置使用手册等编写在线监测系统现场运行规程，并建立在线监测系统设备台账和运行履历。

（2）应注意监视在线监测系统的运行状况，及时发现并报告其存在的缺陷。

（3）应注意在线监测系统监测数据的采集、存储和备份，数据的变化趋势的初步判断，报警值的管理等。

（4）如果在线监测数据发现异常，应及时报告。

2. 运行巡视

（1）检查检测单元的外观应无锈蚀，密封良好，连接紧固。

（2）电（光）缆的连接无松动和断裂。

（3）管路接口应无渗漏。

（4）就地显示面板显示正常。

（5）数据通信情况正常。

（6）主站计算机运行正常。

（7）在电源电压超出监测系统规定的范围或进行电源切换时，应及时检查系统工作是否正常。

（8）检查监测数据是否在正常范围内，如有异常，及时汇报。

（9）在特殊情况下，如被监测系统遭受雷击、短路等大扰动后，或被监测设备监测数据异常，以及在大负荷、异常气候等情况时，应加强巡视。

3. 在线监测装置数据分析

在线监测装置是在设备正常运行的条件下，对设备的某些状态量数据进行连续监测的装置。它具有智能化程度高，可以自动记录、分析、报警、组网、信息远传等功能，是智能化设备和电网的重要组成部分。

随着技术的发展，在线监测装置的功能和种类越来越多，目前应用比较广泛的有油色谱、避雷器全电流或阻性电流、容性设备绝缘、局部放电、瓷绝缘泄漏电流、连接点温度测量以及断路器性能检测等在线监测装置。

在线监测装置的监测数据与离线检测数据分析方法相同，由于在线监测装置设有不同级别的越限报警，当监测数据达到设定值时会自动报警，具有很高的智能化水平。运行中应经常对在线监测数据与离线检测数据进行比对分析，掌握二者数据差异的程度和规律。当在线监测装置报警后，应及时查明原因，尽快利用其他检测方法对报警数据进行确认。

4. 报警值管理

（1）根据相关标准规范或运行经验由运行单位制定各报警值。报警值不应随意修改。

（2）发生在线监测系统报警时由变电运维人员及时汇报。

（3）发生在线监测系统报警后应尽快安排检查和开展以下工作：

1）报警值的设置是否变化。

2）外部接线、网络通信是否出现异常中断。

3）是否有异常天气。

4）是否有强烈的电磁干扰源发生，如开关操作、外部短路故障等。

5）监测装置及系统是否异常。

6）进行在线监测数据变化的趋势和横向比较分析。

（4）如确认在线监测系统工作正常，报警后应视具体情况对主设备采取进一步的诊断和处理。

（5）如确认在线监测系统发生误报警，应及时退出报警功能，查明原因并处理后再投入运行。当不能完全确认系统发生误报警时，不应将装置退出运行。

5. 日常维护

（1）不得随意更改主站系统监测软件的设置，任何改动应在系统管理员认可后方可进行。

（2）主站单元宜专机专用，其网络设置不应随意更改，不能安装无关应用软件。

（3）监测软件处于常规运行状态，不应随意关闭。

（4）被测设备检修时，应对检测单元进行必要的检查和试验。

1）检查检测单元与被监测设备本体连接部位良好，无渗漏、锈蚀和受潮等异常现象。

2）检查电（光）缆连接正常，接地引线、屏蔽牢固。

3）按制造厂技术要求，对无法承受负压状态的油气分离薄膜式传感器，在变压器放油或油处理前，应首先关紧传感器的阀门；在变压器吊罩时，将监测装置拆除，妥善保存。

4）在套管、电流互感器、耦合电容器、避雷器等设备大修或更换时，应将监测装置拆除，妥善保存，拆、卸和安装应按制造厂技术要求进行。

（5）当检测单元工作异常或数据异常时，应进行人工复位后再采集。

（6）如出现主站计算机异常或"死机"，需根据维护手册要求重新启动系统。

（7）当通信异常时，要检查与主站通信线插头是否松动，或通信母板是否故障。

（8）对该系统操作前，应熟悉使用手册、软件使用指南，出现问题应按照维护指南进行。

（9）出现硬件和软件故障，按维护指南无法解决时，应及时通知厂家派人维护。

（10）定期对在线监测系统的电源进行检查。

【思考与练习】

1. 变压器类设备检测参数主要有哪些？

2. 在线监测设备的主要构成部分有哪些？

3. 在线监测系统报警值管理有何要求？

第五章

变电站设备定期试验与轮换

▲ 模块 1　变电站设备定期切换试验与轮换（Z09E5001 Ⅰ）

【模块描述】本模块包含变电站设备定期切换试验与轮换制度、要求。通过讲解蓄电池定期测试、变压器冷却设备等的定期切换实例，掌握变电站设备定期切换试验与轮换的方法和内容要求。

【模块内容】

一、变电站设备定期试验与轮换的主要目的

变电站设备定期试验与轮换是"两票三制"的重要内容，本节主要涉及变电站变电运维人员职责范围内的试验与轮换内容。变电站设备除按照有关规程由专业人员开展电气试验外，变电运维人员还应对有关设备进行定期的测试和试验，以确保设备的正常运行。

设备定期试验的主要目的是检验设备或某个部件的功能是否完好，检验设备是否正常运行，检验自动投入装置能否正确动作。变电站需要进行定期试验的设备主要包括高频保护通道、直流充电机及蓄电池、事故照明系统、变压器冷却装置、电气设备取暖防潮装置、防误闭锁装置等。试验的周期视具体情况而定，一般在自动投切装置新安装或维修后进行一次全面的功能验证，正常运行时以季度或半年为宜。变电站设备试验工作应由多人配合进行，持操作票或标准化作业指导书作业。

设备定期轮换的主要目的是将长期备用的装置经倒换操作投入运行，长期运行的设备转为备用，通过轮换，减少磨损、发热等缺陷的发生，从而提高设备的健康状况。变电站需要进行定期轮换的设备主要包括变压器备用冷却器等。轮换的周期一般为半年，轮换应至少由两人进行，持操作票或标准化作业指导书作业。

二、变电站设备定期试验的内容及要求

变电站设备定期试验的内容及要求应根据各站的设备情况和实际运行环境分别制定，试验方法应写入变电站现场运行规程，试验周期按照《国家电网公司变电运维管理规定（试行）》[国网（运检/3）–828–2017] 执行，详见表 Z09E5001 Ⅰ–1（列举部

分内容进行说明）。

表 Z09E5001 I –1　　变电站设备定期试验的内容及周期

序号	试 验 设 备	试 验 内 容	周期	备 注
1	高频保护通道	通道测试	每天	
2	直流充电机及蓄电池	单个蓄电池内阻、电压	每年、每月	蓄电池内阻测试每年至少1次，蓄电池电压测量每月一次，备用直流充电机每半年启动试验1次
3	事故照明系统	试验检查	每季	
4	站用交流电源系统的备自投装置	切换试验	每季	
5	变压器冷却装置	电源自投功能试验	每季	
6	变电站辅助降温、加热除潮装置	辅助降温、加热除潮装置功能是否良好	每季	
7	防误闭锁装置	锁具维护及闭锁逻辑校验	每半年	
8	备用站用变压器（一次侧不带电）	启动试验	每半年	每次带电运行不少于24h
9	漏电保安器	检查功能	每季	
10	消防设施	检查维护	每季	变压器火灾报警系统随停电试验检查

1. 高频保护通道

高频保护通道是输电线路高频继电保护装置的重要组成部分，通道是否良好直接影响高频保护动作的正确性。高频保护通道包括输电线路和两端的调制解调装置，引起通道衰耗增大的可能因素有输电线路气候环境的变化、两端调制解调装置或收发信机元件的老化故障等。

由于闭锁式高频保护正常运行时通道无高频电流，高频保护通道衰耗增大也不易发现，因此需要变电运维人员每天或气候异常时手动启动高频收发信机测试，检查通道是否完好。

2. 直流充电机及蓄电池

重要的 220kV 及以上变电站直流电源系统应采用"两电三充"（即两组蓄电池加三套充电装置），对于正常方式下处于备用状态的充电机应定期投入一定时间进行运行试验，周期为半年一次。所有 220kV 及以下变电站的直流充电机应采用两路交流电源输入，且具备自动投切功能；运行充电机的交流输入电源应结合轮换每季开展一次自投切试验。

蓄电池是变电站直流电源系统中重要的组成部分。为确保在充电机交流电源消失后蓄电池能可靠供电，需要定期对蓄电池进行相关试验和测量，内容包括单个蓄电池的内阻和电压，此项工作 220kV 及以下变电站均要开展。

3. 事故照明系统

事故照明系统是在变电站正常照明失去时，方便进行事故处理的照明电源系统。事故照明一般采用直流供电。早期设计的事故照明系统采用交流消失后接触器自动切换至蓄电池供电的方式，由于回路复杂，近期设计采用蓄电池直接供电或墙壁上安装应急灯的方式实现。无论哪种方式，均要定期进行试验，以确保事故照明可靠，通常每季试验检查一次。

4. 站用交流电源系统的备自投装置

站用交流电源系统是变电站的重要组成部分，站用交流电源系统的切换完好是保证变电站电气设备正常运行、倒闸操作，尤其是异常及事故处理可靠进行的前提条件。为确保站用交流电源系统切换可靠，通常每季进行一次站用交流电源系统的备自投装置切换试验。

5. 变压器冷却装置

冷却装置是风冷却变压器的重要部件。强迫油循环风冷变压器（ODAF）和油浸风冷变压器（ONAF）冷却装置均设两路交流电源，通过交流接触器进行切换，需要定期检查自动投切回路是否正常。此外，还要定期试验辅助、备用冷却器在条件满足时是否能够投入。一般每季进行一次，夏季高温季节来临之前全面进行一次检查。

6. 变电站辅助降温、加热除潮装置

继电保护及自动装置、断路器操动机构等设备对环境温度要求较高，需要在高温或低温时保证其环境温度相对恒定；端子箱、机构箱等户外二次回路端子排对湿度要求高，需要除潮。这些辅助设备能否可靠运行对电气设备的安全运行至关重要，一般每季进行一次全面检查。

7. 防误闭锁装置

防误闭锁装置可靠运行是防止电气误操作事故的重要技术措施。防误闭锁装置的试验主要是检查户外锁具是否卡涩生锈，抽查微机闭锁逻辑是否正确，通常以半年检查一次为宜。

8. 备用站用变压器（一次侧不带电）

长期处于备用状态的备用变电站用变压器（一次不带电）每年应进行一次启动试验，并检查备用电源自投切装置是否正确投入。

9. 漏电保安器

变电站一般在检修电源箱安装漏电保安器，它的主要作用是当外接作业回路发生

漏电或触电时切断电源，保护人身安全。一般每季进行一次检查试验，使用前也应进行有关试验检查。

10. 消防设施

变电站的消防设施一般包括火灾自动报警（如室内感烟火灾自动报警系统）、固定灭火（如变压器火灾报警自动灭火系统）、防烟排烟等消防系统。变压器火灾报警自动灭火系统有三个启动条件［本体重瓦斯保护、变压器断路器跳闸、油箱超压开关（火灾探测器）］，同时满足时发火灾报警，并启动自动灭火系统。只有一个条件满足时，变压器火灾报警自动灭火系统发告警信息，提醒变电运维人员及时处理。变压器火灾报警自动灭火系统结合停电进行试验，室内感烟火灾自动报警系统每季进行一次试验。

三、变电设备定期轮换的内容及要求

变电设备的定期轮换主要是完成设备或部件运行状态的转换，内容及周期详见表 Z09E5001Ⅰ–2（列举部分内容进行说明）。

表 Z09E5001Ⅰ–2　　　　　变电站设备定期轮换的内容及周期

序号	试 验 设 备	轮 换 内 容	周 期
1	变压器冷却装置	各组冷却器的工作状态（即工作、辅助、备用状态）进行轮换运行	每季
2	GIS 设备操作机构集中供气系统	GIS 设备操动机构集中供气系统的工作和备用气泵进行轮换运行	
3	通风系统	通风系统的备用风机与工作风机进行轮换运行	

1. 变压器冷却装置

冷却装置的切换分为交流电源切换和状态切换。交流电源切换主要是为了减少运行的接触器长期运行发热造成老化，每季在Ⅰ、Ⅱ段电源间进行切换；状态切换主要是减少长期运行的冷却器电动机长期磨损，每季在保证变压器两侧冷却器分布均匀的情况下，在工作、备用、辅助三个状态下进行轮换。

2. GIS 设备操动机构集中供气系统

对 GIS 设备操动机构集中供气系统的工作气泵和备用气泵，应每季轮换运行一次。

3. 通风系统

变电站集中通风系统的备用风机与工作风机应每季轮换运行一次。

总之，变电站设备定期试验与轮换还应根据各站设备实际进行。例如：未装设气水分离装置的气动机构应每周进行运转放水试验；220kV 变压器每年进行 1 次铁芯接地电流测量，110kV 及以下变压器每 2 年测量 1 次，在变压器运行工况差，以及红外测温发现变压器内部存在发热现象时，应加强铁芯接地电流检测等。

【思考与练习】

1. 变电站设备定期试验与轮换的主要目的是什么？

2. 直流充电机及蓄电池试验与轮换的周期和主要内容有哪些？

3. 变压器冷却装置定期试验有哪些内容和要求？

▲ 模块 2　变电站设备定期试验与轮换分析（Z09E5001Ⅱ）

【模块描述】本模块包含变电站设备定期切换试验与轮换工作分析。通过讲解蓄电池定期测试、变压器冷却设备的定期切换等实例，掌握利用变电站设备定期切换试验与轮换工作，发现设备异常和缺陷。

【模块内容】

一、蓄电池测试的基本方法

（一）蓄电池充电的几种方式

1. 恒流限压充电

采用恒定电流进行充电，当蓄电池组端电压上升到额定限压值时，自动或手动转为恒压充电。

2. 恒压充电

在额定充电电压下，充电电流逐渐减小。当充电电流减小至 0.1 倍时，充电装置的倒计时开始启动。当整定的倒计时结束时，充电装置将自动或手动转为正常的浮充电方式运行。

3. 补充充电

为了弥补运行中因浮充电流调整不当造成的欠充，根据需要可以进行补充充电，使蓄电池组处于满容量。其程序为：恒流限压充电→恒压充电→浮充电。补充充电应合理掌握，在必要时进行，防止频繁充电影响蓄电池质量和寿命。

（二）蓄电池的基本测试方法

1. 每只单体蓄电池的电压的测量

一般采用万用表的直流电压挡进行测量，为了确保测量结果的准确性，测量时直流电压挡的量程应选与被测电池的电压相近的挡位，但是量程必须大于被测电池的电压。

2. 阀控蓄电池的核对性放电

长期处于限压限流的浮充电运行方式或只限压不限流的运行方式，无法判断蓄电池的现有容量、内部是否失水或干枯。通过核对性放电，可以发现蓄电池容量缺陷。

（1）一组阀控蓄电池组的核对性放电。全站仅有一组蓄电池时，不应退出运行，也不应进行全核对性放电，只允许用 I_{10} 放出其额定容量的 50%。在放电过程中，蓄电池组的端电压不应低于 $2V×N$，N 为蓄电池组电池的个数。放电后，应立即用额定充电电流进行限压充电→恒压充电→浮充电。反复放充 2～3 次，蓄电池容量可以得到恢复。

若有备用蓄电池组替换时，该组蓄电池可进行全核对性放电。

（2）两组阀控蓄电池组的核对性放电。全站若有两组蓄电池时，则一组运行，另一组退出运行进行全核对性放电。放电用 I_{10} 恒流放电，当蓄电池组电压下降到 $1.8V×N$ 时停止放电。隔 1～2h 后，再用额定充电电流进行恒流限压充电→恒压充电→浮充电。反复放充 2～3 次，蓄电池容量可以得到恢复。若经过三次全核对性放充电，蓄电池组容量均达不到其额定容量的 80% 以上，则应安排更换。

（三）测试值异常的处理方法

阀控蓄电池组正常应以浮充电方式运行，浮充电压值应控制为（2.23～2.28）$V×N$，一般宜控制在 2.25$V×N$（25℃时），均衡充电电压宜控制为（2.30～2.35）$V×N$。阀控蓄电池在运行中电压偏差值及放电终止电压值应符合表 Z09E5001Ⅱ-1 要求，如果不符合应及时上报处理。

表 Z09E5001Ⅱ-1 　　　　阀控蓄电池在运行中电压偏差值及

放电终止电压值 　　　　　　　　单位：V

阀控密封铅酸蓄电池	标 称 电 压		
	2	6	12
运行中的电压偏差值	±0.05	±0.15	±0.3
开路电压最大与最小电压差值	0.03	0.04	0.06
放电终止电压值	1.80	5.40（1.80×3）	10.80（1.80×6）

二、变压器冷却装置定期试验的基本方法及步骤

（一）变压器冷却装置试验的主要内容和方法

切换试验的主要内容：冷却电源的切换试验，工作冷却器组与备用冷却器组（潜油泵、风扇）和辅助冷却器组的切换和自启动试验。

1. 冷却电源的切换试验

冷却电源切换试验的目的是检验工作电源消失后，备用电源能否正确投入。大型变压器的冷却电源一般都有两个独立的电源供电，在冷却器控制箱内有两个电源指示灯和控制把手，正常时两个电源指示灯都应当亮（表示两个电源都正常），两个把手的位置分别在"工作"和"备用"位置。电源切换时，一般是在冷却器控制箱内将工作

电源的把手切换至"停用"位置，检验备用电源能否自动投入，冷却器能否继续正常运行。试验正常后可恢复原来的运行方式，也可将原备用电源切换为工作电源，工作电源切换为备用电源，是否切换应根据变电站现场运行规程执行。

2. 工作冷却器、备用冷却器、辅助冷却器切换

为保证主变压器各组冷却器能随时投入工作，工作冷却器、备用冷却器、辅助冷却器应按照现场运行规程要求定期切换。切换周期应保证每组冷却器分机运行时间大致平衡，规定每周对冷却器运行方式进行切换，并做好记录。冷却器切换流程如图 Z09E5001 Ⅱ-1 所示。

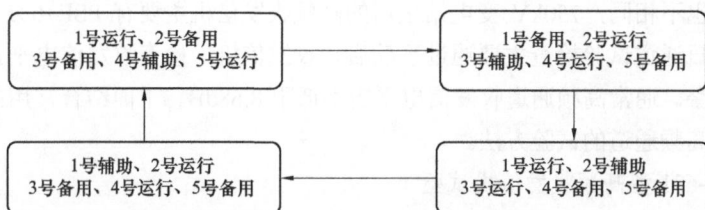

图 Z09E5001 Ⅱ-1　冷却器切换流程

3. 备用冷却器组和辅助冷却器组的自启动试验

大型变压器有很多组冷却器，根据需要可将冷却器的运行设置成运行、辅助、备用三种状态。运行状态下的冷却器，在变压器运行时正常运行；辅助状态下的冷却器，在变压器负荷或温度超过设定值时自动启动；备用状态下的冷却器在运行和辅助自动投入运行后的冷却器故障后自动投入运行。

备用冷却器组和辅助冷却器组的自启动试验，一般采用短接或拆除冷却器控制箱内相应继电器的触点或线头来完成。短接或拆除冷却器控制箱内相应继电器的触点或线头时，一定要看清图纸和设备的实际位置，并做好安全措施，短接触点时应采用专用短接线，拆除线头时应注意所使用的工具，并对拆除的线头做好标记，防止回路短路、接地造成冷却器全停，防止人身触电等事故发生。

（二）冷却装置试验异常的处理

（1）冷却电源不能正确切换的处理。冷却电源不能正确切换时，首先应检查备用电源是否正常，切换继电器或接触器是否动作。如果是电源故障应及时查明原因，并恢复备用电源；如果是切换继电器和接触器不动作，应仔细检查继电器回路是否完整、线圈有无发热、烧伤痕迹，查明原因并及时更换。

（2）备用冷却器组和辅助冷却器组在满足启动条件时不能正确启动，可能有以下原因：

1）潜油泵或风扇的电动机电源消失；

2）电动机故障；

3）备用冷却器组和辅助冷却器组启动控制回路故障；

4）给定的启动条件不满足自启动要求。

不能正确启动时，应对以上4个方面进行认真检查，做出正确的分析和判断，并进行处理。

三、高频通道定期试验的方法

（一）高频通道定期试验的方法

高频通道的试验一般采用交换信号的方法进行。高频收发信机的型号不同，交换信号的特征也不相同，750kV变电站采用的高频收发信机主要有PSF-631、LFX-912等类型，每日通道试验检查主要通过手动启动收发信机，检查收发信电平正常与否，装置有无告警。通常高频通道收发信电平应不低于8.68dB。下面结合常用的收发信机型号来介绍高频通道的试验方法。

1. PSF-631型高频收发信机试验

高频通道两侧发信过程如图Z09E5001Ⅱ-2所示。

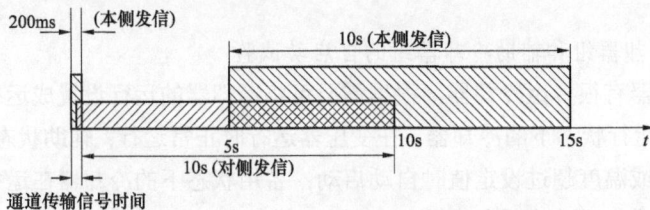

图Z09E5001Ⅱ-2　高频通道两侧发信过程

（1）按下"通道试验"按钮，本侧启动发信，200ms后停止；此时远方启动对侧发信10s（10s后停止发信）。

（2）对侧发信5s，启动本侧发信10s（10s后停止发信）。

（3）本侧发信时，收发信机启动，面板"收信、发信"灯亮，收信电平显示值为36.5～41dB，发信电平显示值为18～25dB，并做好记录。在通道测试过程中，"通道异常""装置告警"灯不能点亮，否则通道不正常。

（4）测试完毕，复归收发信机上所有信号。

2. LFX-912型高频收发信机

（1）按下"通道试验"按钮，本侧启动发信，200ms后停止；此时远方启动对侧发信10s（10s后停止发信）。

（2）对侧发信5s，启动本侧发信10s（10s后停止发信）。

（3）本侧发信时，发信灯亮，6～18dB灯亮，表头指针在40%与60%之间，收发信结束后指针回零，收信灯亮。9 号插件检测过程中还需要检查高频电压和高频电流（正常检测值，表头指示为 36.5～41V 与 490～550mA），并做好记录。在通道测试过程中，"裕度报警""过载指示""通道异常"灯均不能点亮，否则通道不正常。

（4）测试完毕，复归收发信机上所有信号。

（二）高频通道测试的异常判断及处理方法

1. PSF-631 型高频收发信机在交换信号时的异常及处理

（1）在交换信号时，如发现在 0～5s 内"接收信号"灯亮，而"电平正常"灯不亮，则说明能收到对侧的高频信号，但通道衰耗已增加了 3dB。应再交换一次信号，在 0～5s 内按收信高滤插件上的"8dB 衰耗"按钮，若"接收信号"灯仍然亮，则说明通道余量仍大于 8dB。这时不必停用高频保护，但应立即报告调度并通知继电保护人员处理，变电运维人员应记录信号。

（2）有下述情况之一，必须立即报告调度，由调度下令将本线路两侧高频保护同时停用，并通知继电保护人员处理，变电运维人员应记录信号。

1）在交换信号时，如发现在 0～5s 内，"电平正常"灯和"接受信号"灯均不亮。

2）在交换信号时，如发现在 0～5s 内，"接受信号"灯亮，但"电平正常"灯不亮，此时应再交换一次信号，在 0～5s 内按收信高滤插件上的"8dB 衰耗"按钮，若"接收信号"灯不亮时。

2. GSF-6 型高频收发信机在交换信号时的异常及处理

在通道交换信号时，触发器插件上的电平 3dB"告警"灯亮，同时测量盘插件上表头的指针落在–3dB 红色告警范围内时，应记录信号，必须立即报告调度，由调度下令将本线路两侧高频保护同时停用，并通知继电保护人员处理，变电运维人员应记录信号。

3. SF-500 型高频收发信机在交换信号时的异常及处理

（1）在交换信号时，发现控制电路 I 插件上的"通道异常"灯亮，说明通道衰耗已增加了 3dB，如此时解调输出插件上的"收信指示"灯亮，并且"裕度告警"灯不亮，则说明能收到对侧的高频信号。这时不必停用高频保护，但应立即报告调度并通知继电保护人员处理，变电运维人员应记录信号。

（2）有下述情况之一，必须立即报告调度，由调度下令将本线路两侧高频保护同时停用，并通知继电保护人员处理，变电运维人员应记录信号。

1）在交换信号时，功率放大插件上"过载指示"灯亮。

2）在交换信号时，解调输出插件上的"收信指示"灯不亮或"裕度告警"灯亮。

4. SF-600 型高频收发信机在交换信号时的异常及处理

（1）在交换信号时，解调输出插件上的"通道异常"灯亮，说明通道衰耗已增加了 3dB，如"裕度告警"灯不亮，则说明能收到对侧的高频信号。这时不必停用高频保护，但应立即报告调度并通知继电保护人员处理。

（2）有下述情况之一，必须立即报告调度，由调度下令将本线路两侧高频保护同时停用，并通知继电保护人员处理，变电运维人员应记录信号。

1）在交换信号时，前置放大插件上"过载指示"灯亮。

2）在交换信号时，解调输出插件上的"收信指示"灯不亮或"裕度告警"灯亮。

四、断路器气动机构运转试验的基本方法及步骤

（一）断路器气动机构运转试验的基本方法

基本方法是降低气压法，具体操作步骤如下：

（1）手动打开储气罐的放气阀门，一边放气，一边观察压力表，接近额定补气压力时，减小放气速度，观察到额定补气压力时能否报警（空气操作压力低），并自动启动储能电动机建压。如果不报警也不启动储能电动机，可以继续缓慢放气，放气至（不低于额定补气压力 0.1MPa）储能电动机启动时停止放气，并记录压力表的压力值和启动建压开始时间。如果继续放气（气压不能低于闭锁重合闸压力）仍然不能启动储能电动机，也应停止放气，说明自动启动补气回路或继电器有故障，应及时查找原因并处理。

（2）建压期间注意观察压力表的变化，看压力表的指针指到额定停止压力时，储能电动机能否自动停机。如果没有停止，可以继续建压，但是要注意观察压力的变化。当超过停止建压压力 0.1MPa 还未停下时，说明自动启动停止建压回路或继电器有故障，应手动断开电动机电源，停止建压，并及时查找原因并处理。

正常情况下，放气至额定补气压力时，能自动启动储能电动机建压，并发送"空气操作压力低""交流电动机运转"信息。当建压至额定停止压力时，启动储能电动机自动停止，"空气操作压力低""交流电动机运转"信息返回。

（二）气动机构运转试验异常的处理

气动机构运转试验时发现异常，应及时查明异常原因。电气控制回路故障应尽快排除，压力继电器故障应及时上报主管部门安排检修或更换。

五、事故照明定期试验的基本方法

通过站用直流系统提供事故照明电源的事故照明系统，根据事故照明控制回路的不同，有两种启动方式：一种是正常照明电源消失后，需要运行值班人员手动合上事故照明电源开关，点亮事故照明灯；另一种是将事故照明电源开关设置在相应位置，正常情况下事故照明灯不亮，而在正常照明电源消失后，不需要运行值班人员操作事故照明电源开关，就能点亮事故照明灯。

第一种事故照明的试验方法很简单，只需要手动合上事故照明开关，检查事故照明灯能否点亮；第二种事故照明的试验可通过断开正常照明交流电源开关的方式试验，检查事故照明能否点亮。

带蓄电池的应急照明设施也需要定期检查和试验，检查电池电量是否充足，灯泡是否完好，控制开关切换是否灵活、正确等。

六、其他设备的定期试验方法及试验注意事项

（一）变压器有载调压开关停电后的调整试验方法及注意事项

调整试验的方法：先用手动试验，对所有挡位进行一个完整的循环操作，即从变压器的当前挡位逐级升至最高挡位，再从最高挡位逐级降至最低挡位，再从最低挡位逐级升至原运行挡位；试验无误后再改用电动遥控或就地电动进行一个完整的循环操作，试验完后，应将挡位放至原运行挡位。

试验注意事项：

（1）手动调压试验时，一定要闭锁就地电动或遥控电动操作，防止电动和手动试验同时进行。

（2）调整挡位要逐级进行，每调整到一个挡位后，一定要检查后台监控机上显示的挡位与调压控制箱上指示的挡位是否一致。

（3）遥控电动或就地电动试验，可以在调压过程中操作紧急停止按钮，试验紧急停止按钮是否起作用，能否立即停止调压操作。操作紧急停止按钮，调压控制回路的有关继电器动作，将有载调压开关电动机的电源断掉，使电动机停止工作，终止遥控电动或就地电动调压。要恢复遥控电动或就地电动调压，必须使用手动操作，将有载开关调整至某一挡位之后，才能合上电动机的电源开关，否则电源开关合不上，合上电源开关后，就可恢复电动调压功能。

（二）直流备用充电机定期试验

直流备用充电机定期试验时应持作业卡，防止直流失电压。高频电源开关电源 1号、2号、3号充电机切换流程如图 Z09E5001Ⅱ-3 所示。

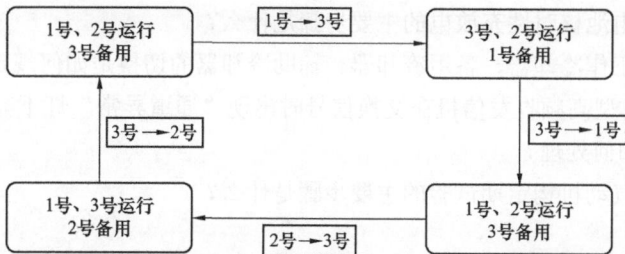

图 Z09E5001Ⅱ-3　高频电源开关电源 1 号、2 号、3 号充电机切换流程

试验方法：试验时可在将任意一台工作充电机退出运行后，操作备用充电机的对应开关，将备用充电机接入蓄电池组和直流母线，检查接入正确后投入备用充电机。备用充电机投入后应检查各充电模块的工作电压和输出电流是否正常，直流母线电压和蓄电池充电方式是否正常。

试验注意事项：

（1）停用工作充电机时，要防止拉错开关，造成直流母线失电压。

（2）启动备用充电机时，要按照说明书或有关规程进行，防止造成部分高频电源模块过负荷烧坏。

（3）备用充电机投入后，一定要检查直流系统的工作状况。

（4）试验正常后，恢复原来的工作方式。

（三）变压器铁芯接地电流的定期测试方法

（1）采用高精度的钳形电流表测试。

（2）通过变压器铁芯电流在线监测装置进行监测和记录。

（四）消防设施定期试验的方法

1. 室内感烟火灾自动报警系统的试验方法

试验时，可用一根点燃的香烟或专用烟感发生设备靠近感烟（感光和感温）火灾探测器，约 20s 左右，完好的火灾探测器和火灾自动报警系统就会报警。若火灾探测器或火灾自动报警系统故障，则不报警，应及时更换或维修。

2. 变压器火灾报警自动灭火系统的定期检查试验方法

变压器火灾报警自动灭火系统的定期检查与试验按照公安消防部门的规定或有关标准进行。变压器停电后，打开主出口阀门，打开其旁路阀或回流阀，启动火灾报警和联动装置，检验系统在满足启动条件时能否自动启动相应的联动装置。在变压器停电状态下进行一次系统试验和维护保养，以保证系统密封良好、电气可靠、操动机构灵活。

【思考与练习】

1. 直流蓄电池核对性充放电的主要步骤是什么？

2. 变压器工作冷却器、备用冷却器、辅助冷却器的切换是如何规定的？

3. SF-600 型高频收发信机在交换信号时出现"通道异常"灯不亮现象，可能发生什么故障？如何处理？

4. 断路器气动机构定期试验的主要步骤是什么？

第六章

防误装置巡视与维护

▲ 模块 1　防误装置的巡视（Z09E6001 Ⅰ）

【模块描述】本模块包含防误装置的分类和巡视项目；通过对各种类型防误装置的介绍，达到掌握防误装置巡视内容，能及时发现设备缺陷的目的。

【模块内容】

防止电气误操作装置（简称防误装置）是防止变电运维人员发生电气误操作的有效技术措施，做好防误装置的运行管理工作，能有效防止电气误操作事故的发生。

一、防误装置的功能

防误装置应实现以下"五防"功能：

（1）防止误分、误合断路器。

（2）防止带负荷拉、合隔离开关。

（3）防止带电挂（合）接地线（接地刀闸）。

（4）防止带接地线（接地刀闸）合断路器（隔离开关）。

（5）防止误入带电间隔。

凡有可能引起以上误操作事故的一次电气设备，均应装设防误装置。"五防"功能中除防止误分、误合断路器可采用提示性方式外，其余"四防"必须采用强制性方式。强制性方式是指在设备的电动操作控制回路中串联用以闭锁回路的触点或锁具，在设备的手动操作部件上加装受闭锁回路控制的锁具。

二、防误装置的种类和特点

变电站防误装置种类包括计算机监控联锁、微机防误、电气闭锁、电磁闭锁、机械联锁、机械程序锁、机械锁、带电显示装置等。目前使用较多的防误装置有机械联锁、电气闭锁、微机防误、带电显示装置。

1. 机械联锁

机械联锁是靠机械结构制约而达到预定目的的一种闭锁，即当一设备操作后利用机械传动来闭锁另一设备的操作。如主隔离开关合上后，其自带的接地刀闸传动机构即被卡住，不能合闸。

2. 电磁闭锁

电磁闭锁是利用断路器、隔离开关、设备网门等设备的辅助触点，接通或断开隔离开关、网门电磁锁电源，从而达到闭锁操作的目的。电磁闭锁主要应用于手动操作的设备和回路设备的网门上。

3. 电气闭锁

电气闭锁是利用断路器、隔离开关等设备的辅助触点，接通或断开电气操作电源而达到闭锁目的的一种装置。它普遍用于电动隔离开关和电动接地刀闸的操作控制回路上。如断路器在合位时，其动断触点断开相关隔离开关的操作电源，使该隔离开关不能进行拉合操作。

4. 机械程序锁

机械程序锁又称连环锁，是一种采用设备位置检测和开锁顺序控制的机械锁具。它对电气设备的手动操作机构实施闭锁。第一步操作完成，设备的操作机构位置到位后，才能取出下一步操作的钥匙进行下一步开锁操作，从而实现对设备间的防误闭锁。

5. 机械锁

下列情况下应加挂机械锁：

（1）未装防误闭锁装置或闭锁装置失灵的隔离开关操作把手和网门。

（2）当电气设备处于冷备用且网门闭锁失去作用时的有电间隔网门。

（3）设备检修时，回路中的各来电侧隔离开关操作把手和电动操作隔离开关机构箱的箱门。

6. 带电显示装置

对使用常规闭锁技术无法满足防误要求的设备（或场合），宜加装带电显示装置达到防误要求。一般在开关柜线路侧、GIS 设备线路侧等无法直接验电的地方装设带电显示装置。

7. 微机防误闭锁装置

微机防误闭锁装置利用预设的操作原则与程序来保证倒闸操作顺序的正确性，利用编码锁和状态锁来保证操作的正确性，实现防误闭锁的功能。微机防误闭锁装置由微机模拟盘、电脑钥匙、电编码锁、机械编码锁几部分组成。

8. 计算机监控联锁

计算机监控联锁也是利用预设的操作原则与程序来保证倒闸操作顺序的正确性，利用实时判断相关电气设备的状态来保证操作的正确性，实现防误闭锁的功能的。计算机监控联锁由测控装置、电气设备的辅助触点、遥测量、联锁规则几部分组成。

9. 各种防误装置比较

电气闭锁和电磁闭锁的优点是：在防止带负荷拉（合）隔离开关方面有其独特作用，可以保证在一次设备检修时仍能正常判断闭锁逻辑。其缺点是：闭锁逻辑比较复杂，而且需要大量的电缆，需要大量的断路器、隔离开关、接地刀闸的辅助触点和网门的行程触点，闭锁回路大多采用串联接法，因此故障率高，一旦某个隔离开关或断路器辅助触点接触不良，就会导致其他设备无法操作，而如果进行解锁操作，此时就无任何"五防"闭锁判断，电气闭锁和电磁闭锁不能有效解决"防止带电挂地线"和"防止带地线合断路器（隔离开关）"两大问题，辅之以挂锁，也解决不了"五防"问题，因为它无判别条件。

机械程序锁的优点是：对就地操作具有强制闭锁功能，工程造价低。其缺点是：机械结构复杂，安装精度要求高，调试工作量大，常出现机械卡滞现象；维护工作量大，使用可靠性差。

机械闭锁用于主隔离开关与其所设接地刀闸间的闭锁，具有强制闭锁功能，可以实现正反向的闭锁，结构简单，闭锁直观，强度高，不易损坏，操作方便，运行可靠。但如果要实现断路器及其他隔离开关与相关接地刀闸间的闭锁，机械闭锁就无法做到了。

微机"五防"装置的优点是：保证了运行操作的安全性，功能强。微机"五防"装置除了具备传统装置的功能外，还解决了"防止带电挂地线"和"防止带地线合断路器（隔离开关）"两大问题。当电动隔离开关的电气操作回路故障须进行手动操作时，还可以通过其机械编码锁验证正误，保证其操作经过"五防"判断。采用编码锁，电气回路的设计简单，节省电缆。其缺点是：当该"五防"机故障时，全站的"五防"功能受到影响，另外必须有可供安装编码锁的位置，因此对开关柜内部的闭锁要由开关柜本身来完成。

计算机监控联锁的优点是：自动化程度高，可设置复杂的联锁规则，日常维护工作量小。其缺点是：回路采用直流供电，增加了直流回路的异常可能；回路复杂，如个别设备故障，影响范围大。

随着自动化程度的不断提高，有的变电站可以在后台机上进行电动隔离开关的遥控操作，但控制命令是由"遥控"继电器发出的，因此如果电动隔离开关的操作电气回路中无任何电气闭锁，一旦遥控继电器触点击穿，不可避免地会导致带负荷拉（合）隔离开关、带地线合隔离开关的后果，因此必须坚持微机"五防"与电气闭锁相结合的方法，以取得完善的防误效果。

三、防误装置的检查

（1）检查防误装置交、直流电源正常。

（2）核对模拟盘与设备实际位置是否对应。

（3）检查微机防误装置电脑钥匙充电状态是否良好，不用时应及时充电，要远离热源，注意防水、防潮、防挤压。

（4）检查确保微机防误装置的主机运行良好，与监控系统通信良好。

（5）检查防误装置的防尘、防蚀、防干扰、防异物开启措施是否完好，户外的防误装置还应防水、耐低温，锁具无锈蚀，闭锁状态良好。

（6）检查解锁钥匙的封条是否完好。

（7）检查机械锁钥匙是否齐全。

（8）检查接地桩是否完好。

四、防误装置的运行规定

1. 一般运行规定

（1）防误装置正常情况下严禁解锁或退出运行。防误装置的解锁工具（钥匙）或备用解锁工具（钥匙）应封存保管，且必须有专门的保管和使用制度。

（2）防误装置整体停用应经本单位总工程师批准，才能退出，并报有关主管部门备案。同时，要采取相应的防止电气误操作的有效措施，并加强操作监护。

（3）运行值班人员（或操作人员）及检修维护人员应熟悉防误装置的管理规定和实施细则，做到"三懂二会"（懂防误装置的原理、性能、结构；会操作、维护）。

（4）防误装置主机不能和办公自动化系统合用，严禁与因特网互联。

（5）采用计算机监控系统时，远方、就地操作均应具备电气"五防"闭锁功能。

（6）防误装置的检修工作应与主设备的检修项目协调配合，定期检查防误装置的运行情况，并做好记录。防误装置检修、调试必须办理工作票。

（7）微机防误闭锁装置现场操作通过电脑钥匙实现，操作完毕后，要将电脑钥匙中当前状态信息返回给防误装置主机进行状态更新，以确保防误装置主机与现场设备状态的一致性。

（8）计算机监控系统的防误闭锁功能，应具有所有设备的防误操作规则，并充分应用监控系统中电气设备的闭锁功能实现防误闭锁。

2. 解锁规定

（1）防误装置及电气设备出现异常要求解锁操作时，应由设备所属单位的运行管理部门防误装置专责人到现场核实无误，确认需要解锁操作，经专责人同意并签字后，由变电运维人员报告当值调度员，方可解锁操作。单人操作、检修人员在倒闸操作过程中严禁解锁。如需解锁，应待增派变电运维人员到现场后，履行批准手续后处理。

（2）当设备发生异常进行解锁操作时，只有特定操作项目可以解锁。例如断路器在运行中由于气压、油压降低等情况闭锁分闸时，通过改变运行方式（转代、倒母线、停上一级电源）将其停运，拉开两侧隔离开关需解锁操作，只有这两项操作使用解锁钥匙，其他操作仍要使用防误闭锁装置。

（3）电气设备检修时需要对检修设备解锁操作，应经变电站站长批准，做好相应的安全措施，在专人监护下进行。

（4）若遇危及人身、电网和设备安全等紧急情况需要解锁操作，可由变电站当值负责人下令紧急使用解锁工具（钥匙），并由变电运维人员报告当值调度员，记录使用原因、日期、时间、使用者、批准人姓名。

（5）微机防误装置有"跳步"钥匙的，"跳步"钥匙按解锁钥匙管理使用。

【思考与练习】

1. 什么是"五防"？

2. 变电站常用的防误装置有哪几种？

3. 微机防误装置有何优点？

4. 变电运维人员对防误装置的"三懂二会"是什么？

▲ 模块 2　防误装置的运行维护（Z09E6001 Ⅱ）

【模块描述】本模块包含防误装置的运行维护及常见异常处理；通过对防误装置运行维护内容的介绍，达到了解防误装置的常见故障，能及时发现缺陷并进行简单处理的目的。

【模块内容】

一、防误装置的运行维护

1. 防误装置的运行维护内容

（1）模拟盘及闭锁程序应随运行方式的改变或运行设备的变更，根据被闭锁设备要求及时更改。

（2）定期试开机械编码锁，检查机械锁及其套件的闭锁情况是否良好，保证上锁和解锁顺利。如有损坏，应及时更换，更换时注意新锁编码、编号与原锁编码、编号应一致。

（3）应定期对编码锁进行对位操作，以验证锁的编码、编号及挂锁位置的正确性。

（4）每年春、秋检之前对防误闭锁装置进行一次全面的检查和维护，发现问题及时处理。

2. 防误装置运行维护注意事项

（1）维护人员在工作期间严禁操作断路器和隔离开关。

（2）逻辑闭锁程序的开发应由较高业务水平的人员，配合维护负责人完成，并及时备份。闭锁程序须由生产技术部门审核通过后，才能使用。

（3）综自站在"五防"系统维护期间应断开"五防"机与后台机之间的通信接口。

二、微机防误装置常见异常及处理

（1）电脑钥匙打开电源开关出现字迹不清的情况，应及时更换电池。

（2）电脑钥匙电源刚打开就出现报警声，可能是触码头接触不好，用手指弹动一下触码头，直到报警声消失。

（3）电脑钥匙长时间充电后，仍不能充满电，可能是电池老化损坏或充电装置损坏，检查后及时更换。

（4）电脑钥匙不能接收从"五防"主机传出的操作票，可能的原因有：电脑钥匙未进入接收票状态；电脑钥匙与传输装置传输触点接触不良；通信传输装置损坏；主机串口损坏。查明原因后进行相应的处理。

（5）电脑钥匙已经提示操作正确，仍不能打开编码锁，可能的原因有：电池电压不足；电脑钥匙内部开锁机构失灵；锁内部机构卡涩或被其他外部机构挡住；机械锁损坏。查明原因后进行相应的处理。

（6）模拟预演时，正确的模拟操作微机模拟盘不能通过，可能是模拟盘对位有误或闭锁程序有错。

1）检查模拟盘上相关设备，如有不对应情况，先判断该设备是手动对位还是自动对位。对需手动对位的设备，退出模拟状态，进行对位后再重新模拟操作；对自动对位的设备不能正确反应实际位置时，应查明原因，检查通信回路有无问题，设备辅助触点接触是否良好。

2）如设备对位正确，应报告微机防误专责，由相关人员检查是否闭锁程序错误并进行相关处理。

（7）操作项目正确，电脑钥匙提示错误操作，应检查编码锁编码片是否损坏或设备编码是否与闭锁程序中的编码一致。

（8）操作完成后，电脑钥匙拒绝过码，无法执行下一步骤，应经值班负责人检查操作确实已经完成后，向主机回传设备状态，按实际运行方式设定设备状态，重新向电脑钥匙传送操作项目。

三、微机防误装置的基本逻辑规则举例

变电站新安装微机防误装置的逻辑条件应打印一份由站长妥善保存，运行中修改后应做好记录并及时更新留存记录。

1. 倒闸操作的顺序

（1）由运行转检修。拉开断路器→拉开负荷侧隔离开关→拉开电源侧隔离开关→验明断路器两侧无电压→合上接地刀闸或装设接地线→取下断路器控制熔断器。

（2）由检修转运行。投入断路器控制熔断器→拉开接地刀闸或拆除接地线→合上电源侧隔离开关→合上负荷侧隔离开关→合上断路器。

2. 各设备对应的基本逻辑条件（双母线带旁路接线方式）

（1）主变压器中性点接地刀闸。拉、合均无条件。

（2）主变压器断路器。

1）合闸条件。

条件 1：对应断路器两侧隔离开关在分位（检修条件）。

条件 2：对应断路器两侧隔离开关在合位，对应电压等级的中性点接地刀闸在合位，主变压器对应断路器的旁路隔离开关在分位。

条件 3：对应断路器两侧隔离开关在合位，主变压器对应断路器的旁路隔离开关在合位，对应电压等级的旁路断路器及两侧隔离开关在合位。

2）分闸条件。

条件 1：对应断路器两侧隔离开关在分位（检修条件）。

条件 2：对应断路器两侧隔离开关在合位，对应电压等级的中性点接地刀闸在合位，主变压器对应断路器的旁路隔离开关在分位。

条件 3：对应断路器两侧隔离开关在合位，主变压器对应断路器的旁路隔离开关在合位，对应电压等级的旁路断路器及两侧隔离开关在合位。

（3）主变压器断路器间隔母线侧隔离开关。

1）合闸条件。

条件 1：对应主变压器断路器在分位，断路器主变压器侧隔离开关及另一母线侧隔离开关在分位，断路器两侧接地刀闸及接地线在分位，网门在合位，对应母线接地刀闸及接地线在分位，对应电压等级的中性点接地刀闸在合位。

条件 2：另一母线侧隔离开关在合位，对应电压等级的母联断路器及两侧隔离开关在合位。

2）分闸条件。

条件 1：对应主变压器断路器在分位，断路器主变压器侧隔离开关及另一母线侧隔离开关在分位。

条件 2：另一母线侧隔离开关在合位，相应电压等级的母联断路器及两侧隔离开关在合位。

（4）主变压器断路器间隔主变压器侧隔离开关。

1）合闸条件。对应主变压器断路器在分位，断路器母线侧任一隔离开关在合位，断路器两侧接地刀闸及接地线在分位，主变压器的各侧接地刀闸及接地线在分位。

2）分闸条件。对应主变压器断路器在分位，断路器母线侧任一隔离开关在合位。

（5）主变压器断路器旁路隔离开关。

1）合闸条件。

条件 1：旁路断路器在分位，旁路断路器两侧隔离开关在合位，对应主变压器断路器及两侧隔离开关在合位，其余线路旁路隔离开关在分位，旁路母线接地刀闸及接地线在分位。

条件 2：旁路开关在分位，旁路开关两侧隔离开关在合位，对应主变压器断路器及主变压器侧隔离开关在分位，其余线路旁路隔离开关在分位，旁路母线接地刀闸及接地线在分位，对应电压等级的变压器中性点接地刀闸在合位，主变压器各侧接地刀闸及接地线在分位，网门在合位。

2）分闸条件。旁路断路器及其余线路旁路隔离开关在分位。

（6）母联及分段断路器。

1）合闸条件。

条件 1：对应断路器两侧隔离开关在分位（检修条件）。

条件 2：对应断路器两侧隔离开关在合位。

2）分闸条件。

条件 1：对应断路器两侧隔离开关在分位（检修条件）。

条件 2：对应断路器两侧隔离开关在合位。

（7）母联及分段隔离开关。

1）合闸条件。对应的母联或分段断路器在分位，网门在合位，断路器两侧接地刀闸及接地线在分位，所连接的母线接地刀闸及接地线在分位。

2）分闸条件。对应的母联或分段断路器在分位。

（8）线路断路器。

1）合闸条件。

条件 1：对应断路器两侧隔离开关在分位（检修条件）。

条件 2：对应断路器两侧隔离开关在合位。

2）分闸条件。

条件 1：对应断路器两侧隔离开关在分位（检修条件）。

条件 2：对应断路器两侧隔离开关在合位，旁路隔离开关在分位。

条件 3：对应断路器两侧隔离开关在合位，旁路隔离开关在合位，旁路断路器及两侧隔离开关在合位。

（9）线路断路器间隔母线侧隔离开关。

1）合闸条件。

条件 1：线路断路器在分位，断路器线路侧隔离开关及另一母线侧隔离开关在分位，断路器两侧接地刀闸及接地线在分位，网门在合位，对应母线接地刀闸及接地线在分位。

条件 2：另一母线侧隔离开关在合位，对应电压等级的母联断路器及两侧隔离开关在合位。

2）分闸条件。

条件 1：线路断路器在分位，断路器线路侧隔离开关及另一母线侧隔离开关在分位。

条件 2：另一母线侧隔离开关在合位，对应电压等级的母联断路器及两侧隔离开关在合位。

（10）线路断路器间隔线路侧隔离开关。

1）合闸条件。断路器在分位，任一母线侧隔离开关在合位，线路侧接地刀闸及接地线在分位。

2）分闸条件。断路器在分位，任一母线侧隔离开关在合位。

（11）线路断路器间隔旁路隔离开关。

1）合闸条件。

条件 1：线路断路器及两侧隔离开关在合位，旁路断路器两侧隔离开关在合位，旁路断路器在分位，其余线路旁路隔离开关在分位，旁路母线接地刀闸及接地线在分位。

条件 2：线路断路器在分位，线路断路器线路侧隔离开关在分位，旁路断路器在分位，旁路断路器两侧隔离开关在合位，线路断路器线路侧接地刀闸及接地线在分位，其余线路旁路隔离开关在分位，旁路母线接地刀闸及接地线在分位。

2）分闸条件。旁路断路器及其余线路旁路隔离开关在分位。

（12）母线电压互感器隔离开关。

1）合闸条件。对应母线上接地刀闸及接地线在分位，对应母线 TV 接地刀闸及接地线在分位。

2）分闸无条件。

（13）母线接地刀闸、接地线。

1）合闸条件。对应母线上所有隔离开关在分位。

2）分闸无条件。

（14）断路器两侧接地刀闸、接地线。

1）合闸条件。断路器两侧隔离开关在分位。

2）分闸无条件。

（15）线路接地刀闸、接地线。

1）合闸条件。线路隔离开关及旁路隔离开关在分位。

2）分闸无条件。

（16）主变压器侧接地刀闸、接地线。

1）合闸条件。主变压器各侧靠近主变压器侧隔离开关及旁路隔离开关在分位。

2）分闸无条件。

（17）电压互感器接地刀闸、接地线。

1）合闸条件。电压互感器隔离开关在分位。

2）分闸无条件。

【思考与练习】

1. 编码锁损坏后如何更换？

2. 电脑钥匙不能接收从"五防"主机传出的操作票时如何检查处理？

3. 试分析主变压器断路器旁路隔离开关的操作条件。

第七章

倒闸操作基本概念及操作原则

▲ 模块1　一、二次设备倒闸操作基本概念及
操作原则（Z09F1001 Ⅰ）

【模块描述】本模块包含一、二次设备倒闸操作的基本概念、操作原则和注意事项。通过对操作过程的详细介绍，达到掌握倒闸操作的基本方法的要求。

【模块内容】

电气设备倒闸操作，其实质是进行电气设备状态间的转换。因此，本模块首先介绍变电站电气设备的状态及其状态间转换的概念，进而对变电站电气设备倒闸操作的基本概念、基本内容、基本类型、操作任务、操作指令、操作原则、二次设备操作方法和倒闸操作的一般规定进行阐述；通过倒闸操作基本程序来说明倒闸操作的基本步骤、方法及要点。

一、电气设备倒闸操作基本概念

1. 电气设备的状态

变电站电气设备有四种稳定的状态，即运行状态、热备用状态、冷备用状态和检修状态。

（1）电气设备运行状态。电气设备运行状态是指电气设备的隔离开关和断路器都在合上的位置，并且电源至受电端之间的电路连通（包括辅助设备，如电压互感器、避雷器等）。

（2）电气设备热备用状态。电气设备热备用状态是指设备仅仅靠断路器断开，而隔离开关都在合上的位置，即没有明显的断开点，其特点是断路器一经合闸即可将设备投入运行。

（3）电气设备冷备用状态。电气设备冷备用状态是指设备的断路器和隔离开关均在断开位置。

（4）电气设备检修状态。电气设备检修状态是指设备的所有断路器、隔离开关均在断开位置，装设接地线或合上接地刀闸。"检修状态"根据设备不同又可以分为以下几种情况：

1)"断路器检修"是指断路器及两侧隔离开关均在断开位置，断路器控制回路熔断器取下或断开空气开关，两侧装设接地线或合上接地刀闸，断路器连接到母差保护的电流互感器回路应拆开并短接。

2)"线路检修"是指线路断路器及两侧隔离开关均在断开位置，如果线路有电压互感器且装有隔离开关时，应将该电压互感器的隔离开关拉开，并取下低压侧熔断器或断开空气开关，在线路侧装设接地线或合上接地刀闸。

3)"主变压器检修"是指变压器的各侧断路器及隔离开关均在断开位置，并在变压器各侧装设接地线或合上接地刀闸，断开变压器的相关辅助设备电源。

4)"母线检修"是指连接该母线上的所有断路器（包括母联、分段）及隔离开关均在断开位置，该母线上的电压互感器及避雷器改为冷备用状态或检修状态，并在该母线上装设接地线或合上接地刀闸。

2. 保护状态的分类

微机型继电保护装置的状态分为投跳闸、投信号和退出三种。

（1）投信号状态指装置电源空气开关全部合上，装置正常，功能压板投入，功能把手置于相应位置，出口压板全部断开；

（2）投跳闸状态指装置电源空气开关全部合上，装置正常，功能把手置于相应位置，功能压板和出口压板全部投入。

（3）退出状态指装置功能压板、出口压板全部断开，功能把手置于对应位置，装置电源空气开关根据实际工作需要断开或合上。

3. 倒闸操作的概念

将电气设备由一种状态转变到另一种状态所进行的一系列操作总称为电气设备倒闸操作。

4. 倒闸操作的基本类型

（1）正常计划停电检修和试验的操作。

（2）调整负荷及改变运行方式的操作。

（3）异常及事故处理的操作。

（4）设备投运的操作。

5. 变电站倒闸操作的基本内容

（1）线路的停、送电操作。

（2）变压器的停、送电操作。

（3）倒母线及母线停送电操作。

（4）装设和拆除接地线的操作（合上和拉开接地刀闸）。

（5）电网的并列与解列操作。

（6）变压器的调压操作。

（7）站用电源的切换操作。

（8）继电保护及自动装置的投、退操作，改变继电保护及自动装置的定值的操作。

（9）其他特殊操作。

6. 倒闸操作的任务

（1）倒闸操作任务。倒闸操作任务是由电网值班调度员下达的将一个电气设备单元由一种状态连续地转变为另一种状态的特定的操作内容。电气设备单元由一种状态转换为另一种状态有时只需要一个操作任务就可以完成，有时却需要经过多个操作任务来完成。

（2）调度指令。一个调度指令是电网值班调度员向变电运维人员下达一个倒闸操作任务的命令形式。调度操作指令分为逐项指令、综合指令、口头指令三种。

1）逐项指令。值班调度员下达的涉及两个及以上变电站共同完成的操作。值班调度员按操作规定分别对不同单位逐项下达操作指令，指令接受单位应严格按照指令的顺序逐个进行操作。

2）综合指令。值班调度员下达的只涉及一个变电站的调度指令。该指令具体的操作步骤和内容以及安全措施，均由指令接受单位变电运维人员按现场规程自行拟定。

3）口头指令。值班调度员口头下达的调度指令。变电站的继电保护和自动装置的投、退等，可以下达口头指令。在事故处理的情况下，为加快事故处理的速度，也可以下达口头指令。

二、倒闸操作的基本原则及一般规定

1. 停送电操作原则

倒闸操作的基本原则是严禁带负荷拉、合隔离开关，不能带电合接地刀闸或带电装设接地线。因此，制定的基本原则如下：

（1）停电操作原则。先断开断路器，然后拉开负荷侧隔离开关，再拉开电源侧隔离开关。

（2）送电操作原则。先合上电源侧隔离开关，然后合上负荷侧隔离开关，最后合上断路器。

2. 二次设备操作的一般原则及注意事项

（1）一般原则。

1）继电保护和安全自动装置的投退操作应依照设备调管范围内的当值调度员的指令进行。未经调度同意，现场运行人员不得改变其运行状态。

2）一次系统运行方式发生变化如涉及二次设备配合时，二次设备应进行相应的操作，此项操作由变电运维人员考虑，是属于同一个操作任务的内容，调度不另行下达操作指令。

3）停用整套保护时，只须退出保护的出口压板、失灵保护启动压板和联跳（或启动）其他装置的压板，开入量压板不必退出。

4）多套保护装置共同组屏，如其中一套装置需要退出运行时，该装置与运行装置共用的连接片、回路不得断开。

5）停用整套保护中的某段（或其中某套）保护时，对有单独跳闸出口压板的保护，只须退出该保护的出口压板；对无单独跳闸出口压板的保护，应退出该保护的开入量压板，保护的总出口压板不得退出。

6）一次设备配置的多套主保护不允许同时停运，主保护其中之一停用时，其独立的后备保护应投入运行。严禁一次设备无主保护运行。

7）继电保护设备和自动装置投入操作应按照：合上装置交流电源、装置直流电源、投装置功能压板、跳闸出口压板的顺序进行操作；退出操作顺序与此相反。自动重合闸装置的操作顺序为投入时先切换方式转换开关，再投重合闸压板；退出与之相反。

8）电气设备的停送电操作涉及稳控装置投退时，停电操作时，应随继电保护的操作，退出保护启动稳控装置的压板及稳控装置相应的方式压板；送电操作时，随继电保护的操作，投入保护启动稳控装置的压板及稳控装置相应的方式压板。

（2）注意事项

1）设备投运前，变电运维人员应详细检查保护装置、功能把手、压板、空气开关位置正确，所拆二次线恢复到工作前接线状态。

2）保护出口压板投入前，应检查保护装置是否有动作出口信号，必要时使用万用表测量出口压板对地电压无异常。

3）二次设备进行操作后，应检查相应的信号指示是否正确、装置工作是否正常；打印保护采样值，检查电压、电流等是否正常。

4）保护及自动装置有消缺、维护、检修、改造、反措、调试等工作时，应将有关的装置电源、保护和计量电压空气开关断开，并断开本装置启动其他运行设备装置的二次回路，做好全面的安全隔离措施，防止造成运行中的设备跳闸。

5）保护装置动作后，在未征得保护人员许可时，不得随意断开直流电源。特别是不正确动作后，不得将保护装置断电（装置内部起火、冒烟或有明显异味等特殊情况除外），以便于专业人员对保护装置的进行全面正确的检查和判断。

6）严禁在保护停用前拉、合装置直流电源。因直流消失而停用的保护，只有在电压恢复正常后才允许将保护重新投入运行，防止保护误动。

3. 倒闸操作一般规定

为了保证倒闸操作的安全顺利进行，倒闸操作技术管理规定如下：

（1）正常倒闸操作必须根据调度值班人员的指令进行操作。

（2）正常倒闸操作必须填写操作票。

（3）倒闸操作必须两人进行。

（4）正常倒闸操作尽量避免在下列情况下操作：

1）变电站交接班时间内。

2）负荷处于高峰时段。

3）系统稳定性薄弱期间。

4）雷雨、大风等天气时。

5）系统发生事故时。

6）有特殊供电要求时。

（5）电气设备操作后必须检查确认实际位置。无法看到实际位置时，应通过间接方法来判断。

（6）下列情况下，变电运维人员不经调度许可能自行操作，操作后须汇报调度：

1）将直接对人员生命有威胁的设备停电。

2）确定在无来电可能的情况下，将已损坏的设备停电。

3）确认母线失电，拉开连接在失电母线上的所有断路器。

（7）设备送电前必须检查确认其有关保护装置已投入。

（8）操作中发现疑问时，应立即停止操作，并汇报调度，查明问题，待调度再次许可后方可进行操作。操作中具体问题处理规定如下：

1）操作中如发现闭锁装置失灵时，不得擅自解锁。应按现场有关规定履行解锁操作程序进行解锁操作。

2）操作中出现影响操作安全的设备缺陷，应立即汇报值班调度员，并初步检查缺陷情况，由调度决定是否停止操作。

3）操作中发现系统异常，应立即汇报值班调度员，得到值班调度员同意后，才能继续操作。

4）操作中发现操作票有错误，应立即停止操作，将操作票改正后才能继续操作。

5）操作中发生误操作事故，应立即汇报调度，采取有效措施，将事故影响控制在最小范围内，严禁隐瞒事故。

（9）事故处理时可不用操作票。

（10）倒闸操作必须具备下列条件才能进行操作：

1）变电运维人员须经过安全教育培训、技术培训、熟悉工作业务和有关规程制度，经上岗考试合格，有关主管领导批准后，方能接受调度指令，进行操作或监护工作。

2）要有与现场设备和运行方式一致的一次系统模拟图，要有与实际相符的现场运行规程，继电保护自动装置的二次回路图纸及定值整定计算书。

3）设备应达到防误操作的要求，不能达到的须经上级部门批准。

4）倒闸操作必须使用统一的电网调度术语及操作术语。

5）要有合格的安全工器具、操作工具、接地线等设施，并设有专门的存放地点。

6）现场一、二次设备应有正确、清晰的标示牌，设备的名称、编号、分合位指示、运动方向指示、切换位置指示以及相别标识齐全。

4. 二次设备的操作方法

（1）压板的操作。

1）硬压板投入时应将其压于两个垫圈之间，拧紧上下端头旋钮，防止造成压板接触不良而引起保护拒动。对于插拔式的保护压板应将其操作到位，确实插入插孔中，确保接触良好。

2）硬压板退出时应将其打开至极限位置，并拧紧上下端头旋钮，防止误碰相邻压板或屏面、压板松动而造成的保护装置误动作。

3）对于有多个端头的硬压板应根据要求投入到需要投入的一端。

4）在综自后台机操作的软压板，应严格按操作程序监护执行，操作后应检查确保操作有效，相关的压板变位信息正确。

5）对需要在保护装置上通过改控制字实现投退的软压板，应由保护专业人员根据调度下发的定值要求进行投退。投退完毕应再次核对操作是否有效、正确。

6）保护压板投退操作后要观察液晶显示压板的变位情况是否正确，综自系统保护管理子站报文是否与实际相符。

（2）二次熔断器的操作。

1）取下熔断器时先取正极后取负极；放上熔断器时应先摆放负极后摆放正极。目的在于避免可能由寄生回路造成的保护装置误动作。

2）放上熔断器前应检查熔断器的容量是否满足要求、是否完好。放上后应检查熔断器与熔断器座接触是否良好、检查各信号和表计指示是否正常、装置有无异常信号和动作。

3）放上熔断器应注意避免碰触相邻的元件而引起短路、接地。取下熔断器时应将熔断器完全取下，禁止一端搭接。

4）放上、取下熔断器应迅速，不得连续地接通和断开，取下和再放上之间应有不小于 5s 的时间间隔。

（3）空气开关和方式转换开关的操作。

1）合空气开关时应注意装置声音是否正常，有无冒烟和异味、装置有无异常信号和动作。

2）装置方式转换开关应根据操作需要切换到相应的位置并检查确保切换到位，接触良好，有关指示灯或信息显示正常。

三、倒闸操作的程序

倒闸操作的程序总体上是一个设备状态转换的程序，也就是一个倒闸操作任务完成的主要过程。

1. 电气设备状态转换的程序

（1）设备停电检修：运行→热备用→冷备用→检修。

（2）设备检修后投入运行：检修→冷备用→热备用→运行。

2. 倒闸操作一般程序

变电站倒闸操作的一般流程如图 Z09F1001 I -1 所示。

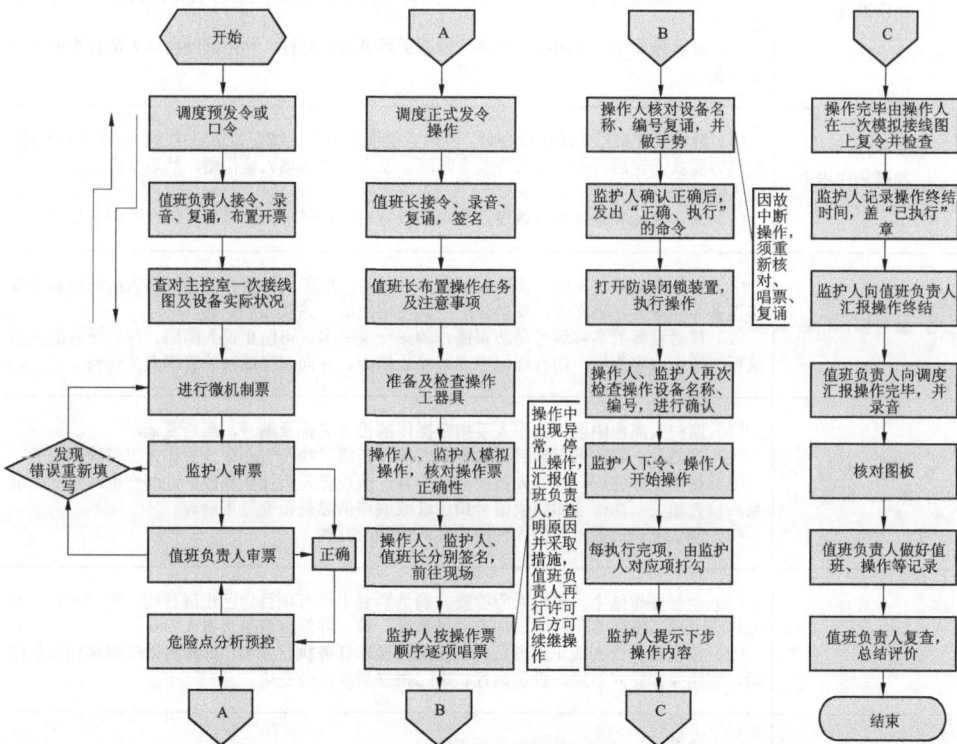

图 Z09F1001 I -1　变电站倒闸操作的一般流程

3. 倒闸操作的关键步骤及工作要点

倒闸操作执行中的关键步骤及工作要点见表 Z09F1001Ⅰ-1。

表 Z09F1001Ⅰ-1　　倒闸操作执行中的关键步骤及工作要点

操作步骤	工 作 要 点
1. 接受操作任务，拟订操作方案（填操作票）	（1）熟悉操作任务，明确操作目标，结合现场实际运行方式、设备运行状态和性能，确认操作任务正确、安全可行。 （2）根据操作任务，核对运行方式后，参照典型操作票，正确规范填写操作票。 （3）对于复杂操作任务，应认真拟订操作方案后，再填写操作票
2. 审核、打印操作票	（1）按照操作人、监护人、值班负责人进行逐级审核。审查操作票的正确性、安全性及合理性，重点审查一次设备操作相应的二次设备操作。 （2）经审查无误后，打印操作票，审票人分别在操作票指定地点签名
3. 操作准备	（1）正式操作前，操作人监护人进行模拟操作，再次对操作票的正确性进行核对，并进一步明确操作目的。 （2）值班负责人组织操作人员对整个操作过程中危险点进行分析和控制，做到有备无患。 （3）准备操作中要使用的工器具。检查工器具的完好性，并由辅助操作人员负责做好使用准备
4. 接受操作指令	（1）调度员发布正式操作命令时，应由当值值班负责人或正值班员接令，并录音和复诵，经双方复核无误后，由接令人将发令时间、发令人姓名填入操作票，然后交由监护人、操作人操作。 （2）通过复诵和录音使得调度及变电站双方对操作任务再次核对正确性并留下依据
5. 核对操作设备	（1）操作人应站位正确，核对设备名称和编号，监护人检查并确认操作人所站位置及操作设备名称编号正确无误，安全防护用具使用正确，然后高声唱票。 （2）核对设备的名称编号是防误操作的第一道关卡，可防止误入间隔。核对设备的状态是否与操作内容相符，如有疑问应立即停止操作，并向调度或相关管理人员询问
6. 唱票、复诵、监护、操作，检查确认	（1）监护人高声唱票，操作人手指需操作的设备名称及编号，高声复诵。 （2）在二人一致明确无误后，监护人发出"正确，执行"命令，操作人方可操作。 （3）每项操作完毕，操作人员应仔细检查一次设备是否操作到位，并与变电站控制室联系，检查相关二次部分如切换信号指示灯或遥信信息是否变位正确等。 （4）确认无误后应由监护人在操作票对应项上打钩
7. 汇报调度	（1）全部操作结束，监护人应检查并确认票面上所有项目均已正确打钩，无遗漏项，在操作票上填写操作终了时间，加盖"已执行"章，并汇报值班负责人。 （2）由值班负责人或正值班员向调度汇报操作任务执行完毕。汇报时要汇报操作结束时间，表明操作正式结束，设备运行状态已根据调度命令变更
8. 终结操作	（1）检查一、二次设备运行是否正常。 （2）校正显示屏标志，并检查微机防误模拟屏上设备状态是否已与现场一致。 （3）在运行日志或生产 MIS 系统上填写操作记录

【思考与练习】

1. 什么是电气设备倒闸操作？

2. 什么是一个倒闸操作任务？

3. 倒闸操作的基本原则有哪些？

4. 简述二次设备操作的一般原则。

5. 变电站倒闸操作的类型有哪些？

6. 简述倒闸操作的基本步骤。

7. 试说明变压器检修状态的含义。

第八章

高压开关类设备、线路停送电

◢ 模块 1　高压开关类设备停送电操作（Z09F2001 Ⅰ）

【模块描述】本模块包含高压开关类设备停送电的操作原则和注意事项，高压开关设备操作异常处理原则。通过对操作案例介绍，达到掌握断路器、隔离开关、组合电器设备停送电操作和操作异常处理的目的。

【模块内容】

一、高压开关类设备操作原则及注意事项

1. 断路器操作一般原则

（1）断路器操作前，断路器本体、操作机构（手车断路器其机械闭锁应灵活可靠）及控制回路应完好，有关继电保护及自动装置已按规定投停。

（2）断路器停电时如无特殊要求，其继电保护装置应处于投入状态。母联断路器装设的保护在运行时除调度下令投入外，均不投入；母联断路器的保护只能做一次性有效使用，在带其他断路器时，必须重新调整或核对定值。

（3）运行中的断路器停电时，应先拉开该断路器，后拉开其负荷侧隔离开关，再拉开其电源侧隔离开关，送电时顺序相反；若为线路断路器停电时，应先拉开该断路器，后拉开其线路侧隔离开关，再拉开其母线侧隔离开关，送电时顺序相反。若断路器检修，应在该断路器两侧验明三相无电后挂接地线（或合上接地刀闸），并断开该断路器的控制电源。

断路器在某些情况下可进行单独操作，即断路器操作不影响线路和其他设备时，可直接由运行转检修或由检修转运行；反之，操作视断路器与保护配合情况分步进行：即运行→热备用→冷备用→检修，恢复送电时顺序相反。对于双母线接线，断路器恢复时应明确运行于哪条母线。

（4）操作主变压器断路器，停电时应先拉开负荷侧，后拉开电源侧，送电时顺序相反。拉合主变压器电源侧断路器前，主变压器中性点必须直接接地。

（5）断路器检修时，其母差二次电流回路上有工作时，在断路器投入运行前，应

先停用母差保护，再合上断路器。母差保护只有在带负荷测相量正确后方可投入。

（6）系统的并列、解列操作。

1）并列操作。正常情况下的并列操作，一般采取准同期法。只有经过计算、试验、分析并经本单位主管生产的领导（总工程师）批准后，才允许采用非同期法。准同期并列的条件：相序相同；频率相等，但在事故情况下允许经长距离输电的两个系统频率差不超过 0.5Hz 并列；电压相等，220kV 系统允许电压差不大于 10%时并列，在特殊情况下，允许电压差不超过 20%时并列。系统内各主要联络线断路器应装设并列装置。

2）解列操作。系统在进行解列操作时，应将解列点的有功潮流调至零、无功潮流调至最小，一般为小容量的系统向大容量的系统输送少量负荷，然后拉开解列断路器。220kV 系统中，进行解列操作时应考虑到限制操作过电压的措施，使操作过程中220kV 系统电压波动不大于 10%。当系统需解列成几个部分时，事先应平衡有功和无功负荷，使解列后的每个部分系统频率和电压的变动都在允许范围以内。

（7）系统的解环、合环操作。环路（或双回路）中必须相位相同才可以合环操作，新建或大修后的环网线路，必须核相正确，才允许合环操作。

1）合环操作前，应调整环路内的潮流分布。在 220、110kV 环路阻抗较大的环路中，合环点两侧电压差最大不超过 30%，相角差不大于 30°（或经过计算确定其最大允许值）。合环前检查开环处两侧的相角差，合环或解环前应考虑合环或解环后的潮流及电压变化。

2）解环、合环操作前，应考虑环网内所有断路器继电保护和安全自动装置的整定值变更和使用状态，各设备潮流的变化不超过系统稳定、继电保护的限额，电压的变动不应超过规定范围，变压器中性点接地方式及时调整。必要时先调整潮流，减少解环、合环的波动。用母联断路器解环时要注意解环后，继电保护电压应取本母线电压互感器。

2. 断路器操作注意事项

（1）断路器停电操作。

1）对终端线路应先检查负荷是否为零；对并列运行的线路，在一条线路停电前应考虑有关保护定值的调整，并注意在该线路拉开后另一线路是否过负荷；对联络线应考虑拉开后是否会引起本站电源线过负荷。如有疑问应问清调度后再操作。

2）断路器分闸后，若发现绿灯不亮而红灯已熄灭，应立刻断开该断路器的控制电源开关（或取下熔断器），以防跳闸线圈烧毁。

3）对于手车断路器拉出后，应观察隔离挡板是否可靠封闭。

4）断路器检修时，必须断开该断路器二次回路所有电源空气开关（或取下熔断器），停用相应的断路器失灵启动压板。

（2）断路器送电操作。

1）断路器检修后恢复运行操作前，应检查确认送电范围内所有安全措施确已拆除，断路器分闸位置指示正确且确在分闸位置，断路器二次回路所有电源空气开关已合上（或放上熔断器）；油断路器油色、油位应正常，SF_6 断路器气体压力应在规定范围之内；断路器为液压、气压操动机构的，贮能装置压力应在允许范围内。

2）断路器合闸前，必须检查有关继电保护已恢复至停电前状态，其母差电流互感器端子已可靠接入差动回路，并投入相应的母差跳闸及断路器失灵启动压板。

3）长期停运超过 6 个月的断路器，在正式执行操作前应向调度申请在冷备用（或检修）状态下远方试操作 2～3 次，无异常后，方能按调度操作指令填写操作票进行实际操作。

4）用断路器对终端线路送电时，如发现电流表指示到最大刻度（或电流显示过大），说明合于故障，继电保护应动作跳闸，如未跳闸应立即手动拉开该断路器；对联络线送电时，有一定数值的电流是正常的；对主变压器进行充电合闸时，电流表会瞬间指示（或电流瞬间显示）较大数值后马上又返回，这是变压器正常励磁涌流所引起的。

3. 隔离开关操作一般原则

（1）严禁用隔离开关拉合带负荷设备及带负荷线路。在不能用或没有断路器操作的回路中允许利用隔离开关进行以下操作：

1）拉、合 220kV 及以下空母线。

2）拉、合励磁电流不超过 2A 的空载变压器和电容电流不超过 5A 的空载线路。

3）拉、合无接地指示的电压互感器以及变压器中性线上的消弧线圈。

4）拉、合无雷雨时的避雷器。

5）拉、合变压器中性点接地刀闸。

6）同一个变电站内同一电压等级的环路中可进行隔离开关解合环操作，但环路中的所有断路器应暂时改为"非自动"。例如：正常倒母线操作；断路器跳合闸闭锁，用旁路开关代路的操作过程中，用隔离开关拉、合旁路断路器与被代路断路器间的环路电流；拉合 3/2 接线方式的母线环流。

7）通过计算或试验，主管单位总工程师批准的其他专项操作。

必须利用隔离开关进行特殊操作时，应尽可能在天气好、空气湿度小和风向有利的条件下进行。

（2）隔离开关与断路器或母线回路停送电操作时，应遵循断路器或母线操作的一般原则。

（3）对于分相操作机构的隔离开关，在合闸操作时应先合 U、W 相，最后合 V 相；在分闸操作时应先拉开 V 相，再拉开其他两相。

（4）操作装有微机五防闭锁的隔离开关时，应使用微机防误闭锁装置，禁止随意解锁进行操作。

4. 隔离开关操作注意事项

（1）操作隔离开关时，断路器必须在分闸位置，并经核对编号无误后，方可操作。

（2）手动操作隔离开关前，应先拔出操作机构的定位销子再进行分合闸；操作后应及时检查定位销子已销牢，以防止隔离开关自动分合闸而造成事故。

（3）电动操作隔离开关前，应先合上该隔离开关的控制电源，操作后应及时断开，以防止隔离开关自动分合闸而造成事故。若电动操作失灵而改为手动操作时，应在手动操作前断开该隔离开关的控制电源，方可操作。

（4）隔离开关分闸操作时，如动触头刚离开静触头时就发生弧光，应迅速合上并停止操作，检查是否为误操作而引起的电弧。操作人员在操作隔离开关前，应先判断拉开该隔离开关时是否会产生弧光，切断环流或充电电流时产生的弧光是正常现象。

（5）隔离开关合闸操作时，当合到底时发现有弧光或为误合时，不准再将隔离开关拉开，以免由于误操作而发生带负荷拉隔离开关，扩大事故。

（6）隔离开关操作后，应检查操作良好，合闸时三相同期且接触良好；分闸时三相断口张开角度或拉开距离符合要求。正常后及时加锁，以防止误操作。

5. 组合电器操作一般原则

组合电器是由断路器、母线侧隔离开关、线路（或主变压器）侧隔离开关、接地刀闸、三相母线、电流互感器、电压互感器、母线（或线路）避雷器等组成的，其操作应遵循断路器、隔离开关等设备操作的一般原则。

6. 组合电器操作注意事项

（1）组合电器中的断路器、隔离开关、接地刀闸之间无机械闭锁，正常情况下其电气连锁装置应投入，其钥匙按紧急解锁钥匙管理。在操作中若发生拒分或拒合时，查明原因后方可继续操作，不准随意解除闭锁装置操作。

（2）对于室内 SF_6 组合电器，为防止气体渗漏，要注意在进入室内操作前进行有效的通风。

（3）其他参照断路器、隔离开关等设备操作的注意事项。

二、高压开关类设备操作要求

1. 断路器操作要求

（1）一般情况下，运行中的断路器，凡能够电动操作的，不应就地手动操作。断路器无自由脱扣的机构，严禁就地操作。

特殊情况下如遇远方操作断路器分闸失灵，方可允许手动机械分闸或者手动就地操作按钮分闸；需注意的是对于装有自动重合闸的断路器，为防止手动分闸后重合，应先停用重合闸再进行手动分闸。

（2）正常操作断路器时必须在远方采用三相操作。分相操作只允许对空载线路的充电和切断，如新设备启动时的定相操作。

（3）远方用控制开关（或按钮）操作断路器时，不要用力过猛，以免损坏控制开关（或按钮），操作时不要返回太快，应待相应的位置指示灯亮时，才能松开控制开关（或按钮）自动返回，以免断路器操作失灵。

（4）断路器操作后的位置检查，应通过断路器红绿灯指示、电流表（电压表、功率表）指示、断路器（三相）机械位置指示以及各种遥测、遥信信号的变化等判断。遥控操作的断路器，至少应有 2 个及以上元件指示位置已同时发生对应变化，才能确认该断路器已操作到位。装有三相表计的断路器应检查确定三相电流基本平衡。

（5）断路器切断故障电流次数，比现场规程规定的次数少一次时，若需再合闸运行可根据现场要求停用该断路器的自动重合闸装置。

（6）操作中若发现断路器本体有明显故障或严重缺陷，当跳闸可能导致断路器爆炸时，应立即切除该断路器的跳闸电源或能源，报告当值调度员和上级有关领导。

2. 隔离开关操作要求

（1）用绝缘棒拉合隔离开关或经传动机构拉合隔离开关时，均应戴绝缘手套；雨天操作室外高压设备时，绝缘棒应有防雨罩，还应穿绝缘靴。

1）无论用手动还是绝缘棒操作隔离开关分闸时，都应果断而迅速。先拔出定位销子再进行分闸，在刀片刚离开固定触头时应迅速，以便迅速消弧；但在分闸终了时要缓慢些，防止操动机构和支柱绝缘子损坏，最后应检查定位销子已销牢。

2）不论用手动还是绝缘棒操作隔离开关合闸时，都应迅速而果断。先拔出定位销子再进行合闸，开始可缓慢一些，在刀片接近刀嘴时要迅速合上，以防止发生弧光。但在合闸终了时要注意用力不可过猛，以免发生冲击而损坏瓷件，最后应检查定位销子已销牢。

（2）隔离开关与接地刀闸之间的机械闭锁应灵活可靠。

（3）远方操作的隔离开关，不得带电压就地手动操作，以免失去电气闭锁或因分相操作引起非对称开断，而影响继电保护的正常运行。

（4）操作时若发现隔离开关支柱绝缘子严重破损、传动杆严重损坏等严重缺陷时，严禁对其进行操作，报告当值调度员和上级有关领导。

3. 组合电器操作要求

（1）操作前应检查各气室 SF$_6$ 压力指示正常，断路器、隔离开关、接地刀闸的控制电源正常，信号正确。

（2）操作后应间接检查断路器、隔离开关、接地刀闸的实际位置，确保其与后台监控系统一致。

（3）其他参照断路器、隔离开关等设备操作的要求。

三、高压开关类设备操作中异常情况的处理原则

1. 断路器操作中异常情况的处理原则

（1）断路器操作中异常处理的注意事项。

1）利用 220kV 断路器进行并列或解列操作，因操作机构失灵造成两相断路器断开，一相断路器合上的情况时，不准将断开的两相再合上，而应迅速将原合上的一相断路器拉开。如断路器合上两相，则应将断开的一相再合一次，若不成即拉开合上的两相断路器。

2）断路器分闸遥控失灵，检查断路器运行是否正常，如现场规定允许进行近控操作时，必须进行三相同步操作，不得进行分相操作。如合闸遥控失灵，则禁止进行现场近控合闸。

3）接入系统中的断路器由于某种原因造成操作压力下降，并低于规定值时，严禁对断路器进行停、送电操作。运行中的断路器如发现有严重缺陷而不能跳闸的（如断路器已处于闭锁分闸状态），应立即改为非自动（装设非自动压板的断路器投入非自动压板，无非自动压板的断路器拉开断路器的直流控制电源），并迅速报告值班调度员后进行处理。

4）断路器出现非全相分闸时，应立即设法将未分闸相拉开，如仍拉不开应利用母联或旁路切除，之后通过隔离开关将故障断路器隔离。

（2）断路器操作中异常情况的处理。

1）断路器操作时，如不能进行分合闸，说明分合闸回路有问题。这时应首先检查分合闸指示灯，分闸前红灯应亮，合闸前绿灯应亮。如灯不亮则应检查指示灯是否损坏，若未损坏则说明分合闸回路中断。如灯亮而不能分合闸，则可能是由于分闸时控制开关⑥⑦触点或合闸时⑤⑧触点未接通的缘故。

2）当断路器的控制开关在分闸后位置时，发现红绿灯均不亮，但断路器实际位置在合上状态，则表示由于断路器操作机构原因不能分闸。这时由于防跳继电器动合触点闭合，使其自保持而跳闸线圈常通电，为防止烧坏跳闸线圈，运行人员应立即断

开断路器控制电源，使防跳继电器失磁而返回。

2. 隔离开关操作中异常情况的处理原则

（1）隔离开关操作中异常处理时的注意事项。

1）装有电动操作机构的隔离开关如遇电动失灵，应检查原因，查明与此隔离开关有联锁关系的所有断路器、隔离开关、接地刀闸的实际位置，确认允许进行操作时，必须履行解锁申请手续并执行解锁操作规定，才可解锁进行手动操作。手动操作时应拉开该隔离开关的控制电源。

2）若刚一拉错隔离开关，刀口上就发现电弧时应急速合上；若隔离开关已全部拉开，不允许再合上。若是单极隔离开关，操作一相后发现拉错，而其他两相不应继续操作。

3）若合错隔离开关，甚至在合闸时产生电弧，也不允许再拉开，否则将会造成三相弧光短路。

（2）隔离开关操作中异常情况的处理。

1）隔离开关合闸不到位。隔离开关合闸不到位，主要是检修调试时未调试好或隔离开关操作机构有卡涩现象等原因引起的。隔离开关合闸不到位，可重新合闸一次，如无效，对手动操作的隔离开关则可用绝缘棒推入。若为电动操作机构的，则可用手柄朝合闸方向摇上，但不能用力过猛，以免机构断裂。隔离开关合闸不到位，在必要时可申请检修。

2）隔离开关分闸不到位。隔离开关分闸不到位，主要是检修调试时未调试好或隔离开关操作机构有卡涩现象等原因引起的。隔离开关分闸不到位，对手动操作的隔离开关则可用绝缘棒拉开。若为电动操作机构的，则可用手柄朝分闸方向摇上，但不能用力过猛，以免机构断裂。隔离开关分闸不到位，在必要时可申请检修。

3）隔离开关电动操作失灵。首先应检查操作有无差错；然后检查本回路断路器三相是否均在分闸位置，断路器母线侧接地刀闸是否已拉开；如母联断路器不在运行状态，还应检查另一母线隔离开关是否已拉开；检查断路器控制电源正常，本回路断路器常闭辅助触点应闭合，断路器母线侧接地刀闸常闭辅助触点应闭合，另一母线隔离开关常闭辅助触点应闭合；近控、远控停止按钮常闭触点应接通，分闸或合闸接触器应完好，隔离开关位置开关应接通，机构本身应无故障等。

如母联断路器合上在进行倒母线操作时母线隔离开关电动操作失灵，则应先检查确保本回路另一母线隔离开关在合上位置，母联断路器、隔离开关也确实在合上位置，然后检查母联隔离开关控制电源已合上，使母线隔离开关操作闭锁小母线带电（如不带电则应检查母联断路器、隔离开关的动合辅助触点应闭合，本回路另一母线隔离开关的动合辅助触点应闭合，最后检查近控、远控停止按钮常闭触点应接通；分闸或合闸接触器应完好；隔离开关位置开关应接通，机构本身应无故障等）。

3. 组合电器操作中异常情况的处理原则

参照断路器、隔离开关等设备操作的处理原则。

四、高压开关类设备操作案例

1. 操作任务：220kV 仿东线 241 断路器由运行转检修

一次接线和运行方式如图 Z09F2001 I –1 所示。220kV 仿东线 241 断路器保护配置：RCS–931A 第一套微机光纤纵差保护、CZX–12R 操作继电器箱；PSL–603G 第二套微机光纤纵差保护、PSL–631A 断路器失灵及辅助保护。

220kV 母线保护配置：RCS–915AB 微机母差保护。

操作步骤见表 Z09F2001 I –1。

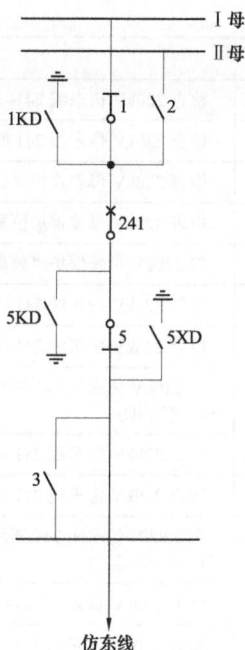

图 Z09F2001 I –1　220kV 仿东线 241 开关一次接线示意图

表 Z09F2001 I –1　　　　　操　作　步　骤

顺序	操 作 项 目	操 作 目 的
1	将 220kV 仿东线 241 断路器"远方/就地"切换开关由"远方"切至"就地"位置	将 241 断路器由运行转热备用
2	拉开 220kV 仿东线 241 断路器	
3	检查 220kV 仿东线 241 断路器三相确已拉开	
4	断开 220kV 仿东线 241 断路器合闸电源空气开关	断开 241 断路器合闸电源
5	合上 220kV 仿东线 241–5 隔离开关控制电源空气开关	将 241 断路器由热备用转冷备用，检查相关保护屏上指示灯
6	拉开 220kV 仿东线 241–5 隔离开关	
7	检查 220kV 仿东线 241–5 隔离开关三相确已拉开	
8	断开 220kV 仿东线 241–5 隔离开关控制电源空气开关	
9	合上 220kV 仿东线 241–1 隔离开关控制电源空气开关	
10	拉开 220kV 仿东线 241–1 隔离开关	

续表

顺序	操 作 项 目	操 作 目 的
11	检查 220kV 仿东线 241-1 隔离开关三相确已拉开	将 241 断路器由热备用转冷备用，检查相关保护屏上指示灯
12	检查 220kV 仿东线 241 断路器操作继电器箱 "L1" 指示灯灭	
13	检查 220kV 母差保护 "仿东线 241-1 隔离开关" 位置指示灯灭	
14	检查 220kV 母差保护位置报警灯亮	
15	将 220kV 母差保护 "隔离开关位置确认" 按钮按下	
16	断开 220kV 仿东线 241-1 隔离开关控制电源空气开关	
17	检查 220kV 仿东线 241-2 隔离开关三相确已拉开	
18	在 220kV 仿东线 241 断路器与 220kV 仿东线 241-1 隔离开关之间验明三相确无电压	合上 241 断路器两侧接地刀闸
19	合上 220kV 仿东线 241-1KD 接地刀闸	
20	检查 220kV 仿东线 241-1KD 接地刀闸三相确已合上	
21	在 220kV 仿东线 241 断路器与 220kV 仿东线 241-5 隔离开关之间验明三相确无电压	
22	合上 220kV 仿东线 241-5KD 接地刀闸	
23	检查 220kV 仿东线 241-5KD 接地刀闸三相确已合上	
24	停用 220kV 母差保护 "仿东线 241 断路器失灵启动" 压板	停用 241 断路器母差和失灵保护等压板
25	停用 220kV 母差保护 "跳仿东线 241 断路器Ⅰ跳圈" 压板	
26	停用 220kV 母差保护 "跳仿东线 241 断路器Ⅱ跳圈" 压板	
27	停用 220kV 仿东线 241 断路器 "遥控" 压板	
28	断开 220kV 仿东线 241 断路器控制电源Ⅰ空气开关	断开 241 断路器控制电源
29	断开 220kV 仿东线 241 断路器控制电源Ⅱ空气开关	
30	汇报调度	

注 220kV 仿东线 241 断路器由检修转运行的操作顺序反之，合断路器之前应注意检查主保护通道正常。其他 220kV 及以下断路器的停送电操作，除保护配置不同外，其操作顺序基本相同。由于一次方式调整使变电站成为受电端的，其进线断路器的保护应在一次方式调整后进行改变，恢复则在一次方式调整前进行。

2. 操作任务：10kV 仿春线 542 断路器由检修转运行（中置柜）

一次接线和运行方式如图 Z09F2001Ⅰ-2 所示。

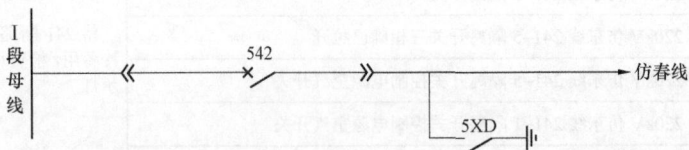

图 Z09F2001Ⅰ-2　10kV 仿春线 542 断路器一次接线示意图

10kV 仿春线 542 断路器保护配置：RCS-9612AⅡ三段式过电流保护及三相一次重合闸等。

操作步骤见表 Z09F2001Ⅰ-2。

表 Z09F2001Ⅰ-2　　　　　　操 作 步 骤

顺序	操 作 项 目	操 作 目 的
1	合上 10kV 仿春线 542 断路器控制电源空气开关	合上 542 断路器控制电源
2	投入 10kV 仿春线 542 断路器"遥控"连接片	投入 542 断路器"遥控"连接片
3	检查 10kV 仿春线 542 断路器×号手车"分合闸指示器"为"分"	
4	将 10kV 仿春线 542 断路器×号手车由"检修位"推入"试验位"	将 542 断路器×号手车由"检修位"推入"试验位"，并间接检查设备位置
5	接上 10kV 仿春线 542 断路器×号手车控制电缆航空插头	
6	检查 10kV 仿春线 542 断路器"工作位"指示灯灭	
7	检查 10kV 仿春线 542 断路器"试验位"指示灯亮	
8	检查 10kV 仿春线 542 断路器×号手车已处于"试验位"	
9	将 10kV 仿春线 542 断路器×号手车由"试验位"推入"工作位"	将 542 断路器×号手车由"试验位"推入"工作位"，并间接检查设备位置
10	检查 10kV 仿春线 542 断路器"试验位"指示灯灭	
11	检查 10kV 仿春线 542 断路器"工作位"指示灯亮	
12	检查 10kV 仿春线 542 断路器×号手车已处于"工作位"	
13	合上 10kV 仿春线 542 断路器合闸电源空气开关	合上 542 断路器合闸电源
14	检查 10kV 仿春线 542 断路器"远方—就地"切换开关在"就地"位置	
15	检查 10kV 仿春线 542 断路器微机线路保护"负荷电流"显示为零	
16	检查 10kV 仿春线 542 断路器"分位"指示灯亮	
17	合上 10kV 仿春线 542 断路器	将 542 断路器由热备用转运行，前、后间接检查设备位置
18	检查 10kV 仿春线 542 断路器"合位"指示灯亮	
19	检查 10kV 仿春线 542 断路器微机线路保护"负荷电流"显示为×A	
20	检查 10kV 仿春线 542 断路器×号手车"分合闸指示器"为"合"	
21	将 10kV 仿春线 542 断路器"远方/就地"切换开关由"就地"切至"远方"位置	
22	汇报调度	

注　10kV 仿春线 542 断路器由运行转检修（中置柜）的操作顺序反之。其他 35kV 及以下断路器（中置柜）的停送电操作，其操作顺序基本相同。

【思考与练习】

1. 断路器操作后的位置检查是如何进行的？
2. 用手动或绝缘拉杆操作隔离开关时，有哪些要求？
3. 解、合环操作有哪些规定？
4. 在不能用或没有断路器操作的回路中，允许利用隔离开关进行哪些操作？
5. 误合、误分隔离开关时，应如何处理？

模块 2 高压开关类设备停送电操作危险点源分析（Z09F2001 Ⅱ）

【模块描述】 本模块包含高压开关类设备停送电操作的危险点源分析；通过对案例的介绍，达到能正确分析高压开关设备停送电操作危险点源，能制定预控措施的目的。

【模块内容】

（1）220kV 仿东线 241 断路器由运行转检修，危险点分析及预控措施见表 Z09F2001 Ⅱ-1。

表 Z09F2001 Ⅱ-1　220kV 仿东线 241 断路器由运行转
检修危险点分析及预控措施

序号	操作目的	危 险 点	预 控 措 施
1	将 220kV 仿东线 241 断路器由运行转热备用	（1）误拉断路器	认真核对设备编号，严格执行监护唱票复诵制度
		（2）断路器未拉开	检查断路器时不能只看表计，应现场检查断路器的机械位置指示器和拐臂位置，来确认断路器已拉开，以防止带负荷拉隔离开关
		（3）断路器机构销子脱落	应现场检查断路器的机械位置指示器和拐臂位置，来确认断路器已拉开，防止断路器实际位置与机械位置指示器不符，造成断路器触头没有断开，而使下一步操作带负荷拉隔离开关
2	将 220kV 仿东线 241 断路器由热备用转冷备用	（1）带负荷拉隔离开关	在操作隔离开关前，首先应检查断路器三相确已拉开，其次应判断拉开该隔离开关时是否会产生弧光，在确保不发生差错的前提下，对于会产生弧光的操作，则操作时应迅速而果断，尽快使电弧熄灭，以免触头烧坏
		（2）错拉隔离开关	手动拉隔离开关时，应先慢而谨慎，如触头刚分离时发生弧光，则应迅速合上，这时应立即检查，是否由于误操作而引起弧光；若隔离开关已拉开严禁再次合上

续表

序号	操作目的	危 险 点	预 控 措 施
2	将220kV仿东线241断路器由热备用转冷备用	（3）电动隔离开关分闸失灵	应查明原因，检查是否由于机构异常引起失灵，只有在确保操作正确（该隔离开关相关联的设备状态正确）的前提下，才能手动操作分闸，操作前应断开电动隔离开关控制电源
		（4）电动隔离开关操作后未断开控制电源	若隔离开关电动机等回路异常或人为误碰，可能造成隔离开关自合闸而导致事故，因此电动隔离开关操作后，应及时断开隔离开关控制电源
		（5）手动分闸操作方法不正确	无论手动还是绝缘拉杆操作隔离断路器分闸时，都应果断而迅速。先拔出连锁销子再进行分闸，在刀片刚离开固定触头时应迅速，以便迅速消弧；但在分闸终了时要缓慢些，防止操动机构和支柱绝缘子损坏，最后应检查连锁销子是否销好
		（6）解锁操作隔离开关	隔离开关闭锁打不开时，应严格履行解锁申请和批准手续，解锁操作前，应认真核对设备编号和闭锁钥匙以及设备的实际状态，方可进行实际操作
		（7）隔离开关分闸不到位	隔离开关拉开后要注意认真检查，隔离开关端口张开角或隔离开关断开的距离应符合要求
3	将220kV仿东线241断路器由冷备用转检修	（1）不试验验电器，使用不合格的验电器	验电器应进行检查试验合格，验电时必须戴绝缘手套
		（2）验电时站位不合适	验电时应根据现场情况站在便于操作和安全的地方，不能使验电器或绝缘杆的绝缘部分过分靠近设备构架，以免造成绝缘部分被短接
		（3）验电方法错误	验电时要使验电器的触头接触导体，三相逐相进行验电；在验电前应在带电的设备上进行试验，在带电设备上进行试验时应在线路侧进行，不能在靠近母线侧进行试验
		（4）误合线路接地刀闸	认真核对设备编号，严格执行监护唱票复诵制度
		（5）误停或漏停压板	操作前认清保护屏及压板名称，防止将不该停用的压板停用，对经母差保护跳本断路器的压板停用，将经本断路器失灵保护启动母差保护的压板停用，并停用本断路器"遥控"压板
		（6）误断或漏断断路器的控制电源和合闸电源空气开关	认清设备位置，防止与就近的电源空气开关混淆；若为熔断器一般应先取下正极，然后再取负极

（2）10kV仿春线542断路器由检修转运行，危险点分析及预控措施（中置柜）见表 Z09F2001Ⅱ-2。

表 Z09F2001Ⅱ–2 　　　10kV 仿春线 542 断路器由检修转

运行危险点分析及预控措施

序号	操作目的	危 险 点	预 控 措 施
1	将 10kV 仿春线 542 断路器由检修转冷备用（×号手车由"检修位"推入"试验位"）	（1）误合或漏合断路器的控制电源和合闸电源空气开关	认清设备位置，防止与就近的电源空气开关混淆；若为熔断器一般应先放负极，然后再放正极
		（2）误投或漏投压板	操作前认清开关柜（或保护屏）及压板名称，根据运行方式、继电保护及自动装置定值通知单，核对本断路器有关保护投入正确，装置运行正常，投入的压板接触良好
		（3）漏接航空插头或航空插头接触不良	手车推入"试验位"后，应立即接上航空插头并将卡环卡好，且检查"分闸"位置指示灯亮，发平光
2	将 10kV 仿春线 542 断路器由冷备用转热备用（×号手车由"试验位"推入"工作位"）	（1）手车卡涩	应查明原因，检查是否由于机构异常使手车卡涩，只有在确保操作正确（该手车相关联的设备状态正确）的前提下，才能将手车推入
		（2）手车推入不到位	手车推入前后，应进行间接检查，至少应有两个及以上元件指示位置已同时发生对应变化，才能确认该手车已操作到位
		（3）带负荷推入手车	手车推入前，首先应检查断路器三相确已拉开，其次应判断推入该手车时是否会产生弧光，在确保不发生差错的前提下，对于会产生弧光的操作，则操作时应迅速而果断，尽快使电弧熄灭，以免触头烧坏
3	将 10kV 仿春线 542 断路器由热备用转运行	（1）保护异常	断路器停电检修，保护同时断开电源，在直流恢复后，有时保护并不能同时启动正常，有的需要按"复位"按钮。如果不注意检查保护情况，那么在断路器合闸后，此保护就不能正常投入运行
		（2）误合断路器	认真核对设备编号，严格执行监护唱票复诵制度

【思考与练习】

1. 如何防止带负荷拉隔离开关？

2. 解锁操作应注意哪些事项？

▲ 模块 3　线路停送电操作（Z09F2002Ⅰ）

【模块描述】本模块包含线路停送电的操作原则和注意事项，线路操作中异常情况的处理原则。通过案例介绍和操作技能训练，达到掌握线路停送电操作技能的目的。

【模块内容】

一、线路操作原则及注意事项

1. 线路操作一般原则

（1）线路停电操作顺序应从各端按以下步骤进行：

1）拉开线路断路器。

2）拉开断路器线路侧隔离开关、母线侧隔离开关及线路电压互感器隔离开关。

3）在线路侧验电并三相接地短路（合上线路接地刀闸），悬挂"禁止合闸，线路有人工作！"标示牌。恢复送电时操作顺序与上述步骤相反，有支接负荷的线路或变电站也应按照上述停送电顺序操作。

（2）110kV 线路停电操作顺序：应先拉受电端断路器，后拉送电端断路器。恢复送电时顺序相反，即：应先合送电端断路器，后合受电端断路器。

（3）220kV 联络线路停电操作（或并联双回线电源停用一回线的操作），一般应先拉送电端断路器，后拉受电端断路器，恢复送电时顺序相反。为防止误操作和过电压，终端线停电操作时，应先拉受电端断路器，后拉送电端断路器。恢复送电时顺序相反。

联络线路停电操作一般分三步进行：即两侧运行→两侧热备用→两侧冷备用→两侧检修，恢复送电时顺序相反。为安全起见，在操作过程中一般不要一侧由检修转热备用状态，而另一侧还在检修状态。

（4）母线为 3/2 接线方式的线路停电时，一般应先拉开中断路器，后拉开边断路器，恢复送电时顺序相反。带有隔离开关的线路停役时，如断路器无工作，在利用断路器将线路停下并转冷备用后，应及时恢复完整串运行。

（5）在线路停送电操作中，若调度没有下令停投保护及重合闸装置时，保护及重合闸应保持原状态。在任何情况下利用完整保护的断路器向线路送电过程中，其保护必须投入。

2. 线路操作注意事项

（1）电缆线路停电检修和挂接地线前，必须经过多次放电，才能接地。

（2）110kV 及以上的长距离输电线停、送电操作，应注意以下几点：

1）对线路充电的断路器，应具有完备的继电保护，小电源侧应考虑继电保护的灵敏度。为了防止空载长线充电时线路末端电压的升高，对有电抗器的线路要求线路送电时应先合电抗器断路器，后合线路断路器。

2）防止送电到故障线路上时，造成其他正常运行线路的暂态稳定破坏。

3）送电端必须有变压器中性点接地。

4）防止切除空载线路时，造成电压低于允许值。

5）线路停、送电操作中，涉及系统解列、并列或解环、合环时，应按断路器操作一般原则中的规定处理。

6）可能使线路相序发生紊乱的检修，在恢复送电前应进行核相工作。

7）线路停、送电操作，应考虑对继电保护及安全自动装置、通信、调度自动化系统的影响。

二、线路操作要求

（1）线路停电前，应先将线路的负荷（包括 T 接负荷）倒由备用电源带；对于联络线或双回线，要注意潮流已调整好再断断路器，免得过负荷或电压异常波动。

（2）针对只有两路电源的 220kV 变电站，当一条线路停电后，应将运行线路保护定值按保护配置情况调整为弱馈方式；送电时应先将运行线路保护定值调整为联络线方式，再恢复联络线路（或双回线）运行。当切断联络线（或并列运行的双回路或多回路的一路）时，应注意检查继续运行线路的继电保护、潮流及对系统稳定的影响。

1）对于 LFP（RCS）–900 或 LFP（RCS）–900+FOX 光纤接口系列微机保护，在线路以终端馈线方式运行时，保护调整为弱馈方式。

2）对于一侧电源的馈电线路，包括正常或检修出现的馈电线路以及有机组经110kV 及以下系统并入 220kV 系统变压器运行，不论机组容量大小，终端线路配的是 LFP（RCS）–900 或 LFP（RCS）–900+FOX 光纤接口系列微机保护，保护调整为弱馈方式。

3）对于一套 RCS–931A（或 PSL–603）光纤纵差保护，另一套高频（或光纤闭锁、方向光纤）保护配置的线路，线路运行于终端馈线方式时，需改变保护方式（将高频保护、光纤闭锁、方向光纤保护调整为弱馈方式）。

4）对于 RCS–931A、PSL–603 微机光纤纵差保护，既适用于两侧有电源的联络线方式，又适用于终端馈线运行方式，不需改变保护方式。

5）其他类型的线路保护，按照调度指令或现场运行规程执行。

（3）母线为 3/2 接线方式的线路停电后需要恢复完整串运行时，要求投入短引线保护，用以保护两断路器间的引线；线路停电后不需要恢复完整串运行时，要注意保护的变动，此时应投入相关线路的停讯并联压板。

（4）联络线路恢复送电前，即两侧断路器在热备用状态时，两侧变电运维人员必须进行纵联保护通道交换试验以检验是否正常后，方可决定断路器是否合闸。

三、线路操作中异常情况的处理原则

1. 线路断路器非全相运行的处理

220kV 线路断路器，为了实现单相重合闸，其操动机构是分相设置的。若断路器的电气控制回路或机械传动部分有缺陷，拉合断路器时极易发生非全相分合故障。线路断路器非全相运行，将引起系统电流三相不平衡，严重时还会造成零序电流保护装置误动作，发电机负序电流超标，给电网安全带来危害。当线路断路器发生非全相分合故障时，可参考以下办法进行处理。

（1）尽快使系统恢复三相对称运行。

1）尽可能使故障断路器三相全断开或全合上。具体的做法是：合闸时，断路器出现一相或两相未合上，再断开，保持三相全断开；拉闸时，断路器出现一相或两相未断开，应将已断开相再合上，保持三相全合上。

2）为了减小三相不平衡电流的影响，条件允许时也可采取以下措施：① 故障发生在联络线的断路器上，应调整两系统的出力，尽量减小联络线的功率交换，保持电流不平衡度最小。② 如果允许故障断路器所带的线路停电，则可将线路对端的断路器断开。

（2）按照设备及接线的不同情况，故障断路器的切除可选择下列方法之一：

1）对 3/2 断路器接线的线路，可断开与故障断路器相邻的断路器，必要时再断线路对端的断路器。

2）经旁路母线使旁路断路器与线路故障断路器并联后，用故障断路器线路侧隔离开关拉环路，最后拉开母线侧隔离开关切除故障断路器。

3）将母联断路器或分段断路器与故障断路器串联，由母联断路器或分段断路器切除故障断路器。

2. 线路断路器拒分的处理

断路器防跳装置不同，拒分的现象也不同。跳闸线圈烧毁主要发生在装有电气防跳而拒绝分闸的断路器上。电气防跳是通过防跳闭锁继电器来实现的。

（1）机械防跳的断路器拒分时：红灯闪光，电流表仍有指示，应到现场手动紧急脱扣使其分闸。

（2）电气防跳的断路器拒分时：分闸前红灯亮，分闸后红灯灭，绿灯也不亮，电流表仍有指示。这种情况操作经验少的人看到红灯灭后，往往认为断路器已断开，不留心绿灯及电流表，以致到现场才发现跳闸线圈已冒烟烧毁，而断路器还未分闸。

装有电气防跳的断路器，发现拒分，要尽快把直流控制电源瞬间断开一下，使防跳闭锁继电器自保持复归，免得烧毁跳闸线圈；然后，尽快到现场手动紧急脱扣使断路器分闸（此项做法有争议）。

四、线路操作案例

1. 操作任务：220kV 仿东 241 线路由检修转运行（联络线）

一次接线和运行方式如图 Z09F2002 I –1 所示。

220kV 仿东线 241 断路器保护配置：RCS–931A 第一套微机光纤纵差保护、CZX–12R 操作继电器箱；PSL–603G 第二套微机光纤纵差保护、PSL–631A 断路器失灵及辅助保护。

220kV 母线保护配置：RCS–915AB 微机母差保护。

操作步骤见表 Z09F2002Ⅰ-1。

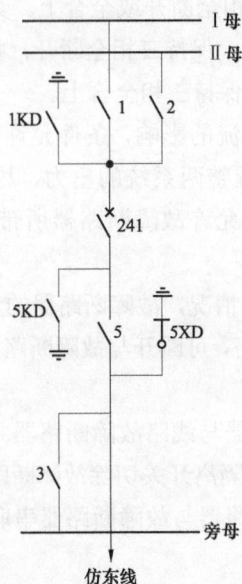

图 Z09F2002Ⅰ-1　220kV 仿东 241 线路一次接线和运行方式示意图

表 Z09F2002Ⅰ-1　　　　　　操　作　步　骤

顺序	操　作　项　目	操　作　目　的
1	摘除 220kV 仿东线 241-3 隔离开关把手上"禁止合闸，线路有人工作！"标示牌一块	摘除 241 线路来电侧隔离开关把手上标示牌
2	摘除 220kV 仿东线 241-5 隔离开关把手上"禁止合闸，线路有人工作！"标示牌一块	
3	拉开 220kV 仿东线 241-5XD 接地刀闸	将 241 线路由检修转冷备用
4	检查 220kV 仿东线 241-5XD 接地刀闸三相确已拉开	
5	合上 220kV 仿东 241 线路电压互感器二次开关	合上 241 线路电压互感器二次开关
6	汇报调度	
7	检查 220kV 仿东线 241 断路器间隔接地刀闸三相确已拉开	检查 241 断路器送电范围内接地刀闸已拉开
8	检查 220kV 仿东线 241 断路器确在分闸位置	将 241 断路器由冷备用转热备用，检查相关保护屏上指示灯
9	合上 220kV 仿东线 241-1 隔离开关控制电源空气开关	
10	合上 220kV 仿东线 241-1 隔离开关	
11	检查 220kV 仿东线 241-1 隔离开关三相确已合上	

续表

顺序	操 作 项 目	操 作 目 的
12	检查 220kV 仿东 241 断路器操作继电器箱 "L1" 指示灯亮	将 241 断路器由冷备用转热备用，检查相关保护屏上指示灯
13	检查 220kV 母差保护 "仿东线 241-1 隔离开关" 位置指示灯亮	
14	检查 220kV 母差保护位置报警灯亮	
15	将 220kV 母差保护 "隔离开关位置确认" 按钮按下	
16	断开 220kV 仿东线 241-1 隔离开关控制电源空气开关	
17	合上 220kV 仿东线 241-5 隔离开关控制电源空气开关	
18	合上 220kV 仿东线 241-5 隔离开关	
19	检查 220kV 仿东线 241-5 隔离开关三相确已合上	
20	断开 220kV 仿东线 241-5 隔离开关控制电源空气开关	
21	汇报调度	
22	检查 220kV 仿东线 241 断路器第一套微机光纤纵差保护 "通道异常" 指示灯灭	检查 241 断路器光纤纵差保护通道正常
23	检查 220kV 仿东线 241 断路器第二套微机光纤纵差保护 "通道异常" 指示灯灭	
24	将 220kV 仿东线 241 断路器同期切换开关由 "断开" 切至 "同期" 位置	用 241 断路器同期合环
25	检查 220kV 仿东线 241 断路器 "远方—就地" 切换开关在 "就地" 位置	
26	合上 220kV 仿东线 241 断路器	
27	检查 220kV 仿东线 241 断路器三相确已合上	
28	检查 220kV 仿东线 241 断路器 "负荷电流" 显示为×A	
29	将 220kV 仿东线 241 断路器 "远方/就地" 切换开关由 "就地" 切至 "远方" 位置	
30	将 220kV 仿东线 241 断路器同期切换开关由 "同期" 切至 "断开" 位置	
31	汇报调度	

注　220kV 仿东 241 线路由运行转检修的操作顺序反之。其他 220kV 及以下线路的停送电操作，除保护配置不同外，其操作顺序基本相同。由于一次方式调整使变电站成为受电端的，其进线断路器的保护应在一次方式调整后进行改变，恢复则在一次方式调整前进行。

2. 操作任务：10kV 仿春 542 线路由运行转检修（馈电线路）

一次接线和运行方式如图 Z09F2002Ⅰ-2 所示。

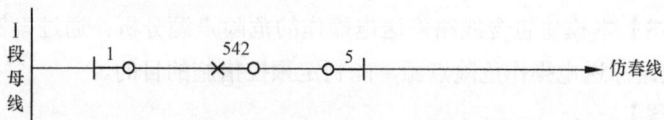

图 Z09F2002Ⅰ-2　10kV 仿春 542 线路一次接线和运行方式示意图

10kV 仿春线 542 断路器保护配置：RCS–9612A Ⅱ 三段式过电流保护及三相一次重合闸等。

操作步骤见表 Z09F2002 Ⅰ –2。

表 Z09F2002 Ⅰ –2 操 作 步 骤

顺序	操 作 项 目	操 作 目 的
1	将 10kV 仿春线 542 断路器"远方—就地"切换开关由"远方"切至"就地"位置	将 542 断路器由运行转热备用
2	拉开 10kV 仿春线 542 断路器	
3	检查 10kV 仿春线 542 断路器三相确已拉开	
4	拉开 10kV 仿春线 542–5 隔离开关	将 542 断路器由热备用转冷备用
5	检查 10kV 仿春线 542–5 隔离开关三相确已拉开	
6	拉开 10kV 仿春线 542–1 隔离开关	
7	检查 10kV 仿春线 542–1 隔离开关三相确已拉开	
8	在 10kV 仿春线 542–5 隔离开关线路侧验明三相确无电压	在 542 线路上挂接地线
9	在 10kV 仿春线 542–5 隔离开关线路侧挂 1 号接地线一组	
10	在 10kV 仿春线 542–5 隔离开关把手上悬挂"禁止合闸，线路有人工作！"标示牌一块	在 542 线路来电侧隔离开关把手上挂标示牌
11	汇报调度	

注 10kV 仿春 542 线路由检修转运行的操作顺序反之。其他 10kV 线路的停送电操作，其操作顺序基本相同。

【思考与练习】

1. 对线路停电操作的顺序是如何规定的？
2. 对联络线路停电操作，有哪些规定？
3. 110kV 及以上的长距离输电线停、送电操作时，应注意哪些事项？
4. 当断路器分、合闸时，若发生非全相运行应如何处理？
5. 怎样对电气设备位置进行间接检查？

▲ 模块 4 线路停送电操作危险点源分析（Z09F2002 Ⅱ）

【模块描述】本模块包含线路停送电操作的危险点源分析；通过案例介绍，达到能正确分析线路停送电操作危险点源，能制定预控措施的目的。

【模块内容】

（1）220kV 仿东 241 线路由检修转运行（联络线），危险点分析及预控措施见表

Z09F2002Ⅱ-1。

表 Z09F2002Ⅱ-1　　　220kV 仿东 241 线路由检修转

运行危险点分析及预控措施

序号	操作目的	危 险 点	预 控 措 施
1	将220kV仿东241线路由检修转冷备用	(1) 漏投压板	线路停电检修，保护有可能工作，因此操作前要认清保护屏及压板名称，根据运行方式、继电保护及自动装置定值通知单，核对本断路器有关保护投入正确，装置运行正常
		(2) 漏拉接地刀闸	容易造成带接地刀闸合闸而损坏设备，恢复备用前，应详细检查送电回路接地刀闸已全部拉开
		(3) 漏放电压互感器二次熔丝（或漏合开关）	严格按照操作票逐步操作，以防装置失去电压而使装置误动或拒动
2	将220kV仿东线241断路器由冷备用转热备用于Ⅰ母线	(1) 电动隔离开关合闸失灵	应查明原因，检查是否由于机构异常引起失灵，只有在确保操作正确（该隔离开关相关联的设备状态正确）的前提下，才能手动操作合闸，操作前应断开电动隔离开关控制电源
		(2) 电动隔离开关操作后未断开控制电源	若隔离开关电动机等回路异常或人为误碰，可能造成隔离开关自分闸而导致事故，因此电动隔离开关操作后，应及时断开隔离开关控制电源
		(3) 手动合闸操作方法不正确	不论手动还是绝缘拉杆操作隔离开关合闸时，都应迅速而果断。先拔出连锁销子再进行合闸，开始可缓慢一些，当刀片接近刀嘴时要迅速合上，以防止发生弧光。但在合闸终了时要注意用力不可过猛，以免发生冲击而损坏瓷件，最后应检查连锁销子是否销好
		(4) 隔离开关合闸不到位	隔离开关合上后要注意认真检查，确认隔离开关三相确已全部合好；对于母线侧隔离开关合好后，应检查本保护二次电压切换正常，微机型母差保护隔离开关位置正确、切换正常
		(5) 解锁操作隔离开关	隔离开关闭锁打不开时，应严格履行解锁申请和批准手续，解锁操作前，应认真核对设备编号和闭锁钥匙以及设备的实际状态，方可进行实际操作
		(6) 带负荷合隔离开关	在操作隔离开关前，首先应检查开关三相已拉开，其次应判断合上该隔离开关时是否会产生弧光，在确保不发生差错的前提下，对于会产生弧光的操作，则操作时应迅速而果断，尽快使电弧熄灭，以免触头烧坏
3	将220kV仿东线241断路器由热备用转运行	(1) 通道异常	线路停电检修，光纤通道可能工作，因此在断路器合闸前，两侧变电运维人员必须检查光纤纵差保护"通道异常"灯灭后，方可合闸
		(2) 误合断路器	认真核对设备编号，严格执行监护唱票复诵制度
		(3) 断路器非同期合闸	合断路器前应询问调度，充电时用非同期方式，合环时用同期方式

（2）10kV 仿春 542 线路由运行转检修（馈电线路），危险点分析及预控措施见

表 Z09F2002Ⅱ–2。

表 Z09F2002Ⅱ–2　　10kV 仿春 542 线路由运行转

检修危险点分析及预控措施

序号	操作目的	危险点	预控措施
1	将 10kV 仿春线 542 断路器由运行转热备用	（1）线路有电流，甩负荷	检查该线路的表计，确认该线路负荷已转移；如发现线路有电流，应与调度进行核对，确认该线路是否可以操作
		（2）误拉断路器	认真核对设备编号，严格执行监护唱票复诵制度
		（3）断路器未拉开	检查断路器时不能只看指示灯，应现场检查断路器的机械位置指示器和拐臂位置，来确认断路器已拉开，以防止带负荷拉隔离开关
		（4）断路器机构销子脱落	应现场检查断路器的机械位置指示器和拐臂位置，来确认断路器已拉开，防止断路器实际位置与机械位置指示器不符，造成断路器触头没有断开，而使下一步操作带负荷拉隔离开关
2	将 10kV 仿春线 542 断路器由热备用转冷备用	（1）操作顺序错误	停电时，先拉线路侧隔离开关，后拉母线侧隔离开关，以防断路器未拉开，带负荷拉隔离开关时，扩大停电范围
		（2）隔离开关分闸不到位	隔离开关拉开后要注意认真检查，确认隔离开关端口张开角或隔离开关断开的距离应符合要求
		（3）手动分闸操作方法不正确	无论用手动还是绝缘拉杆操作隔离开关分闸时，都应果断而迅速。先拔出连锁销子再进行分闸，当刀片离开固定触头时应迅速，以便迅速消弧；但在分闸终了时要缓慢些，防止操动机构和支柱绝缘子损坏，最后应检查连锁销子是否销好
		（4）带负荷拉隔离开关	在操作隔离开关前，首先应检查断路器三相确已拉开，其次应判断拉开该隔离开关时是否会产生弧光，在确保不发生差错的前提下，对于会产生弧光的操作，则操作时应迅速而果断，尽快使电弧熄灭，以免触头烧坏
		（5）错拉隔离开关	手动拉隔离开关时，应先慢而谨慎，如触头刚分离时发生弧光，则应迅速合上，这时应立即检查是否由于误操作而引起弧光；若隔离开关已拉开严禁再次合上
		（6）解锁操作隔离开关	隔离开关闭锁打不开时，应严格履行解锁申请和批准手续，解锁操作前，应认真核对设备编号和闭锁钥匙以及设备的实际状态，方可进行实际操作
3	将 10kV 仿春 542 线路由冷备用转检修	（1）不试验电器，使用不合格的验电器	验电器应进行检查试验合格，验电时必须戴绝缘手套
		（2）验电时站位不合适	验电时应根据现场情况站在便于操作和安全的地方，不能使验电器或绝缘杆的绝缘部分过分靠近设备构架，以免造成绝缘部分被短接
		（3）验电方法错误	验电时要使验电器的触头接触导体，三相逐相进行验电；在验电前应在带电的设备上进行试验，在带电设备上进行试验时应在线路侧进行，不能在靠近母线侧进行试验

续表

序号	操作目的	危 险 点	预 控 措 施
3	将 10kV 仿春 542 线路由冷备 用转检修	（4）使用不合格的接地线	使用接地线前应认真检查接地线各部分有无断股，螺丝连接处有无松动，截面是否符合要求
		（5）装设接地线时站位不合适	装接地线时应根据现场情况站在便于操作和安全的地方，防止在装设接地线过程中操作杆摆动造成对带电设备距离不够发生事故
		（6）接地线装设错误	在装设接地线时要戴绝缘手套，手不能接触接地线，以防止带电挂接地线时造成对人更大的伤害。装设接地线要先装接地端再装导体端

【思考与练习】

1. 如何防范电动隔离开关操作后未断开控制电源所产生的后果？
2. 如何防范验电时站位不合适所产生的后果？
3. 如何防范断路器机构销子脱落所产生的后果？
4. 220kV 线路断路器合闸前，为什么要测试高频保护通道？

第九章

变 压 器 停 送 电

▲ 模块 1 变压器停送电操作（Z09F3001 Ⅰ）

【模块描述】本模块包含变压器停送电的操作原则和注意事项，变压器操作中异常情况的处理原则。通过案例介绍和操作技能训练，达到掌握变压器停送电操作技能的目的。

【模块内容】

一、变压器操作原则及注意事项

1. 变压器操作一般原则

（1）变压器送电前，应检查送电侧母线电压及变压器分接头位置（大、中型变压器，分接开关是按相设置的，故三相必须在同一分接位置运行），保证送电后各侧电压不超过其相应分接头电压的 5%。

（2）在 110kV 及以上中性点直接接地系统中，变压器停、送电及经变压器向母线充电时，在操作前必须将变压器中性点接地刀闸合上，操作完毕后根据系统方式的要求决定拉开与否。

（3）变压器投入运行时，应选择继电保护完备、励磁涌流影响较小的一侧送电。变压器送电时，应先从电源侧充电，再送负荷侧，当两侧或三侧均有电源时，应先从高压侧充电，再送低压侧，并按继电保护的要求调整变压器中性点接地方式。在停电操作时，应先停负荷侧，后停电源侧；当两侧或三侧均有电源时，应先停低压侧，后停高压侧。

（4）对于中、低压侧具有电源的发电厂、变电站，至少应有一台变压器中性点接地。在双母线运行时，应考虑当母联断路器跳闸后，保证被分开的两个系统至少应有一台变压器中性点接地。

（5）带有消弧线圈的变压器停电前，必须先将消弧线圈断开后再停电，不得将两台变压器的中性点同时接到一台消弧线圈上。必要时，可用变压器电源侧断路器断开消弧线圈。

（6）在运行中需要拉合变压器中性点接地刀闸时，由所辖调度发令操作。运行中的 110kV 或 220kV 双绕组及三绕组变压器，若需一侧断路器断开，如该侧为中性点直接接地系统，则该侧的中性点接地刀闸应先合上。变压器零序保护的调整由现场按整定书要求自行操作，调度不发令。

220kV 变压器中性点零序保护和间隙保护投停的顺序：若间隙保护用电流互感器接于变压器中性点放电间隙与接地点之间，当变压器中性点由经间隙接地改为直接接地时，零序保护应在接地刀闸合上前投入，间隙保护应在接地刀闸合上后停用；当变压器中性点由直接接地改为经间隙接地时，间隙保护应在接地刀闸拉开前投入，零序保护应在接地刀闸拉开后停用。若间隙保护电流取自变压器中性点套管电流互感器，则合上中性点接地刀闸前先投入零序保护，退出间隙保护；拉开中性点接地刀闸后，投入间隙保护，停用零序保护。

（7）新投运或大修后的变压器应进行核相，确认无误后方可并列运行。新投运的变压器一般冲击合闸 5 次，大修后的冲击合闸 3 次。

2. 变压器操作的注意事项

（1）变压器由检修转为运行前，应检查其各侧中性点接地刀闸在合闸位置。

（2）运行中若需倒换变压器中性点接地方式，在先合上另一台变压器的中性点接地刀闸后，才能拉开原来的中性点接地刀闸。

（3）两台变压器并列运行前，要检查两台变压器有载调压电压分接头指示一致；若是有载调压变压器与无励磁调压变压器并联运行时，其分接电压应尽量靠近无励磁调压变压器的分接位置。并列运行的变压器，其调压操作应轮流逐级或同步进行，不得在单台变压器上连续进行两个及以上分接头变换操作。

（4）两台变压器并列运行时，如果一台变压器需要停电，在未拉开这台变压器断路器之前，应检查总负荷情况，确保一台变压器停电后不会导致另一台变压器过负荷。变压器并列、解列运行要保证操作的准确性，操作前应检查负荷分配情况。

（5）投入备用的变压器后，在根据表计指示来证实该变压器已带负荷后，方可停下运行的变压器。

（6）变压器运行，其一侧断路器改为检修时，该断路器的变压器差动电流互感器端子应停用并短接；由和电流回路组成的，其一侧断路器改为检修时，该断路器的电流互感器端子也应停用并短接。断路器送电时恢复正常，此项由现场按运行规程自行操作。

（7）对三绕组变压器复合电压闭锁过流保护，如果采用三侧复合电压回路并联闭锁变压器某一侧或各侧过电流，那么变压器任一侧断路器单独停电时，该侧的复合电压将误开放其他两侧过电流。因此，对于上述原理接线的三绕组变压器复合电压闭锁过流保护，当变压器仅一侧断路器改为冷备用或断路器检修状态时，必须停用该侧的复合电压闭锁连接片。

（8）对于已停电的变压器，其继电保护若有联跳的，应停用其联跳压板。

二、变压器操作要求

（1）变压器并列运行的条件。

1）接线组别相同。

2）电压比相等（允许相差±0.5%）。

3）短路电压相等（允许相差±10%）。

经验表明，并列运行的变压器容量比一般不宜超过 3:1，否则起不到备用的作用。

（2）变压器冷却系统的运行条件。

1）强油循环风冷变压器运行时，必须投入冷却。各种负载下投入冷却器的台数，应按制造厂的规定。按温度和（或）负载投切冷却器的自动装置应保持正常。

2）油浸（自然循环）风冷变压器，顶层油温不超过 65℃时，即使风扇停止工作，也允许带额定负载运行。

变压器停电时，其冷却装置应继续运行一段时间再停运，以防止变压器过热而降低绝缘。

（3）变压器投运前应检查保护运行情况。禁止在变压器生产厂家规定的负荷和电压水平以上进行变压器分接头调整操作。

（4）运用中的备用变压器应随时可以投入运行。长期停运者应定期充电，同时投入冷却装置。如系强油循环变压器，充电后不带负载运行时，应轮流投入部分冷却器，其数量不超过制造厂规定空载时的运行台数。

三、变压器操作中异常情况的处理原则

（1）强迫油循环风冷变压器在充电过程中，应检查冷却系统运行正常；若异常应查明原因，处理正常后方可带负荷运行。

（2）变压器电源侧断路器合上后，若发现下列情况之一者，应立即拉开变压器电源侧断路器，将其停运。

1）声响明显增大，很不正常，内部有爆裂声。

2）严重漏油或喷油，使油面下降到低于油位计的指示限度。

3）套管有严重的破损和放电现象。

4）变压器冒烟着火等。

四、变压器操作案例

1. 操作任务：220kV 1 号变压器由运行转检修，负荷倒由 220kV 2 号变压器带

一次接线和运行方式如图 Z09F3001Ⅰ-1 所示，1 号、2 号变压器中、低压侧不考虑合环运行。

220kV 1 号变压器保护配置：PST-1202A 差动及后备保护、PST-1206A 失灵保护、PST-1212 操作箱（高压侧）、PST-1202B 差动及后备保护、PST-1210C 本体保护、

PST-1211 中压操作箱、PST-1210 低压操作箱。

220kV 2 号变压器保护配置：RCS-978 差动及后备保护、RCS-974A 非电量及失灵辅助保护、LFP-974B 电压切换及操作回路（中、低压侧）、RCS-978 差动及后备保护、LFP-974E 操作继电器箱（高压侧）。其中间隙保护电流取自间隙与接地点间的专用电流互感器。

220kV 母线保护配置：RCS-915AB 微机母线差动保护。

110kV 母线保护配置：WMZ-41A 微机母线差动保护。

操作步骤见表 Z09F3001Ⅰ-1。

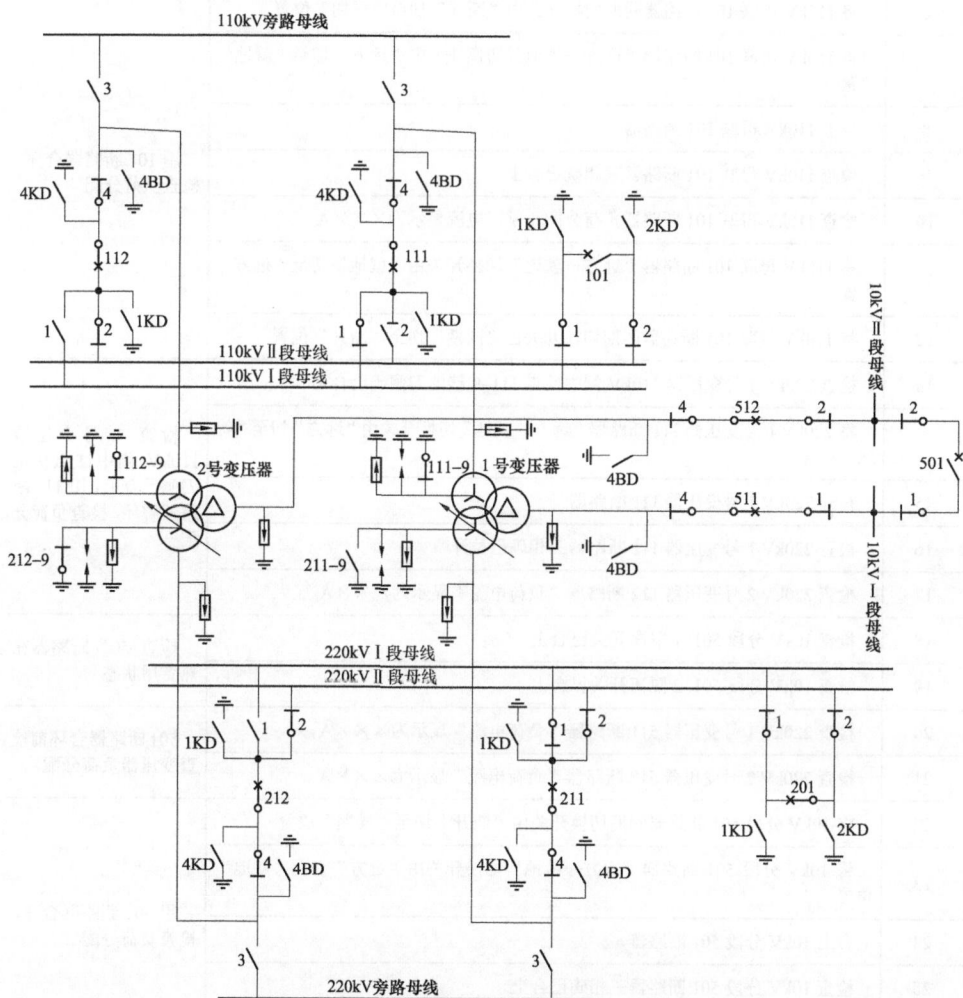

图 Z09F3001Ⅰ-1 一次接线和运行方式

表 Z09F3001Ⅰ-1　　　　　　操 作 步 骤

顺序	操 作 项 目	操 作 目 的
1	检查 110kV 母联 101-1 隔离开关三相确已合上	检查 101 断路器在热备用状态
2	检查 110kV 母联 101-2 隔离开关三相确已合上	
3	检查 220kV 1 号变压器、220kV 2 号变压器有载调压台步差不大于 4	101 断路器合环前检查变压器电压比差以及负荷分配
4	检查 220kV 1 号变压器 111 断路器"负荷电流"显示为×××A	
5	检查 220kV 2 号变压器 112 断路器"负荷电流"显示为×××A	
6	将 110kV 母联 101 断路器同期切换开关由"断开"切至"同期"位置	
7	将 110kV 母联 101 断路器"远方—就地"切换开关由"远方"切至"就地"位置	
8	合上 110kV 母联 101 断路器	用 101 断路器合环，检查负荷分配
9	检查 110kV 母联 101 断路器三相确已合上	
10	检查 110kV 母联 101 断路器负荷分配正常，电流显示为×××A	
11	将 110kV 母联 101 断路器"远方—就地"切换开关由"就地"切至"远方"位置	
12	将 110kV 母联 101 断路器同期切换开关由"同期"切至"断开"位置	
13	检查 220kV 1 号变压器 110kV 侧中性点 111-9 接地刀闸确已合上	检查 1 号变压器 110kV 侧中性点接地刀闸已合上，用 111 断路器解环，检查负荷分配
14	将 220kV 1 号变压器 111 断路器"远方—就地"切换开关由"远方"切至"就地"位置	
15	拉开 220kV 1 号变压器 111 断路器	
16	检查 220kV 1 号变压器 111 断路器三相确已拉开	
17	检查 220kV 2 号变压器 112 断路器"负荷电流"显示为×××A	
18	检查 10kV 分段 501-1 隔离开关已合上	检查 501 断路器在热备用状态
19	检查 10kV 分段 501-2 隔离开关已合上	
20	检查 220kV 1 号变压器 511 断路器"负荷电流"显示为×××A	501 断路器合环前检查变压器负荷分配
21	检查 220kV 2 号变压器 512 断路器"负荷电流"显示为×××A	
22	将 10kV 分段 501 断路器同期切换开关由"断开"切至"同期"位置	
23	将 10kV 分段 501 断路器"远方—就地"切换开关由"远方"切至"就地"位置	用 501 断路器合环，检查负荷分配
24	合上 10kV 分段 501 断路器	
25	检查 10kV 分段 501 断路器三相确已合上	
26	检查 10kV 分段 501 断路器负荷分配正常，电流显示为×××A	

续表

顺序	操　作　项　目	操　作　目　的
27	将 10kV 分段 501 断路器"远方—就地"切换开关由"就地"切至"远方"位置	用 501 断路器合环，检查负荷分配
28	将 10kV 分段 501 断路器同期切换开关由"同期"切至"断开"位置	
29	将 220kV 1 号变压器 511 断路器"远方—就地"切换开关由"远方"切至"就地"位置	用 511 断路器解环，检查负荷分配
30	拉开 220kV 1 号变压器 511 断路器	
31	检查 220kV 1 号变压器 511 断路器三相确已拉开	
32	检查 220kV 2 号变压器 512 断路器"负荷电流"显示为×××A	
33	投入 220kV 1 号变压器微机保护 A 屏"高压侧中性点过流保护"压板	
34	投入 220kV 1 号变压器微机保护 B 屏"高压侧中性点过流保护"压板	
35	合上 220kV 1 号变压器 220kV 侧中性点 211-9 接地刀闸控制电源空气开关	
36	合上 220kV 1 号变压器 220kV 侧中性点 211-9 接地刀闸	合上 1 号变压器 220kV 侧中性点接地刀闸，相关保护切换
37	检查 220kV 1 号变压器 220kV 侧中性点 211-9 接地刀闸确已合上	
38	断开 220kV 1 号变压器 220kV 侧中性点 211-9 接地刀闸控制电源空气开关	
39	停用 220kV 1 号变压器微机保护 A 屏"高压侧间隙零序保护"压板	
40	停用 220kV 1 号变压器微机保护 B 屏"高压侧间隙零序保护"压板	
41	将 220kV 1 号变压器 211 断路器"远方—就地"切换开关由"远方"切至"就地"位置	将 1 号变压器由空载运行转热备用
42	拉开 220kV 1 号变压器 211 断路器	
43	检查 220kV 1 号变压器 211 断路器三相确已拉开	
44	拉开 220kV 1 号变压器 511-4 隔离开关	将 511 断路器由热备用转冷备用
45	检查 220kV 1 号变压器 511-4 隔离开关三相确已拉开	
46	拉开 220kV 1 号变压器 511-1 隔离开关	
47	检查 220kV 1 号变压器 511-1 隔离开关三相确已拉开	
48	合上 220kV 1 号变压器 111-4 隔离开关控制电源空气开关	将 111 断路器由热备用转冷备用，检查相关保护屏上指示灯
49	拉开 220kV 1 号变压器 111-4 隔离开关	
50	检查 220kV 1 号变压器 111-4 隔离开关三相确已拉开	
51	断开 220kV 1 号变压器 111-4 隔离开关控制电源空气开关	
52	合上 220kV 1 号变压器 111-1 隔离开关控制电源空气断路器	
53	拉开 220kV 1 号变压器 111-1 隔离开关	

顺序	操 作 项 目	操 作 目 的
54	检查 220kV 1 号变压器 111–1 隔离开关三相确已拉开	将 111 断路器由热备用转冷备用，检查相关保护屏上指示灯
55	检查 220kV 1 号变压器 111 断路器操作箱"Ⅰ母线运行"指示灯灭	
56	检查 110kV 母线差动保护"1 号变压器 111–1 隔离开关"位置指示灯灭	
57	断开 220kV 1 号变压器 111–1 隔离开关控制电源空气开关	
58	检查 220kV 1 号变压器 111–2 隔离开关三相确已拉开	
59	检查 220kV 1 号变压器 111–3 隔离开关三相确已拉开	
60	合上 220kV 1 号变压器 211–4 隔离开关控制电源空气开关	将 211 断路器由热备用转冷备用，检查相关保护屏上指示灯
61	拉开 220kV 1 号变压器 211–4 隔离开关	
62	检查 220kV 1 号变压器 211–4 隔离开关三相确已拉开	
63	断开 220kV 1 号变压器 211–4 隔离开关控制电源空气开关	
64	合上 220kV 1 号变压器 211–1 隔离开关控制电源空气开关	
65	拉开 220kV 1 号变压器 211–1 隔离开关	
66	检查 220kV 1 号变压器 211–1 隔离开关三相确已拉开	
67	检查 220kV 1 号变压器 211 断路器操作箱"Ⅰ母线运行"指示灯灭	
68	检查 220kV 母线差动保护"1 号变压器 211–1 隔离开关"位置指示灯灭	
69	检查 220kV 母线差动保护位置报警灯亮	
70	将 220kV 母线差动保护"隔离开关位置确认"按钮按下	
71	断开 220kV 1 号变压器 211–1 隔离开关控制电源空气开关	
72	检查 220kV 1 号变压器 211–2 隔离开关三相确已拉开	
73	检查 220kV 1 号变压器 211–3 隔离开关三相确已拉开	
74	合上 220kV 1 号变压器 110kV 侧中性点 111–9 接地刀闸控制电源空气开关	拉开 1 号变压器中性点接地刀闸（有争议）
75	拉开 220kV 1 号变压器 110kV 侧中性点 111–9 接地刀闸	
76	检查 220kV 1 号变压器 110kV 侧中性点 111–9 接地刀闸确已拉开	
77	断开 220kV 1 号变压器 110kV 侧中性点 111–9 接地刀闸控制电源空气开关	
78	合上 220kV 1 号变压器 220kV 侧中性点 211–9 接地刀闸控制电源空气开关	
79	拉开 220kV 1 号变压器 220kV 侧中性点 211–9 接地刀闸	
80	检查 220kV 1 号变压器 220kV 侧中性点 211–9 接地刀闸确已拉开	
81	断开 220kV 1 号变压器 220kV 侧中性点 211–9 接地刀闸控制电源空气开关	

续表

顺序	操 作 项 目	操 作 目 的
82	在 220kV 1 号变压器与 220kV 1 号变压器 211–4 隔离开关之间验明三相确无电压	
83	合上 220kV 1 号变压器 211–4BD 接地刀闸	
84	检查 220kV 1 号变压器 211–4BD 接地刀闸三相确已合上	
85	在 220kV 1 号变压器与 220kV 1 号变压器 111–4 隔离开关之间验明三相确无电压	
86	合上 220kV 1 号变压器 111–4BD 接地刀闸	合上 1 号变压器三侧接地刀闸
87	检查 220kV 1 号变压器 111–4BD 接地刀闸三相确已合上	
88	在 220kV 1 号变压器与 220kV 1 号变压器 511–4 隔离开关之间验明三相确无电压	
89	合上 220kV 1 号变压器 511–4BD 接地刀闸	
90	检查 220kV 1 号变压器 511–4BD 接地刀闸三相确已合上	
91	断开 220kV 1 号变压器有载调压控制电源空气开关	
92	断开 220kV 1 号变压器Ⅰ冷却系统控制电源空气开关	断开 1 号变压器有载调压、冷却系统控制电源
93	断开 220kV 1 号变压器Ⅱ冷却系统控制电源空气开关	
94	汇报调度	

注 220kV 1 号变压器由检修转运行的操作顺序反之。220kV 2 号变压器的停送电操作，除保护配置不同外，其操作顺序基本相同。若主变压器保护有工作，还应退出后备保护跳各侧母联、分段断路器压板。

2. 操作任务：220kV 2 号变压器及三侧断路器由检修转运行，恢复正常运行方式

一次接线和运行方式如图 Z09F3001Ⅰ–2 所示，1 号、2 号变压器中、低压侧不考虑合环运行。

220kV 1 号变压器保护配置：PST–1202A 差动及后备保护、PST–1206A 失灵保护、PST–1212 操作箱（高压侧）、PST–1202B 差动及后备保护、PST–1210C 本体保护、PST–1211 中压操作箱、PST–1210 低压操作箱。

220kV 2 号变压器保护配置：RCS–978 差动及后备保护、RCS–974A 非电量及失灵辅助保护、LFP–974B 电压切换及操作回路（中、低压侧）、RCS–978 差动及后备保护、LFP–974E 操作继电器箱（高压侧）。

220kV 母线保护配置：RCS–915AB 微机母线差动保护。

110kV 母线保护配置：WMZ–41A 微机母线差动保护。

操作步骤见表 Z09F3001Ⅰ–2。

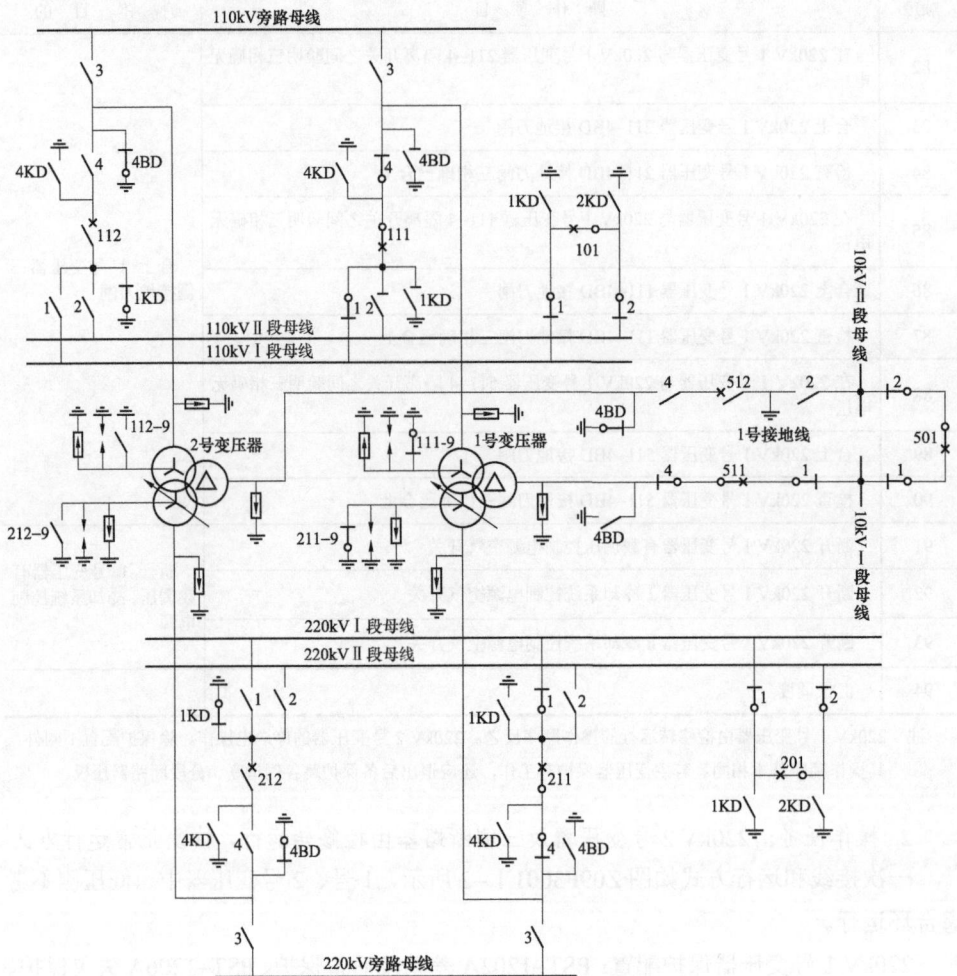

图 Z09F3001 Ⅰ-2 一次接线和运行方式

表 Z09F3001 Ⅰ-2 操 作 步 骤

顺序	操 作 项 目	操 作 目 的
1	合上 220kV 2 号变压器 212 断路器控制电源 Ⅰ 空气开关	合上 2 号变压器各侧断路器控制电源
2	合上 220kV 2 号变压器 212 断路器控制电源 Ⅱ 空气开关	
3	合上 220kV 2 号变压器 112 断路器控制电源空气开关	
4	合上 220kV 2 号变压器 512 断路器控制电源空气开关	

续表

顺序	操 作 项 目	操 作 目 的
5	投入 220kV 2 号变压器 212 断路器"遥控"压板	投入 2 号变压器各侧断路器"遥控"、母线差动和失灵保护压板
6	投入 220kV 2 号变压器 112 断路器"遥控"压板	
7	投入 220kV 2 号变压器 512 断路器"遥控"压板	
8	投入 220kV 母线差动保护"跳 2 号变压器 212 断路器 I 跳圈"压板	
9	投入 220kV 母线差动保护"跳 2 号变压器 212 断路器 II 跳圈"压板	
10	投入 220kV 母线差动保护"2 号变压器 212 断路器失灵启动"压板	
11	投入 110kV 母线差动保护"跳 2 号变压器 112 断路器"压板	
12	合上 220kV 2 号变压器 I 冷却系统控制电源空气开关	合上 2 号变压器冷却系统、有载调压控制电源
13	合上 220kV 2 号变压器 II 冷却系统控制电源空气开关	
14	合上 220kV 2 号变压器有载调压控制电源空气开关	
15	拉开 220kV 2 号变压器 512–4BD 接地刀闸	拉开 2 号变压器及三侧开关间隔接地刀闸或拆除接地线
16	检查 220kV 2 号变压器 512–4BD 接地刀闸三相确已拉开	
17	拆除 220kV 2 号变压器 512 开关与 220kV 2 号变压器 512–2 隔离开关间 1 号接地线一组	
18	检查 1 号接地线一组确已拆除	
19	拉开 220kV 2 号变压器 112–4BD 接地刀闸	
20	检查 220kV 2 号变压器 112–4BD 接地刀闸三相确已拉开	
21	拉开 220kV 2 号变压器 112–1KD 接地刀闸	
22	检查 220kV 2 号变压器 112–1KD 接地刀闸三相确已拉开	
23	拉开 220kV 2 号变压器 212–4BD 接地刀闸	
24	检查 220kV 2 号变压器 212–4BD 接地刀闸三相确已拉开	
25	拉开 220kV 2 号变压器 212–1KD 接地刀闸	
26	检查 220kV 2 号变压器 212–1KD 接地刀闸三相确已拉开	
27	合上 220kV 2 号变压器 220kV 侧中性点 212–9 接地刀闸控制电源空气开关	合上 2 号变压器中性点接地刀闸
28	合上 220kV 2 号变压器 220kV 侧中性点 212–9 接地刀闸	
29	检查 220kV 2 号变压器 220kV 侧中性点 212–9 接地刀闸已合上	
30	断开 220kV 2 号变压器 220kV 侧中性点 212–9 接地刀闸控制电源空气开关	
31	合上 220kV 2 号变压器 110kV 侧中性点 112–9 接地刀闸控制电源空气开关	
32	合上 220kV 2 号变压器 110kV 侧中性点 112–9 接地刀闸	
33	检查 220kV 2 号变压器 110kV 侧中性点 112–9 接地刀闸确已合上	
34	断开 220kV 2 号变压器 110kV 侧中性点 112–9 接地刀闸控制电源空气开关	

续表

顺序	操 作 项 目	操 作 目 的
35	检查 220kV 2 号变压器 212 断路器确在分闸位置	
36	合上 220kV 2 号变压器 212-2 隔离开关控制电源空气开关	
37	合上 220kV 2 号变压器 212-2 隔离开关	
38	检查 220kV 2 号变压器 212-2 隔离开关三相确已合上	
39	检查 220kV 2 号变压器 212 断路器操作继电器箱"L2"指示灯亮	
40	检查 220kV 母线差动保护"2 号变压器 212-2 隔离开关"位置指示灯亮	将 212 断路器由冷备用转热备用，检查相关保护屏上指示灯
41	检查 220kV 母线差动保护位置报警灯亮	
42	将 220kV 母线差动保护"隔离开关位置确认"按钮按下	
43	断开 220kV 2 号变压器 212-2 隔离开关控制电源空气开关	
44	合上 220kV 2 号变压器 212-4 隔离开关控制电源空气开关	
45	合上 220kV 2 号变压器 212-4 隔离开关	
46	检查 220kV 2 号变压器 212-4 隔离开关三相确已合上	
47	断开 220kV 2 号变压器 212-4 隔离开关控制电源空气开关	
48	合上 220kV 2 号变压器 212 断路器合闸电源空气开关	合上 212 断路器合闸电源
49	检查 220kV 2 号变压器 112 断路器确在分闸位置	
50	合上 220kV 2 号变压器 112-2 隔离开关控制电源空气开关	
51	合上 220kV 2 号变压器 112-2 隔离开关	
52	检查 220kV 2 号变压器 112-2 隔离开关三相确已合上	
53	检查 220kV 2 号变压器 110kV 侧电压切换及操作回路箱"L2"指示灯亮	将 112 断路器由冷备用转热备用，检查相关保护屏上指示灯
54	检查 110kV 母线差动保护"2 号变压器 112-2 隔离开关"位置指示灯亮	
55	断开 220kV 2 号变压器 112-2 隔离开关控制电源空气开关	
56	合上 220kV 2 号变压器 112-4 隔离开关控制电源空气开关	
57	合上 220kV 2 号变压器 112-4 隔离开关	
58	检查 220kV 2 号变压器 112-4 隔离开关三相确已合上	
59	断开 220kV 2 号变压器 112-4 隔离开关控制电源空气开关	
60	合上 220kV 2 号变压器 112 断路器合闸电源空气开关	合上 112 断路器合闸电源
61	检查 220kV 2 号变压器 512 断路器确在分闸位置	将 512 断路器由冷备用转热备用
62	合上 220kV 2 号变压器 512-2 隔离开关	
63	检查 220kV 2 号变压器 512-2 隔离开关三相确已合上	

续表

顺序	操 作 项 目	操 作 目 的
64	合上 220kV 2 号变压器 512-4 隔离开关	将 512 断路器由冷备用转热备用
65	检查 220kV 2 号变压器 512-4 隔离开关三相确已合上	
66	合上 220kV 2 号变压器 512 断路器合闸电源空气开关	合上 512 断路器合闸电源
67	检查 220kV 2 号变压器 212 断路器"远方—就地"切换开关在"就地"位置	用 212 断路器对 2 号变压器充电
68	合上 220kV 2 号变压器 212 断路器	
69	检查 220kV 2 号变压器 212 断路器三相确已合上	
70	检查 220kV 2 号变压器充电正常	
71	将 220kV 2 号变压器 212 断路器"远方—就地"切换开关由"就地"切至"远方"位置	
72	投入 220kV 1 号变压器微机保护 A 屏"高压侧间隙零序保护"压板	220kV 变压器中性点恢复正常方式,相关保护切换
73	投入 220kV 1 号变压器微机保护 B 屏"高压侧间隙零序保护"压板	
74	合上 220kV 1 号变压器 220kV 侧中性点 211-9 接地刀闸控制电源空气开关	
75	拉开 220kV 1 号变压器 220kV 侧中性点 211-9 接地刀闸	
76	检查 220kV 1 号变压器 220kV 侧中性点 211-9 接地刀闸确已拉开	
77	断开 220kV 1 号变压器 220kV 侧中性点 211-9 接地刀闸控制电源空气开关	
78	停用 220kV 1 号变压器微机保护 A 屏"高压侧中性点过流保护"压板	
79	停用 220kV 1 号变压器微机保护 B 屏"高压侧中性点过流保护"压板	
80	检查 220kV 1 号变压器、220kV 2 号变压器有载调压台步差不大于 4	112 断路器合环前检查变压器电压比差以及负荷分配
81	检查 220kV 1 号变压器 111 断路器"负荷电流"显示为×××A	
82	检查 220kV 2 号变压器 112 断路器"远方—就地"切换开关在"就地"位置	用 112 断路器合环,检查负荷分配
83	合上 220kV 2 号变压器 112 断路器	
84	检查 220kV 2 号变压器 112 断路器三相确已合上	
85	检查 220kV 2 号变压器 112 断路器负荷分配正常,电流显示为×××A	
86	检查 220kV 1 号变压器 111 断路器负荷分配正常,电流显示为×××A	
87	将 220kV 2 号变压器 112 断路器"远方—就地"切换开关由"就地"切至"远方"位置	
88	将 110kV 母联 101 断路器"远方—就地"切换开关由"远方"切至"就地"位置	用 101 断路器解环,检查负荷分配
89	拉开 110kV 母联 101 断路器	
90	检查 110kV 母联 101 断路器三相确已拉开	

续表

顺序	操 作 项 目	操 作 目 的
91	检查 220kV 2 号变压器 112 断路器"负荷电流"显示为×××A	用 101 断路器解环，检查负荷分配
92	将 110kV 母联 101 断路器"远方—就地"切换开关由"就地"切至"远方"位置	
93	检查 220kV 1 号变压器 511 断路器"负荷电流"显示为×××A	512 断路器合环前检查负荷分配
94	检查 220kV 2 号变压器 512 断路器"远方—就地"切换开关在"就地"位置	用 512 断路器合环，检查负荷分配
95	合上 220kV 2 号变压器 512 断路器	
96	检查 220kV 2 号变压器 512 断路器三相确已合上	
97	检查 220kV 2 号变压器 512 断路器负荷分配正常，电流显示为×××A	
98	检查 220kV 1 号变压器 511 断路器负荷分配正常，电流显示为×××A	
99	将 220kV 2 号变压器 512 断路器"远方—就地"切换开关由"就地"切至"远方"位置	
100	将 10kV 分段 501 断路器"远方—就地"切换开关由"远方"切至"就地"位置	用 501 断路器解环，检查负荷分配
101	拉开 10kV 分段 501 断路器	
102	检查 10kV 分段 501 断路器三相确已拉开	
103	检查 220kV 2 号变压器 512 断路器"负荷电流"显示为×××A	
104	将 10kV 分段 501 断路器"远方—就地"切换开关由"就地"切至"远方"位置	
105	汇报调度	

注 220kV 2 号变压器及三侧断路器由运行转检修的操作顺序反之。220kV 1 号变压器及三侧断路器的停送电操作，除保护配置不同外，其操作顺序基本相同。

【思考与练习】

1. 变压器投入运行时，对冷却系统有哪些要求？

2. 变压器并列运行的条件是什么？

3. 变压器投入运行时，有哪些规定？

4. 对变压器中性点接地刀闸的切换操作，有哪些规定？

5. 对变压器有载调压装置的调压操作有哪些要求？

6. 对三绕组变压器复合电压闭锁过流保护，如果采用三侧复压时，那么在倒闸操作时应注意什么？

模块2 变压器停送电操作危险点源分析（Z09F3001Ⅱ）

【模块描述】本模块包含变压器停送电操作的危险点分析；通过案例介绍，达到能正确分析变压器停送电操作危险点源，能制定预控措施的目的。

【模块内容】

一、220kV 1 号变压器由运行转检修，负荷倒由 220kV 2 号变压器带，危险点分析及预控措施

危险点分析及预控措施见表 Z09F3001Ⅱ-1。

表 Z09F3001Ⅱ-1　　　　危险点分析及预控措施

序号	操作目的	危险点	预控措施
1	分别用母联 101、501 断路器合环，1 号变压器 111、511 断路器解环	（1）过负荷	变压器停电前，应检查两台变压器的负荷情况，防止一台变压器停电后，造成另一台变压器过负荷
		（2）电压差过大	电压差过大，将造成变压器合环时环流增大。在合环前，应检查两条母线电压情况，及时调整两台变压器的分接头，使其有载调压台步差不大于 4，若为无载调压变压器，应检查台步差不大于 2
		（3）甩负荷	变压器中、低压侧由母联断路器分别合环前后，应仔细检查负荷分配情况，并现场检查断路器实际位置与断路器机械位置指示一致，以防止断路器触头没有合上，而造成下一步拉开变压器断路器时甩负荷
		（4）误合误分断路器	认真核对设备编号，严格执行监护唱票复诵制度
		（5）断路器未拉开	检查断路器时不能只看表计，应现场检查断路器的机械位置指示器和拐臂位置，来确认断路器已拉开，以防止带负荷拉隔离开关
2	合上 220kV 1 号变压器 220kV 侧中性点 211-9 接地刀闸及其相关保护切换	（1）中性点方式错误	两台变压器高、中压侧均并列运行时，其中性点方式规定为：一台变压器高压侧中性点接地刀闸合上，另一台变压器中压侧接地刀闸合上（此处有争议）。两台变压器各侧均解列运行时，其中性点方式规定为：两台变压器高压侧和中压侧中性点接地刀闸均合上。若两台变压器仅为高压侧并列运行时，其中性点方式规定为：一台变压器高压侧中性点接地刀闸合上，两台变压器中压侧中性点接地刀闸均合上
		（2）中性点保护切换错误	变压器中性点过流保护和间隙保护随着中性点接地方式的改变而投停。中性点接地刀闸合上前，投入相应侧中性点过流保护；中性点接地刀闸合上后，停用相应侧中性点间隙保护（采用间隙专用电流互感器）
		（3）误投误停中性点保护	根据中性点方式的变化，及时正确投停中性点保护。投停前认清保护屏及压板名称，防止误投误停，投入压板后应注意压板接触良好

序号	操作目的	危 险 点	预 控 措 施
3	将 220kV 1 号变压器由空载运行转热备用	操作过电压	为防止断路器非同期分闸而产生过电压，在拉空载变压器前，必须合上其中性点直接接地系统的中性点接地刀闸
4	将 220kV 1 号变压器由热备用转冷备用	（1）带负荷拉隔离开关	在操作隔离开关前，首先应检查断路器三相确已拉开，其次应判断拉开该隔离开关时是否会产生弧光，在确保不发生差错的前提下，对于会产生弧光的操作，则操作时应迅速而果断，尽快使电弧熄灭，以免触头烧坏
		（2）错拉隔离开关	手动拉隔离开关时，应先慢而谨慎，如触头刚分离时发生弧光，则应迅速合上，这时应立即检查是否由于误操作而引起弧光；若隔离开关已拉开严禁再次合上
		（3）电动隔离开关分闸失灵	应查明原因，检查是否由于机构异常引起失灵，只有在确保操作正确（该隔离开关相关联的设备状态正确）的前提下，才能手动操作分闸，操作前应断开电动隔离开关控制电源
		（4）电动隔离开关操作后未断开控制电源	若隔离开关电动机等回路异常或人为误碰，可能造成隔离开关自合闸而导致事故，因此电动隔离开关操作后，应及时断开隔离开关控制电源
		（5）手动分闸操作方法不正确	无论用手动还是绝缘拉杆操作隔离开关分闸时，都应果断而迅速。先拔出连锁销子再进行分闸，当刀片离开固定触头时应迅速，以便迅速消弧；但在分闸终了时要缓慢些，防止操动机构和支柱绝缘子损坏，最后应检查连锁销子是否销好
		（6）解锁操作隔离开关	隔离开关闭锁打不开时，应严格履行解锁申请和批准手续，解锁操作前，应认真核对设备编号和闭锁钥匙以及设备的实际状态，方可进行实际操作
		（7）隔离开关分闸不到位	隔离开关拉开后要注意认真检查，确认隔离开关端口张开角或隔离开关断开的距离应符合要求
5	将 220kV 1 号变压器由冷备用转检修	（1）不试验电器，使用不合格的验电器	验电器应进行检查试验合格，验电时必须戴绝缘手套
		（2）验电时站位不合适	验电时应根据现场情况站在便于操作和安全的地方，不能使验电器或绝缘杆的绝缘部分过分靠近设备构架，以免造成绝缘部分被短接
		（3）验电方法错误	验电时要使验电器的触头接触导体，三相逐相进行验电；在验电前应在带电的设备上进行试验，在带电设备上进行试验时应在线路侧进行，不能在靠近母线侧进行试验
		（4）误合断路器侧接地刀闸	认真核对设备编号，严格执行监护唱票复诵制度
		（5）漏断变压器有载调压和冷控电源空气开关	变压器检修时，应断开有载调压控制电源和冷控制电源空气开关，以防危及人身安全

二、220kV 2 号变压器及三侧断路器由检修转运行，恢复正常运行方式，危险点分析及预控措施

危险点分析及预控措施见表 Z09F3001Ⅱ–2。

表 Z09F3001Ⅱ–2　　　　　　危险点分析及预控措施

序号	操作目的	危 险 点	预 控 措 施
1	将 220kV 2 号变压器及三侧断路器由检修转冷备用	（1）误合或漏合断路器的控制电源和合闸电源空气开关	认清设备位置，防止与就近的电源空气开关混淆；若为熔断器一般应先放负极，然后再放正极
		（2）误投或漏投压板	操作前认清保护屏及压板名称，防止将不该投入的压板投入；投入母线差动保护跳变压器断路器压板和变压器断路器失灵启动母线差动保护压板，投入本断路器"遥控"压板，投入压板时应注意压板接触良好；根据运行方式、继电保护及自动装置定值通知单，核对变压器有关保护投入正确，装置运行正常
		（3）漏合变压器有载调压和冷控电源空气开关	变压器转为备用后，应合上有载调压控制电源和冷控控制电源空气开关，并试运行一次，以防变压器运行时失去冷却系统或有载调压拒调
		（4）漏拉接地刀闸或漏拆接地线	容易造成带接地刀闸合刀闸而损坏设备，恢复备用前，应详细检查送电回路接地刀闸已全部拉开或接地线已全部拆除
2	将 220kV 2 号变压器及三侧断路器由冷备用转热备用（其中 220kV、110kV 断路器热备用于Ⅱ段母线）	（1）电动隔离开关合闸失灵	应查明原因，检查是否由于机构异常引起失灵，只有在确保操作正确（该隔离开关相关联的设备状态正确）的前提下，才能手动操作合闸，操作前断开电动隔离开关控制电源
		（2）电动隔离开关操作后未断开控制电源	若隔离开关电动机等回路异常或人为误碰，可能造成隔离开关自分闸而导致事故，因此电动隔离开关操作后，应及时断开隔离开关控制电源
		（3）手动合闸操作方法不正确	不论用手动还是绝缘拉杆操作隔离开关合闸时，都应迅速而果断。先拔出连锁销子再进行合闸，开始可缓慢一些，当刀片接近刀嘴时要迅速合上，以防止发生弧光。但在合闸终了时要注意用力不可过猛，以免发生冲击而损坏瓷件，最后应检查连锁销子是否销好
		（4）隔离开关合闸不到位	隔离开关合上后要注意认真检查，确认隔离开关三相确已全部合好；对于母线侧隔离开关合好后，应检查本保护二次电压切换正常，微机型母线差动保护隔离开关位置正确、切换正常
		（5）解锁操作隔离开关	隔离开关闭锁打不开时，应严格履行解锁申请和批准手续，解锁操作前，应认真核对设备编号和闭锁钥匙以及设备的实际状态，方可进行实际操作
		（6）变压器高、中压侧断路器备用母线方式错误	严格执行调度指令，以防变压器运行后，220kV（或 110kV）母线故障使不该跳闸的变压器高压侧（或中压侧）断路器跳闸，而使 110kV 或 10kV 母线全停

续表

序号	操作目的	危 险 点	预 控 措 施
2	将 220kV 2 号变压器及三侧断路器由冷备用转热备用（其中 220kV、110kV 断路器热备用于 Ⅱ 段母线）	（7）带负荷合隔离开关	在操作隔离开关前，首先应检查断路器三相确已拉开，其次应判断合上该隔离开关时是否会产生差错，在确保不发生差错的前提下，对于会产生弧光的操作，则操作时应迅速而果断，尽快使电弧熄灭，以免触头烧坏
3	将 220kV 2 号变压器由热备用转空载运行	（1）操作过电压	为防止断路器非同期合闸而产生过电压，在合空载变压器前，必须合上其中性点直接接地系统的中性点接地刀闸
		（2）断路器未合上	检查断路器时不能只看表计，应现场检查断路器的机械位置指示器和拐臂位置，来确认断路器已合上，以防止变压器倒空电
		（3）变压器异常运行	变压器充电后，应到现场对变压器声音、外观以及冷却系统等运行情况进行检查，以防变压器投运后，而被迫停运；对于强迫油循环变压器，变压器送电前，必须投入冷却，不允许变压器没有冷却而投入运行
		（4）中性点方式错误	两台变压器仅为高压侧并列运行时，其中性点方式规定为：一台变压器高压侧中性点接地刀闸合上，两台变压器中压侧中性点接地刀闸均合上
		（5）中性点保护切换错误	变压器中性点过流保护和间隙保护随着中性点接地方式的改变而投停
		（6）误投误停中性点保护	根据中性点方式的变化，及时正确投停中性点保护。投停前认清保护屏及压板名称，防止误投误停，投入压板后应注意压板接触良好
4	分别用 2 号变压器 112、512 断路器合环，母联 101、501 断路器解环	（1）电压差过大	电压差过大，将造成变压器合环时环流增大。在合环前，应及时调整两台变压器的分接头，使其有载调压台步差不大于 4，若为无载调压变压器，应检查台步差不大于 2
		（2）甩负荷	变压器中、低压侧断路器分别合环前后，应仔细检查负荷分配情况，并现场检查断路器实际位置与断路器机械位置指示一致，以防止断路器触头没有合上，而造成下一步拉开母联断路器时甩负荷
		（3）误合误分断路器	认真核对设备编号，严格执行监护唱票复诵制度
		（4）断路器未拉开	检查断路器时不能只看表计，应现场检查断路器的机械位置指示器和拐臂位置，来确认断路器已拉开，以防止电磁环网运行

【思考与练习】

1. 母联断路器合环前后，如何对负荷分配情况进行检查？

2. 一台变压器停电，如何切换其中性点及其中性点保护？

3. 变压器送电时，误投或漏投保护压板会产生什么后果？

4. 变压器高、中侧侧断路器母线侧隔离开关合上后，应检查哪些项目？

第十章

母 线 停 送 电

▲ 模块 1　母线停送电操作（Z09F4001 Ⅰ）

【模块描述】本本模块包含母线停送电的操作原则和注意事项，母线操作中异常情况的处理原则。通过案例介绍和操作技能训练，达到掌握母线停送电操作技能的目的。

【模块内容】

一、母线操作原则及注意事项

1. 母线操作一般原则

（1）运行中的双母线，当将一组母线上的部分或全部断路器（包括热备用）倒至另一组母线时（冷倒除外），应确保母联断路器及其隔离开关在合闸状态。

1）对微机型母差保护，在倒母线操作前应做出相应切换（如投入互联或单母线方式压板等），要注意检查切换后的情况（指示灯及相应光字牌亮），然后短时将母联断路器改非自动。倒母线操作结束后应自行将母联断路器恢复为自动、母差保护改为与一次方式相一致。

2）操作隔离开关时，应遵循"先合、后拉"的原则（热倒）。其操作方法有两种：一种是"先合上全部应合的隔离开关、后拉开全部应拉的隔离开关"，另一种是"先合上一组应合的隔离开关、后拉开相应的一组应拉的隔离开关"。具体采用哪一种方法，应视母线长短以及设备布置方式等而定。

3）在倒母线操作过程中，要严格检查各回路母线侧隔离开关的位置指示情况（应与现场一次运行方式相一致），确保保护回路电压可靠；对于不能自动切换的，应采用手动切换，并做好防止保护误动作的措施，即切换前停用保护，切换后投入保护。

（2）对于母线上热备用的线路，当需要将热备用线路由一组母线倒至另一组母线时，应采用冷倒方式，即在确保断路器分闸状态的前提下母线隔离开关遵循"先拉、后合"的原则，以免发生通过两条母线侧隔离开关合环或解环的误操作事故，这种操作无须将母联断路器改非自动。

（3）运行中的双母线并列、解列操作必须用断路器来完成。倒母线应考虑各组母线的负荷与电源分布的合理性。一组运行母线及母联断路器停电，应在倒母线操作结束后，拉开母联断路器，再拉开停电母线侧隔离开关，最后拉开运行母线侧隔离开关。

（4）双母线双母联带分段断路器接线方式倒母线操作时，应逐段进行。一段操作完毕，再进行另一段的倒母线操作。不得将与操作无关的母联、分段断路器改非自动。

（5）单母线停电时，应先拉开停电母线上所有负荷断路器，后拉开电源断路器，再将所有间隔设备（含母线电压互感器、站用变压器等）转冷备用、最后将母线三相短路接地。恢复时顺序相反。

2. 母线操作注意事项

（1）检修完工的母线在送电前，应检查确保母线设备完好，无接地点。

（2）用断路器向母线充电前，应将空母线上只能用隔离开关充电的附属设备，如母线电压互感器、避雷器先行投入。

（3）运行中的双母线当停用一组母线时，要做好防止运行母线电压互感器对停用母线电压互感器二次反充电的措施，即母线失电前，应先断开该母线上电压互感器的所有二次电压空气开关（或取下熔断器），再对母线停电，最后再拉开该母线上电压互感器的高压隔离开关（或取下熔断器）。送电操作则反之。

（4）运行中的双母线倒母线操作时，应注意线路的继电保护、自动装置（如按频率减负荷）及电能表所用的电压互感器电源的相应切换；如不能切换到运行母线的电压互感器上，则在操作前将这些保护停用。

（5）无论是回路的倒母线还是母线停电的倒母线操作，在合上（或拉开）某回路母线侧隔离开关后，应及时检查该回路保护电压切换箱所对应的母线指示灯以及微机型母差保护回路的位置指示灯指示是否正确；为防止保护电压切换继电器触点开合能力的不足，在倒母线操作过程中，通过电压并列开关或装置将压变二次回路并列（可自动或手动实现）。

母线停电倒母线操作后，在拉开母联断路器之前，应再次检查回路是否已全部倒至另一组运行母线上，并检查确保母联断路器电流指示为零；当拉开母联断路器后，应确保停电母线上的电压指示为零。

（6）在母线侧隔离开关的合上（或拉开）过程中，如可能发生较大火花时，应依次先合靠母联断路器最近的母线侧隔离开关；拉开的顺序反之，以尽量减小母线侧隔离开关操作时的电位差。

（7）110～220kV 母线操作可能出现的谐振过电压，应根据运行经验和试验结果采取防止措施。

1）可能出现谐振的变电站，在母线和母线电压互感器同时停电时，待停母线转为空母线后，应先拉母线电压互感器隔离开关，后拉母联断路器；母线和母线电压互感器同时恢复运行时，母线和母线电压互感器转冷备用后，先对母线送电，后送母线电压互感器（对母线电压互感器应详细检查，确认无接地）。

2）在母线停送电操作过程中，应尽量避免两个断路器同时热备用于该母线。

3）35kV 及以下母线停送电操作时，一般采用带一条线路停送电来防止谐振过电压。

（8）带有电容器的母线停送电时，停电前应先拉开电容器断路器，送电后合上电容器断路器，以防母线过电压，危及设备绝缘。

二、母线操作要求

（1）对母线送电时，应使用具有速断保护的断路器（母联、母联兼旁路或线路断路器）进行；若只能用隔离开关向母线送电时，应进行必要的检查确认其设备正常、绝缘良好、连接母线的所有接地线和接地刀闸已拆除或拉开。

（2）母联断路器微机保护中配有充电保护和过流保护，如 RCS-923 等。但因其充电保护不具备手合触点控制及短时退母差保护功能，所以有些单位要求在母线停电再送电或对空母线上断路器冲击时，应投入母差保护中的母联充电保护，送电正确后退出母联充电保护。

（3）用外部电源对母线试送时，需将试送线路本侧方向高频保护（或高频闭锁保护）改停用，若线路配置双光纤保护，线路两侧保护正常投入，将线路送电侧后备保护距离Ⅱ段时间定值调至 0.5s。

（4）用变压器向 220、110kV 母线充电时，变压器中性点必须接地。

（5）用变压器向不接地或经消弧线圈接地系统的母线充电时，应防止出现铁磁谐振或母线三相对地电容不平衡而产生异常过电压；如有可能产生铁磁谐振，应先带适当长度的空线路或采用其他消谐措施。

（6）对 GIS 母线操作，一般情况下与常规母线相同，现场应检查确保 SF_6 的充气压力和密度在规定值内。对 GIS 母线及相关设备有特殊操作要求时，应事先得到有关部门认可，具体操作方案应得到调度机构同意后方可执行。

三、母线操作中异常情况的处理原则

（1）在合、拉隔离开关时，若发现微机线路保护或微机母差保护屏上隔离开关位置指示不正确时，应停止操作，查明原因（若为 RCS–915AB 型微机母线保护，应先将屏上强制开关切至强制接通或强制断开）。

（2）当拉开某一工作母线隔离开关后，若发现合上的备用母线隔离开关接触不好、拉弧，应立即将拉开的隔离开关再合上，再拉开备用母线隔离开关查明原因。

（3）当某一备用母线隔离开关合上后，若发现工作母线隔离开关拉不开时，应待其他回路倒母线结束后，用旁路断路器带该断路器运行，再拉开备用母线隔离开关，然后用母联断路器隔离工作母线隔离开关查明原因。

四、母线操作案例

1. 操作任务：220kV Ⅰ 段母线由运行转检修，负荷倒由 Ⅱ 段母线带

一次接线和运行方式如图 Z09F4001 Ⅰ –1 所示，1 号、2 号变压器中、低压侧不考虑合环运行。

220kV 母线保护配置：RCS–915AB 微机母差保护。

220kV 电压并列装置配置：YQX–12PS。

220kV 仿东 Ⅰ、Ⅱ 241、242 断路器保护配置：RCS–931A 第一套微机光纤纵差保护、CZX–12R 操作继电器箱；PSL–603G 第二套微机光纤纵差保护、PSL–631A 断路器失灵及辅助保护。

220kV 仿西 244 断路器、仿南 245 断路器、仿北 247 断路器保护配置：RCS–901A 微机方向高频保护、LFX–912 收发信机、CZX–12R 操作继电器箱；RCS–902A 微机高频闭锁保护、LFX–912 收发信机、RCS–923A 失灵启动和辅助保护。

220kV 1 号变压器保护配置：PST–1202A 差动及后备保护、PST–1206A 失灵保护、PST–1212 操作箱（高压侧）；PST–1202B 差动及后备保护、PST–1210C 本体保护、PST–1211 中压操作箱、PST–1210 低压操作箱。

220kV 2 号变压器保护配置：RCS–978 差动及后备保护、RCS–974A 非电量及失灵辅助保护、LFP–974B 电压切换及操作回路（中、低压侧）；RCS–978 差动及后备保护、LFP–974E 操作继电器箱（高压侧）。

操作步骤见表 Z09F4001 Ⅰ –1。

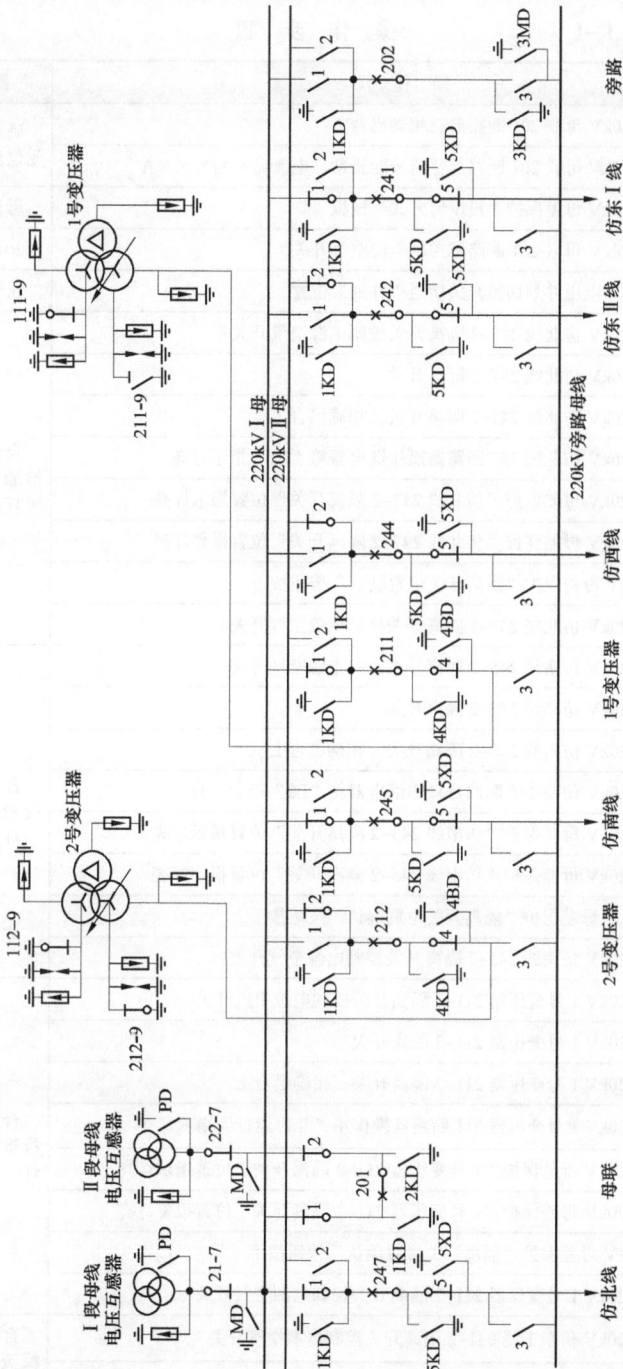

图 Z09F4001 I –1　220kV 母线一次接线示意图（正常方式）

表 Z09F4001Ⅰ-1   操 作 步 骤

顺序	操 作 项 目	操 作 目 的
1	检查 220kV 母联 201 断路器三相确已合上	确认 201 断路器在合闸位置
2	检查 220kV 母联 201 断路器负荷分配正常，电流显示为×××A	
3	投入 220kV 母差保护"投单母方式"压板	母差保护改单母方式
4	断开 220kV 母联 201 断路器控制电源空气开关	201 断路器改非自动
5	将 220kV 电压并列切换开关切至"并列"位置	压变二次回路并列
6	合上 220kV 仿北线 247-2 隔离开关控制电源空气开关	合上 247-2 隔离开关，检查相关保护屏上指示灯
7	合上 220kV 仿北线 247-2 隔离开关	
8	检查 220kV 仿北线 247-2 隔离开关三相确已合上	
9	检查 220kV 仿北线 247 断路器操作继电器箱"L2"指示灯亮	
10	检查 220kV 母差保护"仿北线 247-2 隔离开关"位置指示灯亮	
11	检查 220kV 母差保护"仿北线 247-2 隔离开关"位置报警灯亮	
12	将 220kV 母差保护"隔离开关位置确认"按钮按下	
13	断开 220kV 仿北线 247-2 隔离开关控制电源空气开关	
14	合上 220kV 仿南线 245-2 隔离开关控制电源空气开关	合上 245-2 隔离开关，检查相关保护屏上指示灯
15	合上 220kV 仿南线 245-2 隔离开关	
16	检查 220kV 仿南线 245-2 隔离开关三相确已合上	
17	检查 220kV 仿南 245 断路器操作继电器箱"L2"指示灯亮	
18	检查 220kV 母差保护"仿南线 245-2 隔离开关"位置指示灯亮	
19	检查 220kV 母差保护"仿南线 245-2 隔离开关"位置报警灯亮	
20	将 220kV 母差保护"隔离开关位置确认"按钮按下	
21	断开 220kV 仿南线 245-2 隔离开关控制电源空气开关	
22	合上 220kV 1 号变压器 211-2 隔离开关控制电源空气开关	合上 211-2 隔离开关，检查相关保护屏上指示灯
23	合上 220kV 1 号变压器 211-2 隔离开关	
24	检查 220kV 1 号变压器 211-2 隔离开关三相确已合上	
25	检查 220kV 1 号变压器 211 断路器操作箱"Ⅱ母运行"指示灯亮	
26	检查 220kV 母差保护"1 号变压器 211-2 隔离开关"位置指示灯亮	
27	检查 220kV 母差保护"1 号变压器 211-2 隔离开关"位置报警灯亮	
28	将 220kV 母差保护"隔离开关位置确认"按钮按下	
29	断开 220kV 1 号变压器 211-2 隔离开关控制电源空气开关	
30	合上 220kV 仿东Ⅰ线 241-2 隔离开关控制电源空气开关	合上 241-2 隔离开关，检查相关保护屏上指示灯
31	合上 220kV 仿东Ⅰ线 241-2 隔离开关	

续表

顺序	操 作 项 目	操 作 目 的
32	检查 220kV 仿东Ⅰ线 241-2 隔离开关三相确已合上	合上 241-2 隔离开关，检查相关保护屏上指示灯
33	检查 220kV 仿东Ⅰ线 241 断路器操作继电器箱 "L2" 指示灯亮	
34	检查 220kV 母差保护 "仿东Ⅰ线 241-2 隔离开关" 位置指示灯亮	
35	检查 220kV 母差保护 "仿东Ⅰ线 241-2 隔离开关" 位置报警灯亮	
36	将 220kV 母差保护 "隔离开关位置确认" 按钮按下	
37	断开 220kV 仿东Ⅰ线 241-2 隔离开关控制电源空气开关	
38	合上 220kV 仿东Ⅰ线 241-1 隔离开关控制电源空气开关	拉开 241-1 隔离开关，检查相关保护屏上指示灯
39	拉开 220kV 仿东Ⅰ线 241-1 隔离开关	
40	检查 220kV 仿东Ⅰ线 241-1 隔离开关三相确已拉开	
41	检查 220kV 仿东Ⅰ线 241 断路器操作继电器箱 "L1" 指示灯灭	
42	检查 220kV 母差保护 "仿东Ⅰ线 241-1 隔离开关" 位置指示灯灭	
43	检查 220kV 母差保护 "仿东Ⅰ线 241-1 隔离开关" 位置报警灯亮	
44	将 220kV 母差保护 "隔离开关位置确认" 按钮按下	
45	断开 220kV 仿东Ⅰ线 241-1 隔离开关控制电源空气开关	
46	合上 220kV 1 号变压器 211-1 隔离开关控制电源空气开关	拉开 211-1 隔离开关，检查相关保护屏上指示灯
47	拉开 220kV 1 号变压器 211-1 隔离开关	
48	检查 220kV 1 号变压器 211-1 隔离开关三相确已拉开	
49	检查 220kV 1 号变压器 211 断路器操作箱 "Ⅰ母运行" 指示灯灭	
50	检查 220kV 母差保护 "1 号变压器 211-1 隔离开关" 位置指示灯灭	
51	检查 220kV 母差保护 "1 号变压器 211-1 隔离开关" 位置报警灯亮	
52	将 220kV 母差保护 "隔离开关位置确认" 按钮按下	
53	断开 220kV 1 号变压器 211-1 隔离开关控制电源空气开关	
54	合上 220kV 仿南线 245-1 隔离开关控制电源空气开关	拉开 245-1 隔离开关，检查相关保护屏上指示灯
55	拉开 220kV 仿南线 245-1 隔离开关	
56	检查 220kV 仿南线 245-1 隔离开关三相确已拉开	
57	检查 220kV 仿南 245 断路器操作继电器箱 "L1" 指示灯灭	
58	检查 220kV 母差保护 "仿南线 245-1 隔离开关" 位置指示灯灭	
59	检查 220kV 母差保护 "仿南线 245-1 隔离开关" 位置报警灯亮	
60	将 220kV 母差保护 "隔离开关位置确认" 按钮按下	
61	断开 220kV 仿南线 245-1 隔离开关控制电源空气开关	

续表

顺序	操作项目	操作目的
62	合上 220kV 仿北线 247-1 隔离开关控制电源空气开关	拉开 247-1 隔离开关，检查相关保护屏上指示灯
63	拉开 220kV 仿北线 247-1 隔离开关	
64	检查 220kV 仿北线 247-1 隔离开关三相确已拉开	
65	检查 220kV 仿北线 247 断路器操作继电器箱"L1"指示灯灭	
66	检查 220kV 母差保护"仿北线 247-1 隔离开关"位置指示灯灭	
67	检查 220kV 母差保护"仿北线 247-1 隔离开关"位置报警灯亮	
68	将 220kV 母差保护"隔离开关位置确认"按钮按下	
69	断开 220kV 仿北线 247-1 隔离开关控制电源空气开关	
70	检查 220kV Ⅰ段母线上所有出线隔离开关三相确已全部拉开	确认Ⅰ段母线空母运行
71	将 220kV 电压并列切换开关切至"解列"位置	电压互感器二次回路解列
72	合上 220kV 母联 201 断路器控制电源空气开关	201 断路器改自动
73	将 220kV 母差保护电压切换开关由"双母"切至"Ⅱ母"位置	母差保护电压切换
74	断开 220kV 母差保护Ⅰ段母线交流电压开关	
75	断开 220kV Ⅰ段母线电压互感器二次保护交流电压开关	停Ⅰ段母线电压互感器二次
76	断开 220kV Ⅰ段母线电压互感器二次计量交流电压开关	
77	检查 220kV 母联 201 断路器"负荷电流"显示为零	将Ⅰ段母线由运行转热备用
78	将 220kV 母联 201 断路器"远方—就地"切换开关由"远方"切至"就地"位置	
79	拉开 220kV 母联 201 断路器	
80	检查 220kV 母联 201 断路器三相确已拉开	
81	检查 220kV Ⅰ母线电压显示为零	
82	合上 220kV 母联 201-1 隔离开关控制电源空气开关	将 201 断路器由热备用转冷备用，检查相关保护屏上指示灯
83	拉开 220kV 母联 201-1 隔离开关	
84	检查 220kV 母联 201-1 隔离开关三相确已拉开	
85	检查 220kV 母差保护"母联 201-1 隔离开关"位置指示灯灭	
86	检查 220kV 母差保护"母联 201-1 隔离开关"位置报警灯亮	
87	将 220kV 母差保护"隔离开关位置确认"按钮按下	
88	断开 220kV 母联 201-1 隔离开关控制电源空气开关	
89	合上 220kV 母联 201-2 隔离开关控制电源空气开关	
90	拉开 220kV 母联 201-2 隔离开关	

续表

顺序	操作项目	操作目的
91	检查 220kV 母联 201-2 隔离开关三相确已拉开	将 201 断路器由热备用转冷备用，检查相关保护屏上指示灯
92	检查 220kV 母差保护"母联 201-2 隔离开关"位置指示灯灭	
93	检查 220kV 母差保护"母联 201-2 隔离开关"位置报警灯亮	
94	将 220kV 母差保护"隔离开关位置确认"按钮按下	
95	断开 220kV 母联 201-2 隔离开关控制电源空气开关	
96	合上 220kV Ⅰ 段母线电压互感器 21-7 隔离开关控制电源空气开关	将 Ⅰ 段母线电压互感器由运行转冷备用，检查相关信号
97	拉开 220kV Ⅰ 段母线电压互感器 21-7 隔离开关	
98	检查 220kV Ⅰ 段母线电压互感器 21-7 隔离开关三相确已拉开	
99	检查 220kV 电压并列装置"PT Ⅰ 合"指示灯灭	
100	断开 220kV Ⅰ 段母线电压互感器 21-7 隔离开关控制电源空气开关	
101	在 220kV Ⅰ 段母线与 220kV Ⅰ 段母线电压互感器 21-7 隔离开关之间验明三相确无电压	合上 Ⅰ 段母线上接地刀闸
102	合上 220kV Ⅰ 段母线 21-7MD 接地刀闸	
103	检查 220kV Ⅰ 段母线 21-7MD 接地刀闸三相确已合上	
104	汇报调度	

注　220kV Ⅰ 段母线由检修转运行的操作顺序反之。220kV Ⅱ 段母线停送电操作，其操作顺序基本相同。

2. 操作任务：110kV Ⅰ 段母线由检修转运行，恢复正常运行方式

一次接线和运行方式如图 Z09F4001 Ⅰ -2 所示，1 号、2 号变压器中、低压侧不考虑合环运行。

110kV 母线保护配置：WMZ-41A 微机母差保护。

110kV 电压并列装置配置：YQX-12PS。

110kV 线路断路器保护配置：RCS-941A 三段相间和接地距离保护、四段零序方向过流保护和三相一次重合闸等。

220kV 1 号变压器保护配置：PST-1202A 差动及后备保护、PST-1206A 失灵保护、PST-1212 操作箱（高压侧）；PST-1202B 差动及后备保护、PST-1210C 本体保护、PST-1211 中压操作箱、PST-1210 低压操作箱。

220kV 2 号变压器保护配置：RCS-978 差动及后备保护、RCS-974A 非电量及失灵辅助保护、LFP-974B 电压切换及操作回路（中、低压侧）；RCS-978 差动及后备保护、LFP-974E 操作继电器箱（高压侧）。

操作步骤见表 Z09F4001 Ⅰ -2。

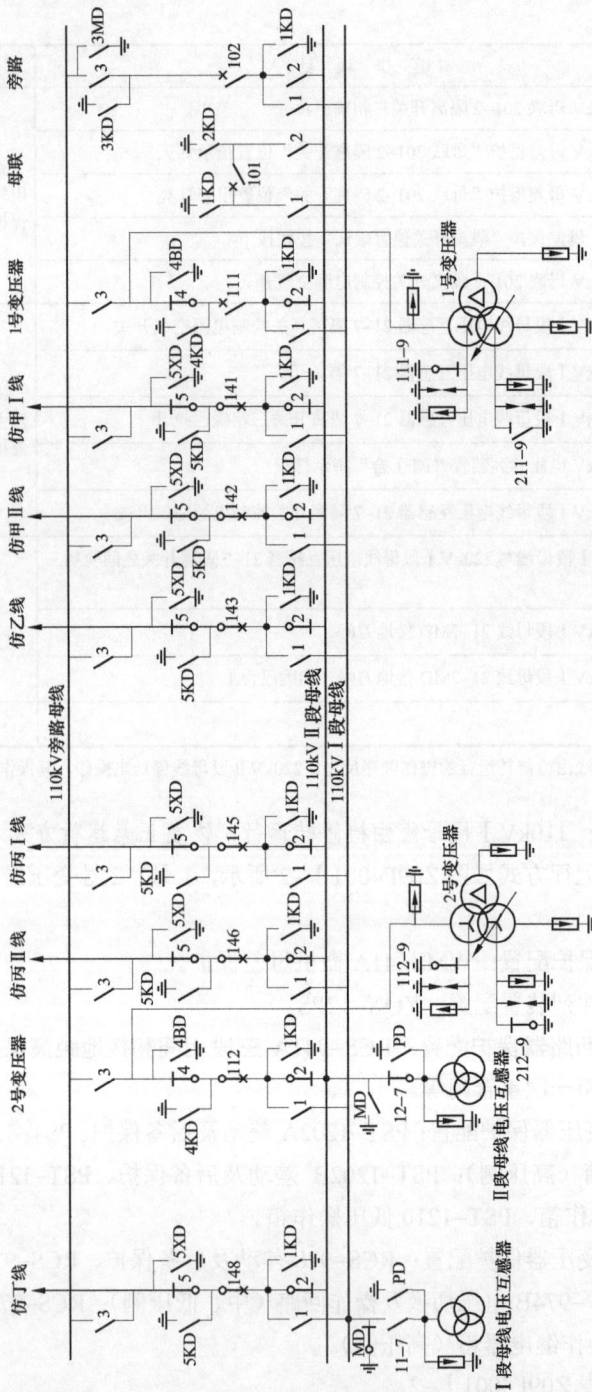

图 Z09F4001 I -2 110kV 母线一次接线示意图（Ⅰ段母线检修）

表 Z09F4001 I -2 操 作 步 骤

顺序	操 作 项 目	操 作 目 的
1	检查 110kV 母联 101 断路器间隔接地刀闸三相确已拉开	检查送电范围内接地刀闸已拉开
2	拉开 110kV I 段母线 11-7MD 接地刀闸	拉开 I 段母线上接地刀闸
3	检查 110kV I 段母线 11-7MD 接地刀闸三相确已拉开	拉开 I 段母线上接地刀闸
4	合上 110kV I 段母线电压互感器 11-7 隔离开关控制电源空气开关	将 I 段母线电压互感器由冷备用转运行,检查相关信号
5	合上 110kV I 段母线电压互感器 11-7 隔离开关	
6	检查 110kV I 段母线电压互感器 11-7 隔离开关三相确已合上	
7	检查 110kV 电压并列装置"PT I 合"指示灯亮	
8	断开 110kV I 段母线电压互感器 11-7 隔离开关控制电源空气开关	
9	检查 110kV 母联 101 断路器确在分闸位置	将 101 断路器由冷备用转热备用
10	合上 110kV 母联 101-2 隔离开关控制电源空气开关	
11	合上 110kV 母联 101-2 隔离开关	
12	检查 110kV 母联 101-2 隔离开关三相确已合上	
13	检查 110kV 母差保护"母联 101-2 隔离开关"位置指示灯亮	
14	断开 110kV 母联 101-2 隔离开关控制电源空气开关	
15	合上 110kV 母联 101-1 隔离开关控制电源空气开关	
16	合上 110kV 母联 101-1 隔离开关	
17	检查 110kV 母联 101-1 隔离开关三相确已合上	
18	检查 110kV 母差保护"母联 101-1 隔离开关"位置指示灯亮	
19	断开 110kV 母联 101-1 隔离开关控制电源空气开关	
20	将 110kV 母差保护中的"充电保护"切换开关由"退"切至"投充电 1"位置	投入母差保护中的充电保护
21	投入 110kV 母差保护中的"充电保护跳母联 101 断路器"压板	
22	检查 110kV 母差保护"跳母联 101 断路器"压板已投入	
23	将 110kV 母联 101 断路器同期切换开关由"断开"切至"不同期"位置	用 101 断路器对 I 段母线充电
24	检查 110kV 母联 101 断路器"远方—就地"切换开关在"就地"位置	
25	合上 110kV 母联 101 断路器	

续表

顺序	操 作 项 目	操 作 目 的
26	检查 110kV 母联 101 断路器三相确已合上	用 101 断路器对 I 段母线充电
27	将 110kV 母联 101 断路器同期切换开关由"不同期"切至"断开"位置	
28	检查 110kV I 段母线充电正常	
29	合上 110kV I 段母线电压互感器二次保护交流电压开关	投入 I 段母线电压互感器二次
30	合上 110kV I 段母线电压互感器二次计量交流电压开关	
31	检查 110kV I 段母线电压显示正常	
32	停用 110kV 母差保护中的"充电保护跳母联 101 断路器"压板	停用母差保护中的充电保护
33	将 110kV 母差保护中的"充电保护"切换开关由"投充电 1"切至"退"位置	
34	合上 110kV 母差保护 I 段母线交流电压开关	合上母差保护 I 段母线电压
35	将 110kV 母差保护"I 段母线电压互感器"切换开关由"退"切至"投"位置	
36	将 110kV 母差保护"互联"切换开关由"退"切至"投"位置	母差保护改为互联方式
37	检查 110kV 母差保护"互联状态"指示灯亮	
38	断开 110kV 母联 101 断路器控制电源空气开关	101 断路器改非自动
39	将 110kV 电压并列切换开关切至"并列"位置	压变二次回路并列
40	合上 220kV 1 号变压器 111-1 隔离开关控制电源空气开关	合上 111-1 隔离开关，检查相关保护屏上指示灯
41	合上 220kV 1 号变压器 111-1 隔离开关	
42	检查 220kV 1 号变压器 111-1 隔离开关三相确已合上	
43	检查 220kV 1 号变压器 111 断路器操作箱"I 母运行"指示灯亮	
44	检查 110kV 母差保护"1 号变压器 111-1 隔离开关"位置指示灯亮	
45	断开 220kV 1 号变压器 111-1 隔离开关控制电源空气开关	
46	合上 110kV 仿甲 I 线 141-1 隔离开关控制电源空气开关	合上 141-1 隔离开关，检查相关保护屏上指示灯
47	合上 110kV 仿甲 I 线 141-1 隔离开关	
48	检查 110kV 仿甲 I 线 141-1 隔离开关三相确已合上	
49	检查 110kV 仿甲 I 线 141 断路器微机线路保护"I 母"指示灯亮	
50	检查 110kV 母差保护"仿甲 I 线 141-1 隔离开关"位置指示灯亮	
51	断开 110kV 仿甲 I 线 141-1 隔离开关控制电源空气开关	

顺序	操作项目	操作目的
52	合上 110kV 仿乙线 143-1 隔离开关控制电源空气开关	合上 143-1 隔离开关，检查相关保护屏上指示灯
53	合上 110kV 仿乙线 143-1 隔离开关	
54	检查 110kV 仿乙线 143-1 隔离开关三相确已合上	
55	检查 110kV 仿乙 143 断路器微机线路保护"Ⅰ母"指示灯亮	
56	检查 110kV 母差保护"仿乙线 143-1 隔离开关"位置指示灯亮	
57	断开 110kV 仿乙线 143-1 隔离开关控制电源空气开关	
58	合上 110kV 仿丙Ⅰ线 145-1 隔离开关控制电源空气开关	合上 145-1 隔离开关，检查相关保护屏上指示灯
59	合上 110kV 仿丙Ⅰ线 145-1 隔离开关	
60	检查 110kV 仿丙Ⅰ线 145-1 隔离开关三相确已合上	
61	检查 110kV 仿丙Ⅰ线 145 开关微机线路保护"Ⅰ母"指示灯亮	
62	检查 110kV 母差保护"仿丙Ⅰ线 145-1 隔离开关"位置指示灯亮	
63	断开 110kV 仿丙Ⅰ线 145-1 隔离开关控制电源空气开关	
64	合上 110kV 仿丙Ⅰ线 145-2 隔离开关控制电源空气开关	拉开 145-2 隔离开关，检查相关保护屏上指示灯
65	拉开 110kV 仿丙Ⅰ线 145-2 隔离开关	
66	检查 110kV 仿丙Ⅰ线 145-2 隔离开关三相确已拉开	
67	检查 110kV 仿丙Ⅰ线 145 开关微机线路保护"Ⅱ母"指示灯灭	
68	检查 110kV 母差保护"仿丙Ⅰ线 145-2 隔离开关"位置指示灯灭	
69	断开 110kV 仿丙Ⅰ线 145-2 隔离开关控制电源空气开关	
70	合上 110kV 仿乙线 143-2 隔离开关控制电源空气开关	拉开 143-2 隔离开关，检查相关保护屏上指示灯
71	拉开 110kV 仿乙线 143-2 隔离开关	
72	检查 110kV 仿乙线 143-2 隔离开关三相确已拉开	
73	检查 110kV 仿乙 143 断路器微机线路保护"Ⅱ母"指示灯灭	
74	检查 110kV 母差保护"仿乙线 143-2 隔离开关"位置指示灯灭	
75	断开 110kV 仿乙线 143-2 隔离开关控制电源空气开关	
76	合上 110kV 仿甲Ⅰ线 141-2 隔离开关控制电源空气开关	拉开 141-2 隔离开关，检查相关保护屏上指示灯
77	拉开 110kV 仿甲Ⅰ线 141-2 隔离开关	
78	检查 110kV 仿甲Ⅰ线 141-2 隔离开关三相确已拉开	

顺序	操 作 项 目	操 作 目 的
79	检查 110kV 仿甲Ⅰ线 141 开关微机线路保护"Ⅱ母"指示灯灭	拉开 141-2 隔离开关，检查相关保护屏上指示灯
80	检查 110kV 母差保护"仿甲Ⅰ线 141-2 隔离开关"位置指示灯灭	
81	断开 110kV 仿甲Ⅰ线 141-2 隔离开关控制电源空气开关	
82	合上 220kV 1 号变压器 111-2 隔离开关控制电源空气开关	拉开 111-2 隔离开关，检查相关保护屏上指示灯
83	拉开 220kV 1 号变压器 111-2 隔离开关	
84	检查 220kV 1 号变压器 111-2 隔离开关三相确已拉开	
85	检查 220kV 1 号变压器 111 断路器操作箱"Ⅱ母运行"指示灯灭	
86	检查 110kV 母差保护"1 号变压器 111-2 隔离开关"位置指示灯灭	
87	断开 220kV 1 号变压器 111-2 隔离开关控制电源空气开关	
88	检查 220kV 1 号变压器 111-4 隔离开关三相确已合上	检查 1 号变压器 110kV 侧相关隔离开关已合上
89	检查 220kV 1 号变压器 110kV 侧中性点 111-9 接地刀闸确已合上	
90	将 110kV 电压并列切换开关切至"解列"位置	压变二次回路解列
91	合上 110kV 母联 101 断路器控制电源空气开关	101 断路器改自动
92	将 110kV 母差保护"互联"切换开关由"投"切至"退"位置	母差保护改为正常方式
93	检查 110kV 母差保护"互联状态"指示灯灭	
94	检查 220kV 1 号变压器、220kV 2 号变压器有载调压台步差不大于 4	111 断路器合环前检查变压器电压比差以及负荷分配
95	检查 220kV 2 号变压器 112 断路器"负荷电流"显示为×××A	
96	将 220kV 1 号变压器 111 断路器"远方—就地"切换开关由"远方"切至"就地"位置	用 111 断路器合环，检查负荷分配
97	合上 220kV 1 号变压器 111 断路器	
98	检查 220kV 1 号变压器 111 断路器三相确已合上	
99	检查 220kV 1 号变压器 111 断路器负荷分配正常，电流显示为×××A	
100	检查 220kV 2 号变压器 112 断路器负荷分配正常，电流显示为×××A	
101	将 220kV 1 号变压器 111 断路器"远方—就地"切换开关由"就地"切至"远方"位置	
102	拉开 110kV 母联 101 断路器	用 101 断路器解环，检查负荷分配
103	检查 110kV 母联 101 断路器三相确已拉开	
104	检查 220kV 1 号变压器 111 断路器"负荷电流"显示为×××A	
105	将 110kV 母联 101 断路器"远方—就地"切换开关由"就地"切至"远方"位置	

续表

顺序	操　作　项　目	操　作　目　的
106	投入 220kV 1 号变压器微机保护 A 屏"中压侧复压元件"压板	投入 1 号变压器微机保护"中压侧复压元件"
107	投入 220kV 1 号变压器微机保护 B 屏"中压侧复压元件"压板	
108	汇报调度	

注　110kV Ⅰ 段母线由运行转检修的操作顺序反之。110kV Ⅱ 段母线停送电操作，其操作顺序基本相同。

3. 操作任务：10kV Ⅰ 段母线由运行转检修

一次接线和运行方式如图 Z09F4001 Ⅰ-3 所示，1 号、2 号变压器中、低压侧不考虑合环运行。

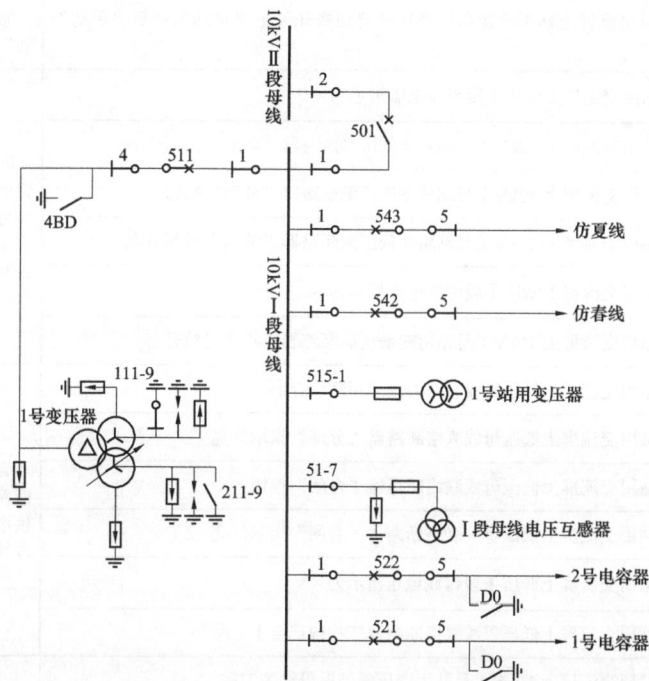

图 Z09F4001 Ⅰ-3　10kV Ⅰ 段母线一次接线示意图（正常方式）

10kV 电压并列装置配置：YQX–12PS。

10kV 线路断路器保护配置：RCS–9612A Ⅱ 三段式过流保护及三相一次重合闸等。

10kV 电容器保护配置：RCS–9633C 二段式定时限过流保护、过电压保护、低电压保护、不平衡电压保护和不平衡电流保护等。

站用电系统装有站用电源自动切换装置，正常运行时，低压 Ⅰ、Ⅱ 段母线分列运行。

220kV 1 号变压器保护配置：PST–1202A 差动及后备保护、PST–1206A 失灵保护、PST–1212 操作箱（高压侧）；PST–1202B 差动及后备保护、PST–1210C 本体保护、PST–1211 中压操作箱、PST–1210 低压操作箱。

220kV 2 号变压器保护配置：RCS–978 差动及后备保护、RCS–974A 非电量及失灵辅助保护、LFP–974B 电压切换及操作回路（中、低压侧）；RCS–978 差动及后备保护、LFP–974E 操作继电器箱（高压侧）。

操作步骤见表 Z09F4001Ⅰ–3。

表 Z09F4001Ⅰ–3　　　　　　　操 作 步 骤

顺序	操 作 项 目	操 作 目 的
1	将站用交流屏上站用电源自动切换装置切换开关由"自动"切至"手动"位置	站用电切换至"手动"
2	检查站用交流屏上低压Ⅰ段母线电压指示为×V	断开 1 号站用变压器低压侧断路器，Ⅰ段母线停电，间接检查 1 号站用变压器低压断路器位置
3	检查站用交流屏上 10kV 1 号站用变低压侧断路器"合闸"指示灯亮	
4	按下站用交流屏上 10kV 1 号站用变低压侧断路器"分闸"按钮	
5	检查站用交流屏上 10kV 1 号站用变低压侧断路器"分闸"指示灯亮	
6	检查站用交流屏上低压Ⅰ段母线电压指示为零	
7	检查站用交流屏上 10kV 1 号站用变低压侧断路器三相确已拉开	
8	检查站用交流屏上低压母线联络刀闸三相确已合上	合上低压母线联络断路器，向Ⅰ段母线供电，间接检查低压母线联络断路器位置
9	检查站用交流屏上低压母线联络断路器"分闸"指示灯亮	
10	按下站用交流屏上低压母线联络断路器"合闸"按钮	
11	检查站用交流屏上低压母线联络断路器"合闸"指示灯亮	
12	检查站用交流屏上低压Ⅰ段母线电压指示为×V	
13	检查站用交流屏上低压母线联络断路器三相确已合上	
14	拉开站用交流屏上 10kV 1 号站用变压器低压母线侧刀闸	拉开 1 号站用变压器低压母线侧刀闸
15	检查站用交流屏上 10kV 1 号站用变压器低压母线侧刀闸三相确已拉开	
16	将 10kV 1 号电容器 521 断路器"远方—就地"切换开关由"远方"切至"就地"位置	将 521 断路器由运行转冷备用
17	拉开 10kV 1 号电容器 521 断路器	
18	检查 10kV 1 号电容器 521 断路器三相确已拉开	
19	拉开 10kV 1 号电容器 521–5 隔离开关	

续表

顺序	操　作　项　目	操　作　目　的
20	检查 10kV 1 号电容器 521-5 隔离开关三相确已拉开	将 521 断路器由运行转冷备用
21	拉开 10kV 1 号电容器 521-1 隔离开关	
22	检查 10kV 1 号电容器 521-1 隔离开关三相确已拉开	
23	将 10kV 2 号电容器 522 断路器 "远方—就地" 切换开关由 "远方" 切至 "就地" 位置	将 522 断路器由运行转冷备用
24	拉开 10kV 2 号电容器 522 断路器	
25	检查 10kV 2 号电容器 522 断路器三相确已拉开	
26	拉开 10kV 2 号电容器 522-5 隔离开关	
27	检查 10kV 2 号电容器 522-5 隔离开关三相确已拉开	
28	拉开 10kV 2 号电容器 522-1 隔离开关	
29	检查 10kV 2 号电容器 522-1 隔离开关三相确已拉开	
30	将 10kV 仿春线 542 断路器 "远方—就地" 切换开关由 "远方" 切至 "就地" 位置	将 542 断路器由运行转冷备用
31	拉开 10kV 仿春线 542 断路器	
32	检查 10kV 仿春线 542 断路器三相确已拉开	
33	拉开 10kV 仿春线 542-5 隔离开关	
34	检查 10kV 仿春线 542-5 隔离开关三相确已拉开	
35	拉开 10kV 仿春线 542-1 隔离开关	
36	检查 10kV 仿春线 542-1 隔离开关三相确已拉开	
37	将 10kV 仿夏线 543 断路器 "远方—就地" 切换开关由 "远方" 切至 "就地" 位置	将 543 断路器由运行转冷备用
38	拉开 10kV 仿夏线 543 断路器	
39	检查 10kV 仿夏线 543 断路器三相确已拉开	
40	拉开 10kV 仿夏线 543-5 隔离开关	
41	检查 10kV 仿夏线 543-5 隔离开关三相确已拉开	
42	拉开 10kV 仿夏线 543-1 隔离开关	
43	检查 10kV 仿夏线 543-1 隔离开关三相确已拉开	
44	将 10kV 分段 501 断路器 "远方—就地" 切换开关由 "远方" 切至 "就地" 位置	将 501 断路器由热备用转冷备用
45	检查 10kV 分段 501 断路器三相确已拉开	

续表

顺序	操　作　项　目	操　作　目　的
46	拉开 10kV 分段 501-1 隔离开关	将 501 断路器由热备用转冷备用
47	检查 10kV 分段 501-1 隔离开关三相确已拉开	
48	拉开 10kV 分段 501-2 隔离开关	
49	检查 10kV 分段 501-2 隔离开关三相确已拉开	
50	停用 220kV 1 号变压器微机保护 A 屏"低压侧复压元件"压板	停用 1 号变压器微机保护"低压侧复压元件"
51	停用 220kV 1 号变压器微机保护 B 屏"低压侧复压元件"压板	
52	将 220kV 1 号变压器 511 断路器"远方—就地"切换开关由"远方"切至"就地"位置	将 Ⅰ 段母线由运行（空载）转热备用
53	拉开 220kV 1 号变压器 511 断路器	
54	检查 220kV 1 号变压器 511 三相确已拉开	
55	检查 10kV Ⅰ 段母线电压显示为零	
56	拉开 220kV 1 号变压器 511-1 隔离开关	将 511 断路器由热备用转冷备用
57	检查 220kV 1 号变压器 511-1 隔离开关三相确已拉开	
58	拉开 220kV 1 号变压器 511-4 隔离开关	
59	检查 220kV 1 号变压器 511-4 隔离开关三相确已拉开	
60	拉开 10kV 1 号站用变压器 515-1 隔离开关	将 1 号站用变压器由运行（空载）转冷备用
61	检查 10kV 1 号站用变压器 515-1 隔离开关三相确已拉开	
62	取下 10kV 1 号站用变压器高压熔断器	
63	断开 10kV Ⅰ 段母线电压互感器二次保护交流电压开关	将 Ⅰ 段母线电压互感器由运行转冷备用，检查相关信号
64	断开 10kV Ⅰ 段母线电压互感器二次计量交流电压开关	
65	拉开 10kV Ⅰ 段母线电压互感器 51-7 隔离开关	
66	检查 10kV Ⅰ 段母线电压互感器 51-7 隔离开关三相确已拉开	
67	检查 10kV 电压并列装置"PT Ⅰ 合"指示灯灭	
68	取下 10kV Ⅰ 段母线电压互感器高压熔断器	
69	在 10kV Ⅰ 段母线与 10kV Ⅰ 段母线电压互感器 51-7 隔离开关之间验明三相确无电压	在 Ⅰ 段母线上装设接地线
70	在 10kV Ⅰ 段母线与 10kV Ⅰ 段母线电压互感器 51-7 隔离开关之间挂 1 号接地线一组	
71	汇报调度	

注　10kV Ⅰ 段母线由检修转运行的操作顺序反之。10kV Ⅱ 段母线停送电操作，其操作顺序基本相同。

【思考与练习】

1. 用变压器向母线充电时，在操作方面有哪些要求？

2. 对运行中的双母线，当将一组母线上的部分或全部断路器倒至另一组母线时，在倒闸操作方面有哪些规定？

3. 在倒母线操作后，拉开母联断路器之前，应注意哪些事项？

4. 如何防止220kV母线倒闸操作过程中的谐振过电压？

▲ 模块2　母线停送电操作危险点源分析（Z09F4001 Ⅱ）

【模块描述】本模块包含母线停送电操作的危险点分析；通过案例介绍，达到能正确分析母线停送电操作危险点源，能制定预控措施的目的。

【模块内容】

（1）220kV Ⅰ段母线由运行转检修，负荷倒由Ⅱ段母线带，危险点分析及预控措施见表Z09F4001 Ⅱ-1。

表 Z09F4001 Ⅱ-1　　　　　　危险点分析及预控措施

序号	操作目的	危 险 点	预 控 措 施
1	检查220kV母联201断路器，确认断路器在合闸位置	断路器状态与方式不符	认真核对设备编号，严格执行监护唱票复诵制度。检查断路器时不能只看表计，应现场检查断路器位置指示器及拐臂位置，确认断路器确在合闸位置，且其两侧母线侧隔离开关确在合闸位置，以防止倒母线时用隔离开关合、解环，而造成事故
2	220kV母差保护方式切换	误投或漏投压板	操作前认清保护屏及压板名称，防止将不该投入的压板投入；现场经确认后，投入母差保护"投单母方式"压板强制互联，以防止倒母线过程中隔离开关辅助触点接触不良或未接触，且母差保护识别错误的情况下而使母差保护误动
3	将220kV Ⅰ段母线上所有断路器倒至Ⅱ段母线运行	（1）母联断路器未改为非自动	倒母线过程中，若母联断路器偷跳，可能造成用隔离开关解、合环操作而导致事故；另外若母差保护未强制互联，一条母线故障跳闸，可能造成隔离开关合故障母线，因此倒母线前应先断开母联断路器控制电源或取下熔断器，取熔断器时，应先取下正极，后取下负极
		（2）带负荷拉隔离开关	操作方法错误，倒母线隔离开关操作应采用先全合（或合一）、再全拉（或拉一）的操作方法
		（3）电动隔离开关操作后未断开控制电源	若隔离开关电动机等回路异常或人为误碰，可能造成隔离开关带负荷分、合闸或解、合环而导致事故，因此电动隔离开关操作后，应及时断开隔离开关控制电源
		（4）电动隔离开关合、分闸失灵	应查明原因，检查是否由于机构异常引起失灵，只有在确保操作正确（该隔离开关相关联的设备状态正确）的前提下，才能手动操作合、分闸，操作前应断开电动隔离开关控制电源

续表

序号	操作目的	危险点	预控措施
3	将 220kVⅠ段母线上所有断路器倒至Ⅱ段母线运行	（5）解锁操作隔离开关	隔离开关闭锁打不开时，应严格履行解锁申请和批准手续，解锁操作前，应认真核对设备编号和闭锁钥匙以及设备的实际状态，方可进行实际操作
		（6）手动合闸操作方法不正确	不论用手动还是绝缘拉杆操作隔离开关合闸时，都应迅速而果断。先拔出连锁销子再进行合闸，开始可缓慢一些，当刀片接近刀嘴时要迅速合上，以防止发生弧光。但在合闸终了时要注意用力不可过猛，以免发生冲击而损坏瓷件，最后应检查连锁销子是否销好
		（7）隔离开关合闸不到位	隔离开关合上后要注意认真检查，确认隔离开关三相确已全部合好；对于母线侧隔离开关合好后，应检查本保护二次电压切换正常，微机型母差保护隔离开关位置正确、切换正常
		（8）手动分闸操作方法不正确	无论用手动还是绝缘拉杆操作隔离开关分闸时，都应果断而迅速。先拔出连锁销子再进行分闸，当刀片刚离开固定触头时应迅速，以便迅速熄弧；但在分闸终了时要缓慢些，防止操动机构和支柱绝缘子损坏，最后应检查连锁销子是否销好
		（9）隔离开关分闸不到位	隔离开关拉开后要注意认真检查，确认隔离开关端口张开角或隔离开关断开的距离应符合要求
4	将 220kVⅠ段母线由运行转冷备用	（1）甩负荷	回路漏倒，造成线路（或变压器）失压，对外停电。拉母联断路器之前，应仔细检查母线上所有出线隔离开关三相确已全部拉开，且检查母联断路器"负荷电流"显示为零，方可将母联断路器拉开
		（2）母差保护失去电压闭锁	在母联断路器断开前，应及时将母差保护电压切换开关切至"Ⅱ母"运行，以防母联断路器拉开后一条母线差动保护失去电压闭锁。（部分单位无此要求）
		（3）误分断路器	认真核对设备编号，严格执行监护唱票复诵制度
		（4）断路器未拉开	仔细检查Ⅰ段母线上电压已显示为零，同时到现场检查断路器的机械位置指示器和拐臂位置，来确认断路器已拉开，尽量避免用隔离开关拉电压互感器或空母线
		（5）谐振过电压	对于电磁式母线电压互感器，为防止谐振过电压，待停母线转为空母线后，应先拉电压互感器隔离开关，后拉母联断路器
		（6）漏断母线电压互感器二次小开关（或漏取熔断器）	应将电压互感器端子箱内二次小开关全部断开、熔断器全部取下，以防止反充电，危及人身安全
		（7）母联隔离开关操作顺序错误	母联断路器停电时，为防止母联断路器未拉开而扩大事故范围，操作时应先拉无电母线侧隔离开关，后拉有电母线侧隔离开关

续表

序号	操作目的	危 险 点	预 控 措 施
5	将 220kVⅠ段母线由冷备用转检修	（1）不试验电器，使用不合格的验电器	验电器应进行检查试验合格，验电时必须戴绝缘手套
		（2）验电时站位不合适	验电时应根据现场情况站在便于操作和安全的地方，不能使验电器或绝缘杆的绝缘部分过分靠近设备构架，以免造成绝缘部分被短接
		（3）误合电压互感器接地刀闸	认真核对设备编号，严格执行监护唱票复诵制度

（2）110kVⅠ段母线由检修转运行，恢复正常运行方式，危险点分析及预控措施见表 Z09F4001Ⅱ-2。

表 Z09F4001Ⅱ-2　　　　　　　危险点分析及预控措施

序号	操作目的	危 险 点	预 控 措 施
1	将 110kVⅠ段母线由检修转冷备用	漏拉接地刀闸	容易造成带接地刀闸合隔离开关而损坏设备，恢复备用前，应详细检查送电回路接地刀闸已全部拉开
2	将 110kVⅠ段母线由冷备用转热备用	（1）母联隔离开关操作顺序错误	为防止母联断路器未拉开而扩大事故范围，操作时应先合有电母线侧隔离开关，后合无电母线侧隔离开关
		（2）隔离开关合闸不到位	隔离开关合上后要注意认真检查，确认隔离开关三相已全部合好，以防母联断路器带电后，过热而被迫停运
		（3）谐振过电压	对于电磁式母线电压互感器，母线和电压互感器同时恢复运行时，先对母线送电，后送电压互感器（电压互感器经详细检查确认无接地）
		（4）漏合母线电压互感器二次小开关（或漏放熔断器）	应将电压互感器端子箱内二次小开关全部合上、熔断器全部放上，以防止保护失压
3	将 110kVⅠ段母线由热备用转运行（充电）	（1）漏投压板	母联停电，保护可能工作，为防止漏投保护压板，应根据运行方式、继电保护及自动装置定值通知单，核对本断路器有关保护投入正确，装置运行正常
		（2）无保护充电	母线故障时会越级跳闸，而扩大停电范围，因此用母联断路器冲击母线时，需调整部分保护和临时投入充电保护，充电完毕后恢复原状，以防误动
		（3）忘停充电保护	充电保护容易误动，充电完成后应迅速停用
		（4）断路器未合上	检查断路器时不能只看表计，应现场检查断路器的机械位置指示器和拐臂位置，来确认断路器已合上，以防止倒母线时，用隔离开关冲击母线

续表

序号	操作目的	危 险 点	预 控 措 施
3	将 110kV I 段母线由热备用转运行（充电）	（5）母线异常运行	母线充电后，应到现场对母线外观进行检查，以防母线投运后，而被迫停运
		（6）母差保护失去电压闭锁	在母联断路器合上后，应及时将母差保护电压切换开关切至"投"位置，以防母联断路器合上后一条母线差保护失去电压闭锁
4	将 110kV 母线恢复双母线正常运行方式（恢复到调度下达的正常运行方式下的联接方式）	（1）母联断路器未改为非自动	倒母线过程中，若母联断路器偷跳，可能造成用隔离开关解、合环操作而导致事故；另外若母差保护未强制互联，一条母线故障跳闸，可能造成用隔离开关合故障母线，因此倒母线前应将母联断路器改为非自动
		（2）带负荷拉隔离开关	操作方法错误，倒母线隔离开关操作应采用先全合（或合一）、再全拉（或拉一）的操作方法
		（3）电动隔离开关操作后未断开控制电源	若隔离开关电动机等回路异常或人为误碰，可能造成隔离开关带负荷分、合闸或解、合环而导致事故，因此电动隔离开关操作后，应及时断开隔离开关控制电源
		（4）电动隔离开关合、分闸失灵	应查明原因，检查是否由于机构异常引起失灵，只有在确保操作正确（该隔离开关相关联的设备状态正确）的前提下，才能手动操作合、分闸，操作前应断开电动隔离开关控制电源
		（5）解锁操作隔离开关	隔离开关闭锁打不开时，应严格履行解锁申请和批准手续，解锁操作前，应认真核对设备编号和闭锁钥匙以及设备的实际状态，方可进行实际操作
		（6）手动合闸操作方法不正确	不论手动还是绝缘拉杆操作隔离开关合闸时，都应迅速而果断。先拔出连锁销子再进行合闸，开始可缓慢一些，当刀片接近刀嘴时要迅速合上，以防止发生弧光。但在合闸终了时要注意用力不可过猛，以免发生冲击而损坏瓷件，最后应检查连锁销子是否销好
		（7）隔离开关合闸不到位	隔离开关合上后要注意认真检查，确认隔离开关三相均已全部合好；对于母线侧隔离开关合好后，应检查本保护二次电压切换正常，微机型母差保护隔离开关位置正确、切换正常
		（8）手动分闸操作方法不正确	无论用手动还是绝缘拉杆操作隔离开关分闸时，都应果断而迅速。先拔出连锁销子再进行分闸，当刀片刚离开固定触头时应迅速，以便迅速消弧；但在分闸终了时要缓慢些，防止操动机构和支柱绝缘子损坏，最后应检查连锁销子是否销好
		（9）隔离开关分闸不到位	隔离开关拉开后要注意认真检查，确认隔离开关端口张开角或隔离开关断开的距离应符合要求
		（10）漏将母联断路器改为自动	倒母线结束后，应及时合上母联断路器控制电源，以防一条母线故障，而扩大停电范围
		（11）误切或漏切母差保护切换开关	操作前认清保护屏及切换开关名称，防止将不该切换的切换开关切换；现场经确认后，将母差保护"互联"切换开关切至"退"，以防止母差保护失去选择性

续表

序号	操作目的	危 险 点	预 控 措 施
5	用 1 号主变压器 111 断路器合环，母联 101 断路器解环	（1）电压差过大	电压差过大，将造成主变压器合环时环流增大。在合环前，应及时调整两台主变压器的分接头，使其有载调压台步差不大于 4，若为无载调压变压器应检查台步差不大于 2
		（2）甩负荷	变压器中压侧断路器合环前后，应仔细检查负荷分配情况，并现场检查断路器实际位置与断路器机械位置指示一致，以防止断路器触头没有合上，而造成下一步拉母联断路器时甩负荷
		（3）误合误分断路器	认真核对设备编号，严格执行监护唱票复诵制度
		（4）断路器未拉开	检查断路器时不能只看表计，应现场检查断路器的机械位置指示器和拐臂位置，来确认断路器已拉开，以防止电磁环网运行
		（5）误投或漏投中压侧复压元件压板	操作前认清保护屏及压板名称，防止将不该投入的压板投入；现场经确认后，投入 220kV 1 号主变压器微机保护"中压侧复压元件"压板，以防止保护灵敏度降低

（3）10kV Ⅰ段母线由运行转检修，危险点分析及预控措施见表 Z09F4001 Ⅱ-3。

表 Z09F4001 Ⅱ-3 　　　　　危险点分析及预控措施

序号	操作目的	危 险 点	预 控 措 施
1	10kV 站用电方式切换	方式漏切换	为确保站用电系统手动切换正常，操作前应将方式切换开关切至"手动"位置。若不切换操作站用变压器低压断路器将拒分，即使操作时强行断开，但由于站用变压器低压侧存在电压，自投装置也会拒动，造成分段断路器拒合
2	10kV 站用电停电倒负荷	（1）倒负荷方法错误	正常运行时，站用电系统Ⅰ、Ⅱ段母线分列运行，且 10kV 分段断路器在分闸位置。若在站用变压器高压侧未并联的情况下采用不停电倒负荷，将会在站用变压器回路中产生很大的环流，轻者站用变压器低压断路器跳闸，重者将会使站用电系统设备损坏；即使将站用电系统并列前，将站用变压器高压侧并联，但如果电压差过大，也不能并列运行。因此，在正常方式下的站用电系统倒负荷，应采用停电倒负荷，即应先断开待停站用变压器低压断路器，再合上分段断路器
		（2）误合误分断路器	认真核对设备编号，严格执行监护唱票复诵制度，防止误合误分断路器
		（3）分段隔离开关合不到位	易造成隔离开关发热，而被迫停运，导致站用电系统一条母线失电
		（4）断路器未拉开	断路器分闸操作前后，均要检查表计以及断路器的位置指示器同时发生对应变化，来确认断路器已拉开，以防断路器未拉开，导致站用电系统Ⅰ、Ⅱ段母线并列运行，而损坏设备
		（5）断路器未合上	断路器合闸操作前后，均要检查表计以及断路器的位置指示器同时发生对应变化，来确认断路器已合上，以防断路器未合上，导致站用电系统一条母线失电

序号	操作目的	危 险 点	预 控 措 施
3	将 10kV Ⅰ 段母线由运行转冷备用	(1) 误拉断路器	认真核对设备编号，严格执行监护唱票复诵制度
		(2) 断路器未拉开	检查断路器时不能只看表计，应现场检查断路器的机械位置指示器和拐臂位置，来确认断路器已拉开，以防止带负荷拉隔离开关
		(3) 断路器机构销子脱落	应现场检查断路器的机械位置指示器和拐臂位置，来确认断路器已拉开，防止断路器实际位置与机械位置指示器不符，造成断路器触头没有断开，而使下一步操作带负荷拉隔离开关
		(4) 带负荷拉隔离开关	在操作隔离开关前，首先应检查断路器三相确已拉开，其次应判断开该隔离开关时是否会产生弧光，在确保不发生差错的前提下，对于会产生弧光的操作，则操作时应迅速而果断，尽快使电弧熄灭，以免触头烧坏
		(5) 错拉隔离开关	手动拉隔离开关时，应先慢而谨慎，如触头刚分离时发生弧光，则应迅速合上，这时应立即检查，是否由于误操作而引起弧光；若隔离开关已拉开严禁再次合上
		(6) 手动分闸操作方法不正确	无论用手动还是绝缘拉杆操作隔离开关分闸时，都应果断而迅速。先拔出连锁销子再进行分闸，当刀片刚离开固定触头时应迅速，以便迅速消弧；但在分闸终了时要缓慢些，防止操动机构和支柱绝缘子损坏，最后应检查连锁销子是否销好
		(7) 解锁操作隔离开关	隔离开关闭锁打不开时，应严格履行解锁申请和批准手续，解锁操作前，应认真核对设备编号和闭锁钥匙以及设备的实际状态，方可进行实际操作
		(8) 隔离开关分闸不到位	隔离开关拉开后要注意认真检查，确认隔离开关端口张开角或隔离开关断开的距离应符合要求
4	将 10kV Ⅰ 段母线由冷备用转检修	(1) 不试验验电器，使用不合格的验电器	验电器应进行检查试验合格，验电时必须戴绝缘手套
		(2) 验电时站位不合适	验电时应根据现场情况站在便于操作和安全的地方，不能使验电器或绝缘杆的绝缘部分过分靠近设备构架，以免造成绝缘部分被短接
		(3) 验电方法错误	验电时要使验电器的触头接触导体，三相逐相进行验电；在验电前应在带电的设备上进行试验，在带电设备上进行试验时应在线路侧进行，不能在靠近母线侧进行试验
		(4) 使用不合格的接地线	使用接地线前应认真检查接地线各部分有无断股，螺丝连接处有无松动，截面是否符合要求
		(5) 装设接地线时站位不合适	装接地线时应根据现场情况站在便于操作和安全的地方，防止在装设接地线过程中操作杆摆动造成对带电设备距离不够发生事故

续表

序号	操作目的	危 险 点	预 控 措 施
4	将 10kV Ⅰ段母线由冷备用转检修	（6）接地线装设错误	在装设接地线时要戴绝缘手套，手不能接触接地线，以防止带电挂接地线时造成对人更大的伤害。装设接地线要先装接地端再装导体端

【思考与练习】

1. 倒母线时母联断路器未改为非自动，会产生什么后果？
2. 母线送电时，漏投或忘停充电保护，会产生什么后果？

第十一章

补偿装置停送电

▲ 模块1　电容器、电抗器一般停送电（Z09F5001 I ）

【模块描述】本模块包含电容器、电抗器的一般停送电的操作原则和注意事项，电容器和电抗器一般停送电操作中的异常，调度规程中对电容器和电抗器操作的相关规定。通过案例的介绍，达到掌握电容器、电抗器停送电规定和操作方法，能发现操作中异常的目的。

【模块内容】

变电站补偿装置包括低压电容器、低压电抗器和高压电抗器。电网通过补偿装置的投、退来进行电网电压的调整（控制）和改善电网的无功功率。

补偿装置的一般停送电操作是指低压电容器、低压电抗器及高压电抗器正常情况下的停送电操作。

一、低压电容器、电抗器的操作原则

（1）停电时，先断开断路器，后拉开元件侧隔离开关，再拉开母线侧隔离开关。

（2）送电时，先合上母线侧隔离开关，后合上元件侧隔离开关，最后合上断路器。

（3）严禁空母线带电容器运行。

二、电容器、电抗器操作中的注意事项

（1）电容器送电操作过程中，如果断路器没合好，应立即断开断路器，间隔5min后，再将电容器投入运行，以防止出现操作过电压。

（2）电容器的投退操作，必须根据调度指令，并结合电网的电压及无功功率情况进行操作。

（3）有电容器组运行的母线停电操作时，应先停运电容器组，再停运母线上的其他元件；母线投运时，先投运母线上的其他元件，最后投运电容器组。

（4）无失压保护的电容器组，母线失压后，应立即断开电容器组的断路器。

（5）电容器停用时应经放电线圈充分放电后才可合接地刀闸，其放电时间不得少于 5min。

（6）为防止电压无功控制系统失灵，将拉开的电容器断路器自行合上，在操作电容器闸刀、小车前建议将电容器断路器改为就地操作方式。

三、电网调度对低压电容、电抗器操作的规定

（1）各变电站内的低压电容器、电抗器的操作由其调管的电网调度进行下令或许可进行操作。

（2）电网调度利用投切电容器、电抗器来进行系统电压调整时，由电网调度下达综合指令进行操作。变电运维人员可根据本站电压曲线向电网调度提出电容器、电抗器的操作申请，经许可后进行操作，操作结束后应向电网调度汇报。

（3）投、切低压电容器、电抗器必须用断路器进行操作。

（4）低压电容器、电抗器的操作只涉及本变电站，所以，调度对低压补偿装置的操作指令以综合命令下达。

（5）优先采用 VQC（电压无功控制装置）或 AVC（自动电压控制系统）自动投切无功补偿设备。

四、补偿装置操作的异常

（1）电容器组送电中出现过电压。

（2）停电操作时电容组母线隔离开关（或断路器）不能操作。

（3）电抗器停电操作线路接地刀闸不能接地。

五、案例

某 110kV 变电站，10kV 侧单母线分段接线，中置式小车断路器柜，如图 Z09F5001 Ⅰ-1 所示，1 号、2 号电容器运行。监控机操作断路器。

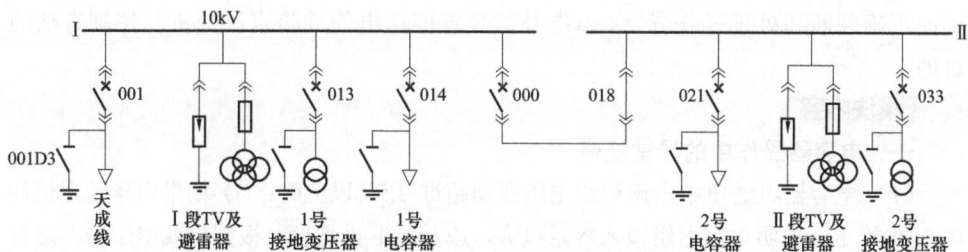

图 Z09F5001 Ⅰ-1　单母线分段接线

案例：10kV 1 号电容器 014 断路器由运行转断路器、电容器检修操作步骤及注意事项见表 Z09F5001 Ⅰ-1。

表 Z09F5001 Ⅰ-1　　　　　操作步骤及注意事项

操 作 目 的	操 作 步 骤	操作注意事项
运行转热备用	（1）拉开 1 号电容器 014 断路器。 （2）检查 1 号电容器表计读数正确。 （3）检查 1 号电容器 014 断路器确已拉开。	正确选择断路器分闸
热备用转冷备用	（4）将 1 号电容器 014 断路器远近控切换开关切至就地位置 （5）将 1 号电容器 014 小车断路器拉至试验位置。 （6）检查 1 号电容器 014 小车断路器确已拉至试验位置	正确判断小车断路器的位置
冷备用转检修	（7）取下 1 号电容器 014 小车断路器二次插头。 （8）将 1 号电容器 014 小车断路器拉至检修位置。 （9）检查 1 号电容器 014 间隔线路侧带电显示灯灭（或在 1 号电容器侧验明确无电压）。 （10）合上 1 号电容器 014D3 接地刀闸。 （11）检查 1 号电容器 014D3 接地刀闸确已合好。 （12）取下（或拉开）1 号电容器 014 断路器的操作和信号熔断器（空气开关）	1 号电容器 014 间隔线路侧正确验电

【思考与练习】

1. 补偿装置投退的原则有哪些？

2. 电容器操作中的注意事项有哪些？

3. 电网调度对低压电容、电抗器操作的规定有哪些？

▲ 模块 2　电容器、电抗器操作异常分析处理及危险点源分析（Z09F5001Ⅱ）

【模块描述】本模块包含电容器、并联电抗器操作中的异常处理，操作中的危险点源分析与控制。通过操作异常及处理案例的介绍和操作中的危险点源分析，达到能正确判断和处理操作异常，掌握补偿装置停送电的危险点源分析与控制方法的目的。

【模块内容】

一、电容器操作中的异常处理

（1）电容器组送电中出现母线电压变动超过 2.5%以上时：① 如果电压稳定值超过 2.5%以上，说明电容器组投入容量过大，应及时汇报调度，根据母线电压情况进行调压处理，保证母线电压在正常范围内运行。② 电容器投运前未能进行充分放电，引起操作过电压的，检查母线电压稳定值是否超限，检查电容设备单元其他单元设备有无异常。

（2）停电操作时电容器组母线隔离开关（或断路器）不能操作时，电容器单元不能单独进行停电。根据运行及操作规定，在此情况下，同母线上的其他馈线单元也不能进行停电，否则，易形成空母线带电容器组运行的不利情况。为此，处理办法为：母线停电，隔离母线后，做母线及电容器组断路器和隔离开关的检修措施。

（3）操作中综合自动化系统闭锁操作异常，应采取应对措施，严禁解锁操作。检查线路电压互感器空气开关二次熔断器是否合上。

二、电容器操作中的危险点分析与控制措施

电容器操作中的危险点分析与控制措施见表 Z09F5001Ⅱ–1。

表 Z09F5001Ⅱ–1　　　电容器操作中的危险点分析与控制措施

序号	类型	危 险 点	预 控 措 施
1	误操作	误拉其他断路器	（1）正确核对操作断路器名称编号，核对命名应有一个明显的确认过程，唱票复诵
			（2）后台机（监控机）上拉断路器操作，由操作人、监护人分别输入密码无误后，才能进行操作
		走错间隔，误入带电间隔	（1）监护人、操作人应走到设备标识牌前进行核对；在每步操作结束后，应由监护人在原位向操作人提示下一步操作内容
			（2）中断操作重新开始操作前，应重新核对设备命名
			（3）执行一个操作任务中途严禁换人
		电容器断路器未拉开，造成带负荷拉隔离开关	（1）正、副值两人应同时到现场详细检查断路器实际位置
			（2）检查相应电流表、红绿灯及后台遥信变位指示
			（3）操作隔离开关必须戴绝缘手套，操作过程中应穿长袖棉工作服，并戴好有防护面罩的安全帽
			（4）拉隔离开关时，操作人的身体应该躲开隔离开关的操作把手的活动范围
		解锁操作，造成带负荷拉电容器隔离开关	（1）在操作过程中遇有锁打不开等问题时，严禁擅自解锁或更改操作票
			（2）若确实需要进行解锁操作的，必须经本单位有权许可解锁操作的领导或技术人员同意后方能进行
			（3）在使用解锁钥匙进行操作前，再次检查"四核对"内容，确认被操作设备、操作步骤正确无误后，方可解锁操作，并加强监护
		断开断路器后，5min内再次合上断路器	间隔 5min 后再进行送电操作
2	人身触电	电容器停用时，未对其逐个放电，造成人身触电	（1）进入电容器仓前，必须合上电容器接地刀闸（中性点同样需要接地）
			（2）对电容器进行逐个放电后，才能允许工作人员进入

续表

序号	类型	危 险 点	预 控 措 施
3	其他	就地操作电容器断路器	严格执行电容断路器在远方进行操作规定
		送电前后不检查电容器单元的设备	严格按运行规定进行操作前的检查，否则不能进行送电操作。完成操作项目后，认真检查无误后，再进行下一项的操作，检查工作两人进行，并共同确认检查结果

【思考与练习】

1. 电容器组送电中出现母线电压变动超过 2.5%以上时应怎样处理？

2. 低压补偿装置停电操作时主要的危险点有哪些？

第十二章

站用交、直流系统停送电

▲ 模块 1 站用交、直流系统停送电操作（Z09F6001 I）

【模块描述】本模块包含站用交、直流系统停送电的操作原则和注意事项，站用交、直流系统操作中异常情况的处理原则。通过案例介绍和操作技能训练，达到掌握站用交、直流系统停送电操作技能的目的。

【模块内容】

一、站用交流系统操作原则及注意事项

1. 站用交流系统操作一般原则

（1）站用电系统属变电站（或集控中心）管辖设备，但高压侧的运行方式由调度操作指令确定；涉及站用变压器转运行或备用，应经调度许可。

（2）站用电低压系统的操作由值班负责人发令。站用变压器送电时，应先送电源侧（高压侧），后送负荷侧（低压侧）；站用变压器停电时，应先停负荷侧，后停电源侧。站用变压器的高、低压熔断器（或断路器）配置应满足站用变压器或负载要求。

（3）两台站用变压器均运行时，由于低压侧存在电压差以及所接电源可能不同，为避免电磁环网，低压侧原则上不能并列运行，故只能采用停电倒负荷的方式：即停电时先拉开需停运的站用变压器低压断路器（或取下熔断器），再合上低压母线联络断路器（或隔离开关），送电时与此相反。

若两台站用变压器满足并列运行的条件，且高压侧在并列运行或高压侧为同一个电源时，可采用不停电倒负荷的方式：即停电时先合上低压母线联络断路器（或隔离开关），再拉开需停运的站用变压器低压断路器（或取下熔断器），送电时与此相反。

（4）站用变压器倒闸操作要迅速，尽量缩短停电时间。如果站用变压器负荷较大，在倒换站用变压器时应先切除一部分负荷。

（5）站用交流系统应具备外来电源。

2. 站用交流系统操作注意事项

（1）站用电系统正常运行时，低压 I、II 段母线分列运行。在两台站用变压器高

压侧未并列时，严禁合上低压母线联络断路器（或隔离开关）；同样在低压母线联络断路器（或隔离开关）未合上时，严禁将分别接自站用电不同母线段的出线并列。因为站用变压器高压侧未并列［或低压母线联络断路器（或隔离开关）未合上］时，低压侧（或出线）并列会有很大的环流，可能造成短路。

（2）对于是外来电源的站用变压器，由于和站内电源的站用变压器相位不同，因此不得并列运行。

（3）合站用变压器电源侧隔离开关前，应注意检查确保站用变压器高压熔断器熔丝配置合理，且已放好。

（4）装卸站用变压器高压熔断器（操作前确认站用变压器高低压侧已断开），应戴护目眼镜和绝缘手套，必要时使用绝缘夹钳，并站在绝缘垫或绝缘台上。停电时应先取中相，后取边相；送电时则反之。对于跌落式高压熔断器，遇到大风时应先拉中相，再拉背风相，最后拉迎风相。

（5）采用停电倒负荷方式的站用变压器停电后，应检查确认相应站用电屏上的电压表无指示，然后才能合上另一台站用变压器的低压断路器（或放上熔断器）或低压母线联络断路器（或隔离开关）。在站用变压器转检修后，应做好防止倒送电的安全措施。

二、站用交流系统操作要求

（1）装有站用电源切换装置的站用电系统，其切换装置和低压断路器有"自动"和"手动"两种位置。正常运行时，应均置于"自动"位置，且站用电源切换装置的电源开关应合上，此时不能手动分合低压断路器；若需在装置上手动分合低压断路器，应将切换装置置于"手动"位置；若需在就地分合低压断路器，应将切换装置和低压断路器均置于"手动"位置。

为防止误切换，正常情况下不得断开站用电源切换装置的电源。

（2）对重要负荷，如主变压器冷却电源、断路器储能电源以及隔离开关操作电源等，必须保证其供电的可靠性和灵活性，其负荷分别接于站用电低压Ⅰ、Ⅱ段母线并构成环路，但正常运行时应开环运行。

（3）大修或新更换的站用变压器（含低压回路变动）在投入运行前应核相。

三、站用交流系统操作中异常情况的处理原则

1. 跌落式熔断器操作中易跌落的处理

若易跌落属于高压熔断器底座组件原因，需停电处理；若属于跌落式熔断器原因，应配置合理的熔丝，且熔丝与熔体管两端良好紧固，其张力可比照完好的熔断器进行调整，操作时必须迅速而果断。

2. 低压断路器合不上的处理

首先检查站用电源切换装置是否正常，是否置于"手动"位置；其次检查低压断路器本体置于的位置与操作方式是否一致，若在装置上操作应置于"自动"位置，若在就地操作应置于"手动"位置；接着检查进线侧有无电压以及回路有无短路现象等。

对于储能式低压断路器，应检查能量是否储满，若没有储满，应连续拉动断路器储能拉杆，进行储能直至显示储满能量的指示为止。

3. 低压断路器拉不开的处理

首先检查站用电源切换装置是否正常，是否置于"手动"位置；其次检查低压断路器本体置于的位置与操作方式是否一致，若在装置上操作应置于"自动"位置，若在就地操作应置于"手动"位置；接着采用手动脱扣断路器，若仍拉不开，即采用电源断路器或高压侧隔离开关切除后再处理。

4. 低压倒负荷后没有电压的处理

运行中的低压断路器均带有失压脱扣功能，若合上后没有电压，一般属于低压断路器内部异常或站用变压器高压侧失电，致使低压断路器跳闸。

首先用万用表在低压断路器的来电侧测量有无电压，若无压说明高压侧失电或熔丝熔断，反之低压断路器内部异常，此时迅速恢复站用电系统原方式。

四、站用交流系统操作案例

1. 操作任务：10kV 1 号站用变压器由运行转检修，负荷倒由 10kV 2 号站用变压器带

一次接线和运行方式如图 Z09F6001 I-1 所示，正常运行时，低压 I、II 段母线分列运行。

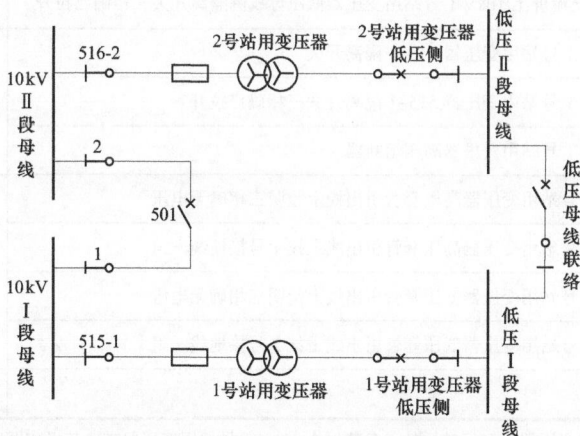

图 Z09F6001 I-1 一次接线和运行方式

站用电系统装有站用电源自动切换装置。操作步骤见表 Z09F6001Ⅰ-1。

表 Z09F6001Ⅰ-1 操 作 步 骤

顺序	操 作 项 目	操 作 目 的
1	将站用交流屏上站用电源自动切换装置切换开关由"自动"切至"手动"位置	站用交流电切换至"手动"
2	检查站用交流屏上低压Ⅰ段母线电压指示为×V	断开 1 号站用变压器低压侧断路器，Ⅰ段母线停电，间接检查 1 号站用变压器低压侧断路器位置
3	检查站用交流屏上 10kV 1 号站用变压器低压侧断路器"合闸"指示灯亮	
4	按下站用交流屏上 10kV 1 号站用变压器低压侧断路器"分闸"按钮	
5	检查站用交流屏上 10kV 1 号站用变压器低压侧断路器"分闸"指示灯亮	
6	检查站用交流屏上低压Ⅰ段母线电压指示为零	
7	检查站用交流屏上 10kV 1 号站用变压器低压侧断路器三相确已拉开	
8	检查站用交流屏上低压母线联络刀闸三相确已合上	合上低压母线联络开关，向Ⅰ段母线供电，间接检查低压母线联络开关位置
9	检查站用交流屏上低压母线联络断路器"分闸"指示灯亮	
10	按下站用交流屏上低压母线联络断路器"合闸"按钮	
11	检查站用交流屏上低压母线联络断路器"合闸"指示灯亮	
12	检查站用交流屏上低压Ⅰ段母线电压指示为×V	
13	检查站用交流屏上低压母线联络断路器三相确已合上	
14	拉开站用交流屏上 10kV 1 号站用变压器低压母线侧隔离开关	拉开 1 号站用变压器低压母线侧隔离开关
15	检查站用交流屏上 10kV 1 号站用变压器低压母线侧隔离开关三相已拉开	
16	拉开 10kV 1 号站用变压器 515-1 隔离开关	将 1 号站用变压器由运行（空载）转冷备用
17	检查 10kV 1 号站用变压器 515-1 隔离开关三相确已拉开	
18	取下 10kV 1 号站用变压器高压熔断器	
19	在 10kV 1 号站用变压器高压套管引出线上验明三相确无电压	在 1 号站用变压器两侧装设接地线
20	在 10kV 1 号站用变压器高压套管引出线上挂 1 号接地线一组	
21	在 10kV 1 号站用变压器低压套管引出线上验明三相确无电压	
22	在 10kV 1 号站用变压器低压套管引出线上挂 2 号接地线一组	
23	汇报调度	

注 10kV 2 号站用变压器由运行转检修，负荷倒由 10kV 1 号站用变压器带，其操作顺序相同；若母联 501 断路器在运行状态，站用电系统可采用不停电倒电。

2. 操作任务: 10kV 1 号站用变压器由检修转运行, 站用电系统恢复正常运行方式

一次接线和运行方式如图 Z09F6001 I –2 所示, 正常运行时低压 I、II 段母线分列运行。站用电系统装有站用电源自动切换装置。操作步骤见表 Z09F6001 I –2。

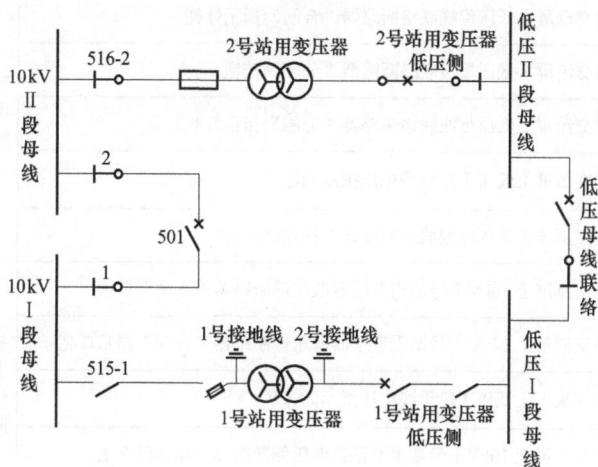

图 Z09F6001 I –2　一次接线和运行方式

表 Z09F6001 I –2　　　　　操　作　步　骤

顺序	操　作　项　目	操　作　目　的
1	拆除 10kV 1 号站用变压器低压套管引出线上 2 号接地线一组	拆除 1 号站用变压器两侧接地线
2	拆除 10kV 1 号站用变压器高压套管引出线上 1 号接地线一组	
3	检查 1 号、2 号接地线共二组确已全部拆除	
4	放上 10kV 1 号站用变压器高压熔断器	将 1 号站用变压器由冷备用转运行（空载）
5	合上 10kV 1 号站用变压器 515–1 隔离开关	
6	检查 10kV 1 号站用变压器 515–1 隔离开关三相确已合上	
7	检查站用交流屏上 10kV 1 号站用变压器低压侧断路器"分闸"指示灯亮	合上 1 号站用变压器低压母线侧隔离开关
8	检查站用交流屏上 10kV 1 号站用变压器低压侧断路器三相确已拉开	
9	合上站用交流屏上 10kV 1 号站用变压器低压母线侧隔离开关	
10	检查站用交流屏上 10kV 1 号站用变压器低压母线侧隔离开关三相确已合上	

顺序	操 作 项 目	操 作 目 的
11	检查站用交流屏上低压Ⅰ段母线电压指示为×V	断开低压母线联络断路器，Ⅰ段母线停电，间接检查低压母线联络断路器位置
12	检查站用交流屏上低压母线联络断路器"合闸"指示灯亮	
13	按下站用交流屏上低压母线联络断路器"分闸"按钮	
14	检查站用交流屏上低压母线联络断路器"分闸"指示灯亮	
15	检查站用交流屏上低压Ⅰ段母线电压指示为零	
16	检查站用交流屏上低压母线联络断路器三相确已拉开	
17	按下站用交流屏上 10kV 1 号站用变压器低压侧断路器"合闸"按钮	合上 1 号站用变压器低压侧断路器，向Ⅰ段母线送电，间接检查 1 号站用变压器低压侧断路器位置
18	检查站用交流屏上 10kV 1 号站用变压器低压侧断路器"合闸"指示灯亮	
19	检查站用交流屏上低压Ⅰ段母线电压指示为×V	
20	检查站用交流屏上 10kV 1 号站用变压器低压侧断路器三相确已合上	
21	将站用交流屏上站用电源自动切换装置切换开关由"手动"切至"自动"位置	站用电源切换恢复为正常方式
22	汇报调度	

注 10kV 2 号站用变压器由检修转运行，站用电系统恢复正常运行方式，其操作顺序相同；若母联 501 断路器在运行状态，站用电系统可采用不停电倒电。

五、站用直流系统操作原则及注意事项

1. 站用直流系统操作一般原则

（1）220kV 变电站直流系统一般配置两组高频开关充电装置（若干个整流模块组成）和蓄电池组，采用单母线分段方式运行。正常情况下，直流Ⅰ、Ⅱ段母线分别由一组充电装置和蓄电池组供电，并装有自动调压、绝缘在线监测以及报警装置等。

1）若两段母线之间装有母线联络自动断路器，当任一组高频开关充电装置故障或其交流电源失去时，该断路器自动合闸，将两段母线并列运行；若该断路器置于"手动"位置时，则需手动合闸，将两段母线并列运行。

2）若两段母线之间装有隔离开关，当任一组高频开关充电装置故障或其交流电源失去时，应手动合上该隔离开关，将两段母线并列运行。

（2）按浮充电方式运行的蓄电池组，其浮充电流的大小应满足蓄电池浮充电的

要求。

（3）运行中的直流Ⅰ、Ⅱ段母线，如因直流系统工作，需要转移负荷时，允许用母线联络断路器或隔离开关进行短时间并列。但必须注意的是两段电压值相等（电压差小于5%）、极性相同，且绝缘良好，无接地现象。工作完毕后应及时恢复，以免降低直流系统的可靠性。

（4）运行中的直流Ⅰ、Ⅱ段母线，在正常情况下，不允许通过负荷回路并列，以免因合环电流过大而使负荷回路空气开关跳开（或熔丝熔断），造成负荷回路失电而引起保护异常或系统事故。

（5）双路环形供电的直流负荷，必须在适当的地点断开（一般在直流屏），开环运行。

（6）控制、动力及事故照明负荷，应根据设计要求以及蓄电池的容量，按比例分配至两条直流母线上。

2. 站用直流系统操作注意事项

（1）直流母线不允许只带高频开关充电装置运行，以免突然失电或装置故障而造成直流母线停电事故；直流母线也不允许长期只带蓄电池组运行，以免造成蓄电池长期供负载电流而过放电。

（2）投入或停用直流控制电源（或熔断器）时，应考虑对继电保护及自动装置的影响；必要时应征得所属调度同意，短时停用。

运行中的继电保护及自动装置需停用直流电源时，应先停用保护出口压板，再停用直流电源。恢复时投入直流电源后，应先检查整个继电保护及自动装置运行是否正常，并使用高内阻电压表测量出口压板两端对地无异极性电压后，再投入出口压板。

（3）运行中的直流屏上高频开关充电装置、绝缘在线监测装置和监控器电源以及控母总断路器，正常时不得断开。

（4）任一组高频开关充电装置中的某一整流模块故障后，在直流电压、电流不受影响时，可暂时将故障模块退出，并将故障信息屏蔽，等待检修人员处理。

六、站用直流系统操作要求

（1）直流Ⅰ、Ⅱ段母线分段运行时，严禁将高频开关充电装置并列运行，严禁将两组蓄电池长期并列运行。

（2）当蓄电池组与直流母线断开后，应退出电磁式操动机构断路器的重合闸。

（3）取下直流控制电源熔断器时，应先取正极，后取负极。放上直流控制电源熔断器时，应先放负极，后放正极。其目的是防止产生寄生回路，使继电保护及自动装置误动作。装、放熔断器时，应干脆迅速，不得连续地接通和断开，以防损坏继电保护及自动装置。

（4）在断路器停送电的操作中，有关直流控制和合闸电源开关（或熔断器）的操作要求。

1）断路器停电时，其控制电源应在挂接地线或合上接地刀闸之后断开。其目的是操作中若断路器未断开，造成带负荷拉隔离开关时，断路器的保护装置可动作于跳闸，避免事故扩大。

2）断路器送电时，其控制电源应在拆接地线或拉开接地刀闸之前合上。其目的一是可以检查继电保护及自动装置运行是否正常、控制回路是否完好；如有异常，可在安全措施未拆除时，予以处理。二是操作中若断路器未断开，造成带负荷合隔离开关时，断路器的保护装置可动作于跳闸，防止事故扩大。

3）电磁式操动机构的断路器合闸电源，应在断路器分闸之后断开，其目的是防止在停电操作中，由于某种意外原因，造成断路器误合闸，而可能导致的带负荷拉隔离开关的事故发生。同理，在断路器送电的操作中，合闸电源应该在合上断路器之前合上。

七、站用直流系统操作中异常情况的处理原则

1. 直流倒换操作时发生直流失电的处理

应立即恢复原运行方式，查明原因后再进行倒换操作。

2. 操作过程中发生直流接地故障的处理

应立即终止操作，查找和消除接地故障，拉路时应尽量缩短时间。针对拉路时可能造成继电保护和自动装置误动的，应汇报调度退出运行，之后投入运行。

3. 高频开关充电装置交流输入异常的处理

立即退出运行，在故障未消除前不得将其投入运行。

4. 断路器合不上的处理

应立即停止操作，并检查回路有无接地短路等现象，汇报调度由检修单位处理。

5. 断路器拉不开的处理

应立即查明原因，汇报调度由检修单位处理。

八、站用直流系统操作案例

1. 操作任务：停用 1 号高频开关充电装置和 1 号蓄电池组

一次接线和运行方式如图 Z09F6001Ⅰ-3 所示。

操作步骤见表 Z09F6001Ⅰ-3。

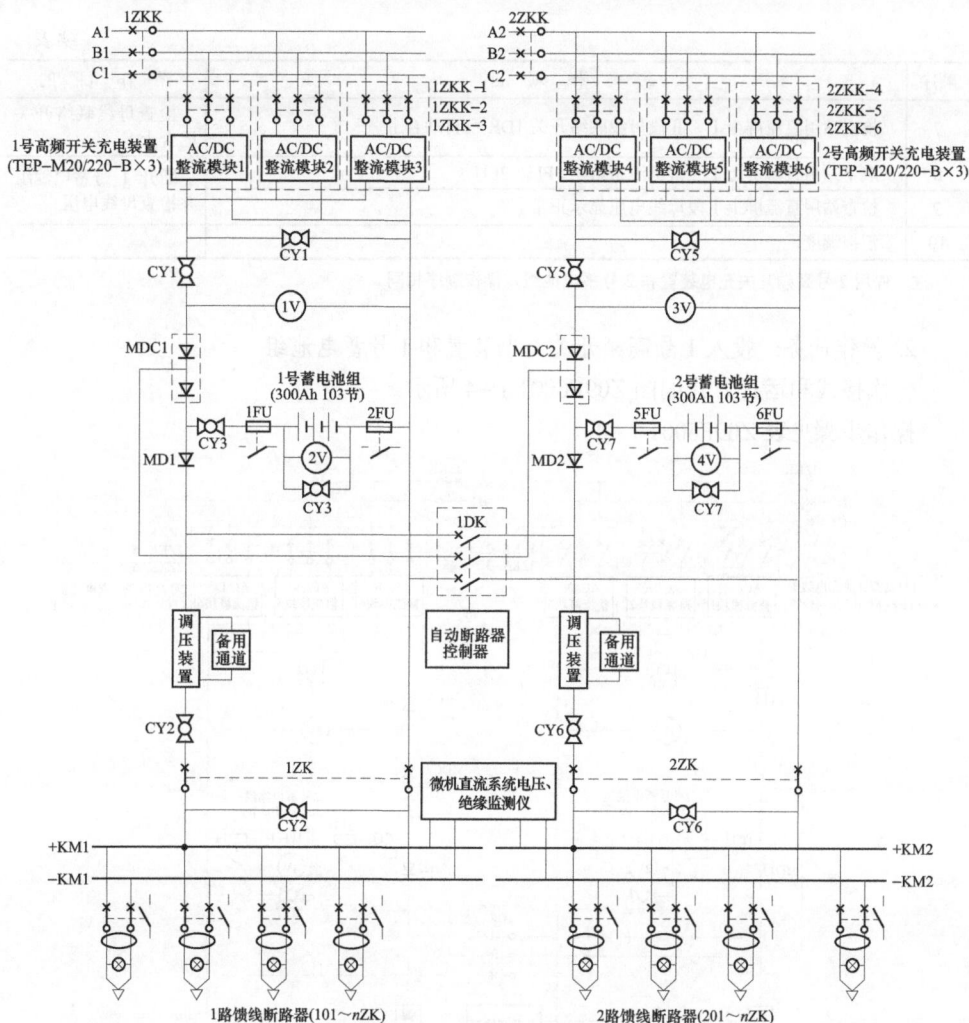

图 Z09F6001Ⅰ-3　一次接线和运行方式

表 Z09F6001Ⅰ-3　　　　操作步骤

顺序	操作项目	操作目的
1	检查站用直流屏上Ⅰ、Ⅱ段母线电压差小于 5%	检查两段母线电压差
2	断开站用直流屏上 1 号高频开关充电装置"整流模块 1"交流电源开关 1ZKK-1	断开 1 号高频开关充电装置交流电源
3	断开站用直流屏上 1 号高频开关充电装置"整流模块 2"交流电源开关 1ZKK-2	
4	断开站用直流屏上 1 号高频开关充电装置"整流模块 3"交流电源开关 1ZKK-3	
5	断开站用直流屏上 1 号高频开关充电装置交流电源空气开关 1ZKK	
6	检查站用直流屏上 1 号高频开关充电装置输出电压指示为零	

续表

顺序	操 作 项 目	操 作 目 的
7	检查站用直流屏上Ⅰ、Ⅱ段母线联络开关 1DK 已自动合上	检查母线联络开关已合上
8	取下站用直流屏上 1 号蓄电池组熔丝 1FU、2FU	断开 1 号蓄电池组并检查母线电压
9	检查站用直流屏上Ⅰ段母线电压显示正常	
10	汇报调度	

注　停用 2 号高频开关充电装置和 2 号蓄电池组，操作顺序相同。

2. 操作任务：投入 1 号高频开关充电装置和 1 号蓄电池组

一次接线和运行方式如图 Z09F6001Ⅰ-4 所示。

操作步骤见表 Z09F6001Ⅰ-4。

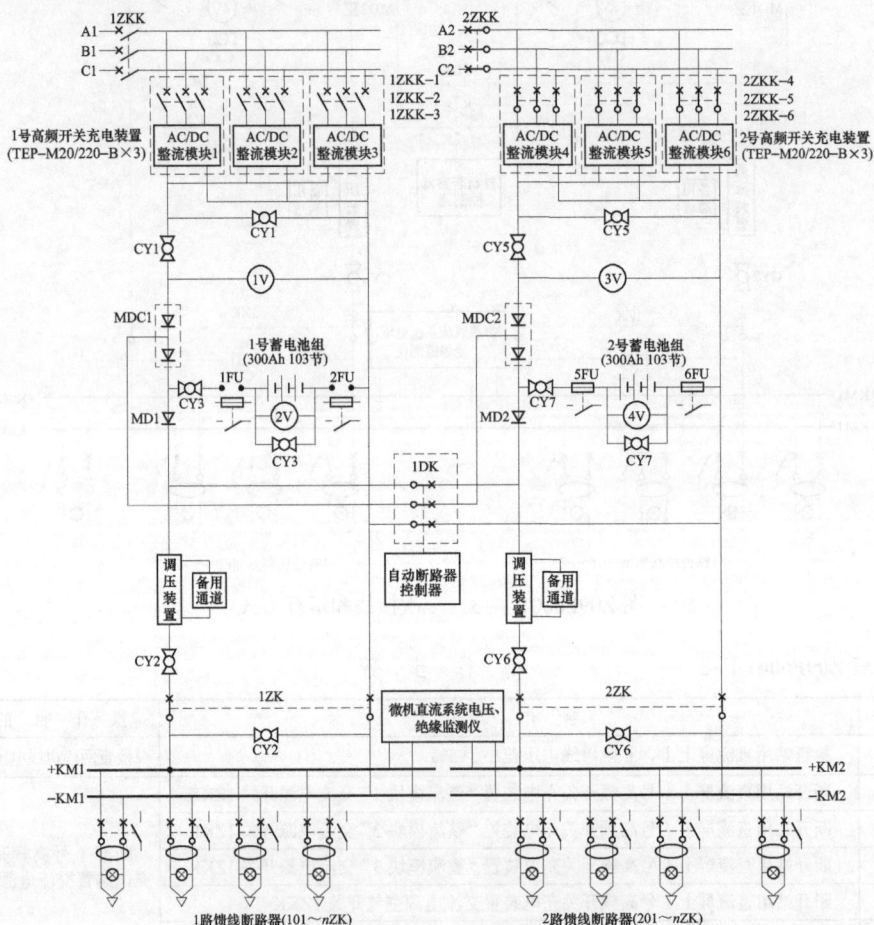

图 Z09F6001Ⅰ-4　一次接线和运行方式

表 Z09F6001 I–4　　　　　　　　操 作 步 骤

顺序	操 作 项 目	操作目的
1	放上站用直流屏上 1 号蓄电池组熔丝 2FU、1FU	投入 1 号蓄电池组并检查母线电压
2	检查站用直流屏上 I 段母线电压显示正常	
3	合上站用直流屏上 1 号高频开关充电装置交流电源空气开关 1ZKK	投入 1 号高频开关充电装置交流电源
4	合上站用直流屏上 1 号高频开关充电装置"整流模块 1"交流电源开关 1ZKK–1	
5	合上站用直流屏上 1 号高频开关充电装置"整流模块 2"交流电源开关 1ZKK–2	
6	合上站用直流屏上 1 号高频开关充电装置"整流模块 3"交流电源开关 1ZKK–3	
7	检查站用直流屏上 1 号高频开关充电装置输出电压指示为×V	
8	检查站用直流屏上 I、II 段母线联络开关 1DK 已自动断开	检查母线联络开关已断开并检查母线电压
9	检查站用直流屏上 I 段母线电压显示正常	
10	汇报调度	

注　投入 2 号高频开关充电装置和 2 号蓄电池组，操作顺序相同。

【思考与练习】

1. 当一台站用变压器需停电时，有几种操作方法？

2. 在站用交流系统中，低压侧不停电操作如何进行？在操作中应注意哪些事项？

3. 在断路器停送电的操作中，对直流控制和合闸电源开关的操作有哪些要求？

4. 在站用直流系统中，若 I、II 段直流母线需并列运行，应注意哪些事项？

▲ 模块 2　站用交、直流系统停送电操作危险点源分析（Z09F6001 II）

【模块描述】本模块包含站用交、直流系统停送电操作的危险点分析；通过案例介绍，达到能正确分析站用交、直流系统停送电操作危险点源，能制定预控措施的目的。

【模块内容】

一、站用交流系统停、送电操作，危险点分析及预控措施

1. 10kV 1 号站用变压器由运行转检修，负荷倒由 10kV 2 号站用变压器带，危险点分析及预控措施

危险点分析及预控措施见表 Z09F6001 II–1。

表 Z09F6001Ⅱ-1　　　　　危险点分析及预控措施

序号	操作目的	危 险 点	预 控 措 施
1	站用交流电方式切换	方式漏切换	为确保站用电系统手动切换正常，操作前应将方式切换开关切至"手动"位置。若不切换，操作站用变压器低压侧断路器将拒分，即使操作时强行断开，但由于站用变压器低压侧存在电压，自投装置也会拒动，造成分段开关误合
2	站用交流电停电倒负荷	（1）倒负荷方法错误	正常运行时，站用电系统Ⅰ、Ⅱ段母线分列运行，且10kV分段断路器在分闸位置。若在站用变压器高压侧未并联的情况下采用不停电倒负荷，将会在站用变压器回路中产生很大的环流，轻者站用变压器低压侧断路器跳闸，重者将会使站用电系统设备损坏；即使站用变压器高压侧并联，但如果电压差过大，也不能并列运行。因此，在正常方式下的站用电系统倒负荷，应采用停电倒负荷，即应先断开待停站用变压器低压侧断路器，再合上分段断路器
		（2）误合误分断路器	认真核对设备编号，严格执行监护唱票复诵制度，防止误合误分断路器
		（3）分段隔离开关不到位	易造成隔离开关发热，而被迫停运，导致站用电系统一条母线失电
		（4）断路器未拉开	断路器分闸操作前后，均要检查表计以及断路器的位置指示器同时发生对应变化，来确认断路器已拉开，以防断路器未拉开，导致站用电系统Ⅰ、Ⅱ段母线并列运行而损坏设备
		（5）断路器未合上	断路器合闸操作前后，均要检查表计以及断路器的位置指示器同时发生对应变化，来确认断路器已合上，以防断路器未合上，导致站用电系统一条母线失电
3	10kV 1号站用变压器由空载运行转检修	（1）误拉隔离开关	认真核对设备编号，严格执行监护唱票复诵制度
		（2）隔离开关分闸不到位	隔离开关拉开后要注意认真检查，确认隔离开关端口张开角或隔离开关断开的距离应符合要求，以防距离不够而放电
		（3）不试验电器，使用不合格的验电器	验电器应进行检查试验合格，验电时必须戴绝缘手套
		（4）验电时站位不合适	验电时应根据现场情况站在便于操作和安全的地方，不能使验电器或绝缘杆的绝缘部分过分靠近设备构架，以免造成绝缘部分被短接
		（5）验电方法错误	验电时要使验电器的触头接触导体，三相逐相进行验电；在验电前应在带电的设备上进行试验，在带电设备上进行试验时应在线路侧进行，不能在靠近母线侧进行试验
		（6）使用不合格的接地线	使用接地线前应认真检查接地线各部分有无断股，螺钉连接处有无松动，截面是否符合要求
		（7）装设接地线时站位不合适	装接地线时应根据现场情况站在便于操作和安全的地方，防止在装设接地线过程中操作杆摆动造成对带电设备距离不够发生事故
		（8）接地线装设错误	在装设接地线时要戴绝缘手套，手不能接触接地线，以防止带电挂接地线时造成对人更大的伤害。装设接地线要先装接地端，再装导体端

2. 10kV 1 号站用变压器由检修转运行，站用电系统恢复正常运行方式，危险点分析及预控措施

危险点分析及预控措施见表 Z09F6001Ⅱ-2。

表 Z09F6001Ⅱ-2　　　　危险点分析及预控措施

序号	操作目的	危 险 点	预 控 措 施
1	10kV 1 号站用变压器由检修转空载运行	(1) 拆除接地线时站位不合适	拆除接地线时，应根据现场情况站在便于操作和安全的地方，防止在拆除接地线过程中操作杆摆动造成对带电设备距离不够发生事故
		(2) 接地线拆除错误	在拆除接地线时要戴绝缘手套，手不能接触接地线；拆除接地线要先拆导体端，再拆接地端
		(3) 漏拆接地线	容易造成带地线合隔离开关，准备恢复备用操作前，应仔细检查接地线已全部拆除
		(4) 漏放高压熔断器	按操作票步骤逐项操作，并严格执行监护唱票复诵制度
		(5) 手动合闸操作方法不正确	不论手动还是绝缘拉杆操作隔离开关合闸时，都应迅速而果断。先拔出连锁销子再进行合闸，开始可缓慢一些，当刀片接近刀嘴时要迅速合上，以防止发生弧光。但在合闸终了时要注意用力不可过猛，以免发生冲击而损坏瓷件，最后应检查联锁销子是否销好
		(6) 隔离开关合闸不到位	隔离开关合上后要注意认真检查，确认隔离开关三相确已全部合好，以防送电后刀口发热而被迫停运
		(7) 解锁操作隔离开关	隔离开关闭锁打不开时，应严格履行解锁申请和批准手续，解锁操作前，应认真核对设备编号和闭锁钥匙以及设备的实际状态，方可进行实际操作
2	站用交流电停电倒负荷	(1) 倒负荷方法错误	为防止产生很大的环流使站用电系统设备损坏，应采用停电倒负荷，即应先断开分段断路器，再合上待运行站用变压器低压侧断路器
		(2) 误分误合断路器	认真核对设备编号，严格执行监护唱票复诵制度，防止误分误合断路器
		(3) 断路器未拉开	断路器分闸操作前后，均要检查表计以及断路器的位置指示器同时发生对应变化，来确认断路器已拉开，以防断路器未拉开，导致站用电系统Ⅰ、Ⅱ段母线并列运行而损坏设备
		(4) 断路器未合上	断路器合闸操作前后，均要检查表计以及断路器的位置指示器同时发生对应变化，来确认断路器已合上，以防断路器未合上，导致站用电系统一条母线失电
3	站用交流电方式切换	方式漏切换	站用电系统倒负荷正常后，应将方式切换开关切至"自动"位置，以防站用变压器或母线故障时，分段断路器不能自投，导致站用电系统一条母线失电

二、站用直流系统停、送电操作，危险点分析及预控措施

1. 停用 1 号高频开关充电装置和 1 号蓄电池组，危险点分析及预控措施
危险点分析及预控措施见表 Z09F6001Ⅱ-3。

表 Z09F6001Ⅱ-3　　　　　危险点分析及预控措施

序号	操作目的	危险点	预控措施
1	停用 1 号高频开关充电装置，使直流Ⅰ、Ⅱ段母线自动并列	（1）直流母线电压差过大	并联前检查或测量Ⅰ、Ⅱ段直流母线电压差不大于 5%，方可并列。否则电压差过大，将会在直流回路中产生很大的环流，可能使开关跳闸，导致失电
		（2）负荷回路并列	直流系统在正常运行方式下，Ⅰ、Ⅱ段直流母线不允许通过负荷回路并列，以免因环电流过大而熔断负荷回路熔丝，造成负荷回路断电而引起的异常或事故
		（3）误分误合开关	认真核对设备编号，严格执行监护唱票复诵制度，防止误分误合开关
		（4）开关未拉开	开关分闸操作前后，均要检查表计以及开关的位置指示器同时发生对应变化，以确认开关已拉开，以防开关未拉开，危及人身安全；若无法判断时，则可以在开关两侧用万用表测量来确认，注意万用表挡位和量程，并做好防直流接地或短路的措施
		（5）开关未自动合上	停充电装置前，应检查开关在"自动"位置；开关合闸操作前后，均要检查表计以及开关的位置指示器同时发生对应变化，来确认开关已合上，以防开关未合上，导致直流系统一条母线失电；若无法判断时，则可以在开关两侧用万用表测量来确认，注意万用表挡位和量程，并做好防直流接地或短路的措施
2	停用 1 号蓄电池组	漏取或误取熔断器	认清位置，防止与就近的熔断器混淆，防止将其他熔断器取下，按操作票步骤逐项操作，并严格执行监护唱票复诵制度；戴绝缘手套或使用绝缘夹钳，操作熔断器一般应先取下正极，然后再取负极

2. 投入 1 号高频开关充电装置和 1 号蓄电池组，危险点分析及预控措施
危险点分析及预控措施见表 Z09F6001Ⅱ-4。

表 Z09F6001Ⅱ-4　　　　　危险点分析及预控措施

序号	操作目的	危险点	预控措施
1	投入 1 号蓄电池组	漏放或误放熔断器	认清位置，防止与就近的熔断器混淆，防止将其他熔断器放上，按操作票步骤逐项操作，并严格执行监护唱票复诵制度；戴绝缘手套或使用绝缘夹钳，操作熔断器一般应先放上负极，然后再放上正极

续表

序号	操作目的	危　险　点	预　控　措　施
2	投入1号高频开关充电装置，使直流Ⅰ、Ⅱ段母线自动解列	（1）误分误合开关	认真核对设备编号，严格执行监护唱票复诵制度，防止误分误合开关
		（2）开关未合上	开关合闸操作前后，均要检查表计以及开关的位置指示器同时发生对应变化，来确认开关已合上，以防开关未合上，导致直流系统一条母线失电；若无法判断时，则可以在开关两侧用万用表测量来确认，注意万用表挡位和量程，并做好防直流接地或短路的措施
		（3）开关未自动拉开	送充电装置前，应检查开关在"自动"位置；开关分闸操作前后，均要检查表计以及开关的位置指示器同时发生对应变化，来确认开关已拉开，以防开关未拉开，造成直流Ⅰ、Ⅱ段母线长期并列运行，危及设备安全；若无法判断时，则可以在开关两侧用万用表测量来确认，注意万用表挡位和量程，并做好防直流接地或短路的措施

【思考与练习】

1. 站用电方式切换开关漏切换，会产生什么后果？

2. 装设接地线时，应注意哪些事项？

3. 当直流母线电压差过大时，并联运行会产生什么后果？

4. 利用负荷回路并列直流母线，会产生什么后果？

第十三章

大型复杂操作

▶ 模块 1 大型复杂操作（Z09F7001Ⅱ）

【模块描述】本模块包含大型复杂操作的操作原则和注意事项，大型复杂操作中异常情况的处理原则。通过案例介绍和操作技能训练，达到掌握大型复杂操作技能的目的。

【模块内容】

一、大型复杂操作原则及注意事项

（一）大型复杂操作一般原则

1. 一般原则

严格遵循电气设备倒闸操作的一般原则和状态改变的基本顺序。

2. 更换或大修后的电气设备操作

（1）更换或大修后的线路或变压器送电时，必须进行全电压冲击合闸试验。变压器一般从高压侧充电，对于大修后的变压器冲击 3 次，更换后的变压器冲击 5 次；第一次充电 10min，间隔 10min；其余充电 5min，间隔 5min。对更换或大修后的线路冲击 3 次，每次 5min，间隔 5min。

（2）更换或大修后的线路、变压器和电压互感器相位或相序要核对正确，对可能引起变化的，在并列或合环前必须定相或核相。

（3）更换或大修后的电流互感器，在出线断路器投入运行前，停用出线断路器保护和母差保护，待出线断路器带负荷测相量正确后方可投入。

（4）送电时若设备保护和二次回路无变动或无特殊要求时，其保护必须全部投入运行。

（5）操作中，应严格监视被冲击设备的情况，及时发现不正常现象，以便进行处理。

3. 保护更换和二次回路接线变动后的操作

（1）母线差动保护（简称母差保护）更换或二次回路接线变动。母差保护应在断路器充电前停用，待断路器带负荷测量保护回路的电流极性正确后方可投入。

（2）线路保护更换或二次回路接线变动。线路保护在线路充电时必须全部投入运行，因为即使其电流回路极性不正确，在线路充电时，仍能起到保护作用，但带负荷后，若极性不正确，纵联保护以及具有方向性的保护（如距离保护、方向零序保护等）可能误动；因此，在线路带负荷前必须停用纵联保护及方向性的保护，待线路带负荷测量保护回路的电流极性正确后方可投入。

（3）变压器保护更换或二次回路接线变动。变压器保护在变压器充电时必须全部投入运行，因为即使其电流回路极性不正确，在变压器充电时，仍能起到保护作用，但带上负荷后，若极性不正确，差动保护以及具有方向性的保护（如复合电压方向过电流保护、方向零序保护等）可能误动；因此，在变压器带负荷前必须停用差动保护及方向性的保护，待变压器带负荷检测各侧电流、二次接线及极性正确后方可投入。

4. 旁路断路器代路操作

以 220kV 旁路断路器代路为例，110kV 及以下旁路断路器代路除保护配置不同外，基本相同。

（1）旁路断路器代线路断路器的操作。

1）旁路断路器代线路断路器操作时，应在旁路断路器冷备用状态时，将旁路断路器微机线路保护中后备保护、重合闸及失灵保护（有的还包括旁路断路器高频保护）定值按被代回路调整，并投入其后备保护、重合闸及失灵保护（所谓旁路断路器保护与被代回路保护投停一致的原则）。旁路断路器保护定值的调整，应考虑所装设的保护情况。

2）用旁路断路器对旁路母线冲击一次，之后拉开（旁路断路器一般应与被代线路断路器运行在同一条母线上，此条操作包含旁路断路器先由冷备用转运行，再由运行转热备用）。

3）对于被代线路断路器的纵联保护不能切换至旁路断路器运行的，应在旁路断路器代路前，将其改为停用或信号。对于微机保护中纵联保护、后备保护共用一路电源的，其纵联保护没有独立停用状态，在此项操作中只能改为信号，如 RCS–931A、PSL–603G 微机光纤纵差保护等。

4）用被代线路断路器的旁路侧隔离开关对旁路母线充电。

5）将旁路断路器由热备用转运行（合环），被代线路断路器由运行转检修（或热备用、冷备用），在此过程中应将被代线路断路器能切换的纵联保护切换至旁路断路器运行，切换应在旁路断路器合环正常，并拉开线路断路器后进行；其被代线路断路器主保护压板应在切换前停用，待切换完成，通道测试正常（或"通道异常"灯灭）后，再投入旁路断路器主保护压板。

6）停用母差保护、安全自动装置等动作后联切该线路断路器压板。

（2）旁路断路器代线路断路器的恢复操作。

1）将被代线路断路器由检修（或热备用、冷备用）转运行，旁路断路器由运行转冷备用，并拉开被代线路断路器的旁路侧隔离开关，在此过程中应将被代线路断路器的纵联保护切换至本线断路器运行，切换应在线路断路器合环正常，并拉开旁路断路器后进行；其旁路断路器主保护压板应在切换前停用，待切换完成，通道测试正常（或"通道异常"灯灭）后，再投入本线断路器主保护压板。线路断路器转运行前，投入母差保护、安全自动装置等动作后联切该线路断路器压板。

2）对于被代线路断路器不能切换而停用的纵联保护，应在本线旁路隔离开关拉开，且通道测试正常（或"通道异常"灯灭）后，将其改投跳闸。

（3）旁路断路器代变压器断路器的操作。旁路断路器代主变压器断路器时，变压器保护的交流电流、交流电压回路及出口回路应进行必要的切换。切换电流回路时，还要注意区分电流回路是切至变压器套管电流互感器，还是切至旁路电流互感器，或者不能进行切换，不同的切换方式操作顺序也不同。另外若电流回路切换后的电流互感器变比与正常不一致时，还应退出保护改定值。以下的操作顺序是按照主变压器保护电流回路一套能切至旁路电流互感器，另一套不能切换进行的。

1）在旁路断路器冷备用状态时，将旁路断路器后备保护及失灵保护定值按被代回路调整，并投入其后备保护及失灵保护。

2）用旁路断路器对旁路母线冲击一次，并拉开（旁路断路器一般应与被代变压器断路器运行在同一条母线上，此条操作包含旁路断路器先由冷备用转运行，再由运行转热备用），旁路母线冲击正常后停用旁路断路器的失灵保护。

3）用被代变压器断路器的旁路侧隔离开关对旁路母线充电。

4）旁路断路器代变压器断路器合环前，应先投入被代变压器保护屏上跳旁路断路器出口压板，再停用一套能切换的变压器保护屏上的差动保护和相应侧后备保护及一套不能切换的变压器保护屏上的差动保护，接着在旁路断路器保护屏上进行旁路电流输入端子切换，其切换方法如图 Z09F7001Ⅱ–1 所示。

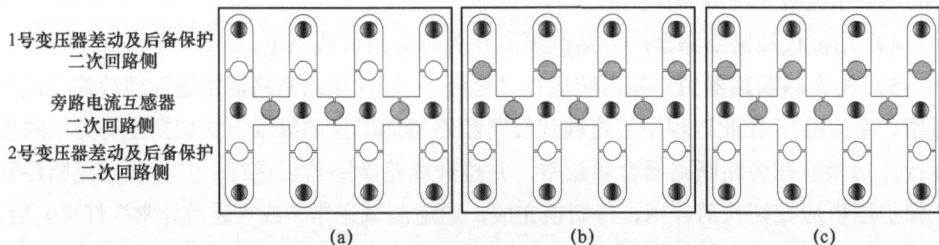

图 Z09F7001Ⅱ–1　旁路断路器合环前，旁路电流互感器电流输入端子正常和切换时示意图
(a) 正常运行时（不带变压器断路器运行时）；(b) 切换操作，先旋入接入端子；
(c) 切换操作，后旋出短接端子带 1 号变压器断路器运行
● —固定螺钉；● —旋转螺钉

特别要注意的是，当旁路电流互感器绕组不够时（如本模块叙述），两台变压器将共用一个旁路电流互感器绕组，其旁路断路器保护屏上电流输入端子有三个位置，即中间端子短接时，旁路断路器代线路断路器运行；当投入上（或下）接入端子，停用中间短接端子时，旁路断路器代变压器断路器运行，另外变压器保护屏上的旁路电流输入端子为简化操作，正常置于接入位置。当旁路电流互感器绕组满足保护需求时，一般旁路断路器保护屏上不设旁路电流输入端子，其端子切换操作在变压器保护屏上进行。

5）将旁路断路器由热备用转运行（合环），被代变压器断路器由运行转热备用。

6）变压器断路器拉开后，需要电压切换的先进行变压器相应侧电压切换，再进行变压器相应侧电流输入端子切换，其切换方法如图 Z09F7001Ⅱ-2 所示。切换完成后且检查确认差流在允许范围内，即可投入能切换的变压器保护屏上的差动保护及相应侧后备保护，接着停用不能切换的变压器保护屏上相应侧后备保护。

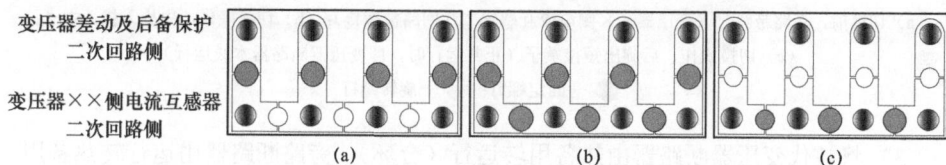

图 Z09F7001Ⅱ-2　变压器断路器拉开后，变压器（××侧）
电流互感器电流输入端子正常和切换时示意图
（a）正常运行时（变压器断路器本线运行时）；（b）切换操作，先旋入短接端子；
（c）切换操作，后旋出接入端子（旁路带路时，其电流互感器二次回路被短接）
● 一固定螺钉；◒ 一旋转螺钉

7）将被代变压器断路器由热备用转检修（或冷备用），并停用变压器保护屏上相应侧断路器出口压板，且停用变压器断路器失灵保护和旁路断路器后备保护。

8）停用母差保护、安全自动装置等动作后联切该变压器断路器压板。

若主变压器两套保护电流回路均能切换操作，一套能切换至旁路电流互感器，另一套能切换至变压器套管电流互感器，则切换至旁路电流互感器的操作方法如本模块叙述，能切换至变压器套管电流互感器的，其操作方法是：旁路断路器代路运行前，先停用本屏差动保护及相应侧后备保护，再投入"高（或中）压侧电流输入"短接端子、停用"高（或中）压侧电流输入"接入端子，接着投入"高（或中）压侧套管电流输入"接入端子、停用"高（或中）压侧套管电流输入"短接端子，且检查确认差流在允许范围内后，投入本屏差动保护及相应侧后备保护。

（4）旁路断路器代变压器断路器的恢复操作。

1）将被代变压器断路器由检修（或冷备用）转热备用，并投入变压器保护屏上相应侧断路器出口压板及旁路断路器的后备保护。投入母差保护、安全自动装置等动作后联切该变压器断路器压板。

2）被代变压器断路器合环前，应先停用能切换的变压器保护屏上的差动保护及相应侧后备保护，再进行变压器相应侧电流输入端子切换，其切换方法如图 Z09F7001Ⅱ–3 所示，并投入不能切换的变压器保护屏上相应侧后备保护。

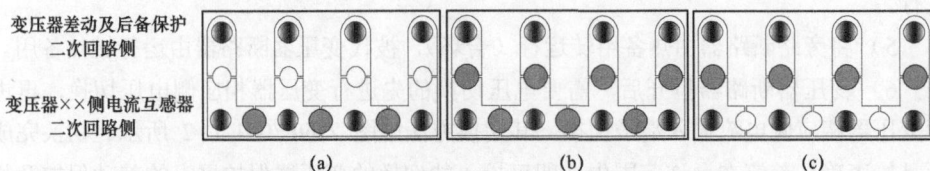

图 Z09F7001Ⅱ–3 被代变压器合环前，变压器（××侧）
电流互感器电流输入端子正常和切换时示意图
（a）切换前，旁路带路时（变压器××侧电流互感器二次回路被短接）；（b）切换操作，先旋入接入端子；
（c）切换操作，后旋出短接端子（正常运行时，即变压器断路器本线运行）
●—固定螺钉；●—旋转螺钉

3）将被代变压器断路器由热备用转运行（合环），旁路断路器由运行转热备用。

4）旁路断路器拉开后，需要电压切换的先进行变压器相应侧电压切换，再投入不能切换的变压器保护屏上的差动保护，接着进行旁路电流输入端子切换，其切换方法如图 Z09F7001Ⅱ–4 所示。切换完成后且检查差流在允许范围内，即可投入能切换的变压器保护屏上的差动保护以及相应侧后备保护。

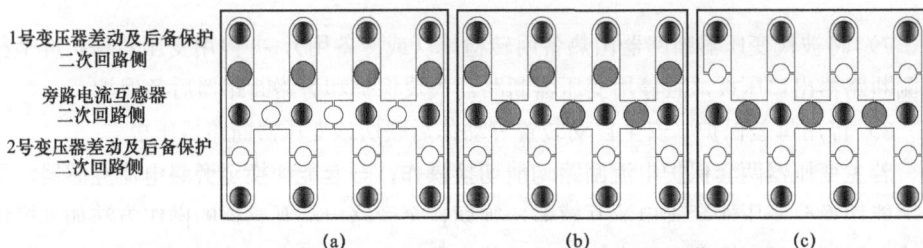

图 Z09F7001Ⅱ–4 旁路断路器拉开后，旁路电流互感器电流输入端子正常和切换时示意图
（a）切换前，旁路断路器带 1 号变压器断路器运行；（b）切换操作，先旋入短接端子；
（c）切换操作，后旋出接入端子（不带变压器断路器运行）
●—固定螺钉；●—旋转螺钉

5）投入变压器断路器失灵保护，并停用变压器保护屏上跳旁路断路器出口压板。

6）拉开被代变压器断路器旁路侧隔离开关。

　　7）将旁路断路器由热备用转冷备用。

　　5. 母联或分段断路器串带线路断路器的操作（220kV 线路大修和保护更换）

　　（1）将线路及线路断路器由检修转冷备用。

　　（2）将线路断路器双套微机线路保护、失灵保护定值按保护定值通知单调整（置区），并投入双套微机线路保护中的后备保护（相间和接地保护）。另外，在原定值的基础上调整后备保护Ⅱ段时间定值（另置区），以保证相量测试期间，从线路到母线间相间、接地故障都有快速保护切除故障。

　　（3）对于串带线路断路器相应母线，若是双母线接线的采用倒母线方式腾空一条母线（空母线运行），若是单母线分段接线的采用转移负荷或短时停电方式腾空一条母线（空母线运行），再用母联或分段断路器串带线路断路器。

　　（4）按照母联或分段断路器串带线路保护定值通知单调整定值，并投入串带线路保护。

　　（5）停用串带线路断路器母线母差保护（停用前，应先调整母线出线对侧断路器后备保护Ⅱ段时间定值，以保证母线故障时能快速切除）。

　　（6）将线路断路器由冷备用转热备用（对于双母线应注明热备用于×号母线）。

　　（7）用线路断路器对线路冲击二次，正常后拉开。

　　（8）用线路断路器对线路及对侧母线送电（第三次冲击正常后，对侧两组母线核相，正确后用母联或分段断路器合环）。

　　（9）许可：线路断路器保护相量、通道对调测试及接入母差保护相量测试，且正确。

　　（10）停用线路断路器双套微机线路保护中的后备保护，并将后备保护Ⅱ段时间定值调至正常值。

　　（11）投入串带线路断路器母线母差保护（投入后，应将母线出线对侧断路器后备保护距离Ⅱ段时间定值调至正常值）。

　　（12）投入串带线路断路器所有线路保护、单相重合闸和失灵保护。

　　（13）停用母联或分段断路器串带线路保护。

　　（14）恢复双母线或单母线分段正常运行方式。

　　6. 母联或分段断路器串带变压器断路器的操作（220kV 变压器大修和保护更换）

　　第一阶段：母联或分段断路器串带变压器高压侧断路器运行，对变压器冲击合闸5 次，并带负荷测差动保护及相应侧具有方向性保护的相量。

　　（1）将变压器及各侧断路器由检修转热备用（对于双母线应注明热备用于×号母线），并合上变压器中性点直接接地系统的中性点接地刀闸。

　　（2）按照变压器继电保护定值通知单调整定值（置区），并投入全部保护；另外在原定值的基础上调整变压器高压侧后备保护中相间、接地保护定值（另置区），以保证相量测试期间，从变压器高压侧断路器到变压器中、低压母线间相间、接地故障都有快速保护切除故障。

（3）许可：变压器中低压侧Ⅰ、Ⅱ段母线电压互感器二次定相，且正确。

（4）对于串带变压器各侧母线，若是双母线接线的采用倒母线方式腾空一条母线，若是单母线分段接线的采用转移负荷或短时停电方式腾空一条母线，再用母联或分段断路器串带变压器断路器运行（变压器高压侧母线应为空母线运行，中、低压侧母线为热备用；站用交流电系统必要时，在低压侧母线停电前调整方式）。为叙述方便，假定变压器中压侧母线为双母线接线，低压侧母线为单母线分段接线。

（5）按照母联或分段断路器（变压器高压侧）串带变压器保护定值通知单调整定值，并投入串带变压器保护。

（6）停用变压器各侧母线母差保护（变压器高压侧母差保护停用前，应先调整母线出线对侧断路器后备保护Ⅱ段时间定值，以保证母线故障时能快速切除）。

（7）用变压器高压侧断路器对变压器冲击合闸 5 次，并调整变压器高压侧中性点接地方式。

（8）合上变压器中压侧断路器、低压侧断路器（送中、低压侧空母线）。

（9）许可：变压器中低压侧Ⅰ、Ⅱ段母线电压互感器二次核相，且正确。

（10）停用变压器差动保护及相应侧具有方向性的保护。

（11）对变压器低压侧（单母线分段接线）空母线上馈电线路恢复送电，电容器视电压情况投切。

（12）将变压器中压侧断路器及其相应母线由运行转热备用。

（13）将变压器中压侧相应母线的母联断路器及其相应母线由热备用转运行，恢复双母线正常运行方式。

（14）合上变压器中压侧断路器（合环），拉开相应母线的母联断路器（解环）。

（15）许可：变压器差动保护及相应侧具有方向性保护的相量测试、变压器接入各侧母差保护相量测试，且正确。

（16）投入变压器各侧母线母差保护（变压器高压侧母差保护投入后，应将母线出线对侧断路器后备保护距离Ⅱ段时间定值调至正常值），变压器断路器失灵保护暂不投入。

第二阶段：旁路断路器带变压器高中压侧断路器运行，测差动保护及相应侧具有方向性保护的相量。

（1）按照高压侧旁路断路器带变压器断路器继电保护定值通知单调整定值，并投入保护。

（2）用变压器高压侧旁路断路器对旁路母线冲击一次，正常后拉开。

（3）合上变压器高压侧断路器的旁路侧隔离开关对旁路母线充电。

（4）将高压侧旁路断路器带变压器断路器运行，变压器高压侧断路器由运行转热备用。

1）高压侧旁路断路器合环前，先投入被带变压器保护屏上跳"高压侧旁路断路器"出口压板，再进行高压侧旁路电流输入端子切换（先投入接入端子，再停用短接端子）。

2）变压器高压侧断路器解环后，变压器保护需要电压切换的先进行电压切换，再进行变压器高压侧电流输入端子切换（先投入短接端子，再停用接入端子）。

（5）按照中压侧旁路断路器带变压器断路器继电保护定值通知单调整定值，并投入保护。

（6）用变压器中压侧旁路断路器对旁路母线冲击一次，正常后拉开。

（7）合上变压器中压侧断路器的旁路侧隔离开关对旁路母线充电。

（8）将中压侧旁路断路器带变压器断路器运行，变压器中压侧断路器由运行转热备用。

1）中压侧旁路断路器合环前，先投入被带变压器保护屏上跳"中压侧旁路断路器"出口压板，再进行中压侧旁路电流输入端子切换（先投入接入端子，再停用短接端子）。

2）变压器中压侧断路器解环后，需要电压切换的先进行变压器保护电压切换，再进行变压器中压侧电流输入端子切换（先投入短接端子，再停用接入端子）。

（9）许可：变压器差动保护以及相应侧具有方向性保护的相量测试，且正确。

第三阶段：恢复正常方式运行。

（1）将变压器高压侧断路器由热备用转运行，旁路断路器由运行转热备用。

1）变压器高压侧断路器合环前，先进行变压器高压侧电流输入端子切换（先投入接入端子，再停用短接端子）。

2）高压侧旁路断路器解环后，变压器保护需要电压切换的先进行电压切换，再进行高压侧旁路电流输入端子切换（先投入短接端子，再停用接入端子），并停用被带变压器保护屏上跳"高压侧旁路断路器"出口压板。

（2）将变压器高压侧旁路断路器由热备用转冷备用，并拉开被带变压器高压侧断路器旁路侧隔离开关。

（3）将变压器中压侧断路器由热备用转运行，旁路断路器由运行转热备用。

1）变压器中压侧断路器合环前，先进行变压器中压侧电流输入端子切换（先投入接入端子，再停用短接端子）。

2）中压侧旁路断路器解环后，变压器保护需要电压切换的先进行电压切换，再进行中压侧旁路电流输入端子切换（先投入短接端子，再停用接入端子），并停用被带变压器保护屏上跳"中压侧旁路断路器"出口压板。

（4）将变压器中压侧旁路断路器由热备用转冷备用，并拉开被带变压器中压侧断路器旁路侧隔离开关。

（5）投入变压器差动保护以及相应侧具有方向性的保护。

（6）将变压器高压侧后备保护中相间、接地保护定值调至正常值。

（7）投入变压器高压侧断路器失灵保护。

（8）停用母联或分段断路器（变压器高压侧）串带变压器保护。

（9）变压器高压侧，恢复双母线或单母线分段正常运行方式。

（二）大型复杂操作注意事项

（1）由熟练的运行人员操作，运行值班负责人监护。

（2）操作中发生疑问时，应立即停止操作并向发令人报告。待发令人再行许可后，方可进行操作。不准擅自更改操作票，不准随意解除闭锁装置。

（3）操作前，应由集控站（或变电站）站长或值长组织全体当值人员做好如下准备：

1）必须了解系统的运行方式、继电保护及自动装置等情况；明确操作任务和停送电范围，并做好分工。

2）拟订操作顺序，确定装设接地线的部位、组数及应设的遮栏、标示牌。明确工作现场邻近带电部位，并制定出相应的措施。

3）考虑继电保护及自动装置与一次方式对应变化。按照保护定值通知单认真核对或调整保护定值，正确投退保护跳闸出口压板和保护功能压板等。

4）分析操作过程中可能出现的异常及应采取的措施。防止电压互感器二次短路或接地、防止电流互感器二次开路，并做好防止电压互感器、站用变压器二次反送电的措施。

5）根据调度操作指令填写操作票，并经过全体人员讨论通过后，由集控站（或变电站）站长或值长审核批准。

（4）在实际操作中，若运行人员对某条调度操作指令目的没有完全弄清时，应主动向调度提出疑问。

（5）倒闸操作间断及全部操作完毕后，应认真检查确认设备状况与调度操作指令一致。

二、大型复杂操作要求

1. 系统和一次设备

（1）冲击合闸断路器应具有足够的遮断容量，故障跳闸次数需在规定次数之内，继电保护应完整投入运行。

（2）选择距电源较远，对负荷影响较小的断路器做冲击合闸点。

（3）长距离高压输电线路在冲击合闸时，应防止导致发电机自励磁及其他内部过电压和末端电压的升高。220kV 线路应考虑充电功率对电压的影响，必要时应采取措施降低电压后冲击。

（4）选择对稳定影响较小的电源做冲击合闸电源，必要时应适当降低有关联络线的潮流。

（5）对电力变压器冲击合闸前，其中性点应临时接地。

（6）对有重大缺陷的设备检修后恢复操作时，也应考虑上述因素。

2. 保护配合

（1）充电断路器的所有保护定值正确且全部投入，如变压器保护、线路保护等均应投入。

1）为防止充电断路器拒动而扩大事故范围，常用投母联独立过电流保护（定值由调度整定并下令投停）的母联断路器串带出线断路器做保护相量测试。

2）第一次充电常利用保护完备的旁路断路器带路对设备冲击，此时要求旁路断路器保护要投入。

（2）缩短充电断路器的保护动作时限或更改电气量定值。

（3）停用充电断路器的重合闸装置，以防被充电设备故障，断路器跳闸后再重合。

（4）对可能受到影响不能正确工作且又影响其他设备正常运行的保护（如母差保护等）要先停用。

（5）充电时，故障录波装置或行波测距装置等应投入。

（6）设备充电正常后，应将保护定值以及保护状态恢复到正常运行方式。

若母差保护、线路保护或变压器差动等具有方向性的保护装置更换或二次回路接线有变动等，在设备投运后，带负荷前应停用进行相量测试，待正常后方可投入运行。

3. 旁路断路器保护及其定值

（1）旁路断路器停电时，如无特殊要求，其继电保护装置应处于投入状态。母联断路器装设的线路保护在运行时除调度特别下令投入外，均不投入。旁路断路器或母联断路器的线路保护只能作一次性有效使用，在带其他断路器时，必须重新调整或核对定值。

（2）旁路断路器带出线断路器运行，由现场自行调整继电保护定值，现场应存有正确无误的继电保护定值单。旁路断路器继电保护更换后，将该旁路断路器带所有出线的定值单一次启用。线路更换继电保护时，旁路断路器继电保护定值单随线路保护定值单的执行而启用。

三、大型复杂操作中异常情况的处理原则

参照高压开关类、线路、变压器等设备操作的处理原则。

四、大型复杂操作案例

1. 旁路代线路（或变压器）断路器停、送电操作

（1）操作任务：220kV 旁路 202 断路器代仿西 244 断路器运行，仿西 244 断路器由运行转检修。

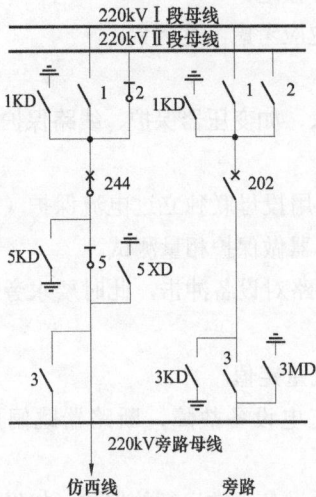

图 Z09F7001Ⅱ-5　220kV 旁路 202 开关、仿西 244 开关一次接线及运行方式

220kV 旁路 202 断路器、仿西 244 断路器一次接线及运行方式如图 Z09F7001Ⅱ-5 所示，操作步骤见表 Z09F7001Ⅱ-1。

220kV 旁路 202 断路器保护配置：RCS-902A 型微机高频闭锁保护、RCS-923A 型失灵启动和辅助保护、CZX-12R 型操作继电器箱。

220kV 仿西 244 断路器保护配置：RCS-901A 型微机方向高频保护、LFX-912 型收发信机、CZX-12R 型操作继电器箱，RCS-902A 型微机高频闭锁保护、LFX-912 型收发信机、RCS-923A 型失灵启动和辅助保护。

220kV 母线保护配置：RCS-915AB 型微机母差保护。

表 Z09F7001Ⅱ-1　220kV 旁路 202 断路器代仿西 244 断路器操作步骤

顺序	操　作　项　目	操作目的
1	检查 220kV 旁路 202 断路器间隔接地刀闸三相确已拉开	检查送电范围内接地刀闸已拉开
2	检查 220kV 旁路母线间隔接地刀闸三相确已拉开	
3	将 220kV 旁路 202 断路器失灵启动和辅助保护定值切至"4"区	调整 202 断路器失灵启动和辅助保护定值（换区操作）
4	将 220kV 旁路 202 断路器失灵启动和辅助保护"确认"键按下	
5	检查 220kV 旁路 202 断路器失灵启动和辅助保护运行正常	
6	打印 220kV 旁路 202 断路器失灵启动和辅助保护定值	
7	检查 220kV 旁路 202 断路器失灵启动和辅助保护定值正确	

顺序	操 作 项 目	操作目的
8	将220kV旁路202断路器微机高频闭锁保护定值切至"4"区	调整202断路器微机高频闭锁保护定值（换区操作）
9	将220kV旁路202断路器微机高频闭锁保护"确认"键按下	
10	检查220kV旁路202断路器微机高频闭锁保护运行正常	
11	打印220kV旁路202断路器微机高频闭锁保护定值	
12	检查220kV旁路202断路器微机高频闭锁保护定值正确	
13	检查220kV旁路202断路器电流互感器电流输入端子确在"短接"位置	检查202断路器电流输入端子
14	将220kV旁路202断路器微机高频闭锁保护"重合闸方式切换开关"由"停用"切至"单重"位置	投入202断路器单相重合闸
15	投入220kV旁路202断路器微机高频闭锁保护"重合闸合闸出口"压板	
16	将220kV旁路202断路器微机高频闭锁保护"沟通三跳"压板由"投入"切至"停用"位置	
17	投入220kV旁路202断路器微机高频闭锁保护"A相出口跳闸"压板	投入202断路器微机高频闭锁保护中的后备保护
18	投入220kV旁路202断路器微机高频闭锁保护"B相出口跳闸"压板	
19	投入220kV旁路202断路器微机高频闭锁保护"C相出口跳闸"压板	
20	投入220kV旁路202断路器微机高频闭锁保护"投距离保护"压板	
21	投入220kV旁路202断路器微机高频闭锁保护"投方向零序保护"压板	
22	检查220kV旁路202断路器微机高频闭锁保护"投主保护"压板已停用	
23	检查220kV旁路202断路器微机高频闭锁保护"置检修状态"压板已停用	
24	投入220kV母差保护"跳旁路202断路器Ⅰ跳闸线圈"压板	投入202断路器母差和失灵保护压板
25	投入220kV母差保护"跳旁路202断路器Ⅱ跳闸线圈"压板	
26	投入220kV母差保护"旁路202断路器失灵启动"压板	
27	检查220kV旁路202断路器确在分闸位置	将202断路器由冷备用转热备用，检查相关保护屏上指示灯
28	合上220kV旁路202-2隔离开关控制电源开关	
29	合上220kV旁路202-2隔离开关	
30	检查220kV旁路202-2隔离开关三相确已合上	
31	检查220kV旁路202断路器操作继电器箱"L2"指示灯亮	
32	检查220kV母差保护"旁路202-2隔离开关"位置指示灯亮	
33	检查220kV母差保护"旁路202-2隔离开关"位置报警灯亮	
34	将220kV母差保护"隔离开关位置确认"按钮按下	

顺序	操 作 项 目	操作目的
35	断开 220kV 旁路 202-2 隔离开关控制电源开关	将 202 断路器由冷备用转热备用，检查相关保护屏上指示灯
36	合上 220kV 旁路 202-3 隔离开关控制电源开关	
37	合上 220kV 旁路 202-3 隔离开关	
38	检查 220kV 旁路 202-3 隔离开关三相确已合上	
39	断开 220kV 旁路 202-3 隔离开关控制电源开关	
40	将 220kV 旁路 202 断路器同期切换开关由"断开"切至"不同期"位置	用 202 断路器对旁路母线冲击一次，并拉开
41	检查 220kV 旁路 202 断路器远方/就地切换开关在"就地"位置	
42	合上 220kV 旁路 202 断路器	
43	检查 220kV 旁路 202 断路器三相确已合上	
44	检查 220kV 旁路母线充电正常	
45	将 220kV 旁路 202 断路器同期切换开关由"不同期"切至"断开"位置	
46	拉开 220kV 旁路 202 断路器	
47	检查 220kV 旁路 202 断路器三相确已拉开	
48	停用 220kV 仿西 244 断路器微机方向高频保护"投主保护"压板	停用 244 断路器方向高频保护（不能切换）
49	断开 220kV 仿西 244 断路器方向高频保护收发信机逆变电源开关	
50	合上 220kV 仿西线 244-3 隔离开关控制电源开关	合上 244 断路器旁路侧隔离开关
51	合上 220kV 仿西线 244-3 隔离开关	
52	检查 220kV 仿西线 244-3 隔离开关三相确已合上	
53	断开 220kV 仿西线 244-3 隔离开关控制电源开关	
54	检查 220kV 仿西 244 断路器负荷电流显示为×××A	用 202 断路器合环，244 断路器解环，检查负荷分配
55	将 220kV 旁路 202 断路器同期切换开关由"断开"切至"同期"位置	
56	合上 220kV 旁路 202 断路器	
57	检查 220kV 旁路 202 断路器三相确已合上	
58	检查 220kV 旁路 202 断路器负荷分配正常，电流显示为×××A	
59	检查 220kV 仿西 244 断路器负荷分配正常，电流显示为×××A	
60	将 220kV 旁路 202 断路器远方/就地切换开关由"就地"切至"远方"位置	
61	将 220kV 旁路 202 断路器同期切换开关由"同期"切至"断开"位置	
62	将 220kV 仿西 244 断路器远方/就地切换开关由"远方"切至"就地"位置	

续表

顺序	操 作 项 目	操作目的
63	拉开 220kV 仿西 244 断路器	用 202 断路器合环，244 断路器解环，检查负荷分配
64	检查 220kV 仿西 244 断路器三相确已拉开	
65	检查 220kV 旁路 202 断路器负荷电流显示为×××A	
66	停用 220kV 仿西 244 断路器微机高频闭锁保护"投主保护"压板	将 244 断路器高频闭锁保护由"本线"切至"旁路"
67	将 220kV 仿西 244 断路器高频闭锁保护通道切换开关 1 由"本线"切至"旁路"位置	
68	将 220kV 仿西 244 断路器高频闭锁保护通道切换开关 2 由"本线"切至"旁路"位置	
69	检查 220kV 仿西 244 断路器高频闭锁保护通道正常	
70	检查 220kV 旁路 202 断路器微机高频闭锁保护"通道异常"指示灯灭	
71	投入 220kV 旁路 202 断路器微机高频闭锁保护"投主保护"压板	
72	断开 220kV 仿西 244 断路器合闸电源开关	断开 244 断路器合闸电源
73	合上 220kV 仿西线 244-5 隔离开关控制电源开关	将 244 断路器由热备用转冷备用，检查相关保护屏上指示灯
74	拉开 220kV 仿西线 244-5 隔离开关	
75	检查 220kV 仿西线 244-5 隔离开关三相确已拉开	
76	断开 220kV 仿西线 244-5 隔离开关控制电源开关	
77	合上 220kV 仿西线 244-2 隔离开关控制电源开关	
78	拉开 220kV 仿西线 244-2 隔离开关	
79	检查 220kV 仿西线 244-2 隔离开关三相确已拉开	
80	检查 220kV 仿西 244 断路器操作继电器箱"L2"指示灯灭	
81	检查 220kV 母差保护"仿西线 244-2 隔离开关"位置指示灯灭	
82	检查 220kV 母差保护"仿西线 244-2 隔离开关"位置报警灯亮	
83	将 220kV 母差保护"隔离开关位置确认"按钮按下	
84	断开 220kV 仿西线 244-2 隔离开关控制电源开关	
85	检查 220kV 仿西线 244-1 隔离开关三相确已拉开	
86	在 220kV 仿西 244 断路器与 220kV 仿西线 244-1 隔离开关之间验明三相确无电压	合上 244 断路器两侧接地刀闸
87	合上 220kV 仿西 244-1KD 接地刀闸	
88	检查 220kV 仿西 244-1KD 接地刀闸三相确已合上	

续表

顺序	操 作 项 目	操作目的
89	在 220kV 仿西 244 断路器与 220kV 仿西线 244-5 隔离开关之间验明三相确无电压	合上 244 断路器两侧接地刀闸
90	合上 220kV 仿西 244-5KD 接地刀闸	
91	检查 220kV 仿西 244-5KD 接地刀闸三相确已合上	
92	停用 220kV 母差保护"仿西 244 断路器失灵启动"压板	停用 244 断路器母差和失灵保护压板等
93	停用 220kV 母差保护"跳仿西 244 断路器 I 跳闸线圈"压板	
94	停用 220kV 母差保护"跳仿西 244 断路器 II 跳闸线圈"压板	
95	停用 220kV 仿西 244 断路器"遥控"连接片	
96	断开 220kV 仿西 244 断路器控制电源 I 开关	断开 244 断路器控制电源
97	断开 220kV 仿西 244 断路器控制电源 II 开关	
98	汇报调度	

注　220kV 仿西 244 断路器由检修转运行，旁路 202 断路器由运行转冷备用的操作顺序反之。220kV 旁路断路器代其他线路断路器、110kV 及以下旁路断路器代线路断路器的停送电操作，除保护配置不同外，其操作顺序基本相同。

（2）操作任务：220kV 1 号变压器 211 断路器由检修转运行，旁路 202 断路器由运行转冷备用。

220kV 旁路 202 断路器、1 号变压器 211 断路器一次接线及运行方式如图 Z09F7001 II -6 所示，操作步骤见表 Z09F7001 II -2。

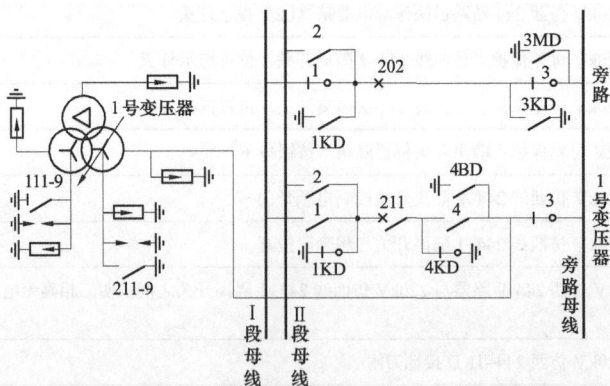

图 Z09F7001 II -6　220kV 旁路 202 断路器、1 号变压器 211 断路器一次接线及运行方式

220kV 旁路 202 断路器保护配置：RCS−902A 型微机高频闭锁保护、RCS−923A 型失灵启动和辅助保护、CZX−12R 型操作继电器箱。

220kV 1 号变压器保护配置：PST−1202A 型差动及后备保护、PST−1206A 型失灵保护、PST−1212 型操作箱（高压侧），PST−1202B 型差动及后备保护、PST−1210C 型本体保护、PST−1211 型中压操作箱、PST−1210 型低压操作箱。

220kV 母线保护配置：RCS−915AB 型微机母差保护。

表 Z09F7001Ⅱ−2　220kV 旁路 202 断路器代 1 号变压器 211 断路器操作步骤

顺序	操　作　项　目	操作目的
1	合上 220kV 1 号变压器 211 断路器控制电源Ⅰ开关	合上 211 断路器控制电源
2	合上 220kV 1 号变压器 211 断路器控制电源Ⅱ开关	
3	投入 220kV 1 号变压器 211 断路器"遥控"压板	投入 211 断路器"遥控"压板
4	投入 220kV 1 号变压器微机保护 A 屏"跳高压侧断路器Ⅰ跳闸线圈"压板	投入 1 号变压器微机保护"跳高压侧断路器跳圈"压板
5	投入 220kV 1 号变压器微机保护 A 屏"跳高压侧断路器Ⅱ跳闸线圈"压板	
6	投入 220kV 1 号变压器微机保护 B 屏"跳高压侧断路器Ⅰ跳闸线圈"压板	
7	投入 220kV 1 号变压器微机保护 B 屏"跳高压侧断路器Ⅱ跳闸线圈"压板	
8	投入 220kV 1 号变压器微机保护 B 屏"本体保护跳高压侧断路器Ⅰ跳闸线圈"压板	
9	投入 220kV 1 号变压器微机保护 B 屏"本体保护跳高压侧断路器Ⅱ跳闸线圈"压板	
10	投入 220kV 母差保护"跳 1 号变压器 211 断路器Ⅰ跳圈"压板	投入 211 断路器母差和失灵保护压板
11	投入 220kV 母差保护"跳 1 号变压器 211 断路器Ⅱ跳圈"压板	
12	投入 220kV 母差保护"1 号变压器 211 断路器失灵启动"压板	
13	拉开 220kV 1 号变压器 211−4KD 接地刀闸	拉开 211 断路器两侧接地刀闸
14	检查 220kV 1 号变压器 211−4KD 接地刀闸三相确已拉开	
15	拉开 220kV 1 号变压器 211−1KD 接地刀闸	
16	检查 220kV 1 号变压器 211−1KD 接地刀闸三相确已拉开	
17	检查 220kV 1 号变压器 211 断路器确在分闸位置	将 211 断路器由冷备用转热备用，检查相关保护屏上指示灯
18	合上 220kV 1 号变压器 211−1 隔离开关控制电源开关	
19	合上 220kV 1 号变压器 211−1 隔离开关	

续表

顺序	操 作 项 目	操作目的
20	检查 220kV 1 号变压器 211–1 隔离开关三相确已合上	将 211 断路器由冷备用转热备用，检查相关保护屏上指示灯
21	检查 220kV 1 号变压器 211 断路器操作箱"Ⅰ母运行"指示灯亮	
22	检查 220kV 母差保护"1 号变压器 211–1 隔离开关"位置指示灯亮	
23	检查 220kV 母差保护"1 号变压器 211–1 隔离开关"位置报警灯亮	
24	将 220kV 母差保护"隔离开关位置确认"按钮按下	
25	断开 220kV 1 号变压器 211–1 隔离开关控制电源开关	
26	合上 220kV 1 号变压器 211–4 隔离开关控制电源开关	
27	合上 220kV 1 号变压器 211–4 隔离开关	
28	检查 220kV 1 号变压器 211–4 隔离开关三相确已合上	
29	断开 220kV 1 号变压器 211–4 隔离开关控制电源开关	
30	合上 220kV 1 号变压器 211 断路器合闸电源开关	合上 211 断路器合闸电源
31	检查 220kV 旁路 202 断路器微机高频闭锁保护运行正常	投入 202 断路器微机高频闭锁保护中的后备保护
32	测量 220kV 旁路 202 断路器微机高频闭锁保护"A 相跳闸出口"压板两端对地无异极性电压	
33	投入 220kV 旁路 202 断路器微机高频闭锁保护"A 相跳闸出口"压板	
34	测量 220kV 旁路 202 断路器微机高频闭锁保护"B 相跳闸出口"压板两端对地无异极性电压	
35	投入 220kV 旁路 202 断路器微机高频闭锁保护"B 相跳闸出口"压板	
36	测量 220kV 旁路 202 断路器微机高频闭锁保护"C 相跳闸出口"压板两端对地无异极性电压	
37	投入 220kV 旁路 202 断路器微机高频闭锁保护"C 相跳闸出口"压板	
38	投入 220kV 旁路 202 断路器微机高频闭锁保护"投距离保护"压板	
39	投入 220kV 旁路 202 断路器微机高频闭锁保护"投零序保护"压板	
40	停用 220kV 1 号变压器微机保护 A 屏"差动保护"压板	停用 1 号变压器微机保护 A 屏差动及高压侧后备保护
41	停用 220kV 1 号变压器微机保护 A 屏"高压侧复合电压方向过电流保护Ⅰ段"压板	

顺序	操作项目	操作目的
42	停用 220kV 1 号变压器微机保护 A 屏"高压侧复合电压方向过电流保护Ⅱ段"压板	停用 1 号变压器微机保护 A 屏差动及高压侧后备保护
43	停用 220kV 1 号变压器微机保护 A 屏"高压侧复合电压过电流保护"压板	
44	停用 220kV 1 号变压器微机保护 A 屏"高压侧零序方向过电流保护Ⅰ段"压板	
45	停用 220kV 1 号变压器微机保护 A 屏"高压侧零序方向过电流保护Ⅱ段"压板	
46	投入 220kV 1 号变压器微机保护 A 屏"高压侧电流输入"接入端子	投入 1 号变压器微机保护 A 屏高压侧电流输入
47	停用 220kV 1 号变压器微机保护 A 屏高压侧电流输入短接端子	
48	投入 220kV 1 号变压器微机保护 B 屏"高压侧复合电压方向过电流保护Ⅰ段"压板	投入 1 号变压器微机保护 B 屏高压侧后备保护
49	投入 220kV 1 号变压器微机保护 B 屏"高压侧复合电压方向过电流保护Ⅱ段"压板	
50	投入 220kV 1 号变压器微机保护 B 屏"高压侧复合电压过电流保护"压板	
51	投入 220kV 1 号变压器微机保护 B 屏"高压侧零序方向过电流保护Ⅰ段"压板	
52	投入 220kV 1 号变压器微机保护 B 屏"高压侧零序方向过电流保护Ⅱ段"压板	
53	检查 220kV 旁路 202 断路器负荷电流显示为×××A	用 211 断路器合环，202 断路器解环，检查负荷分配
54	检查 220kV 1 号变压器 211 断路器远方/就地切换开关在"就地"位置	
55	合上 220kV 1 号变压器 211 断路器	
56	检查 220kV 1 号变压器 211 断路器三相确已合上	
57	检查 220kV 1 号变压器 211 断路器负荷分配正常，电流显示为×××A	
58	检查 220kV 旁路 202 断路器负荷分配正常，电流显示为×××A	
59	将 220kV 1 号变压器 211 断路器远方/就地切换开关由"就地"切至"远方"位置	
60	将 220kV 旁路 202 断路器远方/就地切换开关由"远方"切至"就地"位置	
61	拉开 220kV 旁路 202 断路器	
62	检查 220kV 旁路 202 断路器三相确已拉开	
63	检查 220kV 1 号变压器 211 断路器"负荷电流"显示为×××A	

顺序	操 作 项 目	操作目的
64	将 220kV 1 号变压器微机保护 A 屏"高压侧保护电压切换开关"由"旁路"切至"本线"位置	1 号变压器微机保护 A 屏高压侧保护电压切换
65	检查 220kV 1 号变压器微机保护 B 屏"差动保护"差流正常	投入 1 号变压器微机保护 B 屏差动保护
66	投入 220kV 1 号变压器微机保护 B 屏"差动保护"压板	
67	投入 220kV 旁路 202 断路器保护屏"电流输入"短接端子	短接 202 断路器保护屏上电流输入端子
68	停用 220kV 旁路 202 断路器保护屏"电流输入"接入"带 1 号变压器"端子	
69	检查 220kV 1 号变压器微机保护 A 屏"差动保护"差流正常	投入 1 号变压器微机保护 A 屏差动及高压侧后备保护
70	投入 220kV 1 号变压器微机保护 A 屏"差动保护"压板	
71	投入 220kV 1 号变压器微机保护 A 屏"高压侧复合电压方向过电流保护Ⅰ段"压板	
72	投入 220kV 1 号变压器微机保护 A 屏"高压侧复合电压方向过电流保护Ⅱ段"压板	
73	投入 220kV 1 号变压器微机保护 A 屏"高压侧复合电压过电流保护"压板	
74	投入 220kV 1 号变压器微机保护 A 屏"高压侧零序方向过电流保护Ⅰ段"压板	
75	投入 220kV 1 号变压器微机保护 A 屏"高压侧零序方向过电流保护Ⅱ段"压板	
76	检查 220kV 1 号变压器微机失灵保护运行正常	投入 1 号变压器失灵保护
77	投入 220kV 1 号变压器微机保护 A 屏"高压侧断路器失灵启动"压板	
78	投入 220kV 1 号变压器微机保护 A 屏"高压侧后备保护Ⅰ时限解除复压闭锁"压板	
79	停用 220kV 1 号变压器微机保护 A 屏"跳高压侧旁路断路器Ⅰ线圈"压板	停用 1 号变压器微机保护"跳高压侧断路器跳闸线圈"压板
80	停用 220kV 1 号变压器微机保护 A 屏"跳高压侧旁路断路器Ⅱ线圈"压板	
81	停用 220kV 1 号变压器微机保护 B 屏"跳高压侧旁路断路器Ⅰ线圈"压板	
82	停用 220kV 1 号变压器微机保护 B 屏"跳高压侧旁路断路器Ⅱ线圈"压板	
83	停用 220kV 1 号变压器微机保护 B 屏"本体保护跳高压侧旁路断路器Ⅰ线圈"压板	
84	停用 220kV 1 号变压器微机保护 B 屏"本体保护跳高压侧旁路断路器Ⅱ线圈"压板	

续表

顺序	操作项目	操作目的
85	合上 220kV 1 号变压器 211-3 隔离开关控制电源开关	拉开 211 断路器旁路侧隔离开关，检查相关保护屏上指示灯
86	拉开 220kV 1 号变压器 211-3 隔离开关	
87	检查 220kV 1 号变压器 211-3 隔离开关三相确已拉开	
88	检查 220kV 1 号变压器 211 断路器操作箱"旁路"指示灯灭	
89	断开 220kV 1 号变压器 211-3 隔离开关控制电源开关	
90	合上 220kV 旁路 202-3 隔离开关控制电源开关	将 202 断路器由热备用转冷备用检查相关保护屏上指示灯
91	拉开 220kV 旁路 202-3 隔离开关	
92	检查 220kV 旁路 202-3 隔离开关三相确已拉开	
93	断开 220kV 旁路 202-3 隔离开关控制电源开关	
94	合上 220kV 旁路 202-1 隔离开关控制电源开关	
95	拉开 220kV 旁路 202-1 隔离开关	
96	检查 220kV 旁路 202-1 隔离开关三相确已拉开	
97	检查 220kV 旁路 202 断路器操作继电器箱"L1"指示灯灭	
98	检查 220kV 母差保护"旁路 202-1 隔离开关"位置指示灯灭	
99	检查 220kV 母差保护"旁路 202-1 隔离开关"位置报警灯亮	
100	将 220kV 母差保护"隔离开关位置确认"按钮按下	
101	断开 220kV 旁路 202-1 隔离开关控制电源开关	
102	检查 220kV 旁路 202-2 隔离开关三相确已拉开	
103	汇报调度	—

注　220kV 旁路 202 断路器代 1 号变压器 211 断路器运行，1 号变压器 211 断路器由运行转检修的操作顺序反之。220kV 旁路断路器代其他主变压器断路器、110kV 旁路断路器代主变压器断路器的停、送电操作，除保护配置不同外，其操作顺序基本相同。

2. 母联断路器串带线路或变压器断路器的操作

（1）操作任务：220kV 仿西 244 线路大修及保护更换后启动送电。

220kV 母线一次接线及运行方式如图 Z09F7001Ⅱ-7 所示，操作见表 Z09F7001Ⅱ-3，1 号、2 号变压器中、低压侧不考虑合环运行。

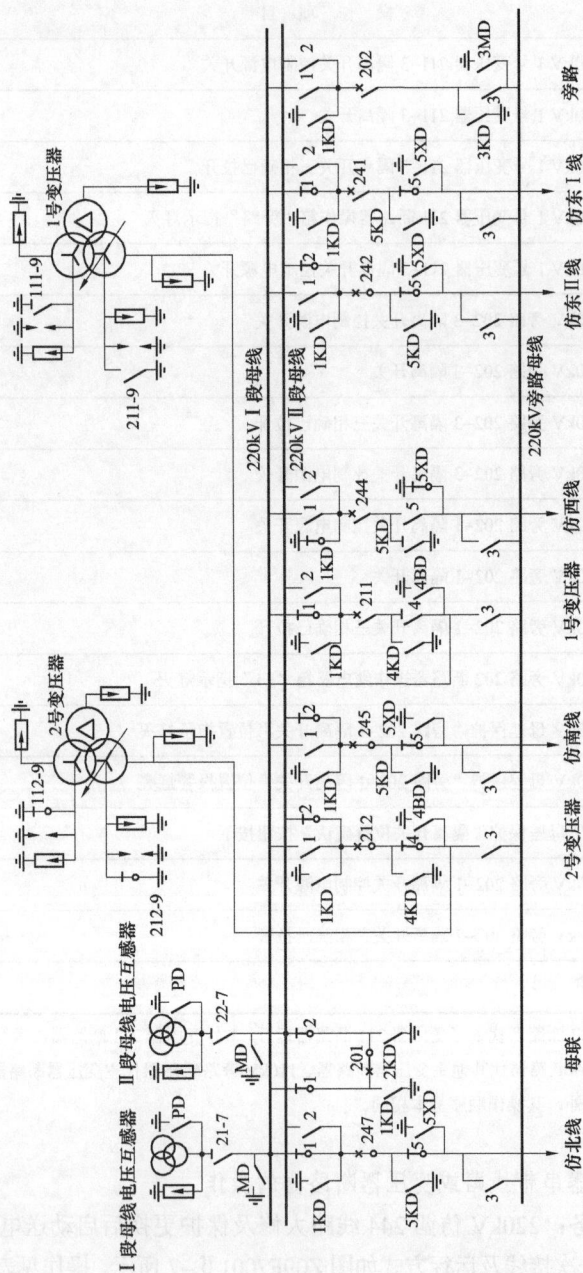

图 Z09F7001Ⅱ-7 220kV 母线一次接线及运行方式（仿西 244 线路及断路器检修）

220kV 母联 201 断路器保护配置：RCS–923A 型独立过电流保护（失灵启动和辅助保护）、CZX–12R 型操作继电器箱。

220kV 仿西 244 断路器保护配置：RCS–901A 型微机方向高频保护、LFX–912 型收发信机、CZX–12R 型操作继电器箱，RCS–902A 型微机高频闭锁保护、LFX–912 型收发信机、RCS–923A 型失灵启动和辅助保护。

220kV 母线保护配置：RCS–915AB 型微机母差保护。

表 Z09F7001 Ⅱ–3　220kV 仿西 244 线路大修及保护更换后启动送电操作

顺序	操　作　目　的
1	将 220kV 仿西 244 线路及断路器由检修转冷备用
2	将 220kV 仿西 244 断路器微机方向高频保护、微机高频闭锁保护、失灵启动和辅助保护定值分别按×号、×号、×号保护定值通知单调整
3	投入 220kV 仿西 244 断路器微机方向高频保护、微机高频闭锁保护中的后备保护，并将后备保护距离Ⅱ段时间定值调至 0.2s
4	将 220kVⅡ段母线上所有断路器倒至Ⅰ段母线运行
5	将 220kV 母联 201 断路器独立过电流保护按×号定值通知单调整，并投入
6	停用 220kV 母差保护
7	将 220kV 仿西 244 断路器由冷备用转热备用于 220kVⅡ段母线
8	用 220kV 仿西 244 断路器对线路冲击两次，正常后拉开
9	合上 220kV 仿西 244 断路器（对线路及对侧母线送电，对侧核相正确后合环）
	许可：220kV 仿西 244 断路器保护相量、通道对调测试及接入母差保护相量测试，且正确
10	停用 220kV 仿西 244 断路器微机方向高频保护、微机高频闭锁保护中的后备保护，并将后备保护距离Ⅱ段时间定值调至正常值
11	投入 220kV 母差保护
12	投入 220kV 仿西 244 断路器微机方向高频保护、微机高频闭锁保护中的后备保护
13	将 220kV 仿西 244 断路器方向高频保护由"停用"改投"信号"
14	将 220kV 仿西 244 断路器方向高频保护由"信号"改投"跳闸"
15	将 220kV 仿西 244 断路器高频闭锁保护由"停用"改投"信号"
16	将 220kV 仿西 244 断路器高频闭锁保护由"信号"改投"跳闸"

续表

顺序	操 作 目 的
17	投入 220kV 仿西 244 断路器单相重合闸
18	投入 220kV 仿西 244 断路器失灵保护
19	停用 220kV 母联 201 断路器独立过电流保护
20	将 220kV 母线恢复双母线正常运行方式

（2）操作任务：220kV 1 号变压器大修及保护更换后启动送电。

变电站一次接线及运行方式如图 Z09F7001Ⅱ–8 所示，操作见表 Z09F7001Ⅱ–4，1 号、2 号变压器中、低压侧不考虑合环运行。

220kV 母线保护配置：RCS–915AB 型微机母差保护。

110kV 母线保护配置：WMZ–41A 型微机母差保护。

220kV 1 号变压器保护配置：PST–1202A 型差动及后备保护、PST–1206A 型失灵保护、PST–1212 型操作箱（高压侧）；PST–1202B 型差动及后备保护、PST–1210C 型本体保护、PST–1211 型中压操作箱、PST–1210 型低压操作箱。

220kV 2 号变压器保护配置：RCS–978 型差动及后备保护、RCS–974A 型非电量及失灵辅助保护、LFP–974B 型电压切换及操作回路（中、低压侧），RCS–978 型差动及后备保护、LFP–974E 型操作继电器箱（高压侧）。

220kV 母联 201 断路器保护配置：RCS–923A 型独立过电流保护（失灵启动和辅助保护）、CZX–12R 型操作继电器箱。

220kV 仿东Ⅰ、Ⅱ241、242 断路器保护配置：RCS–931A 型第一套微机光纤纵差保护、CZX–12R 型操作继电器箱，PSL–603G 型第二套微机光纤纵差保护、PSL–631A 型断路器失灵及辅助保护。

220kV 仿西 244 断路器、仿南 245 断路器、仿北 247 断路器保护配置：RCS–901A 型微机方向高频保护、LFX–912 型收发信机、CZX–12R 型操作继电器箱，RCS–902A 型微机高频闭锁保护、LFX–912 型收发信机、RCS–923A 型失灵启动和辅助保护。

110kV 线路断路器保护配置：RCS–941A 型三段相间和接地距离保护、四段零序方向过电流保护和三相一次重合闸等。

站用电系统装有站用电源自动切换装置，正常运行时，低压Ⅰ、Ⅱ段母线分列运行。

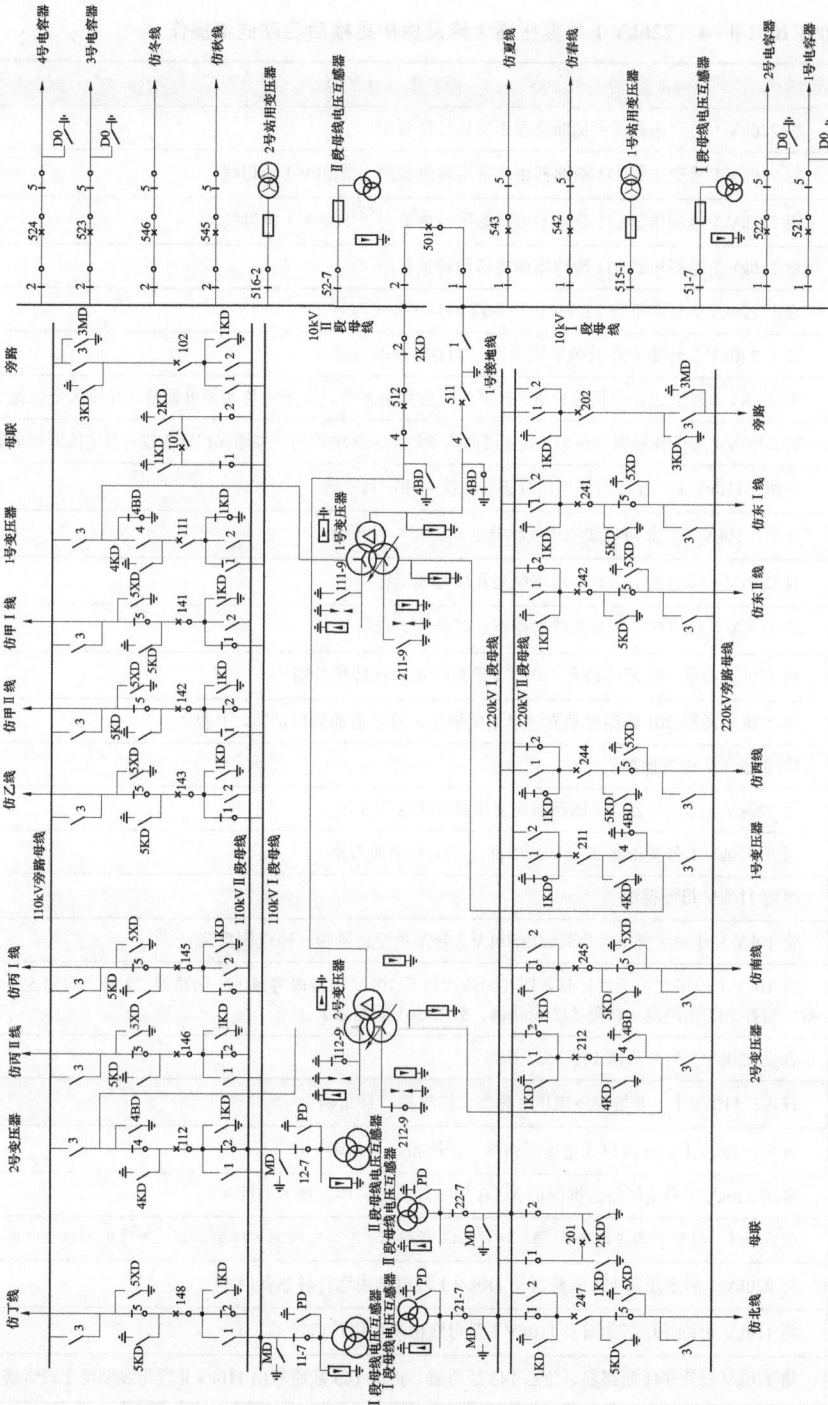

图 Z097001 Ⅱ-8 变电站一次接线及运行方式（1号变压器及三测开关检修）

表 Z09F7001Ⅱ-4   220kV 1 号变压器大修及保护更换后启动送电操作

顺序	操 作 目 的
1	将 220kV 1 号变压器及各侧断路器由检修转冷备用
2	将 220kV 1 号变压器 211 断路器由冷备用转热备用于 220kV Ⅰ 段母线
3	将 220kV 1 号变压器 111 断路器由冷备用转热备用于 110kV Ⅰ 段母线
4	将 220kV 1 号变压器 511 断路器由冷备用转热备用
5	合上 220kV 1 号变压器 220kV 侧中性点 211-9 接地刀闸
6	合上 220kV 1 号变压器 110kV 侧中性点 111-9 接地刀闸
7	将 220kV 1 号变压器微机保护 A、B 屏定值分别按×号、×号定值通知单调整，并投入全部保护
8	将 220kV 1 号变压器微机保护 A、B 屏高压侧后备保护中相间、接地保护定值按×号值通知单调整
	许可：110kV Ⅰ、Ⅱ 段母线电压互感器二次对相，且正确
	许可：10kV Ⅰ、Ⅱ 段母线电压互感器二次对相，且正确
9	将 220kV Ⅰ 段母线上所有断路器倒至 Ⅱ 段母线运行
10	将 110kV Ⅰ 段母线上所有断路器倒至 Ⅱ 段母线运行
11	将 110kV 母联 101 断路器及 110kV Ⅰ 段母线由运行转热备用
12	将 220kV 母联 201 断路器独立过电流保护按×号定值通知单调整，并投入
13	停用 220kV 母差保护
14	用 220kV 1 号变压器 211 断路器对变压器冲击合闸 3 次
15	拉开 220kV 1 号变压器 220kV 侧中性点 211-9 接地刀闸
16	停用 110kV 母差保护
17	将 10kV 1 号站用变压器负荷倒由 10kV 2 号站用变压器带（停电倒负荷）
18	将 10kV Ⅰ 段母线由运行转热备用（即依次拉开 10kV 1 号电容器 521 断路器、2 号电容器 522 断路器、仿春 542 断路器、仿夏 543 断路器、分段 501 断路器）
19	合上 220kV 1 号变压器 111、511 断路器
	许可：110kV Ⅰ、Ⅱ 段母线电压互感器二次核相，且正确
	许可：10kV Ⅰ、Ⅱ 段母线电压互感器二次核相，且正确
20	停用 220kV 1 号变压器微机保护 A、B 屏差动及高、中压侧方向性保护
21	依次合上 10kV 仿春 542 断路器、仿夏 543 断路器、1 号电容器 521 断路器、2 号电容器 522 断路器
22	将 220kV 1 号变压器 111 断路器及 110kV Ⅰ 段母线由运行转热备用
23	将 110kV 母联 101 断路器及 110kV Ⅰ 段母线由热备用转运行
24	将 110kV 仿甲 141 断路器、仿乙 143 断路器、仿丙 145 断路器由 110kV Ⅱ 段母线倒至 Ⅰ 段母线运行

顺序	操 作 目 的
25	合上 220kV 1 号变压器 111 断路器（合环）
26	拉开 110kV 母联 101 断路器（解环）
	许可：220kV 1 号变压器微机保护 A、B 屏差动及高、中压侧方向性保护相量测试，且正确
	许可：220kV 1 号变压器高中压侧接入 220kV、110kV 母差保护相量测试，且正确
27	投入 220kV 母差保护（220kV 1 号变压器 211 断路器失灵保护不投入）
28	投入 110kV 母差保护
29	将 220kV 旁路 202 断路器微机高频闭锁保护中的后备保护、失灵保护定值分别按×号、×号保护定值通知单调整，并投入其后备保护及失灵保护（单相重合闸停用）
30	用 220kV 旁路 202 断路器对旁路母线冲击一次，正常后拉开
31	停用 220kV 旁路 202 断路器的失灵保护
32	合上 220kV 1 号变压器 211-3 隔离开关，对旁路母线充电
33	将 220kV 旁路 202 断路器带 220kV 1 号变压器 211 断路器运行，220kV 1 号变压器 211 断路器由运行转热备用
	备注：① 220kV 旁路 202 断路器合环前，先投入 220kV 1 号变压器保护屏上跳"高压侧旁路断路器"出口压板，再进行 220kV 旁路 202 断路器电流输入端子切换（先投入接入端子，再停用短接端子）；② 220kV 1 号变压器 211 断路器解环后，先进行 220kV 1 号变压器高压侧保护电流切换，再进行 220kV 1 号变压器高压侧电流输入端子切换（先投入短接端子，再停用接入端子）
34	将 110kV 旁路 102 断路器微机线路保护定值按×号保护定值通知单调整，并投入距离保护和方向零序保护（三相一次重合闸停用）
35	用 110kV 旁路 102 断路器对旁路母线冲击一次，正常后拉开
36	合上 220kV 1 号变压器 111-3 隔离开关，对旁路母线充电
37	将 110kV 旁路 102 断路器带 220kV 1 号变压器 111 断路器运行，220kV 1 号变压器 111 断路器由运行转热备用
	备注：① 110kV 旁路 102 断路器合环前，先投入 220kV 1 号变压器保护屏上跳"中压侧旁路断路器"出口压板，再进行 110kV 旁路 102 断路器电流输入端子切换（先投入接入端子，再停用短接端子）；② 220kV 1 号变压器 111 断路器解环后，先进行 220kV 1 号变压器中压侧保护电压切换，再进行 220kV 1 号变压器中压侧电流输入端子切换（先投入短接端子，再停用接入端子）
	许可：220kV、110kV 旁路断路器带路运行时，220kV 1 号变压器微机保护 A 屏差动及高、中压侧方向性保护相量测试，且正确
38	将 220kV 1 号变压器 211 断路器由热备用转运行，220kV 旁路 202 断路器由运行转热备用
	备注：① 220kV 1 号变压器 211 断路器合环前，先进行 220kV 1 号变压器高压侧电流输入端子切换（先投入接入端子，再停用短接端子）；② 220kV 旁路 202 断路器解环后，先进行 220kV 1 号变压器高压侧保护电压切换，再进行 220kV 旁路 202 断路器电流输入端子切换（先投入短接端子，再停用接入端子），并停用 220kV 1 号变压器保护屏上跳"高压侧旁路断路器"出口压板
39	将 220kV 旁路 202 断路器由热备用转冷备用

顺序	操 作 目 的
40	拉开 220kV 1 号变压器 211-3 隔离开关
41	将 220kV 1 号变压器 111 断路器由热备用转运行，110kV 旁路 102 断路器由运行转热备用
	备注：① 220kV 1 号变压器 111 断路器合环前，先进行 220kV 1 号变压器中压侧电流输入端子切换（先投入接入端子，再停用短接端子）；② 110kV 旁路 102 断路器解环后，先进行 220kV 1 号变压器中压侧保护电压切换，再进行 110kV 旁路 102 断路器电流输入端子切换（先投入短接端子，再停用接入端子），并停用 220kV 1 号变压器保护屏上跳"中压侧旁路断路器"出口压板
42	将 110kV 旁路 102 断路器由热备用转冷备用
43	拉开 220kV 1 号变压器 111-3 隔离开关
44	投入 220kV 1 号变压器微机保护 A、B 屏差动及高、中压侧方向性保护
45	将 220kV 1 号变压器微机保护 A、B 屏高压侧后备保护中相间、接地保护定值调至正常值
46	投入 220kV 1 号变压器 211 断路器失灵保护
47	停用 220kV 母联 201 断路器独立过电流保护
48	将 220kV 母线恢复双母线正常运行方式
49	将站用交流电系统恢复正常方式（停电倒负荷）

【思考与练习】

1. 更换或大修后的线路或变压器送电时，有哪些规定？

2. 大型复杂操作前，集控站（或变电站）应做好哪些准备工作？

3. 对于双重化变压器微机保护，当旁路断路器代路时其电流切换回路有几种形式？如何进行切换？

▲ 模块 2 大型复杂操作危险点源分析（Z09F7002Ⅲ）

【模块描述】本模块包含大型复杂操作的危险点分析；通过案例介绍，达到能正确分析大型复杂操作危险点源，能制定预控措施的目的。

【模块内容】

一、旁路代线路（或变压器）断路器停、送电操作危险点分析

（1）220kV 旁路 202 断路器代仿西 244 断路器运行、仿西 244 断路器由运行转检修危险点分析及预控措施，见表 Z09F7002Ⅲ-1。

表 Z09F7002Ⅲ–1 220kV 旁路 202 断路器代仿西 244 断路器运行、

仿西 244 断路器由运行转检修危险点分析及预控措施

序号	操作目的	危 险 点	预 控 措 施
1	将 220kV 旁路 202 断路器的后备保护、单相重合闸及失灵保护定值按带仿西 244 断路器相应定值单调整，并投入后备保护、单相重合闸及失灵保护	（1）保护定值调整错误	查阅定值整定记录，按预置定值区域进行换区操作，换区后必须按"确认"按钮进行定值固化；在检查装置运行正常，液晶显示定值区域正确后，打印定值，并由两人认真核对，确认定值调整正确
		（2）误投或漏投压板	操作前认清保护屏及压板名称，按被带断路器保护定值单，正确投入旁路保护，投入经母差保护跳本断路器的压板和本断路器失灵保护启动母差保护的压板，防止将该投入的压板未投入，将不该停用的压板停用；操作压板时，要仔细检查压板是否压紧牢固，防止松动造成保护不动作或不出口
2	用 220kV 旁路 202 断路器对旁路母线冲击一次	（1）与被代断路器运行在不同母线	双母线带专用旁路代运时，旁路断路器一般应与被代出线断路器运行在同一条母线，若调度指令中另有要求或受接线限制除外。运行在同一条母线环流较小，同时可防止在事故情况下，对故障母线送电或母联断路器偷跳后将两条母线合环
		（2）旁路母线异常	旁路母线充电后，应仔细检查旁路母线有无异常，旁路断路器三相是否合好，并检查机械位置指示和拐臂的位置，不能光看表计或断路器未跳闸，而判断旁路母线充电正常
		（3）断路器未拉开	检查断路器时不能只看表计，应现场检查断路器的机械位置指示器和拐臂位置，来确认断路器已拉开，以防止被带断路器旁路侧刀闸合环
		（4）电动隔离开关操作后未断开控制电源	若隔离开关电动机等回路异常或人为误碰，可能造成隔离开关自分或自合闸而导致事故，因此电动隔离断路器操作后，应及时断开隔离开关控制电源
3	将 220kV 仿西 244 断路器方向高频保护由跳闸改为停用	误停或漏停压板	操作前认清保护屏及压板名称，防止将不该停用的压板停用，而造成线路故障时保护拒动；防止将应该停用的压板未停用，而造成区外故障时保护误动
4	合上 220kV 仿西线 244 5 隔离开关	隔离开关合闸不到位	隔离开关合上后要注意认真检查，确认隔离开关三相确已全部合好；否则，带负荷后将造成隔离开关发热，而被迫停运
5	220kV 旁路 202 断路器和仿西 244 断路器的合、解环操作及高频闭锁保护的切换	（1）甩负荷	旁路断路器合环前后，应仔细检查负荷分配情况，并现场检查断路器实际位置与断路器机械位置指示一致，以防止断路器触头没有合上，而造成下一步拉开被代出线断路器时甩负荷
		（2）通道切换开关接触不好	被代出线开关高频闭锁保护切换开关切至"旁路"位置运行后，为防止被代线路无主保护运行，应进行通道测试，来验证通道切换开关接触良好、通道正常
		（3）主保护压板投入不正确	首先应停用被代断路器微机高频闭锁保护"主保护"压板，在检查旁路保护"通道异常"灯灭后，再投入旁路断路器微机高频闭锁保护"主保护"压板，防止漏投或漏停，造成保护拒动或误动

续表

序号	操作目的	危险点	预控措施
6	将220kV 仿西244 断路器由热备用转冷备用	（1）带负荷拉隔离开关	在操作隔离开关前，首先应检查断路器三相确已拉开，其次应判断拉该隔离开关时是否会产生弧光，在确保不发生差错的前提下，对于会产生弧光的操作，则操作时应迅速而果断，尽快使电弧熄灭，以免触头烧坏
		（2）电动隔离开关分闸失灵	应查明原因，检查是否由于机构异常引起失灵，只有在确保操作正确（该隔离开关相关联的设备状态正确）的前提下，才能手动操作分闸，操作前应断开电动隔离开关控制电源
		（3）手动分闸操作方法不正确	无论用手动还是绝缘拉杆操作隔离开关分闸时，都应果断而迅速。先拔出联锁销子再进行分闸，当刀片刚离开固定触头时应迅速，以便迅速消弧；但在分闸终了时要缓慢些，防止操动机构和支柱绝缘子损坏，最后应检查联锁销子是否销好
		（4）解锁操作隔离开关	隔离开关闭锁打不开时，应严格履行解锁申请和批准手续，解锁操作前，应认真核对设备编号和闭锁钥匙以及设备的实际状态，方可进行实际操作
		（5）错拉隔离开关	手动拉隔离开关时，应先慢而谨慎，如触头刚分离时发生弧光，则应迅速合上，这时应立即检查，是否由于误操作而引起弧光；若隔离开关已拉开严禁再次合上
		（6）隔离开关分闸不到位	隔离开关拉开后要注意认真检查，确认隔离开关端口张开角或隔离开关断开的距离应符合要求
7	将220kV 仿西244 断路器由冷备用转检修	（1）不试验验电器，使用不合格的验电器	验电器应进行检查试验合格，验电时必须戴绝缘手套
		（2）验电时站位不合适	验电时应根据现场情况站在便于操作和安全的地方，不能使验电器或绝缘杆的绝缘部分过分靠近设备构架，以免造成绝缘部分被短接
		（3）误合线路接地刀闸	认真核对设备编号，严格执行监护唱票复诵制度
		（4）误停或漏停压板	操作前认清保护屏及压板名称，防止将不该停用的压板停用，对经母差保护跳本断路器的压板停用，将经本断路器失灵保护启动母差保护的压板停用，并停用本断路器"遥控"压板
		（5）误断或漏断断路器的控制电源和合闸电源开关	认清设备位置，防止与就近的电源开关混淆；若为熔断器一般应先取下正极，然后再取负极

    （2）220kV 1 号主变压器 211 断路器由检修转运行、旁路 202 断路器由运行转冷备用危险点分析及预控措施见表 Z09F7002Ⅲ–2。

表 Z09F7002Ⅲ-2 220kV 1 号主变压器 211 断路器由检修转运行、旁路 202 断路器由运行转冷备用危险点分析及预控措施

序号	操作目的	危险点	预控措施
1	将220kV 1号主变压器211断路器由检修转冷备用	（1）误合或漏合断路器的控制电源和合闸电源开关	认清设备位置，防止与就近的电源开关混淆；若为熔断器一般应先放负极，然后再放正极
		（2）误投或漏投压板	操作前认清保护屏及压板名称，防止将不该投入的压板投入；投入本断路器"遥控"压板和主变保护屏上高压侧跳闸出口压板，投入母差保护屏上跳本断路器和失灵启动母差保护压板，投入压板时应注意压板接触良好
		（3）漏拉接地刀闸	容易造成带接地刀闸合闸而损坏设备，恢复备用前，应详细检查送电回路接地刀闸已全部拉开
2	将220kV 1号主变压器211断路器由冷备用转热备用于220kVⅠ段母线	（1）电动隔离开关合闸失灵	应查明原因，检查是否由于机构异常引起失灵，只有在确保操作正确（该隔离开关相关联的设备状态正确）的前提下，才能手动操作合闸，操作前应断开电动隔离开关控制电源
		（2）电动隔离开关操作后未断开控制电源	若隔离开关电动机等回路异常或人为误碰，可能造成隔离开关自分闸而导致事故，因此电动隔离开关操作后，应及时断开隔离开关控制电源
		（3）手动合闸操作方法不正确	不论用手动还是绝缘拉杆操作隔离开关合闸时，都应迅速而果断。先拔出联锁销子再进行合闸，开始可缓慢一些，当刀片接近刀嘴时要迅速合上，以防止发生弧光。但在合闸终了时要注意用力不可过猛，以免发生冲击而损坏瓷件，最后应检查联锁销子是否销好
		（4）隔离开关合闸不到位	隔离开关合上后要注意认真检查，确认隔离开关三相确已全部合好；对于母线侧隔离开关合好后，应检查本保护二次电压切换正常，微机型母差保护隔离开关位置正确、切换正常
		（5）解锁操作隔离开关	隔离开关闭锁打不开时，应严格履行解锁申请和批准手续。解锁操作前，应认真核对设备编号和闭锁钥匙以及设备的实际状态，方可进行实际操作
		（6）带负荷合隔离开关	在操作隔离开关前，首先应检查断路器三相确已拉开，其次应判断合上该隔离开关时是否会产生弧光，在确保不发生差错的前提下，对于会产生弧光的操作，则操作时应迅速而果断，尽快使电弧熄灭，以免触头烧坏
3	投入220kV旁路202断路器微机高频闭锁保护中的后备保护，并对220kV 1号主变压器高压侧电流回路及其保护进行相应的切换	（1）误投或漏投旁路断路器保护压板	操作前认清保护屏及压板名称，按被代断路器保护定值单，正确投入旁路断路器后备保护，防止漏投保护压板，而造成主变压器无后备保护运行；防止误投重合闸压板，而造成主变压器故障跳闸时重合；操作压板时，要仔细检查压板是否紧牢固，防止松动造成保护不动作或不出口
		（2）主变压器差动或后备保护误动	为防止电流回路被短接而使保护误动，在切换主变压器A屏高压侧电流回路前，必须先停用A屏差动保护和高压侧后备保护后，才能进行1号主变压器A屏高压侧电流端子切换；待切换正常后，投入B屏高压侧后备保护

续表

序号	操作目的	危险点	预控措施
3	投入 220kV 旁路 202 断路器微机高频闭锁保护中的后备保护，并对 220kV 1 号主变压器高压侧电流回路及其保护进行相应的切换	（3）主变压器高压侧电流回路切换错误	为防止在切换过程中电流回路开路，应先投入接入端子，后停用短接端子；切换时，操作人应站在绝缘垫上进行操作
4	220kV 1 号主变压器 211 断路器的合、解环操作	甩负荷	变器断路器合环前后，应仔细检查负荷分配情况，并现场检查断路器实际位置与断路器机械位置指示一致，以防止断路器触头没有合上，而造成下一步拉开旁路断路器时甩负荷
5	220kV 旁路 202 断路器电流回路和 220kV 1 号主变压器高压侧电压回路切换	（1）主变压器高压侧电压切换开关接触不好	主变压器高压侧电压切换开关切至"本线"位置运行后，为防止保护失压，应仔细检查保护装置电压显示正常
		（2）旁路电流回路切换错误	为防止在切换过程中电流回路开路，应先投入短接端子，后停用接入端子；切换时，操作人应站在绝缘垫上进行操作
6	220kV 1 号主变压器和旁路 202 断路器保护投停	（1）变压器差流异常	为防止差动保护误动，在投入变压器差动保护之前必须检查双套差动保护差流正常后，再投入双差动保护压板
		（2）误投或漏投变压器保护压板	操作前认清保护屏及压板名称，正确投入主变压器 A 屏高压侧后备保护和失灵保护，防止漏投保护压板，而造成主变压器失去后备保护或失灵保护拒动；操作压板时，要仔细检查压板是否压紧牢固，防止松动造成保护不动作或不出口
		（3）误停或漏停旁路保护压板	操作前认清保护屏及压板名称，对主变压器屏上旁路跳闸出口压板全部停用，防止将不该停用的压板停用，而使变压器失去保护
7	拉开 220kV 1 号主变压器 211-3 隔离开关	隔离开关分闸不到位	隔离开关分闸后要注意认真检查，确认隔离开关三相确已分闸到位；否则，旁路母线一旦带电，将会引起间隙放电
8	将 220kV 旁路 202 断路器由热备用转冷备用	（1）电动隔离开关分闸失灵	应查明原因，检查是否由于机构异常引起失灵，只有在确保操作正确（该隔离开关相关联的设备状态正确）的前提下，才能手动操作分闸，操作前应断开电动隔离开关控制电源
		（2）手动分闸操作方法不正确	无论手动或绝缘拉杆操作隔离开关分闸时，都应果断而迅速。先拔出联锁销子再进行分闸，当刀片刚离开固定触头时应迅速，以便迅速消弧；但在分闸终了时要缓慢些，防止操动机构和支柱绝缘子损坏，最后应检查联锁销子是否销好
		（3）解锁操作隔离开关	隔离开关闭锁打不开时，应严格履行解锁申请和批准手续。解锁操作前，应认真核对设备编号和闭锁钥匙及设备的实际状态，方可进行实际操作

二、母联断路器串带线路或变压器断路器操作危险点分析

母联断路器串带线路或变压器断路器的操作涵盖以下设备停、送电的大部分操作：

（1）断路器停、送电操作。

（2）线路停、送电操作。

（3）变压器停、送电操作。

（4）母线停、送电操作。

（5）电压互感器停、送电操作。

（6）站用交流系统停、送电操作。

（7）旁路断路器代路停、送电操作。

（8）二次设备操作。

以上操作的危险点分析已在倒闸操作其他章节的模块中加以分析，本模块不再赘述。

【思考与练习】

1. 旁路断路器代线路断路器运行时，对继电保护和自动装置及其定值调整是如何规定的？

2. 简述旁路断路器代主变压器断路器运行时，电流回路切换是如何进行的。

第十四章

设备运行验收与投运

▲ 模块1　设备验收项目及要求（Z09F8001Ⅲ）

【模块描述】本模块包含变电站设备验收项目及要求。通过新设备验收和检修设备验收项目及要求的介绍，达到掌握变电站设备验收项目，能参与设备验收的目的。

【模块内容】

变电站设备验收是坚持设备技术质量标准的重要措施，也是保证安全可靠经济运行的重要环节。因此，必须认真严格把好"质量"关。

设备交接验收的标准是新安装工程或项目应符合工程设计的要求，电气设备安装质量、调试验收项目及其结果应符合规定，并且具备相关的技术资料和文件。

设备验收项目包括一、二次设备的安装交接、大修、小修、预试和调试。按照有关规程和国家电网有限公司技术标准经验收合格、验收手续齐备、符合运行条件后，才能投入运行。变电运维人员根据具体的一、二次设备的检修、调试大纲和细则，重点核对、检查验收项目，把好设备投运的质量关，以保证电网设备的安全运行。

一、变压器验收的项目及要求

（一）大修（包括更换线圈和更换内部引线等）验收的项目和要求

1. 变压器绕组

（1）清洁无破损，绑扎紧固完整，分接引线出口处封闭良好，围屏无变形、发热和树枝状放电痕迹。

（2）围屏的起头应放在绕组的垫块上，接头处搭接应错开不堵塞油道。

（3）支撑围屏的长垫块无爬电痕迹。

（4）相间隔板完整，固定牢固。

（5）绕组应清洁，表面无油垢、变形。

（6）整个绕组无倾斜、位移，导线辐向无弹出现象。

（7）各垫块排列整齐，辐向间距相等，轴向成一垂直线，支撑牢固有适当压紧力，垫块外露出绕组的长度至少应超过绕组导线的厚度。

（8）绕组油道畅通，无油垢及其他杂物积存。

（9）外观整齐清洁，绝缘及导线无破损。

（10）绕组无局部过热和放电痕迹。

2. 引线及绝缘支架

（1）引线绝缘包扎完好，无变形、变脆，引线无断股、卡伤。

（2）穿缆引线已用白布带半叠包绕一层。

（3）接头表面应平整、清洁、光滑，无毛刺及其他杂质。

（4）引线长短适宜，无扭曲。

（5）引线绝缘的厚度应足够。

（6）绝缘支架应无破损、裂纹、弯曲、变形及烧伤。

（7）绝缘支架与铁夹件的固定可用钢螺栓，绝缘件与绝缘支架的固定应用绝缘螺栓；两种固定螺栓均应有防松措施。

（8）绝缘夹件固定引线处已垫附加绝缘。

（9）引线固定用绝缘夹件的间距，应考虑在电动力的作用下，不致发生引线短路；线与各部位之间的绝缘距离应足够。

（10）大电流引线（铜排或铝排）与箱壁间距，一般应大于 100mm，铜（铝）排表面进行绝缘包扎处理。

3. 铁芯

（1）铁芯平整，绝缘漆膜无损伤，叠片紧密，边侧的硅钢片无翘起或成波浪状。铁芯各部表面无油垢和杂质，片间无短路、搭接现象，接缝间隙符合要求。

（2）铁芯与上下夹件、方铁、压板、底脚板间绝缘良好。

（3）钢压板与铁芯间有明显的均匀间隙；绝缘压板应保持完整，无破损和裂纹，并有适当紧固度。

（4）钢压板不得构成闭合回路，并一点接地。

（5）压钉螺栓紧固，夹件上的正、反压钉和锁紧螺母无松动，与绝缘垫圈接触良好，无放电烧伤痕迹，反压钉与上夹件有足够距离。

（6）穿芯螺栓紧固，绝缘良好。

（7）铁芯间、铁芯与夹件间的油道畅通，油道垫块无脱落和堵塞，且排列整齐。

（8）铁芯只允许一点接地，接地片应用厚度 0.5mm、宽度不小于 30mm 的紫铜片，插入 3～4 级铁芯间，对大型变压器插入深度不小于 80mm，其外露部分已包扎白布带或绝缘。

（9）铁芯段间、组间、铁芯对地绝缘电阻良好。

（10）铁芯的拉板和钢带应紧固并有足够的机械强度，绝缘良好，不构成环路，不与铁芯相接触。

（11）铁芯与电场屏蔽金属板（箔）间绝缘良好，接地可靠。

4. 有载分接开关

（1）切换开关所有紧固件无松动。

（2）储能机构的主弹簧、复位弹簧、爪卡无变形或断裂。动作部分无严重磨损、擦毛、损伤、卡滞，动作正常无卡滞。

（3）各触头编织线完整无损。

（4）切换开关连接主通触头无过热及电弧烧伤痕迹。

（5）切换开关弧触头及过渡触头烧损情况符合制造厂要求。

（6）过渡电阻无断裂，其阻值与铭牌值比较，偏差不大于±10%。

（7）转换器和选择开关触头及导线连接正确，绝缘件无损伤，紧固件紧固，并有防松螺母，分接开关无受力变形。

（8）对带正、反调的分接开关，检查连接K端分接引线在"+"或"−"位置上与转换选择器的动触头支架（绝缘杆）的间隙不应小于10mm。

（9）选择开关和转换器动静触头无烧伤痕迹与变形。

（10）切换开关油室底部放油螺栓紧固，且无渗油。

5. 油箱

（1）油箱内部洁净，无锈蚀，漆膜完整，渗漏点已补焊。

（2）强油循环管路内部清洁，导向管连接牢固，绝缘管表面光滑，漆膜完整、无破损、无放电痕迹。

（3）钟罩和油箱法兰结合面清洁平整。

（4）磁（电）屏蔽装置固定牢固，无异常，可靠接地。

（二）小修验收的项目和要求

变压器本体和附件小修验收的项目和要求如下：

（1）变压器本体和组部件等各部位均无渗漏。

（2）储油柜油位合适，油位表指示正确。

（3）套管。

1）瓷套表面清洁无裂缝、损伤。

2）套管固定可靠，各螺栓受力均匀。

3）油位指示正常，油位表朝向应便于运行巡视。

4）电容套管末屏接地可靠。

5）引线连接可靠、对地和相间距离符合要求，各导电接触面应涂有电力复合脂。引线松紧适当，无明显过紧过松现象。

（4）升高座和套管型电流互感器。

1）放气塞位置应在升高座最高处。

2）套管型电流互感器二次接线板及端子密封完好，无渗漏，清洁无氧化。

3）套管型电流互感器二次引线连接螺栓紧固、接线可靠、二次引线裸露部分不大于 5mm。

4）套管型电流互感器二次备用绕组经短接后接地，检查二次极性的正确性，电压比与实际相符。

（5）气体继电器。

1）检查气体继电器是否已解除运输用的固定，继电器应水平安装，其顶盖上标志的箭头应指向储油柜，其与连通管的连接应密封良好，连通管应有 1%～1.5%的升高坡度。

2）集气盒内应充满变压器油，且密封良好。

3）气体继电器应具备防潮和防进水的功能，如不具备应加装防雨罩。

4）轻、重瓦斯触点动作正确，气体继电器按 DL/T 540—2013《气体继电器检验规程》校验合格，动作值符合整定要求。

5）气体继电的电缆应采用耐油屏蔽电缆，电缆引线在继电器侧应有滴水弯，电缆孔应封堵完好。

6）观察窗的挡板应处于打开位置。

（6）压力释放阀。

1）压力释放阀及导向装置的安装方向应正确，阀盖和升高座内应清洁、密封良好。

2）压力释放阀的触点动作可靠，信号正确，触点和回路绝缘良好。

3）压力释放阀的电缆引线在继电器侧应有滴水弯，电缆孔应封堵完好。

4）压力释放阀应具备防潮和防进水的功能，如不具备应加装防雨罩。

（7）无励磁分接开关。

1）挡位指示器清晰，操作灵活、切换正确，内部实际挡位与外部挡位指示正确、一致。

2）机械操作闭锁装置的止钉螺栓固定到位。

3）机械操作装置应无锈蚀并涂有润滑脂。

（8）有载分接开关。

1）传动机构应固定牢靠，连接位置正确，且操作灵活，无卡涩现象；传动机构的摩擦部分涂有适合当地气候条件的润滑脂。

2）电气控制回路接线正确、螺栓紧固、绝缘良好，接触器动作正确、接触可靠。

3）远方操作、就地操作、紧急停止按钮、电气闭锁和机械闭锁正确可靠。

4）电机保护、步进保护、联动保护、相序保护、手动操作保护正确可靠。

5）切换装置的工作顺序应符合制造厂规定；正、反两个方向操作至分接开关动作时的圈数误差应符合制造厂规定。

6）在极限位置时，其机械闭锁与极限开关的电气联锁动作应正确。

7）操动机构挡位指示、分接开关本体分接位置指示、监控系统上分接开关分接位置指示应一致。

8）压力释放阀（防爆膜）完好无损。如采用防爆膜，防爆膜上面应用明显的防护警示标识；如采用压力释放阀，应按变压器本体压力释放阀的相关要求。

9）油道畅通，油位指示正常，外部密封无渗油，进出油管标志明显。

10）单相有载调压变压器组进行分接变换操作时应采用三相同步远方或就地电气操作并有失步保护。

11）带电滤油装置控制回路接线正确可靠。

12）带电滤油装置运行时应无异常的振动和噪声，压力符合制造厂规定。

13）带电滤油装置各管道连接处密封良好。

14）带电滤油装置各部位应均无残余气体（制造厂有特殊规定除外）。

（9）吸湿器。

1）吸湿器与储油柜间的连接管的密封应良好，呼吸应畅通。

2）吸湿剂应干燥，油封油位应在油面线上或满足产品的技术要求。

（10）测温装置。

1）温度计动作触点整定正确、动作可靠。

2）就地和远方温度计指示值应一致。

3）顶盖上的温度计座内应注满变压器油，密封良好；闲置的温度计座也应注满变压器油，密封，不得进水。

4）膨胀式信号温度计的细金属软管（毛细管）不得有压扁或急剧扭曲，其弯曲半径不得小于 50mm。

5）记忆最高温度的指针应与指示实际温度的指针重叠。

（11）净油器。

1）上、下阀门均应在开启位置。

2）滤网材质和安装正确。

3）硅胶规格和装载量符合要求。

（12）本体、中性点和铁芯接地。

1）变压器本体油箱应在不同位置分别有两根引向不同地点的水平接地体。每根接地线的截面应满足设计的要求。

2）变压器本体油箱接地引线螺栓紧固，接触良好。

3）110kV（66kV）及以上绕组的每根中性点接地引下线的截面应满足设计的要求，并有两根分别引向不同地点的水平接地体。

4）铁芯接地引出线（包括铁轭有单独引出的接地引线）的规格和与油箱间的绝缘应满足设计的要求，接地引出线可靠接地。引出线的设置位置应有利于监测接地电流。

（13）控制箱（包括有载分接开关、冷却系统控制箱）。

1）控制箱及内部电器的铭牌、型号、规格应符合设计要求，外壳、漆层、手柄、瓷件、胶木电器应无损伤、裂纹或变形。

2）控制回路接线应排列整齐、清晰、美观，绝缘良好无损伤。接线应采用铜质或有电镀金属防锈层的螺栓紧固，且应有防松装置，引线裸露部分不大于 5mm；连接导线截面符合设计要求、标志清晰。

3）控制箱及内部元件外壳、框架的接零或接地应符合设计要求，连接可靠。

4）内部断路器、接触器动作灵活无卡涩，触头接触紧密、可靠，无异常声音。

5）保护电动机用的热继电器或断路器的整定值应是电动机额定电流的 0.95～1.05 倍。

6）内部元件及转换开关各位置的命名应正确无误并符合设计要求。

7）控制箱密封良好，内外清洁无锈蚀，端子排清洁无异物，驱潮装置工作正常。

8）交直流应使用独立的电缆，回路分开。

（14）冷却装置。

1）风扇电动机及叶片应安装牢固，并应转动灵活，无卡阻；试转时应无振动、过热；叶片应无扭曲变形或与风筒碰擦等情况，转向正确；电动机保护不误动，电源线应采用具有耐油性能的绝缘导线。

2）散热片表面油漆完好，无渗油现象。

3）管路中阀门操作灵活、开闭位置正确；阀门及法兰连接处密封良好无渗油现象。

4）油泵转向正确，转动时应无异常噪声、振动或过热现象，油泵保护不误动；密封良好，无渗油或进气现象（负压区严禁渗漏）。油流继电器指示正确，无抖动现象。

5）备用、辅助冷却器应按规定投入。

6）电源应按规定投入和自动切换，信号正确。

（15）其他。

1）所有导气管外表无异常，各连接处密封良好。

2）变压器各部位均无残余气体。

3）二次电缆排列应整齐，绝缘良好。

4）储油柜、冷却装置、净油器等油系统上的油阀门应开闭正确，且开、关位置标色清晰，指示正确。

5）感温电缆应避开检修通道，安装牢固（安装固定电缆夹具应具有长期户外使用的性能）、位置正确。

6）变压器整体油漆均匀完好，相色正确。

7）进出油管标识清晰、正确。

二、高压开关的验收项目及要求

（一）高压开关的验收要求

（1）新装和检修后的高压开关设备，在竣工投运前，运行人员应参加验收工作。

（2）交接验收应按国家、电力行业和国家电网有限公司有关标准、规程和国家电网有限公司《预防高压开关设备事故措施》的要求进行。

（3）运行单位应对开关设备检修过程中的主要环节进行验收，并在检修完成后按照相关规定对检修现场、检修质量和检修记录、检修报告进行验收。

（4）验收时发现的问题，应及时处理。暂时无法处理，且不影响安全运行的，经本单位主管领导批准后方能投入运行。

（二）高压断路器的验收项目

1. SF_6 断路器验收项目

（1）断路器应固定牢靠，外表清洁完整，动作性能符合规定。

（2）电气连接可靠且接触良好。

（3）断路器及其操动机构的联动应正常，无卡阻现象，分、合闸指示正确，辅助开关动作正确可靠。

（4）密度继电器的报警、闭锁定值应符合规定，电气回路传动正确。

（5）SF_6 气体压力、泄漏率和含水量应符合规定。

（6）操动机构灵活可靠。

（7）断路器传动良好。

（8）油漆完整，相色标志正确，接地良好。

2. SF_6 封闭式组合电器的验收检查项目

（1）组合电器应安装牢靠，外壳应清洁完整，动作性能符合产品的技术规定。

（2）电气连接应可靠且接触良好。

（3）组合电器及其操动机构的联动应正常，无卡阻现象，分、合闸指示正确，辅助开关及电气闭锁应动作准确可靠。

（4）支架及接地引线应无锈蚀和损伤，接地良好。

（5）密度继电器的报警、闭锁定值应符合规定，电气回路应传动正确。

（6）SF$_6$气体压力正常，漏气率和含水量应符合规定。

（7）SF$_6$气体压力表指示压力正常，低气压报警及闭锁操作功能正常（请参照设备生产厂家提供的数据）。

（8）油漆应完整，相色标志正确。

3. 空气开关的验收检查项目

（1）空气开关各部分应完整，外壳应清洁，动作性能符合规定。

（2）基础及支架应稳固，气动操作时，空气开关不应有剧烈振动。

（3）油漆完整，相色标志正确，接地良好。

4. 真空断路器的验收检查项目

（1）真空断路器应安装牢靠，外壳应清洁完整。动作性能符合产品的技术规定。

（2）电气连接可靠且接触良好。

（3）真空断路器及其操动机构的联动应正常，无卡阻现象，分、合闸指示正确，辅助开关动作应准确可靠，触点无电弧烧损。

（4）灭弧室的真空度应符合产品的技术规定。

（5）并联电阻、电容值应符合产品的技术规定。

（6）绝缘部件、瓷件应完整无损。

（7）油漆完整，相色标志正确，接地良好。

三、高压断路器操动机构的验收

操动机构是用来接通或断开断路器，并保持其在合闸或断开位置的机械传动机构。在正常运行情况下，断路器的操动机构应处于良好状态，动作灵活，下面分述各种操动机构的检查验收项目。

1. 断路器操动机构的检查验收项目

（1）操动机构固定应牢靠，底座或支架与基础间的垫片不宜超过三片，总厚度不应超过 20mm，并与断路器底座标高相配合，各片间应焊牢。

（2）操动机构的零部件应齐全，各转动部分应涂上适合当地气候条件的润滑油。

（3）电动机转向应正确。

（4）各种接触器、继电器、微动开关、压力开关和辅助开关的动作应准确可靠，触点接触良好，无烧损或锈蚀。

（5）分、合闸线圈的铁芯应动作灵活，无卡阻。

（6）液压与气动机构应有加热装置和恒温控制措施，绝缘应良好。

（7）电气连接应可靠且接触良好。

（8）操动机构与断路器的联动应正常，无卡阻现象，分、合闸指示正确，压力开关、辅助开关动作应准确可靠，触点无电弧烧损。

（9）操动机构箱应具有防尘、防潮、防小动物进入及通风措施，密封垫应完整，电缆管口、洞口应封堵。

（10）油漆完整，接地良好。

（11）控制、信号回路正确，操动机构脱扣线圈的端子动作电压应满足：低于额定电压的30%时应不动作，高于额定电压的65%时应可靠动作。

2. 气动机构的检查验收项目

（1）空气压缩机的空气过滤器应清洁无堵塞，吸气阀和排气阀完好，阀片方向不得装反，阀片与阀座面的密封应严密。

（2）曲轴与轴瓦应固定良好，销子的位置恰当，冷却器、风扇叶片和电动机、皮带轮等所有附件应清洁并安装牢固，运转时不因振动而松脱。

（3）气缸内油面应在标线位置，自动排污装置应动作正确，污物应引到室外，不应排在电缆沟内。

（4）压力表应检验合格，压力报警及闭锁触点动作正确可靠。

（5）储气罐、气水分离器及截止阀、逆止阀、安全阀和排污阀等应清洁无锈蚀，应检验减压阀、安全阀阀门动作是否灵活。

（6）气体压力表指示压力正常，低气压启动空气压缩机及闭锁操作功能正常，空气阀门位置正确。

（7）气动操动机构的合闸闭锁销子及分闸闭锁销子均应拔出。

3. 弹簧操动机构的检查验收项目

（1）合闸弹簧储能完毕后，辅助开关应将电动机电源切除；合闸完毕，辅助开关应将电动机电源接通。

（2）合闸弹簧储能后，牵引杆的下端或凸轮应与合闸锁扣可靠地锁住。

（3）分、合闸闭锁装置动作灵活，复位准确而迅速，并应扣合可靠。

（4）机构合闸后，应能可靠地保持在合闸位置。

（5）弹簧机构缓冲器的行程应符合产品的技术规定。

4. 液压机构的检查验收项目

（1）机构箱内部应洁净，液压油的标号符合产品的技术规定，液压油应洁净无杂质，油位指示正常。

（2）连接管部分应清洁，连接处应密封良好，且牢固可靠。

（3）补充的氮气及其预充压力应符合产品的技术规定。

（4）液压回路在额定油压时，外观检查应无渗油。

（5）机构在慢分、合时，工作缸活塞杆的运动应无卡阻和跳动现象，其行程应符合产品的技术规定。

（6）微动开关、接触器的动作应准确可靠，接触良好；电触点压力表、安全阀应校验合格，压力释放阀动作应可靠，关闭严密，联动闭锁压力值应按产品的技术规定予以整定。

（7）防失压慢分装置应可靠，并配有防"失压慢分"的机构卡具。

四、隔离开关的验收

（1）检查确保隔离开关的触头与触片接触紧密，动静触头间隙符合要求。

（2）检查隔离开关与接地刀闸是否联锁可靠；检查确保所有操动机构、转动、连接、传动装置、辅助开关及闭锁装置安装牢固，动作灵活可靠，位置指示正确。

（3）检查相对运动部位是否润滑，所有轴锁、螺栓等是否紧固可靠。

（4）支柱绝缘子、操作绝缘子表面清洁完整，无闪络，无裂纹及折断破损现象。

（5）隔离开关合闸时三相触头同期性能、接触应良好。

（6）三相不同期值及分闸时触头打开角度和距离应符合产品的技术规定。

（7）电动操作隔离开关还要检查电动机机构操作是否正常，在电动机额定电压下操作 5 次，在 85% 和 110% 额定电压下分别电动操作 3～5 次，手动操作 3～5 次，均应能正常工作。

（8）引线连接应牢固，螺栓无松动，接地引线应连接良好。

（9）隔离开关的防误闭锁装置应良好。

五、电容器及电抗器的验收

1. 电容器的验收

电容器是电力系统无功电源设备之一，对于电网的稳定，功率因数的提高，电能损耗的降低起着不可替代的作用，所以电容器的验收也是不可忽视的。

（1）电容器室室内的通风装置应良好；电容器的各附件及电缆试验合格。

（2）外壳应无凹凸或渗油现象，引出端子连接牢固，垫圈、螺母齐全。

（3）电容器组的布置与接线应正确，电容器组的保护回路与监视回路完整并全部投入。

（4）各部分的连接应严密可靠，电容器外壳和架构应有可靠的接地，且油漆完整。

（5）检查放电变压器或放电电压互感器的接线和容量是否符合设计要求，各部件是否完好、操作灵活。

2. 电抗器的验收

（1）检查水泥电抗器的支柱是否完整、无裂纹，绕组应无变形，各部油漆应完整。

（2）绕组外部的绝缘漆和支柱绝缘子的接地均应良好。

（3）混凝土支柱的螺栓应拧紧。

（4）混凝土电抗器的风道应清洁无杂物。

（5）油浸电抗器的验收比照变压器的验收项目及要求。

六、互感器的验收项目及要求

1. 新安装的互感器的验收

（1）产品的技术文件应齐全。

（2）互感器器身外观应整洁，无锈蚀或损伤。

（3）包装及密封应良好。

（4）油浸式互感器油位正常，密封良好，无渗油现象。

（5）电容式电压互感器的电磁装置和谐振阻尼器的封铅应完好。

（6）气体绝缘互感器的压力表指示正常。

（7）本体附件齐全无损伤。

（8）备品备件和专用工具齐全。

2. 互感器安装、试验完毕后的验收

（1）一、二次接线端子应连接牢固，接触良好，标志清晰。

（2）互感器器身外观应整洁，无锈蚀或损伤。

（3）互感器基础安装面应水平。

（4）建筑工程质量符合国家现行的建筑工程施工及验收规范中的有关规定。

（5）设备应排列整齐，同一组互感器的极性方向应一致。

（6）油绝缘互感器油位指示器、瓷套法兰连接处、放油阀均应无渗油现象。

（7）金属膨胀器应完整无损，顶盖螺栓紧固。

（8）具有吸湿器的互感器，其吸湿剂应干燥，油封油位正常。

（9）互感器的呼吸孔的塞子带有垫片时，应将垫片取下。

（10）电容式电压互感器必须根据产品成套供应的组件编号进行安装，不得互换。各组件连接处的接触面，应除去氧化层，并涂以电力复合脂。

（11）具有均压环的互感器，均压环应安装牢固、水平，且方向正确。具有保护间隙的，应按制造厂规定调好距离。

（12）设备安装用的紧固件，除地脚螺栓外应采用镀锌制品并符合相关要求。

（13）互感器的变比、分接头的位置和极性应符合规定。

（14）气体绝缘互感器的压力表压力值正常。

（15）互感器的下列各部位应接地良好。

1）电压互感器的一次绕组的接地引出端子应接地良好。电容式电压互感器的低压端接地（或接载波设备）良好。

2）电容型绝缘的电流互感器，其一次绕组末屏的引出端子、铁芯接地端子、互感器的外壳接地良好。

3）备用的电流互感器的二次绕组端子应先短路后接地。

3. 检修后设备的验收项目及要求

（1）所有缺陷已消除并验收合格。

（2）一、二次接线端子应连接牢固，接触良好。

（3）油浸式互感器无渗漏油，油标指示正常。

（4）气体绝缘互感器无漏气，压力指示与规定相符。

（5）极性关系正确，电流比换接位置符合运行要求。

（6）三相相序标志正确，接线端子标志清晰，运行编号完备。

（7）互感器需要接地的各部位应接地良好。

（8）金属部件油漆完整，整体擦洗干净。

（9）预防事故措施符合相关要求。

七、母线的验收

母线在发电厂、变电站中起着汇集电能和分配电能的重要作用，在进行母线的验收时应注意三相相序颜色标志正确，油漆完整；金属构件的加工、配制、焊接应符合规定；连接处的螺栓、垫圈、开口销等零件应齐全并按规定可靠安装；瓷件、铁件及胶合处应完整；母线配置及安装架设应符合有关规定，且连接正确，接触可靠，相间及对地电气距离符合要求。

八、电缆的验收

（1）电缆规格、敷设应符合规定，排列应整齐，无机械损伤，电缆头外壳接地应正确良好。编号、标志应该装设齐全、正确、清晰，且规格统一，挂装牢固。

（2）电缆的固定、曲率半径、有关距离及单芯电力电缆的金属护层的接线等应符合设计和安装的要求；电缆支架应安装牢固，横平竖直，无松动和锈蚀现象，各架的同层横挡应在同一水平面上，托架按设计要求安装；接地应良好，充油电缆及护层保护器的接地电阻应符合设计要求。

（3）电缆沟及隧道内应无杂物，盖板齐全；照明、通风、排水及防火措施等应符合设计要求，且施工质量合格；电缆终端头、电缆接头应安装牢固；电缆支架等金属部件应油漆完好、三相相序颜色正确，并有电缆的试验合格记录。

九、避雷器的验收检查项目

（1）现场制作件应符合设计和安全的要求。

（2）避雷器应安装牢固，其垂直度应符合要求。

（3）阀式避雷器拉紧绝缘子应紧固可靠，受力均匀。

（4）避雷器外部应完整无损，阀型避雷器封口处密封良好。

（5）放电计数器密封良好，绝缘垫及接地良好牢靠。

（6）法兰连接处无缝隙，排气式避雷器的倾斜角和隔离间隙应符合要求。

（7）油漆应完整，三相相序颜色标志正确。

十、接地装置的验收检查项目

（1）整个接地网外露部分和埋入部分的连接均应可靠，地线规格正确，油漆完好，标志齐全明显。

（2）避雷针的安装位置及高度符合设计要求。

（3）有完整且符合实际的设计资料图纸，供连接临时接地线用的连接板的数量和位置符合设计要求。

（4）接地电阻值符合有关规程的规定。

十一、蓄电池的验收

蓄电池室及通风、采暖、照明等装置应符合设计的要求；布线应排列整齐，极性标志清晰正确；电池编号应正确，外壳清洁，液面正常；极板应无严重弯曲、变形及活性物质剥落；初充电、放电容量及倍率校验的结果应符合要求；蓄电池组的绝缘应良好，绝缘电阻不小于 0.5MΩ。

十二、二次回路的验收

二次设备主要是对一次设备进行控制、监视、测量和保护，二次回路的正确接线、元件的正确调整和验收对整个变电站的安全运行有着极为重要的作用。

1. 保护校验等二次回路上工作完毕后，应做检查验收工作

（1）工作中所接的临时短接线是否全部拆除，拆开的线头是否全部恢复。

（2）继电保护压板的名称，投、撤位置是否正确，接触是否良好，各相关指示灯指示是否正确，定值与定值单是否相符。

（3）接线螺栓是否紧固。

（4）变动的接线是否有书面文字说明。

（5）继电保护装置、继电保护定值的变更情况及运行中的注意事项，应记入相应的记录簿内。

（6）距离保护、差动保护变动二次接线、电流互感器更换等工作完工后，必须由继电保护人员在带上负荷后实测"六角图"，确认二次接线无误后，方可正式加入运行。

（7）微机保护的操作键盘，运行人员不得操作，必要时须在保护人员指导下进行操作。

（8）微机保护二次回路各部位的耐压水平应符合要求。

以上检查完毕后，变电运维人员应协同保护人员带断路器做联动试验。断路器传动时，由变电运维人员进行。变电运维人员应认真核对传动的断路器位置、信号、动作是否可靠正确。变电运维人员负责将保护装置、保护定值变更情况与调度核对无误

后，双方在保护记录上分别签字，才可以结束工作票。

2. 盘柜的验收检查项目

（1）盘柜的固定接地应可靠，盘柜体应漆层完好，清洁整齐。

（2）盘柜内所装电器元件应完好，安装位置正确、牢靠。

（3）手车式配电柜的手车在推入或拉出时应灵活，机械或电气等闭锁装置符合规定要求，照明装置齐全。

（4）柜内一次设备的安装质量验收要求符合《国家电网公司变电验收管理规定（试行）》［（运检/3）827—2017］及其细则的有关规定。

（5）操作及联动试验动作正确，符合设计要求。

（6）所有二次接线应正确，连接应可靠，标志应齐全清晰。

（7）保护盘、控制盘、直流盘、所用盘等，盘前盘后必须标明名称。一块保护盘或控制盘有两个以上装置时，在不同装置间要有明显的分界线。出口中间继电器和正在运行中的设备，盘面应有明显的运行标志。

十三、绝缘子套管的验收

绝缘子套管的金属构架加工、配置、螺栓连接、焊接等应符合国家现行标准的有关规定；油漆应完好，三相相序颜色正确，接地良好；所有螺栓、垫圈、闭口销、锁紧销、弹簧垫圈、锁紧螺母等应齐全；瓷件应完整、清洁，铁件和瓷件的胶合处均应完整无损，充油套管应无渗油，油位应正常；母线配置及安装架设应符合设计规定，连接正确，螺栓紧固，接触可靠，相间及对地电气距离符合要求。

十四、新建、改建和扩建工程投运启动的验收

新建、改建和扩建工程及设备项目，在投入前3个月由建设单位向各有关调度部门提出投入系统申请书，包括内容如下：

（1）新建、改建工程的名称、范围。

（2）预定的启动试运行日期及试运行计划。

（3）启动试运行的联系人和主要运行人员名单。

（4）启动试运行过程对系统运行的要求。

应向有关调度部门报送以下资料：

（1）平面布置图、一次电气接线图、线路走径图及相序图、二次继电保护原理图等。

（2）主要设备的规范和参数。

（3）设备运行操作规程及事故处理规程。

（4）通信的联络方式。

变电站内所有新设备或改建后的设备投入运行时，应在启动调试前三天向有关调度提出申请，调度于启动试运行前一日批复。批复内容应包括设备的命名、编号、设备管理的范围。所有新设备投入运行应得到调度的指令后，方能操作。启动前一日，有关运行人员要提前准备好操作票，做好事故预想与有关工作计划及安排。启动当日，当值变电运维人员应向有关调度联系工作事宜，核对设备定值，在启动计划方案及调度指令下进行操作。

新设备投入运行后，运行人员应加强监护，发现问题及时记录、汇报、处理、消缺。调管设备试运行 24h 后，向调度汇报设备运行情况，并正式加入调度管理。

【思考与练习】

1. 新建、改建和扩建工程投运启动验收的主要事项有哪些？

2. 保护校验等二次回路上工作完毕后，应做哪些检查验收工作？

3. 主变压器大修后验收的项目有哪些？

▲ 模块 2　新设备投运与操作（Z09F8002Ⅲ）

【模块描述】本模块包含新设备投运必须具备的条件和调度操作规定与注意事项。通过对新设备投运条件和操作注意事项的介绍，达到能熟练组织、监护、指挥新设备、改、扩建设备投运启动操作的目的。

【模块内容】

新设备投运操作是变电站改扩建工程及新投运变电站的一项特殊操作，与已运行的设备的送电操作有所不同。对新设备投运条件的确认以及操作中的检查、核对、试验等是新设备操作中的特殊项目。本模块培训目标：① 熟悉新设备投运与操作规定的要求和注意事项；② 掌握变电站新设备投运操作的操作方法及步骤。

一、新投运设备的基本规定

1. 新设备投运必须具备的条件

（1）操作人员已熟悉新设备的说明书。

（2）新设备的各种试验已合格。

（3）新设备接地设施已拆除。

（4）永久性安全设施已装设。

（5）新设备已由调度部门命名、编号，并且与现场设备的名称和编号一致。

（6）新设备的技术资料和施工记录已完成。

（7）具备相关部门批准的现场运行规程、典型操作票、事故处理预案及细则。

（8）具备调度部门制订下达的新设备投运启动方案。

（9）人员远离新加压的设备。

2. 电网调度对新投运设备的操作规定

新设备投入或运行设备检修后可能引起相序变化时，在并列或合环前必须定相或核相。

3. 省调对新投运设备的操作规定

（1）新设备投运时，启动验收委员会应指定现场联系工作的负责人，并将姓名提前通知调度。

（2）新设备投运时应做以下工作：

1）全电压冲击合闸，合闸时有条件应使用双重开关和双重保护。

2）对于线路须全电压冲击合闸 3 次，对于变压器须全电压冲击合闸 5 次。

3）相位及相序要核对正确。

4）相应的继电保护、安全自动装置、自动化设备同步调试并按方案要求投入运行。

5）新设备进行试运行，系统相关保护定值的变更应根据运行方式变化，本着保护失去配合时间尽可能短、影响尽可能小的原则来安排更改。

（3）新设备投产的操作要考虑到设备本身故障、开关拒动、保护失灵的情况，必须有可靠的快速保护和后备跳闸开关，以防故障扩大危及电网安全。

4. 新投运设备操作中的注意事项

（1）检查新投运设备投运条件具备。

（2）新设备的充电必须由带保护的断路器进行。

（3）新设备的充电应由远离电源一侧的断路器进行。

（4）新设备的充电一般分段进行，以便在发生故障时，能够尽快查找故障点。

（5）新投运的一次设备的初次充电一般为 3 次，变压器为 5 次。

（6）充电时应严格监视被充电设备的情况，及时发现不正常现象，以便进行处理。

二、新线路启运操作

1. 线路充电注意事项

（1）对线路、断路器、隔离开关、电压互感器、电流互感器、避雷器全面验收，各项试验数据合格。设备状态符合投运方案要求，若不符合应做调整。

（2）检查导线连接是否牢固、可靠。

（3）检查断路器、隔离开关、电压互感器、电流互感器、避雷器等设备及其连接导线的导电部分对地距离、相间距离是否符合要求。

（4）充油设备无渗油，油位、油色正常；SF_6 设备无泄漏、压力值正常，气动回路无泄漏、压力值正常，液压回路正常、压力值正常。

（5）保护定值正确，装置运行正常，空气开关、压板在退出位置。

（6）综合自动化系统就地与远方信息核对正确，遥合、遥分正常。

（7）通信系统正常，联系畅通。

（8）新投线路充电 3 次，每次 5min，间隔 5min。充电时应监视设备充电状况，异常时退出。

2. 线路充电

线路采用全电压冲击试验，检查线路绝缘状况和耐受过电压能力，检验投、切时的操作过电压和电流冲击，考核 GIS 断路器投切空线路能力；考核继电保护装置在投、切空线路时的运行状况。

3. 线路充电方法及操作步骤

（1）隔离小系统，使 I 段母线上无其他连接元件。

（2）线路保护应根据试验项目要求进行整定值调整。

（3）线路保护投入运行，线路零序保护改为 0s，退出方向元件，关闭高频收发信机电源，投入线路充电保护或过电流保护。

（4）投入线路零序保护方向元件，开启高频收发信机电源，退出过电流保护，对保护定值做相应修改。

三、母线启运操作

1. 母线充电注意事项

（1）母线充电，有母联断路器时应使用母联断路器向母线充电。母联断路器的充电保护应在投入状态。

（2）带有电磁式电压互感器的空母线充电时，为避免断路器断口间的并联电容与电压互感器感抗形成串联谐振，应在母线停送电操作前，将电压互感器隔离开关断开或在电压互感器的二次回路采取阻尼措施，或者采取线路和母线一起充电。

2. 充电方法及步骤

隔离小系统，用独立的线路对母线进行充电，充电前应按要求投入线路所有保护及充电保护，按要求对保护定值进行调整，投入母线所有保护，投入母线充电保护，有条件应采用零起升压对母线充电，当升压过程中母线出现跳闸，电压异常，电流不平衡，说明母线存在短路或接地现象，应停止升压并降到零，查明原因。零起升压正常后采用全电压冲击试验。

四、新设备投运对保护配合操作要求

1. 继电保护和自动装置的投运

（1）新设备投运时，充电断路器保护应全部投入，充电保护投入，保护方向元件投入。

（2）新设备投运时，充电断路器带时限的保护动作时限可根据需要改小，部分定值按要求修改，功率方向元件退出，防止因极性接反误动。

（3）充电断路器重合闸装置退出运行，防止充电时故障跳闸线路再次合闸。

（4）充电时故障录波装置应投入运行。

（5）对可能受到影响不能正常供电的设备应退出运行，或可能引起误动不能正常供电的设备退出运行。

（6）变压器、电抗器、母线差动保护在设备投运后、带负荷前应退出，进行差压差流测试，待正常后投入运行。

（7）新设备充电正常后，保护装置定值应修改为设备正常运行时定值。

2. 主变压器充电保护操作

（1）系统保护定值、时限做修改。

（2）变压器保护定值部分做修改。

（3）变压器保护全部投入运行。

（4）投入充电侧断路器充电保护。

3. 线路、线路带高抗充电保护操作

（1）线路过电流保护定值调整。

（2）退出零序电流Ⅱ、Ⅲ段方向元件。

（3）投入线路过电流保护。

（4）投入线路充电保护。

4. 母线充电保护操作

（1）投入母线充电保护。

（2）投入母线全部保护。

五、新设备核相、极性测试

1. 核定相位

检查电源并列点的相位、相序是否相同，电压差是否在允许范围，检查并列点是否可以并列。新投变压器、高压电抗器、电压互感器、线路都必须核定相序，当相序不同的两个电源系统、变压器（电抗器、线路、电压互感器）并列运行时，将会造成短路事故。因此，严禁将相序不同的电源系统和设备并列运行。

核相是指通过电压互感器二次电压或其他方法核实需要合环（或并列）的两个电源系统（或变压器、电压互感器）的相序是否一致。核相是通过测量（直接或间接）待并系统（变压器和电压互感器也可以看作电源）同名相电压差值和非同名相电压差值的方法来进行的。同名相电压差值为零，非同名相电压差值应为对应的线电压值。

2. 核定相位的规定

（1）变压器核相。新安装或大修后的变压器、内外接线变动或接线组别变动的变压器、更换绕组的变压器、电源线路接线变动可能引起相序变化的变压器均应进行核相或定相。

（2）线路核相。新建线路或线路改线、接线有变动可能引起相序变化，母线、电缆和线路均应进行核相或定相。

（3）电压互感器核相。新安装或内外部接线有变动，电压互感器应进行核相或定相。

3. 极性测试

接于电流回路的零序方向、负序方向、距离、高频、差动等继电保护均对电压和电流的极性有严格要求，否则将无法保证继电保护装置的正确动作。因此，在以上保护正式投入运行前应带负荷测量方向。

4. 极性测试方法

用减极性法进行电流互感器极性测试是常用方法之一。在一次侧通一定数量变化的电流，二次侧用指针式电压表监测表计指针的摆动方向，由此可以判断电流互感器绕组的极性。测量继电保护、自动化、电能计量等装置的电压、电流极性和相序、相位则使用专用的仪器测试。

六、新设备投运操作案例

1. 变压器投运操作

（1）核对保护定值。

（2）合上保护装置电源，投入保护压板。

（3）合上隔离开关，用 110kV 侧断路器进行主变压器充电，充电五次，第五次不断开。

（4）变压器充电结束后退出差动保护。

（5）带负荷测试差动保护电流回路接线的正确性，确认接线无误后投入差动保护，变压器正式运行。

2. 线路投运操作

（1）核对保护定值。

（2）合上保护装置电源，投入保护压板。

（3）合上隔离开关，用断路器对线路进行充电。

（4）充电结束后带负荷测试保护电压、电流回路的正确性，确认接线无误后，线路正式运行。

3. 母线投运操作

（1）核对保护定值。

（2）合上保护装置电源，投入母线充电保护压板。

（3）合上隔离开关，用断路器对母线进行充电。

（4）充电结束后带负荷测试母线差动保护电流回路的正确性，确认接线无误后，母线正式运行。

【思考与练习】

1. 新设备投运必须具备的条件是什么？

2. 新设备核相、极性测试的内容有哪些？

3. 新设备投运对保护配合操作要求是什么？

▲ 模块 3　新设备投运方案编制与投运操作危险点源控制 （Z09F8003Ⅲ）

【模块描述】本模块包含新设备投运方案的编制与投运操作危险点源分析控制。通过对新设备投运方案编制原则和投运操作危险点源分析的介绍，达到熟悉新设备投运方案的编制原则，掌握新设备投运操作危险点源分析方法，能制定相应控制措施的目的。

【模块内容】

在变电站新设备投运工作中，新设备投运方案是指导和协调各生产部门进行投运操作的重要技术文件。新设备投运方案（变电站部分）的编制是变电站值班负责人的一项重要技术工作。充分认识和分析新设备投运操作中危险点以及做好相应的控制措施是新设备投运的重要安全措施。

一、新设备投运方案的编制

1. 新设备投运方案编制的主要内容

（1）投运方案（调度编制）。

（2）投运操作安排（变电站编制）。

（3）投运危险点分析及预控措施（变电站编制）。

（4）投运工作期间事故预案（变电站编制）。

（5）投运前期准备工作（变电站编制）。

（6）投运工作安排（变电站编制）。

2. 新设备投运方案的构成及编写要点

（1）投运范围。投运范围的编制主要说明新设备投运地点，投运设备单元，相应的一、二次设备及主设备的型号。

（2）投运前完成的工作。投运前完成的工作，其编制时应主要说明投运设备应具备的条件。

（3）联系调度。联系调度的编制主要说明新设备所属的调度及向调度提交投运申请；投运变电站向调度汇报的内容；调度与变电站进行设备核对的内容。

（4）投运步骤。投运步骤的编制主要说明各调度下令步骤及内容、各相关变电站操作的投运操作步骤（操作任务的时间序列）。

（5）正常运行方式。正常运行方式的编制说明各相关变电站投运操作前的运行方式。

（6）注意事项。注意事项的编制主要说明重合闸的投入要求、操作中异常及处理等。

（7）附件。附件的编制主要有相关变电站的主接线图。

3. 投运操作安排编制及要点

（1）倒闸操作安排及职责。

1）变电站总负责。

2）安全负责人。

3）值班负责人。

4）操作监护人。

5）操作人。

6）辅助操作人。

7）监控值班记录人。

（2）变电站投运前需完成的工作。

1）一次设备应完成的工作。

2）二次设备应完成的工作。

（3）变电站投运操作工作安排。

1）调度指令名称。

2）操作监护人。

3）操作人。

4）值班负责人。

4. 投运事故预案的编制及要点

（1）系统运行方式说明。

（2）事故情况说明。

（3）处理原则及办法。

5. 投运前期准备工作的编制及要点

（1）设备验收工作。设备验收工作的编制主要有完成时间和工作内容。

（2）操作准备工作。操作准备工作编制主要有现场清理、一、二次设备的检查、核对定值等工作的安排。

二、投运操作中危险点源的控制

110kV 新线路投运操作危险点分析及预控措施见表 Z09F8003Ⅲ-1。

表 Z09F8003Ⅲ-1　110kV 新线路投运操作危险点分析及预控措施

序号	危　险　点	预　控　措　施
1	未认真学习投运方案，投运方案不熟悉、操作步骤及任务不清楚	值班负责人组织相关人员认真学习投运方案，要求参加投运工作的人员熟知投运设备、程序及步骤
2	投运前未检查设备及设备现场情况，设备不具备投运条件	当值值班负责人安排人员认真、详细检查线路断路器、隔离开关及接地刀闸均在断开位置，二次回路开关均在断开位置、断路器机构箱隔离开关操作箱及端子箱已完全闭锁，现场施工人员全部撤离现场
3	断路器及隔离开关的操作方式未切至远控方式	值班负责人安排人员认真核对二次设备的工作状态
4	操作前未检查开关的操动机构的工作情况	值班负责人安排人员认真检查断路器的操作油压、气压正常，弹簧机构已储能，机构的工作电源正常
5	投运前设备现场清理不彻底，留有遗留物	值班负责人安排人员认真检查投运设备现场，确保无任何影响设备正常运行的遗留物品
6	保护装置电源开关漏投	值班负责人安排人员认真检查，检查保护装置电源开关正常投入，装置工作正常，无异常信号，必要时检查保护失电指示信号正常
7	保护压板投入、退出状态与一次设备运行方式不符	会同保护施工人员认真核对保护定值单，确保保护投入正确
8	没有与调度核对投运设备的名称、编号、保护定值及设备参数	当值值班负责人与调度认真核对设备名称、编号、保护定值及设备参数，并与相关的文件进行核对
9	设备状态与模拟屏、监控后台机、五防机的状态不一致	操作前认真核对设备状态与模拟屏、监控后台机、五防机，确保各处设备状态一致
10	监控后台通信不正常	认真检查监控后台机的网络通信畅通
11	操作人员不熟悉设备、操作票不正确	操作及监护人员操作前认真熟悉投运设备的性能、运行方式、操作原则及注意事项，严格进行三级操作审核，确保操作正确无误
12	与调度的通信不正常	认真检查通信设施，保证通信畅通
13	操作走错间隔，或后台操作对象错误	认真核对设备的名称编号，认真执行"一指、二比、三对、四操作"流程，严禁擅自解锁操作
14	投运后不对设备进行检查	投运后对设备进行全面详细检查，加强对设备监视，发现异常及时汇报调度进行处理

【思考与练习】

1. 新设备投运方案主要由哪些内容构成？

2. 变电站投运前需完成的工作有哪些？

3. 举例说明变电站新投主变压器操作中的危险点源。

第十五章

高压开关类设备异常处理

◢ 模块1　高压开关类设备异常现象及分析（Z09G1001 I ）

【模块描述】本模块包含高压开关类设备异常现象和原因分析；通过对高压开关常见异常现象和产生原因的讲解，达到掌握断路器、隔离开关、GIS 组合电器常见异常现象，并能够及时发现异常的目的。

【模块内容】

高压开关类设备包括断路器、隔离开关和 GIS 组合电器，它们在变电站中起着改变运行方式、接通和断开电路的作用。由于高压开关类设备在系统故障时承受过电压、过电流的作用，又经常进行分、合闸操作，所以高压开关类设备比较容易发生异常。

一、高压断路器常见异常现象及分析

1. 位置指示不正确

断路器位置指示不正确在运行中发生较多，断路器位置指示不正确会使变电运维人员不能正确判断断路器的分、合位置，在倒闸操作或事故处理中造成误判断。如果位置指示不正确是由于控制回路故障引起的，会造成断路器不能正常操作。分闸回路故障会使断路器在故障时不能自动跳闸，扩大事故范围；合闸回路故障会使断路器在瞬时故障跳闸后不能自动重合，延长停电时间。断路器位置指示不正确的现象和原因主要有以下几点：

（1）断路器位置指示灯不亮（监控系统断路器显示为红、绿色以外的其他颜色），原因有：

1）指示灯灯泡烧毁。

2）如有"控制回路断线"信号，则是控制回路无电源或断线，红灯不亮是跳闸回路故障，绿灯不亮是合闸回路故障。如控制熔断器熔断或接触不良、控制回路触点接触不良、断路器辅助触点转换不到位、继电器线圈断线等。

3）断路器由于 SF_6 压力过低或操作机构储能不足被闭锁。此时会同时发出"操纵机构未储能"或"闭锁"信号。

4）监控系统断路器位置指示消失的原因有：测控装置故障或失电、测控通道故障、断路器检修时投入"置检修状态"压板等。

（2）断路器位置指示红、绿灯全亮或闪光。是由于回路中有接地点，或者分、合闸回路之间绝缘损坏（检修后一般为接线错误），或有异常连接的地方。

（3）监控系统断路器位置指示相反。即合闸时显示为绿色、分闸时显示为红色，一般是由于新投断路器或监控系统检修后将断路器分、合闸状态位置接反所致。

（4）机械位置指示器内部脱扣或位移。

2. 断路器控制回路断线

（1）断路器控制回路断线的现象有：

1）警铃响，故障断路器红、绿位置指示灯熄灭或指示异常（若为三相指示灯，则可能出现某相指示灯熄灭）。

2）相应线路控制盘发出"控制回路断线""压力降低分闸闭锁""压力降低合闸闭锁""装置异常"等光字牌信号。

（2）控制回路断线的原因有：

1）弹簧机构的弹簧未储能、储能未满，或液压、气动机构的压力降低至闭锁值及以下。

2）分、合闸回路接线端子松动、断线等。

3）分闸或合闸线圈断线。

4）断路器动合或动断辅助触点接触不良。

5）分、合闸位置继电器或防跳继电器线圈烧断。

6）控制熔断器熔断或松动等。

3. 断路器拒绝合闸

断路器拒合的原因主要有监控系统原因、电气方面原因和机械方面原因。

（1）监控系统显示操作闭锁未开放，则是监控系统原因，如：

1）监控系统闭锁未解除。如选择断路器错误，"五防"拒绝操作；监控系统与"五防"系统信号传输故障等原因造成闭锁不能打开。

2）监控系统遥控超时。

3）监控系统通道故障。

4）测控装置故障。

5）远方/就地控制把手在"就地"位置。

（2）合闸操作前红、绿指示灯均不亮，说明控制回路有断线现象、无控制电源或者断路器被闭锁。

（3）当操作合闸后红灯不亮，绿灯闪光且事故喇叭响时，说明操作手柄位置和断路器的位置不对应，断路器未合上。其常见的原因有：

1）合闸回路熔断器熔断或接触不良。

2）合闸接触器未动作。

3）合闸线圈故障。

4）合闸电压过低。

5）直流系统两点接地造成合闸线圈短路。

6）断路器机械故障，如合闸铁芯卡滞、合闸支架与滚轴故障等。

7）断路器采用控制把手操作时，合闸时间过短。

（4）当操作断路器合闸后，绿灯熄灭，红灯亮，但瞬间红灯又灭、绿灯闪光，事故喇叭响，说明断路器合闸后又自动跳闸。原因有：

1）直流系统两点接地造成跳闸回路接通。

2）操作机构合闸能量不足、三点过高等。

（5）操作合闸后红、绿灯均不亮并且断路器无电流，机械指示分闸或合闸。可能的原因有：控制回路断线或触头卡在中间位置等。

（6）合闸后断路器位置指示红灯亮，但断路器无电流指示，多是由于传动轴杆或销子脱出造成断路器触头未合上，此时断路器机械指示多在合闸位置。

4. 断路器拒绝分闸

断路器的拒分对系统安全运行威胁很大，一旦某一单元发生故障时，断路器拒动，将会造成上一级断路器跳闸，扩大事故停电范围，甚至可能导致系统解列，造成大面积停电的恶性事故。因此"拒分"比"拒合"带来的危害更大。断路器拒绝分闸，监控系统的原因与拒绝合闸相同，下面主要分析电气和机械方面的原因。

（1）分闸前断路器位置红、绿灯均不亮，说明控制回路有断线现象、无控制电源或者断路器被闭锁。

（2）分闸操作后绿灯不亮、红灯闪光，说明断路器未断开。其常见的原因有：

1）分闸线圈短路。

2）分闸电压过低。

3）跳闸铁芯卡涩或脱落、动作冲击力不足。

4）分闸弹簧失灵，液压机构分闸阀卡死，气动机构大量漏气等。

5）触头发生熔焊或机械卡涩，传动部分故障，如销子脱落、绝缘拉杆断裂等。

5. 断路器非全相运行

220kV 断路器不允许非全相运行，如非全相运行后非全相保护未动作，就会发生非全相运行的现象。非全相运行的原因有：

（1）断路器一相或两相偷跳。

（2）合闸时一相或两相合不上。

（3）单相跳闸后重合闸失败或未动作，并且未启动三相跳闸。

（4）跳闸时一相或两相未跳开。

6. 断路器本体或接头过热

断路器运行中通过红外测温可发现本体或接头过热现象，严重时可看到本体外部颜色异常，且可嗅到焦臭味，常见的是接头部位过热。断路器过热会使绝缘材料老化、弹簧退火、触头熔焊等。造成断路器过热的原因有：

（1）过负荷。

（2）触头接触不良，接触电阻超过规定值。

（3）导电杆与设备接线夹连接松动。

（4）导电回路内各电流过渡部件、紧固件松动或氧化。

7. 瓷质部分裂纹或破损、放电

断路器在运行中由于环境污染、恶劣气候、外力破坏或过电压等作用，会发生瓷质部分裂纹、破损或闪络放电的现象。

8. 断路器灭弧介质异常

（1）SF_6 断路器气压异常。发现 SF_6 断路器有气压报警或气压闭锁信号发出，应检查气压表指示，将表计读数与 SF_6 压力温度曲线比较，以确定是否有误。造成断路器 SF_6 压力降低的原因有：

1）SF_6 系统有漏气现象，如瓷套与法兰胶合处胶合不良；瓷套的胶垫连接处胶垫老化或位置未放正；滑动密封处密封圈损伤，或滑动杆光洁度不够；管接头处及自动封阀处固定不紧或有杂物；压力表特别是接头处密封垫损伤等造成漏气。

2）SF_6 密度继电器失灵。

3）表计指示有误。

（2）真空断路器真空度降低。真空断路器是利用真空的高介质强度灭弧，真空度必须保证在 0.013Pa 以上，才能可靠地运行，若低于此真空度，则不能灭弧。正常巡视检查时要注意玻璃屏蔽罩（真空泡）的颜色应无异常。特别要注意断路器分闸时的弧光颜色，真空度正常情况下弧光呈微蓝色，若真空度降低则变为橙红色。造成真空断路器真空度降低的原因主要有：

1）使用材料气密性不良。

2）金属波纹管密封质量不良。

3）在调试过程中，行程超过波纹管的范围，或超程过大，受冲击力太大。

（3）油断路器油位、油色异常。

1）油位异常。油断路器中的油起灭弧和绝缘作用，若油位过高，可能造成在切断故障电路时由于电弧与油作用分解出大量气体，产生压力过高而发生喷油现象，甚至由于缓冲空间减小而发生断路器油箱变形或爆炸事故。若油位过低，空气中的潮气进入油箱，使部件乃至灭弧室暴露在空气中，可能造成绝缘受潮故障，或由于油量少，在开断故障电路时产生气体压力过低，灭弧困难，使电弧烧坏触头和灭弧室，甚至电弧冲出油面，高温分解出来的可燃气体混入空气，引起爆炸。造成油断路器油位异常的原因有：① 检修时加油过多造成油位过高。② 渗漏油造成油位过低，如放油阀门胶垫龟裂或关闭不严引起渗漏油、油标玻璃裂纹或破损引起的漏油等。③ 修试人员多次放油后未作补充造成油位过低。④ 气温突降且原来油量不足造成油位过低。

2）油色异常。正常情况下，断路器中的油呈浅黄色，油断路器在运行中，可能会因多次切断故障电流而造成油中游离碳增多，使油色变黑，造成油断路器灭弧性能下降。

9. 操动机构异常

断路器操动机构在运行中发生异常的概率较大，下面按照不同的操动机构分别介绍。

（1）液压机构压力异常。

1）液压机构压力异常的现象：① 警铃响，控制屏可能发出"压力异常""合闸闭锁""分闸闭锁""控制回路断线"等光字牌信号。② 压力闭锁后对应断路器位置监视灯熄灭。③ 液压机构各部分、压力参数等有异常情况，如较常见的漏油、频繁打压、油泵电机故障信号等。

2）压力过高的原因：① 油泵启动打压、油泵停止微动开关位置偏高或触点打不开。② 储压筒活塞因密封不良，液压油进入氮气内，导致预压力过高。③ 气温过高，使预压力过高。④ 压力表失灵。⑤ 油泵电源接触器有剩磁，接触器线圈断电后触点延时打开。

3）压力过低的原因：① 油压正常降低，油泵因回路问题，不能自动打压储能。② 高压油路漏油，油泵打压但压力不上升。如 CY 型液压机构可能的漏油部位有：阀系统漏油（如管道接头密封垫处漏油、卡套密封处漏油、二级阀分合阀密封不良等），工作缸漏油，高压放油阀处漏油，储压器漏油，信号缸或压力表连接处漏油等。③ 氮气泄漏。

4）液压机构油泵打压频繁的原因：① 液压油中有杂质。② 高压油路漏油，如储压筒活塞杆漏油、放油阀密封不良等。③ 微动开关的停泵、启泵距离不合格。④ 氮气缺失。

5）油泵打压时间过长，除了高压油路系统有漏油缺陷外，油泵本身可能有以下几个方面的原因：① 低压过滤器堵塞。② 逆止阀密封不良或密封圈损伤或老化。检查时，如发现油泵两侧耳子发热或者一个发热即可确定是密封不良。③ 油泵出口逆止阀密封不好。④ 阀座与柱塞配合间隙过大。⑤ 油泵内残留气体影响打压时间。

（2）弹簧机构弹簧储能异常。弹簧储能异常会发出"弹簧未储能""控制回路断线"等信号，现场检查可发现弹簧未储能机械指示。弹簧机构储能异常的原因有：

1）储能电动机电源回路不通，触点接触不良，断线或熔丝熔断。

2）电动机本身故障。

3）弹簧裂纹或断裂。

4）弹簧调整拉力过大。

（3）电磁机构分、合闸线圈烧毁。分、合闸线圈烧毁一般发生在分、合闸操作过程中，如操作后断路器未相应地合闸或分闸，并且位置指示灯熄灭、断路器附近有焦煳味，则大部分情况为分、合闸线圈烧毁故障。

1）合闸线圈烧毁的原因：① 合闸接触器本身卡涩或触点粘连。② 操作把手的合闸触点断不开。③ 重合闸装置辅助触点粘连。④ 防跳跃闭锁继电器失灵。⑤ 断路器辅助触点打不开。

2）跳闸线圈烧毁的主要原因：① 跳闸线圈内部匝间短路。② 跳闸铁芯卡滞，造成跳闸线圈长时间带电。③ 断路器跳闸后，辅助触点打不开，使跳闸线圈长时间带电。

（4）气动机构气压异常。断路器气动机构一般都装有压力表，正常运行时指示在正常范围内，气压过低或过高都会影响断路器的性能。引起气动机构气压异常的原因主要有：

1）气动操作机构管道连接处漏气。

2）压缩机逆止阀被灰尘堵塞。

3）工作缸活塞磨损。

4）气动机构控制电源或工作电源故障。

5）气泵故障不能启动打压。

二、隔离开关常见异常现象及分析

（1）操作卡滞或分、合不到位。隔离开关有时在操作中会发生卡滞或分、合不到位现象，其原因有：

1）传动机构断裂或销子脱落。

2）传动机构和隔离开关转动轴处生锈或调整不到位。

3）隔离开关接头熔焊或冰冻等。

4）小车开关轨道变形，动、静触头不在一个水平面或者闭锁钩抬不起来等会造成小车推不到位；触头过热熔焊、闭锁钩打不开等会造成小车拉不出来。

（2）电动操作失灵。隔离开关电动操作失灵的原因有：无操作电源、操作电源小开关跳闸、联锁触点接触不良、电机故障、机械故障等。

（3）三相分、合闸不同期。隔离开关三相分、合闸不同期主要是由于调整不到位或长期使用发生位移造成的。

（4）接触部位发热。隔离开关在运行中发热的原因主要有负荷过大、触头氧化接触不良、操作时没有完全合好等。

（5）支柱绝缘子破损、断裂、闪络放电。

三、GIS 组合电器常见异常现象及原因分析

GIS 故障对安全运行的影响巨大。一旦发现不及时，将会造成重大损失。

1. GIS 设备常见异常现象

（1）SF_6 气压降低，发出"补充 SF_6 气体"信号。

（2）SF_6 气体泄漏，发出"SF_6 气室紧急隔离"（或"压力异常闭锁"）信号。

（3）外绝缘子破损、闪络放电。

（4）电动操作失灵。

2. GIS 设备异常原因分析

GIS 设备在运行中发生异常的情况较少，引起 GIS 设备异常的主要有设备制造的原因和现场安装不良的原因。

（1）制造原因。

1）GIS 制造厂的制造车间清洁度差，使得金属微粒、粉末和其他杂物残留在 GIS 内部。

2）装配误差大，可动元件与固定元件发生摩擦，产生金属粉末遗留在隐蔽的地方，未清理干净。

3）在 GIS 装配过程中，零件错装、漏装。

4）材料选用不当。

（2）现场安装原因。

1）安装人员不遵守工艺规程使得金属件有划痕、凹凸不平之处而未处理。

2）安装现场清洁度差，导致绝缘件受潮，被腐蚀；外部尘埃、杂物进入设备内部。

3）安装时错装、漏装。如屏蔽罩与导体间隙不均匀，螺栓、垫圈漏装或紧固力度不够。

【思考与练习】

1. 断路器有哪些常见的异常现象？

2. 隔离开关有哪些常见的异常现象？

3. 液压机构油泵打压频繁的原因是什么？

4. 断路器控制回路断线的现象和原因是什么？

5. 隔离开关拉合失灵的原因是什么？

6. GIS 设备运行中有哪些异常现象？

▲ 模块 2　高压开关类设备常见异常处理（Z09G1001Ⅱ）

【模块描述】本模块包含高压开关类设备常见异常的处理方法；通过常见异常案例介绍，达到掌握断路器、隔离开关、GIS 组合电器等常见异常的处理方法的目的。

【模块内容】

发现断路器异常应立即处理，如处理不及时可能发生断路器损坏、爆炸等设备事故，或者断路器误动或拒动造成电网事故。

一、断路器常见异常的处理方法

1. 断路器应申请停电处理的情况

（1）套管有严重破损和放电现象。

（2）断路器内部有爆裂声。

（3）SF_6 断路器严重漏气或发出操作闭锁信号。

（4）少油断路器灭弧室冒烟或内部有异常声响。

（5）油断路器严重漏油，油标管中看不见油位。

（6）空气开关内部有异常声响或严重漏气，压力下降，橡胶吹出。

（7）真空断路器出现真空损坏的"咝咝"声。

（8）连接处过热变色或烧红。

（9）气动或液压操动机构压力闭锁。

2. 断路器位置指示不正常的处理

（1）断路器位置指示灯不亮，应检查有无其他信号，如无信号则首先更换指示灯泡。如有控制回路断线信号，则按照控制回路断线进行处理。如有开关闭锁信号，则应检查造成闭锁的原因并进行处理。

（2）断路器位置指示红、绿灯全亮或闪光，检查直流有无接地，有接地应立即检查处理，无直流接地或接地点不能自行处理的应报检修人员处理。故障开关做好事故预想。

（3）监控系统断路器位置指示相反，应报缺陷由检修人员处理。

（4）机械位置指示不正确应报检修人员处理。拉开两侧隔离开关时应通过电压、电流提示，手动按下机械分闸按钮等方法检查断路器在断开位置。

3. 控制回路断线处理

断路器发出控制回路断线信号后，变电运维人员应进行以下检查处理。

（1）先检查有无其他信号同时发出，如有闭锁信号发出，应检查造成断路器闭锁的原因并进行处理。

（2）检查控制熔断器是否熔断（小开关是否跳闸）或接触不良，如控制熔断器熔断应更换（或试合控制小开关），再次熔断（或跳闸）不得再投。

（3）检查控制回路有无断线或接触不良的现象，变电运维人员能处理的尽量处理，不能处理的报检修人员处理。

（4）断路器控制回路断线短期内不能修复的，采用倒闸操作的方法将故障断路器退出运行。

4. 拒绝合闸处理

（1）检查监控系统是否有断路器控制回路断线或闭锁信号，如有上述信号应暂停操作，待处理恢复后再进行操作。对于带有旁路母线的主变压器或出线断路器，可用旁路断路器代路送电，无法代路时，保持断路器停电状态，等待处理。

（2）检查监控机"五防"闭锁是否开放，如未开放应进行以下检查处理：

1）检查操作是否正确，是否符合"五防"逻辑。

2）检查"五防"钥匙传输是否正常，可重新传输"五防"操作指令。

3）检查监控机与"五防"机连接是否正常，如连接不正常，多是传输线接触不良，变电运维人员能处理的应立即处理，不能处理的报专业人员处理。

4）检查"五防"程序运行是否正常，如不正常可重启"五防"程序并重新传输操作指令。

（3）如监控机显示遥控超时，可重发一次遥控指令，如仍不能遥控应进行以下检查处理。

1）到测控装置、断路器机构箱处检查远方/就地控制小开关是否在"远方"位置，如在"就地"位置应切换到"远方"位置。

2）检查断路器检修状态压板是否在投入位置。

3）经以上检查不能处理，可考虑到测控装置处手动操作，然后再由检修人员处理遥控超时的故障。

（4）检查监控机通道或测控装置是否正常，如有异常应报检修人员处理，必要时变电运维人员可在检修人员指导下重启测控装置。

（5）检查断路器操动机构有无异常现象，如有，按照操动机构异常处理的方法处理。

（6）检查直流母线电压是否过低，如过低可调节蓄电池组端电压或充电机整定值，使电压达到规定值。

（7）经以上检查查不出拒绝合闸原因时，应按照危急缺陷汇报调度和工区，由检修人员处理，变电运维人员做好检修准备。有旁路母线的可将拒动断路器用旁路断路器代路。

5. 拒绝分闸处理

操作时断路器分不开，不存在对用户供电的问题，但为了防止越级跳闸事故的发生，应立即汇报调度，迅速采取措施。

（1）按照断路器拒绝合闸的处理方法（1）～（5）条进行检查处理。

（2）仍不能分闸的，带有自由脱扣机构的断路器可到断路器操动机构处按下"紧急分闸"按钮分闸。

（3）没有自由脱扣机构的断路器或者采用"紧急分闸"按钮仍不能分闸的断路器，采取禁止分闸的措施。

1）断开断路器控制电源。

2）断开断路器操动机构电源（液压机构油泵电源、弹簧机构电动机电源、气动机构气泵电源）。

3）如断路器已被电气闭锁，有机械闭锁卡具的应安装机械闭锁卡具，将断路器机械闭锁在合闸位置。

（4）按照不同的主接线方式和拒分断路器的位置，采用倒闸操作的方法将拒分断路器退出运行，做好安全措施，报调度和检修人员处理。

1）双母线接线方式操作方法。

线路或主变压器断路器拒绝分闸，可将故障断路器以外的其他断路器热倒至一条母线上，用母联断路器断开故障断路器电源，再拉开故障断路器两侧隔离开关，然后恢复正常运行方式。

如图 Z09G1001Ⅱ-1 所示，142 断路器发生分闸闭锁故障，可将 110kV 2 号母线上运行的 144、150 断路器和 112 断路器热倒至 1 号母线运行，用母联 101 断路器和 142 断路器串联运行，断开 101 断路器使 142 回路电流为零，再拉开 142-5、142-2 隔离开关使 142 断路器退出运行。然后合上母联 101 断路器，将 144、150、112 断路器热倒回 2 号母线恢复正常运行方式。最后将 142 断路器转检修，做好安全措施，等待检修人员处理。

母联断路器拒分可将一条母线上的断路器热倒至另一条母线上，用母联隔离开关断开空载母线，将母联断路器隔离；也可将某一回路两条母线隔离开关同时合上，再断开母联断路器的两侧隔离开关，但需注意跨接隔离开关的容量应满足作为母联使用的要求，如主变压器回路的隔离开关。

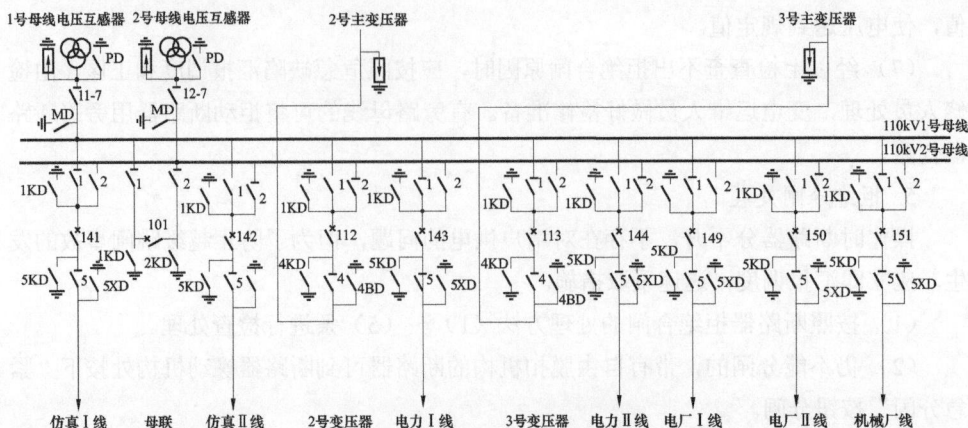

图 Z09G1001Ⅱ-1　双母线接线

如图 Z09G1001Ⅱ-1 所示，母联 101 断路器分闸闭锁，一种方法是将 1 号母线上运行的 141、143、149、151、113 断路器热倒至 2 号母线运行（也可将 142、144、150、112 断路器热倒至 1 号母线），用 101-1、101-2 隔离开关拉开空载母线将 101 断路器退出运行，将 101 断路器转检修，做好安全措施等待检修人员处理。另一种方法是合上 113-2 隔离开关（或合上 112-1 隔离开关，如其他线路隔离开关满足负荷要求也可以），拉开 101-1 和 101-2 隔离开关，将 101 断路器退出运行后处理。

2）带旁母接线，可用旁路断路器代供故障断路器，断开旁路断路器控制电源，拉开故障断路器两侧隔离开关，再投入旁路断路器控制电源，将故障断路器退出运行。

如图 Z09G1001Ⅱ-2 所示，245 断路器分闸闭锁，可合上 202-1 隔离开关、202-3 隔离开关、202 断路器和 245-3 隔离开关，使 202 和 245 断路器并列运行（保护进行相应投退），断开 202 断路器控制电源（防止在拉开 245 断路器两侧隔离开关时 202 断路器跳闸造成带负荷拉隔离开关），拉开 245-5 和 245-1 隔离开关，使 245 断路器退出运行，再投入 202 断路器控制电源恢复正常运行，最后将 245 断路器做好检修措施等待处理。

3）3/2 断路器接线方式，在有另外两串及以上运行时，可在断开闭锁断路器同串的断路器控制电源后，直接拉开其两侧隔离开关隔离。

如图 Z09G1001Ⅱ-3 所示，2843 断路器发生分闸闭锁，由于 2821、2822、2823 断路器串，2831、2832、2833 断路器串运行，断开 2841、2842 断路器控制电源后，可直接拉开 28431 和 28432 隔离开关将 2843 断路器退出运行，再投入 2841、2842 断路器控制电源恢复正常运行，最后将 2843 断路器做好安全措施后等待处理。

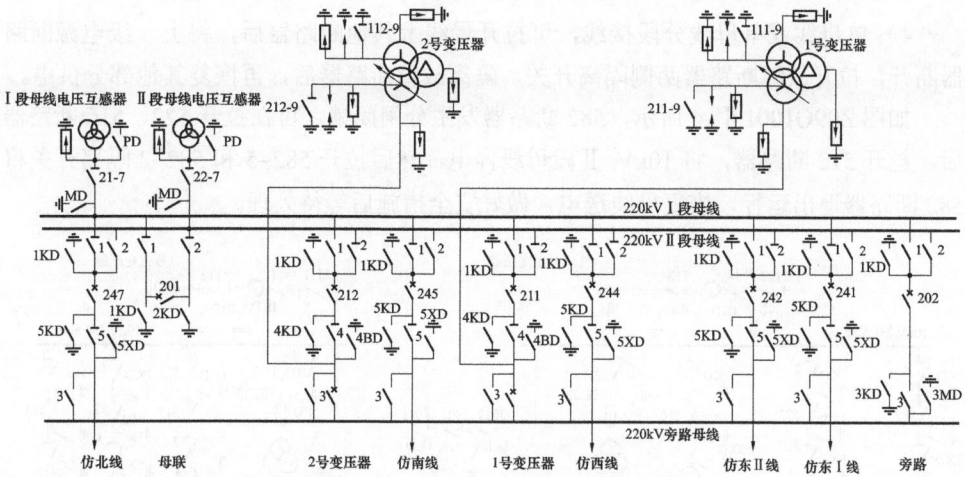

图 Z09G1001Ⅱ-2　双母线带旁路接线

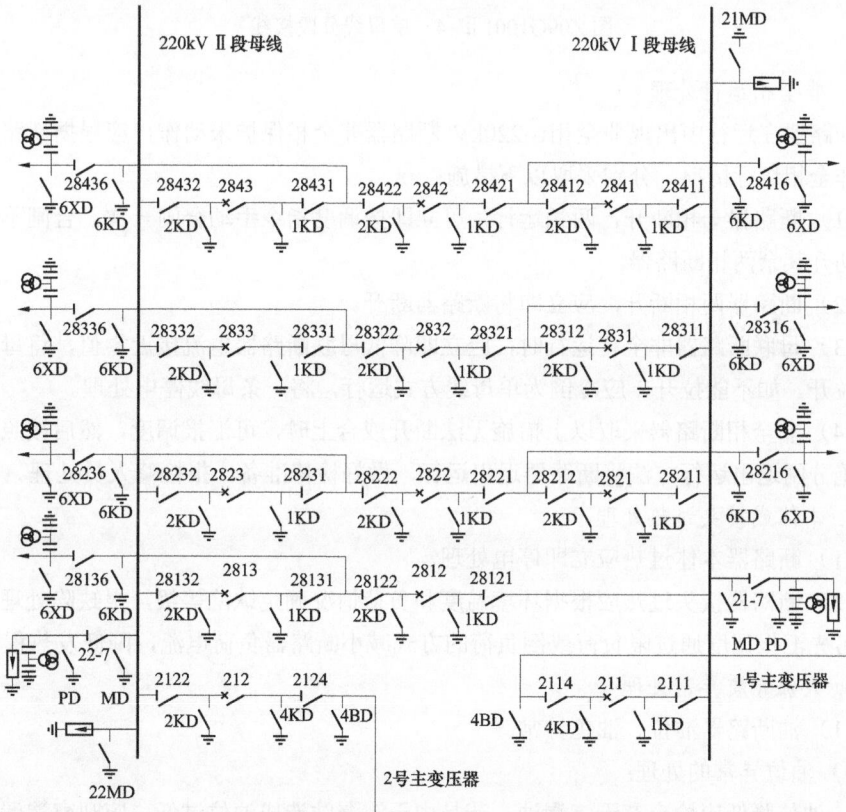

图 Z09G1001Ⅱ-3　3/2 接线

4）单母线或单母线分段接线，可拉开母线上其他断路器后，将上一级电源断路器断开，拉开故障断路器两侧隔离开关，隔离故障断路器后，再恢复其他部分供电。

如图 Z09G1001Ⅱ–4 所示，582 断路器发生分闸闭锁，可在拉开 522、516 断路器后，拉开 512 断路器，将 10kV Ⅱ段母线停电，然后拉开 582–5 和 582–2 隔离开关将 582 断路器退出运行，恢复母线送电，做好安全措施后等待处理。

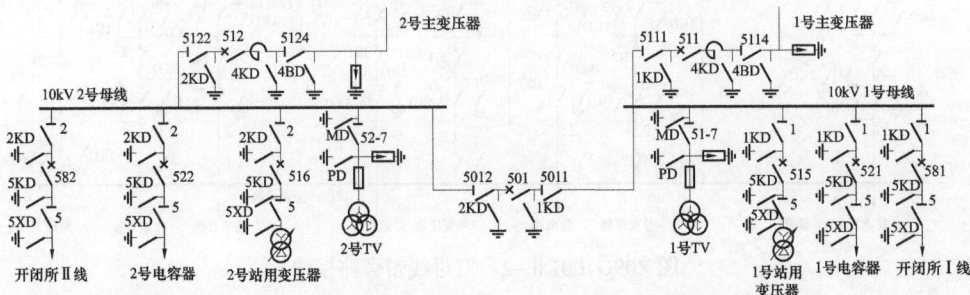

图 Z09G1001Ⅱ–4　单母线分段接线

6. 非全相运行处理

断路器在运行中出现非全相，220kV 断路器非全相保护未动作，应根据断路器不同的非全相运行情况，分别采取以下措施：

（1）断路器一相断开，两相运行，可立即按调度指令手动合闸一次，合闸不成功则应切开其余两相断路器。

（2）断路器两相断开，应立即将断路器断开。

（3）母联断路器非全相运行时，应立即降低母联断路器电流接近零值，将母联断路器拉开。如不能拉开，应冷倒为单母线方式运行，将一条母线停电处理。

（4）非全相断路器采取以上措施无法断开或合上时，可汇报调度，然后按照断路器拒绝分闸退出运行方法将断路器退出运行，做好检修准备，报检修人员处理。

7. 本体或接头过热处理

（1）断路器本体过热应立即停电处理。

（2）断路器接头过热应根据环境温度和负荷情况确定缺陷等级，报缺陷处理。停电前可先汇报调度通过限负荷或倒负荷的方式减小断路器负荷电流，降低发热程度。

8. 灭弧介质异常处理

（1）油断路器油位、油色异常。

1）油位异常的处理：

a. 油位降低应检查有无渗漏油，若是由于渗漏油造成油位过低，应观察渗漏油的速度，根据油位和渗漏油的速度确定缺陷等级上报处理。在处理前变电运维人员应加强监视，做好事故预想和应急处理准备。

b. 油位过高应上报缺陷，加强监视，做好事故预想和应急处理准备。

c. 油断路器严重缺油时，禁止将其直接断开。应按照分闸闭锁的处理方法将断路器退出运行，以防断路器突然跳闸，造成设备的更大损坏。

2）断路器油色变黑后，能否继续运行，应根据下列原则处理：

a. 油断路器切断故障电流的次数达到规定值的，应将重合闸退出，并安排换油或检修。

b. 油断路器切断故障电流的次数未达到规定值而油变黑，应根据油的击穿电压和油质化验分析来确定是否对断路器进行换油检修工作。

（2）SF_6 断路器气压异常。

正常运行中用 SF_6 气体密度继电器监视气体密度的变化，当运行中 SF_6 密度继电器报警时，则说明断路器有压力异常现象。此时应记录 SF_6 压力值，并将表计的数值根据环境温度折算成标准温度下的压力值，判断压力值是否在规定的范围内。

1）发出告警信号时：

a. 及时检查压力表指示，根据温度和压力信号指示判断信号发出是否正确，断路器是否有漏气现象。

b. 若没有明显漏气现象，应汇报检修人员进行带电补气，补气后继续监视气压。

c. 若有漏气现象（有刺激性气味或"嘶嘶"声），应立即远离故障断路器，汇报调度，及时转移负荷或改变运行方式，将故障断路器停电处理（此时，SF_6 气压尚可保证灭弧）。

2）发出 SF_6 气体闭锁压力信号，说明气体压力下降较多，漏气严重。这时，断路器跳、合闸回路已被闭锁，此时可参考断路器分闸闭锁的方法进行处理。

（3）真空断路器真空度降低。断路器在运行中，发现真空度降低，严禁对断路器进行停、送电操作，应立即断开故障断路器的控制电源，及时采取措施，参照断路器分闸闭锁的方法进行处理，将故障断路器退出运行。

9. 操动机构异常处理

（1）液压机构压力异常。

1）压力过高的处理。气温正常情况下液压机构压力过高应向上级汇报，由专业人员进行处理。若属于气温过高的影响，应使机构箱通风降温。

2）压力过低的处理。

a. 检查油泵电源是否正常，如电源中断或缺相应检查上级电源断路器是否跳闸，电源接头、线路等是否断路，变电运维人员能处理的应及时处理，不能处理的报缺陷。

b. 检查油泵电源熔断器是否熔断（或小开关跳闸）或接触不良，如熔断器（或小开关）熔断（或跳闸），应更换熔断器（或试合小开关），如接触不良应使其接触良好，启动油泵打压，使压力上升至正常工作压力；如果熔断器再次熔断（或小开关再次跳闸），说明回路中有短路故障，不得加大熔断器容量。变电运维人员不能处理的，应报检修人员处理。

c. 如油泵电源正常，则可能是油泵控制回路中的各微动开关某一触点接触不良或损坏，应通知专业人员进行处理。

d. 接触器动作，油泵电机不转，可能是接触器本身的问题应通知检修人员进行处理。

e. 液压机构压力尚未低于分闸闭锁值时，若机构有手动打压机构，可以断开储能电源后，手动打压将压力恢复，然后再报缺陷处理。

f. 液压机构压力已降至零，严禁手动打压，应断开油泵电源，有机械闭锁卡具的加装机械闭锁卡具，按照断路器拒绝分闸的方法处理。

（2）弹簧机构弹簧储能异常。采用弹簧储能操动机构的断路器在运行中发出弹簧未储能信号时，变电运维人员应做如下检查处理：

1）检查电机电源回路及电机是否有故障，熔断器是否熔断。若电机无故障而且弹簧已拉紧（储能），则是二次回路误发信号。

2）若电源回路熔断器熔断或小开关跳闸，应更换熔断器或试合小开关，正常后启动电动机打压，若再次熔断或跳闸不应再次投入。

3）检查电动机接触器是否有断线、烧坏或卡滞现象，热继电器是否动作未复归。

4）若电动机有故障时，应手动将弹簧储能。

5）若系弹簧锁住机构有故障或弹簧故障且不能处理时，应汇报调度。停用本断路器的重合闸，通过倒闸操作将断路器退出运行。

（3）气动机构压力降低。

1）检查机构是否漏气，用听声音的方法确定漏气的部位，应报缺陷处理。

2）对管道连接处漏气及活塞环磨损而造成的机构频繁启动，应申请将该断路器停电进行处理，防止在运行中发生大排气情况。

3）断路器在送电操作时，在合闸后如果听到压缩机有漏气声，则压缩机逆止阀被灰尘堵住的可能性较大，可汇报调度对该断路器进行几次分、合操作，一般能够消除这种异常现象。

4）如气泵未启动，应检查气泵电源、熔断器（或小开关）、接触器或导线是否正常，查出故障部位后能处理的应立即处理，然后启动气泵打压。如不能处理的应报检修人员处理。

5）断路器在合闸状态下出现气动机构气压降低，且不能恢复时，可按照断路器分闸闭锁的方法通过改变运行方式，将故障断路器停运，报专业人员检修。

10. 断路器异常处理举例

某站 35kV 断路器检修，该断路器为弹簧操动机构，检修内容为处理断路器分闸速度偏低缺陷。合闸送电时，将断路器控制把手转至合闸位置后，断路器红、绿灯均熄灭，电流表无电流指示，判断为断路器未合上。检查断路器控制电源小开关未跳闸，到断路器处检查时，听到断路器机构箱内不断发出弹簧打压的"嗒嗒"声，立即远离该断路器，防止断路器机构零件断裂伤人，或者断路器触头停在中间位置，合闸电弧未熄灭发生爆炸。断开 35kV 断路器机构打压电源，待故障断路器打压声停止后，打开机构箱，断开该断路器机构电源，再恢复 35kV 断路器机构打压电源，报缺陷由检修人员处理。经检修人员检查为在处理断路器分闸速度偏低缺陷时，将分闸弹簧拉力调整得过大，造成合闸弹簧拉力不够，使断路器不能正常合闸。

二、隔离开关异常处理的原则和方法

1. 操作拒动处理

（1）首先检查操作步骤是否正确，是否由于操作步骤不符合"五防"逻辑造成隔离开关机械或电气闭锁。

（2）遥控操作时，隔离开关拒动，应检查隔离开关"五防"闭锁是否开放，如未开放应检查操作步骤是否正确、"五防"机与监控机信号传输是否正常、"五防"程序运行是否正常等，处理后再进行操作。

（3）隔离开关电动操作拒动，应进行以下检查处理：

1）检查电机电源开关是否合上，如未合上应合上电机电源开关，合不上时报检修人员处理。

2）检查电机电源是否中断或缺相，如电源不正常应查明原因处理。

3）电动操作闭锁是否动作，如某些电动操作隔离开关在手动操作侧的机构箱门打开时自动闭锁电动操作。查明原因能处理的应立即处理，不能处理的报检修人员处理。

4）如电机电源正常，并且回路中无闭锁则是电动机故障，应报缺陷处理。

5）电动操作失灵时，可断开电机电源，改为手动操作，然后再检查处理电动操作失灵的原因。

（4）检查其操动机构是否正常、传动机构各部分元件有无明显卡阻现象。若操动机构有问题，应进行处理，恢复正常后进行操作。

（5）检查传动部件有无脱落、断开，方向接头等部件是否变形、断损。如传动部件故障，应汇报调度，停电处理。

（6）静触头是否有卡阻现象。在操作时发生动触头与静触头有抵触时，不应强行操作，否则可能造成支柱绝缘子的破坏而造成事故，应停电处理。

2. 接头过热处理

（1）若接头属轻微过热，应加强巡视，在高峰负荷时用红外测温装置等监测温度，严密监视接头过热是否在发展。

（2）隔离开关触头过热，可用绝缘拉杆轻轻调整接触面，继续观察其发热是否减弱。如 35kV 及以下 GN 或 GT 型隔离开关发热，经检查，如发现有三相合后位置不同期现象，可用相应电压等级的绝缘棒将隔离开关的三相触头顶到位，但要小心从事，以防滑脱而造成事故。事后应加强监视，防止继续发热。对室内隔离开关，还应加强通风及降温措施。

（3）若接头严重过热，应立即汇报调度，根据本站接线形式采用倒母线或旁路代替运行及降低负荷等方法进行紧急处理。若接头已发红变形，负荷不能马上转移的，应立即停电检修。停运操作方法是：

1）负荷侧隔离开关可将回路断路器和线路转冷备用。

2）母线侧隔离开关需拉开回路断路器并将母线转冷备用，双母线接线可先将该线路倒换至另一条母线运行，发热的母线隔离开关在以后的母线停役（双母接线的还必须该回路同时停役）时，进行处理。

3）主变压器侧隔离开关需将该回路断路器和主变压器转冷备用。

4）专用旁路接线中，如果某一回路母线侧或线路侧隔离开关发热，可用旁路替代该线路运行，发热的隔离开关安排停电检修。

3. 分、合闸三相不到位或不同期处理

隔离开关在分、合闸操作中发生三相不到位或三相不同期的情况，变电运维人员必须高度重视，否则隔离开关会因接触不良发热造成触头烧熔或烧损，或者分闸距离不够闪络放电等事故。处理方法为：

（1）三相不能完全分、合到位或三相不同期时应再操作一次。

（2）如重复操作后隔离开关的上述情况依然存在，可使用绝缘棒将隔离开关的三相触头顶到位，缺陷可在下次计划停电时处理。

（3）电动隔离开关在隔离开关的分、合闸操作过程中出现中途停止时，应立即按"停止"按钮并切断隔离开关操作电源，迅速手动将隔离开关拉开或合上。事后应汇报上级主管部门，安排检修停电时处理。

（4）如经以上处理后仍无法操作到位，应汇报调度及上级主管部门安排停电检修。

4. 辅助开关触点转换不到位处理

母线侧隔离开关或者电压互感器隔离开关操作后发生电压切换不正常或电压中断等现象，多是由于隔离开关辅助触点转换不到位引起的。对于连杆传动型的隔离开关辅助触点，可采用推合连杆使之转换到位的方法，其他形式传动的隔离开关辅助开关触点转换不到位，可将隔离开关再操作一次，如辅助开关触点转换仍不到位，应将隔离开关恢复原运行状态，停止操作，将情况汇报给调度和上级主管部门，由检修人员处理。

5. 绝缘子外伤、硬伤处理

隔离开关支柱绝缘子有裂纹和裙边有轻微外伤或破损的，应立即汇报调度及上级主管部门，尽快处理，在停电处理前应加强监视。

（1）隔离开关支柱绝缘子有裂纹的应禁止操作，与母线连接的隔离开关其支柱绝缘子有裂纹的应尽可能采取母线与回路同时停电的处理方法。

（2）绝缘子裙边有轻微外伤或破损，可采取停电后修补涂 RTV（室温硫化硅橡胶）的手段；外伤或破损严重则应立即停电更换处理。

6. 误拉、合隔离开关的处理

（1）一旦发生误拉隔离开关的情况，触头刚分开时，发现有异常电弧，则应立即合上，以防止由于电弧短路而造成事故。但如果已将隔离开关拉开，则禁止再将被误拉开的隔离开关合上。

（2）误合隔离开关，不论何种情况，都不准再将误合的隔离开关拉开。如确需拉开，则应汇报调度使用该回路断路器将负荷切断或采用倒母线方式将回路停电后，再拉开误合的隔离开关。

三、GIS 设备异常处理

（1）当 GIS 任一间隔发出"补充 SF_6 气体"（或"压力降低"）信号时，允许保持原运行状态，但应迅速到该间隔的现场汇控柜判明为哪一气室需补气，然后立即报缺陷，通知检修人员处理，并根据要求做好安全措施。

（2）当 GIS 任一间隔发出"补充 SF_6 气体"信号，同时又发出" SF_6 气室紧急隔离"（或"压力异常闭锁"）信号时，则可能发生大量漏气情况，将危及设备安全。此间隔不允许继续运行，同时此间隔任何设备禁止操作，应立即汇报调度，并断开与该间隔相连接的断路器，将该间隔和带电部分隔离。在情况危急时，变电运维人员可在值班负责人领导下，先行对需隔离的气室内的设备停电，然后及时将处理情况向调度和上级汇报。

（3）GIS 发生故障有气体外逸时的处理。

1）GIS 设备发生故障有 SF_6 气体外逸时，全体人员立即撤离现场，并立即投入全部通风设备（室内）。

2）在事故发生后 15min 之内，只准抢救人员进入 GIS 室内。4h 内任何人进入 GIS 室必须穿防护服、戴防护手套及防毒面具。4h 后进入 GIS 室内虽可不用上述措施，但清扫设备时仍需采用上述安全措施。

3）若故障时有人被外逸气体侵袭，应立即送医院诊治。

4）处理 GIS 内部故障时，应将 SF_6 气体回收加以净化处理，严禁直接排放到大气中。

5）防毒面具、塑料手套、橡皮靴及其他防护用品必须用肥皂洗涤后晾干，防止低氟化合物的剧毒伤害人身。并应定期进行检查试验，使其经常处于备用状态。

【思考与练习】

1. 高压断路器发生哪些异常时应停电处理？

2. 隔离开关拒动应如何处理？

3. 误拉、合隔离开关后应如何处理？

4. GIS 发生故障有气体外逸时，处理中有哪些注意事项？

▲ 模块 3 高压开关类设备异常处理危险点源分析 （Z09G1001Ⅲ）

【模块描述】本模块包含高压开关类设备异常处理的危险点源分析；通过案例介绍，达到能进行断路器、隔离开关、GIS 组合电器常见异常处理的危险点分析，能制定预控措施的目的。

【模块内容】

一、断路器异常处理危险点源分析

（1）误投退断路器控制保险。

控制措施：两人一起进行检查，加强监护，认真核对设备编号。

（2）检查控制回路、合闸或储能回路时，人员触电。

控制措施：

1）检查过程中使用绝缘工具。

2）两人进行，一人操作，一人监护。

3）不得徒手接触控制回路、合闸回路和储能电源回路的导电部分。

（3）交、直流接地或短路。

控制措施：

1）检查过程中使用绝缘工具。

2）检查二次回路时，不得随意触动、拆接导线。

3）使用万用表在回路上测量时，万用表应使用电压挡，严防误用电流挡进行电压测量。

（4）误拉、合断路器。

控制措施：

1）需拉、合断路器时，应执行"五防"闭锁程序，通过远方控制操作。

2）认真核对设备编号，严格执行监护唱票复诵制度。

3）远方/就地小开关与断路器就地操作把手分开布置时，切换前应检查核对清楚切换的开关名称，防止将断路器操作把手误当成远方/就地开关。

4）远方/就地小开关与断路器就地操作把手合一时，切换时应小心谨慎，看清切换位置，防止用力过大，造成断路器误操作。

（5）机械伤害。

控制措施：

1）检查操动机构时，不得触动机构零件，防止造成机构突然动作。

2）不得在机构箱门打开的情况下，试验机构动作情况，防止机构零件损坏、断裂飞出伤人。

3）检查处理液压操动机构压力异常时，不得打开液压阀门，尤其是高压油路液体阀门，防止高压油伤人。

4）处理液压操动机构压力过低异常时，不得手动按住微动开关触点启动油泵打压，防止油泵不能自动停止，造成压力过高，机构损坏或高压油泄漏伤人。

5）检查处理气动操动机构气压异常时，不得打开放气阀门，防止压缩空气突然泄漏伤人。

（6）气体中毒。

控制措施：

1）检查处理 SF_6 断路器异常时，室外应从上风头接近断路器，并判断断路器无明显的漏气故障方可接近断路器进行检查。室内应先通风 15min，如有含氧量测试仪的应在测量含氧量合格（浓度大于 18%）后方可进入高压室进行检查，并且检查时应由两人进行。

2）SF_6 气体外泄后，4h 内，任何人进入室内都必须穿防护衣、戴手套及防毒面具；4h 以后进入室内进行清扫，仍需采取上述安全措施，单人不得留在 SF_6 高压设备室内。

3）SF_6 断路器气压过高，检查断路器时不得在断路器防爆膜附近停留，防止防爆膜破裂伤人，或者由于防爆膜破裂，SF_6 气体泄漏造成人员窒息或中毒。

（7）处理不当造成断路器爆炸，甚至造成人身伤害。

控制措施：

1）如油断路器油位过高或过低，则在检查时不得进行操作，并且检查后应立即远离故障断路器，防止由于断路器自动分、合闸，引起爆炸伤害检查人员。

2）发现真空断路器真空度下降、SF$_6$断路器或压缩空气断路器气压降低后，变电运维人员不得再进入高压室或接近故障断路器，更不能对断路器进行操作。

3）液压操动机构失压，处理过程中不得启动油泵打压，防止油泵启动打压过程中，断路器失压慢分，造成断路器爆炸。

（8）分闸闭锁断路器停电操作的危险点和控制措施。

1）旁路转代将闭锁断路器停运操作时，带负荷拉隔离开关。

控制措施：拉开故障断路器两侧隔离开关前，必须断开旁路断路器和故障断路器的控制熔断器，防止在拉隔离开关时旁路断路器跳闸造成带负荷拉隔离开关。

2）单母线接线方式，将闭锁断路器停运操作时带负荷拉隔离开关。

控制措施：拉开电源侧断路器后，检查确认母线电压为零且故障断路器电流为零后再拉开故障断路器两侧隔离开关，防止有线路侧电源反送电的现象。

3）倒母线操作，将闭锁断路器停运操作时带负荷拉隔离开关。

控制措施：双母线接线方式，拉开异常断路器两侧隔离开关前，应先断开与其串联运行的母联断路器，检查异常断路器回路中无电流后，再进行拉开隔离开关的操作。

4）3/2 接线方式，将闭锁断路器停运操作时带负荷拉隔离开关。

控制措施：拉开故障断路器两侧隔离开关前应至少保证有两串以上的断路器并联运行，并断开与异常断路器同串的另两台断路器的控制电源。

5）处理双母线母联断路器闭锁时，带负荷拉隔离开关。

控制措施：拉开母联断路器两侧隔离开关前，先检查有至少一组母线隔离开关双跨运行，或者一条母线空载运行。

二、隔离开关异常处理危险点源分析

（1）误操作（带负荷拉合隔离开关、带接地隔离开关合隔离开关或者带电合接地隔离开关）。

控制措施：隔离开关拒动后应详细检查，严禁不经检查就随意更改操作票或解除闭锁进行操作。

（2）用绝缘杆调整分、合不到位的隔离开关时，带负荷拉、合隔离开关。

控制措施：用绝缘杆调整隔离开关时，应小心谨慎，缓慢调整，防止用力过大造成隔离开关误分、合闸。

（3）用绝缘杆调整分、合不到位的隔离开关时，碰伤隔离开关支柱绝缘子。

控制措施：采用绝缘杆调整隔离开关时，应小心谨慎，不得用力过猛，防止由于绝缘杆滑脱碰伤支柱绝缘子。

（4）隔离开关支柱绝缘子断裂伤人或造成短路跳闸。

控制措施：

1）隔离开关拒动时，应查明拒动原因，不应强行操作。

2）发生支柱绝缘子破损、断裂等异常的隔离开关不能再继续操作。

3）操作隔离开关时选择好操作位置和逃生路线，监护人、操作人操作时观察隔离开关动作情况，发现危险立即撤离到安全位置。

（5）检查操动机构时机械伤害。

控制措施：

1）检查操动机构时，不得触动机构零件，防止机构突然动作发生人身伤害。

2）启动电动机构进行试验或操作前，必须取下手动操作把手，防止把手跟随机构转动伤人。

（6）检查处理电动隔离开关异常过程中人员触电。

控制措施：

1）检查过程中使用绝缘工具。

2）两人进行，一人操作，一人监护。

3）不得徒手接触控制回路、合闸回路和储能电源回路的导电部分。

（7）检查处理电动隔离开关异常过程中造成交、直流接地或短路。

控制措施：

1）检查过程中使用绝缘工具。

2）检查二次回路时，不得随意触动、拆接导线。

3）使用万用表在回路上测量时，万用表应使用电压挡，严防误用电流挡进行电压测量。

三、GIS 设备异常处理危险点源分析

（1）人员中毒。

控制措施：

1）室外应从上风处接近设备，并判断无明显的漏气故障方可接近断路器进行检查。室内应先通风 15min，如有含氧量测试仪的应在测量含氧量合格（浓度大于 18%）后方可进入高压室进行检查，并且检查应由两人进行，单人不得留在 SF_6 高压设备室内。

2）设备漏气后，4h 内，任何人进入室内都必须穿防护衣，戴手套及防毒面具；4h 以后进入室内进行清扫，仍需采取上述安全措施。

3）SF_6 气压过高，检查时不得处在断路器、隔离开关等气室防爆膜附近，防止防爆膜破裂伤人，或者由于防爆膜破裂，SF_6 气体泄漏造成人员窒息或中毒。

（2）带负荷操作 SF_6 气体绝缘性能降低气室内的设备造成闪络事故。

控制措施：当 GIS 任一间隔发出"补充 SF_6 气体"信号，同时又发出"SF_6 气室紧急隔离"（或"压力异常闭锁"）信号时。此间隔任何设备禁止操作，断开该间隔设备操作电源，并断开与该间隔相连接的开关，将该间隔和带电部分隔离。

【思考与练习】

1. 处理断路器异常时，防止误拉、合开关的控制措施是什么？

2. 处理断路器异常时，防止人员受到机械伤害的控制措施是什么？

3. 分闸闭锁断路器停电操作中有哪些危险点？控制措施是什么？

4. GIS 设备异常处理时，防止人员中毒的控制措施是什么？

第十六章

变压器异常处理

▲ 模块1　变压器异常现象及分析（Z09G2001 Ⅰ）

【模块描述】本模块包含变压器异常现象和原因分析；通过对变压器常见异常现象和产生原因的讲解，达到熟悉变压器声音异常、油位异常、油温异常等常见异常的表现，能发现变压器异常的目的。

【模块内容】

变压器是变电站中的主要设备，一旦发生事故，就会中断对部分用户的供电，修复所用时间也较长，会造成严重的经济损失。一般变压器的异常都发生在绕组、铁芯、套管、分接开关、油箱、冷却装置等部位上。及时发现并处理变压器的异常对电力系统的稳定性有很大作用。

一、声音异常

变压器正常运行时，会发出均匀的"嗡嗡"声，若产生不均匀声或其他响声，都属不正常现象。变压器声音异常的类别及原因主要有以下几种。

1. 短时的"哇哇"声

一种可能是电网发生过电压，如中性点不接地系统发生单相接地或产生谐振过电压；另一种可能是大动力设备（如电弧炉、大电机等）启动，负荷突然增大，因高次谐波作用而产生。可根据当时有无接地信号，电压、电流表指示情况，有无负荷的摆动来判断。

2. 较高且沉闷的"嗡嗡"声

可能是变压器过负荷，由于电流大，铁芯振动增大引起的，可根据变压器负荷情况进行判断。

3. 声音比平常增大而均匀

可能是电网电压过高引起的，也可能是变压器过负荷、负载变化较大（如大电机、电弧炉等）、谐波或直流偏磁作用引起的。

4. 声音比平时大或听到其他明显杂声

可能为变压器铁芯穿芯螺栓松动，硅钢片间产生振动；绑扎松动或张力变化、硅钢片振动增大所致。如负荷突变，个别零件松动，内部有"叮当"声；轻负荷时，某些离开叠层的硅钢片振动发出"嘤嘤"声等。

5. 局部有放电声

（1）变压器发出"吱吱"的连续放电声。可能是引出线套管裙边对地电场强度较大，对外壳放电；也可能是变压器内部放电。产生原因有线圈或引出线对外壳放电；铁芯接地线断线，使铁芯对外壳感应高电压放电；分接开关接触不良放电。

（2）声音中夹杂有"噼啪"声。可能是变压器内部或外表面发生局部放电所致。如果外表面放电，在夜间或阴雨天可以在变压器瓷套管附近看到蓝色的电晕或火花，说明瓷套管绝缘污秽严重或引线接触不良。

（3）变压器有水沸腾声。若变压器的声音夹杂有水沸腾声，且温度急剧上升、油位升高，则应判断为变压器绕组发生短路故障或分接开关因接触不良引起严重过热。

（4）变压器有爆裂声。若变压器声音中夹杂有不均匀的爆裂声，则是变压器内部或表面绝缘击穿。

6. 机械撞击声或摩擦声

如运行中有"叮当"声，可能是散热器螺栓松动或有载调压机构连杆振动所致，也可能是由于有载调压机构箱或端子箱与变压器连接松动。如风扇或油泵运行声音过大或有摩擦声，可能是由于风扇或油泵轴承损坏或偏移造成的。

二、油位异常

变压器油位异常分为本体或套管油位过低、油位过高。

1. 油位过高或冒油

变压器本体或有载调压油箱油位过高一般有以下原因：

（1）加油过多，气温升高时造成油位过高。

（2）有载调压油枕油位过高，可能是内部渗漏，主变压器本体的油渗漏到有载调压分接开关油箱内部造成的。

（3）假油位。如变压器温度变化正常，而油位不正常或不随温度变化，则说明油枕油位是假油位。其原因有以下几方面：

1）呼吸器堵塞。

2）防爆管通气孔堵塞。

3）油标管堵塞或油位表指针损坏、失灵。

4）全密封油枕未按全密封方式加油，在胶囊袋与油面之间有空气（存在气压）。

2. 油位过低

变压器本体或有载调压油箱油位过低一般有以下原因：

（1）变压器严重漏油或长期渗漏油。

（2）设计制造不当，油枕容量与变压器油箱容量配合不当（一般油枕容积应为变压器油量的 8%～10%），环境气温过低时造成油位过低。

（3）未按照标准温度油线加油。

（4）检修人员因工作多次放油后没有及时补油。

3. 套管油位过低

主变压器套管油位过低会使套管与导电柱间的绝缘降低，造成套管内部放电。套管油位过低的原因有：

（1）套管外部有油迹则是由于套管密封不严，套管渗漏油。

（2）套管外部无油迹可能是套管与油箱间密封不严，套管油渗漏到油箱中。

（3）套管安装时加油不足，气温降低时油位过低。

三、温度异常

变压器在运行中温度变化是有规律的。当发热与散热相等并达到平衡状态时，各部分的温度趋于稳定。若在同样条件（冷却条件、负荷大小、环境温度）下，上层油温比平时高出 10℃以上，或负荷不变而油温不断上升，并且冷却装置良好，则可认为是变压器内部故障引起的。

1. 铁芯局部过热

铁芯是由绝缘的硅钢片叠成的，由于外力损伤或绝缘老化使硅钢片间的绝缘损坏，会形成涡流造成局部过热。另外，铁芯穿芯螺杆绝缘损坏会造成短路，短路电流也会使铁芯局部过热。

2. 线圈过热

相邻几个线圈匝间的绝缘损坏，将形成一个闭合的短路环流，同时，使一相的绕组匝数减少。在短路环流内的交变磁通会感应出短路电流并产生高温。匝间短路在变压器故障中所占的比重较大。引起匝间短路的原因很多，如线圈导线有毛刺或制造过程中绝缘受到机械损伤，绝缘老化或油中杂物堵塞油道产生高温损坏绝缘，穿越性短路故障，线匝轴向、辐向位移磨损绝缘等。

3. 分接开关过热

分接开关接触不良，接触电阻过大，易造成局部过热。分接开关接触不良最容易在大修或切换分接头后发生，穿越性故障后可能烧伤接触面。调节分头或变压器过负荷运行时应特别注意分接开关局部过热问题。分接开关接触不良的原因有：

（1）触点压力不够。

（2）动、静触点间有油泥膜。

（3）接触面有烧伤。

（4）定位指示与开关接触位置不对应。

（5）DW 型鼓形分接开关几个接触环与接触柱不同时接触等。

4. 其他部分过热

除上述集中局部过热情况外，还有接头发热，因压环螺钉绝缘损坏或压环触碰铁芯造成环漏磁使铁件涡流增大等引起的过热。运行中判断具体过热部位是很困难的，必要时，需吊芯检查。

四、颜色、气味异常

变压器的许多故障常伴有过热现象，使得某些部件或局部过热，因而引起一些有关部件的颜色发生变化或产生特殊气味。变压器颜色、气味异常包括内部故障引起的油色异常，引线接头处过热变色，呼吸器硅胶变色，套管或瓷瓶电晕、闪络，有焦煳味等。

1. 油色异常

一般是变压器油质劣化，变压器油中杂质、氧化物增多所致。

2. 呼吸器硅胶变色

正常干燥时呼吸器硅胶一般为蓝色或白色。当硅胶颜色变为粉红色时，表明硅胶已受潮并且失效。硅胶变色过快的原因主要有以下几点：

（1）长时间天气阴雨，空气湿度较大，因吸湿量大而过快变色。

（2）呼吸器容量过小。

（3）硅胶玻璃罩有裂纹、破损。

（4）呼吸器下部油封罩内无油或油位太低，起不到良好的油封作用，使湿空气未经油滤而直接进入硅胶罐内。

（5）呼吸器安装不良，如胶垫龟裂不合格、螺栓松动、安装不密封等。

3. 引线及接头线夹处过热变色

套管引线端部紧固部分松动或引线头线夹紧固件滑牙等，接触面氧化严重，使接触部分过热，颜色变暗失去光泽，表面镀层也会遭到破坏。温度很高时，会产生焦臭味。

4. 气味异常

套管、绝缘子污秽或者损伤严重，发生放电、闪络时会产生一种特殊的臭氧味。

五、外观异常

变压器外观异常包括防爆管防爆膜破裂、压力释放阀异常、套管闪络放电、渗漏油等。下面逐项分析产生原因。

1. 渗漏油

渗漏油是变压器常见的缺陷，造成渗漏油的原因如下：

（1）胶垫不密封造成渗漏：一般胶垫应保持压缩 2/3 时仍有一定的弹性，随运行时间、温度、振动等因素影响，胶垫易老化龟裂失去弹性；胶垫材质不合格，安装位置不对称、偏心也会造成胶垫不密封。

（2）阀门系统、蝶阀胶垫材质不良、安装不良、放油阀精度不高导致螺纹处渗漏。

（3）高压套管基座电流互感器出线桩头胶垫处不密封或无弹性，造成接线桩头胶垫处渗漏。小绝缘子破裂，造成渗漏油。

（4）设计制造不良。高压套管升高座法兰、油箱外表、油箱底盘大法兰等焊接处，因有的法兰材质太薄、加工粗糙而造成渗漏油。

2. 压力释放器异常

压力释放装置的作用是当变压器油压超过一定标准时释放器动作进行溢油或喷油，从而减小油压，保护油箱。如变压器油量过多和气温过高而非内部故障发生溢油现象，释放器便自动复位，释放器备有信号报警，以便变电运维人员迅速检查处理。

3. 防爆管防爆膜破裂

防爆管防爆膜破裂，会引起水和潮气进入变压器内，导致绝缘油乳化及变压器的绝缘强度降低。防爆膜破裂原因有以下几种：

（1）防爆膜材质或玻璃选择、处理不当。如材质未经压力试验，玻璃未经退火处理，由于自身内应力的不均匀而导致破裂。

（2）防爆膜及法兰加工不精密、不平整，装置结构不合理，检修人员安装防爆膜时工艺不符合要求，紧固螺钉受力不均匀，接触面无弹性等造成。

（3）呼吸器堵塞或抽真空充氮气情况下操作不慎使之承受压力而破损。

（4）受外力或自然灾害袭击。

（5）变压器发生内部故障。

4. 套管闪络放电

套管闪络放电会造成发热，导致绝缘老化受损，甚至引起爆炸。其常见的原因如下：

（1）套管表面脏污。如在阴雨天粉尘污秽等会引起套管表面绝缘强度降低，就容易发生闪络事故。如果套管制造不良，表面不光洁，在运行中会因电场不均匀而发生放电。尤其是制造质量不良的套管过脏，在阴雨天吸取污水后，导电性能增大，使泄漏电流增加，引起套管发热，则可能使套管内部产生裂缝而导致击穿。

（2）高压套管制造中末屏接地焊接不良形成绝缘损坏，或末屏接地出线的绝缘子中心轴与接地螺套不同心，造成接触不良或末屏不接地，也有可能导致电位提高而逐步损坏。

（3）系统出现内部或外部过电压，套管制造有隐患而未能查出（如套管干燥不足，运行一段时间后出现介损上升），油质劣化等共同作用。

六、有载分接开关异常

变电运维人员在检查变压器时，如发现变压器有载调压油箱上部有放电声，电流表发生摆动，有载分接开关瓦斯保护可能发出信号，此时可初步判断为分接开关故障。另外，分接开关的故障还包括调压时拒动、滑挡、反方向动作、切换不到位（停在过渡位置）等。

有载分接开关操作时拒动，如电机转动，则可能是频繁多次调压操作，使涡轮与连接套上的连接插销脱落。如电机不转，则有下列原因：

（1）有载调压开关在极限位置（最高挡或最低挡），机械极限闭锁动作。

（2）有载调压开关挡位机械闭锁装置卡死。

（3）操作控制回路电源熔断器熔断或接触不良。

（4）操作控制二次回路断线、接触器烧坏。

（5）电机交流电源未送上或电机烧坏。

七、冷却装置异常

220kV 变电站的主变压器大部分为强油风冷式变压器或片散式风冷变压器，冷却装置运行异常会造成主变压器被迫减少出力甚至停运。

冷却装置常见异常的现象及原因如下：

（1）风扇或油泵声音过大。可能是轴承偏移摩擦过大、扇叶变形等。

（2）风扇不转。风扇电动机过载造成热继电器动作、风扇热继电器整定值过小、风扇电源断线、风扇机械故障等都会造成风扇不转。

（3）油流指示异常的原因如下：

1）油流指示器故障。

2）油泵停转。如油泵由于电机故障（缺相或短线）、本身机械故障或过载造成热继电器动作，以及由于散热器阀门未打开造成电机过载等引起油泵停转。

（4）整组冷却装置停运的原因如下：

1）控制回路继电器故障。

2）控制回路电源消失。

3）冷却装置动力电源消失。

4）回路绝缘损坏，冷却装置空气开关跳闸。

5）一组冷却装置故障后备用冷却装置由于自动切换回路问题而不能自动投入。

（5）冷却装置运行正常，但是一部分散热器温度异常升高，是由于散热器阀门未打开，散热器的各散热管之间被油垢、脏物堵塞或覆盖都会影响散热。

八、输出电压异常

在正常情况下，变压器输出电压应维持在一定范围内，偏低或偏高都属于电气故障。变压器输出电压异常的现象和原因有：

（1）电源电压偏低或偏高，造成输出电压必然偏低或偏高。

（2）分接开关挡位不正确。

（3）绕组匝间短路。变压器高压或低压绕组发生匝间短路，实际上改变了高低压绕组的匝数比，即改变了电压比。

1）若高压绕组发生匝间短路，一次侧绕组匝数减少，变压器电压比减小，输出电压升高。

2）若低压绕组发生匝间短路，二次侧绕组匝数减少，变压器电压比增加，输出电压降低。

（4）铁芯和绕组缺陷。当变压器带上负载后，如果较空载时输出电压降低很多，说明变压器内部电压降低太多，这是由于铁芯和绕组存在某些缺陷，使漏磁阻抗增加，负载电流通过时，电压降低过多。

（5）三相负载不对称。如果变压器三相负载不对称，会发生三相电流不平衡、三相电压不平衡、中性点电压位移或者零序保护发信号等现象。三相负载不对称主要是由于有大容量单相负载或线路单相断线造成的。

九、过负荷运行

变压器过负荷运行是电流超过正常值，此时过负荷保护动作发出过负荷信号。过负荷分为正常过负荷和事故过负荷两种。过负荷运行的原因有：

（1）变压器容量过小，不满足负荷需要。

（2）负荷突然大量增加。

（3）无功补偿容量不足。

（4）系统中或站内设备检修或故障，使部分变压器退出运行。

十、轻瓦斯保护动作

变压器轻瓦斯保护动作会发出动作信号，有时气体继电器内有气体。轻瓦斯保护动作的原因有：

（1）变压器内部有轻微故障产生气体。

（2）变压器内部聚积空气。聚积空气的原因有：

1）变压器（含有载开关）注油时油中含气量较大。

2）注入油时将空气带入；真空脱气不够，空气未排净。

3）由于变压器运行或有载开关动作频繁发热等，使油中气体逐步溢出，造成气体积聚过多。

4）部件密封不严密，潜油泵产生负压进气等。

（3）外部发生穿越性短路故障，造成变压器油过热气化。

（4）直流多点接地、轻瓦斯保护二次回路短路。如气体继电器接线盒进水，电缆绝缘老化腐蚀等。

（5）油温降低或漏油使油面降低。

（6）受强烈振动影响。

（7）气体继电器本身故障，如触点粘连等。

【思考与练习】

1. 主变压器有哪些常见异常现象？

2. 引起主变压器温度异常的主要原因是什么？

3. 主变压器有哪几种过负荷运行状态？

4. 主变压器轻瓦斯保护动作的主要原因是什么？

5. 造成主变压器呼吸器硅胶变色过快的原因是什么？

6. 主变压器有载分接开关拒动的原因有哪些？

模块 2　变压器常见异常处理（Z09G2001Ⅱ）

【模块描述】本模块包含变压器常见异常的处理方法；通过常见异常案例介绍，达到掌握变压器声音异常、油位异常、油温异常等常见异常的处理方法。

【模块内容】

变压器是变电站中的主设备，变压器的故障和缺陷常常都伴随着一些体表现象的变化，处理前应根据变压器的声音、振动、气味、颜色、负荷、温度及其他现象对变压器缺陷做出初步判断，并通过绝缘油及电气量测试，做出综合分析，以便较为准确地找出故障原因，判明缺陷的性质，做出正确的处理。

一、主变压器异常处理方法

1. 声音异常的处理

发现主变压器声音与平时不同时，应进行以下处理：

（1）仔细倾听，判明发出异常声音的部位，可用听筒贴近变压器仔细听变压器内部发出的声音。

（2）检查变压器的运行电压、负荷电流、温度、油位和油色有无变化。

（3）根据以上检查，分别情况进行处理。

1）声音有以下异常时，应加强监视、汇报调度并增加特巡次数：① 变压器响声比平常增大而均匀时。② 变压器外部发出机械撞击声或摩擦声。

2）声音有以下异常时，应汇报调度，将变压器退出运行，报检修人员处理。① 声响较大而嘈杂时。② 变压器声响明显增大，内部有爆裂声。③ 变压器身或套管发生表面局部放电，声响夹有放电的"吱吱"声。④ 变压器内部局部放电或接触不良而发出"吱吱"或"噼啪"声。⑤ 声响中夹有水的沸腾声。⑥ 响声中夹有爆裂声，既大又不均匀。⑦ 内部发出的响声中夹有连续的、有规律的撞击或摩擦声。

2. 油位异常的处理

当发现变压器的油位异常时，应立即检查变压器的负荷和温度情况，并对变压器加强监视，分别采取措施。

（1）变压器本体油位异常的处理。

1）检查油箱呼吸器是否堵塞，有无漏油现象。查明原因汇报调度及有关部门。当油位计的油面异常升高或呼吸系统有异常，需打开放气或放油阀时，应先将重瓦斯改接信号。

2）若油位异常降低是由主变压器漏油引起的，则需迅速采取防止漏油的措施，并立即通知有关部门安排处理。如大量漏油使油位显著降低时，禁止将瓦斯保护改信号，并尽快将变压器停运处理。

3）若变压器本体无渗漏，且有载调压油箱内油位正常，则可能是属于大修后注油不足（通过检查大修后的巡视记录与当前油位进行对比），应进行带电加油。

4）若主油箱油位异常低，而有载调压油箱油位异常高，可能是主油箱与有载调压油箱之间密封损坏，造成主油箱的油向调压油箱内漏，可以考虑停电后处理。

5）变压器油位因温度上升有可能高出油位指示极限，经查明不是假油位所致时，则应放油，使油位降至与当时油温相对应的高度，以免溢油。

6）变压器中的油因低温凝滞时，应不投冷却器空载运行，同时监视顶层油温，逐步增加负载，直至投入相应数量冷却器，转入正常运行。

（2）套管油位异常的处理。

1）套管严重渗漏或瓷套破裂时，变压器应立即停运，经电气试验合格后方可将变压器投入运行。

2）套管油位异常下降，确认套管发生内漏（套管油与变压器油已连通），应安排停电处理。如油标管中已看不到油位，应立即将变压器退出运行，进行处理。

3）套管油位过高时，应加强监视，报检修人员安排处理。

3. 油温异常的处理

变压器顶层油温异常升高，超过制造厂规定或大于 75℃时，应按以下步骤检查处理。

（1）检查变压器的负载和冷却介质的温度，并与在同一负载和冷却介质温度下正常的温度核对。

（2）核对温度测量装置。若远方测温装置发出温度告警信号，且指示温度值很高，而现场温度计指示并不高，变压器又没有其他故障现象，可能是远方测温回路故障误告警，这类故障应报缺陷消除。

（3）检查变压器冷却装置和变压器室的通风情况。

（4）若温度升高的原因是冷却系统的故障，且在运行中无法修理者，应将变压器停运修理；若不能立即停运修理，则应将变压器的负载调整至规程规定的允许运行温度下的相应容量。在正常负载和冷却条件下，变压器温度不正常并不断上升，且经检查证明温度指示正确，则认为变压器已发生内部故障，应立即将变压器停运。

（5）若由于变压器过负荷运行引起，应汇报调度减负荷。变压器在各种超额定电流方式下运行，若油温持续上升应立即向调度部门汇报，一般顶层油温应不超过105℃。

4. 颜色、气味异常的处理

（1）正常变压器油的颜色为淡黄色，如发现变压器油色加深或油中有杂质，应汇报调度和工区，报缺陷并对变压器加强监视。

（2）正常运行中，呼吸器硅胶会从下部开始变色，当呼吸器硅胶变色达 2/3 时，变电运维人员应通知检修人员更换。如呼吸器内的上层硅胶先变色时，则可判定呼吸器密封不好，应进行检查并通知检修人员处理。

（3）运行中发现引线及接头线夹处过热变色，应立即汇报调度，减小负荷，有备用变压器的先投入备用变压器，将故障变压器退出运行。无备用变压器的也应尽快将负荷倒出后停电处理。

（4）由于绝缘子放电造成气味异常或由于变压器过热造成气味异常时，应立即汇报调度将变压器退出运行。

5. 外观异常的处理

（1）变压器渗漏油的处理。

1）油泵负压区密封不良容易造成变压器进水进气受潮和轻瓦斯发信。应立即停用该油泵，并进行处理。

2）主变压器外壳渗油应加强监视，报检修单位处理。

3）高压套管处渗油，应检查套管油位，尽快将变压器停运处理。

（2）压力释放阀冒油的处理。

1）检查压力释放阀的密封是否完好。

2）检查变压器本体与储油柜连接阀是否已开启、呼吸器是否畅通、储油柜内气体是否排净，防止由于假油位引起压力释放阀动作。

3）压力释放阀冒油而变压器的气体继电器和差动保护等电气保护未动作时，应立即报检修人员取变压器本体油样进行色谱分析。

（3）防爆管防爆膜破裂应查明原因，报检修单位处理。

（4）发现套管闪络放电，应立即将变压器退出运行。

6. 有载分接开关异常的处理

（1）有载分接开关拒动。

1）两个方向均拒动，进行以下检查后，如电源故障能处理的应立即处理，不能处理的报检修人员处理。① 有无操作电源，空气开关是否跳闸或转换开关未合上（SYXZ 型）；② 三相电源是否缺相；③ 操作电源电压是否过低；④ 控制回路是否有熔丝熔断、导线断头、零件拆除等情况。

2）一个方向可以运转，另一个方向拒动，应报检修人员处理。

（2）开关操作时发生联动。出现这种情况，分接开关可能会一直调到"终点"位置，操作机构实现机械闭锁限位为止。此时应立即按下"急停"按钮或断开调压电动机的电源（时间应选在刚好一个挡位调整的动作完成时，或在"终点"挡位时），然后断开操作电源，使用操作手柄，手动调整到适当的挡位，通知检修人员处理。同时，应仔细倾听调压装置内部有无异音，若有异常，应投入备用变压器或备用电源，变压器停电检修。

（3）分接开关操作中停止，此时应检查分接开关是否停在过渡位置，如停在过渡位置应立即断开操作电源，手动调整到分接位置，并报缺陷停电检修。

（4）分接开关慢动。如果分接开关慢动，将有可能烧坏过渡电阻，导致分接开关顶盖冒烟，分接开关的气体继电器动作；分接开关慢动时，从电流指示上可发现电流向下降的方向大幅度摆动。若发现分接开关慢动，应停止下一次调挡，并把变压器停运进行检修。

（5）调压指示灯亮，变压器输出电压不变化，分接开关挡位指示也不变化。应检查有载调压机构，多为传动杆销子脱落的原因。如两台以上主变压器运行，应调整其他主变压器分接开关与故障主变压器位置一致，然后报检修人员处理。

（6）分接开关实际位置与指示位置不一致，应报检修人员处理。

7. 冷却装置异常运行的处理

冷却装置正常与否，是变压器正常运行的重要条件。在冷却设备存在故障或冷却效率达不到设计要求时，变压器不宜满负荷运行，更不宜过负荷运行。需要注意的是，在油温上升过程中，绕组和铁芯的温度上升快，而油温上升较慢，可能从表面上看油温上升不多，但铁芯和绕组的温度已经很高了。所以，在冷却装置存在故障时，不仅要观察油温，还应注意变压器运行的其他变化，如声音、油位、油色等，综合判断变压器的运行状况。

（1）冷却装置异常运行处理原则。

1）当冷却系统发生故障切除全部冷却器时，强油循环风冷变压器在额定负载下允许运行时间不小于 20min。当油面温度尚未达到 75℃时，允许上升到 75℃，但冷却器全停的最长运行时间不得超过 1h。对于同时具有多种冷却方式（如油浸自冷式、油浸风冷式或强油循环风冷式）的变压器应按制造厂规定执行。

2）变压器冷却装置异常，使油温升高超过规定值，应作进一步检查处理。油浸式变压器顶层油温一般限值见表 Z09G2001Ⅱ-1。

表 Z09G2001Ⅱ-1　　　　　油浸式变压器顶层油温一般限值　　　　　　　℃

冷 却 方 式	冷却介质最高温度	最高顶层油温
自然循环自冷、风冷	40	95
强油循环风冷	40	85
强油循环水冷	30	70

3）冷却装置部分故障时，变压器的允许负载和运行时间应按制造厂规定。

（2）一台风扇或油泵停止运行的处理。发现一台风扇或油泵停运，应检查主变压器风冷控制箱内该风扇或油泵的热继电器是否动作，如热继电器动作，可按复归按钮复归热继电器；如再次动作或运行一段时间后又动作，应报检修人员处理。

（3）冷却装置全部停运的处理。

1）冷却系统全停时，应立即向上级汇报，查明原因，恢复冷却系统运行，同时注意监视控制主变压器上层油温和允许运行时间。

2）将冷却装置运行状态由"自动"切换至"手动"，检查冷却装置是否恢复运行，如恢复运行，则是控制回路问题，应报缺陷处理，同时监视主变压器负荷和温度情况，根据主变压器负荷和温度投切冷却装置。如不能恢复运行，应继续检查冷却装置电源是否正常。

3）如电源指示灯不亮，则是电源故障，或者是电源故障后，备用电源自动投入装置未启动。可切换风冷控制箱内电源切换把手，如切换后备用电源能够投入，则先恢复冷却装置运行，再查找工作电源故障的原因（如熔断器是否熔断、导线是否接触不良或断线等）。

4）如两组工作电源均失电，应检查风冷控制箱内和低压配电柜内风冷电源熔断器是否熔断、导线接触是否不良或断线等，查明故障点，迅速处理。若电源已恢复正常，风扇或潜油泵仍不能运转，则可按动热继电器复归按钮试一下。若电源故障一时来不及恢复，且变压器负荷又很大，可采用临时电源使冷却装置先运行起来，再去检查和处理电源故障。

（4）油流故障的处理。出现油流故障现象，变电运维人员应立即查找原因进行处理，其处理方法如下：

1）启动备用冷却器。

2）检查油泵和油流指示器是否完好。如属于油泵故障，该组冷却器在故障处理前不得再投入运行。如属于油流指示器故障，则冷却器可运行，指示器故障报缺陷处理。

3）检查潜油泵交流电源接线是否正确，其回路是否有断线现象。如交流回路断线，变电运维人员能处理的应立即处理，不能处理的报缺陷由专业人员处理。

4）检查潜油泵控制回路是否有故障。如热继电器是否动作，如动作可复归后试送一次，再次动作不得再送，应报专业人员处理。

5）检查油路阀门位置是否正常，油路有无异常。如油路阀门未打开，造成油路不通，应报调度后，将重瓦斯保护改投信号位置后，打开油路阀门。

（5）散热器出现渗漏油时，应临时采取堵漏油措施，然后报检修人员处理。

（6）当散热器表面油垢严重时，应报检修人员清扫散热器表面。

（7）强油冷却装置运行中出现过热、振动、杂音及严重渗漏油、漏气等现象时，在允许的条件下，应将该组冷却器退出运行，报检修人员处理。

8. 输出电压异常的处理

发现变压器输出电压异常应根据系统电压和负荷情况进行综合分析，分别进行处理：

（1）系统电压过高、过低或由于分接头位置不正确造成输出电压不正常，应调整有载调压变压器分接头，或投入、退出站内无功补偿设备调整输出电压。站内不能调整时，申请调度进行调整。

（2）由于主变压器内、外部故障造成输出电压不正常，应汇报调度，有备用变压器的投入备用变压器，将故障变压器停运。

（3）由于负荷过大或不平衡造成输出电压不正常，应汇报调度，调整负荷。

9. 过负荷运行的处理

（1）运行中发现变压器负荷达到额定值90%及以上时，应立即向调度汇报，并做好记录。

（2）检查并记录负荷电流、油温和油位的变化，检查变压器声音是否正常，接头是否发热，冷却装置投入量是否足够、运行是否正常，防爆膜、压力释放器是否动作。

（3）如冷却器未自动全部投入，应手动将冷却器全部投入运行。

（4）当有载调压变压器过载到1.2倍运行时，禁止进行分接开关变换操作。如可预见到变压器过负荷运行，应提前调整电压。

（5）变压器的负荷超过允许的正常负荷时，联系调度，申请降低负荷。过负荷倍数及运行时间按照现场规程中的规定执行。

（6）如属正常过负荷，可根据正常过负荷的倍数确定允许运行时间，并加强监视变压器油位、油温。运行时间不得超过规定，若超过时间，则应立即汇报调度申请减少负荷。

（7）若属事故过负荷，则过负荷的允许倍数和时间，应依照制造厂的规定执行。若过负荷倍数及时间超过允许值，应按规定减少变压器的负荷（如按照紧急拉路序位表进行限负荷）。

（8）过负荷结束后，应及时向调度汇报，并记录过负荷结束时间。

10. 轻瓦斯保护动作后的处理

轻瓦斯动作发出信号时，变电运维人员应立即汇报调度和上级，并检查有无其他信号，对变压器进行巡视检查。

（1）检查是否因积聚空气、油位降低、二次回路故障或是变压器内部故障造成。如气体继电器内有气体，则应记录气体量，观察气体的颜色及试验是否可燃，并取气样及油样做色谱分析，根据有关规程和导则判断变压器的故障性质。

1）若气体继电器内的气体为无色、无臭且不可燃，色谱分析判断为空气，则变压器可继续运行，但应报检修人员检查、消除进气缺陷。

2）若气体是可燃的或油中溶解气体分析结果异常，应综合判断确定变压器是否停运。

3）如一时不能对气体继电器内的气体进行色谱分析，则可按下面方法鉴别。① 无色、不可燃的是空气；② 黄色、可燃的是木质故障产生的气体；③ 淡灰色、可燃并有臭味的是纸质故障产生的气体；④ 灰黑色、易燃的是铁质故障使绝缘油分解产生的气体。

（2）如果轻瓦斯动作发信后经分析判断为变压器内部存在故障，且发信间隔时间逐次缩短，则说明故障正在发展，这时应尽快将该变压器停运。

二、变压器异常处理举例

1. 变压器内部故障造成轻瓦斯保护动作

某台主变压器轻瓦斯保护动作，经试验和吊芯检查判断为 220kV 侧 A 相绕组上部匝间绝缘损坏，形成层或匝间短路造成的。另一台 220kV、180MVA 的主变压器，轻瓦斯保护一天连续动作两次，色谱分析为裸金属过热，经测直流电阻为分接开关故障，吊芯检查发现分接开关的动静触头错位 2/3，这是引起气体继电器动作的根本原因。

2. 冷却器入口阀门关闭造成气体继电器动作

某变压器大修后，投运一段时间，气体继电器突然动作，但色谱分析正常，经检查发现冷却器入口阀门堵塞，相当于潜油泵向变压器注入空气，造成气体继电器频繁动作。

3. 有载分接开关拒动

某站两台有载调压变压器并列运行，由于电压偏低调整电压。先调整 1 号主变压器分接头，在调整 2 号主变压器分接头后发现分接头位置变化正确，但调整后中、低压侧电压无变化，调整时变压器电流也无变化，到室外检查发现有载调压机构箱内分接头机械指示与室内指示相同，均显示分接头上升了一个挡位，主变压器无其他异常现象。于是一人在室外观察，室内再次进行分接头变换操作（由于上次上升了一个挡位，所以本次向下调整一个挡位）。调整时发现有载调压机构箱内电机转动正常，但是连接螺杆不动作。变电运维人员立即将正常主变压器挡位调回，并向调度和检修单位报缺陷，经检修单位检查是由于连接螺杆销子脱落，造成螺杆与电机传动轴脱扣使调压失灵。

【思考与练习】

1. 变压器运行中发生哪些异常应停运处理？
2. 变压器轻瓦斯保护动作应如何处理？
3. 变压器温度过高的处理方法是什么？
4. 变压器冷却器全停应如何处理？
5. 变压器过负荷的处理方法是什么？
6. 有载调压变压器在调压时发生连动如何处理？

▲ 模块 3　变压器异常处理危险点源分析（Z09G2001Ⅲ）

【模块描述】本模块包含变压器异常处理的危险点分析；通过案例介绍，达到能进行变压器常见异常处理的危险点分析，能制定预控措施的目的。

【模块内容】

一、声音异常处理的危险点和控制措施

（1）误判断造成变压器误停运。将主变压器过负荷、系统谐振、穿越故障或变压器外部元件由于安装间隙产生的碰撞等声音误判断为变压器内部故障，造成变压器误停运。

控制措施：发现主变压器声音异常时，应仔细分辨声音性质，根据电网运行情况和变压器电压、电流和温度的变化综合判断主变压器声音异常的形成原因。

（2）处理不及时，造成主变压器损坏。如对主变压器内部或外部故障引起的声音异常未发现，或发现后未能判断声音异常是由于故障引起的，就会延误处理时机，造成主变压器损坏或事故跳闸。

控制措施：

1）严格按照规定时间和巡视项目对主变压器进行巡视。

2）发现主变压器电流、温度等运行参数异常，系统中有故障或主变压器过负荷运行时，应增加对主变压器的巡视次数。

3）如短时间内不能判断故障性质，应按照规程要求增加巡视次数，并严密监视主变压器的温度、负荷情况，同时向上级汇报。

二、油温异常处理的危险点和控制措施

（1）将油温表错误指示误判断为主变压器发生内部故障，造成主变压器误停运。

控制措施：巡视检查变压器时，应记录环境温度、负荷情况和上层油温，并与同样条件下的油温相对照，发现油温异常时应首先核对变压器上所有油温表指示是否一致，并结合远红外测温值进行综合判断，如仅有一个温度表指示油温过高，则可判断为油温表异常。

（2）将异常的油温升高误认为是正常情况，造成延误处理时机，使主变压器损坏或造成事故跳闸。

控制措施：巡视检查变压器时，应记录环境温度、负荷情况和上层油温，并与同样条件下的油温相对照，发现油温异常时应首先核对变压器上所有油温表指示是否一致，并结合主变压器负荷、冷却器运行情况、油位变化和声音进行综合判断。

（3）启动或检查冷却器时，重瓦斯保护跳闸。

控制措施：

1）检查潜油泵阀门开启情况时不得转动阀门开关，若需打开阀门时，应先申请调度将重瓦斯保护退出运行。打开阀门运行无异常后，再投入重瓦斯保护。

2）开启冷却器潜油泵时，两组潜油泵启动时间应间隔 30s 以上，特别要注意控制装置带有时间延时时，先投入第一时间启动的油泵电源，后投入延时启动的油泵电源，避免潜油泵同时启动油流冲击造成重瓦斯保护跳闸。

3）分组运行的冷却器投入时应按照位置对称的原则投入。

三、油位异常处理的危险点和控制措施

（1）将假油位判断为故障，造成主变压器误停运。

控制措施：巡视检查变压器时，应记录油位和上层油温，并与同样条件下的油位相对照，发现油位异常时应对主变压器油温、有无渗漏油和声音进行综合判断。

（2）将故障或渗漏油造成的油位异常判断为正常运行，延误处理时间。

控制措施：巡视检查变压器时，应记录油位和上层油温，并与同样条件下的油位相对照，发现油位异常时应对主变压器油温、有无渗漏油和声音进行综合判断。

（3）处理油位异常时，重瓦斯保护跳闸。

控制措施：处理油位异常，打开呼吸器、疏通油位计等工作前应将重瓦斯保护退出运行，防止由于打开呼吸器时回吸空气冲击重瓦斯保护造成误动。

（4）处理油位异常时，重瓦斯保护拒动。

控制措施：发现主变压器油位因漏油显著降低时，禁止将重瓦斯保护改接信号，防止油位降低，使变压器绕组暴露在空气中，造成绕组绝缘损坏，重瓦斯保护拒动。

四、轻瓦斯保护动作处理的危险点和控制措施

（1）将误动或空气引起轻瓦斯保护动作判断为变压器内部故障，造成变压器误停运。

控制措施：轻瓦斯保护动作后，结合变压器其他信号和温度、油位、声音等运行状况进行综合分析，并取气试验。

（2）将内部故障造成的轻瓦斯保护动作判断为空气所致，延误处理时间，造成变压器更大的损坏甚至事故跳闸。

控制措施：轻瓦斯保护动作后，结合变压器其他信号和温度、油位、声音等运行状况进行综合分析，并取气试验。

（3）取气不成功，气体泄漏，失去分析证据。

控制措施：严格按照操作规程操作，检查确认取气装置与取气管连接正常后，再打开取气阀门取气。

（4）处理过程中发生人身触电。

控制措施：取气过程中，加强监护，操作人员选择好工作位置，必要时将变压器停运，做好安全措施后再进行取气工作。

五、过负荷处理的危险点和控制措施

（1）过负荷倍数过大、时间过长，造成变压器过热损坏。

控制措施：

1）变压器过负荷运行时，应将全部冷却器投入运行，并监视负荷电流和变压器温度。

2）记录过负荷倍数和运行时间，严格按照现场规程规定的数值和时间进行控制，及时与调度联系拉、限负荷。

（2）误停运负荷。

控制措施：

1）发现变压器过负荷时，严格按照现场规程中规定的过负荷倍数和运行时间掌握。

2）严格按照调度令进行限电操作。

六、冷却装置异常运行处理的危险点和控制措施

（1）低压触电。

控制措施：

1）检查处理冷却装置电源故障或更换保险时，应断开电源开关。

2）接触设备导电部分前先进行验电，确认无电后再进行工作。

3）工作中应有专人监护，操作人员穿绝缘鞋或站在干燥的木板（绝缘板）上进行工作。

（2）电弧烧伤或灼伤。

控制措施：

1）禁止直接断开运行中的风扇或油泵熔断器。

2）防止造成交、直流回路短路。

（3）机械伤害。

控制措施：试验启动风扇或油泵前，必须确认无人在设备上工作或在试验设备附近。

（4）重瓦斯保护误动。

控制措施：

1）处理主变压器温度异常，检查冷却器运行情况时，检查潜油泵阀门开启情况时不得转动阀门开关，若需打开阀门时，应先申请调度将重瓦斯保护退出运行。打开阀门运行无异常后，再投入重瓦斯保护。

2）开启冷却器潜油泵时，两组潜油泵启动时间应间隔 30s 以上，特别要注意控制装置带有时间延时时，先投入第一时间启动的油泵电源，后投入延时启动的油泵电源，避免潜油泵同时启动油流冲击造成重瓦斯保护跳闸。

3）分组运行的冷却器投入时应按照位置对称的原则投入。

（5）低压交流电源短路。

控制措施：

1）工作前断开电源。

2）使用的工具应做好绝缘，使用表计测量电压时应确认表计挡位正确，防止使用电流挡进行电压测量。

3）拆、接回路前应做好标记，回路恢复送电前应检查确保无错接线。

（6）变压器温度过高损坏。

控制措施：

1）冷却器异常运行时，应专人监视变压器负荷和温度情况，如负荷或温度过高，

及时联系调度采取限制负荷的措施。

2）强油循环风冷变压器冷却器全停至规定的时间或温度，冷却器不能恢复运行，应将变压器停运。

（7）变压器冷控失电保护误动跳闸。

控制措施：冷却器全停后，强油循环片散式变压器按规定可带一定负荷长期运行，为防止保护误跳闸，应检查确保冷控失电保护跳闸压板处于断开位置。

（8）案例：

1）某站变压器冷却器检修，检修人员在进行油泵启动时限试验时，先投入了第二组油泵电源，然后投入第一组油泵电源，恰好操作时间与油泵启动继电器的延时时间相同，造成第二组油泵电源投入经延时后与第一组油泵同时启动，油流冲击造成重瓦斯保护动作跳闸。

2）某站主变压器冷却装置为片散式强油风冷，现场规程规定变压器可在冷却器全停的情况下温度不超过 55℃时，带 60%以下的负荷长期运行。在一次冷却器检修工作中，检修人员为了工作需要断开了冷却器电源，而站内主变压器冷却器全停跳闸保护压板未断开，当冷却器电源断开时间达到 60min 时，冷控失电保护动作跳闸。

七、有载分接开关异常处理危险点和控制措施

（1）低压触电。

控制措施：

1）检查处理有载分接开关电源故障或更换熔断器时，应断开电源开关。

2）接触设备导电部分前先进行验电，确认无电后再进行工作。

3）工作中应有专人监护，操作人员穿绝缘鞋或站在干燥的木板（绝缘板）上进行工作。

（2）机械伤害。

控制措施：有载分接开关电动操作前，必须确认无人在设备上工作。

（3）分接开关调整不到位，造成电压异常或分接开关烧毁。

控制措施：

1）分接开关联动急停后或者分接开关电动调整卡滞，应立即手动调整到合适的分接位置，不得停在两个分头之间。

2）分接开关异常处理时，不论电动还是手动操作均应调整到位。

（4）并列运行的变压器中、低压侧电压不相等，产生环流使主变压器过热或损坏。

控制措施：主变压器有载分接开关在调整中发生异常，应立即手动调整使并列运行的主变压器分接头挡位一致，如不能调整应汇报调度后停电处理。

【思考与练习】

1. 主变压器声音异常处理的危险点和控制措施是什么？
2. 主变压器有载分接开关异常处理的危险点和控制措施是什么？
3. 主变压器冷却器异常处理的危险点和控制措施是什么？

第十七章

母 线 异 常 处 理

▲ 模块1 母线异常现象及分析（Z09G3001Ⅰ）

【**模块描述**】本模块包含高压母线异常现象和原因分析；通过对高压母线常见异常现象和产生原因的讲解，达到掌握高压母线常见异常现象，能够及时发现异常，能分析母线常见异常原因的目的。

【**模块内容**】

母线的正常运行状态是指母线在额定条件下，能够长期、连续地汇集、分配和传送额定电流的工作状态。高压母线在运行中发生故障的概率较小，大部分故障都是由于运行时间过长，设备老化而造成的。

下面对高压母线常见异常现象及原因进行分析。

一、母线上搭挂杂物

母线上搭挂杂物是母线异常中较为多见的一种，尤其是变电站四周有棉纱、塑料薄膜等易被大风吹起的物品时，极易发生大风吹起塑料薄膜等杂物搭挂到母线或母线绝缘子上，母线上搭挂杂物会降低母线的绝缘性能，可能造成母线接地或短路故障。

二、母线接触部分过热

母线接触部分过热可通过远红外测温或雨、雪天及夜间巡视发现。

母线过热的原因有：

（1）母线容量偏小，运行电流过大。

（2）接头处连接螺栓松动或接触面氧化，使接触电阻增大。

三、母线绝缘子破损放电

母线绝缘子在雷雨、冰雹等恶劣天气或者过电压运行时，易发生破损或放电现象，如母线绝缘子放电可听到放电的"噼啪"声，有时在夜间或光线较暗时可看到放电的蓝色闪光。母线绝缘子破损放电的原因有：

（1）表面污秽严重，尤其在污秽严重地区的变电站，含有大量硅钙氧化物的粉尘落在绝缘子表面，形成固体和不易被雨水冲走的薄膜。阴雨天气，这些粉尘薄膜能够导电，使绝缘子表面耐压降低，泄漏电流增大，导致绝缘子对地放电。

（2）系统短路冲击、气温骤变等使绝缘子上产生很大的应力，造成绝缘子断裂破损。

（3）长时间未清扫，污染过大、脏污。

（4）施工时造成机械损伤。

（5）系统过电压击穿。

（6）大风、冰雹等恶劣天气影响。

四、软母线弧垂过大，松股、散股、断股或者室内母线铝排变形

（1）软母线断股的原因可能是：施工时造成机械损伤，冬季气候影响造成导线内部张力过大。

（2）室内母线铝排变形的原因可能是：外力机械损伤，较大短路电流产生的电动力作用。

五、硬母线伸缩接头部分断裂破损

硬母线伸缩接头在使用中有时会发生部分软连接片断裂或破损的现象，这主要是由于使用时间过长，伸缩接头热胀冷缩运动造成的。如软连接片断裂部分占全部连接片比例较大会使母线伸缩接头部分电阻增大，长期通过电流时发热。

六、母线电压异常

电网监视控制点电压规定：超出电力系统调度规定的电压曲线数值的±5%，且延续时间超过 1h，或超过规定数值的±10%，且延续时间超过 30min 为电压异常。母线电压异常分为电压过高和电压过低两种。

（1）电压过高的原因有：

1）系统电压过高。

2）负荷大量减少。

3）变压器带大量容性负荷运行，无功补偿容量过大，甚至反送无功。

4）变压器分接头位置调整偏高。

（2）电压过低的原因有：

1）上一级电压过低，超过规定值。

2）负荷过大或过负荷运行。

3）无功补偿容量不足，功率因数过低。

4）变压器分接头位置调整偏低。

【思考与练习】

1. 高压母线有哪些常见异常现象？

2. 母线绝缘子破损、放电的原因有哪些？

3. 母线电压过高和过低的原因是什么？

模块 2　母线常见异常处理（Z09G3001Ⅱ）

【模块描述】本模块包含高压母线常见异常的处理方法；通过常见异常案例介绍，达到掌握高压母线电压异常等常见异常的处理方法的目的。

【模块内容】

母线在变电站中起着汇集和分配电流的作用，如果母线发生故障会造成大面积停电，所以发现母线异常应立即进行处理。

下面介绍母线常见异常处理的方法。

一、搭挂杂物的处理

（1）发现母线或绝缘子上搭挂有塑料薄膜等杂物时，应立即由两人（一人监护、一人操作）用绝缘杆将杂物挑开，挑开杂物时应注意防止造成短路或接地，如塑料薄膜较长时，为了防止在处理时发生短路，或在用绝缘杆挑起时塑料薄膜由于大风又被吹走，可以先将塑料薄膜缠绕在绝缘杆上，再将其挑走。

（2）母线架构上有鸟窝等杂物无法用绝缘杆清除时，应报缺陷由检修人员处理，同时应加强监视，做好事故处理准备。

二、过热的处理

发现母线过热时，应尽快报告调度员，采取倒换母线或转移负荷的方法，直至停电检修处理。

（1）单母线可先减少负荷，再将母线停电处理。

（2）双母线可将过热母线上的运行开关热倒至正常母线上，再将过热母线停电处理。

（3）当母线过热情况比较严重，过热处已烧红，随时可能烧断发生弧光短路时，为防止热倒母线时过热处发生弧光短路造成两条母线全部停电，应采用冷倒母线的方法将过热母线上的断路器倒至正常母线上恢复运行，再将过热母线停电处理。

（4）带有旁路母线时，如母线过热部位在母线与线路连接处，可先用旁路母线将过热处连接的线路代路，将该线路停电，消除过热的根源，再将过热母线停电处理。

（5）3/2 接线母线发生过热，可直接将母线停电处理。但是主变压器没有进串运行的应先转移负荷，保证母线停电后运行主变压器不会过负荷。

三、绝缘子故障处理

发现母线绝缘子断裂、破损、放电等异常情况时，应立即报告调度员，请求停电处理。在停电更换绝缘子前，应加强对破损绝缘子的监视，增加巡视检查次数，并做好事故预想与处理准备。

（1）单母线接线应将母线停电处理。

（2）双母线接线应视绝缘子破损程度、天气情况等采用热倒母线或冷倒母线的方法将异常绝缘子所在母线上的开关倒出后，将母线停电处理。如发现绝缘子裂纹，在晴天时可采用热倒母线处理；而在雨、雪等天气，为了防止在倒母线时裂纹进水造成闪络接地，使两条母线全部跳闸，宜采用冷倒母线的方式处理。

（3）3/2 接线母线绝缘子异常，可直接将母线停电处理。但是主变压器没有进串运行的应先转移负荷，保证母线停电后运行主变压器不会过负荷。

四、电压异常的处理

母线电压异常包括电压过低和电压过高两种情况，下面分别进行处理。

（1）电压过低的处理：

1）投入电容器组，增加无功补偿容量。对装有调相机的变电站，应增加其无功功率。

2）根据调度命令，改变运行方式或调整有载调压变压器分接开关，提高输出电压。

3）汇报调度，由调度进行调整。

4）根据调度命令，拉闸限制负荷。

（2）电压过高的处理：

1）退出电容器组，减小无功补偿容量。对装有调相机的变电站，应减小其无功功率。

2）调整有载变压器分接开关，降低输出电压。

3）汇报调度，由调度进行调整。

【思考与练习】

1. 母线绝缘子故障应如何处理？

2. 母线电压过高，变电运维人员应如何处理？

3. 母线电压过低，变电运维人员应如何处理？

▲ 模块 3　母线异常处理危险点源分析（Z09G3001Ⅲ）

【模块描述】 本模块包含高压母线异常处理的危险点源分析；通过案例介绍，达到能进行母线常见异常处理的危险点源分析，能制定预控措施的目的。

【模块内容】

下面对母线异常处理危险点源进行分析。

（1）用绝缘杆处理搭挂的杂物时碰伤设备。

控制措施：

1）绝缘杆的金属部分应尽量远离设备的瓷质部分。

2）处理时应小心谨慎，不得用力过猛。

3）用力的方向应朝向设备外侧。

（2）用绝缘杆处理搭挂的杂物时造成母线接地或短路。

控制措施：

1）发现母线上搭挂有杂物，应立即处理。

2）处理时尽量将杂物缠绕或挂在绝缘杆上，无法使杂物固定在绝缘杆上的，挑落时应注意观察风向、判断杂物掉落方向，防止造成母线接地或短路。

（3）处理方法错误造成大面积停电。

控制措施：双母线接线方式下，如母线异常情况严重，倒母线操作避免采用热倒母线的方法，应选择冷倒母线的处理措施。防止在倒母线过程中异常母线发生接地或短路故障，造成两条母线全部停运。

（4）人身触电。

控制措施：发现母线异常，如支柱绝缘子破损断裂、引线断股或脱落时，人员应远离异常设备，防止设备突然断裂或引线脱落造成人身触电。

（5）人身伤害。

控制措施：检查处理支柱绝缘子破损断裂时，人员应远离异常设备，防止设备突然断裂砸伤。

（6）母线电压过低时由于处理不当造成电压进一步降低。

控制措施：在母线电压低时，应根据无功负荷的大小进行调整，在系统中无功补偿容量不足时，不应采用调整有载调压变压器分接头的方式调整电压，而应投入补偿电容器，防止调整分接头后由于电压升高造成无功补偿容量更加不足，使系统电压进一步降低。

【思考与练习】

1. 用绝缘杆处理搭挂的杂物时，防止碰伤设备的控制措施是什么？

2. 处理母线绝缘子破损断裂时，有哪些危险点？控制措施是什么？

第十八章

补偿装置异常处理

▲ 模块1 补偿装置异常现象及分析（Z09G4001 I ）

【模块描述】本模块包含补偿装置异常现象和原因分析；通过对补偿装置常见异常现象和产生原因的讲解，达到掌握电容器和电抗器常见异常现象，并能够及时发现异常的目的。

【模块内容】

补偿装置主要有并联电容器组、电抗器、接地变压器、消弧线圈及静止无功补偿器等。补偿装置在变电站中主要起着补偿系统的无功功率，维持系统电压的作用。消弧线圈和接地变压器可以补偿小电流接地系统接地电流。

一、并联电容器组常见异常现象及原因分析

1. 渗漏油

电容器在运行中如外壳或下部有油渍则可能是发生了渗漏油，渗漏油会使电容器中的浸渍剂减少，内部元件易受潮从而导致局部击穿。造成电容器渗漏油的原因有：

（1）搬运、安装、检修时造成法兰或焊接处损伤，使法兰焊接出现裂缝。

（2）接线时拧螺钉过紧、瓷套焊接出现损伤。

（3）产品制造缺陷。

（4）温度急剧变化，由于热胀冷缩使外壳开裂。

（5）在长期运行中漆层脱落，外壳严重锈蚀。

（6）设计不合理，如使用硬排连接，由于热胀冷缩，极易拉断电容器套管。

2. 外壳膨胀变形

运行中电容器的外壳可能发生鼓肚等变形现象。外壳膨胀变形的原因有：

（1）介质内产生局部放电，使介质分解而析出气体。

（2）部分元件击穿或极对外壳击穿，使介质析出气体。

（3）运行电压过高或拉开断路器时重燃引起的操作过电压作用。

（4）运行温度过高，内部介质膨胀过大。

3. 单台电容器熔丝熔断

单台电容器熔丝熔断的现象可通过巡视发现，有时也会反映为电容器组三相电流不平衡。单台电容器熔丝熔断的原因有：

（1）过电流。

（2）电容器内部短路。

（3）外壳绝缘故障。

4. 温升过高，接头过热或熔化

通过红外测温、试温蜡片或雨雪天观察能够发现电容器或接头温度过高的现象。造成电容器组温度过高的原因有：

（1）电容器组冷却条件变差，如室内布置的电容器通风不良，环境温度过高，电容器布置过密等。

（2）系统中的高次谐波电流影响。

（3）频繁切合电容器，使电容器反复承受过电压的作用。

（4）电容器内部元件故障，介质老化、介质损耗增大。

（5）电容器组过电压或过电流运行。

5. 声音异常

电容器发出异常声响的原因有：

（1）内部故障击穿放电。

（2）外绝缘放电闪络。

（3）固定螺钉或支架等松动。

6. 过电流运行

运行中的电容器可能发生过电流运行的现象。造成电容器过电流的原因有：

（1）过电压。

（2）高次谐波影响。

（3）运行中的电容器容量发生变化，容量增大。

7. 过电压运行

电容器组运行电压过高的主要原因有：

（1）电网电压过高。

（2）电容器未根据无功负荷的变化及时退出，造成补偿容量过大。

（3）系统中发生谐振过电压。

8. 套管破裂或放电，瓷绝缘子表面闪络

电容器套管表面脏污或环境污染，再遇上恶劣天气（如雨、雪）和遇有过电压时，可能产生表面闪络放电，引起电容器损坏或跳闸。电容器套管破裂会使套管绝缘性能降低，在雨雪天气，裂缝处进水造成闪络接地，冬天融雪水进入套管裂缝处结冰会造成套管破裂。

9. 三相电流不平衡

电容器组在运行中容量发生变化或者分散布置电容器组某一相有单只电容器熔丝熔断造成三相容量不平衡，会引起电容器三相电流不平衡。

二、电抗器常见异常现象及原因分析

变电站中的电抗器分为串联电抗器和并联电抗器两种。串联在电容器组内的电抗器，用以减小电容器组涌流倍数及抑制谐波电压。并联电抗器接在主变压器低压侧，用于补偿输电线路的容性无功功率，维持系统电压稳定。下面介绍电抗器常见的异常现象及产生原因。

1. 声音异常

电抗器正常运行时，发出均匀的"嗡嗡"声，如果声音比平时增大或有其他声音都属于声音异常。

（1）响声均匀，但比平时增大，可能是电网电压较高，发生单相过电压或产生谐振过电压等，可结合电压表计的指示进行综合判断。

（2）有杂音，可能是零部件松动或内部原因造成的。

（3）有放电声，外表放电多半是污秽严重或接头接触不良造成的；内部放电声多半是因为不接地部件静电放电、线圈匝间放电等。

（4）对于干式空芯电抗器，在运行中或拉开后经常会听到"咔咔"声，这是电抗器由于热胀冷缩而发出的正常声音，如有其他异声，可能是紧固件、螺钉等松动或是内部放电造成的。

2. 温度异常

温度异常一般表现为油浸电抗器温度计指示偏高或已经发出超温报警，干式电抗器接头及包封表面过热、冒烟。电抗器过热的主要原因有：

（1）过电压运行。

（2）温升的设计裕度取得过小，使设计值与国标规定的温升限值很接近。

（3）制造的原因，如绕制绕组时，线轴的配重不够、绕制速度过快和停机均可造成绕组松紧度不好和绕组电阻的变化。

（4）附近有铁磁性材料形成铁磁环路，造成电抗器漏磁损耗过大。

（5）接线端子与绕组焊接处的焊接电阻由于焊接质量的问题产生附加电阻，该焊接电阻产生附加损耗使接线端子处温升过高；另外，在焊接时由于接头设计不当、焊缝深宽比太大，焊道太小，热脆性等原因产生的焊缝金属裂纹都将降低焊接质量，增大焊接电阻，也会造成焊接处温度升高。

3. 套管闪络放电

套管闪络放电会导致发热老化，绝缘下降引发爆炸。常见原因如下：

（1）表面粉尘污秽过多，阴雨雾天气因电场不均匀发生放电。

（2）系统出现过电压，套管内存在隐患而放电闪络击穿。

（3）高压套管制造质量不良，末屏出线焊接不良或小绝缘子芯轴与接地螺套不同心，接触不良以及末屏不接地，导致电位提高而逐步损坏形成放电闪络。

4. 引线断股或散股

5. 油浸式电抗器常见异常及原因分析

（1）油位异常。现象和原因有：

1）油位过低。主要原因是电抗器严重渗漏油、气温过低、油枕储量不足、气囊漏气等。

2）油位过高。当环境温度很高，高压电抗器储油柜储油较多时，可能出现油位高信号。

（2）油浸高压电抗器渗漏油。常见部位和原因如下：

1）阀门系统。蝶阀胶垫材质安装不良，放油阀精度不高，螺纹处渗漏。

2）胶垫、接线螺钉、高压套管基座、TA 出线接线螺钉胶垫密封不良无弹性，小绝缘子破裂渗漏。

3）胶垫因材质不良龟裂失去弹性，不密封而渗漏。

4）高压套管升高座法兰、油箱外表、油箱法兰等焊接处因材质薄加工粗糙形成渗漏等。

（3）呼吸器硅胶变色过快。可能是由于硅胶罐有裂纹破损、呼吸管道密封不严、油封罩内无油或油位太低、胶垫龟裂不合格、螺钉松动或安装不良等使湿空气未经油过滤而直接进入硅胶罐中。

6. 干式电抗器常见异常现象及原因分析

（1）干式电抗器包封表面有爬电痕迹、裂纹或沿面放电。电抗器在户外的大气条件下运行一段时间后，其表面会有污物沉积，同时表面喷涂的绝缘材料也会出现粉化现象，形成污层。在大雾或雨天，表面污层会受潮，导致表面泄漏电流增大，产生热量。这使得表面电场集中区域的水分蒸发较快，造成表面部分区域出现干区，引起局部表面电阻改变。电流在该中断处形成很小的局部电弧。随着时间的推移，电弧将发展合并，在表面形成树枝状放电烧痕，引起沿面树枝状放电，绝大多数树枝状放电产生于电抗器端部表面与星状板相接触的区域。而匝间短路是树枝状放电的进一步发展，即短路线匝中电流剧增，温度升高到使线匝绝缘损坏，高温下导线熔化。

（2）支柱绝缘子有倾斜变形或位移、绝缘子裂纹。电抗器安装时支柱绝缘子受力不均匀、基础沉陷或地震等都会造成支柱绝缘子倾斜变形或绝缘子破裂。变电站中常见的是由于电抗器基础沉陷造成支柱绝缘子倾斜变形或破裂。另外，绝缘子受到冰雹或大风刮起的杂物碰撞也会造成破损裂纹。

（3）接地体、围网、围栏等异常发热。在电抗器轴向位置有接地网，径向位置有设备、遮栏、构架等，都可能因金属体构成闭环造成较严重的漏磁问题，对周围环境造成严重影响。若有闭环回路，如地网、构架、金属遮栏等，其漏磁感应环流达数百安培。这不仅增大损耗，更因其建立的反向磁场同电抗器的部分绕组耦合而产生严重问题，如是径向位置有闭环，将使电抗器绕组过热或局部过热，相当于电抗器二次侧短路；如是轴向位置存在闭环，将使电抗器电流增大和电位分布改变，故漏磁问题并不能简单地认为只是发热或增加损耗。

（4）有撑条松动或脱落情况。造成这种现象的原因主要有安装质量不良或长期运行振动导致紧固螺钉松动等。

（5）支柱绝缘子或包封不清洁，金属部分有锈蚀现象。

（6）干式电抗器内有鸟窝或有异物，影响通风散热。

三、接地变压器和消弧线圈的常见异常现象及原因分析

接地变压器和消弧线圈出现故障和系统中的故障及异常运行情况有很密切的关系。接地变压器和消弧线圈一般只有在系统有接地、断线及三相电流严重不对称时，才有较大的电流通过，内部故障的现象才会显现出来。

1. 渗漏油

接地变压器和消弧线圈发生渗漏油时能在其外壳或下部看到油渍或油滴，渗漏油会造成油面降低，使绝缘暴露在空气中，使绝缘材料老化加剧，绝缘性能降低。渗漏油还会使绝缘油中进入空气，造成绝缘油劣化。渗漏油的原因有：

（1）外壳密封不良。

（2）油标管与外壳间有缝隙。

（3）放油或加油后阀门关闭不严密。

（4）油位过高，温度升高时有油从上部溢出。

2. 内部有放电声

巡视时如听到接地变压器和消弧线圈内部有"噼啪"声或"吱吱"声，则可能是内部发生了放电现象，内部放电会造成绝缘过热烧损，甚至击穿造成事故。引起内部放电的原因有：

（1）绕组绝缘损坏，对外壳或铁芯放电。

（2）铁芯接地不良，在感应电压作用下对外壳放电。

3. 套管污秽严重、破裂、放电或接地

（1）接地变压器和消弧线圈安装地点空气污染较重、长期得不到清扫等会造成套管污秽严重。在雨、雪、大雾等潮湿天气，套管上的污秽与水相结合会形成导电带，造成套管放电或接地。

（2）套管安装质量不良，受力不均匀或者受到恶劣天气（如冰雹等）影响会使套管破损裂纹，套管破裂后潮气侵入套管内部使套管绝缘性能下降，严重时也会造成套管放电或接地。

4. 本体温度（或温升）超过极限值、冒烟甚至着火

接地变压器和消弧线圈内部放电、分接开关接触不良、主变压器中性点电压位移过大或者长时间通过接地电流时都会产生温升过高现象，严重时会造成接地变压器和消弧线圈内部绝缘材料烧坏、冒烟甚至起火。

5. 分接开关接触不良

消弧线圈分接位置调整不到位、分接头接触部分生锈或有油膜会造成分接开关接触不良。分接开关接触不良会造成在通过接地补偿电流时发生过热现象，严重时会使设备烧损。

6. 接地变压器和消弧线圈外壳鼓包或开裂

接地变压器和消弧线圈外壳膨胀、开裂缺陷常会伴随渗漏油现象。外壳膨胀或开裂的原因有：

（1）内部过热使绝缘油膨胀或气化，外壳承受过高的压力造成膨胀或开裂。

（2）地震等外力破坏使外壳承受过高的应力作用发生开裂。

（3）外壳焊接质量不良造成开裂。

7. 中性点位移电压大于 15% 相电压

系统中性点位移电压过大的原因有：

（1）系统中有接地故障。

（2）系统负荷严重不平衡。

（3）系统电源非全相运行。

（4）谐振过电压。

8. 一次导流部分发热变色

由于导流部分接触不良，引起过热。

9. 设备的试验、油化验等主要指标超过相关规定

【思考与练习】

1. 并联电容器组有哪些常见异常现象？

2. 消弧线圈有哪些常见异常现象？

3. 电容器外壳膨胀变形的原因有哪些？

4. 电抗器有哪些常见异常现象？

5. 为什么有些电抗器周围的围栏会发热？

◢ 模块 2 补偿装置异常处理（Z09G4001 Ⅱ）

【模块描述】本模块包含补偿装置常见异常的处理方法；通过常见异常案例介绍，达到掌握电容器、电抗器常见异常处理的目的。

【模块内容】

补偿装置发生异常，会影响变电站无功补偿能力，造成系统电压质量降低，所以发现补偿装置异常应及时进行处理。

一、电容器组异常处理

1. 电容器组立即停运的情况

遇有下列异常情况之一时电容器应立即退出运行：

（1）电容器发生爆炸。

（2）触头严重发热或电容器外壳测温蜡片熔化。

（3）电容器外壳温度超过 55℃或室温超过 40℃，采取降温措施无效时。

（4）电容器套管发生破裂并有闪络放电。

（5）电容器严重喷油或起火。

（6）电容器外壳明显膨胀或有油质流出。

（7）三相电流不平衡超过 5%以上。

（8）由于内部放电或外部放电造成声音异常。

（9）密集型并联电容器压力释放阀动作。

2. 电容器组应加强监视的情况

电容器组有以下异常现象时应查找原因、采取措施尽快停电处理：

（1）电容器组渗油时，如渗油不严重，可不申请停电处理，只需要按照缺陷管理制度上报缺陷，但必须随时监视；若渗油严重，必须申请停电进行处理。

（2）电容器温度过高，必须严密监视和控制环境温度，如室温过高，应改善通风条件或采取冷却措施控制温度在允许范围内，如控制不住则应停电处理。在高温、长时间运行的情况下，应定时对电容器进行温度检测。如系电容器本身的问题或触点温度过高则应停电处理。

（3）由于外部固定螺钉或支架松动等外部原因造成声音异常。

（4）电容器单台熔断器熔断后的处理：

1）严格控制运行电压。

2）将电容器组停电并充分放电后更换熔断器，投入后若继续熔断，应退出该组电容器。

3）报缺陷由检修人员测量绝缘，对于双极对地绝缘电阻不合格或交流耐压不合格的应及时更换。

4）因熔断器熔断引起相间电流不平衡接近 2.5%时，应更换故障电容器或拆除其他相电容器进行调整。

（5）发现电容器三相电流不平衡度不超过 5%时，应立即检查系统电压是否平衡、单台电容器熔丝是否熔断，查出原因后报调度或检修单位处理。如无上述现象，可能是电容器组容量发生变化，应尽快将该组电容器退出运行，报检修单位处理。

（6）母线电压超过电容器额定电压后，过电压倍数及运行持续时间按表 Z09G4001Ⅱ-1 规定执行。

（7）电容器运行电流超过额定电流，但不到额定电流的 1.3 倍时。

表 Z09G4001Ⅱ-1　　电力电容器过电压倍数及运行持续时间表

过电压倍数（U_g/U_n）	持 续 时 间	说　　明
1.05	连续	—
1.10	每 24h 中 8h	—
1.15	每 24h 中 30min	系统电压调整与波动
1.20	5min	轻荷载时电压升高
1.30	1min	

二、高压电抗器异常处理

1. 干式电抗器异常处理

（1）干式电抗器有以下异常应立即停电处理：

1）接头及包封表面异常过热、冒烟。

2）干式电抗器出现沿面放电。

3）绝缘子有明显裂纹或倾斜变形。

4）并联电抗器包封表面有严重开裂现象。

（2）电抗器有以下异常时应加强监视并尽快退出运行：

1）设备有过热点，接地体发热，围网、围栏等异常发热。若发现电抗器有局部发热现象，则应减少该电抗器的负荷，并加强通风。必要时可采用临时措施，采用轴流风扇冷却（户内设备），待有机会停电时，再进行处理。

2）包封表面存在爬电痕迹以及裂纹现象。

3）支柱绝缘子有倾斜变形（或位移），暂不影响继续运行。

4）有撑条松动或脱落情况。

（3）电抗器有以下异常时应报缺陷按检修计划处理：

1）包封表面不明显变色或轻微振动。

2）支柱绝缘子或包封不清洁，金属部分有锈蚀现象。

3）干式电抗器内有鸟窝或有异物，影响通风散热。

4）引线散股。

2. 油浸高压电抗器异常处理

（1）温度异常。检查油位、油色有无异常，并结合无功负荷、电压高低、环境温度分析对照，初步判明高压电抗器内部有无问题。将检查分析结果汇报调度和工区，听候处理。

（2）声响异常。

1）高压电抗器响声均匀，但比平时增大，应加强监视。

2）高压电抗器有杂音，首先检查有无零部件松动，查看电流表、电压表指示是否正常。以上检查未见异常时，有可能是内部原因造成的，应报告调度和工区。

3）高压电抗器有放电声。应仔细检查判明放电声是来自表面还是由内部发出，外表放电多半是污秽严重或接头接触不良造成的，应停电处理；内部放电声多半是不接地部件静电放电、线圈匝间放电等，这时应严密监视，及时上报调度和工区。

（3）油位异常。

1）油位偏低或偏高时，应加强监视，报缺陷处理。

2）由于渗漏油造成油位过低，应汇报调度申请停电处理。

（4）渗漏油。

1）轻微漏油或渗油属于一般缺陷，可加强监视，报调度和工区，安排计划处理。

2）严重漏油应申请停电处理，在停电前加强监视，做好事故预想和应急处理准备。

（5）呼吸器硅胶变色过快，应查找变色过快的原因，报缺陷处理。

三、接地变压器和消弧线圈异常处理

消弧线圈动作或发生异常现象时，应记录好动作时间，中性点位移电压、电流及三相对地电压，并及时向调度汇报。

1. 接地变压器和消弧线圈立即停运的情况

接地变压器或消弧线圈有以下异常时应立即退出运行：

（1）设备漏油，从油位指示器中看不到油位。

（2）设备内部有放电声响。

（3）一次导流部分接触不良，引起发热变色。

（4）设备严重放电或瓷质部分有明显裂纹。

（5）绝缘污秽严重，存在污闪可能。

（6）阻尼电阻发热、烧毁或接地变压器温度异常升高。

（7）设备的试验、油化验等主要指标超过相关规定，由试验人员判定不能继续运行。

（8）消弧线圈本体或接地变压器外壳鼓包或开裂。

2. 接地变压器和消弧线圈应加强监视的情况

接地变压器或消弧线圈有以下异常时，应查找原因、采取措施并尽快退出运行：

（1）设备渗漏油，还能够看到油位。

（2）红外测量设备内部异常发热。

（3）工作、保护接地失效。

（4）瓷质部分有掉瓷现象，不影响继续运行。

（5）绝缘油中有微量水分，游离碳呈淡黑色。

（6）二次回路绝缘下降，但不超过 30%。

（7）中性点位移电压大于 15%相电压。

（8）设备不清洁、有锈蚀现象。

3. 隔离故障设备的方法

将故障接地变压器或消弧线圈退出运行的方法如下：

（1）在系统存在接地故障的情况下，不得停用消弧线圈，且应严格对其上层油温加强监视，其值最高不得超过 95℃，并迅速查找和处理单相接地故障，应注意允许带单相接地故障运行时间不得超过 2h，否则应将故障线路断开，停用消弧线圈。

（2）若接地故障已查明，将接地故障切除以后，检查接地信号已消失，中性点位移电压很小时，方可用隔离开关将消弧线圈拉开。

（3）若接地故障点未查明，或中性点位移电压超过相电压的 15%时，接地信号未消失，不准用隔离开关拉开消弧线圈。可做如下处理：

1）投入备用变压器或备用电源。

2）将接有消弧线圈的变压器各侧断路器断开。

3）拉开消弧线圈的隔离开关，隔离故障。

4）恢复原运行方式。

四、补偿装置异常处理举例

某变电站电容器组频繁发生单台熔丝熔断现象，经检修单位测试检查电容器有轻微容量变化，但尚在允许范围内。运行一段时间后，电容器组事故跳闸，检查发现多台电容器熔丝发生熔断，电容器本体及围栏有烧损现象。测试发现该组电容器均发生容量增大现象。经事故调查分析，原因为电容器组断路器分闸速度不够，在操作中拉开电容器时发生电弧重燃。电容器组在电弧重燃过电压的作用下内部绝缘介质局部击穿，造成电流增大，损坏严重的电容器熔丝熔断。同时，由于电容器熔丝安装时角度调整不够，使熔丝熔断时分断速度过小，电弧不能断开，造成弧光短路，引起整组电容器跳闸。事后该变电站更换了所有电容器组断路器，并对全部电容器熔丝进行了调整，消除了电容器组缺陷。

【思考与练习】

1. 电容器有哪些异常现象时应停电处理？

2. 电抗器有哪些异常现象时应停电处理？

3. 接地变压器或消弧线圈有哪些异常现象时应停电处理？

▲ 模块 3　补偿装置异常处理危险点源分析（Z09G4001Ⅲ）

【模块描述】本模块包含补偿装置异常处理的危险点源分析；通过案例介绍，达到掌握电容器和电抗器异常处理时的危险点源分析方法，能制定预控措施的目的。

【模块内容】

一、补偿电容器组异常处理危险点分析

（1）检查处理电容器组异常现象时人身触电。

控制措施：检查处理电容器组异常现象时，不得触及电容器外壳或引线，以防止电容器内部绝缘损坏造成外壳带电；若有必要接触电容器，应先拉开断路器及隔离开关，然后验电装设接地线，并对电容器进行充分放电。

（2）更换单只电容器熔断器时人身触电。

控制措施：在接触电容器前，应戴绝缘手套，用短路线将电容器的两极短接，方可动手拆卸；对双星形接线电容器的中性线及多个电容器的串接线，还应单独放电。

（3）摇测电容器两极对外壳和两极间绝缘电阻时人身触电。

控制措施：由两人进行，测量前用导线将电容器放电；测试完毕后，将电容器上的电荷放尽。

（4）处理电容器着火时人身触电。

控制措施：先将电容器停电后再进行灭火，由于电容器可能有部分电荷未释放，所以应使用绝缘介质的灭火器，并不得接触电容器外壳和引线。

（5）检查处理电容器组异常现象时电容器爆炸伤人。

控制措施：发现电容器内部有异常声响或外壳严重膨胀等异常现象，应立即将电容器停电，停电前不得再接近发生异常的电容器组。

（6）电容器组投切操作时电容器爆炸伤人。

控制措施：应先检查确定无人在电容器组附近后再进行操作。

（7）由于处理不当造成电容器爆炸。

控制措施：

1）电容器组断路器跳闸后，在未查明原因并处理前不得试送电容器。

2）电容器组切除后再次投入运行，应间隔 5min 后进行。

3）发现电容器有需要立即退出运行的异常现象时，应立即将电容器停电处理。

二、电抗器异常处理危险点分析

（1）由于处理不当造成设备损坏。

控制措施：按照电抗器异常处理方法将需立即停电的电抗器退出运行。

（2）处理电抗器异常时人身被烧、烫伤。

控制措施：

1）发现电抗器或周围围栏等设备过热时，不得触及设备过热部分。

2）电抗器冒烟或着火，灭火时应做好个人防护措施，必要时报火警。

（3）检查处理电抗器异常时人身受到伤害。

控制措施：发现干式电抗器有异常声响、放电或支柱绝缘子严重破损或位移时，应立即远离故障电抗器，并迅速将其退出运行。

（4）检查处理电抗器异常时人身触电。

控制措施：

1）在电抗器停电并做好安全措施前，不得进入电抗器围栏或接触干式电抗器外壳。

2）电抗器冒烟或着火，应在断开电源后用干粉、二氧化碳等采用绝缘灭火材料的灭火器灭火。

三、接地变压器或消弧线圈异常处理危险点源分析

（1）接地变压器和消弧线圈停电操作中带负荷拉合隔离开关。

控制措施：

1）在进行接地变压器或消弧线圈投、停操作前，需查明电网内确无单相接地，且消弧线圈电流小于 10A 后，方可用隔离开关进行操作。

2）若接地故障点未查明，或中性点位移电压超过相电压的 15%时，接地信号未消失，不准用隔离开关拉开接地变压器或消弧线圈。

3）严禁用隔离开关拉、合发生异常的接地变压器或消弧线圈。

（2）将带有消弧线圈的主变压器退出运行后其他主变压器过负荷。

控制措施：

1）一台主变压器停运操作前，先检查负荷情况，联系调度，提前限制负荷。

2）拉开主变压器低、中压侧断路器后，检查运行主变压器各侧负荷情况，发现过负荷及时处理。

（3）处理过程中发生系统谐振。

控制措施：在进行消弧线圈投入和退出电网的操作时，应密切监视电网运行情况，发现谐振立即处理。

【思考与练习】

1. 电容器组发生一台电容器熔断器熔断，需变电运维人员更换熔断器，请进行处理过程中的危险点源分析。

2. 如何防止接地变压器或消弧线圈异常处理过程中发生带负荷拉隔离开关？

第十九章

二次设备异常处理

▲ 模块 1　二次设备异常现象及分析（Z09G5001 I）

【模块描述】本模块包含二次设备异常现象和原因分析；通过对二次设备常见异常现象和产生原因的讲解，达到掌握继电保护装置、通信系统和自动化设备常见异常现象，能够及时发现异常，能分析继电保护装置、通信系统和自动化设备常见异常原因的目的。

【模块内容】

变电站中的二次设备主要有继电保护和自动装置、综合自动化监控设备和控制、保护二次回路等。

一、二次回路常见异常现象及原因分析

保护或自动装置交流失电会造成装置告警或闭锁，发出告警信号和电压或电流回路断线信号。交流失电包括失去交流电压和交流电流断线两种情况。

1. 交流失电主要影响的保护和自动装置

（1）交流电压消失主要影响距离保护、方向高频保护、零序保护、复合电压闭锁过电流保护、零序电压闭锁零序过电流保护、备用电源自投装置、故障录波器等接入电压量的保护和自动装置。

（2）交流电流消失主要影响相差高频保护、光纤差动保护、母差保护、变压器差动保护、失灵保护、零序保护、电流速断和过电流保护、零序横差保护、故障录波器等接入电流量的保护。

2. 交流电压消失的现象和原因

（1）交流电压消失的现象："电压互感器回路断线"光字牌亮，警铃响，有功功率表指示不正常，电压表指示为零或三相电压不一致，电能表停走或走慢，低电压继电器动作，同期鉴定继电器发出响声等。除上述现象外，还可能发出"接地"信号，绝缘监视电压表指示值比正常值偏低等。

（2）交流电压消失的原因。

1）电压互感器高、低压侧的熔断器熔断或小开关跳闸。

2）电压回路接头松动或断线。

3）电压切换回路辅助触点和电压切换开关接触不良。其所造成的电压回路断线现象主要发生在操作后。主要有：电压互感器隔离开关辅助触点接触不良、回路断线；双母线接线方式，母线侧隔离开关辅助触点接触不良，这种现象常发生在倒闸操作过程中；电压切换继电器断线或触点接触不良、继电器损坏、端子排线头松动、保护装置本身问题等；交流切换回路直流电源熔断器熔断或小开关跳闸；误操作，在电压互感器二次侧未并列的情况下将电压互感器停运。

3. 交流电流回路开路的现象和原因

电流互感器是将大电流变换为一定量标准电流（1A 或 5A）的设备，正常运行时是接近于短路的变压器，其二次电流的大小决定于一次电流，若二次回路开路，二次电流等于零，一次回路所产生的磁势将全部作用于励磁，二次线圈上将感应很高的电压，峰值可达几千上万伏，严重威胁人身和二次设备的安全。同时，由于磁饱和，铁损增大，发热严重，易烧损设备，也易导致保护的误动和拒动。因此，电流回路断线开路是非常危险的。

（1）交流电流二次开路的现象。

1）三相电流表指示不一致（某相电流为零），功率指示降低，计量表计转慢或停转。

2）差动断线或电流回路断线光字牌亮。

3）电流互感器二次回路端子、元件线头等放电、打火。

4）电流互感器本体有异常声音或发热、冒烟等现象。

5）二次电流回路、二次设备有放电、冒火现象，严重时绝缘击穿。

6）由负序、零序电流启动的继电保护和自动装置频繁动作，但不一定出口跳闸（还有其他条件闭锁），继电保护和自动装置闭锁（具有二次断线闭锁功能）、误动或拒动。

7）仪表、继电保护和自动装置等冒烟烧坏。

（2）二次开路的原因。

1）二次设备（如继电器、端子排等）部件设计制造不良或安装不良。

2）修试工作失误，如二次电流回路的线头漏接或未接好，验收时又未能发现，造成开路。

3）二次电流端子接头压接不紧，长时间氧化、振动或回路电流大造成接线发热烧断。

4）室外端子箱、接线盒进水受潮，端子螺丝和垫片锈蚀严重，锈断或发热烧断。

5）电流端子操作错误或未拧紧等。

二、继电保护和自动装置常见异常现象及原因分析

1. 装置告警灯亮

保护装置告警的原因主要有：

（1）装置软件故障。

（2）装置硬件自检故障或内部通信出错。

（3）TV 断线、TA 断线或极性错误等。

（4）断路器或隔离开关等位置开入异常。如某些型号的保护功能投退后未复归，保护定值区改变后未复位确认，母差保护隔离开关变位后未复归确认等。

2. 装置闭锁

当自检到硬件出现严重故障时，例如：RAM 异常、程序存储器出错、EEPROM 出错、定值无效、光电隔离失电报警、DSP 出错和跳闸出口异常、光纤通道故障等情况时，保护装置不能够继续工作。此时装置闭锁所有保护功能，并且"运行"指示灯熄灭。

3. 高频或光纤保护通道异常

通道异常时，发出通道异常信号或高频测试时信号显示不正常。

（1）高频通道异常原因。

1）对端收发信机异常或故障。

2）高频收发信机故障。

3）线路载波故障或导频消失。

4）由于天气等环境因素影响，通道信号衰减过大。

5）功率放大器电源未复归，信号不能复归。

6）高频通道受严重干扰，如线路结合滤波器内部避雷器击穿放电，产生高次谐波，影响高频保护，造成高频保护频繁发出信号。

7）结合滤波器接地隔离开关工作后未拉开。

（2）光纤通道异常的原因。

1）光端机故障。

2）光纤接头断开。

3）光纤中继设备故障或断电。

4. 液晶、灯光显示不正确或消失

液晶、灯光显示不正确或消失的原因有：

（1）液晶屏幕或灯泡故障。

（2）装置故障或异常。

（3）装置电源中断。

5. 重合闸未充电

重合闸未充电会造成线路瞬时故障开关跳闸后不能重合或备用电源自投装置在母线失电后不动作，造成不必要的停电事故。重合闸充电不正常的原因有：

（1）重合闸装置失去电源。

（2）位置继电器线圈或开关辅助触点接触不良。

（3）重合闸装置内部时间继电器，中间继电器线圈断线或接触不良。

（4）重合闸装置内部电容器或充电回路故障。

（5）重合闸连接片漏投、接触不良或者重合闸闭锁连接片误投入。

6. 时间误差过大

装置时间误差过大会造成保护动作后动作时间记录错误，影响对事故的分析判断，可能造成事故处理延误或错误。装置时间误差过大的原因有：

（1）内部时钟装置故障。

（2）GPS 校时装置故障或连接不正常。

（3）运行维护不当，长期未校时或校时错误。

7. 故障录波装置异常

（1）故障录波装置异常的现象。

1）录波装置在事故时不启动。

2）录波器后台电脑死机。

3）录波器频繁启动。

4）显示器黑屏。

（2）故障录波装置异常的主要原因。

1）交流回路异常。

2）电源中断。

3）装置硬件故障。

4）装置软件缺陷或感染病毒。

8. 继电器触点粘连、冒烟、声音异常

（1）继电器运行时间过长，触点老化或烧损会造成接触不良或粘连，继电器发出异常声音。

（2）继电器线圈过热会造成线圈冒烟烧损。

三、监控系统异常

1. 遥测数据不更新

主要现象包括：全部遥测数据不更新、个别遥测数据不更新、多路遥测数据不更新和一批遥测数据不更新。遥测数据不更新的原因有：

（1）某一单元全部遥测数据不更新。

1）测控单元失电，测控单元电源故障。

2）采样输入回路故障或 A/D 变换部分故障。

3）TV 回路失压。

4）TA 回路短路。

5）通信中断。

6）人工禁止更新。

7）前景与数据库不对应等。

（2）个别遥测数据不更新。

1）信号回路断线，信号继电器的触点卡死。

2）对应的光电隔离器件损坏。

3）转发点号未定义或定义错。

4）画面前景错。

5）数据库定义错。

6）设置禁止更新。

7）前景和数据库不对应。

8）其他原因。

（3）多组遥测、遥信数据不更新。

1）通信中断。

2）测控与通信机通信中断或通信机与计算机通信中断。

3）主计算机程序异常。

4）各测控单元地址冲突。

（4）一批遥测、遥信数据不更新。

1）有外部故障或遥信公共端断线。

2）遥信电源失电或电源故障。

3）对应的遥信接口板故障。

4）测控单元地址冲突或测控单元故障。

5）通信中断，测控单元与通信机的通信中断，通信机与主计算机通信中断。

6）设置禁止更新。

7）前景与数据库不对应。

8）画面刷新停止。

9）主计算机程序异常。

2. 遥测、遥信数据错误

遥测、遥信数据错误的原因有：

（1）测控单元故障。

（2）采样输入回路故障或 A/D 变换部分故障。

（3）TV 回路失压。

（4）TA 回路短路或电流、电压输入回路错误。

（5）电流、电压波形畸变。

（6）测控单元地址错误。

（7）前景与数据库不对应。

（8）主计算机程序异常。

3. 遥测精度差

遥测精度差的原因有：

（1）测控单元异常。

（2）采样回路接触不良或 A/D 变换部分故障。

（3）TV 回路异常。

（4）TA 回路异常。

（5）标度系数有误。

4. 个别遥信频繁变位

个别遥信频繁变位的原因有：

（1）信号线接触不良或辅助触点松动。

（2）设备处在检修或试验状态。

（3）开关机构有故障。

（4）信号受到干扰。

5. 遥控命令发出后遥控拒动

遥控拒动的原因有：

（1）就地/远方开关在就地位置。

（2）测控单元出口压板未投上。

（3）控制回路断线或控制电源消失。

（4）遥控出口继电器故障。

（5）遥控闭锁回路故障。

（6）遥控被强制闭锁。

6. 遥控返校错或遥控超时

遥控返校错或遥控超时的原因有：

（1）通信受到干扰。

（2）测控单元故障。

（3）通信中断。遥控与通信机通信中断或通信机与主计算机通信中断。

（4）控制回路断线或控制电源消失。

（5）同时有多个遥控操作。

（6）遥控出口继电器发生故障。

（7）遥控闭锁回路发生故障。

7. 遥控命令被拒绝

遥控命令被拒绝的原因有：

（1）开关号或者对象号错误。

（2）该遥控违反操作规程被闭锁。

（3）受控开关位置为检修状态。

（4）开关前景定义错误。

8. 遥调命令发出后遥调拒动

遥调拒动原因有：

（1）分接头控制电源未投入或控制电源故障。

（2）遥调压板未投入。

（3）出口继电器损坏。

（4）挡位信号未更新。

（5）遥调被闭锁。

（6）变压器处于异常状态。

9. 遥控单元失电

遥控单元失电的原因有：

（1）发生外部故障，如电源熔丝熔断、电源线断开或接触不良。

（2）测控单元电源故障。

10. 通信异常或中断

通信机与测控单元、保护、主计算机等通信异常或中断的原因有：

（1）通信机电源异常。

（2）通信接口异常，通信连线接触不良。

（3）接口板发生故障。

（4）通信连线受干扰严重。

（5）通信机软件异常。

（6）各待通信单元地址发生冲突。

11. 主计算机误报警

主计算机误报警的原因有：

（1）被监视量限值不合理。

（2）报警装置报警延时不合理或未设报警死区。

（3）保护或测控单元异常。

（4）主计算机软件异常。

12. 画面显示错误

画面显示错误的原因有：

（1）画面前景出现错误。

（2）前景与数据库不对应。

（3）测控或保护出现异常。

（4）通信控制机转发错误。

（5）数据被设置停止更新。

（6）通信中断。

（7）主计算机程序异常。

（8）标度系数出现错误。

（9）测控单元输入信号错误。

13. 计算机不能查看保护信息或动作信息没有显示

计算机不能查看保护信息或动作信息没有显示的原因有：

（1）计算机与通信机通信中断。

（2）保护与通信机通信中断。

（3）保护处于停用状态。

（4）通信机软件异常。

（5）数据库未定义或定义错误。

【思考与练习】

1. 保护和自动装置在运行中常发生哪些异常现象？

2. 交流电压消失的现象和原因是什么？

3. 交流电流回路开路的现象和原因是什么？

4. 遥控失灵的原因是什么？

▶ 模块 2　二次设备常见异常处理（Z09G5001Ⅱ）

【模块描述】本模块包含二次设备常见异常的处理方法；通过常见异常案例介绍，

达到掌握继电保护装置、通信系统和自动化设备异常处理的目的。

【模块内容】

二次设备异常会影响变电运维人员对一次设备运行参数、状态的监视和判断，处理不及时会造成电能质量降低、丢失电量、设备异常运行不能及时发现引起事故、保护和自动装置误动或拒动以及误判断等。

一、二次回路异常处理

（一）二次回路异常处理的一般原则

（1）必须按符合实际的图纸进行工作。

（2）停用保护和自动装置，必须经调度同意。

（3）在互感器二次回路上查找故障时，必须考虑对保护及自动装置的影响，防止误动或拒动。

（4）投、退直流熔断器时，应考虑对保护的影响，防止直流消失或投入时误动跳闸。取直流电源熔断器时，应先取正极，后取负极；装熔断器时，顺序与此相反。目的是防止因寄生回路而误动跳闸。

（5）带电用表计测量时，必须使用高内阻电压表（如万用表等），防止误动跳闸。

（6）防止造成电流互感器二次开路，电压互感器二次短路或接地。

（7）使用的工具应合格并绝缘良好，尽量使必须外露的金属部分减少，防止发生接地、短路或人身触电。

（8）拆动二次接线端子，应先核对图纸及端子标号，做好记录和明显的标记，及时恢复所拆接线，并应核对无误，检查接触是否良好。

（9）凡因查找故障，需要做模拟试验、保护和断路器传动试验时，传动试验之前，必须汇报调度。根据调度命令，先断开该设备启动失灵保护、远方跳闸的回路。防止出现所传动的断路器不能跳闸，失灵保护、远方跳闸误动作，造成母线停电的恶性事故。

（二）二次回路故障查找的一般步骤

（1）根据故障现象和图纸分析故障可能的原因。

（2）保持原状，进行外部检查和观察。

（3）检查出故障可能性大的、容易出问题的、常出问题的薄弱点。

（4）用缩小范围法逐步查找。

（5）使用正确的方法，查明故障点并排除故障。

（三）交流失电处理

（1）交流电压消失处理。

1）退出距离保护、备用电源自投等装置，其他如母差或主变压器后备等保护电压闭锁会开放引起装置告警，但不会引起误动作，不需退出。

2）检查其他装置有无交流电压消失信号，检查监控系统显示的母线电压是否正常，如监控装置显示不正常或其他设备也有交流电压消失信号，应检查电压互感器二次回路是否正常。

3）检查装置交流电压小开关是否跳闸（或熔断器是否熔断），如小开关跳闸应试合小开关（或更换熔断器），处理好后汇报调度投入退出的保护或自动装置。小开关合闸后再次跳开（或熔断器再次熔断），应查找装置回路中有无接地或短路点。

4）检查隔离开关辅助触点切换是否到位，若属隔离开关辅助触点切换不到位，可在现场处理隔离开关的限位触点，若属隔离开关本身辅助触点行程问题，应请专业人员对辅助触点进行行程调整或更换。

5）若交流"电压回路断线"、保护"直流回路断线"同时报警，说明直流电源有问题。应先处理直流回路故障，更换直流回路熔断器（或试合小开关），若无问题再投入保护。

（2）交流电流回路断线处理。

1）交流电流回路开路应退出母线差动保护、主变压器差动保护和光纤差动保护等保护装置。

2）检查处理开路点，正常后投入所退出的保护装置，不能处理时报专业人员处理。

（四）信号回路的故障处理

（1）检查信号回路电源是否正常，如小开关跳闸（或熔断器熔断）应试合小开关（或更换熔断器），再次跳闸（或熔断）应检查回路中有无接地或短路点，处理后再恢复送电。

（2）断路器事故跳闸后，蜂鸣器不响时，首先按信号试验按钮，蜂鸣器仍不响，则说明事故信号装置故障。这时，应检查冲击继电器及蜂鸣器是否断线或接触不良，电源熔断器是否熔断或接触不良。若按试验按钮蜂鸣器响，则应检查断路器操作把手和断路器的不对应启动回路，包括断路器辅助触点（或位置继电器触点）、断路器操作把手触点及辅助电阻等。

（3）在设备发生异常工作状态时，预告信号警铃不响、光字牌不亮。可能的原因是：光字牌中两灯泡均已损坏或接触不良、信号电源熔断器熔断或接触不良、启动该信号的继电器的触点接触不良等。此时，应用转换开关检查光字牌，若所有光字牌均不亮，就要检查信号电源，若只有个别不亮，则应更换灯泡。

（4）若光字牌信号发出，警铃不响，首先应按预告信号试验按钮，若警铃还是不响，则说明预告信号装置故障，这时，应检查冲击继电器及警铃是否断线或接触不良。

若按试验按钮后警铃响，则应检查光字牌信号转换开关的触点是否导通、连接线是否断线或接触不良。

二、继电保护和自动装置异常处理

（一）继电保护和自动装置异常处理原则

（1）严禁打开装置机箱进行查找或处理。

（2）停用保护和自动装置，必须经调度同意。

（3）投、退直流电源时，应注意考虑对保护的影响，防止直流消失或投入时误动跳闸。

（4）继电保护和自动装置在运行中，发生下列情况之一者，应退出有关装置，汇报调度和上级，通知专业人员处理。

1）继电器有明显故障，触点振动很大或位置不正确，有误动作的可能。

2）装置出现异常可能误动。

3）电压回路断线或者电流回路开路可能造成误动时。

（5）因查找故障，需要做模拟试验、保护和断路器传动试验时，传动试验之前，必须汇报调度。根据调度命令，先断开该设备启动失灵保护、远方跳闸的回路。防止出现所传动的断路器不能跳闸，失灵保护、远方跳闸误动作，造成母线停电的恶性事故。

（二）装置告警处理

（1）按复归按钮复归，如不能复归则根据显示信息检查告警原因，能处理的进行处理，不能处理的报专业人员处理。如四方系列保护装置在投退功能压板后会发开入变位告警；BP-2B 型和 RCS-915 型母差保护在隔离开关操作后发出隔离开关变位告警，上述告警按复归按钮复归即可恢复正常运行。

（2）检查有无交流电压回路断线或差流异常信号，如因交流失电引起保护告警，应退出可能误动的保护或自动装置，再处理交流失电。

（3）装置自检告警应观察保护告警信息，打印故障报告，按照现场规程或保护说明书进行处理，不能准确判断时报专业人员处理。

（三）装置闭锁处理

发现保护或自动装置发出闭锁信号时，应立即退出被闭锁的保护功能，然后汇报调度，检查闭锁原因，变电运维人员能处理的应立即处理（如能够恢复的交流电压或电流消失故障），不能处理的应报专业人员处理。同时分析保护闭锁对运行设备的影响，做好事故预想和应急处理准备。

（四）高频或光纤保护通道异常处理

保护通道故障时，应立即向调度汇报，然后再处理通道异常。

1. 高频通道异常处理。

（1）闭锁式的高频方向保护，通道异常时应申请停用，以防止区外故障造成误动。

（2）对允许式的高频方向保护，通道异常时将失去速断功能，按调度命令投退。

（3）高频相差保护通道异常时应申请停用，以防止保护误动。

（4）高频闭锁距离、零序保护在通道异常时，保护将无法正确动作，应申请改为普通距离、零序保护运行。

（5）发信机长期发信，可能为发信机内部元件故障，应申请停用；若对侧长期发信，本侧长期收信，可能为对侧发信机内部故障，应汇报调度处理。

（6）变电运维人员无法处理时应通知专业人员处理，在通道恢复正常前，不得投入退出的保护。

2. 高频收发信机异常处理举例。

（1）SF600 型收发信机异常处理。

1）当实际收发信电平较正常低 4dB 时，"通道异常"灯亮，此时仅有 18、15、12、9dB 灯亮时，收发信机尚可继续运行。

2）当实际收信电平较正常低 8dB 时，"裕度告警"灯亮，此时只有 15、12、9dB 电平指示灯亮时，收发信机已不能正常工作。

3）出现上述情况时，变电运维人员应及时向调度申请将高频保护停用，然后将收发信机"本机—通道"插头切换至"本机—负载"位置，按下装置上的"启信"按钮，并按下"高频电压"和"高频电流"按钮，测量高频电压和电流值，检查其比值是否为 75 左右，如果比值为 75 左右，则表示收发信机无故障，可判断通道出现故障，然后对高频设备（电缆插头、结合滤波器、阻波器、线路等）进行检查，最后将检查情况汇报调度和上级部门听候处理；如果比值不为 75 左右，则表示收发信机本机有故障，应汇报调度和上级部门，由专业人员处理。

4）当测量收发信电压较以往的值有较大的变化时，变电运维人员应及时向调度和上级部门汇报，检查收发信机（方法同上），听候处理。

（2）YBX–1（K）型收发信机故障处理。

1）YBX–1（K）型收发信机"保护故障"灯亮或"合成"灯熄，先复归信号一次，不能复归时汇报调度申请停用高频保护，并向上级汇报，由专业人员处理。

2）在交换信号时（0～5s 内），"电平正常"灯熄灭，先记录测试值，同以往信号测试值进行比较，变化较大表明收发信机输出出现问题或通道衰耗超过整定电平，应及时汇报调度及上级部门，由专业人员处理。

3）当按下收信高滤插件上的 8dB 衰耗按钮测量通道高频电压数值，收信输出灯熄灭，表示通道裕度已经不够，此时高频保护已不能正常工作，应汇报调度申请停用保护，并向上级部门汇报，由专业人员处理。

4）当测量的收发信电压较以往的值有较大的变化时，变电运维人员应及时向调度和上级部门汇报，检查收发信机，听候处理。

3. 光纤通道异常处理。

（1）检查光端机运行是否正常，如光端机运行异常可重新启动一次。

（2）检查光纤插头是否松脱或断线，如松脱可重新插好。

（五）重合闸异常处理

（1）检查重合闸装置电源是否正常，如电源中断应恢复电源。

（2）检查重合闸连接片和闭锁连接片投退是否正常，如连接片投退异常，应查明原因，恢复正常运行方式。

（3）检查重合闸继电器有无明显异常现象。

（六）时间误差过大处理

（1）先检查装置有无告警信息，如有相关告警信息一般为装置内部故障或与 GPS 校时装置自动校时错误，应报专业人员处理。

（2）无告警信息和自动校时装置时，应手动校时并加强巡视，观察时钟是否运行正常，如校时后短时间内又发生错误则应报专业人员处理。

（七）微机故障录波装置异常处理

（1）装置发出"呼唤"信号，后台机启动，但中央信号控制屏无"微机故障录波呼唤"光字牌，应在录波任务完成后再检查信号回路予以消除。

（2）装置频繁发出"呼唤"信号，而系统中无电流、电压冲击时，可复归"呼唤"信号。检查其他保护有无告警或动作信号，交流电压、电流回路是否正常。故障录波器交流电压小开关是否跳闸，熔断器有无熔断。若由于交流电压消失造成故障录波频繁启动，可将录波器的电压启动回路暂时退出。

（3）频繁启动或软件死机经调度同意可重新启动，重启不能消除异常应报专业人员处理。

（八）继电器触点粘连、冒烟、声音异常处理

（1）发现继电器有触点粘连、冒烟、声音异常的现象，应先查清故障继电器的作用，判断是否会造成保护误动或拒动，对可能造成保护装置误动的应先退出相关保护装置。

（2）汇报调度，可能的情况下断开继电器电源。

（3）报专业人员处理或更换。

三、综合自动化系统异常处理

（一）综合自动化系统异常处理的原则

变电站监控系统为变电站变电运维人员提供操作平台，如果变电站综合自动化系

统出现故障，监控软件可以通过语音、屏幕窗口等各种方式提请变电运维人员注意，监控系统报警后，变电运维人员一般应该采取如下措施：

（1）详细检查记录监控机上的告警信息。

（2）综合自动化、远动电源设备有异常声音和现象时，应汇报调度和相关班组，根据检修人员的要求对特殊情况进行紧急处理。

（3）遥测、遥信量与实际设备状态不符或误发信号时，应及时汇报远动、综合自动化设备的主管部门，变电运维人员应立即到现场检查并与主站核对，如与设备运行工况不一致，应立即通知有关检修人员处理。

（4）变电站微机监控系统程序出错、死机和其他异常情况。可以重新启动计算机程序或复位通信装置，不能恢复时，汇报调度并且通知检修人员处理。

（5）监控系统中网络通信异常，但检查监控网络硬件正常，可将主控室通信装置电源快速断开后再合上，此处理方法不会影响设备运行。但不得对保护测控一体装置断电复位。应报专业人员处理。

（6）当监控系统发出保护异常或动作信号时，应立即检查相关保护装置，进行判断处理。

（7）监控系统不能执行遥控、遥调指令时，应对操作设备、操作步骤和设备实际状态进行详细检查。

（8）监控系统发生异常后，应加强对本站设备巡视。

（二）综合自动化系统异常处理具体方法

（1）由变电站微机监控系统程序出错、死机及其他异常情况产生的软故障的一般处理方法是重新启动。

1）若监控系统某一应用功能出现软故障，可重新启动该应用程序。

2）若监控系统某台计算机完全死机（操作系统软件故障等情况造成），必须重新启动该台计算机并重新执行监控应用程序。

3）变电站监控系统网络在传输数据时由于数据阻塞造成通信死机，必须重新启动传输数据的 HUB。

4）任何情况下发现监控系统应用程序异常，都可在满足必需的监视、控制能力的前提下，重新启动异常计算机。

5）重新启动计算机或任何应用程序前，应先征得调度和专业班组同意，采用热启动的方式重新启动，避免直接关机重启造成计算机或程序损坏。

（2）微机监控系统通信中断的处理。

1）应判断该装置通信中断是由保护装置异常引起的，还是由站内计算机网络异常引起的。

2）一般来说，若装置通信中断是由保护装置异常引起的，则该装置还会有"直流消失"信号。

3）大多数的通信中断信号是由站内计算机网络异常引起的，可通过监控网络总复归命令，以重新确认网络的通信状态。

4）当监控系统某个电压等级通信全部中断时，应检查相应的公用屏、HUB 或光纤盒工作是否正常。

5）对计算机网络异常引起的通信中断，处理时不得对该保护装置进行断电复位。

6）工作站、监控主机死机或网络中断短时间内不能恢复时，应加强设备监视，派人到控制室、继电保护室和现场监视设备运行情况，并应对主变压器的负荷和冷却系统运行情况作重点检查。

（3）在监控机上不能对一次设备进行操作时的处理步骤。

1）当操作员工作站，发生拒绝执行遥控命令时，应立即停止操作，检查发出的操作命令是否符合"五防"逻辑关系，操作过程中所选设备与操作对象是否一致，若"五防"系统有禁止操作的提示，说明该操作命令有问题，必须检查是否为误操作。发生不一致时，应立即停止一切操作，立即报告调度和专业管理部门。

2）检查"五防"程序运行是否正常，"五防"机与监控机通信是否正常，必要时可重新启动"五防"计算机并重新执行"五防"程序。

3）检查装置遥控压板、远方就地把手、测控装置的运行状态是否正常，若远方控制闭锁，应将远方/就地选择开关切换至"远方"位置。对不能自行处理的按缺陷上报。

4）当监控系统不能进行遥控操作，潮流数据为死数据（不随时间变化）、通信窗口显示红灯闪烁时，判断为通信中断，应检查通道中各设备运行是否正常。

5）检查被操作设备的操作电源开关是否已送上。

6）检查被操作设备的断路器控制装置运行是否正常。

7）检查出故障原因后，变电运维人员能处理的应立即处理，不能处理的应报专业人员处理。

8）如由于监控机或网络传输系统故障造成设备不能操作，短时间内不能恢复时，可在一次设备控制装置上进行操作。

【思考与练习】

1. 继电保护和自动装置在运行中，发生哪些情况时应退出有关装置？

2. 二次回路故障查找的步骤是什么？

3. 保护高频通道故障应如何处理？

4. 在监控机上不能对开关进行遥控操作时，应如何检查处理？

▲ 模块 3 二次设备异常处理危险点源分析（Z09G5001Ⅲ）

【模块描述】本模块包含二次设备异常处理的危险点分析；通过案例介绍，达到掌握继电保护装置、通信系统和自动化设备异常处理危险点，能制定预控措施的目的。

【模块内容】

一、二次回路异常处理危险点源分析

（1）二次电压回路断线造成保护和自动装置误动。

控制措施：发现二次电压回路断线故障后或断开二次电压回路前，退出失压可能误动的距离保护和备用电源自投装置。

（2）带电测量回路电压时造成短路，甚至保护和自动装置误动。

控制措施：测量时必须使用高内阻电压表（如万用表），测量前检查表计选择开关位于电压挡。禁止使用灯泡代替仪表查找故障。禁止用万用表电阻挡进行带电测量。

（3）检查处理中造成短路、接地或装置误动。

控制措施：

1）检查处理时两人进行，加强监护。

2）使用工具应合格并绝缘良好，尽量使必须外露的金属部分减少（可包绝缘），不许触动继电器的机械部分。

3）不准拆接二次回路引线和打开保护、自动装置机箱。

（4）检查处理时人员触电。

控制措施：

1）检查处理时两人进行，加强监护。

2）使用工具应合格并绝缘良好。

3）不得徒手接触二次回路的导电部分。

（5）交流电流回路开路造成人员触电。

控制措施：查找二次电流回路开路时应由两人进行，穿绝缘靴、戴绝缘手套。

（6）交流电流回路开路造成差动保护误动。

控制措施：

1）发现交流电流回路开路后应立即退出该回路所带的主变压器、母线差动保护或线路纵联差动保护。

2）检查处理二次回路异常时防止造成交流电流回路开路。

二、继电保护和自动装置异常处理危险点源分析

（1）保护装置高频或光纤通道异常造成误动。

控制措施：

1）高频通道故障应退出高频闭锁保护和高频相差保护。

2）光纤通道故障应将主保护退出运行。

（2）检查处理中保护和自动装置拒动。

控制措施：

1）断开装置直流电源或退出保护功能前应经调度同意，并尽量缩短停运时间。

2）不准拆接二次回路引线和打开保护、自动装置机箱。

3）因保护或二次回路异常使设备失去保护时，应将设备停运。

（3）异常检查处理中保护和自动装置误动。

控制措施：

1）检查过程中需断开或接通装置直流电源时，应先将保护跳闸压板断开。

2）不得随意调整装置定值。

3）不得随意操作保护"复位"按钮。

（4）随意重启或退出故障录波器影响系统事故判断。

控制措施：重启或退出故障录波器必须经调度员批准。

（5）检查处理时造成设备损坏。

控制措施：

1）不得打开装置机箱进行检查。

2）不得随意重启保护或自动装置以及高频收发信机、光端机。

三、综合自动化系统异常处理危险点源分析

（1）误遥控、遥调设备。

控制措施：

1）操作员机发出禁止操作命令时，应检查命令是否符合"五防"逻辑关系，操作过程中所选设备与操作对象是否一致，禁止不经检查，随意解除闭锁操作。

2）发现监控系统运行异常，严禁进行实际操作试验。

3）重新启动计算机或任何应用程序前，应先征得调度和专业班组同意。

（2）检查过程中误拉合开关。

控制措施：

1）检查应由两人进行，加强监护。

2）远方/就地切换把手与断路器分、合闸操作把手在同一个监控屏时，切换监控屏远方/就地切换把手时应先确认详细检查，防止将断路器操作把手误当作远方/就地把手切换。

3）远方/就地切换把手与断路器分、合闸为同一个把手时，切换时应小心谨慎，

防止用力过大发生误操作。

（3）造成监控机或程序损坏。

控制措施：

1）计算机应采用热启动的方式重新启动，禁止采用断开、投入主机电源的方法重启动计算机。

2）除 USB 接口和网络接口外，不得随意插拔其他计算机接口。

3）不得打开计算机外壳。

4）不得执行删除程序。

（4）人身触电。

控制措施：禁止打开计算机或其他监控设备外壳进行检查。

（5）处理时造成断路器误动。

控制措施：处理过程中不得随意重启动监控设备，确需重启动方能恢复正常运行时应在专业人员指导下进行，并征得调度同意。

【思考与练习】

1. 某站 220kV 线路高频保护装置由于高频收发信机断电，发出通道故障信号，请进行处理过程中的危险点源分析。

2. 某站综合自动化监控系统在操作 1 号主变压器 110kV 侧主进 111 断路器时，系统提示操作不成功，请进行处理过程中的危险点源分析。

第二十章

站用交、直流系统异常处理

▲ 模块1　站用交、直流系统异常现象及分析（Z09G6001 Ⅰ）

【模块描述】本模块包含站用交、直流系统异常现象和原因分析；通过对站用交、直流系统常见异常现象和产生原因的讲解，达到掌握站用交、直流系统常见异常现象，能够及时发现异常，能分析站用交、直流系统常见异常原因的目的。

【模块内容】

站用交、直流系统在变电站内起着非常重要的作用，380/220V 交流系统为站内设备提供操作电源、加热电源、冷却器电源，还是直流系统的上级电源。直流系统为事故照明、操作、信号、保护和自动装置提供电源。站用交、直流系统的正常运行是变电站高压设备正常运行的保障。

一、站用交流系统常见异常现象及原因分析

1. 站用交流消失

（1）站用交流消失的主要现象。

1）正常照明全部或部分失去。

2）直流硅整流装置跳闸，事故照明切换。

3）变压器冷却电源失去，风扇、油泵停转。

4）站用交流电压表、电流表指示为零。

（2）站用交流消失对设备运行的影响。

1）造成主变压器风冷装置停止运行，影响主变压器的出力甚至造成被迫停运。

2）开关交流储能电源或电动隔离开关操作电源中断，影响正常操作。

3）设备加热、除湿装置和空调系统停止运行，影响设备正常运行。

4）直流充电机电源消失，影响直流系统可靠运行。长时间不能恢复时造成蓄电池过放电，直流失电使保护和自动装置停止运行，事故时拒动，严重威胁电网和设备安全运行。

（3）站用电部分或全部失电的原因有：

1）高压侧电源中断会造成站用电全部消失。

2）站用变压器或者高压侧引线故障，高压侧开关跳闸或高压熔断器熔断。

3）低压母线故障，造成站用变压器低压侧开关跳闸或熔断器熔断。

4）站用变压器低压侧自投装置在高压侧失电或低压开关跳闸后未动作。

5）站用电低压回路故障。如回路过热烧断、缺相运行、分路熔断器熔断、分路小开关跳闸等。

2. 站用变压器常见异常及原因分析

（1）站用变压器内有放电声，原因有内部分接头接触不良、内部局部绝缘性能下降、变压器油绝缘性能下降等。

（2）站用变压器冒烟着火，一般是由变压器内部故障短路、过热引起的。

（3）站用变压器渗漏油，原因有密封件老化、四周螺栓吃力不均、有砂眼、油标管破损等。

（4）油位降低，油色变黑。油位异常原因：① 假油位，由于油标管堵塞，油枕呼吸器堵塞所致；② 变压器严重漏油，修试人员因工作需要多次放油后未做补充，或气温过低油量不足所致。油色变黑是油内杂质和氧化物增多所致。

（5）呼吸器硅胶变色。呼吸器硅胶一般为蓝色或白色。当硅胶颜色变为粉红色时，表明硅胶已受潮并且失效。硅胶变色的原因主要有以下几点：

1）长时间天气阴雨，空气湿度较大，因吸湿量大而过快变色。

2）硅胶玻璃罩有裂纹、破损。

3）呼吸器下部油封罩内无油或油位太低，起不到良好的油封作用，使湿空气未经油滤而直接进入硅胶罐内。

4）呼吸器安装不良，如胶垫龟裂不合格、螺栓松动、安装不密封等。

二、直流系统常见异常现象及原因分析

1. 直流接地

（1）直流接地的现象。

1）"直流接地"光字牌亮。

2）直流绝缘装置显示一极对地电压降低，另外一极电压升高。

3）发生其他异常现象，如直流熔断器熔断，误发信号，断路器误动、拒动等。

（2）直流接地的危害。直流系统发生一点接地是常见的异常运行状态，虽不直接产生恶果，但危害性很大。如直流系统发生一点接地后，在同一极的另一地点再发生接地或另一极的一点发生接地时，就构成两点接地短路，将造成继电保护、信号、自动装置误动拒动，或造成电源熔断器熔断、保护及自动装置失去电源。

1）直流正极接地，有造成保护及自动装置误动的可能。因为一般跳合闸线圈、继电器线圈正常与负极电源接通，若这些回路中再发生一点接地，因两接地点使正极电源被接通，构成回路就可能引起误动作。

如图 Z09G6001Ⅰ-1 所示，当直流接地发生在 A、B 两点时，将电流继电器动合触点 KA1、KA2 触点短接，中间继电器启动，动合触点 K1 闭合，由于断路器在合闸位置，所以直流正电源 L+→K1→KS→XB→Q2→Y2→L-，回路接通使断路器跳闸，当 A、D 两点或 D、F 两点接地时，都能使断路器误跳闸。同理，两点接地还可以导致误合闸、误报信号。

2）直流负极接地，可能使继电保护、自动装置拒绝动作。因为回路中若再发生某一点接地时，则跳（合）闸线圈被接地点短接而不能动作。

如图 Z09G6001Ⅰ-1 所示，B、E 两点接地，K1 线圈被短接，保护动作时，K1 不动作，断路器不跳闸。D、E 两点或 C、E 两点接地时。Y2 被短接，保护动作时，断路器不跳闸，易造成越级跳闸以致扩大事故。同理，两点接地，也可能使断路器拒合，不能报信号。

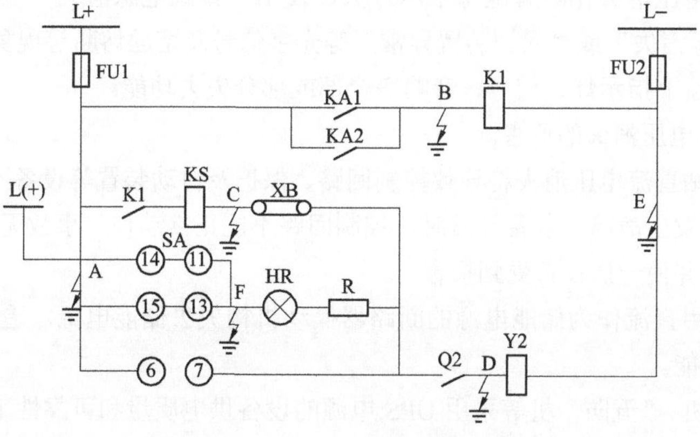

图 Z09G6001Ⅰ-1 断路器跳闸回路图

3）直流系统正、负极各有一点接地，会造成短路使熔断器熔断，使保护及自动装置、控制回路失去电源。

如图 Z09G6001Ⅰ-1 所示，直流接地故障发生在 A、E 两点或 F、E 两点时，即形成短路使熔断器熔断。B、E 两点和 C、E 两点接地时，在保护动作时，不但断路器拒跳，而且使熔断器熔断，同时还会烧坏继电器触点。

（3）直流接地的原因。

1）人为原因，如误碰、接线错误、工具使用不当等。

2）直流回路严重污秽、受潮，接线盒、端子箱、机构箱进水造成直流绝缘下降或接地。

3）直流回路绝缘材料不合格、老化，绝缘受损引起直流接地。如磨伤、砸伤、压伤或过电流引起的烧伤，靠近发热元件（如灯泡、加热器）引起的烧伤等。

4）大风刮动，使带电线头与接地体相碰造成接地。

5）小动物爬入或异物跌落造成直流接地。

6）由于带电体与接地体、直流带电体与交流带电体之间的距离过小等，当直流回路出现过电压时，将间隙击穿，形成直流接地。

7）二次回路连接的设备元件组装不合理或错误及平时不易发现的潜伏性接地故障。如交流电经高阻混入直流系统，某些平时不通电的回路，一旦通电，就出现接地。

8）直流系统运行方式不当，如一个直流系统中两套绝缘监测装置同时投入造成直流假接地现象，造成绝缘监察故障误报。

2. 直流电压消失

（1）直流电压消失的现象。

1）直流电压消失伴随有电源指示灯灭，发出"直流电源消失""控制回路断线""保护直流电源消失"或"保护装置异常"等光字信号及熔丝熔断等现象。

2）控制盘上指示灯、信号、音响等全部或部分失去功能。

（2）直流电压消失的危害。

1）变电站直流电压消失将导致控制回路、保护及自动装置等设备不能正常工作，在操作或系统发生故障、设备异常时，控制回路不能正常动作，事故无法有效切除，事故范围扩大并使一次设备受到损害。

2）使采用直流作为储能电源的断路器操动机构失去储能电源，造成断路器合闸后不能自动储能。

3）监控机、"五防"机等采用 UPS 电源的设备供电质量和可靠性下降。

4）交流照明断电后，事故照明不能启动，影响变电运维人员检查处理设备故障。

（3）直流电压消失的原因。

1）熔断器或小开关容量小或不匹配，在大负荷冲击下造成熔丝熔断，导致部分回路直流电压消失。

2）熔断器或小开关质量不合格，接触不良导致直流电压消失。

3）直流两点接地或短路造成熔丝熔断导致直流消失。

4）直流接线断线。

5）由于酸腐蚀、脱焊或烧熔使得直流蓄电池之间接条断路，使后备电源失去，导致在充电机（或称硅整流）故障或站用交流失去时引起全站直流电压消失。

3. 直流母线电压过高或过低

直流母线电压过低会造成断路器、保护及自动装置动作不可靠现象；若电压过高又会使长期带电的电气设备过热损坏或增加继电保护、自动装置误动的可能。

（1）直流母线电压过低的原因。

1）直流负荷过大。

2）蓄电池组欠充电。

3）直流电压调整不当。

（2）直流母线电压过高的原因。

1）直流负荷由于故障等原因大量减少。

2）蓄电池组过充电。

3）直流电压调整不当。

4）直流控制母线和合闸母线间的降压硅堆击穿，造成直流控制母线电压过高。

4. 蓄电池组常见异常现象和原因分析

（1）过充电。现象是正极板的颜色较鲜艳，电池的气泡较多，电压高于 2.2V，脱落物大部分是从正极板脱落的；过充电会造成正极板提前损坏。

（2）欠充电。现象是正极板的颜色不鲜明，电池的气泡较少，电压低于 2.1V，脱落物大部分是从负极板脱落的，比重低，放电时端电压下降快；欠充电将使负极板硫化，使容量降低。

（3）铅酸蓄电池比重过高或过低。铅酸蓄电池运行中保养维护不及时，未及时添加蒸馏水或电解液会造成比重过高或过低现象。过充电和欠充电也会造成比重过高或过低现象。

（4）单只电池电压过低或过高。原因有：维护不当、尾电池充电不及时、电池质量不良等。

5. 直流充电机常见异常现象和原因分析

（1）直流充电机交流断电。原因有：

1）站用电消失。

2）低压配电屏直流充电机用交流电源开关跳闸或熔断器熔断。

3）直流充电机交流开关跳闸或熔断器熔断。

4）连接直流充电机的交流线路断线。

（2）直流开关模块停止运行。主要原因有直流开关模块损坏、模块交流电源线路断线等。

（3）充电方式不能自动切换或切换异常。一般是由于控制模块故障造成的。

【思考与练习】

1. 站用电消失的原因有哪些？
2. 站用电消失对设备运行有哪些影响？
3. 直流失电的危害是什么？
4. 蓄电池组有哪些异常现象？
5. 直流系统接地有哪些危害？

▲ 模块 2　站用交、直流系统常见异常处理（Z09G6001Ⅱ）

【模块描述】本模块包含站用交、直流系统常见异常的处理方法；通过常见异常案例介绍，达到掌握站用交、直流系统电压异常，直流充电机异常等处理的目的。

【模块内容】

一、站用交流系统异常的处理

1. 站用交流消失的处理

（1）先区分是否由于站用变压器高压侧失压引起，如高压侧电压消失，应检查处理站用变压器高压母线失电的故障。

（2）检查站用变压器高压侧断路器是否跳闸（或高压侧熔断器熔断），如跳闸（或熔断）应检查站用变压器有无异常，高压侧引线是否短路。高压侧断路器跳闸未查明原因前不得试送电；高压侧熔断器熔断可将站用变压器转检修做好安全措施后更换保险，试送电，再次熔断应查明原因并处理。

（3）检查工作电源跳闸后备用电源是否已正常切换，若未自动切换应手动切换，保证站用负荷正常供电，再检查处理自投装置拒动的原因。

1）若因自投开关没有打在投入位置，则应立即将其打到投入，使备用电源能正常投入运行。

2）若因自投回路故障使分段开关自投失败，则应手动拉开工作变压器低压侧开关，手合低压分段开关，使停电母线恢复供电。

3）电源恢复正常后，变电运维人员应当对各回路的设备进行巡查，检查各设备是否已正常投入运行，对没有投入运行的则应手动投入。事后汇报调度及有关部门。

（4）如分路失电，应检查分路断路器是否跳闸、熔断器是否熔断、引线接头是否烧断以及线路有无断线故障等。

1）当交流配电屏各分路的空气断路器跳闸时，允许立即强送一次，如不成功，则查明故障原因。

2）各分路配电箱的熔丝熔断时，允许用相同规格的熔丝更换一次。在更换之前，应先将该回路的空气开关或隔离开关退出，换上熔丝后，再合上。严禁带负荷或在带电回路换熔丝，以免电弧伤人。再次熔断则应查明原因，消除故障后再送；严禁增大熔丝规格或使用铜、铁丝代替熔丝。

（5）对站内交流负荷失电进行紧急处理，主要有投入事故照明、监视主变压器温度、监视直流系统电压等。

1）在站用电失去期间要注意减少直流负荷，检查站内主变压器负荷及温度，保护运行情况等。

2）恢复站用电时，必须首先保证尽快恢复主变压器强油循环冷却装置和直流充电机电源。

2. 站用变压器异常处理

（1）站用变压器有下列情况之一者，应立即投入备用变压器，停下故障站用变压器并检修。

1）站用变压器内部声响很大或异常，有爆裂声。

2）在正常负荷和冷却条件下，站用变压器温度不正常并不断上升。

3）套管有严重的破损和放电现象。

4）引线接头过热变色或烧断。

5）高压熔断器连续熔断。

6）严重渗漏油，油位计中已看不到油面。

（2）站用变压器有油位降低、渗漏油、油色变黑或者呼吸器硅胶变色等缺陷时，应加强监视，尽快安排处理。

二、直流系统异常处理

1. 直流接地的处理

（1）直流接地查找处理原则。直流接地的查找，应先判明故障的极性，利用直流绝缘监测装置测量正、负极对地电压，判明是正极接地还是负极接地，然后按如下顺序和方法查找：

1）分清接地极性，初步分析故障原因。如二次回路是否有工作或设备相关操作；是否因天气影响，如梅雨、潮湿、进水等。若二次回路上有检修试验工作，应立即停止，检查接地现象是否消失。

2）直流接地时，有直流接地检测仪的使用检测仪查找接地回路。

3）将直流系统分开为相对独立的系统，即采用分网法缩小查找范围，应注意查找过程中不能使保护或控制直流失去。

4）对不重要的直流馈线，可采用瞬时停电法查找有无接地地点。拉路查找的顺序是：① 先找事故照明、信号回路、通信用电源回路，后找其他回路。② 先找主合闸回路，后找保护回路。③ 先找室外设备，后找室内设备。④ 先找简单保护回路，后找复杂回路。

5）对于较为重要的直流馈线，可采用转移负荷法查找支路上有无接地点。即先合上另一条直流母线馈线开关使直流负荷由两条母线并联供电，再拉开接地直流母线上的馈线开关，将直流负荷从一条直流母线转移至另一条直流母线，观察接地是否也随回路转移至另一条直流母线，来判断该直流馈线有无接地。如无接地应倒回原运行方式。

6）查出接地线路后恢复线路运行，再分别断开该线路所带的设备直流电源开关，找出接地点。未找到具体接地点时应断开接地线路直流开关，不得使直流系统长期带接地运行。

7）若查找不成功，未找出接地线路，应通知上级有关部门，由专业人员进行查找。

（2）直流接地处理注意事项。

1）查找直流接地时，必须由两人及以上配合进行，其中一人操作，一人监护，防止人身触电，做好安全监护。

2）发生直流接地时，禁止在二次回路上进行工作。

3）尽量避免在高峰负荷时进行接地查找。

4）防止人为造成短路或另一点接地。

5）瞬断直流电源前，应经调度员同意，断开电源的时间一般不应超过 3s，不论回路中有无故障、接地信号是否消失，均应及时投入。

6）断开直流熔断器时，应先断正极后断负极，投入时顺序相反。不得只断开一极，以防止断开一极时，接地点发生"转移"而不易查找。

7）防止保护误动作，在瞬断操作电源前，解除可能误动的保护，操作电源给上后再投入保护。

8）禁止使用灯泡查找直流接地故障。

9）使用仪表检查时，应使用高内阻电压表，表计内阻不低于 2000Ω/V。

10）变电运维人员不得打开继电器和保护箱。

（3）用以上方法查找直流接地，有时找不到接地点，可能的原因有：

1）直流接地发生在充电设备、蓄电池本身和直流母线上。

2）当直流采取环网供电方式时，如不首先使环网解列，不能找到接地点。

3）发生直流串电（寄生回路）、同极两点接地、直流系统绝缘不良多处虚接地等情况，在拉路查找时，往往不能一下全部拉掉接地点，因而仍然有接地现象存在。

2. 直流电压消失的处理

（1）直流电压消失后，应汇报调度，停用相关保护，防止造成保护误动。

（2）检查直流开关是否跳闸（或熔断器是否熔断），如跳闸试合直流开关（或更换容量满足要求的合格熔断器）。

（3）直流开关合不上或熔断器再次熔断应报专业人员处理。

3. 直流母线电压过低或过高的处理

直流母线电压不正常，过低或过高时，有电压调整装置的应调整直流电压至正常范围，再检查处理造成电压异常的原因。

（1）直流母线电压过低的处理。

1）检查充电装置是否正常，是否有直流输出。如充电装置退出运行应将其重新投入。

2）检查浮充电流是否正常，直流负荷是否突然增大。若属直流负荷突然增大时，应迅速调整直流母线电压，使母线电压保持在正常值。

3）检查蓄电池是否有严重损坏。

（2）直流母线电压过高的处理。

1）检查充电机充电方式是否正确，如充电机长时间运行在"均充"方式会造成直流母线电压过高。

2）检查浮充电流是否过大，如浮充电流过大造成电压过高，应降低浮充电流，使母线电压恢复正常。

3）检查直流负荷是否大量减少。

4）如控制母线直流电压过高，应检查降压硅堆是否击穿。

（3）交、直流回路串电处理。交、直流回路串电的故障现象是：直流盘表指示正常，但有直流电压过高、过低、接地等信号同时不规则出现。处理方法与查找直流接地处理方法相同，但此时很容易造成保护误动，应做好安全措施和事故预想。

4. 蓄电池组异常处理

（1）蓄电池在运行中发现下列异常应报告工区进行处理。

1）容器破损、电解液漏出。

2）蓄电池组绝缘降低，造成直流接地，清扫后仍不能消除时。

（2）防酸蓄电池故障及处理。

1）防酸蓄电池内部极板短路或开路，应更换蓄电池。

2）长期处于浮充运行方式的防酸蓄电池，极板表面逐渐会产生白色的硫酸铅结晶体，通常称之为硫化。处理方法：对故障蓄电池加强监视，增加对其电压、比重的测试次数，报缺陷处理。

3）防酸蓄电池底部沉淀物过多，用吸管清除沉淀物，并补充配置的标准电解液。

4）防酸蓄电池极板弯曲、龟裂、变形，若经核对性充放电容量仍然达不到 80% 以上，此蓄电池应更换。

5）防酸蓄电池绝缘降低，当绝缘电阻值低于现场规定时，将会发出接地信号，且正对地或负对地均能测到电压时，应对蓄电池外壳和绝缘支架用酒精擦拭，改善蓄电池室的通风条件，降低湿度，绝缘将会得到提高。

（3）阀控密封铅酸蓄电池故障及处理。

1）阀控密封铅酸蓄电池壳体变形。一般造成的原因有充电电流过大、充电电压超过了 $2.4V \times N$、内部有短路或局部放电、温升超标、安全阀动作失灵等原因造成内部压力升高。处理方法是减小充电电流，降低充电电压，检查安全阀是否堵死。

2）运行中浮充电压正常，但一放电，电压很快下降到终止电压值。一般原因是蓄电池内部失水干涸、电解物质变质，处理方法是更换蓄电池。

（4）镉镍蓄电池故障处理。镉镍蓄电池会发生容量下降，放电电压低的故障，处理办法是更换电解液或者更换无法修复的电池。

（5）如蓄电池接线断路，应到蓄电池室内对蓄电池逐个进行检查，发现接线断开时，可临时采用容量满足要求的跨线将断路的蓄电池跨接，即将断路电池相邻两个电池正、负极相连，并立即通知专业人员检查处理。

5. 充电机异常处理

运行中当警铃响、充电机故障指示灯亮，发出"Ⅰ段直流故障"或"Ⅱ段直流故障"及"充电机交流失电"光字牌后，应作如下处理：

（1）按下复位按钮，解除音响、信号。

（2）检查充电机外观有无异常。

（3）检查充电机盘后电源熔断器是否熔断、开关是否跳开。

（4）检查站用低压盘充电机交流开关是否跳开。

（5）若无明显异常，试投一次。试投成功则继续运行；若不成功，不得再投，断开故障充电机交流电源后，投入备用充电机，并立即上报。

【思考与练习】

1. 站用交流消失应如何处理？

2. 采用瞬时停电法查找直流接地的操作顺序是什么？

3. 查找直流接地的注意事项有哪些？

4. 直流母线电压过高或过低如何处理？

模块3　站用交、直流系统异常处理危险点源分析（Z09G6001Ⅲ）

【模块描述】本模块包含站用交、直流系统异常处理的危险点分析；通过案例介绍，达到掌握站用交、直流系统异常处理危险点，能制定预控措施的目的。

【模块内容】

一、站用交流系统异常处理危险点源分析

（1）检查处理时人员触电。

控制措施：

1）两人一起进行工作，加强监护。

2）工作前断开工作地点的电源、熔断器，在电源操作把手上挂"禁止合闸，有人工作!"标示牌。

3）工作前必须验电。

4）工作人员站在绝缘垫、绝缘凳或绝缘梯上。

（2）带负荷拉、合低压隔离开关，造成弧光短路。

控制措施：

1）拉、合各回路隔离开关前，应尽量减小回路电流。

2）拉、合低压侧总隔离开关前应先断开各分路隔离开关，使低压侧负荷为零。

（3）带负荷拉合站用变压器高压侧隔离开关。

控制措施：在站用变压器高压侧采用隔离开关时，只能用隔离开关进行空载站用变压器的停、送电操作。禁止使用隔离开关投入或退出异常运行的站用变压器。

（4）带负荷投、退熔断器造成烧伤或灼伤。

控制措施：

1）取下或投入熔断器前，应检查确保回路已断开电源。

2）更换熔断器应戴绝缘手套和护目镜。

（5）站用交流消失造成主变压器冷却器失电全停，主变压器温度过高。

控制措施：低压交流失电后，应监视主变压器负荷和温度，按照现场规程中规定的负荷和温度极限掌握，超出规定的负荷和温度时，汇报调度采取限制负荷的措施，必要时将主变压器停运。

（6）站用交流消失造成直流电压严重下降。

控制措施：站用交流失压后，应严密监视直流系统电压，尽量减小直流负荷，发现直流电压下降严重应及时调整电压。

（7）处理不当造成站用变压器损坏。

控制措施：站用变压器发生过热、内部有异常响声、套管严重破损放电等异常现象时，应立即停运处理。

（8）检查处理中造成交流短路或接地。

控制措施：

1）两人一起进行工作，加强监护。

2）使用的工具做好绝缘。

3）检查工作中禁止随意拆接交流回路接线。

4）使用万用表测量交流电压时，应使用万用表的交流电压挡，禁止使用电流或电阻挡进行测量。

二、直流系统异常处理危险点源分析

（1）检查处理中直流短路或接地。

控制措施：

1）两人一起进行工作，加强监护。

2）使用的工具做好绝缘。

3）检查工作中禁止随意拆接直流接线。

4）查找直流回路异常应使用高内阻电压表，禁止使用灯泡查找。

5）使用万用表测量直流电压时，应使用万用表的直流电压挡，禁止使用电流或电阻挡进行测量。

（2）检查处理中发生人身触电。

控制措施：

1）两人一起进行工作，加强监护。

2）使用工具应合格并绝缘良好。

3）不得徒手接触直流回路的导电部分。

（3）保护和自动装置拒动、误动。

控制措施：

1）断开、投入控制和保护回路直流电源前应经调度同意，并尽量缩短直流断开时间。

2）断开保护回路直流电源前应经调度同意退出保护和自动装置，投入直流电源后再投入。

3）处理过程中避免造成直流接地。

4）变电运维人员不得打开继电器和保护箱。

（4）微机保护及自动装置损坏。

控制措施：断开微机保护或自动装置直流电源前先将装置停用，投入直流电源后再启动，禁止未将装置停运就直接断开直流电源。

（5）蓄电池室氢气爆炸。

控制措施：

1）蓄电池室内严禁烟火。

2）进入蓄电池室前应先开启通风装置通风 15min。

（6）蓄电池因过充电或欠充电损坏。

控制措施：

1）非自动控制的充电机应每月由浮充电倒全充电运行 48h。

2）自动控制充电装置应监视其运行情况，防止由于充电装置故障造成蓄电池过充电或全充电运行时间过长而损坏。

3）每月按照规定时间进行蓄电池电压（和比重）的测试，根据测试结果判断蓄电池运行状态，进行适当维护。

【思考与练习】

1. 某站低压交流系统发生一条低压母线全停事故，经检查为主变压器冷却装置回路发生接地故障，请进行处理过程中的危险点源分析。

2. 某站开关控制回路发生直流接地现象，请进行检查和处理过程中的危险点源分析。

第二十一章

互感器异常处理

◢ 模块 1　互感器异常现象及分析（Z09G7001 Ⅰ）

【模块描述】本模块包含互感器异常现象和原因分析；通过对常见异常现象和产生原因的讲解，达到掌握电压互感器、电流互感器常见异常现象，能够及时发现异常，能分析电压互感器、电流互感器常见异常原因的目的。

【模块内容】

互感器在电力系统中起着将高电压、大电流变换为低电压、小电流的作用，互感器二次侧连接着继电保护和自动装置、仪表或监控系统、电能计量等设备，对电力系统的稳定可靠运行至关重要。

一、电压互感器的常见异常现象及原因分析

1. 本体、引线接头过热

电压互感器内部匝间、层间短路或接地时，高压熔断器可能不熔断，引起本体过热甚至可能会冒烟起火。接头部分接触不良或氧化腐蚀造成接触电阻增大，也会发生过热现象。

2. 内部声音异常或有放电声

内部有放电时会发出"噼啪"的响声或其他噪声。内部声音异常也可能是由于内部短路、接地、夹紧螺栓松动引起的。

3. 本体渗漏油、油位过低

长期渗油或严重漏油，会引起互感器严重缺油，若此时同步发生油位指示器堵塞，出现假油位，变电运维人员未能及时发现，会使互感器铁芯暴露在空气中，造成绝缘老化加速，过电压时引起互感器内部绝缘闪络，使互感器烧毁或爆炸。

4. 互感器喷油、流胶或外壳开裂变形

互感器内或引线出口处有严重喷油、漏油或流胶现象。此现象可能是由于套管破裂、密封件老化、四周螺栓吃力不均造成的。

5. 内部发出焦臭味、冒烟、着火

内部发出焦臭味、冒烟、着火，此情况说明内部发热严重，绝缘已受损或烧坏。

6. 套管破裂、放电，引线与外壳之间有火花放电

套管严重破裂、放电，引线与外壳之间有火花放电现象，可能是由于套管受外力破坏，或者套管材质不良，在气温变化时破裂；也有可能是外绝缘严重污浊、受潮造成的。

7. 二次小开关连续跳开或熔断器连续熔断

（1）低压侧小开关跳闸或熔断器熔断的现象：

1）熔断相电压为零，完好相电压不变，与熔断相有关的线电压降低。

2）有功功率表、无功功率表指示降低，电能表走慢。

3）接有故障录波器时，可能引起录波器低电压启动动作。

4）中央信号屏发出电压回路断线光字牌。

（2）低压侧小开关跳闸或熔断器熔断的原因：

1）低压侧有短路或者低压负荷过大，以及低压侧熔断器选择不当等。

2）小开关本身机械故障造成脱扣。

8. 高压侧熔断器熔断

（1）高压侧熔断器熔断的现象：

1）熔断相电压降低但不为零，完好相电压不变，与熔断相有关的线电压降低。

2）有功功率表、无功功率表指示降低，电能表走慢。

3）接有故障录波器的可能引起录波器低电压启动动作。

4）中央信号屏发出电压回路断线、母线单相接地及掉牌未复归光字牌。

（2）高压侧熔断器熔断的原因有：

1）电压互感器绕组发生匝间、层间或相间短路及单相接地等现象。

2）电压互感器二次绕组或二次回路故障。二次回路故障可能造成电压互感器过电流，若二次侧熔断器容量选择不合理，也有可能造成一次侧熔断器熔断。

3）过电压，当中性点不接地系统中发生单相接地时，其他两相对地电压升高到相电压的 $\sqrt{3}$ 倍；或由于间歇性电弧接地，可能产生数倍的过电压。过电压会使互感器严重饱和，使电流急剧增加而造成熔断器熔断。

4）系统发生铁磁谐振，电压互感器上将产生过电压或过电流。电流的激增，除了造成一次侧熔断器熔断外，还常导致电压互感器的烧毁事故。

5）熔断器接触部位锈蚀，接触不良造成过热引起熔断器熔断。

9. 二次输出电压波动或异常

（1）电磁式电压互感器二次电压明显降低，可能是下节绝缘支架放电击穿或下节

一次绕组匝间短路。

（2）电容式电压互感器二次电压波动或异常原因分析。

1）二次电压波动的原因有：① 二次接线松动、接触不良。② 分压器低压端子未接地或未接载波线圈。③ 电容单元可能被间断击穿。④ 铁磁谐振等。

2）二次电压低的主要原因有：

① 二次接线不良或接触不良。

② 电磁单元故障或电容单元损坏等。

3）二次电压高的主要原因可能有：

① 电容单元损坏。

② 分压电容接地端未接地。

③ 开口三角形电压异常升高，其引起的主要原因可能为某相互感器的电容单元故障，某相二次回路绝缘损坏、绕组断线。

10. 铁磁谐振

铁磁谐振常发生在中性点不接地系统中。电压互感器铁磁谐振常受到的激发有两种：一种是电源对只带电压互感器的空母线合闸；另一种是发生单相接地。电压互感器铁磁谐振可能是基波的，也可能是分频的，甚至是高频的，经常发生的是基波和分频谐振。

根据运行经验，当电源对只带有电压互感器的空母线突然合闸时易产生基波谐振。基波谐振的现象是两相对地电压升高，一相降低，或是两相对地电压降低，一相升高。当发生单相接地时易产生分频谐振。分频谐振的现象是：三相电压同时升高或依次轮流升高，电压表指针在同范围内低频（每秒一次左右）摆动。铁磁谐振时线电压表指示不变。

电压互感器发生铁磁谐振的危害是：

（1）因低频摆动产生高电压，引起绝缘闪络或避雷器爆炸。

（2）产生高值零序电压分量，出现虚幻接地现象和不正确的接地指示。

（3）使电压互感器一次线圈通过相当大的电流，在一次熔断器未熔断时使电压互感器烧毁。

（4）造成一次熔断器熔断。

二、电流互感器的常见异常现象及原因分析

电流互感器故障会导致表计显示不正常、电能计量装置计量不准确、继电保护及自动装置发出告警信号等，严重时会造成保护及自动装置误动作。

1. 本体过热、冒烟

原因可能是负荷过大、一次侧接线接触不良、接头表面氧化或铜铝过渡板质量不良、内部故障、二次回路开路等。

2. 声音异常

电流互感器正常运行时无声音，如有声音即是异常现象。声音异常的原因有：

（1）铁芯松动，发出不随一次负荷变化的"嗡嗡"声。某些离开叠层的硅钢片，在空负荷（或轻负荷）时，会有一定的"嗡嗡"声。

（2）二次开路，因磁饱和及磁通的非正弦性，使硅钢片震荡且震荡不均匀而发出较大的噪声。

（3）电流互感器严重过负荷时，铁芯会发出噪声。

（4）半导体漆涂刷不均匀形成的内部电晕。

（5）末屏开路及绝缘损坏放电。

3. 套管闪络

套管严重破裂或套管、引线与外壳之间有火花放电。

4. 干式电流互感器外壳开裂

干式电流互感器外壳开裂会造成内部绝缘暴露在空气中，加快内部绝缘的老化。裂纹处会积聚污浊物质，在雨、雪、雾天等空气湿度大的天气发生闪络或接地。干式电流互感器外壳开裂的原因有：

（1）长期过负荷运行造成互感器过热，使内部材料膨胀过大。

（2）内部故障，绝缘材料由于过热膨胀或气化。

（3）安装不合格，使外壳承受过大的机械应力。

（4）外壳材质不良等制造原因。

5. 充油式电流互感器严重漏油

充油式电流互感器严重漏油会使内部的绕组、铁芯暴露在空气中，使绝缘老化加剧或损坏造成接地事故。电流互感器严重漏油原因有密封件老化，瓷套损坏或放油阀关闭不紧、螺栓吃力不均等。

6. 过负荷运行

电流互感器过负荷运行时会有噪声、过热、测量电流误差过大等现象。电流互感器不允许长期过负荷运行，电流互感器过负荷一方面会使铁芯磁通密度饱和或过饱和，使电流互感器误差增大，测量不准确，不容易掌握实际负荷；另一方面由于磁通增大，使铁芯和二次绕组发生过热、绝缘老化加快甚至损坏等情况，造成电流互感器烧损，引起短路、接地等事故。

【思考与练习】

1. 电压互感器有哪些常见异常现象？

2. 电压互感器小开关跳闸或二次熔断器熔断的原因是什么？

3. 电压互感器高压侧熔断器熔断与低压侧熔断器熔断有什么区别？

4. 电流互感器有哪些常见异常现象？

5. 电流互感器声音异常的原因有哪些？

▲ 模块 2 互感器常见异常处理（Z09G7001Ⅱ）

【模块描述】本模块包含互感器常见异常的处理方法；通过常见异常案例介绍，达到掌握电压互感器、电流互感器二次短路、开路等异常处理的目的。

【模块内容】

一、电压互感器异常处理

1. 电压互感器应立即停用的情况

（1）高压熔断器连续熔断 2~3 次。

（2）内部发热，本体或接头处温度过高。

（3）内部有放电声或其他噪声。

（4）严重漏油、流胶或喷油，从油位指示器中看不到油位。

（5）内部发出焦臭味、冒烟或着火。

（6）套管严重污浊、破裂放电，套管、引线与外壳之间有火花放电。

（7）金属膨胀器异常膨胀变形。

（8）二次电压异常波动。

（9）SF_6 气体压力表为零。

2. 电压互感器渗漏油的处理

（1）电压互感器本体渗漏油若不严重，并且油位正常，应加强监视。

（2）电压互感器本体渗漏油严重，并且油位未低于下限，但一时又不能停电检修，应加强监视，增加巡视的次数；若低于下限，则应将电压互感器停电。

（3）电容式电压互感器电容单元渗油应立即停电处理。

3. 二次小开关跳闸、接触不良或熔断器熔断的处理

（1）先将可能误动的保护和自动装置退出，如距离保护、备用电源自动投入装置等，退出主变压器保护电压回路线侧启动，其他侧的复合电压等，并汇报调度。

（2）检查是否是二次熔断器、小开关端子线头接触不良，可拨动底座夹片使熔断器或小开关接触良好，或者上紧松动的端子螺栓。

（3）在二次熔断器或小开关电源侧测量相电压和线电压判别电源侧是否正常，如熔断器电源侧电压异常，说明故障发生在二次熔断器上侧，应将电压互感器停电，报专业人员处理。

（4）如电源侧电压正常，熔断器出线侧电压异常，说明熔断器熔断或小开关接触不良，应更换熔断器，更换后再次熔断不得再换，不得加大熔断器容量。如判断属于小开关接触不良，可在退出可能误动的保护和自动装置的情况下，试拉合小开关几次。如二次熔断器连续熔断、小开关合不上或更换熔断器后故障不消除，应通知专业人员检查二次回路中有无短路、接地或开路故障点。

（5）二次回路恢复正常后投入所断开的保护和自动装置。

4. 高压熔断器熔断的处理

判断二次电压输出异常是由于高压熔断器熔断造成的，应按照以下方法处理：

（1）退出可能误动的保护和自动装置。

（2）将电压互感器停电，做好安全措施，检查电压互感器外部有无故障，更换熔断器，恢复运行。如再次熔断则可判断为电压互感器内部故障，这时应申请停用该互感器。

（3）处理良好后，投入所断开的保护和自动装置。短时间内不能恢复正常时，经检查确认二次熔断器以下的回路中无短路或接地故障，可汇报调度，先使一次母线并列后，合上电压互感器二次并列开关，投入所退出的保护及自动装置。

5. 二次输出电压波动或过低的处理

如果电压互感器二次输出电压波动或过低不是由于熔断器熔断、二次小开关跳闸或二次回路故障造成的，应按照以下原则处理：

（1）电磁式电压互感器从发现二次电压降低到互感器爆炸的时间很短，应尽快汇报调度，采取停电措施。这期间，不得靠近该异常互感器。

（2）电容式电压互感器二次电压降低及升高在排除二次回路异常后，则应申请停用该电压互感器。

6. 铁磁谐振的处理

（1）当只带有电压互感器的空载母线产生基波谐振时，应立即投入一个备用设备，改变电网参数，消除谐振。送电时，应避免用带有均压电容的开关向只带有电磁式电压互感器的空载母线充电，可先对母线充电后再投入电压互感器或者带一条线路送电。

（2）发生单相接地引起分频谐振时，应立即切除接地故障点。或者在线路侧投入一个单相负荷，由于分频谐振具有零序分量性质，故此时投入三相对称负荷不起作用。

（3）如谐振不消除，应拉开电源开关，将母线停电。

（4）谐振造成一次熔断器熔断后，谐振可自行消除。但可能带来保护和自动装置的误动作，此时应迅速处理误动作的后果，然后迅速更换一次熔断器，恢复电压互感器的运行。

（5）由于谐振时电压互感器一次侧电流很大，所有禁止用拉开电压互感器隔离开关或取下一次熔断器的方法来消除谐振。

7. 电压互感器异常处理注意事项

（1）电压互感器故障时，应将可能误动（备自投、距离保护）的保护停用。但不得将故障电压互感器所在母线的差动保护停用。

（2）电压互感器二次电压异常检查时，在退出可能误动的保护和自动装置前，不得随意断开二次小开关或取下三相熔断器，防止由于三相电压同时消失造成保护或自动装置误动。

（3）故障电压互感器二次回路在隔离故障点前，禁止与其他电压互感器二次回路并列。

（4）隔离异常电压互感器，双母线接线可将故障电压互感器母线空出，用母联断路器、分段断路器停电 （禁止用隔离开关分合故障电压互感器），单母线或单母线分段接线拉开主进断路器，将故障电压互感器停运。

（5）电压互感器着火，切断电源后，用合适的灭火器灭火。

8. 电压互感器停运操作方法

（1）单母线或单母线分段接线，可采用将母线停电的方法处理电压互感器故障。如图 Z09G7001Ⅱ-1 所示，10kV 1 号电压互感器发生异常现象需退出运行，应先将 1 号母线停电后，再拉开 51-7 隔离开关，将故障电压互感器退出运行。

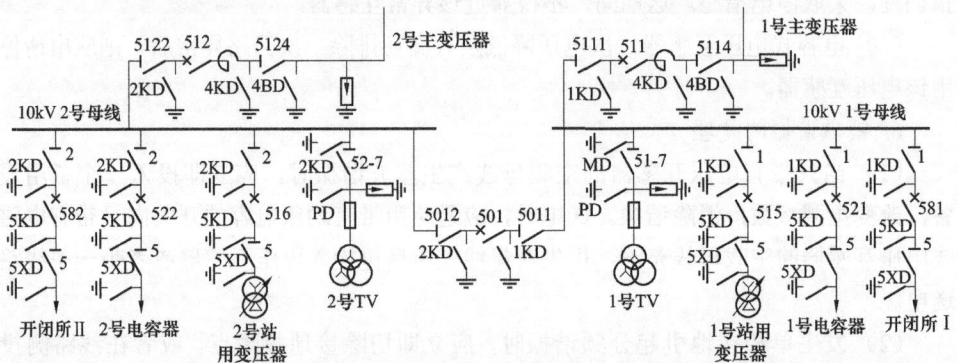

图 Z09G7001Ⅱ-1　单母线分段接线

（2）双母线接线方式下，如电压互感器异常不至于短时间内造成接地或短路，可将故障电压互感器所在母线上的断路器热倒至另一条母线运行；如异常有快速发展成接地或短路事故的可能，应将电压互感器所在母线上的断路器冷倒至另一条母线运行。

倒母线后拉开母联开关使故障电压互感器停电。

1）如图 Z09G7001Ⅱ–2 所示，110kV 1 号电压互感器绝缘子有裂纹，天气晴朗，电压互感器不至于随时发生接地。可采用热倒母线的方法，将 1 号母线上运行的 141、143、149、151 和 113 断路器热倒至 2 号母线，拉开母联 101 断路器将 1 号母线停电后，再拉开 11–7 隔离开关将 1 号电压互感器退出运行。

2）如图 Z09G7001Ⅱ–2 所示，110kV 2 号电压互感器内部有放电声，随时可能发生接地或爆炸等事故。此时应立即先拉开 101 断路器将两条母线隔离，再拉开 142、144、150、112 断路器将 2 号母线停电，使 2 号电压互感器退出运行。将 112、142、144、150 断路器冷倒至 1 号母线恢复运行，再拉开 101–2、101–1、12–7 隔离开关，将 2 号电压互感器转检修处理。

（3）3/2 接线方式下，需将故障电压互感器所在的母线停电，将故障电压互感器转检修处理。

二、电流互感器异常处理

1. 电流互感器应立即停用的情况

（1）漏油，从油位指示器中看不到油位。

（2）有噼啪声或其他噪声。

（3）内部发出焦臭味且冒烟。

（4）设备严重放电或瓷质部分有明显裂纹。

（5）SF_6 气体压力表为零。

（6）瓷质部分严重污浊、破损或闪络放电。

（7）金属膨胀器异常膨胀变形。

（8）主导流部分接触不良，引起发热变色。

2. 声音异常处理

（1）在运行中，若发现电流互感器有异常声音，可从声响、表计指示及保护异常信号情况判断是否是二次回路开路。若是，应处理二次回路开路故障。

（2）若不属于二次回路开路故障，而是本体故障，应转移负荷并申请停电处理。

（3）若声音异常较轻，可不立即停电，但必须加强监视，同时向上级调度及主管部门汇报，安排停电处理。

3. 内部故障处理

电流互感器内部故障时，其运行声音可能会严重不正常，二次侧所接表计及监控系统潮流显示与正常情况相比会不正常。继电保护及自动装置可能会伴随有异常告警信号，严重时会造成保护及自动装置动作。电流互感器内部故障的处理步骤为：

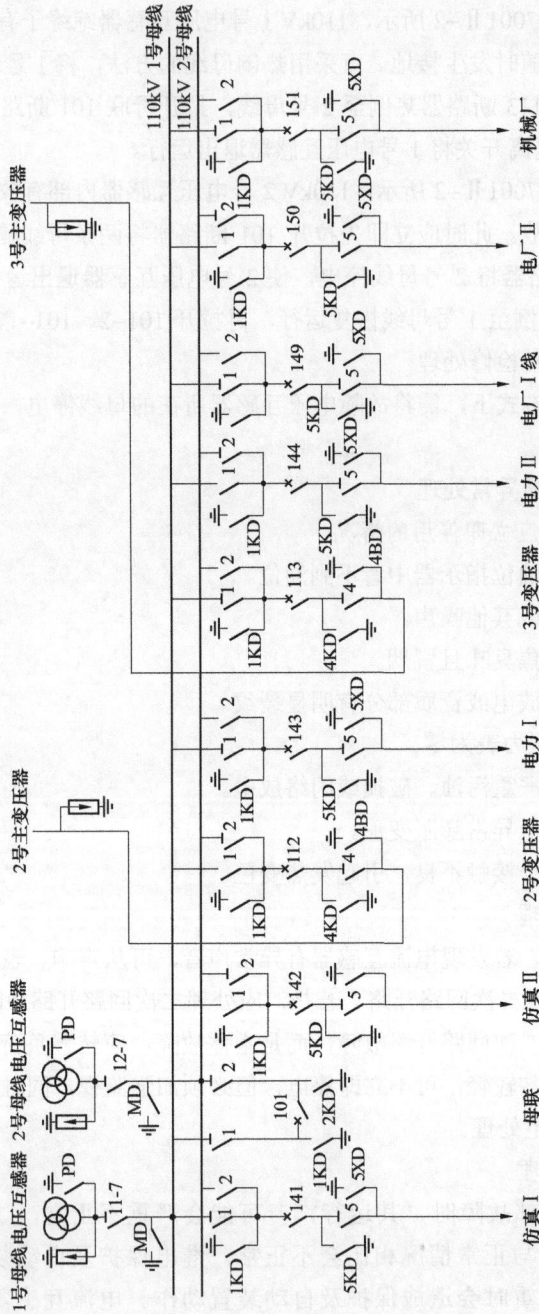

图 Z09G7001 Ⅱ-2 双母线接线

（1）立即汇报调度，申请停电处理，故障的电流互感器在停电前应加强监视。

（2）断开回路，隔离故障电流互感器，在未停电之前，禁止在故障的电流互感器二次回路上工作。

（3）故障的电流互感器停电后，应将该电流互感器的二次侧所接保护及自动装置停用，或将故障电流互感器二次侧从保护、测量回路中断开，短接后再进行工作。

4. 二次回路开路处理

（1）应先分清故障属于哪一组电流回路、开路的相别、对保护有无影响。汇报调度，停用可能误动的保护。

（2）处理时要防止二次绕组开路而危及设备与人身安全，应穿绝缘靴，戴绝缘手套，使用绝缘良好的工具。

（3）查明开路位置并设法将开路处进行短路，如果不能进行短路处理时，可向调度申请停电处理。在进行短接处理过程中，必须注意安全，戴绝缘手套，使用合格的绝缘工具，在严格监护下进行。

（4）尽量减小一次负荷电流。若电流互感器严重损伤，应转移负荷，停电检查处理。

（5）尽快设法在就近的试验端子上，将电流互感器二次短路，再检查处理开路点。短接时，应使用良好的短路线，并按图纸进行。短接时应在开路点的前级回路中选择适当的位置短接。

（6）若短接时有火花，说明短接有效。故障点就在短触点以下的回路中，可以进一步查找。

（7）若短接时无火花，可能是短接无效。故障点可能在短触点以上的回路中，可以逐点向前变换短触点，缩小范围。

（8）在故障范围内，应检查容易发生故障的端子及元件，检查回路有工作时触动过的部位。

（9）对检查出的故障，能自行处理的，如接线端子等外部元件松动、接触不良等，可立即处理，然后投入所退出的保护。

（10）不能自行处理的故障或不能自行查明故障，应汇报上级派专业人员处理，或经倒运行方式转移负荷，停电检查处理。

5. 渗漏油的处理

（1）本体渗漏油若不严重，并且油位正常，应加强监视。

（2）本体渗漏油严重，且油位未低于下限，但一时又不能停电检修，应加强监视，增加巡视的次数；若低于下限，则应将互感器停运。

（3）严重漏油应向调度申请进行停电处理。

6. 过负荷处理

当发现电流互感器过负荷时，应立即向调度汇报，设法转移负荷或减负荷。记录电能表读数，防止由于过负荷造成电能表计量不准确。

7. 异常处理举例

（1）某站监控机发 35kV 母差保护闭锁信号，检查 35kV 母差保护装置，发现保护发电流互感器断线闭锁信号，立即退出母差保护跳各分路开关压板，向调度汇报。根据调度命令，查找开路部位。查找过程中发现 L35 线路开关处有异常响声，并且 L35 线路 A 相电流偏小，判断为 L35 线路电流互感器二次开路，穿戴好绝缘靴和绝缘手套，打开 L35 开关机构箱，发现机构箱内开关内附电流互感器接线处放电打火，将接线紧固好后，电流互感器断线信号消失。然后向调度汇报故障原因和处理过程，根据调度命令投入母差保护跳各分路开关压板。最后将故障处理情况汇报上级，填写相关记录。

（2）某 110kV 站 110kV 进线电流互感器有噪声，变电运维人员检查一次电流不过负荷，二次回路无放电打火现象。经检修人员停电检查试验各项参数正常，保护人员用钳形电流表测量二次回路有电流，检查二次回路接线正常，但发现计量回路电流偏小。经进一步检查发现计量回路采用两表法接线，如图 Z09G7001Ⅱ-3 所示。从二次端子箱到计量表计连接 A、C、N 三条线，但是

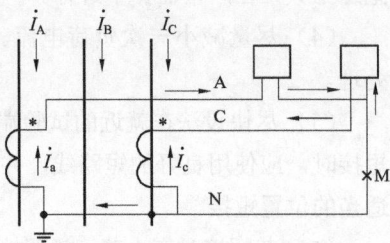

图 Z09G7001Ⅱ-3　两表法接线

N 线未连接，在图中 M 点断开，所以回路变为 A 到 C，造成电流互感器计量二次回路过载，引起噪声。

【思考与练习】

1. 电压互感器发生哪些异常现象时应立即停电处理？

2. 电压互感器二次熔断器熔断应如何处理？

3. 如图 Z09G7001Ⅱ-2 所示，写出 110kV 2 号电压互感器冒烟的处理步骤。

4. 电流互感器发生哪些异常现象时应立即停电处理？

5. 电流互感器二次侧开路应如何检查处理？

▲ 模块3　互感器异常处理危险点源分析（Z09G7001Ⅲ）

【模块描述】本模块包含互感器异常处理的危险点源分析；通过案例介绍，达到能进行互感器二次开路、短路等常见异常处理的危险点源分析，能制定预控措施的

目的。

【模块内容】

一、电压互感器异常处理危险点源分析

（1）将熔断器熔断误判断为单相接地，造成误拉断路器。

控制措施：发现母线电压异常后，详细检查异常现象，结合电压、电流和设备声音综合判断。

（2）误投、退保护和自动装置压板，造成保护或自动装置误动、拒动。

控制措施：处理过程中投入、退出保护或自动装置出口压板时，两人进行操作，加强监护，操作前详细核对压板名称。

（3）更换高压熔断器时发生人身触电。

控制措施：

1）处理过程中两人进行工作，详细核对设备名称和编号，防止走错间隔。

2）更换高压熔断器前，必须将电压互感器停电、验电并接地，做好安全措施。

（4）检查处理二次回路异常时人身触电。

控制措施：处理过程中两人进行工作，使用带有绝缘手柄的工具，禁止徒手接触二次回路导电部分。

（5）检查处理二次回路异常时造成二次回路短路或接地。

控制措施：

1）使用的工具做好绝缘。

2）检查工作中禁止随意拆接二次接线。

3）使用万用表测量二次电压时，应使用万用表的交流电压挡，禁止使用电流或电阻挡进行测量。

（6）带负荷拉隔离开关。

控制措施：判断为电压互感器内部故障后，严禁直接使用隔离开关进行故障电压互感器退出电网运行的操作。

（7）电压互感器爆炸造成人身伤害。

控制措施：发现电压互感器发生外壳破损、断裂，二次电压波动或异常降低，铁磁谐振等异常现象时，应避免接近异常运行的电压互感器。

（8）大面积停电。

控制措施：

1）发现电压互感器异常应及时处理，防止处理不及时造成母线跳闸事故。

2）处理双母线接线电压互感器异常时，如异常有快速发展成接地或短路事故的可能，应立即拉开母联断路器将两条母线隔离，然后采用冷倒母线的方法将异常电压互感器停电处理。

（9）丢失电量。

控制措施：发现电压互感器异常运行，二次电压降低甚至为零时，应记录该互感器所在母线所有线路的负荷电流和异常运行时间。

（10）断开二次熔断器（或小开关）造成保护或自动装置误动。

控制措施：需断开二次熔断器（或小开关）时，应先退出可能误动的保护或自动装置，特别是距离保护和备用电源自投装置。

二、电流互感器异常处理危险点源分析

（1）保护或自动装置误动、拒动。

控制措施：

1）处理过程中投入、退出保护或自动装置出口压板时，两人进行操作，加强监护，操作前详细核对压板名称。

2）查找处理时应两人进行，使用绝缘工具，防止造成二次开路。

3）不得拆开二次回路接线进行查找，如需查找处理应由专业人员进行。

（2）人身触电。

控制措施：

1）禁止在异常运行的电流互感器二次回路上进行工作。

2）查找处理电流互感器二次开路故障时，应采取以下安全措施：① 两人进行，穿绝缘靴、戴绝缘手套。② 尽量减小二次开路的电流互感器回路中的负荷，有条件的应停电处理。③ 发现开路点，立即就近进行短接处理。

（3）电流互感器爆炸造成人身伤害。

控制措施：发现电流互感器有声音异常、大量漏油看不见油位等异常现象时，在将互感器停运处理前，不要接近异常运行的电流互感器，防止互感器过热发生爆炸。

（4）丢失电量。

控制措施：发现电流互感器异常运行，可能造成丢失电量时，应记录当时的负荷电流和异常运行时间。

（5）处理不及时造成保护误动或大面积停电。

控制措施：

1）发现电流互感器异常可能引起保护误动时，应立即退出相关保护跳闸压板。

2）带有母差保护的电流互感器发生异常现象，危及设备安全时，应立即将电流互感器停电退出运行。

【思考与练习】

1. 某站 10kV 1 号电压互感器发生高压侧熔断器熔断，请进行检查处理过程中的危险点源分析。

2. 某站 110kV 系统为双母线接线，2 号电压互感器发生过热冒烟现象，请进行处理过程中的危险点源分析。

3. 查找处理电流互感器二次回路异常时有哪些危险点？控制措施是什么？

第二十二章

小电流接地系统异常处理

▲ 模块1 小电流接地系统异常现象及分析（Z09G8001 Ⅰ）

【模块描述】本模块包含小电流接地系统异常现象和原因分析；通过小电流接地系统常见异常的分析介绍，达到熟悉小电流接地系统异常现象，能够根据系统异常现象正确分析判断异常原因的目的。

【模块内容】

小电流接地系统中，中性点接地方式有中性点不接地和中性点经消弧线圈接地两种。该系统常见异常主要有单相接地和缺相运行两种。

一、单相接地故障现象及分析

1. 单相接地故障现象

（1）警铃响，同时发出接地光字信号，接地信号继电器掉牌。综合自动化变电站内监控机发出预告声响并有系统接地报文。

（2）如故障点高电阻接地，则接地相电压降低，其他两相对地电压高于相电压；如金属性接地，则接地相电压降到零，其他两相对地电压升高为线电压；若三相电压表的指针不停地摆动，则为间歇性接地。

（3）中性点经消弧线圈接地系统，接地时消弧线圈动作光字牌亮，电流表有读数。装有中性点位移电压表时，可看到有一定指示（不完全接地）或指示为相电压值（完全接地）。消弧线圈的接地告警灯亮。

（4）发生弧光接地时，产生过电压，非故障相电压很高，电压互感器高压熔断器可能熔断，甚至可能烧坏电压互感器。

2. 单相接地故障的危害

（1）由于非故障相对地电压升高（金属性接地时升高至线电压值），系统中的绝缘薄弱点可能击穿，形成短路故障，造成线路、母线或主变压器开关跳闸。

如图 Z09G8001Ⅰ–1 所示，536 线路 K1 点 A 相接地，在未拉开 536 断路器切除接地点前，10kV 2 号母线及所属设备和所带的线路以及 2 号主变压器低压侧 B、C 相均承受线电压甚至是谐振过电压的作用，若此时另一条线路（如 538 线路）B 相绝缘子击穿接地，则单相接地就变成了两相接地短路，造成 538 和 536 线路过电流保护动作跳闸（如线路过电流保护只接 A、C 相电流，则 536 线路过电流保护跳闸，538 线路保护不动作）；如 10kV 2 号母线设备 B 相或 C 相绝缘击穿，536 线路保护拒动或 536 断路器拒动时，则会造成 2 号主变压器低压侧后备保护动作跳开 512 断路器，造成 10kV 2 号母线全停；如 2 号主变压器低压侧 K2 点发生 B 相或 C 相接地，则会造成 2 号主变压器差动保护动作跳开 2 号主变压器三侧断路器，造成主变压器停运，35kV 2 号母线和 10kV 2 号母线全部停电。

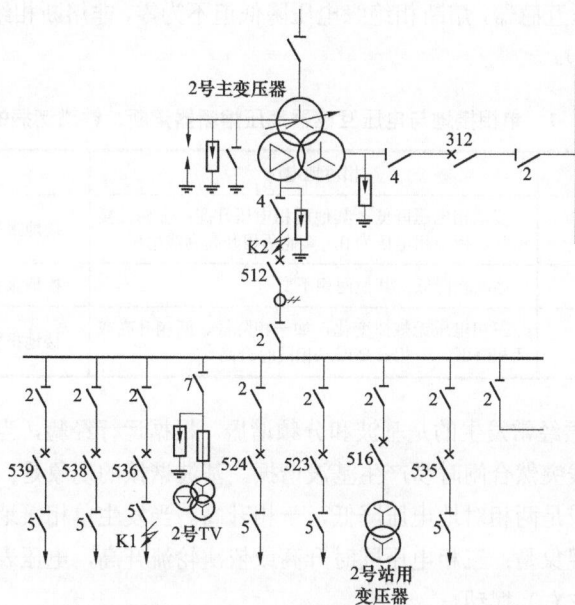

图 Z09G8001Ⅰ–1　单母线接线单相接地示意图

（2）故障点产生电弧，会烧坏设备甚至引起火灾，并可能发展成相间短路故障。

（3）故障点产生间歇性电弧时，在一定条件下，产生串联谐振过电压，其值可达相电压的 2.5～3 倍，对系统绝缘危害很大。

（4）在拉路查找接地及处理接地故障的过程中，中断对用户的供电。

3. 单相接地故障的原因

（1）设备绝缘不良，如老化、受潮、绝缘子破裂、表面脏污等，发生击穿接地。

（2）小动物、鸟类及其他外力破坏。

（3）线路断线后导线触碰金属支架或地面。

（4）恶劣天气影响，如雷雨、大风等。

4. 接地故障的判断

系统发生接地时，可根据信号、电压的变化进行综合判断。但是在某些情况下，系统的绝缘没有损坏，而因其他原因产生某些不对称状态，如电压互感器高压熔断器一相熔断，系统谐振等，也可能报出接地信号，所以，应注意正确区分判断。

（1）接地故障时，故障相电压降低，另两相升高，线电压不变。而高压熔断器一相熔断时，对地电压一相降低，另两相不会升高，与熔断相相关的线电压则会降低。对三相五柱式电压互感器，熔断相绝缘电压降低但不为零，非熔断相绝缘电压正常（见表 Z09G8001Ⅰ–1）。

表 Z09G8001Ⅰ–1　单相接地与电压互感器高压熔断器熔断、铁磁谐振的区别

故障类别	相对地电压	主控盘信号
单相接地	接地相电压降低，其他两相电压升高；金属性接地时，接地相电压为 0，其他两相升高为线电压	接地报警
高压熔断器熔断	熔断相降低，其他两相不变	接地报警，电压回路断线
铁磁谐振	三相电压无规律变化，如一相降低、两相升高或两相降低、一相升高或三相同时升高	接地报警

（2）铁磁谐振经常发生的是基波和分频谐振。根据运行经验，当电源对只带有电压互感器的空母线突然合闸时易产生基波谐振。基波谐振的现象是：两相对地电压升高，一相降低，或是两相对地电压降低，一相升高。当发生单相接地时易产生分频谐振。分频谐振的现象是：三相电压同时升高或依次轮流升高，电压表指针在同范围内低频（每秒一次左右）摆动。

（3）用变压器对空载母线充电时断路器三相合闸不同期，三相对地电容不平衡，使中性点位移，三相电压不对称，报出接地信号。这种情况只在操作时发生，只要检查母线及连接设备无异常，即可以判定，投入一条线路或投入一台站用变压器，即可消失。

（4）系统中三相参数不对称，消弧线圈的补偿度调整不当，在倒运行方式时，会报出接地信号。此情况多发生在系统中有倒运行方式操作时，经汇报调度，相互联系，可以先恢复原运行方式，将消弧线圈停电调分接头，然后投入，重新倒运行方式。

二、缺相运行故障现象及分析

小电流接地系统中除了短路、接地故障外，还可能发生一相或两相断线的情况，造成系统缺相运行。

1. 缺相运行的故障现象

（1）线路缺相运行会造成三相负荷不平衡，引起线路三相电流不平衡，断线相电流为零，正常相电流增大。三相电流不平衡也会引起功率表指示和电能表计量电量变化。但是当线路电流表只接一相或两相电流互感器时，如断线发生在未接电流表的相，电流变化不易发现。

（2）由于三相负荷不平衡造成中性点位移，引起相电压发生变化，断线相电压升高，正常相电压降低，接地保护可能发出接地信号。中性点带有消弧线圈时，消弧线圈电压升高，电流增大。

（3）缺相运行会造成系统对地电容不平衡，在系统中产生零序电压，引起主变压器本侧零序过电压发出信号。

（4）母线缺相运行时，断线相电压降低为零，正常相电压基本不变。

2. 造成缺相运行的原因

（1）导线接头锈蚀、发热烧断。

（2）连接设备质量问题，如支柱绝缘子损坏等。

（3）导线受外力伤害断线。

（4）恶劣天气影响，如大风、冰雹等造成线路断线。

（5）断路器内部绝缘拉杆断裂，操作时一相未变位。

3. 缺相运行案例

某站在拉开电容器断路器后，主变压器低压侧后备保护发出告警信号，检查发现主变压器低压侧零序电压保护报警动作，并且信号无法复归。经变电运维人员详细检查，发现拉开的电容器断路器 C 相有微弱的电流，现场检查断路器位置指示在分闸位置。判断电容器断路器 C 相由于某种原因未断开。将故障断路器退出运行后，经检修人员检查发现断路器 C 相绝缘拉杆断裂，造成该相触头未断开。

【思考与练习】

1. 小电流接地系统发生单相接地时有什么现象？

2. 单相接地故障的危害有哪些？

3. 小电流接地系统发生单相接地与铁磁谐振及电压互感器高压熔断器一相熔断有什么区别？

4. 线路缺相运行有哪些异常现象？

▲ 模块 2　小电流接地系统异常处理（Z09G8001Ⅱ）

【模块描述】本模块包含小电流接地系统常见异常的处理方法；通过常见异常案例介绍，达到掌握小电流接地系统单相接地、缺相运行等异常处理的目的。

【模块内容】

一、单相接地故障处理

小电流接地系统发生单相接地故障时，由于线电压的大小和相位不变，且系统的绝缘又是按线电压设计的，所以不需要立即切除故障，仍可继续运行一段时间，但一般不宜超过 2h。中性点经消弧线圈接地的系统，允许带接地故障运行的时间取决于消弧线圈的允许运行条件，制造厂一般规定为 2h。

（一）单相接地处理的注意事项

（1）发现设备接地后，应立即汇报调度，查找出接地点并迅速隔离，特别是对于间歇性接地，更应尽快查出接地点并停电隔离，防止由于间歇接地产生谐振过电压造成设备绝缘击穿损坏。

（2）查找接地故障时应穿绝缘靴，接触设备的外壳和架构时应戴绝缘手套。

（3）站内发生接地时，在隔离故障点消除接地前，应加强对站内设备运行状态的监视，尤其是发生接地的母线、避雷器和电压互感器等承受过电压运行的设备，并做好事故处理的准备。

（二）单相接地的查找方法

1. 检查、记录接地现象

站内发出接地信号时，首先应汇报调度，将时间、光字指示、故障报文、表计指示等信息做好记录。

2. 判断接地相别

切换检查相电压表计，根据相电压指示，判断是否为接地故障，如是接地故障则判明故障相别。

3. 检查站内设备有无故障

对接地母线上的一次设备进行外部检查，主要检查各设备瓷质部分有无损坏、有无放电闪络，检查设备上有无落物、小动物及外力破坏现象，检查各引线有无断线接地，检查互感器、避雷器、电缆头等有无击穿损坏。

4. 采用拉路或倒母线的方法查找接地点

（1）分网运行缩小范围。分网包括系统分网运行和站内分网运行。对于变电站，分网是使母线分列运行，分列后对仍有接地信号的一段母线进行查找处理。

如图 Z09G8001Ⅱ-1 所示，当 1 号、2 号母线通过分段 501 断路器并列运行时，如 534 线路接地，则两段母线均会发出接地信号。处理时应首先拉开分段 501 断路器，将两段母线分开，由于接地线路 534 位于 1 号母线，则断开 501 断路器后 2 号母线接地现象就会消失。这样就缩小了查找范围。

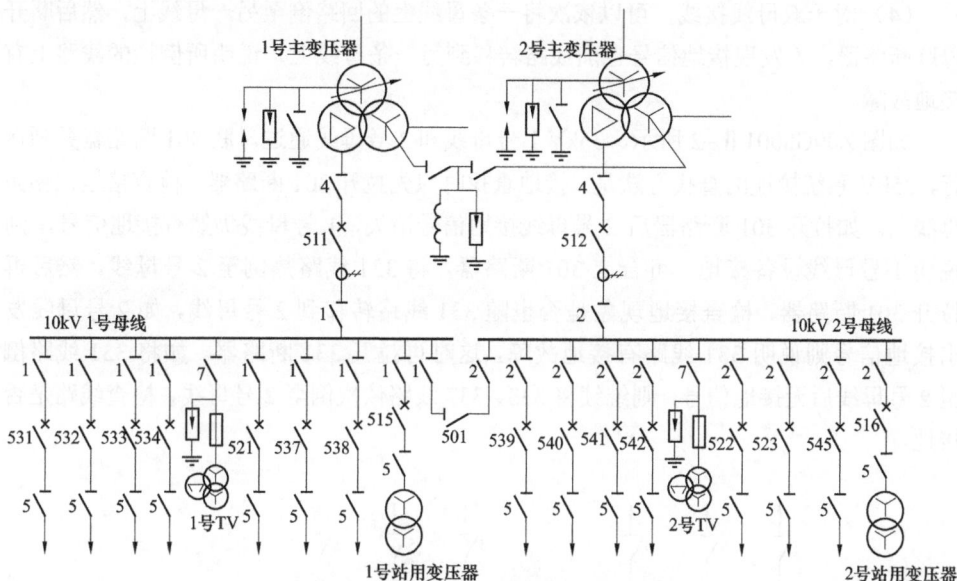

图 Z09G8001Ⅱ-1　单母线分段接线

（2）依次短时断开故障所在母线上各出线断路器，如果断开断路器后接地信号消失，绝缘监察电压表的指示恢复正常，即可证明所停的线路上有接地故障。利用瞬停法查找有接地故障的线路，一般拉路顺序为：

1）充电备用线路。

2）双回路用户分别停。

3）线路长、分支多、负荷小、不太重要用户的线路，或者发生故障几率高的线路。

4）分支少、线路短、负荷较大、较重要用户的线路。

5）剩最后一条线路也应试停。

如图 Z09G8001Ⅱ-1 所示，两段母线出线中，533、542 断路器备用，531、534、537、539 线路为农业和照明负荷；532、538、540、541 线路所带负荷为行政、化工和煤矿重要负荷，其中 532 线路和 540 线路为双回线路，545 线路充电备用。如 2 号母线发生接地，拉路查找顺序为：先拉充电备用线路 545，再检查 532 线路运行后拉开

540 线路，然后拉负荷不重要的线路 539，最后拉重要负荷线路 541。

（3）对侧带有备自投的双回线路，应汇报调度，将对侧备自投退出后，再进行拉路查找。否则拉开一条线路后，由于对侧备自投动作，会将接地点转移到另一条线路上，造成误判断。

（4）对于双母线接线，可以依次将一条母线上的回路倒至另一母线上，然后断开母联断路器，若发现接地信号也随线路转移到另一条母线上，说明所倒换的线路上有接地故障。

如图 Z09G8001Ⅱ-2 所示，35kV 1 号母线和 2 号母线通过母联 301 断路器并列运行，35kV 系统接地的查找方法是：接地查找时应先拉开 301 断路器，检查接地在哪条母线上。如拉开 301 断路器后 2 号母线接地信号消失，1 号母线仍然有接地信号，则说明 1 号母线设备接地，可合上 301 断路器，将 331 线路热倒至 2 号母线，然后再拉开 301 断路器，检查接地现象是否也随 331 线路转移到 2 号母线，如 2 号母线发出接地信号则说明 331 线路有接地故障，这时再拉开 331 断路器。如将 331 线路倒至 2 号母线后无接地信号，则继续将 333、337 线路依次倒至 2 号母线，检查线路是否接地。

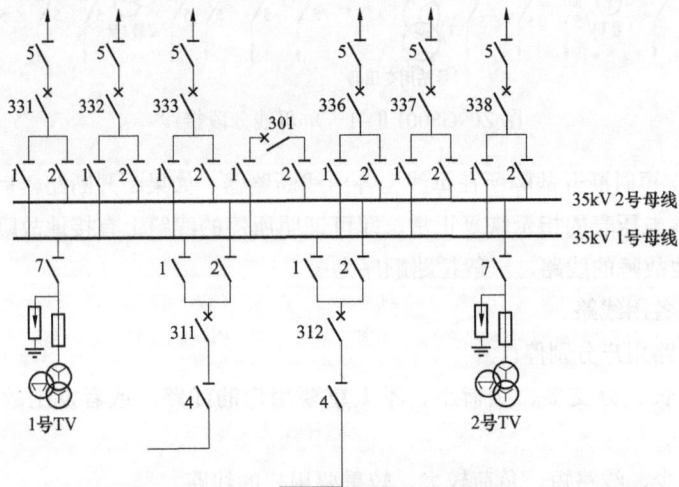

图 Z09G8001Ⅱ-2　双母线接线

（5）如出线装有接地信号装置，故障范围很容易区分。若报出母线接地信号的同时，某一线路也有接地信号，则故障点多在该线路上。若只报出母线接地信号，故障点可能在母线及连接设备上。

5. 拉路查找仍不能查出接地线路

应考虑双、多回线路同相接地，站内母线设备接地（无可见异常现象），主变压器低压侧套管、母线桥接地的可能。

（1）查找双、多回线路同相接地时，先将一条母线上的线路断路器全部拉开，然后逐条线路试送电，如某条线路送电后发出接地信号，则说明该条线路接地，将接地线路断开后继续试送其他线路，直至母线上的线路全部恢复运行，即可查找出所有的接地线路。双母线接线方式，通过倒母线的方法即可查找出所有的接地线路。

如图 Z09G8001Ⅱ-2 所示，通过倒母线的方法查找出 331 线路接地，拉开 331 断路器后，1 号母线仍然有接地信号，可继续将 333、337 逐路倒至 2 号母线，检查线路是否接地。

（2）经检查不是双、多条线路同相接地，可合上分段（或母联）断路器，拉开母线主进断路器。如接地现象消失，即是主变压器低压套管或母线桥接地；如接地现象扩大到另一段（条）母线上，则是母线设备接地。

如图 Z09G8001Ⅱ-2 所示，将 1 号母线上所有线路全部倒至 2 号母线后，拉开 301 断路器后，1 号母线接地信号仍不消失，这时可合上 301 断路器，拉开 311 断路器，如接地信号消失，说明接地发生在 311 断路器至主变压器低压侧（一般在母线桥上）；如接地现象仍不消失，说明 1 号母线设备接地。

（三）单相接地故障点隔离方法

查找到接地故障点后，应汇报调度，根据调度命令，结合本站设备接线方式，通过倒闸操作将接地点隔离，做好安全措施处理。

1. 用户线路接地的隔离方法

对于一般不重要用户的线路，可停电处理。对于重要用户的线路，可以在转移负荷后或等用户做好准备后，将故障线路停电。

2. 站内设备接地的隔离方法

（1）故障点可以用断路器隔离，如线路、电流互感器、出线穿墙套管、出线避雷器、电缆头、隔离开关（线路侧）、耦合电容器等断路器外侧（出线侧）的设备接地。应汇报调度，转移负荷以后，拉开断路器隔离故障，然后把故障设备各侧隔离开关拉开，汇报上级，通知检修人员检修故障设备。

（2）故障点不能用断路器隔离，如断路器、母线侧隔离开关、电压互感器、母线避雷器等设备接地。这种情况下必须注意：切记不可用隔离开关拉开接地故障设备和线路负荷电流。

1）母线设备接地，可将母线停电后，隔离接地点。接地点断开后，母线能够恢复运行的应恢复运行。

如图 Z09G8001Ⅱ-1 所示，539 断路器接地，需将 10kV 2 号母线转热备用后，拉开 539 断路器两侧隔离开关，隔离接地故障点，恢复 10kV 2 号母线运行。

如图 Z09G8001Ⅱ-2 所示，332 断路器接地，需将 35kV 2 号母线上 312、336、338 断路器热倒至 1 号母线，用 301 断路器串带 332 断路器，拉开 301 断路器将 2 号母线停电，然后再拉开 332 断路器两侧隔离开关，隔离接地点，再恢复 2 号母线运行。

2）主变压器低压侧接地，需将主变压器停电转检修。

3）有旁路母线的，可以将故障点所在线路倒旁路母线运行，转移负荷并转移故障点，用断路器隔离故障点。

如图 Z09G8001Ⅱ-3 所示，533 断路器接地，可用旁路 502 断路器转代 533 断路器，使 502 断路器与 533 断路器并列运行，断开 502 断路器控制电源，拉开 533 断路器母线侧隔离开关，然后拉开 502 断路器隔离接地故障点。

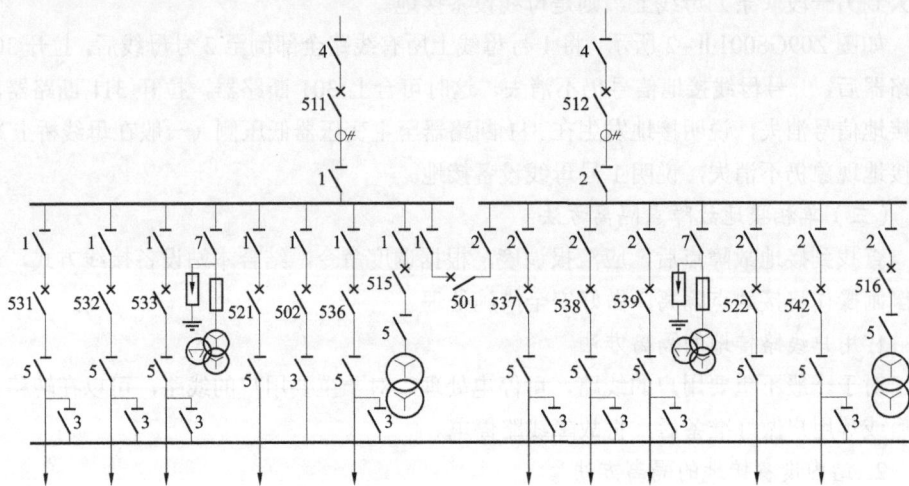

图 Z09G8001Ⅱ-3　用断路器隔离故障点

4）不能通过倒运行方式停电隔离接地点，又不允许母线或主变压器停电时，可采取人工转移接地点操作，隔离接地点，恢复设备正常运行。

二、缺相运行的处理

（1）站内有缺相运行的信号或现象时，应进行判断分析。单相断线与单相接地现象相近，应注意区分，单相接地是一相电压降低，两相升高；单相断线是一相电压升高，两相降低。并且线路单相断线还有电流变化、保护发信号等其他异常现象，应收集全部现象进行综合分析。

（2）确认线路或母线缺相运行，应汇报调度后将线路或母线停电处理。

（3）由于断路器绝缘拉杆断裂造成缺相运行，一相合不上时应将断路器拉开；一相不能拉开时，不能用隔离开关拉开，应采用倒闸操作的方法将故障断路器退出运行，操作方法与断路器接地相同。

【思考与练习】

1. 两条线路同相接地如何查找处理？

2. 采用瞬时拉路法查找接地线路时的拉路顺序是什么？

3. 缺相运行如何处理？

◢ 模块 3　小电流接地系统异常处理
危险点源分析（Z09G8001Ⅲ）

【模块描述】本模块包含小电流接地系统异常处理危险点源分析；通过案例介绍，达到掌握小电流接地系统异常处理的危险点源分析方法，能制定预控措施的目的。

【模块内容】

一、单相接地处理危险点分析

（1）检查站内设备时人身触电。

控制措施：发生单相接地时，室内不得接近接地点 4m 以内，室外不得接近接地点 8m 以内，进入上述范围的人员应穿绝缘靴，接触设备的外壳和架构时应戴绝缘手套。

经验介绍：当站用变压器高压侧有外来备用电源时，设备发生单相接地，本站可能没有接地告警，所以巡视该处设备时，如有异常声响，巡视人员应采取防护措施后再靠近检查。

（2）检查、处理时设备爆炸造成人身伤害。

控制措施：站内发生接地异常，检查处理过程中不要在避雷器、电压互感器和消弧线圈设备处停留，防止这些设备因接地过电压发生爆炸、喷油。

（3）查找接地线路时误拉、合断路器。

控制措施：

1）发出接地信号时，先综合判断是发生单相接地，还是谐振或电压互感器高压侧熔断器熔断。

2）判明是单相接地后，应结合设备运行情况检查判断站内设备有无接地，确认站内设备无接地后再进行拉路查找。

3）进行拉路查找操作时，详细核对设备编号，操作中严格执行监护复诵制，防止走错间隔，误拉、合断路器。

（4）接地查找时线路停电时间过长。

控制措施：

1）采用接地探索按钮查找接地线路前，应先检查所停线路重合闸充电良好，并且按钮时间不能过长，防止停电后不能自动重合，延长停电时间，如果线路跳闸后未重合，应立即手动合闸。

2）采用拉路方式查找接地线路时，拉开线路后如确认不是接地线路，应立即将线路合闸送电。

（5）设备带接地运行时间过长，造成过电压损坏。

控制措施：

1）发现接地现象后，应尽快查找、断开接地点，查找过程中注意接地运行时间不超过允许时间。

2）发现站内设备因接地过电压发生异常现象，应将异常设备退出运行。

（6）隔离接地点时带负荷拉隔离开关。

控制措施：

1）严禁用隔离开关拉开接地设备。

2）采用转代的方法隔离时，拉开接地点电源侧隔离开关前，应断开旁路断路器控制电源。

（7）人工转移接地点操作时带负荷拉隔离开关。

控制措施：采用人工转移接地点的方法拉开接地设备的隔离开关前，应确认接地点已和人工接地点并联，并断开人工接地点回路断路器的控制电源。

（8）人工转移接地点操作时造成相间短路。

控制措施：

1）转移接地点操作前，应核实接地相别，装设人工接地线相别应和接地相相同。

2）装设人工接地线时，应装设单相接地线。

（9）主变压器低压侧母线桥接地处理，一台主变压器停运后，其他主变压器过负荷。

控制措施：

1）主变压器停运操作前，检查负荷情况，联系调度，提前限制负荷。

2）拉开主变压器低中压侧断路器后，检查运行主变压器各侧负荷情况，发现过负荷及时处理。

（10）接地查找时操作失误造成保护动作跳闸。

控制措施：双母线或单母线分段接线，两条母线均发生单相接地，并且接地相别不同时，严禁合上母联或分段断路器，否则在两条母线并列运行后，两条母线上的单相接地转变为两相接地短路，造成线路保护或主变压器保护动作跳闸。

二、缺相运行处理危险点分析

（1）未发现缺相运行故障。

控制措施：认真监视设备运行情况，对站内出现的任何异常现象均应查明原因。

（2）判断错误，将缺相运行判断为单相接地。

控制措施：收集全部现象进行综合分析判断。

（3）处理断路器不能断开造成的缺相运行时，带负荷拉隔离开关。

控制措施：判断为断路器一相或两相未断开时，严禁使用隔离开关将故障断路器隔离，应按照接线方式的不同，采用倒闸操作的方法，将故障断路器停电后再拉开两侧隔离开关。

【思考与练习】

1. 某站 10kV 母线桥接地，请进行检查处理过程中的危险点源分析。

2. 缺相运行处理过程中有哪些危险点？控制措施是什么？

▲ 模块 4　人工转移接地点操作（Z09G8002Ⅲ）

【模块描述】 本模块包含小电流接地系统人工转移接地点的方法；通过案例介绍，达到掌握如何改变运行方式进行小电流接地系统人工转移接地点，消除接地故障的目的。

【模块内容】

小电流接地系统中发生单相接地，如接地故障点不能通过倒运行方式隔离，又不允许母线停电时，在接地点可用隔离开关断开的情况下，采取人工转移接地点操作，隔离接地点，确保其他设备正常运行。

一、人工转移接地点操作方法

（1）确定接地相别。

（2）选择一条回路，拉开回路断路器和两侧隔离开关，在断路器和线路侧隔离开关之间装设与接地相同相的单相接地线。

（3）合上人工接地回路母线侧隔离开关和断路器，使人工接地点和故障接地点并联。

（4）断开人工接地点断路器控制电源，用隔离开关拉开故障接地点。

（5）投入人工接地点断路器控制电源，拉开断路器和母线侧隔离开关，拆除单相接地线，恢复回路正常运行。

二、人工转移接地点操作举例

如图 Z09G8002Ⅲ-1 所示，K 点发生 A 相接地故障，不能用 515-1 隔离开关直接隔离故障点，将母线停电处理会中断对用户的供电，因此可采用人工转移接地点的处理方法。

（1）检查母线三相电压，确认是 A 相接地，将 1 号站用变压器所带低压负荷倒出。

（2）拉开 543 断路器和两侧隔离开关。在 543-5 隔离开关断路器侧验明无电后，在 543-5 隔离开关断路器侧 A 相装设单相接地线。

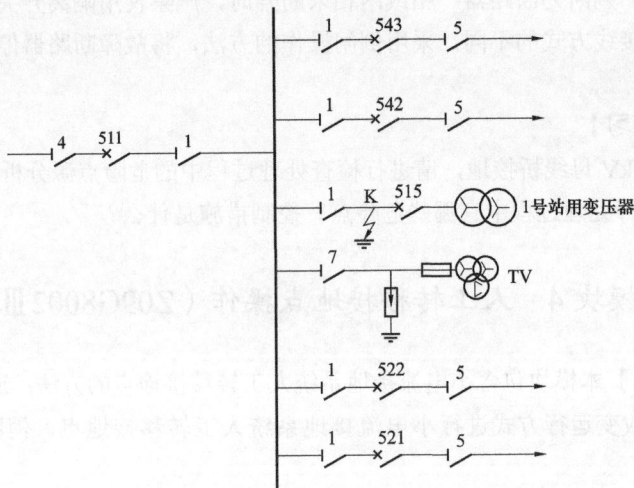

图 Z09G8002Ⅲ-1 单母线接线

（3）合上 543-1 隔离开关，合上 543 断路器，这时人工接地点与接地点 K 形成并联。

（4）断开 543 断路器控制电源，拉开 515-1 隔离开关，隔离接地故障点。

（5）投入 543 断路器控制电源，拉开 543 断路器和 543-1 隔离开关，拆除人工接地线，恢复 543 线路供电。

（6）待接地点消除后再恢复 1 号站用变压器的运行。

【思考与练习】

1. 什么情况下应采用人工转移接地点的方法消除接地故障？

2. 人工转移接地点的操作顺序是什么?

3. 如图 Z09G8002Ⅲ-2 所示，10kV 1 号站用变压器 515 断路器接地，采用人工转移接地点的方法如何处理?

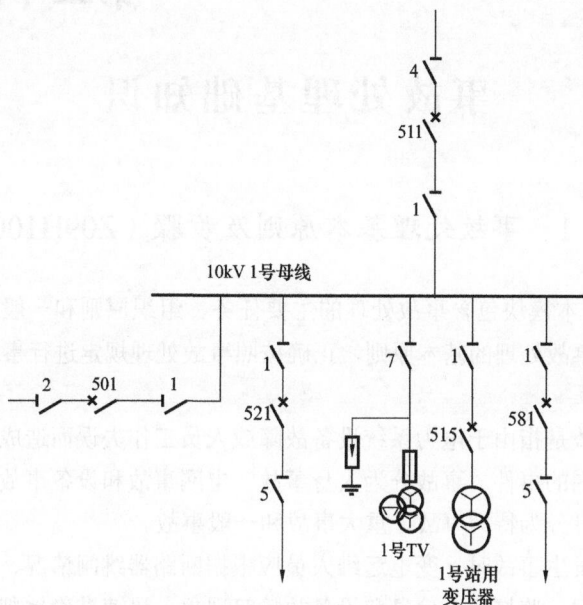

图 Z09G8002Ⅲ-2　思考与练习题 3 接线图

第二十三章

事故处理基础知识

▲ 模块1　事故处理基本原则及步骤（Z09H1001Ⅰ）

【模块描述】本模块包含事故处理的主要任务、组织原则和一般规定。通过知识讲解，达到掌握事故处理的基本原则，正确按照事故处理规定进行事故处理的目的。

【模块内容】

电力系统事故是指由于电力系统设备故障或人员工作失误而造成电能供应数量或质量超过规定范围的事件。事故分为人身事故、电网事故和设备事故三大类，其中设备和电网事故又可分为特大事故、重大事故和一般事故。

当电力系统发生事故时，变电运维人员应根据断路器跳闸情况、保护动作情况、表计指示变化情况、监控后台信息和设备故障等现象，迅速准确地判断事故性质，尽快处理，以控制事故范围，减少损失和危害。

一、引起电力系统事故的原因

引起电力系统事故的原因主要有下面三类：

（1）自然灾害引起的有大风、雷击、污闪、覆冰、树障、山火等。

（2）设备原因引起的有设计、产品制造质量、安装检修工艺、设备缺陷等。

（3）人为因素引起的有设备检修后验收不到位、外力破坏、维护管理不当、运行方式不合理、继电保护定值错误和装置损坏、人员误操作、设备事故处理不当等。

二、事故处理的主要任务

（1）尽速限制事故的发展，消除事故的根源，解除对人身和设备的威胁。

（2）用一切可能的方法保持对用户的正常供电，保证站用电源正常。

（3）尽速对已停电的用户恢复供电，对重要用户应优先恢复供电。

（4）及时调整系统的运行方式，使其恢复正常运行。

三、事故处理的一般步骤

（1）系统发生故障时，变电运维人员初步判断事故性质和停电范围后迅速向调度汇报故障发生时间、跳闸断路器、继电保护和自动装置的动作情况及其故障后的状态、相关设备潮流变化情况、现场天气情况等。

（2）根据初步判断检查保护范围内的所有一次设备故障和异常现象及保护、自动装置动作信息，综合分析判断事故性质，作好相关记录，复归保护信号，把详细情况报告调度。如果人身和设备受到威胁，应立即设法解除这种威胁，并在必要时停止设备的运行。

（3）迅速隔离故障点并尽力设法保持或恢复设备的正常运行。根据应急处理预案和现场运行规程的有关规定采取必要的应急措施，如投入备用电源或设备，对允许强送电的设备进行强送电，停用有可能误动的保护，拉开控制电源解除设备自保持等。

（4）进行检查和试验，判明故障的性质、地点及其范围（在绝大多数的情况下，处理事故的快慢决定于判明事故原因或设备是否完整的迅速程度。电气部分发生的事故常常只是由于系统中的某个元件发生了事故，故应力求直接判明事故的原因，使停电部分迅速恢复送电）。如果变电运维人员自己不能检查出或处理损坏的设备时，应立即通知检修或有关专业人员（如试验、继保等专业人员）前来处理。在检修人员到达之前，变电运维人员应把工作现场的安全措施做好（如将设备停电、安装接地线、装设围栏和悬挂标示牌等）。

（5）除必要的应急处理以外，事故处理的全过程应在调度的统一指挥下进行。

（6）作好事故全过程的详细记录，事故处理结束后编写现场事故报告。

四、事故处理的组织原则

（1）各级当值调度员是领导事故处理的指挥者，应对事故处理的正确性、及时性负责。值班负责人是现场事故、异常处理的负责人，应对汇报信息和事故操作处理的正确性负责。因此，变电运维人员要和值班调度员密切配合，迅速果断地处理事故。在事故和异常处理中必须严格遵守安全工作规程、事故处理规程、调度规程、运行规程及其他有关规定。

（2）发生事故和异常时，变电运维人员应坚守岗位，服从调度指挥，正确执行当值调度员和值班负责人的命令。值班负责人要将事故和异常现象准确无误地汇报给当值调度员，并迅速执行调度命令。

（3）变电运维人员如果认为调度命令有误时，应先指出，并做必要解释。但当值班调度员认为自己的命令正确时，变电运维人员应该立即执行。如果值班调度员的命令直接威胁人身或设备的安全，则在任何情况下均不得执行。值班负责人接到此类命令时，应该把拒绝执行命令的理由报告值班调度员和本单位的总工程师，并记载在值班日志中。

（4）如果在交接班时发生事故，而交接班的签字手续尚未完成，交班人员应留在自己的岗位上，进行事故处理，接班人员可在上值值班负责人的领导下协助处理事故。

（5）事故处理时，除有关领导和相关专业人员以外，其他人员均不得进入主控制室和事故地点，事前已进入的人员均应迅速离开，便于事故处理。发生事故和异常时，变电运维人员应及时向站长（工区主任）汇报。站长可以临时代理值班负责人工作，指挥事故处理，但应立即报告值班调度员。

（6）发生事故时，如果不能与值班调度员取得联系，则应按调度规程和现场事故处理规程中有关规定处理。这些规定应经本单位的总工程师批准。

五、事故处理的要求和有关规定

（1）变电站事故处理必须严格遵守电力安全工作规程、事故处理规程、调度规程、现场运行规程、反事故措施以及其他有关规定。

（2）事故和异常处理过程中，变电运维人员应认真监视监控画面和表计、信号指示。事故及处理过程应在值班日志、事故障碍记录及断路器跳闸等记录簿上做好详细记录。

（3）对设备的检查要认真、仔细，正确判断故障的范围及性质，汇报术语准确并简明扼要，所有电话联系均应录音。

（4）事故紧急处理可以不用操作票，但在操作完成后应做好记录，且应保存原始记录。操作中应严格执行操作监护制并认真核对设备的位置、名称、编号和拉合方向，防止误操作。事故紧急抢修可不用工作票，但应使用事故紧急抢修单。所有事故紧急抢修应履行工作许可手续。事故处理后恢复送电的操作应填写倒闸操作票。

（5）符合下列情况的操作，变电运维人员可以自行处理，并做扼要报告，事后再做详细汇报：

1）将直接对人员生命有威胁的设备停电。

2）确知无来电的可能性，将已损坏的设备隔离。

3）站用电部分或全部失去时恢复其电源。

4）其他在调度规程及现场规程中规定可以自行处理者。

（6）发生事故后应将事故的详细情况及时汇报给本单位生产领导。发生重大事故或者有人员责任的事故，在事故处理结束以后，变电运维人员应将事故处理的全过程的资料进行汇总，汇总资料应完整、准确、明了。编写出详细的现场事故报告，以便专业人员对事故进行分析。现场事故报告应包括以下内容：

1）发生事故的时间、事故前后的负荷情况等。

2）中央信号、表计指示、断路器跳闸情况和设备告警信息。

3）保护、自动装置动作情况。

4）微机保护的打印报告并对其进行的分析。

5）故障录波器打印报告及测距。

6）现场设备的检查情况。

7）事故的处理过程和时间顺序。

8）人员和设备存在的问题。

9）事故初步分析结论。

六、事故处理的注意事项

1. 准确判断事故的性质和影响范围

（1）变电运维人员在处理故障时应沉着、冷静、果断、有序地将各种故障现象，如断路器动作情况、潮流变化情况、信号报警情况、保护及自动装置动作情况、设备的异常情况以及事故的处理过程做好记录，并及时向调度汇报。

（2）变电运维人员在平时应了解全站保护的相互配合和保护范围，充分利用保护和自动装置提供的信息，便于准确分析和判断事故的范围和性质。

（3）变电运维人员要全面了解保护和自动装置的动作情况，在检查保护和自动装置动作情况时应依次检查，做好记录，防止漏查、漏记信号影响对事故的判断。

（4）为准确分析事故原因和查找故障，在不影响事故处理和停送电的情况下，应尽可能保留事故现场和故障设备的原状。

2. 限制事故的发展和扩大

（1）故障初步判断后，变电运维人员应到相应的设备处进行仔细的查找和检查，找出故障点和导致故障发生的直接原因。若出现着火、持续异味等危及设备或人身安全的情况，应迅速进行处理，防止事故的进一步扩大。确认故障点后，变电运维人员要对故障进行有效的隔离，然后在调度的指令下进行恢复送电操作。

（2）发生越级跳闸事故，要及时拉开保护拒动的断路器和拒分断路器的两侧隔离开关。在操作两侧隔离开关前，若需要解除五防闭锁，不得擅自解锁，应按现场有关规定履行解锁操作程序进行解锁操作。在拉隔离开关前，必须检查向该回路供电的断路器在断开位置，防止带负荷拉隔离开关。

（3）对于事故紧急处理中的操作，应注意防止系统解列或非同期并列。对于联络线，应经过并列装置合闸，确认线路无电时方可解除同期闭锁合闸。

（4）若操作合闸不成功，不能简单地判断为合闸失灵，应注意在合闸过程中监视表计指示和保护动作信息，防止多次合闸于故障线路或设备，导致事故的扩大。

（5）加强监视故障后线路、变压器的负荷状况，防止因故障致使负荷转移，造成其他设备长期过负荷运行，及时联系调度消除过负荷。

3. 恢复送电时防止误操作

（1）恢复送电时应在调度的统一指挥下进行，变电运维人员应根据调度命令，考虑运行方式变化时本站自动装置、保护的投退和定值的更改，满足新方式的要求。

（2）恢复送电和调整运行方式时要考虑不同电源系统的操作顺序。

（3）变电运维人员在恢复送电时要分清故障设备的影响范围，先隔离故障设备，对于经判断无故障的设备，按调度命令恢复送电，防止误操作导致故障的扩大。

4. 事故时应保证站用交直流系统的正常运行

站用交直流系统是变电站正常运行、操作、监控、通信的保证。交直流系统异常会造成失去保护自动装置、操作、通信、变压器冷却系统电源，将使得事故处理更困难，若在短时间内交直流系统不能恢复，会使事故范围扩大，甚至造成电网事故和大面积停电事故。因而事故处理时，应设法保证交直流系统正常运行。

【思考与练习】

1. 发生事故时，变电运维人员应向调度汇报哪些内容？

2. 哪些项目在事故处理时变电运维人员可以自行操作后再汇报调度？

3. 简述事故处理的一般步骤。

4. 现场事故报告应包括哪些内容？

第二十四章

线 路 事 故 处 理

◢ 模块 1 线路事故处理基本原则和
处理步骤（Z09H2001 I）

【模块描述】本模块包含电力线路故障分类、处理基本原则和处理步骤；通过培训，达到了解线路故障跳闸处理原则和步骤，能配合调度和有关人员进行简单事故处理的目的。

【模块内容】

输电线路故障在电力系统故障中所占比例较大，对电网的影响较大，同时，输电线路故障原因很多，情况也比较复杂，主要有站内线路设备支柱绝缘子、线路绝缘子闪络，大雾、大雪、雷电、大风等天气原因造成的雷击、风偏舞动、雾闪、冰闪等。输电线路故障是电力系统常见事故，因此掌握输电线路事故的处理原则、处理步骤是对变电运维人员的基本要求。

一、输电线路故障类型

（1）从故障性质上分为：

1）单相接地。

2）两相相间短路。

3）两相接地短路。

4）三相相间短路。

5）三相接地短路。

6）线路断线故障。

（2）从故障持续时间分为：

1）瞬时性故障。

2）永久性故障。

运行经验表明，单相接地故障占输电线路故障 80%左右。线路上普遍采用自动重合闸，线路发生瞬时性故障，自动重合闸动作，使线路在极短时间内恢复运行，这大大提高了供电可靠性。

二、线路事故的主要现象

（1）事故音响、预告警铃响，线路断路器变位，故障线路的电流、功率等遥测值发生变化。

（2）监控系统显示线路保护动作、重合闸动作等光字牌。

（3）监控系统告警窗显示打压电源启动、故障录波器启动等信号。

（4）故障线路保护屏显示保护动作情况、故障相别、跳闸相别、重合闸动作情况。

三、线路事故处理的基本原则

（1）线路故障跳闸，重合闸重合成功，变电运维人员应尽快检查保护动作情况、故障波形和故障测距距离，汇报调度。

（2）线路开关跳闸且线路有电压时，可及时向调度汇报，根据调度命令进行检同期并列或合环。

（3）当线路重合未成功或未投自动重合闸，应向调度汇报，等待调度命令试送一次。如果试送不成功，可根据调度命令再试送一次，当线路有 T 接变电站或分路开关时，应拉开 T 接变电站或分路开关再试送。

（4）线路故障跳闸，无论重合闸动作成功与否，均应对断路器进行详细检查，主要检查断路器的三相位置、压力指示等。

（5）开关偷跳、误跳等站内设备故障引起的线路跳闸，应充分考虑旁路代路等运行方式。

（6）220kV 线路其中一套主保护误动，则申请退出误动主保护，根据调度命令恢复线路送电。

（7）下列情况线路跳闸后不宜强送。

1）充电运行的线路。

2）试运行线路。

3）电缆线路。

4）线路跳闸后，经备用电源自投入装置已将负荷转移到其他线路上，不影响供电。

5）有带电作业并声明不能强送电的线路。

6）线路变压器组断路器跳闸，重合不成功。

7）变电运维人员已发现明显故障现象。

8）线路断路器有缺陷或遮断容量不够，或事故跳闸次数累计超过规定，重合闸装置退出运行，保护动作跳闸后，一般不能试送。

（8）发生输电线路越级跳闸，处理上应首先查找、判断越级原因（开关拒动或保护拒动），然后隔离故障设备，恢复送电。

四、线路事故处理步骤

（1）线路保护动作跳闸后，运行变电运维人员首先应记录事故发生时间、设备名称、开关变位情况、重合闸动作、主要保护动作信号等事故信息。

（2）将以上信息和当时的负荷情况及时汇报调度和有关部门，便于调度及有关人员及时、全面地掌握事故情况，进行分析判断。

（3）检查受事故影响的运行设备运行状况，主要是指双回线路，如一条线路跳闸，检查另一条线路设备运行状况。

（4）记录保护及自动装置屏上的所有信号，尤其是检查线路故障录波器的测距数据。打印故障录波报告及微机保护报告。

（5）到现场检查故障线路对应的断路器的实际位置，无论重合与否，都应检查断路器及线路侧所有设备有无短路、接地、闪络、瓷件破损、爆炸、喷油等现象。

（6）检查站内其他相关设备有无异常。

（7）将详细检查结果汇报调度和有关部门。

（8）根据调度命令对故障设备进行隔离，恢复无故障设备运行，将故障设备转检修，做好安全措施。

（9）事故处理完毕后，变电运维人员填写运行日志、断路器分合闸等记录，并根据断路器跳闸情况、保护及自动装置的动作情况、故障录波报告以及处理过程，整理详细的事故处理经过。

五、瞬时性和永久性故障的区别

为更好的掌握瞬时性故障和永久性故障的区别，可从保护动作情况、断路器动作情况以及故障跳闸时间进行分析说明，具体见表 Z09H2001Ⅰ-1。

表 Z09H2001Ⅰ-1　　　　瞬时性故障和永久性故障的区别

区别项目	瞬时性故障	永久性故障
保护动作情况	线路保护动作 1 次	线路保护动作 2 次
重合闸动作情况	重合闸动作，重合成功	重合闸动作，重合不成功
故障录波情况	故障录波 1 次	故障录波 1 次
断路器动作情况	断路器跳闸 1 次，合闸 1 次	断路器跳闸 2 次，合闸 1 次
故障时间	保护动作时间+断路器跳闸时间+重合闸整定时间+断路器合闸时间	保护动作时间+断路器跳闸时间+重合闸整定时间+断路器合闸时间+保护动作时间+断路器三相跳闸时间

六、单相重复性故障和单相永久性故障的区别

为使变电运维人员更好地掌握单相重复性故障和单相永久性故障的区别，可从故障主要动作过程、保护动作情况、故障录波情况以及故障跳闸时间进行说明，具体见表 Z09H2001Ⅰ–2。

表 Z09H2001Ⅰ–2　　单相重复性故障和单相永久性故障区别

区别项目	单相永久性故障	单相重复性故障
故障主要动作过程	单相线路故障→单相断路器跳闸→经重合闸整定时间→重合闸动作→单相重合→重合于故障→断路器三相跳闸	单相线路故障→单相断路器跳闸→经重合闸整定时间→重合闸动作→单相重合→重合成功→恢复正常运行→运行时间间隔小于重合闸充电时间（15s）→断路器三相跳闸。注：若恢复运行时间大于重合闸充电时间 15s，本次保护动作，重合闸仍会动作
保护动作情况	线路保护动作→重合闸动作→线路保护动作（主保护和加速保护动作）→断路器保护沟通三相跳闸	线路保护动作→重合闸动作（重合成功）→线路保护动作（主保护动作）→断路器三相跳闸
保护动作报告	动作报告 1 次	动作报告 2 次
故障录波情况	故障录波 1 次	分两种情况：① 故障录波 2 次，重合闸重合成功后，故障消除，录波器返回，当第二次故障发生后，录波器再次启动录波；② 故障录波 1 次，重合闸重合成功后，故障消除，录波器未返回，当第二次故障发生后，录波器连续录波
故障、跳闸时间	保护动作时间+断路器单相跳闸时间+重合闸整定时间+断路器单相合闸时间+保护动作时间+断路器三相跳闸时间	保护动作时间+断路器单相跳闸时间+重合闸整定时间+断路器单相合闸时间+正常运行时间+保护动作时间+断路器三相跳闸时间

【思考与练习】

1. 双电源线路跳闸处理原则是什么？
2. 在哪些情况下线路故障跳闸不宜强送？
3. 输电线路故障跳闸处理步骤是什么？
4. 单相瞬时性故障和永久性故障的区别是什么？

◢ 模块 2　线路事故处理案例分析
（Z09H2001Ⅱ）

【**模块描述**】本模块包含线路事故典型案例分析；达到掌握线路各种类型事故现象，能进行线路事故分析、处理的目的。

【**模块内容**】线路故障类型较多，同时各种故障在不同接线方式、不同运行方式下的处理方式也略有不同，本模块按图 Z09H2001Ⅱ-1 所示接线方式介绍永久性故障的分析。

220kV 卓越变电站运行方式：220kVⅠ、Ⅱ段母线并列运行，241 断路器在Ⅰ段母线运行，242 断路器在Ⅱ段母线运行，母联 201 断路器合位，线路投单相重合闸（重合闸整定时间为 0.6s）。

卓东双回保护配置：RCS–931（光纤）/PRS753（光纤）型、CZX–12R1 型。卓东双回用 PRS753 型保护的单相重合闸，RCS–931 型的不用。

案例：卓东Ⅰ线 B 相永久性接地故障。

一、事故基本情况

2008 年 7 月 02 日 08：52：03，卓东Ⅰ线 B 相发生永久性故障。

1. 监控系统主要信号

（1）241 断路器变位闪烁。

（2）卓东Ⅰ线"RCS 保护动作""PRS 保护动作""重合闸动作""故障录波器动作"光字牌亮，241 断路器电流、有功功率、无功功率指示为零。

2. 保护屏保护信号

（1）RCS–931 保护：跳 A 灯亮、跳 B 灯亮、跳 C 灯亮。

（2）PRS753 保护：跳 A 灯亮、跳 B 灯亮、跳 C 灯亮、重合闸灯亮。

（3）241 断路器操作箱：第一组 TA、TB、TC，第二组 TA、TB、TC 灯亮。

二、故障录波和保护动作报告

1. 故障录波

故障录波如图 Z09H2001Ⅱ-2、图 Z09H2001Ⅱ-3 所示。

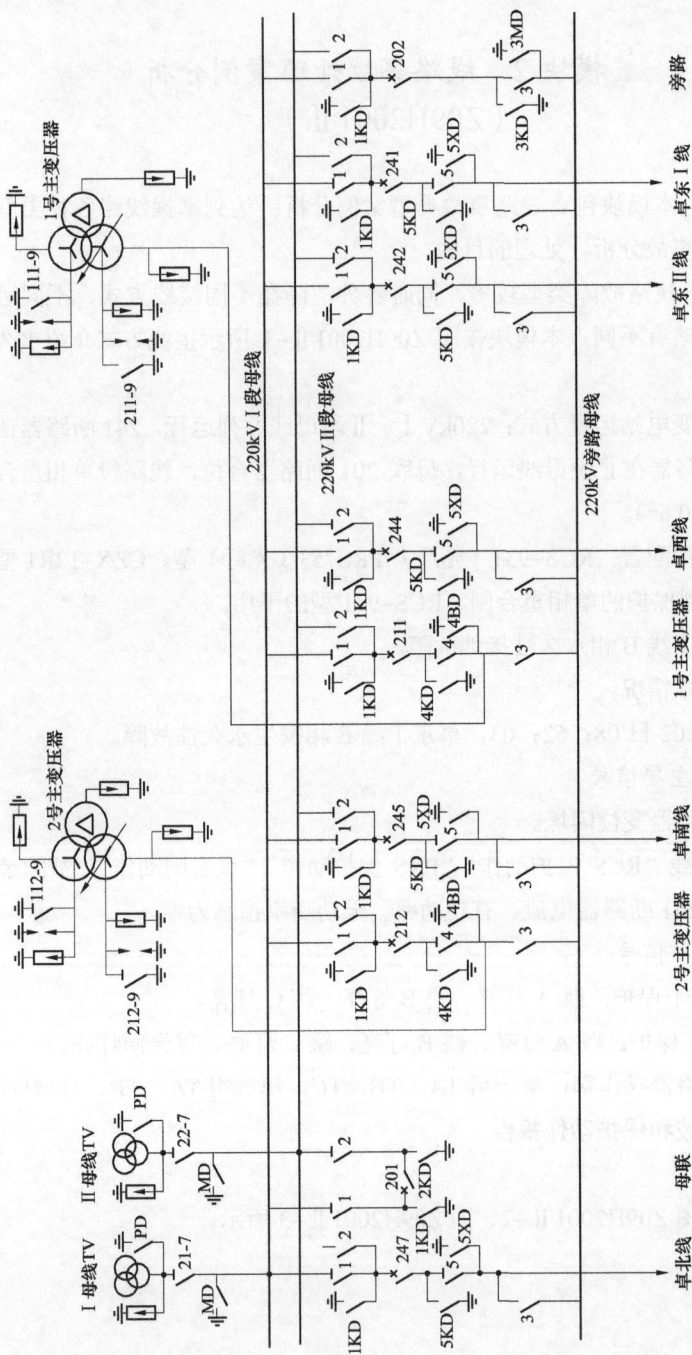

图 Z09H2001 Ⅱ-1 220kV 卓越变电站 220kV 主接线图

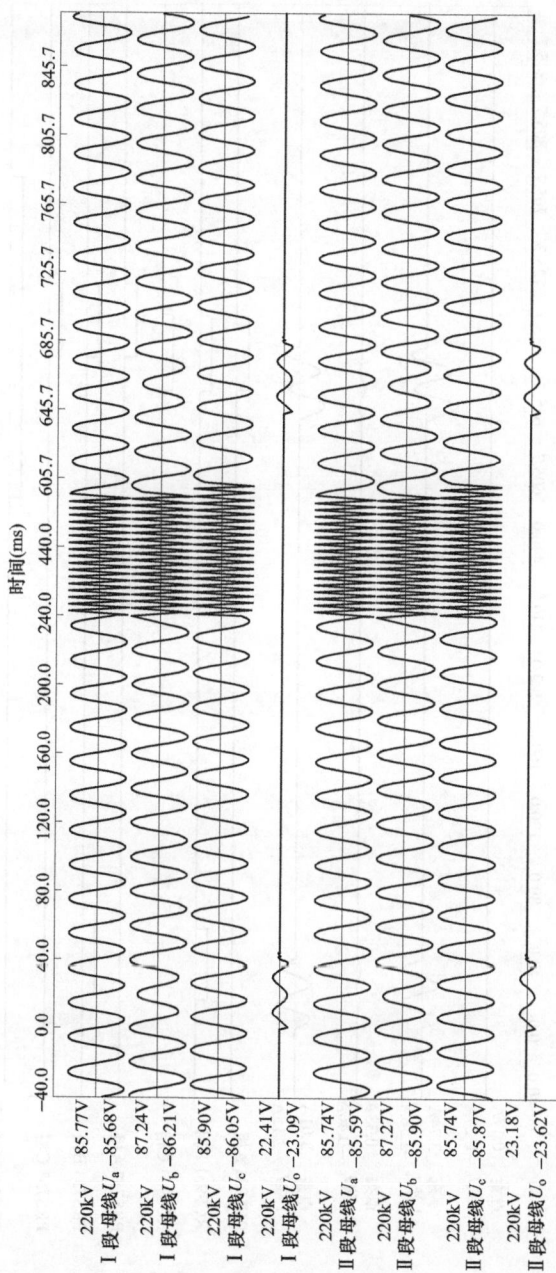

图 Z09H2001Ⅱ-2 卓东Ⅰ线永久性故障录波图（电压）

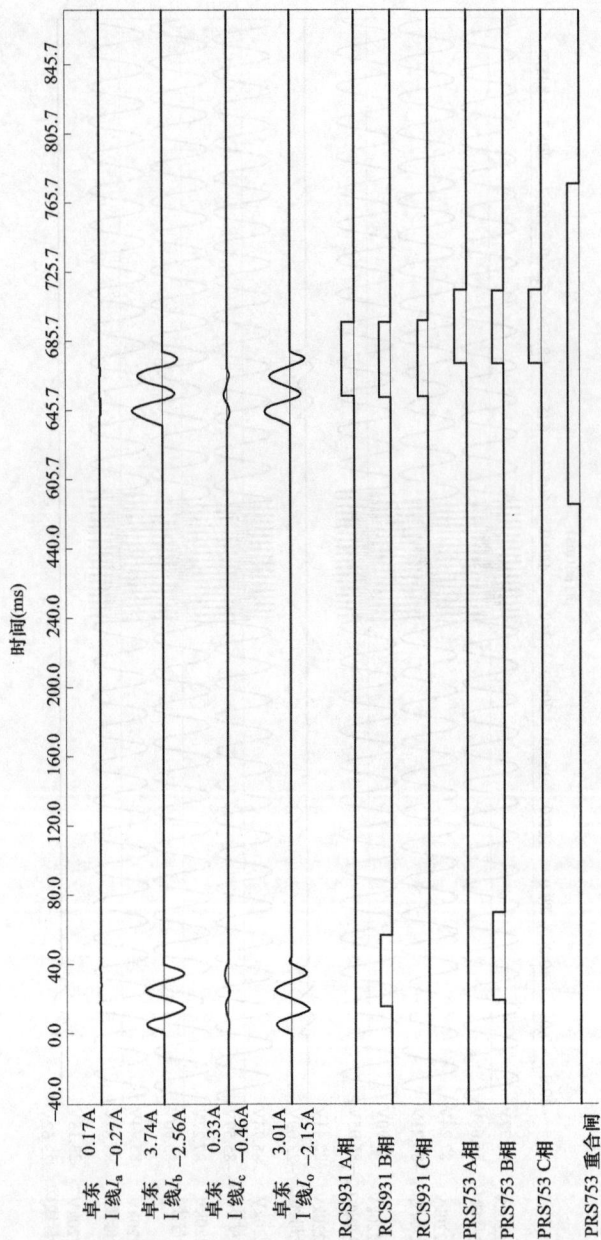

图 Z09H2001 Ⅱ-3　卓东 Ⅰ 线永久性故障录波图（电流和开关量）

2. RCS-931 跳闸动作报告

RCS-931 跳闸动作报告见表 Z09H2001Ⅱ-1。

表 Z09H2001Ⅱ-1　　RCS-931 跳闸动作报告（不含录波图）

动作序号	024	启动绝对时间	2008 年 7 月 2 日 08:52:03:809		
序号	动作相	动作相对时间	动作元件		
01	B	00011ms	电流差动保护		
02	ABC	00688ms	电流差动保护		
故障测距结果	0064.5km				
故障相别	B				
故障相电流值	001.36A				
故障零序电流	001.13A				
故障差动电流	005.96A				
启动时开入量状态					
01	差动保护	1	12	合闸压力降低	0
02	距离保护	1	13	发远跳	0
03	零序保护	1	14	发远传 1	0
04	重合闸方式 1	1	15	发远传 2	0
05	重合闸方式 2	1	16	收远跳	0
06	闭重三跳	0	17	收远传 1	0
07	跳闸启动重合	0	18	收远传 2	0
08	三跳起动重合	0	19	主保护连接片 S	1
09	A 相跳闸位置	0	20	距离连接片 S	1
10	B 相跳闸位置	0	21	零序连接片 S	1
11	C 相跳闸位置	0	22	闭重三跳 S	0
启动后变位报告					
01	00084ms	B 相跳闸位置　0→1	04	00771ms	A 相跳闸位置　0→1
02	00590ms	B 相跳闸位置　1→0	05	00775ms	C 相跳闸位置　0→1
03	00767ms	B 相跳闸位置　0→1	06		

3. PRS-753 故障跳闸报告

PRS-753 故障跳闸报告见表 Z09H2001Ⅱ-2。

表 Z09H2001Ⅱ-2　PRS-753 故障跳闸动作报告（不含录波图）

故障序号	00198
启动绝对时间	2008 年 7 月 2 日 08:52:03:810
跳 B 时间	7ms
重合闸时间	573ms
三跳时间	646ms

三、故障分析

1. 故障录波和保护动作报告分析

（1）故障录波如图 Z09H2001Ⅱ-2、图 Z09H2001Ⅱ-3 所示，主要包含 12 个模拟量和 7 个开关量，其中模拟量为线路的电流 I_a、I_b、I_c、$3I_o$，电压 U_a、U_b、U_c、$3U_o$（说明：由于是双母线接线，线路电压取母线电压）；开关量为线路保护、重合闸动作。

（2）故障相：从故障电流、故障电压可看出，故障相为 B 相，从调取的保护动作报告中，故障相为 B 相。故障录波中 B 相电流突然增大、并且产生零序电流说明是接地故障，B 相电压波动且减少，产生零序电压。

（3）故障类型：永久性故障，如图 Z09H2001Ⅱ-3 所示，重合后，保护再次动作，开关跳开，A、B、C 相电流都为零。电压取自母线 CVT 电压，不受线路故障影响，故母线电压正常。

（4）故障过程：故障发生后，两套保护动作，开关 B 相跳开。573ms 重合闸启动，B 相重合，重合后线路保护再启动，断路器 A、B、C 相跳闸。从 RCS-931 保护动作报告中变位情况很明显的看到断路器动作情况。

2. 故障原因分析

线路发生 B 相单相接地故障，保护正常启动，重合闸动作，重合于故障，开关三相跳闸。

四、事故处理步骤

（1）将事故发生时间、设备名称、开关变位情况、保护动作主要信号做好记录并立即汇报调度，关注卓东Ⅱ线负荷情况。

（2）变电运维人员分两组，一组负责主控室监控信号记录和检查、继电保护及自动装置检查；另一组负责保护范围内一次设备检查。

（3）将检查详细情况尽快汇报调度。

（4）根据调度命令，试送线路。

（5）事故处理完毕后，变电运维人员填写运行日志、事故跳闸记录、开关分合闸记录等，并根据开关跳闸情况、保护及自动装置的动作情况、事件记录、故障录波、微机保护打印报告及处理情况，整理详细的事故经过。

五、处理的注意事项

（1）重合闸动作，重合未成功，应重点对开关外观进行检查，如果一次设备检查无问题，可申请试送一次，若试送成功则做好记录，若试送不成功则做好设备转检修准备。试送线路前，将保护信号复归，防止信号不清造成误判断。

（2）对于双回线路，应监视故障后另一条线路的负荷情况。

（3）根据保护动作、故障录波器录波情况分析判断线路故障类型以及测距距离。

【思考与练习】

1. 卓东Ⅱ线B相永久性故障主要事故现象和事故处理的关键点是什么？

2. 故障录波图上主要的信息量有哪些，代表的含义是什么？

3. 线路事故处理过程中的注意事项有哪些？

▲ 模块3 线路事故处理危险点源预控分析
（Z09H2001Ⅲ）

【模块描述】本模块包含线路事故处理危险点源预控分析。通过对线路故障事故处理时的危险点源预控分析介绍，达到能正确进行危险点源分析，制定预控措施；能根据事故暴露出的运行或设备缺陷提出技术改造方案，并能够制定、完善事故预案的目的。

【模块内容】

一、线路事故处理处理过程中可能存在的危险点

（1）线路故障跳闸后，没有认真检查该线路间隔的所有设备，可能在该断路器因为切除故障电流后存在故障，在恢复该断路器运行时，如果再次合闸于故障线路将造成该断路器爆炸等严重故障。

（2）线路故障后未确认断路器在断开位置就拉开断路器两侧隔离开关，可能引起带负荷拉隔离开关。

（3）线路断路器跳闸后，没有记录事故跳闸累计次数，可能因断路器事故跳闸次数累计超过规定次数，在断路器再次切除故障电流时可能会引起爆炸等事故。

（4）在电缆（海缆）线路或按规定不能投重合闸的线路发生跳闸后，未查明原因就对该线路强送电。

（5）110kV 线路故障引起 110kV 某段母线失压，在恢复主变压器运行时，没有合上主变压器中性点隔离开关，可能因为操作过电压等造成主变压器绝缘损坏。

（6）在用分段断路器对母线充电后，未停用分段断路器充电保护，在母线带上负荷时引起充电保护动作，分段断路器跳闸。

二、预控措施

（1）线路故障后应对故障间隔所属设备全面进行检查，防止其设备在切断故障电流后存在安全隐患而恢复运行。

（2）要拉开断路器两侧的隔离开关时，应确认该断路器确在断开位置，否则应在确认该断路器没有电压的情况下（如断开该断路器的上级电源）方可拉开两侧隔离开关。

（3）线路断路器跳闸后，应及时记录事故跳闸累计次数，如果事故跳闸累计次数超过规定次数，应立即上报。

（4）电缆（海缆）线路或按规定不能投重合闸的线路发生跳闸时，应待查明原因后才能强送。

（5）在合上主变压器高压侧断路器前，应先合上中性点接地刀闸，并进行零序保护和间隙保护的切换。

（6）利用分段断路器对母线充电正常后，应立即解除分段断路器充电保护。

三、案例

35kV 东海线 304 线路故障断路器拒动，带负荷拉隔离开关。

1. 运行方式

某 110kV 变电站 35kV 侧接线图见图 Z09H2001Ⅲ-1，运行方式：35kV 各线路运行，配置三段式电流保护，分段 300 断路器在热备用，35kV 备自投装置投入。

2. 事故简要经过

东海线 304 线路故障，东海线 304 线路过流保护Ⅱ段动作，断路器拒动。主变压器 35kV 侧复压过流保护动作，主变压器 302 断路器跳闸，5s 后 35kV 备自投动作成功（后经现场检查该线路上跌落物烧熔，故障消失），后台监控机上显示 304 断路器在合位，线路显示无电流，变电运维人员在经过后台监控机操作、现场操作该断路器"电动紧急分闸按钮"后，现场断路器位置、自动化信息显示该断路器仍处于合闸位置，自动化信息显示线路无电流，之后变电运维人员用专用工具操作"手动紧急分闸按钮"，断路器跳闸，变电运维人员随后拉开该断路器线路侧 3043 隔离开关，发生弧光短路，造成人员被电弧灼伤。

2号主变压器

1号主变压器

35kV Ⅱ段母线　　　　　　　　　　　　　　　　　　　　　　35kV Ⅰ段母线

3081　3061　3041　3021　　3002　　3001　　3011　3051　3031　3071　3071D1

　　　　　　　　　　　　　　300

ⅡTV　306　304　302　　　　　　　　　　301　305　303　　ⅠTV

3063　3043　3023　　　　　　　　　　3013　3053　3033

涵林线　东海线　　　　　　　　　　东秀线　卓坡线

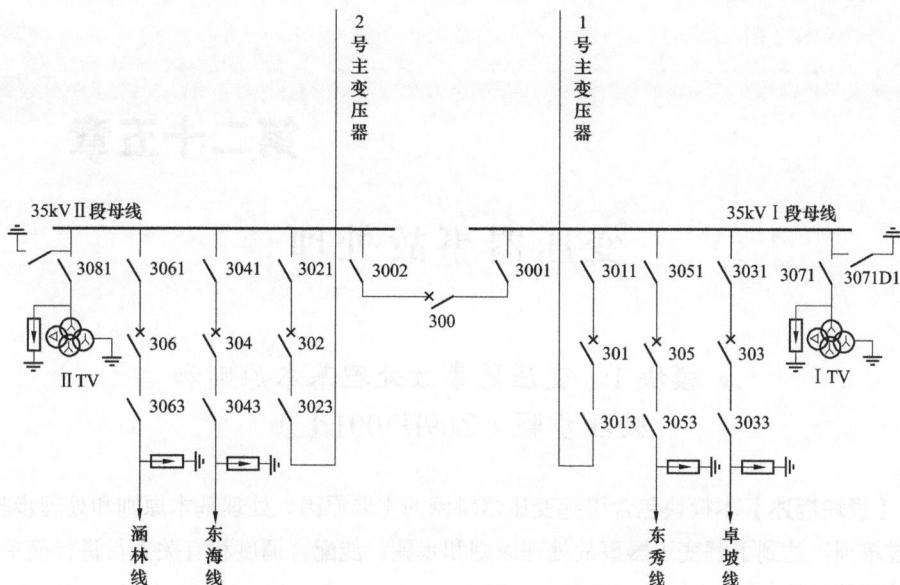

图 Z09H2001Ⅲ–1　某 110kV 变电站 35kV 侧接线

3. 原因分析

事故后现场检查发现：该拒动断路器分闸线圈烧坏，操动机构的 A、B 两相拐臂与绝缘拉杆连接处松脱，该开关 C 相主触头已断开，A、B 两相仍在接通状态，综合自动化系统逆变电源由于受故障冲击，综合自动化设备瞬时失去交流电源，自动化信息通信中断，自动化信息不能实时刷新 35kV 分段断路器备自投动作后的数据。

4. 暴露的问题

（1）主变压器 35kV 侧复压过流保护动作闭锁备自投装置回路未接。

（2）综合自动化装置存在缺陷。

（3）变电运维人员技术不过硬，安全防范意识、自我保护意识不强，危险点分析不够深入。

5. 整改措施

变电运维人员在操作过程特别是在故障处理前，应认真做好危险点分析。在出现断路器拒动等异常情况时，必须在确认该断路器两侧无电压后方可拉开其两侧隔离开关，防止出现因为断路器异常没有分闸造成带负荷拉隔离开关。

【思考与练习】

1. 线路事故处理过程中可能存在的危险点有哪些？

2. 线路事故处理过程中可能存在的危险点的预控措施有哪些？

第二十五章

变压器事故处理

◢ 模块 1　变压器事故处理基本原则和处理步骤（Z09H3001 Ⅰ）

【模块描述】本模块包含引起变压器跳闸的主要原因、处理基本原则和处理步骤；通过培训，达到了解变压器事故处理原则和步骤，能配合调度和有关人员进行简单事故处理的目的。

【模块内容】

变压器是电网中非常重要的设备，变压器事故对电网的影响巨大，正确、快速地处理事故，防止事故的扩大，减小事故的损失，显得尤为重要。

一、变压器故障类型

变压器与其他设备相比发生事故的概率较小，变压器的故障分为内部故障和外部故障两种。

（1）内部故障。包括绕组故障（绕组的匝间短路、层间短路、接地短路、相间短路等）、铁芯故障（铁芯多点接地、相间短路等）。

（2）外部故障。包括变压器引出线和套管上发生故障或系统短路和接地故障引起的变压器过电流。

二、变压器跳闸的主要原因

（1）变压器绕组发生匝间短路、层间短路、接地短路、相间短路。

（2）变压器铁芯发生多点接地和相间短路。

（3）套管故障爆炸、闪络放电及严重漏油。

（4）有载调压装置故障。

（5）变压器出线套管至各侧 TA 之间发生相间短路和接地短路故障。

（6）变压器保护误动、误整定、误碰造成主变压器跳闸。

三、变压器事故处理的基本原则

（1）当并列运行中的一台变压器跳闸后，应密切关注运行中的变压器有无过负荷现象，并考虑中性点接地情况。

（2）变压器跳闸后应密切关注站用电的供电，确保站用电、直流系统的安全稳定运行。

（3）变压器的重瓦斯、差动保护同时动作跳闸，未经查明原因和消除故障之前不得进行强送。

（4）重瓦斯或差动保护之一动作跳闸，在检查发现变压器外部无明显故障，检查瓦斯气体，证明变压器内部无明显故障者，在系统急需时可以试送一次，有条件时，应尽量进行零起升压。

（5）若变压器后备保护动作跳闸，一般经外部检查、初步分析（必要时经电气试验），无明显故障，可以试送一次。

（6）若主变压器重瓦斯保护误动作，两套差动保护中一套误动作或者后备保护误动作造成变压器跳闸，应根据调度命令，停用误动作保护，将主变压器送电。

（7）变压器故障跳闸造成电网解列时，在试送变压器或投入备用变压器时，要防止非同期并列。

（8）如因线路或母线故障，保护越级动作引起变压器跳闸，则在故障线路断路器断开后，可立即恢复变压器运行。

（9）变压器主保护动作，在未查明故障原因前，变电运维人员不可复归保护屏信号，做好相关记录以便专业人员进一步分析和检查。

（10）对于不同的接线方式，应及时调整运行方式，本着无故障变压器尽快恢复送电的原则。

（11）主变压器保护动作，若 220kV 侧断路器拒动，则启动失灵；若是 110kV 侧、35kV 侧（10kV 侧）断路器拒动，则由电源对侧或主变压器后备保护动作跳闸，切除故障。变电运维人员根据越级情况，尽快隔离拒动断路器，恢复送电。

四、变压器各种保护动作的原因、现象和主要检查工作

（一）差动保护动作

1. 差动保护动作的原因

（1）变压器套管引出线至各侧差动保护用电流互感器之间的一次设备故障。

（2）保护二次回路异常引起保护误动作或保护误整定。

（3）差动保护用电流互感器二次开路或短路。

（4）变压器内部故障。

2. 变压器差动保护动作的主要现象

（1）事故音响、预告警铃响，变压器三侧断路器出现变位信息。

（2）监控系统显示变压器差动保护动作等光字牌。

（3）监控系统告警窗显示打压电源启动、故障录波器启动等信号。

（4）变压器三侧的电流、功率等为零。

（5）低压侧母线失压（无自投装置）。

3. 差动保护动作后变电运维人员应进行的检查工作

（1）检查变压器中性点接地方式。

（2）检查并列运行变压器及各线路的负荷情况。

（3）检查站用系统电源是否切换正常，直流系统是否正常。

（4）检查现场一次设备（特别是变压器差动范围内设备）有无着火、爆炸、喷油、放电痕迹、导线断线、短路、小动物爬入引起短路等情况。

（二）本体重瓦斯保护动作

1. 本体重瓦斯保护动作跳闸的原因

（1）变压器内部严重故障（如匝间、层间短路、绝缘损坏、接触不良、铁芯多点接地故障等）。

（2）二次回路异常引起误动作或保护误整定。

（3）附属设备故障［如油枕内的胶囊（隔膜）安装不良造成呼吸器阻塞；散热器上部进油阀关闭；油温发生变化后，呼吸器突然冲开，油流冲动使重瓦斯保护误动作跳闸等］。

（4）外部发生穿越性短路故障（外部发生穿越性短路故障时，变压器通过很大短路电流，内部产生的电动力使变压器油发生很大波动而发生重瓦斯保护误动作）。

（5）变压器附近有较强的振动。

2. 本体重瓦斯保护动作的现象

（1）事故音响、预告警铃响，变压器三侧断路器出现变位信息。

（2）监控系统显示"变压器重瓦斯保护动作"等光字牌。

（3）监控系统告警窗显示打压电源启动、故障录波器启动等信号。

（4）变压器三侧的电流、功率等为零。

（5）低压侧母线失压（无自投装置）。

3. 本体重瓦斯保护动作后变电运维人员应进行的检查工作

（1）检查中性点接地方式。

（2）检查并列运行变压器及各线路的负荷情况。

（3）检查变电站站用系统电源是否切换正常，直流系统是否正常。

（4）检查变压器油温、油位、油色情况，有无爆炸、喷油、漏油等情况。

（5）检查变压器外壳有无鼓起变形，套管有无破损裂纹。

（6）检查变压器压力释放阀是否喷油。

（7）检查气体继电器内有无气体积聚。

（8）检查气体继电器的二次接线有无异常。

（三）有载分接开关重瓦斯保护动作

1. 有载分接开关重瓦斯保护动作跳闸的原因

（1）有载分接开关内部严重故障。

（2）气体继电器定值的误整定。

（3）有载分接开关气体继电器接线盒内受潮或有异物造成端子短路。

2. 有载分接开关重瓦斯动作的现象

（1）事故音响、预告警铃响，变压器三侧断路器出现变位信息。

（2）监控系统显示变压器有载分接开关重瓦斯保护动作等光字牌。

（3）监控系统告警窗显示打压电源启动、故障录波器启动等信号。

（4）变压器三侧的电流、功率等为零。

（5）低压侧母线失压（无自投装置）。

3. 有载分接开关重瓦斯保护动作后变电运维人员应进行的检查工作

（1）检查中性点接地方式。

（2）检查并列运行变压器及各线路的负荷情况。

（3）检查变电站站用系统电源是否切换正常，直流系统是否正常。

（4）检查变压器有载调压油枕、压力释放阀和呼吸器是否破裂，压力释放装置是否动作。

（5）检查变压器油温、油位、油色情况，有无爆炸、喷油、漏油等情况。

（6）检查变压器外壳有无鼓起变形，套管有无破损裂纹。

（7）检查有载分接开关气体继电器内有无气体积聚。

（8）检查变压器有载分接开关油位情况。

（9）检查有载分接开关气体继电器的二次接线有无异常。

（四）变压器后备保护动作

变压器后备保护动作跳闸，而主保护未动作时，一般情况下为差动保护范围以外故障，在实际发生的事故中，母线故障或线路故障越级使变压器后备保护动作跳闸的情况比较多。下面分别从高、中、低压侧后备保护动作进行分析说明。

1. 高压侧后备保护动作

（1）高压侧后备保护动作的原因。

1）变压器差动和瓦斯保护拒动。

2）本侧母线差动保护或者线路保护拒动。

3）本侧断路器拒动。

4）中低压侧后备保护拒动或断路器拒动。

5）高压侧后备保护误动、误整定。

（2）高压侧后备保护动作后的主要检查工作。

1）检查本侧线路保护、母差保护是否有动作信号，是否有断路器闭锁信号。

2）检查中、低压侧是否有故障、保护动作信号、断路器闭锁信号。

2. 中压侧后备保护动作

（1）中压侧后备保护动作的原因。

1）变压器差动和瓦斯保护拒动。

2）本侧母线差动保护或者线路保护拒动。

3）本侧断路器拒动。

4）中压侧后备保护误动、误整定。

（2）中压侧后备保护动作后主要检查工作。包括本侧线路保护、母差保护是否有动作信号，是否有断路器闭锁信号。

3. 低压侧后备保护动作

（1）低压侧后备保护动作的原因。

1）低压线路发生故障跳闸，保护拒动或断路器拒动。

2）低压母线发生故障（未装设母差保护）。

（2）低压侧后备保护动作后主要检查工作。包括低压母线是否发生短路故障或者是低压线路故障保护拒动或断路器拒动。

4. 主变压器中性点间隙保护动作

（1）间隙保护动作的原因。中性点不接地的变压器带单相接地故障运行时，会引起间隙保护动作。

（2）间隙保护动作后主要检查工作。包括高、中压系统的越级跳闸及保护误动、误整定。

五、变压器套管爆炸的事故处理

1. 变压器套管爆炸的原因

（1）套管表面污秽。

（2）密封不良，绝缘受潮、劣化。

（3）套管有破损、裂纹没有及时发现处理。

（4）由于误操作、事故或雷击等原因造成的过电压。

（5）套管电容芯击穿故障。

2. 变压器套管爆炸的检查

（1）检查中性点接地方式。

（2）检查并列运行变压器及各线路的负荷情况。

（3）检查变电站站用系统电源是否切换正常，直流系统是否正常。

（4）检查变压器有无着火等情况，检查消防设施是否启动。

（5）检查套管爆炸引起其他设备的损坏情况。

六、变压器起火事故处理

1. 变压器起火的主要原因

（1）套管的破损和闪络。

（2）油在储油柜的压力下流出并在顶盖上燃烧。

（3）变压器内部故障造成外壳或散热器破裂，使燃烧的变压器油溢出。

（4）变压器周围用喷灯或者有烟火等情况。

2. 变压器起火的处理

（1）变压器起火时，首先应检查变压器各侧开关是否已跳闸，否则应立即手动拉开故障变压器各侧开关，立即停运冷却装置，立即拉开变压器各侧电源。

（2）立即切除变压器所有二次控制电源。

（3）立即启动灭火装置。

（4）立即向消防部门报警。

（5）确保人身安全的情况下采取必要的灭火措施。

（6）应立即将情况向调度及有关部门汇报。

七、变压器事故处理的步骤

（1）变压器保护动作跳闸后，运行变电运维人员首先应记录事故发生时间、设备名称、断路器变位情况、主要保护和自动装置动作信号等事故信息。

（2）检查受事故影响的运行设备状况，主要是指两台主变压器并列运行，如一台主变压器跳闸，另一台主变压器运行状况及站用变压器运行情况。

（3）立即检查主变压器中性点接地情况，根据实际情况完成接地操作。

（4）检查站用系统电源是否切换正常，直流系统是否正常。

（5）将以上信息、天气情况、停电范围和当时的负荷情况及时汇报调度和有关部门，便于调度及有关人员及时、全面地掌握事故情况，进行分析判断。

（6）记录保护及自动装置屏上的所有信号，检查故障录波器的动作情况。打印故障录波报告及微机保护报告。

（7）检查保护范围内一次设备。

（8）将详细检查结果汇报调度和有关部门，根据调度命令进行处理。

（9）事故处理完毕后，变电运维人员填写运行日志、事故跳闸记录、断路器分合闸记录等，并根据断路器跳闸情况、保护及自动装置的动作情况、事件记录、故障录波、微机保护打印报告及处理情况，整理详细的事故经过。

【思考与练习】

1. 变压器主保护动作最主要的原因有哪些？动作后主要检查内容是什么？应如何进行处理？

2. 变压器套管故障处理步骤是什么？

3. 变压器起火处理的步骤是什么？

◢ 模块 2 变压器事故处理案例分析（Z09H3001Ⅱ）

【模块描述】 本模块包含变压器事故典型案例分析；通过案例分析，达到掌握变压器各种故障的现象，能进行变压器故障分析、处理的目的。

【模块内容】

卓越变电站主变压器接线如图 Z09H3001Ⅱ–1 所示。

运行方式：220kVⅠ、Ⅱ母线并列运行，110kV 母线并列运行，2 号主变压器高、中压侧中性点接地。1、2 号主变压器容量为 120MVA。

1 号主变压器保护配置：PST–1202A、PST–1212、PST–1206A，PST–1202B、PST–1211、PST–1210、PST–1210C。

2 号主变压器保护配置：RCS–978、RCS–974A、LFP–974B，RCS–978、LFP–974E。

一、案例 1：卓越变电站 1 号主变压器高压侧 B 相套管绝缘击穿接地

1. 事故基本情况

2008 年 10 月 8 日 09：18，1 号主变压器差动保护动作跳闸。事故前 1 号主变压器负荷为 70MVA，2 号主变压器负荷为 69MVA。

（1）监控系统主要信息。

1）211、111、511 断路器变位，电流、功率指示为零。

2）1 号主变压器 PST–1202A、PST–1202B 差动保护动作、故障录波器动作光字牌亮。

3）10kVⅠ段母线所连接线路和电容器组的电流为零，功率指示为零。

4）10kVⅠ段母线电压为零。

5）站用变压器自投动作光字牌亮。

（2）保护主要信息。

1）1 号主变压器保护：差动保护动作。

2）电容器保护：低电压动作。

3）1 号站用变压器保护：备自投动作。

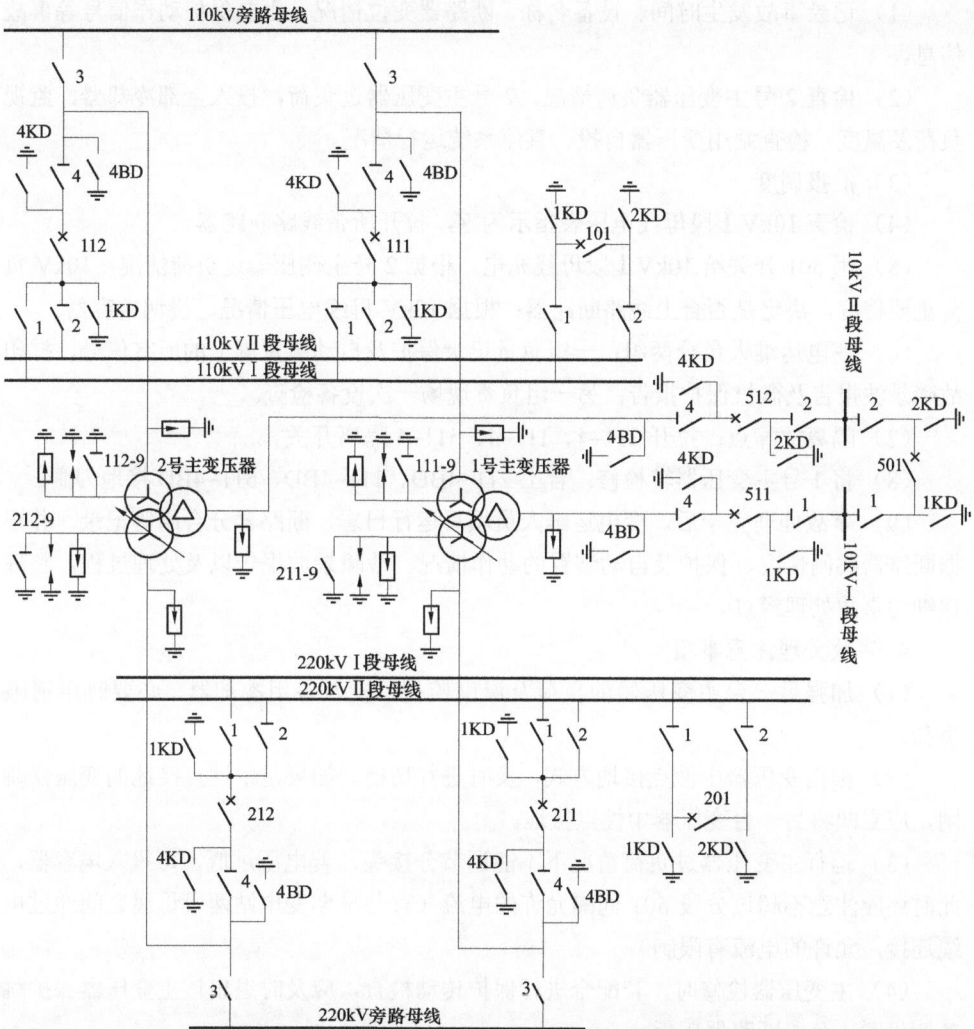

图 Z09H3001Ⅱ-1 卓越变电站主变压器接线图

4）211 开关操作箱：第一组 TA、TB、TC 灯，第二组 TA、TB、TC 灯亮。111、511 断路器操作箱：TWJ 灯亮。

2. 事故分析

根据保护动作信息及现场检查发现的 1 号主变压器高压侧 B 相套管附近有放电痕迹，可初步判断为 B 相套管绝缘击穿接地，保护动作正常。

3. 事故处理步骤

（1）记录事故发生时间、设备名称、断路器变位情况、主要保护动作信号等事故信息。

（2）检查 2 号主变压器负荷情况，2 号主变压器过负荷，投入全部冷却器，监视负荷及温度。检查站用变压器自投、直流系统运行情况。

（3）汇报调度。

（4）检查 10kV Ⅰ 段母线电压表指示为零，拉开所带线路断路器。

（5）用 501 开关给 10kV Ⅰ 段母线充电，根据 2 号主变压器过负荷情况，10kV 负荷重要程度，决定是否合上线路断路器；根据 10kV 母线电压情况，投切电容器。

（6）变电运维人员分两组：一组负责记录保护及自动装置屏上的所有信号，打印故障录波报告及微机保护报告；另一组负责现场一次设备检查。

（7）隔离故障点：拉开 211-4、111-4、511-4 隔离开关。

（8）将 1 号主变压器转检修：合上 211-4BD、111-4BD、511-4BD 接地刀闸。

（9）事故处理完毕后，变电运维人员填写运行日志、断路器分合闸等记录，并根据断路器跳闸情况、保护及自动装置的动作情况、故障录波报告以及处理过程，整理详细的事故处理经过。

4. 事故处理注意事项

（1）加强另一台主变压器的负荷及温度监视，投入备用冷却器，必要时申请限负荷。

（2）根据变压器中性点接地方式，及时进行切换。如果是中性点接地的变压器跳闸，应立即将另一台变压器中性点接地。

（3）运行主变压器过负荷情况下不能调节分接头，若电压过低，可投入电容器，此时还应注意不超过分段 501 间隔允许的电流（有些早期变电站两段母线之间通过电缆连接，允许的电流有限制）。

（4）主变压器检修时，若配合进行保护传动检查，应及时退出该主变压器保护跳各侧母联、分段断路器压板。

二、案例 2：卓越站 2 号主变压器内部相间短路故障

1. 事故基本情况

2007 年 6 月 12 日 19：09 分，2 号主变压器差动保护、重瓦斯保护动作跳闸。

（1）监控系统主要信息。

1）212、112、512 断路器变位闪烁，三侧电流表、功率表指示为零。

2）2 号主变压器双套 RCS-978 差动保护动作，非电量保护 RCS-974A 保护动作，故障录波器动作光字牌亮。

3）10kVⅡ段母线所连接线路和电容器组的电流、功率指示为零。

4）10kVⅡ段母线电压为零。

5）站用变压器自投动作光字牌亮。

（2）保护主要信息。

1）2号主变压器保护：差动保护动作、重瓦斯保护动作。

2）电容器保护：低电压动作。

3）站用变压器保护：2号站用变压器备自投动作。

4）212开关操作箱：第一组TA、TB、TC灯，第二组TA、TB、TC灯亮。112、512开关操作箱：TWJ灯亮。

2. 事故分析

根据保护动作信息，尤其是两套差动和重瓦斯保护同时动作，一般是变压器内部严重故障。

3. 事故处理步骤

（1）记录事故发生时间、设备名称、断路器变位情况、主要保护动作信号等事故信息。

（2）检查1号主变压器负荷情况，1号主变压器可能过负荷，投入全部冷却器，监视负荷及温度。检查站用变压器自投、直流系统运行情况。

（3）汇报调度。

（4）退出1号主变压器间隙保护，合上1号主变压器中性点接地刀闸。

（5）检查10kVⅡ段母线电压表指示为零，拉开线路开关。

（6）用501开关给10kVⅡ段母线充电，根据1号主变压器负荷情况，10kV负荷重要程度，决定是否合上出线开关；根据10kV母线电压情况，投切电容器。

（7）变电运维人员分两组：一组负责记录保护及自动装置屏上的所有信号，打印故障录波报告及微机保护报告；另一组负责现场一次检查。

（8）隔离故障点：拉开212-4、112-4、512-4隔离开关。

（9）将2号主变压器转检修：合上212-4BD、112-4BD、512-4BD接地刀闸。

（10）事故处理完毕后，变电运维人员填写运行日志、开关分合闸等记录，并根据开关跳闸情况、保护及自动装置的动作情况、故障录波报告以及处理过程，整理详细的事故处理经过。

4. 事故处理注意事项

（1）加强另一台主变压器的负荷及温度监视，投入备用冷却器，必要时申请限负荷。

（2）本案例是中性点接地的变压器跳闸，应立即将另一台变压器中性点接地。

（3）运行主变压器过负荷情况下不能调节分接头，若电压过低，可投入电容器，此时还应注意不超过分段 501 间隔允许的电流（有些早期变电站两段母线之间通过电缆连接，允许的电流有限制）。

（4）此案例差动、重瓦斯保护都动作，未查明故障原因时，2 号主变压器不允许试送，变电运维人员尽量不要复归 2 号主变压器保护屏信号，做好相关记录以便专业人员进一步分析和检查。

（5）主变压器检修时，若配合进行保护传动检查，应及时退出该主变压器保护跳各侧母联、分段断路器压板。

【思考与练习】

1. 卓越站 2 号主变压器 A 相引线断裂与 B 相发生短路，有何现象？应如何处理？

2. 卓越站 1 号主变压器内部故障跳闸，有何现象？应如何处理？

3. 变压器发生故障后，应密切关注的主要问题有哪些？

▲ 模块 3　主变压器事故处理危险点源预控分析（Z09H3001Ⅲ）

【模块描述】本模块包含简单和较复杂变压器事故处理危险点源预控分析；通过对变压器故障处理危险点源预控分析介绍，达到能正确进行危险点分析的，能根据事故暴露出的运行或设备缺陷制定、完善事故预案目的。

【模块内容】

一、主变压器事故处理过程中可能存在的危险点

（1）一台主变压器故障跳闸后，若中、低压侧并列运行或备自投动作后，未能及时处理其他运行中主变压器过负荷，造成运行主变压器过热。

（2）主变压器故障未能明确，就盲目对主变压器充电，引起事故扩大甚至损害主变压器。

（3）对内桥接线方式的，一台主变压器故障跳闸后，未将该主变压器跳 110kV 侧母联断路器或高压侧断路器的压板解除，当对故障主变压器保护进行试验时可能引起 110kV 母联断路器或高压侧断路器跳闸，遇到特殊运行方式将扩大事故。

（4）跳闸主变压器经检修、试验合格后送电时，中性点没有保持接地，可能引起操作过电压损害主变压器。

（5）变压器着火时，未根据现场实际的火情情况，盲目进行排油，威胁人身

安全。

二、预控措施

（1）一台主变压器事故跳闸后，应立即根据事故前的负荷情况考虑主变压器过负荷问题。根据主变压器过负荷倍数和相应的允许运行时间，向调度申请转移负荷或减小负荷，确保主变压器正常运行。

（2）主变压器故障跳闸，一定要经过专业人员进行检查、试验合格后方可投运。

（3）应解除故障主变压器跳其他回路断路器的保护压板。

（4）跳闸主变压器恢复送电时，其中性点应接地。

（5）变压器着火时，应根据现场实际的火气情况确定是否进行排油。切不可盲目靠近着火的变压器。

三、案例

1号主变压器事故跳闸，2号主变压器过载发热。

1. 运行方式

某 110kV 变电站接线如图 Z09H3001Ⅲ-1 所示，运行方式为：110kV 东涵Ⅰ线 101 断路器、东涵Ⅱ线 102 断路器运行，110kV 桥 100 断路器热备用，1 号、2 号主变压器运行，1 号、2 号主变压器中性点接地刀闸在断开位置。10kV 分段 000 断路器热备用，110kV、10kV 备自投装置投入，10kV 各线路及电容器组运行。1 号站用变压器运行，2 号站用变压器充电备用。1 号、2 号主变压器容量均为 31.5MVA，事故前 1 号、2 号主变压器负荷均为 23MVA。

2. 事故简要经过

1 号主变压器差动保护动作，110kV 东涵Ⅰ线 101 断路器、1 号主变压器 10kV 侧 001 断路器跳闸，10kV 备自投装置动作，自动合上 10kV 分段 000 断路器。变电运维人员忙着处理 1 号主变压器跳闸事故，未去关注 2 号主变压器发出的"过负荷"报警信息，没有及时向调度申请转移负荷，造成 2 号主变压器过热（过负荷倍数为 1.46 倍）。

3. 暴露问题

（1）变电运维人员缺乏必要的事故处理经验，应急能力不足，在事故处理过程中未能分清轻重缓急。

（2）变电运维人员对本站总负荷情况及单台主变压器过负荷倍数和相应的允许运行时间没有熟悉掌握。

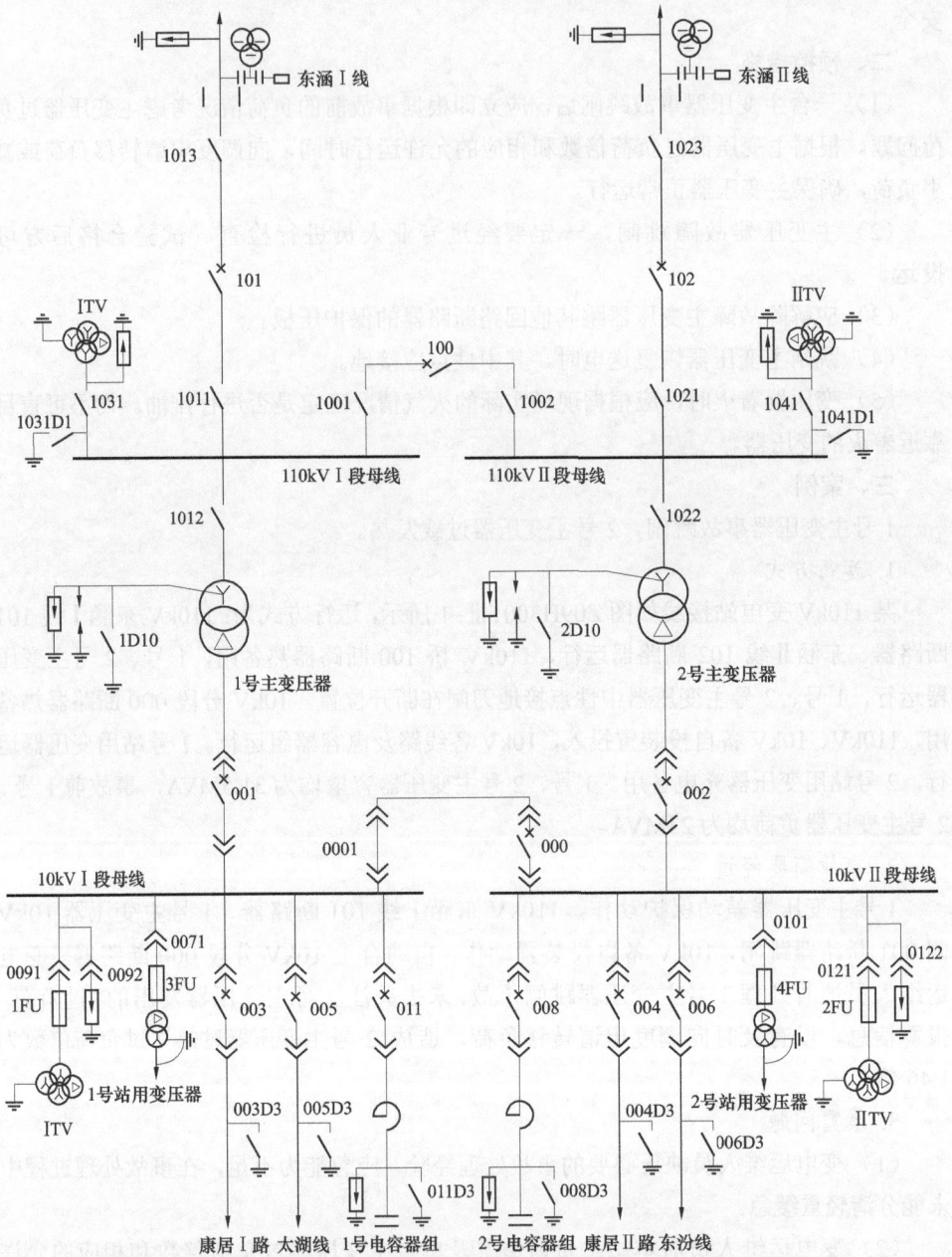

图 Z09H3001Ⅲ-1　某 110kV 变电站接线

【思考与练习】

1. 变压器事故处理过程中可能的危险点有哪些？
2. 举例说明变压器事故处理过程中存在的危险点。

第二十六章

母 线 事 故 处 理

▲ 模块 1 母线事故处理基本原则和处理步骤（Z09H4001 I）

【模块描述】本模块包含导致母线事故的主要原因、处理基本原则和处理步骤；通过培训，达到了解母线事故处理原则和步骤，能配合调度和有关人员进行简单事故处理的目的。

【模块内容】

母线故障在电力系统故障中所占比例不大，据资料统计，母线故障大约占系统所有故障的 6%～7%。母线故障会造成母线失压，对整个系统影响较大，后果严重，因为母线上所有的电源点将失去电源，造成大面积停电，有可能使电力系统解列。

一、母线事故的主要原因

造成母线故障的主要原因如下：

（1）母线上设备引线接头松动造成短路或接地，所连接的电压互感器、避雷器故障以及连接在母线上的隔离开关支柱绝缘子损坏或发生闪络。

（2）母线绝缘子及断路器套管绝缘损坏或发生闪络。

（3）母线保护用电流互感器发生故障。

（4）由于外力破坏或者异物搭挂造成母线设备短路或接地。

（5）误操作。如带负荷拉、合母线侧隔离开关、带地线合母线侧隔离开关或带电挂接地线引起的母线故障。

（6）母线差动保护或失灵保护误动、误整定。

（7）线路发生故障，线路保护拒动或断路器拒动，造成越级跳闸。

（8）上一级电源故障造成本级母线失压。

二、母线事故的主要现象

事故音响、预告警铃响，母线电压为零，母线所连元件电流、有功功率、无功功率为零。除上述共同现象外，不同保护配置和故障类型的现象各有不同。

（1）母线配置母差保护，若发出"母差保护动作"光字牌，各出线断路器在分位，可能是母线有故障，母差保护动作跳闸。

（2）若有"线路保护动作""失灵保护动作"光字牌，除了保护动作的线路外，各出线断路器在分位，此时母线无故障，是220kV线路故障断路器拒动，失灵动作导致母线失压。

（3）若有"线路保护动作""变压器中压侧后备保护动作"光字牌，母联或分段和本侧变压器断路器在分位，母线其他断路器在合位，此时母线无故障，母差保护不动作，是110kV线路故障断路器拒动，变压器中压侧后备保护动作，第一时限跳开母联或分段断路器，第二时限跳开本侧断路器。

（4）母线未配置母差保护，在220kV变电站中，一般为35kV（或10kV）母线，若仅发出"变压器低压侧过流保护动作"光字牌，则可能是母线故障；若低压线路故障断路器拒动引起越级跳闸，则还应有"线路保护动作"光字牌。

（5）若由于上一级电源故障跳闸，造成母线失压，则母线上断路器均在合位。

三、母线事故处理基本原则

（1）母线故障不允许未经检查即强行送电。

（2）如母线失压造成站用电失电，应先倒站用电，并立即上报调度，同时将失压母线上的断路器全部拉开。

（3）如有明显的故障点，应用隔离开关将其隔离，恢复母线送电。

（4）经检查若确系母差或失灵保护误动作，应停用母差或失灵保护，立即对母线恢复送电。

（5）如故障点不能隔离，对于双母线接线，一条母线故障停电时，采用冷倒母线方法，将无故障元件倒至运行母线上，恢复送电；对于单母线或3/2接线，母线转检修。

（6）找不到明显故障点的，可试送电一次，应优先用外部电源，其次是选择变压器或母联断路器；试送断路器必须完好，并有完备的继电保护。如用线路对侧给母线充电，应将本侧高频保护的收发信机、线路对侧的重合闸停用。

（7）双母线接线同时停电时，如母联断路器无异常且未断开应立即将其拉开，经检查排除故障后再送电。要尽快恢复一条母线运行，另一条母线不能恢复则将所有负荷倒至运行母线。

（8）对3/2接线方式的母线故障跳闸，正常情况下不影响线路及变压器设备（主变压器进串方式）正常负荷；若故障前，其中某一串中间断路器在备用或检修方式，母线故障跳闸将引起线路或变压器高压侧断路器跳闸，应考虑中间断路器是否具备恢复条件。

（9）对母线为3/2接线方式的，一组母线跳闸失电后，试送前应将试送电源线路本侧的中断路器拉开后，用边断路器试送。若因母差保护误动所致，应停用母差保护检查，待处理结束，投入母差保护后，再恢复母线送电。

（10）母线故障跳闸若是某一出线断路器拒动（包括失灵保护动作）越级所致，对拒动断路器首先隔离（拉开断路器两侧隔离开关），对失电母线进行外部检查（包括出线断路器及其保护），尽快恢复送电。拒动断路器故障如不能很快消除，有条件时应采用旁路断路器代替运行。

（11）封闭式（GIS）母线故障的事故处理。

1）双母线运行的其中一条母线故障或失电，在未查明故障原因前禁止将故障或失电母线上的断路器冷倒至运行母线。

2）母线上设备发生故障，必须查清原因并修复故障或确实隔离故障点后方能予以试送。

3）如设备所属单位查不到故障，应根据故障情况进一步采取试验措施（有条件时应进行零起升压及升流）。

四、母线事故处理步骤

（1）母线保护动作跳闸后，变电运维人员首先应记录事故发生时间、设备名称、断路器变位情况、主要保护及自动装置动作信号等事故信息。

（2）将以上信息、天气情况、停电范围和当时的负荷情况及时汇报调度和有关部门，便于调度及有关人员及时、全面地掌握事故情况，进行分析判断。

（3）检查运行变压器的负荷情况，考虑变压器中性点接地方式。

（4）如有工作现场或操作现场，应立即停止工作并对现场进行检查。

（5）记录保护及自动装置屏上的所有信号，打印故障录波报告及微机保护报告。

（6）现场检查跳闸母线上所有设备，是否有放电、闪络痕迹或其他故障点。

（7）将详细检查结果汇报调度和有关部门，按照母线事故处理原则进行事故处理。

（8）事故处理完毕后，变电运维人员填写运行日志、断路器分合闸等记录，并根据断路器跳闸情况、保护及自动装置的动作情况、故障录波报告以及处理过程，整理详细的事故处理经过。

【思考与练习】

1. 母线事故处理的主要原则是什么？
2. 母线送电电源选择原则是什么？
3. 母线事故处理的步骤是什么？

▲ 模块 2　母线事故处理案例分析（Z09H4001Ⅱ）

【模块描述】本模块包含母线事故典型案例分析；通过案例分析，达到掌握母线故障现象，能进行母线故障分析、处理的目的。

【模块内容】

一、案例 1：220kV 卓越变电站卓东 Ⅱ 线 242–1 隔离开关断路器侧绝缘子闪络接地

1. 运行方式及保护配置

一次主接线如图 Z09H4001 Ⅱ–1 所示。

运行方式：220kV Ⅰ 、Ⅱ 段母线并列运行，241、245、247、211 开关在 Ⅰ 段母线运行，242、244、212 开关在 Ⅱ 段母线运行，母联 201 开关合位。

卓东双回保护配置：RCS–931（光纤）、PRS–753（光纤）、RCS–923A、CZX–12R1。

卓南保护配置：RCS–931（光纤）、CZX–12R、LFP–901B。

卓西、卓北保护配置：RCS–901A、LFX–912、CZX–12R，RCS–902A、LFX–912、RCS–923A。

母差保护配置：RCS–915AB、BP–2B。

1 号主变压器保护配置：PST–1202A、PST–1212、PST–1206A，PST–1202B、PST–1211、PST–1210、PST–1210C。

2 号主变压器保护配置：RCS–978、RCS–974A、LFP–974B，RCS–978、LFP–974E。

2. 事故基本情况

2007 年 6 月 8 日 13：48，220kV Ⅱ 段母线差动保护动作跳闸，母线失压。

（1）监控系统主要信息：

1）201、242、244、212 断路器变位闪烁。

2）220kV Ⅱ 段母线 RCS–915AB 差动保护动作、BP–2B 差动保护动作、故障录波器动作光字牌亮。

3）201、212 电流为零，卓东 Ⅱ 线 242、卓西线 244 电流、有功、无功指示为零。

4）220kV Ⅱ 段母线电压为零。

（2）保护主要信息：

1）220kV Ⅱ 段母线 RCS–915AB 差动保护：保护动作跳 Ⅱ 段母线。

2）BP–2B 差动保护：保护动作跳 Ⅱ 段母线。

3）201、242、244、212 开关操作箱：第一组 TA、TB、TC 灯，第二组 TA、TB、TC 灯亮。

3. 事故分析

（1）设备检查范围。Ⅱ 段母线差动保护范围包括 242、244、212 间隔 TA、断路器、–2 隔离开关、–1 隔离开关断路器侧支持绝缘子及这些设备之间的引线，241、245、247、211、202 间隔–2 隔离开关母线侧，201–2 隔离开关、TA，22–7 隔离开关、TV、避雷器及它们之间的引线，220kV Ⅱ 段母线，22–MD1、22–MD2 接地刀闸。值得提醒的是本次故障点在 242–1 隔离开关上，却在 Ⅱ 母线差动保护范围内，同样的 Ⅰ 段母线

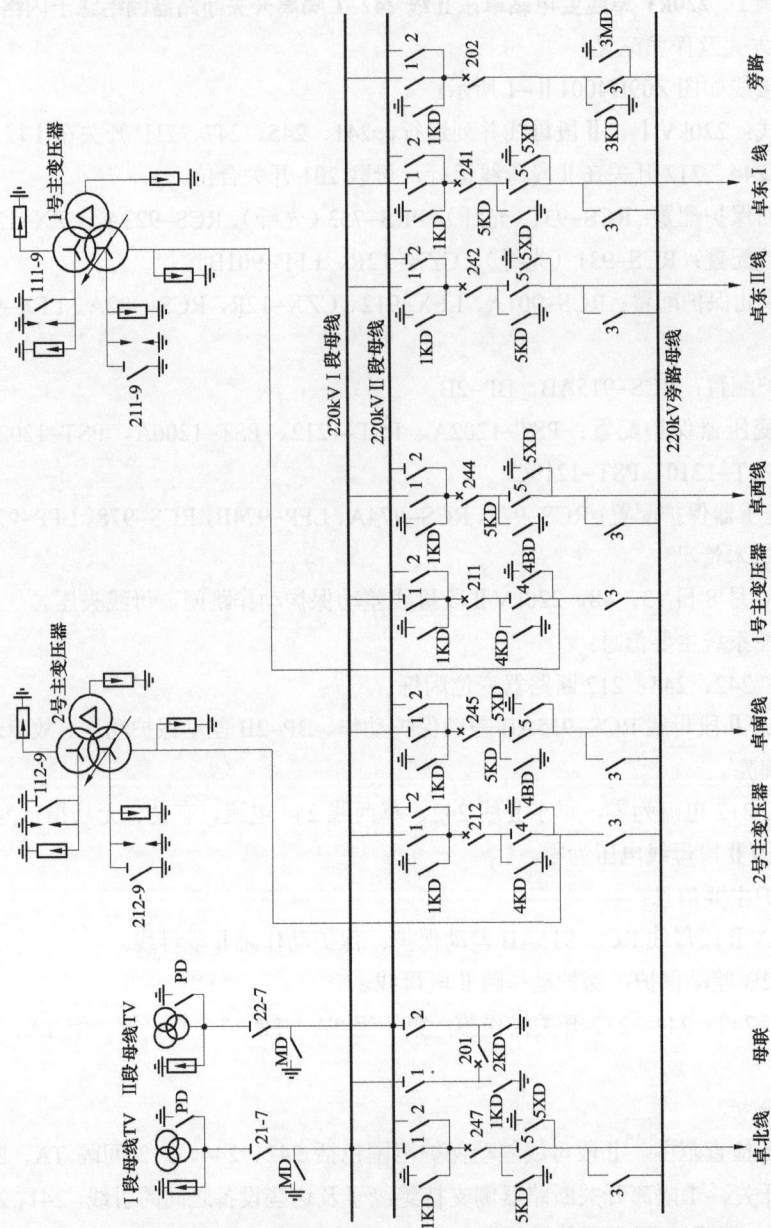

图 Z09H4001 Ⅱ-1 220kV 卓越变电站 220kV 侧主接线图

差动保护范围保护也包括Ⅰ段母线运行间隔–2隔离开关断路器侧，母差保护动作后应认真检查。

（2）一般母线发生故障，应将无故障间隔冷倒至运行母线，而本案例故障点位置比较特殊，Ⅱ段母线差动保护动作，故障点在242–1隔离开关开关侧，如果下一步要处理242–1隔离开关故障，应将运行的Ⅰ段母线停电，所以处理时首先拉开242–5、242–2隔离开关，然后恢复Ⅱ段母线及各线路运行，再将Ⅰ段母出线都倒至Ⅱ段母线，242线路可由202断路器代路送出，最后将242–1隔离开关转检修。

（3）本案例的接线方式。若故障点在242–1刀闸母线侧，则属于Ⅰ段母线母差保护范围，Ⅰ段母线上开关跳闸。处理时，Ⅰ段母线不能送电，只能转检修，出线都冷倒至Ⅱ段母线运行。运行中处于断开位置的刀闸，其两侧分属于不同母线母差保护范围，发生故障时的现象和处理也会不同。

（4）本案例中220kV母差保护动作，只跳开主变压器高压侧断路器，其他两侧断路器仍在运行，应考虑是否需要将其停运，若可以继续运行，应考虑低压侧是否带电容器运行，电压是否过高。

4. 事故处理步骤

（1）将事故发生时间、设备名称、断路器变位情况、保护动作主要信号做好记录并立即上报调度，关注1号主变压器的负荷情况。

（2）变电运维人员分两组，一组负责主控室监控信号记录和检查、继电保护及自动装置检查；另一组负责保护范围内一次设备检查，负责变压器中性点接地方式的改变。

（3）将检查详细情况尽快上报调度。

（4）根据调度命令，拉开242–5、242–2隔离开关。

（5）根据调度命令，恢复Ⅱ段母线运行。

（6）根据调度指令将Ⅰ段母线运行元件倒至Ⅱ段母线运行。

（7）根据调度指令，卓东Ⅱ线242断路器由202代路运行。

（8）242–1隔离开关转检修，做好安全措施。

（9）事故处理完毕后，变电运维人员填写运行日志、开关分合闸记录等，并根据断路顺跳闸情况、保护及自动装置的动作情况、事件记录、故障录波、微机保护打印报告及处理情况，整理详细的事故经过。

5. 事故处理注意事项

（1）母线故障跳闸，认真检查保护范围设备，尤其注意–1、–2隔离开关的母线侧、断路器侧发生短路故障保护动作、处理步骤的区别。

（2）虽然是Ⅱ段母线保护动作跳闸，但是在处理上应将Ⅰ母线转检修，配合–1隔离开关处理。Ⅱ段母线故障跳闸，查找保护范围内设备，要考虑-1隔离开关断路器侧设备运行情况。

（3）本次案例由于母差保护动作，导致变压器高压侧212断路器跳开，变电站高压侧失去接地点，应尽快将1号变压器高压侧中性点接地。若不允许变电站内高、中压侧中性点接地分布在不同的变压器上，还应将1号主变压器中压侧中性点接地。

（4）恢复母线送电时，优先选择外部电源，其次是母联断路器，主要是从对电网的影响和负荷损失来考虑。如果母线存在故障，选择外部电源充电，保护动作但断路器未跳开则由外部电源的保护动作切除故障，仅对充电线路有影响；若选择母联断路器，母联充电保护动作但断路器未跳开，则影响到运行母线，影响较大。本案例中因为是电源侧母线故障，所以不能用主变压器断路器充电。

二、案例 2：220kV 卓越变电站 22-7 隔离开关接地故障

1. 运行方式及保护配置

运行方式及保护配置同本模块案例1。

2. 事故基本情况

2006 年 10 月 6 日 18：48，220kVⅡ段母线差动保护动作跳闸，母线失压。

（1）监控系统主要信息。

1）201、242、244、212 断路器变位闪烁。

2）220kVⅡ段母线 RCS-915AB 差动保护动作、BP-2B 差动保护动作、故障录波器动作光字牌亮。

3）201、212 电流为零，卓东Ⅱ线 242、卓西线 244 电流、有功功率、无功功率指示为零。

4）220kVⅡ段母线电压为零。

（2）保护主要信息。

1）220kVⅡ段母线 RCS-915AB 差动保护：保护动作跳Ⅱ段母线。

2）BP-2B 差动保护：保护动作跳Ⅱ段母线。

3）201、242、244、212 开关操作箱：第一组 TA、TB、TC 灯，第二组 TA、TB、TC 灯亮。

3. 事故分析

经检查发现 22-7 隔离开关有放电痕迹。由于 22-7 隔离开关直接连接在Ⅱ段母线上，所以故障点不能隔离，母线无法恢复运行。

4. 事故处理步骤

（1）将事故发生时间、设备名称、断路器变位情况、保护动作主要信号做好记录并立即上报调度，关注1号主变压器负荷情况和2号主变压器运行工况，根据要求可将 2 号主变压器中、低压侧断路器拉开。

（2）变电运维人员分两组：一组负责主控室监控信号的记录和检查、继电保护及自动装置的检查；另一组负责现场一次设备检查，并做好变压器中性点接地方式的改变。

（3）将检查详细情况尽快上报调度。

（4）根据调度命令，隔离 22-7 隔离开关，恢复无故障设备运行。将故障母线上各线路、主变压器断路器冷倒至正常母线，恢复运行。

（5）事故处理完毕后，变电运维人员填写运行日志、事故跳闸记录、开关分合闸记录等，并根据断路器跳闸情况、保护及自动装置的动作情况、事件记录、故障录波、微机保护打印报告及处理情况，整理详细的事故经过。

5. 事故处理注意事项

（1）对于母线故障，能隔离的尽快隔离，恢复变电站正常运行方式。

（2）母线故障影响到变压器本侧开关，应关注变压器负荷和中性点接地情况。

三、案例 3：220kV 卓越变电站卓乙线 143 线路单相接地，143 断路器 SF$_6$ 压力低闭锁，110kV Ⅰ 段母线失压

1. 运行方式及保护配置

一次接线如图 Z09H4001 Ⅱ-2 所示。

运行方式：110kV Ⅰ、Ⅱ 段母线并列运行，111、141、143、145 断路器在 Ⅰ 段母线运行，112、142、146 断路器在 Ⅱ 段母线运行，母联 101 断路器合位。

110kV 母线保护配置：WMZ-41A。

110kV 线路断路器保护配置：RCS-941A。

2. 事故基本情况

2008 年 6 月 20 日 09：48，143 断路器 SF$_6$ 压力低闭锁，143 线路零序、接地距离保护动作，2 号主变压器中压侧零序过电流动作，1 号主变压器中压侧间隙保护动作，所用变压器备自投保护动作。101、211、111、511 断路器跳闸，110kV Ⅰ 段母线失压，10kV Ⅰ 段母线失压，电容器低电压动作跳闸。

（1）监控系统主要信息。

1）101、211、111、511 断路器变位闪烁；

2）卓乙线 RCS-941A 保护动作、1 号主变压器中压侧间隙保护动作、2 号主变压器中压侧零序过电流动作、电容器低电压保护动作、站用变压器备自投动作、故障录波器动作光字牌亮。

3）101、211、111、511、141、143、145 断路器电流、有功功率、无功功率指示为零。

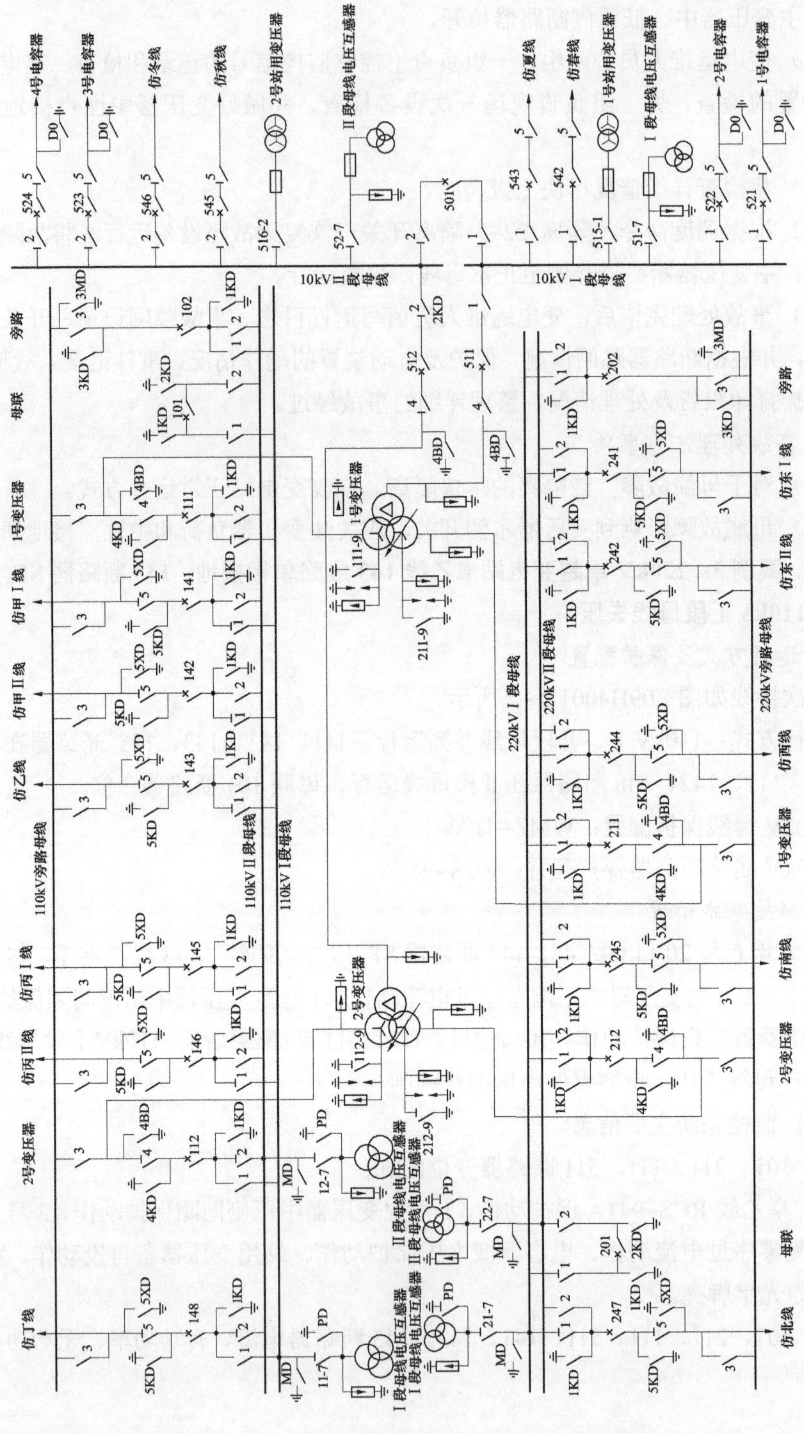

图 Z09H4001 Ⅱ-2 220kV 卓越变电站主接线图

4）110kVⅠ段母线、10kVⅠ段母线电压为零。

（2）保护主要信息。

1）卓乙线：RCS-941A 零序Ⅰ、Ⅱ段接地距离Ⅰ、Ⅱ段保护动作。

2）1 号主变压器保护：中压侧间隙保护动作。

3）2 号主变压器保护：中压侧零序过流Ⅰ段Ⅰ时限动作。

4）电容器低电压保护动作。

5）站用变压器备自投动作。

6）211 开关操作箱：第一组 TA、TB、TC 灯，第二组 TA、TB、TC 灯亮。101、111 开关操作箱：TJ 灯亮。

3. 事故分析

正常运行方式下 2 号主变压器中性点接地，143 断路器上Ⅰ段母线运行。当 143 线路发生单相接地故障时，线路保护动作出口，但由于 143 断路器 SF$_6$ 压力低闭锁，断路器不能跳开，因此要由主变压器后备保护动作切除故障。首先是 2 号主变压器中压侧零序过电流动作，第一时限跳开 101 断路器，此时 2 号主变压器与故障点脱离，所以 2 号主变压器后备保护不再动作；而 1 号主变压器仍带单相接地故障运行，由于 1 号主变压器中性点不接地，因此是中压侧间隙保护动作，跳开 1 号主变压器三侧断路器。

4. 事故处理步骤

（1）记录事故发生时间、设备名称、断路器变位情况、主要保护动作信号等事故信息，上报调度。

（2）变电运维人员分两组：一组负责主控室监控信号记录和检查、继电保护及自动装置检查；另一组负责现场一次设备检查。退出 1 号主变压器高、中压侧间隙保护，合上 211-9、111-9 隔离开关（在 1 号主变压器送电前合中性点隔离开关即可）。检查备自投后低压交流运行情况。

（3）根据调度命令拉开 141、145 断路器。

（4）根据调度令隔离故障点：拉开 143-5-1 隔离开关。

（5）根据调度令恢复无故障设备送电：投入 101 断路器充电保护，合上 101 断路器，检查Ⅰ段母线充电良好，退出 101 断路器充电保护；合上 211、111、511 断路器，拉开 211-9、111-9 隔离开关，投入 1 号主变压器间隙保护；合上 141、145 断路器；根据母线电压确定是否投入电容器。

（6）根据调度令将故障设备转检修：合上 143-5KD、143-1KD 接地刀闸，断开 143 断路器机构储能电源、控制电源，退出母差保护跳 143 断路器压板，并在工作现场布置安全措施。根据调度命令决定 143 线路转检修还是用旁路断路器试送。

（7）事故处理完毕后，变电运维人员填写运行日志、开关分合闸记录等，并根据断路器跳闸情况、保护及自动装置的动作情况、事件记录、故障录波、微机保护打印报告及处理情况，整理详细的事故经过。

5. 事故处理注意事项

（1）根据保护动作信号，分析保护动作的整个过程，尽快恢复无故障设备。

（2）母线充电，如果条件具备建议选择外部电源。本案例考虑用母联 101 断路器进行，是因为 101 断路器有专用的充电保护，而且故障不是发生在母线上；主变压器断路器没有专用的充电保护，如果发生拒动，后备保护动作延时太长。

【思考与练习】

1. 卓越变电站 110kV 148 隔离开关断路器侧和母线侧绝缘子 A 相故障，事故现象和处理有何区别？

2. 卓越变电站 220kV Ⅰ 段母线电压互感器爆炸故障，如何处理？

3. 卓越变电站卓甲 Ⅱ 线 142 断路器 SF₆ 压力低闭锁，线路发生单相接地，如何处理？

模块 3　母线事故处理危险点源预控分析（Z09H4001Ⅲ）

【模块描述】本模块包含各种母线事故处理危险点源预控分析。通过对母线事故处理危险点源预控分析介绍，达到能正确进行危险点源分析，能根据事故暴露出的运行或设备缺陷制定、完善事故预案的目的。

【模块内容】

一、母线事故处理过程中可能存在的危险点

（1）失压母线上的断路器未全部拉开，在事故处理过程中可能发生对故障母线再次充电。

（2）对多段式母线接线，故障点在母线电压互感器上，将母线电压互感器隔离，一次并列后未进行电压互感器二次并列，未仔细检查就恢复该母线上线路（主变压器）运行，使得线路（主变压器）保护失去交流电压。

（3）对多段式母线接线，故障点在母线电压互感器上，当母线电压互感器一次侧隔离开关拉开后二次开关未拉开，对该段母线充电后进行电压互感器二次并列操作，可能发生反充电引起正常运行的另一段母线电压互感器二次开关跳闸，造成保护失去交流电压。

（4）失压母线上的拒动断路器没有发现或未隔离，在对母线充电时将引起充电断路器再次跳闸。

（5）母线故障后，未对设备进行全面检查，没有发现故障点或是故障点没有全部找到，造成误判断或是事故处理时造成事故扩大。

（6）母线故障引起接在该段母线上的主变压器失压后，未密切关注其他运行主变压器的负荷情况，可能引起其他运行中的主变压器出现过负荷。

二、预控措施

（1）母线失压时应立即拉开失压母线上的所有断路器。

（2）失压母线充电正常后，应进行电压互感器二次并列操作，再恢复该母线上线路（主变压器）运行。

（3）母线电压互感器故障隔离，应注意拉开电压互感器二次开关。

（4）在手动拉开失压母线上的断路器时，应检查断路器确已在拉开位置。

（5）母线故障时，变电运维人员应根据继电保护及自动装置动作情况、断路器跳闸情况、仪表指示、运行方式、现场发现故障的声光等信号，判断故障性质和范围，并对故障母线上的各元件设备进行认真检查，及时准确发现故障点。如未发现故障点，未经试验不得强送电。

（6）密切关注其他运行主变压器的负荷情况。如果运行中的主变压器出现过负荷，应根据现场运行规程的过负荷倍数和允许运行时间等规定，向调度申请转移负荷或进行压负荷。

三、案例

案例1 母线电压互感器故障隔离后，母线电压互感器二次未并列恢复供电。

1. 运行方式

某110kV变电站高压侧接线如图Z09H4001Ⅲ-1所示。正常运行方式为：110kV东涵Ⅰ线101断路器、东涵Ⅱ线102断路器运行，110kV桥100断路器热备用，1号、2号主变压器中压侧和低压侧分列运行，1号、2号主变压器中性点接地刀闸在断开位置。

2. 事故简要经过

110kVⅡ段母线TV高压套管放电造成2号主变压器差动保护动作，110kV、35kV、10kVⅡ段母线失压。变电运维人员在将故障的母线电压互感器隔离后，满足送电条件后恢复送电。

3. 恢复送电步骤

东涵Ⅱ线102断路器转冷备用，110kV东涵Ⅰ线恢复供电，送电步骤如下：

（1）拉开东涵Ⅱ线102断路器两侧1023、1021隔离开关。

（2）退出110kV备用电源自动投入装置。

（3）拉开35kV、10kVⅡ段母线所有出线断路器。

（4）退出2号主变压器间隙保护。

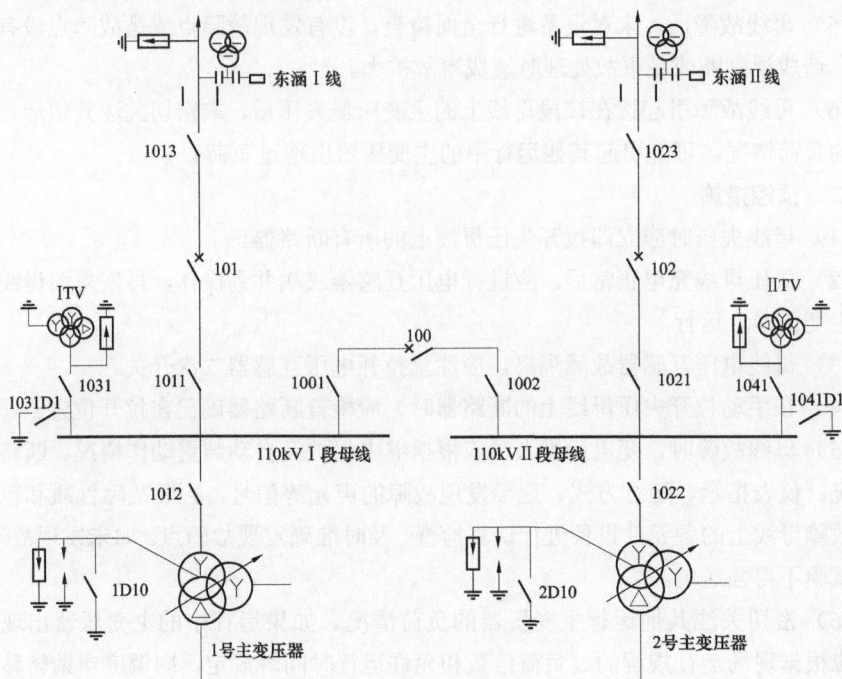

图 Z09H4001Ⅲ-1　内桥接线

（5）合上 2 号主变压器中性点 2D10 接地刀闸。

（6）投入 2 号主变压器零序电流保护。

（7）投入 110kV 桥 100 断路器充电保护。

（8）合上 110kV 分段 100 断路器。

（9）退出 110kV 分段 100 断路器充电保护。

（10）拉开 2 号主变压器中性点 2D10 接地刀闸。

（11）投入 2 号主变压器间隙保护。

（12）退出 2 号主变压器零序电流保护。

（13）恢复 2 号主变压器中压侧和低压侧供电。

4. 存在的问题

在恢复送电过程中漏项，既在 110kV Ⅰ、Ⅱ段母线并列运行后，未进行 110kV Ⅰ、Ⅱ段母线电压互感器二次并列操作，造成 2 号主变压器保护、测量回路失去交流电压，运行中测量存在较大误差，主变压器过流保护可能误动。

5. 防范措施

（1）对多段式母线接线，故障点在母线电压互感器上，当母线电压互感器隔离后，应在一次并列后立即进行电压互感器二次并列,并检查母线电压互感器二次确已并列。

（2）在恢复失压母线上的主变压器及线路运行前,应检查失压母线电压指示是否已恢复正常。

案例2　康居Ⅰ路003线路故障保护拒动,该断路器未拉开,用1号主变压器低压侧断路器对10kVⅠ段母线充电,主变压器低压侧后备保护再次动作。

1. 运行方式

某110kV变电站10kV侧电气主接线如图Z09H4001Ⅲ-2所示。正常运行时,1号主变压器带10kVⅠ段母线运行,2号主变压器带10kVⅡ段母线运行,10kV分段000断路器热备用,10kV备用电源自投入装置投入。

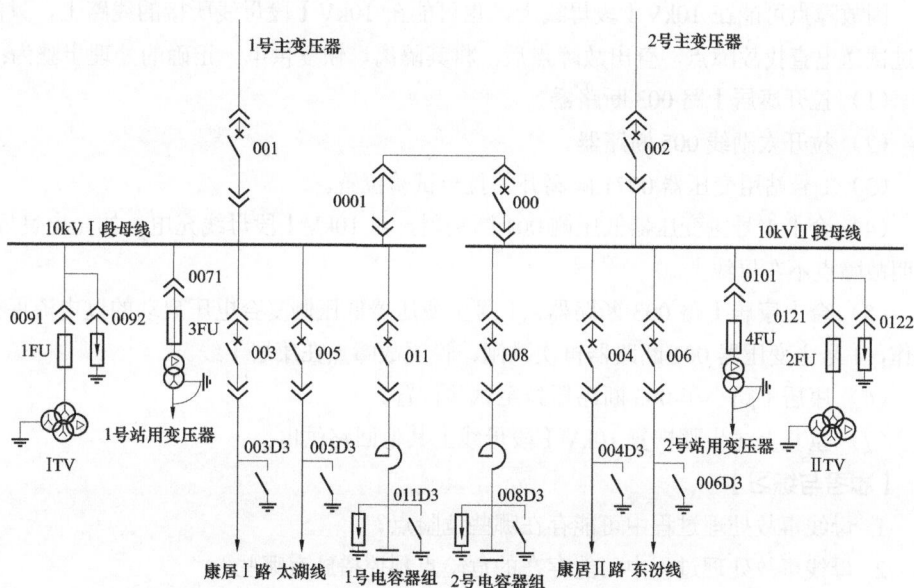

图 Z09H4001Ⅲ-2　单母线分段接线

2. 事故简要经过

运行中1号主变压器低压侧001断路器跳闸,1号电容器011断路器跳闸,1号主变压器低压侧复压过流保护动作,1号电容器低电压保护动作,10kVⅠ段母线失压。

变电运维人员在处理故障时,未将10kVⅠ段母线上的断路器全部拉开,用1号主变压器001断路器对10kVⅠ段母线充电,1号主变压器10kV侧后备保护再次动作,1号主变压器001断路器再次跳闸。

3. 存在的问题

变电运维人员在处理故障时,事故原因分析不清,不知道故障点可能在什么地方,盲目处理，造成再一次事故。

造成 1 号主变压器低压侧 001 断路器跳闸的原因有两个：

（1）10kV I 段母线故障，1 号主变压器低压侧复合电压启动的过电流保护动作，1 号主变压器低压侧 001 断路器跳闸，10kV I 段母线失压。由于 1 号主变压器后备保护动作，闭锁 10kV 备用电源自投入装置。

（2）10kV I 段母线所接线路故障保护或断路器拒动，引起 1 号主变压器低压侧复合电压启动的过电流保护动作，1 号主变压器低压侧 001 断路器跳闸，10kV I 段母线失压。对保护拒动的，故障点不能确定。

4. 正确处理步骤

因故障点可能在 10kV I 段母线上，也可能在 10kV I 段母线所接的线路上，只能通过试送电查找故障点，查出故障点后，将其隔离，恢复供电。正确的处理步骤为：

（1）拉开康居 I 路 003 断路器。

（2）拉开太湖线 005 断路器。

（3）1 号站用变压器 0071 隔离开关拉至试验位置。

（4）合上 1 号主变压器低压侧 001 断路器，对 10kV I 段母线充电。如充电良好，说明故障点不在母线上。

（5）合上康居 I 路 003 断路器。1 号主变压器低压侧复合电压启动的过电流保护动作，1 号主变压器 001 断路器再次跳闸，说明故障点在康居 I 线。

（6）康居 I 路小车 003 断路器拉至试验位置。

（7）重复上述步骤恢复 10kV I 段母线上其他回路供电。

【思考与练习】

1. 母线事故处理过程中可能存在哪些危险点？

2. 母线事故处理过程中可能存在的危险点预控措施有哪些？

第二十七章

补偿装置事故分析及处理

◢ 模块1 补偿装置简单事故处理（Z09H5001 Ⅰ）

【模块描述】本模块包含电容器、电抗器故障跳闸事故的现象和处理原则。通过讲解和实例培训，达到掌握电容器、电抗器事故跳闸现象，能参与事故处理的目的。

【模块内容】

无功补偿装置多接于变电站低压母线，并联电容器为容性无功设备，用于补偿系统感性无功；而并联电抗器为感性无功设备，用于补偿系统容性无功。电容器、电抗器故障跳闸在变电站比较常见。

一、并联电容器跳闸现象

（1）事故警报、警铃鸣响，监控后台机主接线图，电容器断路器标志显示绿闪。

（2）故障电容器电流、功率指示均为零。

（3）监控后台机出现告警窗口，显示故障电容器某种保护动作信息。故障电容器保护屏显示保护动作信息（信号灯亮）。

（4）电容器设备短路故障，可伴随声光现象。充油电容器内部故障时可有冒烟、鼓肚、喷油现象。

（5）电容器跳闸同时伴有系统或本站其他设备故障，则往往是由母线电压波动引起的电容器跳闸，应根据现象区别处理。

二、并联电容器跳闸处理原则

（1）并联电容器断路器跳闸后，没有查明原因并消除故障前不得送电，以免带故障点送电引起设备的更大损坏和影响系统稳定。

（2）并联电容器电流速断保护、过电流保护或零序电流保护动作跳闸，同时伴有声光现象时，或者密集型并联电容器压力释放阀动作，则说明电容器发生短路故障，应重点检查电容器，并进行相应的试验。如果整组检查查不出故障原因，就需要拆开电容器组，逐台进行试验。若电容器检查未发现异常，应拆开电容器连接电缆头，用2500V绝缘电阻表遥测电缆绝缘（遥测前后电缆都应放电）。若绝缘击穿，应更换电缆。

（3）并联电容器不平衡保护动作跳闸应检查有无熔断器熔断。对于熔断器熔断的电容器应进行外观检查。外观无异常的应对其放电后拆头，进行极间绝缘摇测及极间对外壳绝缘摇测，20℃时绝缘电阻应不低于 2000MΩ。若绝缘测量正常，对电容器进行人工放电后更换同规格的熔断器。若绝缘电阻低于规定或外观检查有鼓肚、渗漏油等异常，应将其退出运行。同时要将星形接线的其他两相各拆除一只电容器的熔断器，以保持电容器组的运行平衡。

（4）工作前，在确认并联电容器断路器断开后，应拉开相应隔离开关，然后验电、装设接地线，让电容器充分放电。由于故障电容器可能发生引线接触不良、内部断线或熔断器熔断，装设接地线后有一部分电荷可能未放出来，所以在接触故障电容器前应戴绝缘手套，用短路线将故障电容器的两极短接，方可接触电容器。对双星形接线电容器的中性线及多个电容器的串接线，还应单独放电。

（5）若发现电容器爆炸起火，在确认并联电容器断路器断开并拉开相应隔离开关后，进行灭火。灭火前要对电容器放电（装设接地线），放电前人与电容器要保持一定距离，防止人身触电（因电容器停电后仍储存有电量）。若使用水或泡沫灭火器灭火，应设法先将电容器放电，要防止水或灭火液喷向其他带电设备。

（6）并联电容器过电压或低电压保护动作跳闸，一般是由于母线电压过高或系统故障引起母线电压大幅度降低引起的，应对电容器进行一次检查。待系统稳定以后，根据无功负荷和母线电压再投入电容器运行。电容器跳闸后至少要经过 5min 方可再送电。

（7）接有并联电容器的母线失压时，应先拉开该母线上的电容器断路器，待母线送电后根据无功负荷和母线电压再投入电容器运行。拉开电容器断路器是为了防止母线送电时造成母线电压过高、损坏电容器。因为母线送电、空母线运行时，母线电压较高，如果带着电容器送电，电容器在较高的电压下突然充电，有可能造成电容器喷油或鼓肚。同时，因为母线没有负荷，电容器充电后大量无功向系统倒送，致使母线电压升高，超过了电容器允许连续运行的电压值（电容器的长期运行电压不应超过额定电压的 1.05 倍）。另外，变压器空载投入时产生大量的 3 次谐波电流，此时，如果电容器电路和电源的阻抗接近于谐振条件，其电流可达电容器额定电流的 2~5 倍，持续时间 1~30s，可能引起过电流保护动作。

（8）并联电容器过电流保护、零序保护或不平衡保护动作跳闸后，经检查试验未发现故障，应检查保护有无误动可能。

三、并联电抗器跳闸的现象

（1）事故警报、警铃鸣响，监控后台机主接线图，电抗器断路器标志显示绿闪。

（2）故障电抗器电流、功率指示均为零。

（3）监控后台机出现告警窗口，显示故障电抗器某种保护动作信息。故障电抗器保护屏显示保护动作信息（信号灯亮）。

（4）电抗器外部设备短路故障伴随声光现象。充油电抗器内部故障可有冒烟、喷油现象。

四、并联电抗器跳闸处理原则

（1）并联电抗器断路器跳闸，应对电抗器进行检查试验。若发现电抗器爆炸起火，应向消防部门报警，并拉开电抗器隔离开关进行灭火。使用水或泡沫灭火器灭火，要防止水或灭火液喷向其他带电设备。若带电灭火，应使用气体或干粉灭火器灭火，不得使用水或泡沫灭火器灭火。

（2）并联电抗器断路顺跳闸后，没有查明原因不得送电，以免带故障点送电引起设备的更大损坏和影响系统稳定。

（3）故障点不在电抗器内部，可不对电抗器进行试验。排除故障后恢复电抗器送电。

（4）为防止系统电压过高，主变压器可带并联电抗器停送电。并联电抗器断路器跳闸后如引起系统电压升高超过允许运行的电压，应立即汇报调度，由调度决定应对措施。

（5）并联电抗器断路器跳闸后，经检查试验未发现任何故障，应检查保护有无误动可能。

五、案例分析

110kV 甲变电站因并联电容器合闸操作过电压引起三相短路，造成 2 号主变压器 02 断路器、电容器 22 断路器跳闸。

1. 事故前甲变电站运行方式

110kV：551、575 断路器及 501 断路器带 1 号主变压器运行于 I 段母线，576、578、552 断路器及 502 断路器带 2 号主变压器运行于Ⅲ段母线，560 断路器合环，579 断路器及 110kV 旁母Ⅵ段母线冷备用。10kV：1 号主变压器 01 断路器送 I 段母线，由 03、05、06、07、08、09、11 断路器运行，2 号主变压器 02 断路器送Ⅱ段母线由 13、14、15、16、17、18、20 断路器运行，00 断路器分段热备用，12 断路器及 10kV 旁路母线冷备用。故障前 02 断路器负荷为 24MVA。

2. 事故现象

某年 8 月 18 日 14 时 18 分，110kV 甲变电站 22 电容器经自动电压控制（AVC）系统控制合闸投电容器，随即 2 号主变压器高压侧复合电压方向过电流 T1 动作跳开 10kV 02 断路器，A、B、C 三相故障，高压侧二次短路电流 10.6A；随后 10kV 22 电容器保护低电压保护动作跳开 22 断路器。变电运维人员现场检查发现电容器 22 断路器间隔 222 隔离开关断路器侧 A、B 两相动、静触头烧损严重，瓷裙炸裂，电容器侧三相触头完好，222 隔离开关后柜隔离开关支柱绝缘子三相瓷裙炸裂，三相对地均有放电痕迹，A、C 相避雷器引线烧断，断路器、电流互感器及铝排完好，无放电痕迹。

3. 事故分析及处理

14 时 40 分，将甲变电站 22 断路器转冷备用。保护班对 22 保护进行了检查，各项保护装置及参数经检查均正确，可以运行。16 时 40 分，甲变电站将 2 号主变压器转检修。修试工区对主变压器进行了绝缘电阻及高低压线圈直阻、油色谱试验及绕组变形试验，无异常。17 时 28 分，将 22 断路器及电容器组转检修。修试工区对 22 断路器进行了特性试验，各项参数合格。22 断路器避雷器试验也合格。22 断路器线路避雷器拆除，22 电容器暂不能运行。15 时 36 分，经 16 线路冲击母线无故障后，合上00 断路器，恢复 10kV Ⅱ 段母线运行；23 时 2 号主变压器试验合格。8 月 19 日 0 时 13分 2 号主变压器转运行，00 断路器转热备用，恢复正常运行方式。

经分析，确定故障起因是由电容器合闸操作过电压引起的三相短路。

4. 事故暴露出的问题

（1）甲变电站 10kV 22 开关柜为 1996 年 XGN-10 开关柜，其外绝缘水平低。22电容器由分到合时，产生操作过电压，过电压造成 222 隔离开关的后柜支柱绝缘子三相绝缘击穿对地放电、瓷裙炸裂。放电电弧从开关柜下部向电源侧蔓延，烧坏前柜 222隔离开关 A、B 两相动、静触头的压紧弹簧。隔离开关合闸压力下降，造成前柜隔离开关的动、静触头烧坏。放电电弧同时将 222 隔离开关前柜的支柱绝缘子烧坏炸裂，并烧断避雷器 A、C 相引线。

（2）甲变电站 22 断路器电流互感器在通过较大短路电流时，存在严重过饱和情况。22 开关柜三相接地短路电流为 13kA，该断路器间隔电流互感器为 300/5、10P15，13kA 的短路电流造成 22 电流互感器严重过饱和，22 电流互感器二次电流严重负误差，22 断路器电流互感器二次故障电流未达到故障电流定值，导致 2 号主变压器保护动作，02 断路器跳闸故障切除。

5. 小结

从这次事故中可以吸取以下教训：

（1）变电站要选用外绝缘水平高的设备，防止过电压造成绝缘击穿。

（2）要选用误差特性好的电流互感器，防止系统故障时因严重过饱和而不能正确反映故障电流，造成保护拒动、越级跳闸的事故。

【思考与练习】

1. 母线停电时对并联电容器有什么要求？

2. 并联电容器停电工作应注意什么？

3. 并联电抗器跳闸时一般有哪些现象？

模块 2 补偿装置事故处理（Z09H5001 Ⅱ）

【模块描述】本模块包含电容器、电抗器故障跳闸事故的原因分析和处理。通过分析讲解和实例培训，达到能分析电容器、电抗器事故跳闸原因，能组织、监护、处理跳闸事故的目的。

【模块内容】

补偿装置发生事故时一般不会影响系统，处理时应注意防止事故的蔓延扩大，故障设备未彻底修复之前不能投入运行。

一、并联电容器跳闸原因分析

（1）母线电压过高或过低，引起电容器保护动作跳闸。

（2）电容器内部因过热而鼓肚，导致喷油着火而引起相间短路；电容器运行电压过高或绝缘下降引起绝缘击穿，导致相间短路。

（3）电容器母线相间短路。

（4）电容器与断路器连接电缆绝缘击穿导致相间短路。

（5）电容器保护误动作。

二、并联电容器跳闸后处理步骤

（1）记录时间、告警信息、断路器指示和保护动作情况，复归全部保护动作信号，提取故障录波器报告，断路器指示清闪，根据保护动作情况分析判断事故性质。

（2）检查电容器组及其电抗器、电流互感器、电力电缆有无爆炸、鼓肚、喷油，接头是否过热或融化，套管有无放电痕迹，电容器的熔断器有无熔断。如果发现设备着火，应确认电容器断路器断开后，拉开电容器隔离开关，电容器装设地线（合接地隔离开关）后灭火。

（3）将事故现象和检查情况报告调度，并执行调度事故处理指令。

（4）如果是过电压或低电压保护动作跳闸，且检查设备没有异常，待系统稳定并经过 5min 放电后，根据无功负荷缺口和母线电压降低情况再投入电容器运行。

（5）如果电容器速断保护、过电流保护、零序保护或不平衡保护动作跳闸，或者密集型并联电容器压力释放阀动作，或者电容器组、电流互感器、电力电缆有爆炸、鼓肚、喷油，接头过热或融化，套管有放电痕迹，电容器的熔断器有熔断现象时，应将电容器停用、上报。

（6）不平衡保护动作跳闸，变电运维人员应检查电容器的熔断器有无熔断。如有熔断，要将电容器停电、布置安全措施，并用短路线将故障电容器的两极短接后，对熔断器熔断的电容器进行外观检查和绝缘摇测。若外观检查和绝缘测量正常，对电容器进行人工放电后更换同规格的熔断器。若绝缘电阻低于规定或外观检查有鼓肚、渗漏油等异常，应将其退出运行。同时要将星形接线的其他两相各拆除一只电容器的熔断器，以保持电容器组的运行平衡。

（7）故障电容器经试验、检修正常后方可投入系统运行。如果故障点不在电容器内部，可不对电容器进行试验。排除故障后可恢复电容器送电。

三、引起并联电抗器跳闸的原因

（1）电抗器外部引线等设备发生短路引起断路器跳闸。

（2）电抗器绕组相间短路、层间短路、匝间短路、接地短路、铁芯烧损以及内部放电等引起断路器跳闸。

（3）电抗器保护误动。

四、并联电抗器跳闸后的处理步骤

（1）记录时间、告警信息、断路器指示和保护动作情况，复归全部保护动作信号，提取故障录波器报告，断路器指示清闪，根据保护动作情况分析判断事故性质。

（2）检查电抗器外壳有无异常现象，套管有无闪络、放电或爆炸；跳闸断路器有无异常现象，若为油断路器，则检查油断路器的油色、油位是否正常，有无喷油现象；电流互感器、电力电缆有无爆炸、鼓肚、喷油，接头是否过热或融化。油浸式电抗器油温、油位有无异常现象，气体继电器和压力释放阀（防爆筒）有无动作。如果发现设备着火，在确认电抗器断路器断开并拉开相应隔离开关后再进行灭火。

（3）将事故现象和检查情况报告调度，请示将电抗器转检修。

（4）报告上级部门，安排检查、检修设备。

五、案例分析

案例 1：35kV 线路接地短路，造成并联电容器损坏。

1. 运行方式

某变电站 35kV 侧单母分段正常运行方式，化工线供当地化工厂重要负荷。

2. 事故现象

某年 3 月 20 日 7 时，某变电站 35kV 系统接地光字牌时亮时熄，35kV 相电压表指针不停地晃动，监控系统发出"35kV 化工线速断保护动作"，大约 50s 后，35kV 系统接地现象消失，同时，35kV 2 号电容器差压保护动作，2 号电容器 319b 断路器跳闸。故障录波器动作，掉牌未复归，光字牌亮。

3. 事故处理过程

向调度汇报后，将 319b 断路器操作把手复归，复归有关信号，打印录波报告。详细检查 2 号电容器间隔，发现 2 号电容器 B 相喷油胀肚。调度发令将电容器改为冷备用，化工线断路器改为冷备用。

4. 事故原因分析

当天早上空气湿度大，化工线是工厂用户，其配电室进线电缆绝缘不良放电，造成 35kV 瞬时单相接地现象，并发展为相间弧光短路，化工线速断保护动作。由于化工线断路器的保护是电磁型的，而弧光短路放电故障消失很快，断路器未跳闸。又由于在短时间内电压波动过快，造成电容器损坏，其差压保护动作，断路器跳闸。

5. 案例引用小结

从事故中可以吸取以下教训：

（1）要选用绝缘性能良好的高压电缆。

（2）配电设备要经常除污清扫，防止污闪。

（3）新建变电站应选用微机型的继电保护，以提高保护灵敏度和可靠性。

【思考与练习】

1. 并联电容器跳闸一般是由哪几种原因引起的？

2. 并联电容器过电流保护动作跳闸应如何处理？

3. 并联电抗器跳闸的原因是什么？

4. 简述并联电抗器跳闸的处理步骤。

▲ 模块 3 补偿装置事故处理危险点预控分析（Z09H5001Ⅲ）

【模块描述】本模块包含补偿装置事故处理的危险点源分析预控。通过事故案例的介绍，达到能正确进行补偿装置事故处理的危险点源分析，能制定相应预控措施，能够根据补偿装置事故暴露出的运行或设备缺陷提出技改方案，并能制定事故预案的目的。

【模块内容】

一、补偿装置事故处理中的危险点源分析

事故处理中如不认真核对设备的位置、名称和编号，走错设备间隔，易发生误操作事故和人身事故，在补偿装置的事故处理中也是这样。补偿装置危险点预控措施见表 Z09H5001Ⅲ-1。

表 Z09H5001Ⅲ-1　　　　　　　补偿装置危险点预控措施

防范类型	危险点	序号	预 控 措 施
防人身事故	误入带电间隔	1	监护人、操作人应走到设备铭牌前对设备名称编号认真进行核对
		2	在每步操作结束后，应由监护人在原位向操作人提示下一步操作内容
		3	中断操作重新就位开始操作前，应重新核对设备名称、编号

续表

防范类型	危险点	序号	预 控 措 施
防人身事故	误入带电间隔	4	执行一个操作任务的中途严禁换人
		5	电容器未放电不得进入设备间隔
	带电装设接地线	1	挂接地线前必须使用合格的验电器先验明线路确无电压
		2	装设接地线时，应认真核对设备名称，并确认不会触及带电设备
		3	在验电后应立即装设接地线，若验电后因故中止操作，则在返回继续操作前必须重新验电
		4	电容器应在放电后装设接地线，否则身体不得触及地线
	安全距离不够造成人员触电	1	验电和装设接地线时，必须保持人与导体端的安全距离，必须戴绝缘手套
		2	验电应使用合格的、相应电压等级的验电器
	灭火不当造成人身伤害	1	停电后再灭火，电容器还要先放电
		2	如果使用泡沫灭火器或水灭火要防止喷向带电设备
		3	尽可能防止吸入有害气体
		4	防止器身爆炸伤人
防误操作	带接地刀闸（线）合闸	1	认真检查送电范围的设备状态
		2	恢复送电前应检查相应的接地线全部收回，检查现场确无遗留接地线
	带电合接地隔离开关或挂接地线	1	确认被检修的设备两侧有明显断开点
		2	操作票中列出的断路器、隔离开关确已拉开
		3	在指定装设接地线的部位验明设备确无电压
	带负荷拉（合）隔离开关	1	确认停送电断路器在分闸位置，唱票复诵
		2	进行解锁操作的，应确认被操作设备、操作步骤正确无误后，方可进行并加强监护
		3	检查相应电流表、红绿灯及后台遥信变位指示
		4	操作高压隔离开关必须戴绝缘手套；操作过程中应穿长袖工作服，并戴好安全帽
	误拉合断路器	1	应正确核对操作断路器名称编号
	擅自解锁	1	在操作过程中遇有锁打不开等问题时，严禁擅自解锁或更改操作票，不得跳项操作或改变操作方式
		2	若确实需要进行解锁操作的，必须履行解锁批准手续
		3	在使用解锁钥匙进行操作前，再次检查"四核对"内容，确认被操作设备、操作步骤正确无误后，方可解锁操作，并加强监护
其他	异常天气	1	雷雨天气不得进行倒闸操作
		2	雷雨天气不得靠近避雷器和避雷针
		3	如遇紧急情况需在异常天气操作隔离开关，要经上级批准，并只能在远方操作，不得就地操作

二、并联电容器事故处理预案

变电站事故预案应根据当地电网的结构特点、变电站和系统的运行方式、潮流变化特点、当地气候特点（如易发台风、地震、覆冰、雷暴、污闪等）等具体情况编制。编制事故预案应先拟定预案题目、当时的运行方式，列出事故现象，根据事故现象判断事故的性质，详细列出事故处理的方法。

本模块以 220kV 卓越变电站具体设备为例，制定并联电容器典型事故跳闸的预案，如图 Z09H5001Ⅲ-1 所示。

预案：10kV 1 号电容器故障跳闸。

1. 运行方式

卓越变电站 1 号电容器接于 10kV Ⅰ 段母线正常运行。

2. 事故现象

警铃、事故警报鸣响，后台机发出"10kV 1 号电容器保护动作、521 断路器 ABC 相分闸"告警信息。

主接线图中，1 号电容器 521 断路器指示绿闪，1 号电容器电流、功率为零。

检查 1 号电容器 CSP-215A 保护屏，发现"保护动作"信号灯亮，液晶屏显示"不平衡保护动作"。其他保护信号略。

3. 事故处理

（1）记录告警信息、断路器指示和保护动作情况，复归全部保护动作信号，断路器指示清闪。

（2）判断事故性质为：1 号电容器组故障，造成三相电流不平衡，使不平衡保护动作，三相跳闸。将事故现象和事故判断结论报告调度。

（3）检查 1 号电容器电流互感器至各电容器所有一次设备有无接地或短路故障，各电容器及充油电缆有无爆炸、鼓肚、喷油和熔断器熔丝熔断现象，检查 521 断路器工作状态是否良好。如果某个电容器内部故障，可以发现其熔断器熔丝熔断。需要特别注意的是：因电容器跳闸后仍带电，检查电容器时不得触及一次设备。

（4）将一次设备检查情况汇报调度，并请示将 1 号电容器停电检修。

如果电容器及其引线故障，拉开 521-5-1 隔离开关后，合上 521-D0 和 3733-3KD 接地刀闸，在 521-5-1 隔离开关操作把手上挂"禁止合闸、有人工作"牌，使用工作票并履行开工手续后检修电容器；如果电容器引线及母线排上故障，3733-3KD 接地刀闸可以不合，再合上 3733-19、3733-29、3733-39 接地刀闸放电，然后才能工作。

如果有电容器的熔断器熔丝熔断，要对熔断器熔断的电容器进行外观检查和绝缘摇测。若外观检查和绝缘测量正常，对电容器进行人工放电后更换同规格的熔断器。

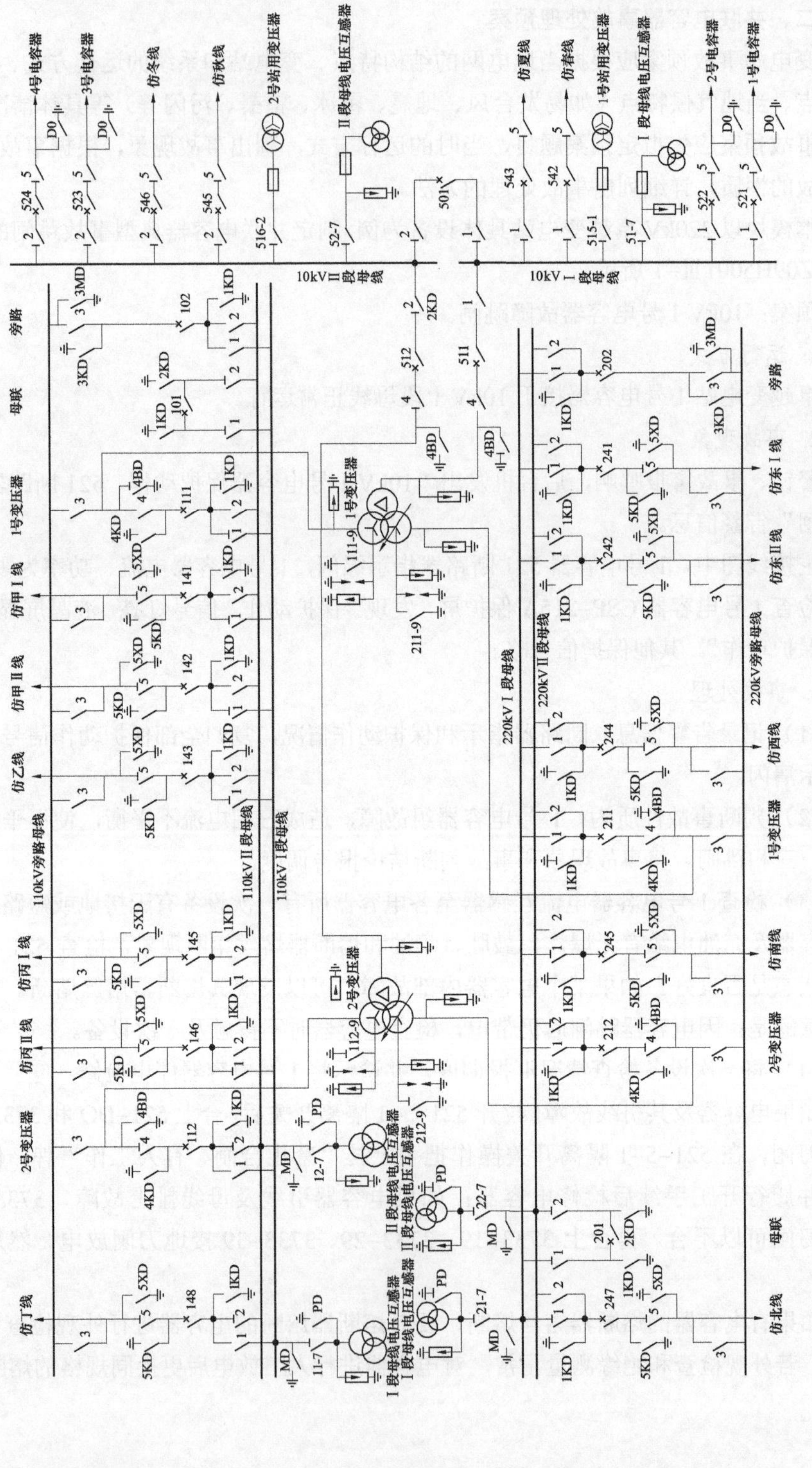

图 Z09H5001 Ⅲ—1　220kV 卓越变电站主接线图

若绝缘电阻低于规定或外观检查有鼓肚、渗漏油等异常，应将其退出运行。同时要将星形接线的其他两相各拆除一只电容器的熔断器，以保持电容器组的运行平衡。

（5）1号电容器检修完毕并试验良好后，拆除安全措施，报告调度试送1号电容器。

（6）做好断路器故障跳闸登记，核对521断路器故障跳闸次数，如已到临检次数，应汇报领导安排临检。

（7）汇报生产调度，做好运行记录。

【思考与练习】

1. 补偿装置事故处理过程中发生人身事故的主要危险点有哪些？如何进行预控？

2. 根据该变电站的实际接线图和保护配置，编制并联电容器的事故处理预案。

第二十八章

二次设备事故处理

模块 1　二次设备事故处理基本原则和处理步骤（Z09H6001 I ）

【模块描述】本模块包含二次设备事故的主要类型、处理基本原则和处理步骤；通过相关部分内容的培训，达到了解二次设备事故处理原则和步骤，能配合调度和有关人员进行简单事故处理的目的。

【模块内容】

一、二次设备事故的主要类型

（1）二次接线虚接、错误、回路断线等。

（2）电压互感器、电流互感器二次回路短路、开路。

（3）直流接地、交直流混接等。

（4）继电保护及自动装置故障，包括误动、拒动。

二、继电保护误动、拒动的原因

（1）误接线。保护装置接线错误，在经受负荷电流、不平衡电流、区外故障、系统电压波动、系统振荡时动作跳闸，或在区内故障时拒动。

（2）误整定。保护整定错误，定值过大、过小或配合不当，造成区外故障时达到定值启动跳闸，或在区内故障时拒动。

（3）保护定值自动漂移。由于温度的影响、电源的影响，以及元器件老化或损坏，使定值产生重大漂移，从而造成保护误动或拒动。

（4）保护装置抗干扰性能差。如果保护装置抗干扰性能差，在发生无线电电磁干扰、高频信号干扰等情况时可能出现误动。

（5）人员误触、误操作保护装置。继电保护或变电运维人员在保护装置未完全停用的情况下触动保护装置或其内部接线，致使其启动出口跳闸。

（6）保护回路金属物搭接、绝缘击穿或两点接地。保护出口回路金属物搭接、绝缘击穿或两点接地，使正电源可以通过短路点或接地回路直接接通跳闸出口。

三、二次设备事故处理基本原则

（1）停用保护及自动装置必须经调度同意。

（2）在电压互感器二次回路上检查或者查找故障时，必须考虑对保护及自动装置的影响，防止保护误动或拒动。

（3）进行传动试验时，应事先查明是否与其他设备有关，应先断开联跳其他设备的压板，然后进行试验。

（4）当保护装置是双套配置时，如果仅有一套保护故障，应根据调度命令退出保护，一次设备恢复运行。

（5）继电保护和自动装置在运行中，发生如下情况之一者，应退出有关装置，汇报调度和有关部门，通知专业人员。

1）装置冒烟着火。

2）装置内部出现放电或异常声。

3）其他有引起误动或拒动危险的情况。

4）装置出现严重故障信号且不能复归。

5）电压回路断线，失去交流电压。

6）电流回路开路、短路、接地。

7）通道告警或者通道故障。

（6）凡因查找故障，需要做模拟试验、保护和断路器传动试验时，试验之前，先断开该设备的失灵保护、远方跳闸的启动回路，防止出现所传动的断路器不能跳闸，失灵保护、远方跳闸误动作，造成母线停电等恶性事故。

四、二次设备事故处理的步骤

（1）汇报调度。

（2）二次设备重点检查保护动作情况，尤其是根据保护动作情况判断是否为保护拒动、误动。

（3）根据调度指令投退保护装置。

（4）配合二次专业班组做好安全措施以及故障分析。

（5）填写运行日志、事故跳闸记录、断路器分合闸记录，做好保护动作报告、故障录波报告的调取和事故经过报告的编写。

【思考与练习】

1. 二次设备故障主要包括哪些？

2. 继电保护发生哪些情况时应退出相关保护并立即汇报调度和有关人员？

▲ 模块 2　二次设备事故处理案例分析（Z09H6001Ⅱ）

【模块描述】本模块包含二次设备事故典型案例；通过案例分析，达到掌握二次设备事故现象，能进行二次设备事故分析、处理的目的。

【模块内容】

一、案例1：1号主变压器电流互感器二次回路接线错误引起变压器差动保护误动作

1. 运行方式及保护配置

一次主接线如图 Z09H6001Ⅱ-1 所示。

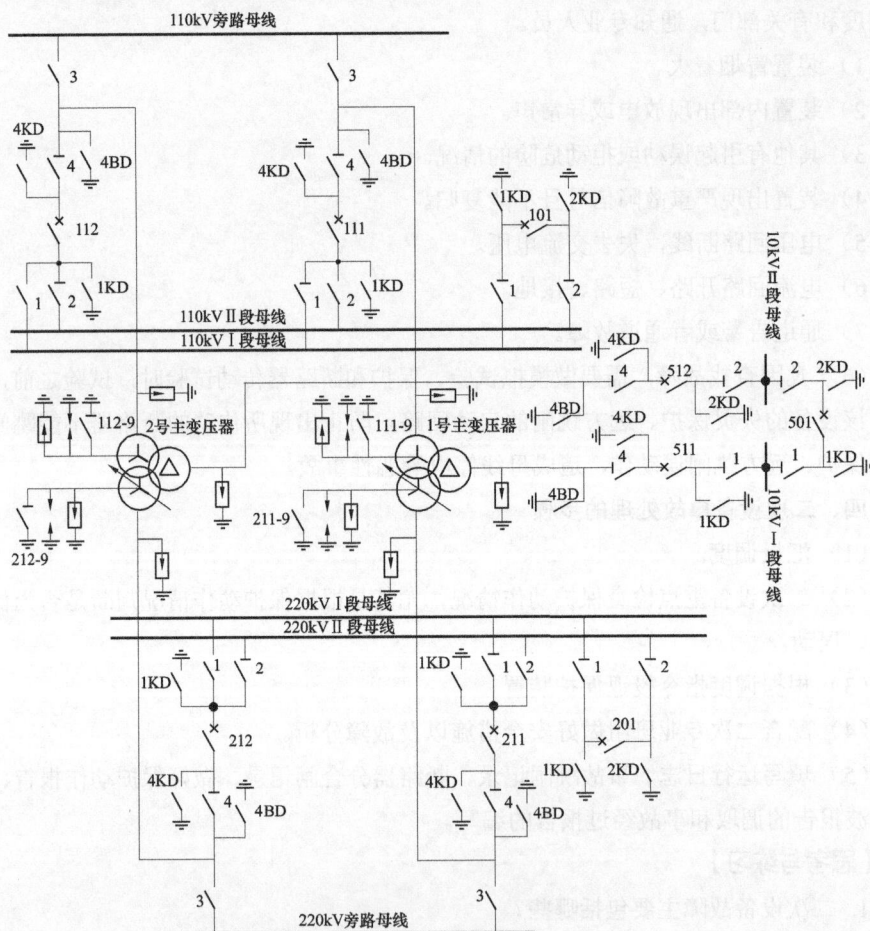

图 Z09H6001Ⅱ-1　卓越变电站主接线图

运行方式：220kVⅠ、Ⅱ段母线并列运行，110kVⅠ、Ⅱ段母线并列运行，2号主变压器高、中压侧中性点接地。1、2号主变压器容量为120MVA。

1号主变压器保护配置：PST–1202A、PST–1212、PST–1206A，PST–1202B、PST–1211、PST–1210、PST–1210C。

2号主变压器保护配置：RCS–978、RCS–974A、LFP–974B、RCS–978、LFP–974E。

2. 事故基本情况

2007年10月15日09：45，1号主变压器211、111、511开关跳闸，PST–1202A差动保护动作。

（1）监控系统主要信息。

1）211、111、511断路器变位闪烁，三侧电流表、功率表指示为零。

2）1号主变压器PST–1202A差动保护动作、故障录波器动作光字牌亮。

3）10kVⅠ段母线所连接线路和电容器组的电流、功率指示为零。

4）10kVⅠ段母线电压为零。

5）站用变压器自投动作光字牌亮。

（2）保护主要信息。

1）1号主变压器保护：PST–1202A差动保护动作。

2）电容器保护：低电压动作。

3）1号站用变压器保护：备自投动作。

4）211开关操作箱：第一组TA、TB、TC灯、第二组TA、TB、TC灯亮。111、511开关操作箱：TWJ灯亮。

3. 事故处理步骤

（1）记录事故发生时间、设备名称、断路器变位情况、主要保护动作信号等事故信息。

（2）检查2号主变压器负荷情况，2号主变压器可能过负荷，投入全部冷却器，监视负荷及温度。检查站用变压器自投、直流系统运行情况。

（3）汇报调度。

（4）检查10kVⅠ段母线电压表指示为零，拉开线路断路器。

（5）用501断路器给10kVⅠ段母线充电，根据2号主变压器负荷情况，10kV负荷重要程度，决定是否合上线路断路器；根据母线电压情况，投切电容器。

（6）变电运维人员分两组：一组负责记录保护及自动装置屏上的所有信号，打印故障录波报告及微机保护报告；另一组负责现场一次设备检查。

（7）差动保护屏保护1"保护动作"信号灯亮，高压侧操作箱"跳A""跳B""跳C"信号灯亮，中压侧、低压侧操作箱TWJ信号灯亮。保护装置启动报告、故障录波图的分析分相差动保护A相电流二次值为0.29A（二次额定电流为1A），A、C相电流二次值为0.15A，出现差流，达到保护动作定值（$0.17I_n$）。差动保护范围内一次设备检查无明显异常，根据以上现象初步判断为保护误动。

（8）汇报调度，根据调度令决定是将 1 号主变压器转检修（或冷备用），或是退出 1 号主变压器 PST-1202A 保护，将 1 号主变压器试送电。

（9）事故处理完毕后，变电运维人员填写运行日志、断路器分合闸等记录，并根据断路器跳闸情况、保护和自动装置的动作情况、故障录波报告及处理过程，整理详细的事故处理经过。

4. 事故原因分析

（1）由于是一套差动保护动作，且保护装置录波中无故障电流，所以基本判断为保护误动，但应检查差动保护动作范围内设备状况。

（2）专业人员对差动保护电流回路进行检查，发现主变压器 A 相高压侧 TA 接线盒至本体端子箱有错接线现象，现场接线如图 Z09H6001Ⅱ-2 和图 Z09H6001Ⅱ-3 所示。由于备用线圈 1 开路，导致 1S1 和差动线圈 2S2 之间放电接地，导致 PST-1202A 差动保护接入的差动线圈 2S1 和 2S3 之间的线圈匝数实际是 2S1（B411）和 2S2，电流变比变小，出现差流，导致差动保护动作跳闸。

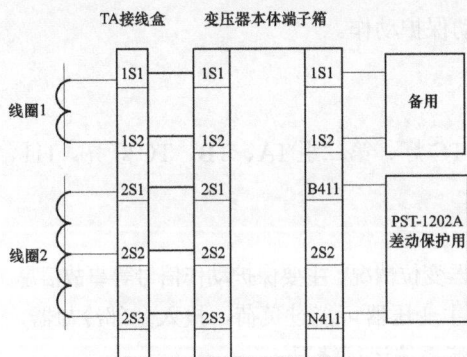

图 Z09H6001Ⅱ-2　正确接线　　　　　图 Z09H6001Ⅱ-3　错误接线

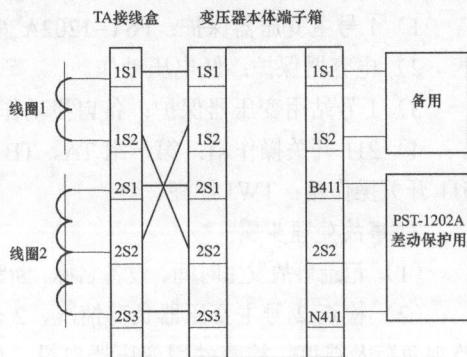

5. 事故处理注意事项

虽然基本判断为保护误动，但是正常情况下，变压器保护动作基本不试送，需要得到专业人员的确认，是否需要试验等，确认无问题后，退出误动保护，主变压器恢复运行。

二、案例 2：卓南线 245 断路器在代路操作中 LFP-901B 通道未切换引起线路跳闸故障

1. 运行方式及保护配置

一次主接线如图 Z09H6001Ⅱ-4 所示。

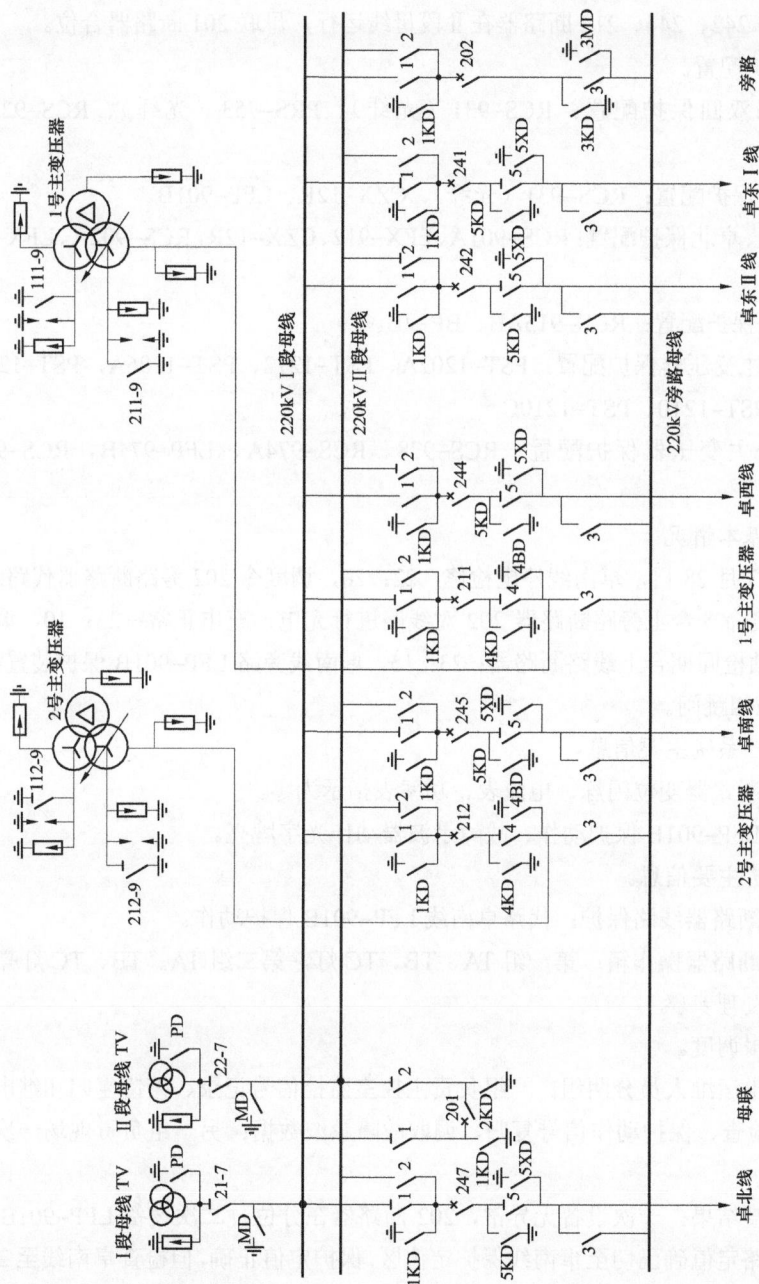

图 Z09H6001 II—4 220kV 卓越变电站 220kV 侧主接线图

（1）运行方式：220kV Ⅰ、Ⅱ 段母线并列运行，241、245、247、211 断路器在 Ⅰ 段母线运行，242、244、212 断路器在 Ⅱ 段母线运行，母联 201 断路器合位。

（2）保护配置。

1）卓东双回保护配置：RCS-931（光纤）、PRS-753（光纤）、RCS-923A、CZX-12R1。

2）卓南保护配置：RCS-931（光纤）、CZX-12R、LFP-901B。

3）卓西、卓北保护配置：RCS-901A、LFX-912、CZX-12R，RCS-902A、LFX-912、RCS-923A。

4）母差保护配置：RCS-915AB、BP-2B。

5）1 号主变压器保护配置：PST-1202A、PST-1212、PST-1206A，PST-1202B、PST-1211、PST-1210、PST-1210C。

6）2 号主变压器保护配置：RCS-978、RCS-974A、LFP-974B，RCS-978、LFP-974E。

2. 事故基本情况

2007 年 3 月 28 日，卓南线停电检修，22：20，调度令 202 旁路断路器代路运行；22：48，调度命令合上旁路断路器 202 对线路进行充电，充电正常；23：10，调度命令对侧变电站检同期合上线路断路器；23：15，卓南线旁路 LFP-901B 保护装置动作，202 断路器三相跳闸。

（1）监控系统主要信息。

1）202 断路器变位闪烁，电流表、功率表指示为零。

2）202 LFP-901B 保护动作、故障录波器动作光字牌亮。

（2）保护主要信息。

1）202 断路器线路保护：代路卓南线 LFP-901B 保护动作。

2）202 断路器操作箱：第一组 TA、TB、TC 灯，第二组 TA、TB、TC 灯亮。

3. 事故处理步骤

（1）汇报调度。

（2）变电运维人员分两组：一组负责主控室监控信号记录、警铃复归和继电保护及自动装置检查、保护动作信号复归，调取故障录波数据；另一组负责现场一次设备检查。

（3）检查结果：一次设备无异常，202 断路器在分位；二次设备 LFP-901B 保护动作，202 旁路定值确已切至卓南线保护定值区，保护定值正确，但检查卓南线至 220kV 旁路之间的高频通道时，发现卓南线 LFP-901B 保护的高频电缆头未由本线切换至旁路段。将检查情况详细汇报调度。

（4）根据调度命令对 202LFP-901B 保护高频通道进行切换，然后测试通道正常后汇报调度。

（5）根据调度命令检同期合上 202 断路器，线路恢复正常运行。

（6）填写运行日志、事故跳闸记录、断路器分合闸记录，做好保护动作报告、故障录波报告的调取和事故经过报告的编写。

4. 事故原因分析

高频保护动作应具备三个条件：

（1）高频保护启动并连续收到信号 5～7ms。

（2）高频保护判别故障为正方向并停信。

（3）停信后，高频保护连续 5～8ms 未收到高频闭锁信号。

在本次故障中，对侧变电站感受到故障为反方向，因此发高频闭锁信号，闭锁本线路两端高频保护；卓越站 202 保护感受到故障为正方向并停信，因高频通道未切换，收不到对侧发来的高频闭锁信号，满足高频保护动作的三个条件，所以 LFP-901B 动作跳闸。

5. 事故处理注意事项及事故教训

（1）代路操作过程中，要注意定值及通道的切换，通道切换后应测试通道正常。本次故障就是因为通道一侧插头未切换，且切换后未进行通道测试。

（2）若另一套主保护具备运行条件，可暂时将高频保护退出，线路恢复运行；若转代时另一套主保护已退出，则应检查确认高频保护正常后，再恢复线路运行。

三、案例 3：卓南线 A 相永久性接地故障，245 断路器跳闸，但 245 断路器 B、C 相再次合闸

1. 运行方式及保护配置

运行方式及保护配置同本模块案例 2。

2. 事故基本情况

2006 年 4 月 5 日 16：03：41，220kV 卓南线发生 A 相接地永久性故障，主保护一 RCS-931、主保护二 LFP-901B 保护动作，245 断路器 A 相瞬时跳开，740ms 后 245 断路器 A 相重合，重合到故障上 50ms 后加速保护动作，跳开 245 断路器的 A、B、C 三相，但在 30ms 后 245 断路器 B、C 相出现了再次合闸现象。

（1）监控系统主要信息。

1）245 断路器变位闪烁。

2）卓南线 RCS-931 保护动作、LFP-901B 保护动作、重合闸动作、故障录波器动作光字牌亮。

（2）保护主要信息。

1）卓南线线路保护：RCS–931 保护动作、LFP–901B 保护动作、重合闸动作。

2）245 开关操作箱：第一组 TA、TB、TC 灯，第二组 TA、TB、TC 灯亮。

3. 事故处理步骤

（1）汇报调度。

（2）变电运维人员分两组：一组负责主控室监控信号记录、警铃复归和继电保护及自动装置检查、保护动作信号复归，调取故障录波数据；另一组负责现场一次设备检查。

（3）检查发现：一次设备 245 断路器 B、C 相在合位，A 相在分位，其他设备检查无异常；二次设备 RCS–931 保护动作、LFP–901B 保护动作，重合闸保护动作。

（4）将检查情况详细汇报调度。

（5）根据调度命令隔离 245 断路器。

（6）根据情况用旁路代路试送卓南线，试送成功。

（7）填写运行日志、事故跳闸记录、断路器分合闸记录，做好保护动作报告、故障录波报告的调取和事故经过报告的编写。

4. 事故原因分析

（1）经检查 245 保护设计图纸发现，7A、9A、7B、9B、7C、9C 回路设计错误，造成 7A、9A、7B、9B、7C、9C 在保护盘接反，如图 Z09H6001Ⅱ–5、图 Z09H6001Ⅱ–6 所示，即 245 断路器保护盘内 7A 被接入跳闸监视回路，9A 接入了合闸回路，而正确接线应是 7A 回路为合闸回路，9A 回路为跳闸监视回路。

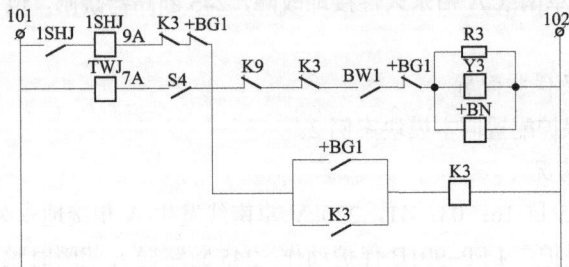

图 Z09H6001Ⅱ–5　错误接线

S4—就地远方；K9—SF$_6$ 气体监测触点；K3—防跳继电器；BW1—弹簧储能触点；+BG1—断路器辅助触点；
Y3—合闸线圈；+BN—合闸计数器；1SHJ—手合继电器；TWJ—跳闸位置继电器

（2）经分析在上述错误接线下断路器的"防跳"功能不起作用，防跳继电器 K3 不启动，只要有合闸脉冲，断路器就能够合上。重合闸动作后发出的重合命令为 120ms 的合闸脉冲，从录波图上看，245 断路器三相跳开后，仍有 10ms 左右的合闸脉冲，此脉冲造成 245 断路器 B、C 相重合，A 相机构由于弹簧未储能（已完成了一次"分—

合一分"的过程）闭锁合闸而幸免重合。

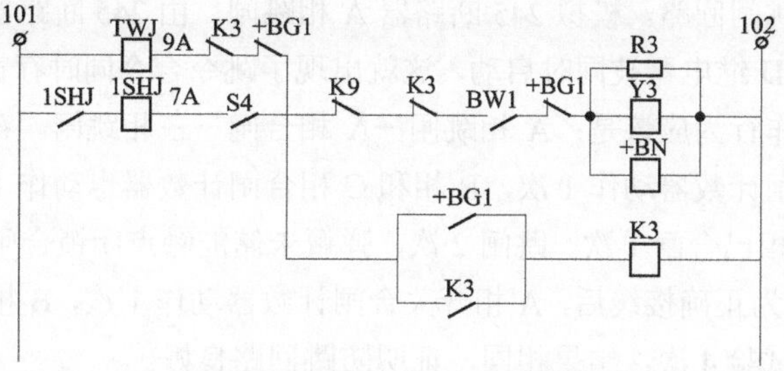

图 Z09H6001Ⅱ-6 正确接线

S4—就地远方；K9—SF$_6$气体监测触点；K3—防跳继电器；BW1—弹簧储能触点；+BG1—断路器辅助触点；
Y3—合闸线圈；+BN—合闸计数器；1SHJ—手合继电器；TWJ—跳闸位置继电器

（3）为验证以上分析的正确性，特设计试验对跳跃现象进行重复。试验接线如图 Z09H6001Ⅱ-7 所示。

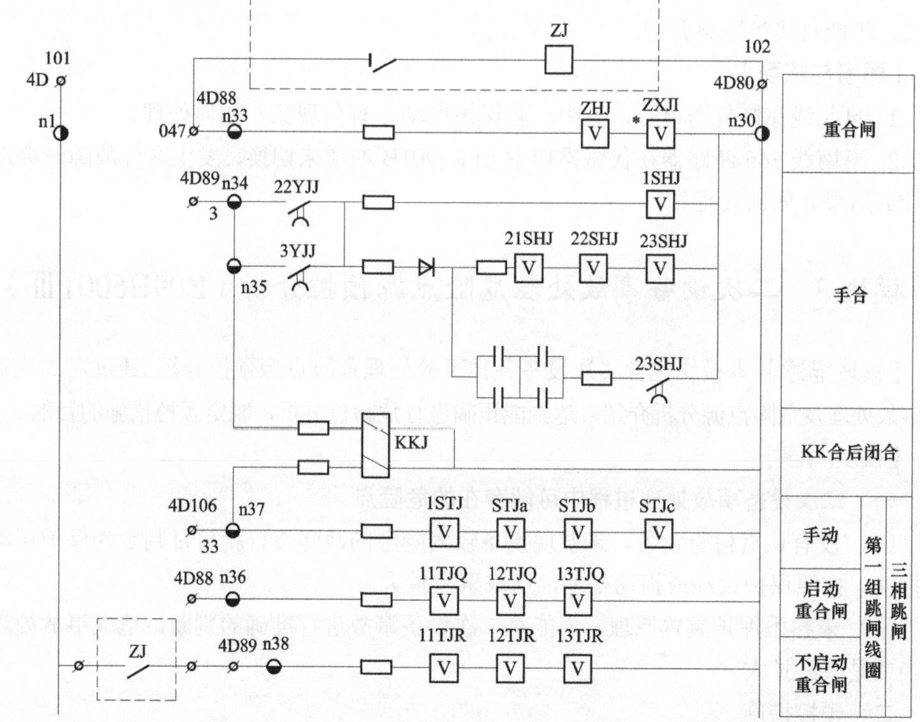

图 Z09H6001Ⅱ-7 试验接线

试验时在重合闸回路并接一个快速中间继电器 ZJ 和一个隔离开关，并把 ZJ 的动作触点接入三相跳闸回路。模拟 245 断路器 A 相跳闸，由 245 断路器保护不对应启动重合闸，ZJ 和 ZHJ 继电器被同时启动，这就出现了跳令合令同时存在的现象。在正确接线下断路器动作行为应该是：A 相跳闸→A 相合闸→三相跳闸。在错误接线下传动时，A 相开关合闸计数器动作 1 次，B 相和 C 相合闸计数器也动作 1 次，证明防跳不起作用（由于 A 相已合闸 1 次、跳闸 2 次，弹簧未储能触点闭锁合闸回路，否则 A 相会再次合闸）。改为正确接线后，A 相开关合闸计数器动作 1 次，B 相和 C 相合闸计数器不动作。重复试验 4 次，结果相同，证明防跳回路良好。

错误接线时：当手合或重合时防跳继电器 K3 不动作，所以只要有合闸脉冲，在弹簧储能好的情况下断路器就合闸。

5. 事故处理注意事项

245 断路器 B、C 相合闸后，若非全相保护不经电流闭锁，则非全相保护动作，跳开 B、C 相；若非全相保护经电流闭锁，则由于对侧断路器已跳闸，B、C 相带空载线路，电流元件不能启动，非全相保护不动作，此时隔离 245 断路器时注意要先拉开断路器，不能直接拉隔离开关。

【思考与练习】

1. 卓北线在恢复送电时，其中一套保护误动，有何现象？如何处理？

2. 卓南线 245 断路器在代路操作中 LFP-901B 通道未切换，发生区外故障时会造成什么后果？如何处理？

▲ 模块 3　二次设备事故处理危险点源预控分析（Z09H6001Ⅲ）

【模块描述】本模块包含二次设备各种事故处理危险点源预控分析。通过对二次设备事故处理及危险点源分析介绍，达到能正确进行危险点分析，制定预控措施的目的。

【模块内容】

一、二次设备事故处理过程中可能存在的危险点

（1）没有认真检查设备，未发现设备较为隐蔽的故障点，就盲目判定为保护误动或拒动，按照保护误动或拒动处理，造成事故扩大。

（2）未熟悉保护装置原理，未能对二次设备事故进行准确的判断，造成事故处理不当或是事故扩大。

二、预控措施

（1）要对设备进行认真细致的检查，确认所检查的设备没有发现异常现象，同时经过综合判定，以确认是否因为二次设备异常引起保护误动或是拒动。

（2）应加强对保护装置原理的培训，使变电运维人员（特别是值班长）熟悉自己所管辖的保护装置的原理，能对故障性质进行准确判断和处理。

三、案例

变电运维人员在故障处理中，因判断失误，采取不当措施，造成 10kV I 段母线失压。

1. 运行方式

某 110kV 变电站接线如图 Z09H6001Ⅲ-1 所示，运行方式为：110kV 东涵 I 线 101、东涵Ⅱ线 102 断路器运行，桥断路器 100 断路器热备用，110kV 备自投装置投入。1号、2 号主变压器、10kV 各馈线及断路器运行，10kV 分段 000 断路器热备用，10kV 备自投装置退出。

2. 事故简要经过

某日 110kV 东涵 I 线线路故障，对侧保护动作，重合不成功。110kV 备自投装置动作，跳开 110kV 东涵 I 线 101 断路器，同时合上桥断路器 100 断路器。该站值班员向调度汇报东涵 I 线 101 断路器跳闸，未汇报清楚桥 100 断路器的动作情况。当值调度员询问变电站值班员备自投装置是否动作，值班员回答未动作（实际是备自投正确动作了）。调度员认为 110kV I 段母线、1 号主变压器已失电，按正常操作步骤下令拉开 1 号主变压器 10kV 侧 001 断路器，值班员执行命令拉开 001 断路器，导致 10kV I 段母线及出线失电，使事故扩大。

3. 暴露问题

（1）扩大事故的客观因素：事故当日因为 SCADA 远动机房搬迁，远动系统停用，调度台、监控操作队无法直接监控现场运行情况，调度员对现场情况仅凭变电站值班员口头汇报进行判断。

（2）变电站值班员在 110kV 东涵 I 线 101 断路器跳闸后，未能认真检查、核对现场设备的实际情况，未能对设备特别是备自投装置的动作情况进行分析，向调度员汇报事故现象不清晰、不准确，接到调度指令后，未结合现场情况认真分析操作意图，盲目执行操作。

4. 防范措施

（1）变电站值班员在操作、发生事故时，必须认真检查现场设备、信号情况，确保汇报内容的准确性。

（2）变电运维人员应加强调度规程的培训力度，规范工作中业务术语，掌握事故处理的原则。

（3）调度员在下达操作任务前，必须了解清楚现场实际情况。

【思考与练习】

1. 二次设备事故处理过程中可能存在的危险点有哪些？

2. 二次设备事故处理过程中可能存在的危险点的预控措施有哪些？

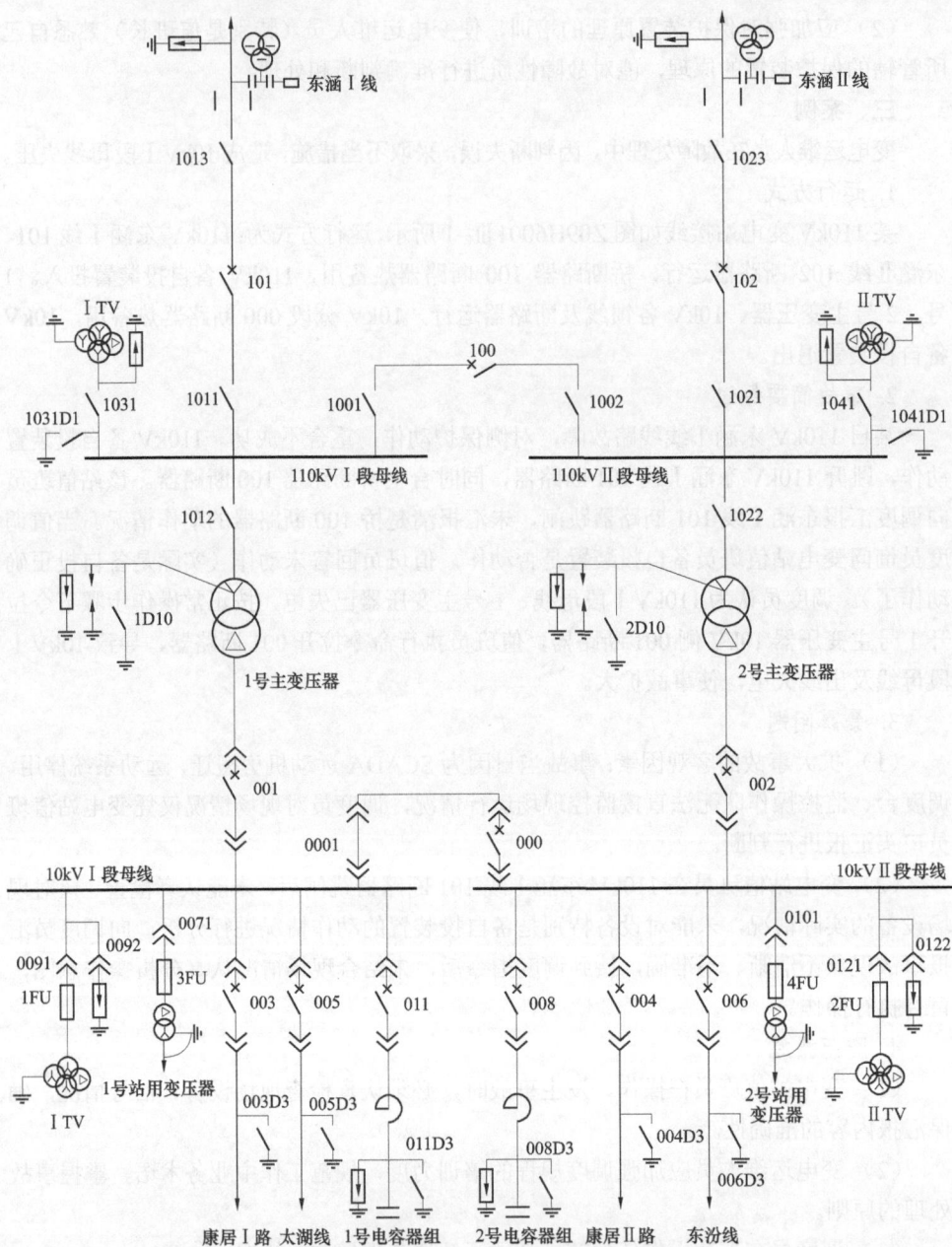

图 Z09H6001Ⅲ-1 某 110kV 变电站接线

第二十九章

站用交、直流系统事故处理

▲ 模块 1 站用交、直流系统事故处理基本原则和处理步骤（Z09H7001 I）

【模块描述】本模块包含站用交、直流系统事故的影响、处理基本原则和处理步骤；通过培训，达到了解站用交、直流系统事故处理原则和步骤，能配合调度和有关人员进行简单事故处理的目的。

【模块内容】

变电站站用交流系统是保证变电站安全可靠输送电能的一个必不可缺少的环节，若交流失电，则将严重影响变电站设备的正常运行，甚至引起系统停电和设备损坏事故。

变电站直流系统为变电站控制系统、继电保护和自动装置、信号系统提供电源，同时直流电源还可以作为应急的备用电源。若直流系统故障，将直接导致控制回路、保护及自动装置等设备不能正常工作，如果此时发生异常或事故，保护及自动装置不能启动，将引起故障无法有效切除，事故范围扩大，并且无法进行正常操作。直流系统的可靠稳定运行非常重要，确保直流系统的正常运行是保证变电站安全运行的决定性条件之 。

一、站用交流系统

1. 站用交流系统事故的主要原因

（1）空气开关质量不合格，接触不良造成交流失电。

（2）交流空气开关拒动，造成站用交流系统越级跳闸。

（3）上一级电源失电。

（4）站用电二次回路故障引起跳闸导致交流失电。

（5）站用变压器故障。

（6）低压母线故障。

2. 站用交流系统事故处理原则

（1）站用电突然失去时，不论是站用变压器故障还是其他原因使电源消失，均应优先恢复下列回路供电：

1）监控系统电源。

2）主变压器冷却系统电源。

3）直流系统充电电源。

4）通信电源。

5）断路器的操作机构电源。

（2）站用电配电屏空气开关跳闸时，应对该回路进行检查，在未发现明显的故障现象或故障点的情况下，允许合开关试送一次，试送不成则不得再行强送，并尽可能查明故障原因，在未查明原因并加以消除前，严禁将该回路切至另一段母线运行或合上环路联络隔离开关以免事故扩大。

（3）站用变压器高压断路器（高压熔断器）跳闸（熔断），是由于变压器内部故障或者某一段低压侧母线上短路，低压断路器（熔断器）未跳开（熔断）。站用变压器高压断路器（高压熔断器）跳闸（熔断）后，处理方法是：

1）拉开低压侧断路器 （或拉开低压侧隔离开关），检查低压侧母线无问题，再把负荷倒至备用站用变压器或者另一段母线带。

2）对站用变压器外部检查。

3）如未发现异常，应考虑站用变压器存在内部故障的可能，通知专业人员查找。

（4）站用变压器低压侧断路器跳闸，应进行以下处理：

1）若系站用变压器失电需手动投入备用电源。

2）若系母线故障则将该段母线上负荷移至另一段母线运行后进行消除或通知检修人员进行处理。

3）如母线上未见明显故障现象或故障点，则应对各负载回路进行检查，必要时可拉开跳闸站用变压器所在母线上全部负荷回路断路器，再逐路试送以寻找故障点。

（5）当 0.4kV 母线某一段失压，备自投动作不成功时，应按以下方法处理。

1）应拉开失电站用变压器的低压进线断路器和隔离开关，并设置"禁止合闸，有人工作！"标示牌。

2）如果检查确认 0.4kV 母线无故障时，确认失压母线站用变压器低压断路器确已断开后，可合上 0.4kV 分段断路器，试送母线。

3）如果 0.4kV 母线确有故障，则禁止合上 0.4kV 分段断路器。

4）检查主变压器冷却电源等是否恢复。

5）检查失电站用变压器有无异常或故障现象，如有应立即隔离站用变压器。

（6）当 0.4kV 母线分支故障，越级造成母线失压，应按以下方法处理。

1）拉开 0.4kV 母线上分支线路。

2）检查 0.4kV 母线确无其他故障，合上 0.4kV 母线断路器，恢复母线供电。

3）合上 0.4kV 母线上分支线路，当合上某一分支时母线故障跳闸，将该分支隔离，恢复母线送电。

4）检查主变压器冷却电源等是否恢复。

（7）当 0.4kV 母线某一段故障失压，备自投动作后另一段母线故障，导致全站站用交流消失，应按以下方法处理：

1）立即上报调度，同时加强对主变压器温度、负荷的监视。

2）如果有第三台站用变压器，考虑用第三台站用变压器送电，操作前应拉开失电的两台站用变压器进线断路器和隔离开关，如果判断是由于备自投动作造成另一段母线故障则尽快恢复无故障母线。

3）密切关注蓄电池的电压，停用不必要的负荷。

（8）上级电源停电，导致全站站用交流消失，应按以下方法处理。

1）立即上报调度，同时加强对主变压器温度、负荷的监视。

2）如果有第三台站用变压器，考虑用第三台站用变压器送电，操作前应拉开失电的两台站用变压器进线断路器和隔离开关。

二、直流系统

1. 直流系统事故的主要原因

（1）熔断器容量小或者不匹配，在大负荷冲击下造成熔丝熔断，导致部分回路直流消失。

（2）熔断器质量不合格，接触不良导致直流消失。

（3）由于直流两点接地或短路造成熔丝熔断导致直流消失。

（4）充电机故障或者站内交流失去引起直流消失。

（5）直流母线故障或者蓄电池组故障。

2. 直流系统事故处理原则

（1）直流屏空气开关跳闸，应对该回路进行检查，在未发现明显故障现象或故障点的情况下，允许合开关试送一次，试送不成则不得再行强送。

（2）直流某一段电压消失的检查处理。

1）蓄电池总熔断器熔断，充电机跳闸，应先重点检查母线上的设备，找出故障点，设法消除，更换熔丝后试送，如再次熔断或充电机跳闸，应通知专业人员来处理。

2）直流熔断器熔断，经外部检查无异常现象和气味，可更换熔断器后试送一次，如果故障依然存在，通知检修人员处理，没查出故障点前，禁止用任何方式对其供电。

（3）充电机（或充电模块）故障的处理。

1）如有备用充电机，应改为备用充电机运行。

2）检查交流电源熔丝是否熔断或电源是否缺相，空气开关是否断开，更换熔丝后试送，如再次熔断或充电机跳闸，应通知专业人员来处理。

3）将该充电模块交流电源开关试送一次。若试送不成功，通知有关专业人员。

【思考与练习】

1. 站用交流系统低压侧断路器跳闸原因和处理原则是什么？

2. 站用交流、直流某一段消失的处理原则是什么？

3. 全站交流失电的处理原则是什么？

◢ 模块 2　站用交、直流系统事故处理案例分析（Z09H7001Ⅱ）

【模块描述】本模块包含站用交、直流系统事故典型案例分析；通过案例分析，达到掌握站用交、直流系统故障现象，能进行站用交、直流系统故障分析、处理的目的。

【模块内容】

一、站用交流系统故障

220kV 站用电交流系统的典型接线如图 Z09H7001Ⅱ–1 所示。

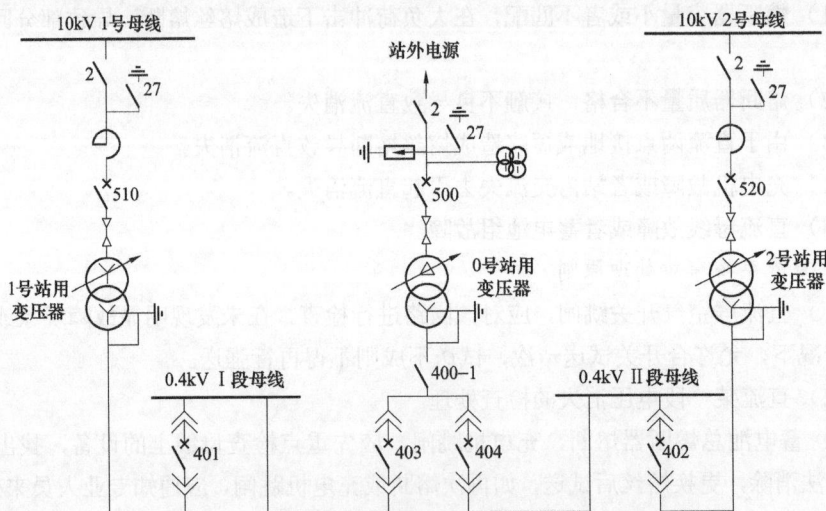

图 Z09H7001Ⅱ–1　变电站交流系统接线图

（一）站用交流系统的主要故障

（1）10kV 母线故障造成低压失电。

（2）站用变压器故障。

（3）站用变压器间隔内断路器、隔离开关（如 510 断路器、510-2 隔离开关）及低压断路器（如 401 断路器）设备故障。

（4）0.4kV Ⅰ、Ⅱ段母线故障。

（5）0.4kV Ⅰ、Ⅱ段母线下分支线路故障。

（6）0.4kV Ⅰ、Ⅱ段母线下分支线路故障越级造成低压母线失电。

（7）备自投投切不成功。

（二）案例1：1 号站用变压器故障

1. 事故现象

事故音响、预告警铃响，监控显示 510、401、500、403 断路器变位闪烁，1 号站用变压器保护动作、站用变压器备自投成功。

2. 事故处理步骤

（1）记录时间及故障现象、恢复警铃，汇报有关人员。

（2）立即安排人员检查，第一组人员负责在主控室内记录、检查设备；第二组人员负责室外设备检查，现场检查发现 1 号站用变压器 A、B 相套管有放电痕迹。

（3）将 1 号站用变压器转检修。

（4）将上述情况汇报有关人员，并做好相关记录。

3. 事故处理注意事项

（1）事故发生后立即检查 2 号站用变压器的运行情况及备自投情况，确保站用电的安全稳定运行。

（2）如果备自投未动作或备自投装置动作但开关未合闸，应立即合上联络断路器。

（三）案例2：交流 0.4kV Ⅰ段母线故障

1. 事故现象

事故音响、预告警铃响，1 号站用变压器零序过电流动作，1 号、2 号主变压器 Ⅰ段风冷电源故障光字牌亮，0.4kV Ⅰ段母线电压为零。

2. 事故处理步骤

（1）记录时间及故障现象、恢复警铃，汇报有关人员。

（2）立即安排人员检查，第一组负责在主控室内记录、检查；第二组负责检查主变压器冷却器运行情况及低压系统检查。检查发现 Ⅰ段母线桥上有一烧焦的塑料布。

（3）取下塑料布，将 Ⅰ段母线所带空气开关拉开。

（4）试送 1 号站用变压器低压断路器，试送成功。

（5）将Ⅰ段母线所带分支送电。

（6）将上述情况汇报有关人员，并做好相关记录。

3. 事故处理注意事项

Ⅰ段母线失压，应检查重要负荷自投情况，包括风冷系统、直流系统等。

（四）案例 3：1 号站用变压器停电检修，站用 0.4kVⅡ段母线所带的现场照明线路短路，空气开关失灵越级跳开 2 号站用变压器低压侧断路器，站用交流电源消失

1. 事故现象

事故音响、预告警铃响，1、2 号主变压器风冷控制电源故障，主变压器风冷全停，直流控制屏失电报警信号，主控室照明全无。

2. 事故处理步骤

（1）记录时间及故障现象、恢复警铃，汇报有关人员。

（2）立即安排人员检查，第一组负责在主控室内记录、检查以及监视主变压器油温情况；第二组负责低压系统检查，检查发现现场照明灯电源线短路，低压室照明空气开关未跳开，造成越级跳开 2 号站用变压器二次主断路器导致低压失电，其他设备检查无问题。

（3）将上述情况立即上报有关人员。

（4）将低压室Ⅱ段母线所带现场照明电源断路器拉开与系统脱离，合上 2 号站用变压器二次主断路器。

（5）检查 1、2 号主变压器风冷恢复运行情况。

（6）检查直流充电机及其他负荷恢复情况。

（7）将上述情况汇报有关人员，并做好相关记录。

3. 事故处理注意事项

（1）事故发生后密切监视变压器油温变化及直流母线电压。

（2）发生站用电全停时，很多情况下低压回路的故障点不易发现，处理时应拉开Ⅰ、Ⅱ段母线所带的全部负荷断路器，试送母线，正常后再逐路试送负荷。

（3）当仅有一台站用变压器供电时应做好事故预案，确保站用变压器的安全稳定运行。

二、站用直流系统故障

220kV 直流系统的典型接线如图 Z09H7001Ⅱ-2 所示。

（一）直流系统的主要故障类型

（1）充电机故障。

（2）直流Ⅰ、Ⅱ段母线故障。

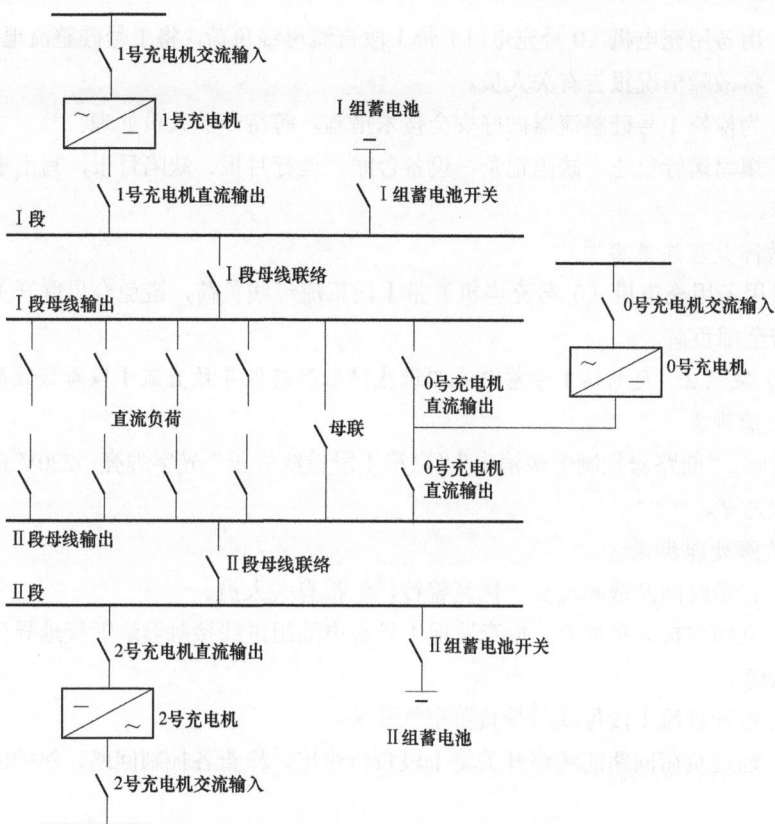

图 Z09H7001Ⅱ-2　变电站直流系统接线图

（3）直流Ⅰ、Ⅱ段母线下分支线路（负荷线路或负荷开关）故障。

（4）直流Ⅰ、Ⅱ段母线下分支线路（负荷线路或负荷开关）故障越级造成直流母线失电。

（5）蓄电池组故障。

（二）案例1：变电站1号充电机故障

1. 故障现象

警铃响，发"1段浮充低电压异常""1号整流器故障"光字牌，Ⅰ段充电机输出电压、电流回零。

2. 故障处理步骤

（1）记录时间，恢复警铃。

（2）检查1号充电机屏直流电源监视装置：交流输入、蓄电池浮充充电、硅整流、负荷灯灭；1号充电机柜内1号充电机交流输入开关在跳闸位置。

（3）用备用充电机（0 号充电机）带Ⅰ段直流母线负荷，将 1 号硅整流退出运行。

（4）将故障情况报告有关人员。

（5）为检修 1 号硅整流器做好安全技术措施，等待专业人员处理。

（6）填写运行日志、缺陷记录、设备台账、运行月报、缺陷月报，写出事故处理经过报告。

3. 故障处理注意事项

尽量用备用充电机（0 号充电机）带Ⅰ段直流母线负荷，避免合母联开关用一台充电机带全部负荷。

（三）案例 2：变电站 1 号蓄电池组进线接触器烧毁导致直流Ⅰ段母线故障

1. 故障现象

警铃响，"断路器控制电源消失""直流Ⅰ段母线失压"光字牌亮，220V 直流Ⅰ段母线电压为零。

2. 故障处理步骤

（1）记录时间及故障现象、恢复警铃，汇报有关人员。

（2）立即安排人员检查，检查发现 1 号蓄电池组进线接触器烧毁接地导致直流Ⅰ段母线故障。

（3）拉开直流Ⅰ段母线所带负荷空气开关。

（4）通过负荷回路的环路开关将Ⅰ段负荷带出，检查各控制回路、保护回路电源正常。

（5）更换 1 号蓄电池组进线接触器。

（6）试送直流Ⅰ段母线，试送成功后将负荷倒回原方式。

（7）将上述情况汇报有关人员，并做好相关记录。

3. 故障处理关键点

（1）查到故障点但不能尽快修复，应考虑将重要负荷倒至Ⅱ段直流母线供电；若查不到故障点，不允许合环路开关，以防将故障引到另一段母线。

（2）直流消失后应加强对断路器控制电源的监视。

【思考与练习】

1. 变电站交流Ⅱ段母线某一分支短路，空气开关拒动，越级跳开 2 号站用变压器低压侧断路器，备自投投入未成功，交流Ⅰ段母线失电，导致全站交流电源全消失，应如何进行处理？

2. 站用变压器故障跳闸，主要现象是什么？应如何处理？

3. 直流系统 2 号蓄电池组进线接触器烧毁导致直流Ⅱ段母线故障，应如何处理？

第三十章

复杂事故处理及分析

▲ 模块 1 复杂事故的故障分析及处理（Z09H8001 Ⅱ）

【模块描述】本模块包含系统振荡、断路器拒动、死区故障、全站停电等复杂事故的处理；通过案例分析和实际操作演练，达到掌握复杂事故处理原则和步骤，能分析判断系统振荡、断路器拒动、死区故障、全站停电等复杂事故时的保护动作行为、相关保护信息情况的目的。

【模块内容】

一、电网发生异步振荡的处理

1. 电网发生异步振荡的一般现象

（1）电力线路、发电机和变压器的电压表、电流表和功率表的指针周期性剧烈摆动。发电机、变压器在表计摆动的同时发出有节奏的轰鸣声。

（2）振荡中心（位于失去同期的两电源间联络线的电气中心）附近的电压摆动最大，它的电压周期性地降到接近于零。白炽照明灯随电压波动一明一暗。

（3）失去同期的发电厂间的联络线的有功表摆动最大，输送功率往复摆动，每个振荡周期内的平均功率接近于零。

（4）送端系统的频率升高，受端系统的频率降低并略有波动（机组转速表能正确反映，数字式频率表则无法反映）。

2. 电网发生异步振荡的主要原因

（1）系统发生严重故障，超过稳定限额范围。

（2）系统发生多重性故障。

（3）失去大电源等原因使联络线路超过静态稳定限额。

（4）故障时开关或继电保护拒动或误动，无自动调节装置或装置失灵。

（5）电网发生短路故障，切除大容量的发电、输电或变电设备，负荷瞬间发生较大突变等造成电网暂态稳定破坏。

（6）大容量机组跳闸或失磁，使系统联络线负荷增大或使系统电压严重下降，造成联络线稳定极限降低，引起稳定破坏。

（7）环状系统（或并列双回线）突然开环，使两部分系统联系阻抗突然增大，引起动稳定破坏而失去同步。

（8）电源间非同步合闸未能拖入同步。

（9）系统出力不足，电压、频率低于临界值时，引起静态稳定破坏。

3. 电网发生异步振荡时的处理原则

（1）频率降低的发电厂（受端）应立即自行增加出力至最大，并利用最大允许的过负荷能力，使频率恢复至 49.50Hz 以上或振荡消失为止，必要时应紧急拉路切除部分负荷。

（2）频率升高的发电厂（送端）应立即自行降低出力，使频率降至 49.50Hz 或振荡消失为止。

（3）若装有联锁切机装置的线路跳闸，而因装置失灵，应该切除的机组没有被切除（或远方切机装置动作，而应切除的机组没有被切除），系统发生振荡时，现场值班人员应尽快将该机组与系统解列。

（4）各发电厂在电网发生异步振荡时，值班人员无须等待调度指令，尽量利用发电机的过负荷能力增加无功出力，提高母线电压至最高允许值。

（5）在电网发生异步振荡时，各发电厂值班人员不得无故将发电机与系统解列（除特别规定允许在异步振荡时解列的发电机外）。在频率和电压严重下降到威胁厂用电安全时，根据现场规程将厂用电（全部或部分）按解列方案解列运行。

（6）若由于发电机失磁而引起电网振荡时，现场值班人员应立即将失磁的机组解列。

二、电网发生同步振荡的处理

1. 电网发生同步振荡的一般现象

同步振荡时，系统频率能保持相同，各电气量的波动范围不大，且振荡在有限的时间内衰减从而进入新的平衡运行状态。负阻尼低频振荡的振荡频率为 0.2～2.5Hz，次同步振荡的振荡频率要高得多。主要表现在机组有功功率、无功功率、电流的上下波动，联络线潮流、系统频率的波动，以及电压的波动。严重时，有功、无功、电压、电流、频率大幅摆动，照明忽明忽暗，机组发出周期性轰鸣声，这些特征与异步振荡类似，只是在程度上有所不同。

2. 电网发生同步振荡的主要原因

（1）机组失磁或进相。

（2）负阻尼低频振荡产生的原因是电力系统的负阻尼效应常出现在弱联系、远距离、重负荷输电线路上，在采用快速、高放大倍数励磁系统的条件下更容易发生。

（3）次同步振荡产生的原因是发电机经由串联电容补偿的线路接入系统时，串联补偿度较高，从而使网络的电气谐振频率较容易和大型汽轮发电机轴系的自然扭振频率产生谐振。此外，对高压直流输电线路（HVDC）、静止无功补偿器（SVC），当其控制参数选择不当时，也可能激发次同步振荡。

（4）机组励磁控制系统参数设置不当。

3. 电网发生同步振荡时的处理原则

（1）各发电厂当系统发生同步振荡时，值班人员无须等待调度指令，尽量利用发电机的过负荷能力增加无功出力，提高母线电压至最高允许值。

（2）在系统发生同步振荡时，发电厂值班人员不得无故将发电机与系统解列。在频率和电压严重下降到威胁厂用电安全时，根据现场规程将厂用电（全部或部分）按解列方案解列运行。

（3）若由于发电机失磁而引起系统振荡时，发电厂值班人员应立即将失磁的机组解列。若由于发电机进相而引起系统振荡时，现场值班人员应立即增加无功出力，将机组进相改为滞相运行。

（4）新机组调试期间，因励磁系统问题引发功率振荡，应立即将调试机组与系统解列。

（5）各变电站在系统发生同步振荡时，变电运维人员按照调度要求采取投入电容器等措施提高电压。在不影响设备安全时，不得将电容器退出。

三、系统解列的处理

1. 系统解列的主要原因

（1）系统联络线、联络变压器或母线发生事故、过负荷、保护误动作跳闸。

（2）为解除系统振荡，自动或手动系统解列。

（3）低频、低压解列装置动作将系统解列。

2. 系统解列的现象

（1）系统解列后，缺少电源的地方频率会下降，同时伴随着电压下降；电源充足的地方频率会暂时升高。

（2）系统解列后，潮流会发生变化，有可能导致某些输电线路、变压器等过负荷运行，应密切监视运行设备的过负荷状况。

3. 系统解列时的处理原则

（1）将频率较高的系统降低其频率，但不得低于 49.50Hz。

（2）将频率较低的系统短时切除部分负荷，或切换至频率较高系统供电。

（3）将频率较高系统的部分发电机组或整个发电厂先与系统解列，然后再与频率较低的系统并列。

（4）启动备用机组与频率较低系统并列。

（5）在系统事故情况下，经过长距离输电线路的两个系统，允许在电压相差 20%、频率相差 0.5Hz 范围内进行同期并列。

四、电网电压异常的事故处理

（1）电网中的电压变动超出电压正常范围（110kV 母线电压不得低于 99kV），所在的变电站根据就地平衡原则，将装有的无功调压设备（调相机、电容器、电抗器等）立即进行调整使电压恢复到允许的偏差范围内。若调整手段仍不能满足电压要求，应立即上报调度，变电站变电运维人员根据调度命令做好事故拉路等工作。

（2）当系统由于无功不足造成电压过低时，不宜采用调整变压器分接头的办法来提高电压。

（3）凡发生事故时，低压减载装置或联跳装置动作切除负荷的线路，均不得自行试送。

五、电网频率异常的处理

（1）当电网发生低频减载装置动作或联跳装置动作切除负荷时，变电运维人员应将装置动作时间、切除的开关和当时的负荷汇报有关调度。

（2）在电网频率异常的处理中，变电运维人员应根据调度命令做好事故拉路限电处理。

（3）凡低频减载装置或联跳装置动作切除负荷的线路，均不得自行试送。

六、死区故障分析

1. 保护死区的概念

在学习保护原理时，经常会提到死区的概念，那么什么是死区，又为什么有死区的存在呢？大多数保护装置都是通过对接入的电压、电流量进行分析，判断设备是否正常运行，而电流量取自各间隔的电流互感器二次侧，所以保护范围的划分，通常是以电流互感器为分界点的，而保护动作之后是通过跳开断路器切除故障，这样判断故障和切除故障的设备不同，在这两种设备之间就存在一个特殊的位置，也就是通常所说的死区。

比如对于一个双母线接线的线路间隔来说，电流互感器通常装在断路器和线路隔离开关之间，本间隔以它为分界，母线侧是母差保护范围，线路侧是线路保护范围，如图 Z09H8001Ⅱ-1 所示。当死区范围内发生短路故障时，属于母差保护范围，母差保护动作，跳开母线上所有断路器，本间隔断路器跳开后，从图中可以看出，如果线路对侧有电源，那么故障点依然有短路电流，而线路对侧的快速保护范围是两侧电流互感器之间的部分，如果没有采取适当的措施，对侧快速保护则不能动作，只能等待后备保护动作。

对于双母线接线，母联断路器和电流互感器之间存在一个母联死区；对于 3/2 接线，母线侧断路器和对应的电流互感器之间存在一个死区；同样，主变压器某一侧的断路器和电流互感器之间也有死区。

2. 死区故障的切除

死区的存在对系统的安全稳定运行有很大的威胁，因为死区大都位于母线的出口附近，一旦死区范围内发生故障，不能快速切除，对设备和电网的影响非常大，所以要采取措施尽快切除死区故障。以下介绍几种快速切除死区故障的方法。

（1）在断路器两侧分别安装电流互感器。如图 Z09H8001Ⅱ-2 所示，在断路器两侧各装设一组电流互感器，两组电流互感器之间保护范围交叉，一旦该范围内发生故障，两种保护同时动作，快速切除故障。

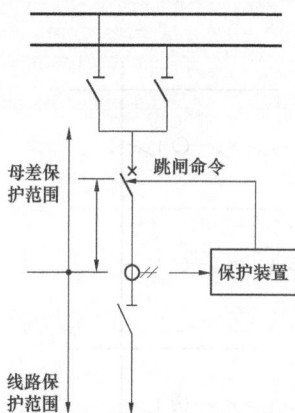

图 Z09H8001Ⅱ-1 线路死区   图 Z09H8001Ⅱ-2 线路装设两组电流互感器

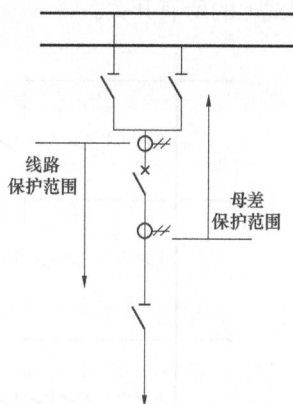

（2）设置专门的母联死区保护。在微机型母线保护中，针对单母线分段和双母线接线方式，专门设置了母联死区保护。当母联断路器与电流互感器之间发生故障时，母差保护小差选择元件会判断为断路器侧母线故障，将其切除之后，另一条母线仍然向故障点提供短路电流，此时大差启动元件和断路器侧小差选择元件均不返回，经过整定的较短延时跳开另一条母线，从而快速切除故障。

（3）使用母差停信或母差远跳功能。当线路死区范围内发生故障，母差保护动作时，如果线路对侧有电源，可采用母差停信（或位置停信）或远跳的方式使对侧快速保护动作切除故障。对于配置高频闭锁式保护的线路，当母差保护动作之后，将故障母线上连接的线路保护发信机停信，停止向线路对侧发送闭锁信号，而线路对侧高频保护判断为正方向故障，又收不到闭锁信号，所以保护动作出口跳闸。对于配置光纤电流差动保护的线路，母差保护动作后，向线路对侧发出远跳信号，使对侧断路器跳开。

（4）利用后备保护切除死区故障。主变压器 220kV、110kV 电流互感器通常装在断路器的靠近主变压器侧，当断路器和电流互感器之间发生故障，属于母差保护范围。220kV 母差保护动作后有些变电站设置跳主变压器三侧断路器，故障即能切除；有些变电站设置只跳开本侧断路器，其他两侧会继续向故障点提供短路电流，此时要依靠失灵保护或主变压器后备保护切除故障。主变压器 110kV 侧死区故障，同样是母差保护动作后，再依靠主变压器后备保护动作切除故障。

对于 3/2 接线，母线侧电流互感器通常装设在断路器和母线之间，如图 Z09H8001 Ⅱ-3 所示，当死区范围发生故障时，线路保护动作断路器跳闸，但母线仍向故障点提供短路电流，此时依靠母线侧断路器失灵保护动作（该断路器虽然跳开，但仍有电流），切除对应母线上的所有开关。

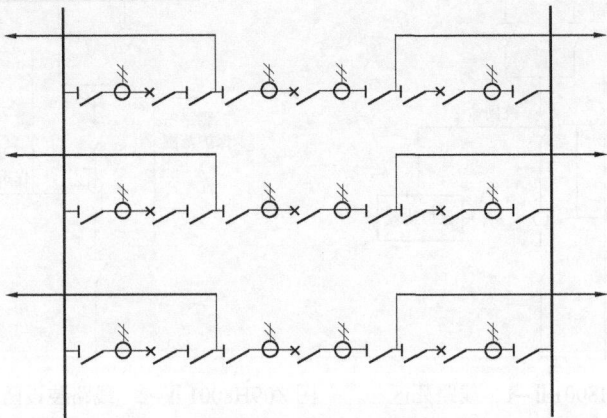

图 Z09H8001Ⅱ-3　3/2 接线方式

3. 母联死区故障和母联拒动的区别

若正常方式时母联断路器在合位，则母联死区故障和母联拒动的结果都是两条母线的进出线开关全部跳闸，母线电压为零，但是母联死区故障时母联断路器在分位，由母联死区保护动作切除故障，母联拒动时母联断路器在合位，由母联失灵保护动作切除故障。

4. 死区故障的判断

死区故障与对应断路器拒动时的现象类似，但死区故障没有断路器拒动情况，需要值班员根据事故现象综合分析，做出正确判断，若能及时发现死区故障，可大大提高事故处理速度，尽快恢复无故障设备送电。

七、开关拒动

当某一线路、母线、变压器发生故障时，相应的断路器动作跳闸，但由于断路器本体某些原因，断路器拒动，未跳开，导致事故范围扩大，这种现象称为开关拒动。

断路器拒动时，故障的切除依靠断路器的失灵保护、主变压器后备保护等，下面介绍发生各种断路器拒动情况时保护的动作过程。

1. 220kV 断路器拒动

卓越变电站 220kV 侧主接线如图 Z09H8001Ⅱ-4 所示（双母线运行，211、241、245、247 断路器在Ⅰ段母线运行，212、242、244 断路器在Ⅱ段母线运行）。

（1）220kV 卓东Ⅱ线线路故障，242 断路器拒动，失灵保护启动，切除 220kVⅡ段母线上所有断路器（201、212、244）。

（2）220kVⅡ段母线故障，242 断路器拒动，母差保护动作同时启动停信或远跳功能，使卓东Ⅱ线线路对侧断路器快速跳闸。

（3）220kVⅡ段母线故障，201 断路器拒动，母联失灵保护动作，切除 220kVⅠ段母线上所有断路器（211、241、245、247）。

（4）220kVⅡ段母线故障，212 断路器拒动，失灵保护动作，跳开 2 号主变压器其他两侧断路器 112、512。

（5）220kV 2 号主变压器故障跳三侧断路器，212 断路器拒动，失灵保护启动，切除 220kVⅡ段母线上所有断路器（201、242、244）。

2. 220kV 变电站 110kV 侧断路器拒动

220kV 卓越变电站 110kV 侧主接线如图 Z09H8001Ⅱ-5 所示（双母线运行，141、143、145、111 断路器在Ⅰ段母线运行，142、146、112 断路器在Ⅱ段母线运行，并且 110kV 线路都是负荷线路，没有联络线，即在故障时不提供短路电流）。

（1）110kV 卓甲Ⅱ线线路故障，142 断路器拒动，2 号主变压器中压侧后备保护（零序过电流或复合电压闭锁过电流）动作，第一时限跳开母联断路器 101，第二时限跳开中压侧断路器 112，故障切除。

（2）110kVⅡ段母线故障，142 断路器拒动，由于线路对侧无电源，母线上其他断路器跳开后，故障即切除。

（3）110kVⅡ段母线故障，101 断路器拒动，母联失灵保护动作，将Ⅰ段母线元件跳开，故障切除。

（4）110kVⅡ段母线故障，112 断路器拒动，主变压器后备保护（中压侧零序过电流或复合电压闭锁过电流）动作，第一时限跳母联，第二时限跳本侧，第三时限跳三侧，故障切除。

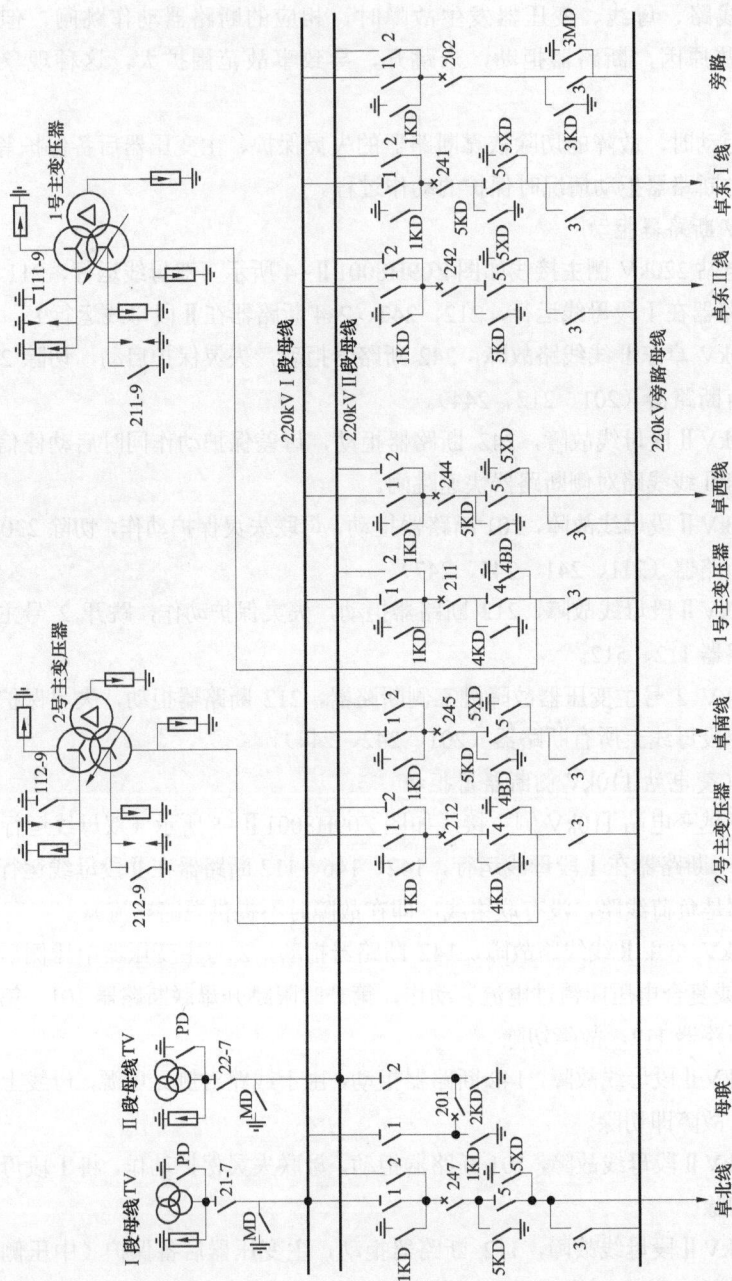

图 Z09H8001 Ⅱ-4 卓越变电站 220kV 侧主接线图

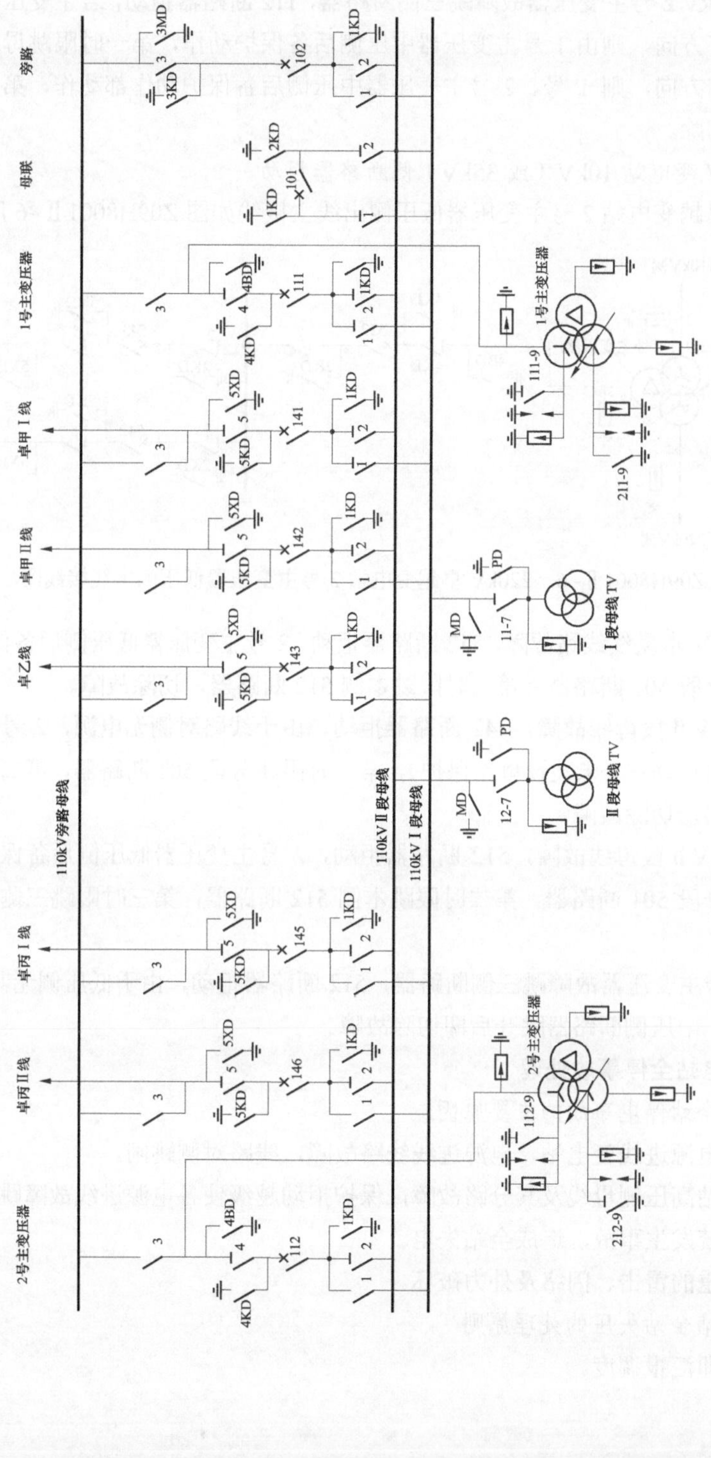

图 Z09H8001 Ⅱ-5 220kV 卓越变电站 110kV 侧主接线图

（5）110kV 2 号主变压器故障跳三侧断路器，112 断路器拒动，若主变压器中压侧后备保护带有方向，则由 1 号主变压器中压侧后备保护动作，第一时限跳母联，故障切除，若不带方向，则 1 号、2 号主变压器中压侧后备保护动作都动作，第一时限跳母联，故障切除。

3. 220kV 变电站 10kV（或 35kV）侧断路器拒动

220kV 卓越变电站 2 号主变压器低压侧出线主接线如图 Z09H8001Ⅱ-6 所示。

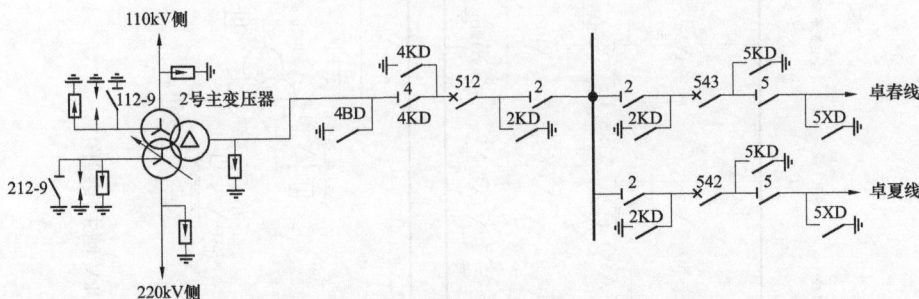

图 Z09H8001Ⅱ-6　220kV 卓越变电站 2 号主变压器低压侧出线接线图

（1）10kV 卓夏线线路故障，542 断路器拒动，2 号主变压器低压侧后备保护动作，第一时限跳分段 501 断路器，第二时限跳本侧 512 断路器，切除故障。

（2）10kV Ⅱ段母线故障，542 断路器拒动，由于线路对侧无电源，2 号主变压器低压侧后备保护动作（未装设母差保护），第一时限跳分段 501 断路器，第二时限跳本侧 512 断路器，切除故障。

（3）10kV Ⅱ段母线故障，512 断路器拒动，2 号主变压器低压侧后备保护动作，第一时限跳分段 501 断路器，第二时限跳本侧 512 断路器，第三时限跳三侧断路器，切除故障。

（4）2 号主变压器故障跳三侧断路器，512 断路器拒动，由于低压侧无其他电源，主变压器高、中压侧断路器跳开后即切除故障。

八、变电站全停事故处理

1. 发生全站停电事故的主要原因

（1）单电源进线变电站，电源进线线路故障，线路对侧跳闸。

（2）本站高压侧母线及其分路故障，保护拒动越级使各电源进线故障跳闸。

（3）系统发生事故，造成全站失电。

（4）严重的雷击、闪络及外力破坏。

2. 变电站全站失压的处理原则

（1）立即汇报调度。

（2）尽快恢复站用电源，在站用电未恢复前，控制直流系统负荷，监视直流母线电压，保证直流系统正常运行。

（3）对站内设备进行全面检查。

（4）根据调度命令对故障设备进行隔离。

（5）根据调度命令进行恢复送电。

九、事故案例分析

（一）案例 1：卓东Ⅰ线 241 线路 C 相永久故障，C 相断路器跳开，A、B 断路器未跳开，非全相保护动作未跳开，线路非全相运行

接线方式如图 Z09H8001Ⅱ-4 所示。

1. 事故基本情况

2008 年 7 月 8 日 14：02，卓东Ⅰ线 241 断路器跳闸，C 相断路器跳开，A、B 断路器未跳开，线路非全相运行。

（1）监控系统主要信息。

1）241 断路器变位闪烁。

2）卓东Ⅰ线"RCS 保护动作""PRS 保护动作""重合闸动作""241 断路器非全相保护动作""故障录波器动作"光字牌亮。

3）卓东Ⅰ线 C 相电流、有功指示为零。A、B 相电流十几安、无功指示几兆乏。

（2）保护屏保护信号。

1）RCS 保护：跳 A 灯亮、跳 B 灯亮、跳 C 灯亮。

2）PRS 保护：跳 A 灯亮、跳 B 灯亮、跳 C 灯亮、重合闸灯亮。

3）241 断路器操作箱：第一组 TA、TB、TC，第二组 TA、TB、TC 灯亮。

2. 事故处理步骤

（1）记录事故发生时间、设备名称、断路器变位情况、重合闸动作、主要保护动作信号等事故信息，汇报调度。

（2）根据调度要求，拉开 241 断路器 A、B 相。

（3）变电运维人员分两组：一组负责主控室监控信号记录和检查、继电保护及自动装置检查；另一组负责现场一次设备检查，检查保护范围内设备，检查发现 241 断路器 C 相在分位，A、B 相在合位。

（4）将检查情况详细汇报调度。

（5）根据调度命令，隔离 241 断路器。

（6）根据调度命令，对侧对卓东Ⅰ线线路试送，试送成功后本侧用旁路 202 断路器合环。

（7）根据调度命令 241 断路器转检修。

（8）事故处理完毕后，变电运维人员填写运行日志、事故跳闸记录、断路器分合闸记录等，并根据断路器跳闸情况、保护及自动装置的动作情况、事件记录、故障录波、微机保护打印报告及处理情况，整理详细的事故经过。

3. 事故原因分析

卓东Ⅰ线线路单相故障，开关单相跳开后，重合于故障，开关三相跳闸，此时 C 相跳开，线路故障切除，A、B 相未跳开，由于对侧断路器跳开，241 断路器失灵不满足电流判据条件，所以 241 断路器失灵保护未启动，241 断路器非全相动作，非全相动作后，241 断路器 A、B 相仍未跳开。本次故障由于是 C 相永久故障，C 相断路器跳开，线路故障切除，如果是 C 相未跳开，故障电流仍然存在，则将发生越级跳闸。

4. 事故处理注意事项

按照规定，断路器非全相运行时，变电运维人员应立即拉开该断路器，并立即汇报值班调度员。隔离开关时应首先查明断路器 A、B 相拒动的原因，若能操作拉开，可正常隔离，若不能操作拉开，则应采用倒母线的方式将 241 断路器隔离，不允许直接拉隔离开关。

（二）案例 2：卓越站旁路 202 断路器在 110kV 系统发生接地故障时零序保护误动

1. 事故基本情况

2006 年 10 月 13 日 6：50，卓越站 110kV 卓甲Ⅱ线 142 线路 C 相发生单相接地故障，卓甲Ⅱ线线路保护 LFP-941A 保护装置零序Ⅰ段动作出口跳闸，并重合成功；故障同时变电站 202 开关 C 相开关单跳单合（当时变电站运行方式：卓越站卓东Ⅱ线 242 断路器因机构压力闭锁进行消缺工作，处在检修状态，旁路 202 断路器转代 242 断路器运行）。

（1）监控系统主要信息。

1）202 断路器变位闪烁。

2）"卓甲Ⅱ线 LFP-941A 保护动作""卓甲Ⅱ线重合闸动作""202 开关 LFP-901 高频保护动作""202 断路器重合闸动作""故障录波器动作"等光字牌亮。

（2）保护屏保护信号。

1）卓甲Ⅱ线：LFP-941A 保护动作、重合闸动作。

2）202 LFP-901 高频保护动作、重合闸动作。

2. 原因分析

在 202 保护用电流回路（A411、B411、C411、N411）进行绝缘检查时发现，在拆除 202 断路器端子箱处的接地点 D0 后，回路对地的绝缘仍然为零。于是又将回路断开后进行逐步的检查，发现在 EMLP-503 电缆的 2 号主变压器保护屏侧处还存在一个接地点 D1（该电缆从 202 线路保护屏接至 2 号主变压器保护屏，供转代主变压器时使用），如图 Z09H8001Ⅱ-7 所示。

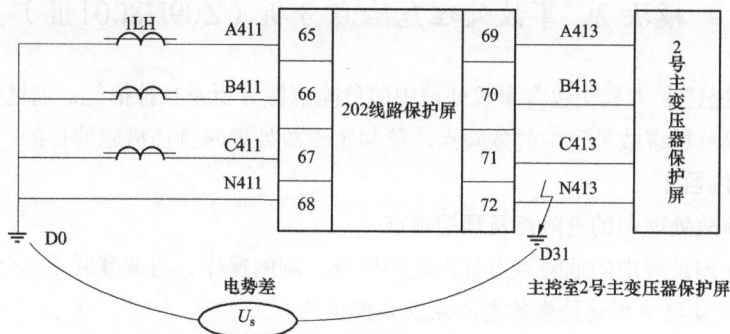

图 Z09H8001Ⅱ-7　202TA 411 回路接线示意图

2005 年 12 月，卓越站 220kV 母线增加双套母线保护时，由于 202 断路器的 TA 二次线圈不够分配，从而改动了该保护回路，改动后 TA 二次线圈 1LH（411）回路经过 202 线路保护装置后编号为 413 回路，通过 EMLP-503 电缆经电流切换端子接入 2 号主变压器保护。检查发现，该电流回路 EMLP-503 电缆头处钢甲边缘嵌入 4 号线芯（N413 回路），时间一长造成了 N413 接地。正常运行中因无零序电流，没有表征异常现象。

由于 202 线路保护电流回路在开关场端子箱和主控室存在两点接地，接地点又分别在微机保护零序线圈（N68、N72）的两侧。系统接地故障时，一次故障电流造成两接地点之间存在一定的电位差（U_s）。该电位差在保护零序线圈中形成附加电流 I_s，而该附加电流 I_s 与系统故障零序电流 I_d 叠加后，造成采样电流异常，角度发生偏移，与 U_c 几乎反相（为 120°～150°），零序方向进入保护动作区（见图 Z09H8001Ⅱ-8），造成保护不正确停信，导致线路两侧高频保护动作跳闸。

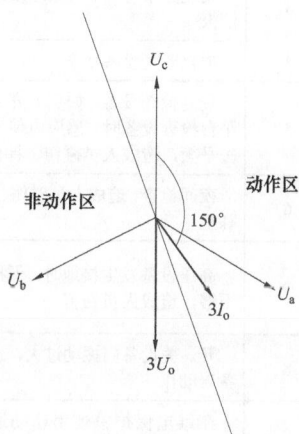

图 Z09H8001Ⅱ-8　202 LFP-901 保护零序相量图

【思考与练习】

1. 卓越站 101 TA 母差用保护的两个绕组之间故障，有何现象？请分析原因，应如何处理？

2. 卓越站 2 号变压器故障跳闸，中压侧 112 断路器偷合造成 110kVⅡ段母线失压，有何现象？请分析原因，应如何处理？

模块 2 事故处理危险点分析（Z09H8001Ⅲ）

【模块描述】本模块包含事故处理中的危险点源分析及预控措施；通过实例分析，达到能正确分析事故处理中的危险点，能制定事故处理时预控措施的目的。

【模块内容】

一、事故处理中的危险点及预控措施

事故处理过程中的危险点可分为现场检查、倒闸操作、与调度联系三个方面。

1. 事故处理中现场检查的危险点及预控措施

现场检查的危险点及预控措施见表 Z09H8001Ⅲ–1。

表 Z09H8001Ⅲ–1　　　　现场检查的危险点及预控措施

序号	危 险 点	预 控 措 施
1	误碰、误动运行设备	（1）检查人员应由经过培训、熟悉设备、有经验的人员担任。 （2）检查时应与带电设备保持足够的安全距离，10kV 为 0.7m，110kV 为 1.5m，220kV 为 3m
2	擅自打开设备网门	检查设备时，不得进行其他工作，不得移开、越过、拆除遮栏和标示牌
3	发现异常时，单人处理或未及时汇报	（1）检查中发现设备异常，应立即汇报。 （2）采取相应措施进行处理时应由两人完成
4	擅自改变设备状态	禁止擅自改变设备状态
5	登高检查设备，如登上开关机构平台检查设备时，感应电使人员失去平衡，造成人员碰伤、摔伤	检查应由两人进行，并互相关照、提醒
6	夜间检查，造成人员碰伤、摔伤、踩空	夜巡应带好照明工具
7	高压设备发生接地时，保持距离不够，造成人员伤害	高压设备发生接地时，室内不得接近故障点 4m 以内，室外不得靠近故障点 8m 以内，因此检查人员必须穿绝缘靴，接触设备的外壳和构架时，必须戴绝缘手套
8	开、关设备门振动过大，造成设备误动作	开、关设备门应小心谨慎，防止过大振动
9	在继电保护室使用移动通信工具，造成保护误动	在继电保护室禁止使用移动通信工具，防止造成保护及自动装置误动
10	检查保护动作情况时，漏查信号造成误判断	（1）应两人一起检查。 （2）对保护装置信号做好记录并确认无误后，才可复归信号
11	雷雨天气，靠近避雷器和避雷针，造成人员伤亡	一般情况下雷雨天不进行室外设备检查，如确需检查时应穿绝缘靴，并与避雷针和避雷器保持足够的安全距离
12	不戴安全帽、不按规定着装	进入设备区，必须戴安全帽，必须按规定正确着装，并佩戴好值班标志

续表

序号	危　险　点	预　控　措　施
13	雾天检查设备时设备发生污闪、雾闪接地或设备发生空气放电	（1）雾天检查设备时穿好绝缘靴与雨衣。 （2）雾天检查设备时与雾闪严重的设备保持足够的安全距离
14	冰雪天检查高压设备路滑摔倒	冰雪天检查设备时绝缘靴应采取防滑措施
15	冰雪天端子箱、机构箱内进雪融化造成直流接地或保护误动	检查后应将箱门关闭良好，遇有受潮时，应立即使用热风机干燥处理
16	保护范围内设备查找不全面，不能及时发现故障点	对动作于跳闸的保护范围应清楚，查找故障点时应两人进行，避免发生遗漏
17	未及时考虑事故对运行方式、运行设备的影响，造成运行设备故障或事故扩大	（1）应根据本站的运行方式和设备状况制定各种情况下的事故预案。 （2）按照现场规程规定及事故预案的处理措施及时调整保护方式，检查相关运行设备有无异常，确保运行设备继续安全可靠运行

2. 事故处理中倒闸操作的危险点及预控措施

倒闸操作的危险点及预控措施见表 Z09H8001Ⅲ–2。

表 Z09H8001Ⅲ–2　　　　倒闸操作的危险点及预控措施

序号	危　险　点	预　控　措　施
1	填写操作票错误	（1）受令后根据操作任务对照一次系统图，明确操作对象的运行状态，核对断路器、隔离开关的双重名称。 （2）由操作人填写操作票，监护人、值班长逐项审核。 （3）操作前必须进行模拟预演
2	无票操作	（1）事故应急处理可不填写操作票，值班长把关。 （2）事故恢复操作应填写操作票
3	不按操作票顺序进行操作	（1）严格按照操作票的顺序逐项操作，逐项打钩。 （2）严格执行唱票复诵制度。 （3）必须在模拟图板上进行模拟预演，用电脑钥匙进行操作，不得任意进行解锁操作
4	未经"三核对"盲目操作	（1）严格执行"三核对"，操作前核对一次系统图，设备实际位置，断路器、隔离开关双重名称。 （2）严格执行唱票复诵制度，重大操作，除监护人外，必须通知站长及相关管理人员同时进行监护
5	走错间隔	（1）操作人在前，监护人在后，共同到达操作现场。 （2）确认操作对象的名称、编号与操作票相符。 （3）监护人专职监护，操作人进行操作
6	带负荷拉合隔离开关	（1）事故处理时使用解锁钥匙也要履行必要的手续，明确解锁操作项目，严禁随意使用解锁钥匙操作。 （2）操作前认真检查设备名称、编号应与操作票相符，在开关停（复）役操作中，拉（合）隔离开关前必须检查相关的断路器在断开位置

续表

序号	危险点	预控措施
7	带电合（挂）接地隔离开关（接地线）	（1）操作前必须使用合格的验电器先验电。 （2）验电前必须在同一电压等级的带电设备上验证验电器良好，验电时应戴好绝缘手套。 （3）当验明无电压后立即将检修设备接地并三相短路。 （4）将接地线接地端与接地桩头牢固连接，禁止使用缠绕的方法。 （5）装、拆接地线均应使用绝缘棒和戴绝缘手套。 （6）装设接地线必须先接接地端，后接导体端，拆除顺序相反
8	无人监护单人进行操作	（1）倒闸操作必须由两人进行。 （2）严格执行操作监护制度，职责明确，监护人不得代替操作人进行操作
9	误碰跳闸回路	（1）保护装置（含安全自动装置）投、退操作，必须按值班调度员的指令执行。 （2）根据调度指令，核对无误后，按现场运行规程规定进行操作。 （3）跳闸压板的开口端在上方，且必须和相邻压板有足够的距离，保证操作压板在落下过程中不会碰及相邻的压板
10	误投保护压板或保护出口压板接触不良	（1）投入出口压板、启动失灵压板、总跳闸出口压板、合闸压板以及远切、远跳、联切压板前应使用万用表检查下端有负电位，上端无电位。 （2）投入跳闸出口压板后必须拧紧，长期不用的压板投入后应使用万用表检查上、下端均应有负电位，压板导通良好
11	旁路代断路器时，定值区切换错误，引起保护误（拒）动	（1）旁路代断路器前，共同到旁路保护屏，一人监护，一人操作，将定值切至被代断路器区并打印定值。 （2）将打印定值与调度下达的保护定值核对无误
12	旁路代断路器时，未正确进行保护通道切换，引起保护拒（误）动	（1）按照现场规程填写操作票，并经三级审核。 （2）监护人持票发令，操作人复诵，严格做到监护人不动手，操作中必须进行三核对，严格按票面顺序操作。 （3）旁路收发信机代断路器时必须由"本机/负载"切至"本机/通道"位置，旁路收发信机频率必须与被代线路一致。 （4）切换保护通道时应检查接触良好，切换完毕，应测试通道正常
13	双母倒单母操作中拉开母联断路器前未检查母联无电流	（1）操作前认真进行危险点分析，并交代操作人员此项为危险点。 （2）严格进行标准化操作

3. 事故处理中与调度联系的危险点及预控措施

与调度联系的危险点及预控措施见表 Z09H8001Ⅲ-3。

表 Z09H8001Ⅲ-3　　　　与调度联系的危险点及预控措施

序号	危险点	预控措施
1	汇报调度内容不够及时、全面，影响调度员的判断	由值班长负责与调度联系，汇报内容应简练、清晰、准确、全面，并做好记录和录音；在事故处理过程中与调度保持密切联系，及时将检查和处理结果进行汇报

序号	危 险 点	预 控 措 施
2	接收电话不清楚，接受调度下达的操作指令错误	（1）接受操作指令前与调度相互通报姓名，做好记录，并启动录音，对接受操作指令全过程录音。 （2）受令完毕逐字、逐句复诵，双方听证无误，如有疑问必须双方应答清楚。 （3）接受的调度命令必须审核无误，发现疑问必须询问清楚

二、实例分析

1. 事故概况

2 号变压器本体故障，重瓦斯和差动保护动作，2 号主变压器三侧断路器跳闸，高压侧 212 断路器 B 相（故障相）偷合，差动保护动作，212 断路器拒动，引起失灵保护动作，造成 220kV Ⅱ 段母线失电。

事故处理要点是：检查保护动作情况，监视运行设备状况，进行中性点接地方式的调整，检查、隔离 2 号主变压器、212 断路器，与联系汇报调度及恢复 220kV Ⅱ 段母线运行。

2. 危险点分析

本案例事故处理过程中的危险点主要包括现场检查、倒闸操作、与调度联系三方面。

（1）检查过程中的危险点。

1）保护动作情况检查不全面，对保护和断路器的动作顺序不能准确判断。

2）未检查 1 号主变压器运行情况（如负荷、温度、冷却器运行是否正常）。

3）查找故障点时误碰运行设备。

4）未对 212 断路器进行三相检查。

（2）操作中的危险点。

1）未及时调整中性点接地方式或改变接地方式后未进行间隙、零序保护的相应投退，造成设备损坏或保护误动。

2）隔离 212 断路器时改变了断路器状态，影响偷合和拒动的原因分析。

3）操作过程中随意使用解锁钥匙造成误操作（若拉开 212 断路器两侧隔离开关时需解锁，则应在履行解锁程序后进行，且只有该两项操作可以解锁）。

4）220kV Ⅱ 段母线恢复送电时未投充电保护或投入充电保护后未及时退出造成保护拒动或误动。

5）合上各线路开关前未考虑是否需要检查同期，造成非同期合闸。

6）2 号主变压器及 212 断路器转检修操作时，未填写操作票或不按票操作造成误操作。

（3）与调度联系过程中的危险点。

1）保护动作跳闸情况汇报不全面造成调度误判断。

2）未汇报 1 号主变压器过负荷情况，调度不能及时调整负荷分配。

3）接受调度令时记录不准确造成误操作。

【思考与练习】

1. 事故处理中，现场检查主要危险点和预防措施是什么？

2. 仿西线 244-1 隔离开关断路器侧绝缘子闪络接地的事故处理中的危险点有哪些？

3. 2 号主变压器 220kV 侧 A 相套管爆炸起火的事故处理中的危险点有哪些？

第三十一章

一次设备维护性检修

▲ 模块 1　变压器普通带电测试及一般维护（Z09I1001 II）

【模块描述】 本模块包含变压器带电测试及一般维护内容；通过操作过程详细介绍、操作技能训练，达到掌握变压器的带电红外测试、接地电流、接地电阻的测量和停电瓷件清扫技能的目的。

【模块内容】

一、变压器设备基本结构原理

（一）变压器的基本结构概述

变压器是具有两个或多个绕组的静止设备，为了传输电能，在同一频率下，通过电磁感应将一个系统的交流电压和电流转换为另一个系统的电压和电流，通常这些电流和电压的值是不同的。应用最广泛的油浸式电力变压器一般由铁芯、绕组、绝缘套管、油箱及其他附件等组成。其中，铁芯和绕组是变压器的基本部分，是实现电磁转换的核心部分，习惯上称为器身。而油箱、引线及各种附件是保证油浸式变压器运行所必需的。

（二）铁芯

1. 铁芯的概述

铁芯是变压器的基本部件。从工作原理方面讲，铁芯是变压器的导磁回路，它把两个独立的电路用磁场紧密联系起来。从结构方面讲：铁芯一般都是一个机械上可靠的整体，在铁芯上套装线圈，铁芯夹件可以支撑引线。

2. 铁芯的结构

变压器铁芯的结构形式可分为壳式和芯式两大类，我国变压器制造厂普遍采用芯式结构。芯式铁芯又可分为单相双柱、单相三柱、三相三柱、三相五柱式等。大多数电力变压器通常为三相一体形式，常常采用三相三柱或三相五柱式铁芯，特大型变压器因为体积大运输困难，一般由三台单相变压器组成，其铁芯常采用单相双柱式。典型的变压器三相三柱铁芯结构如图 Z09I1001 II –1 所示。

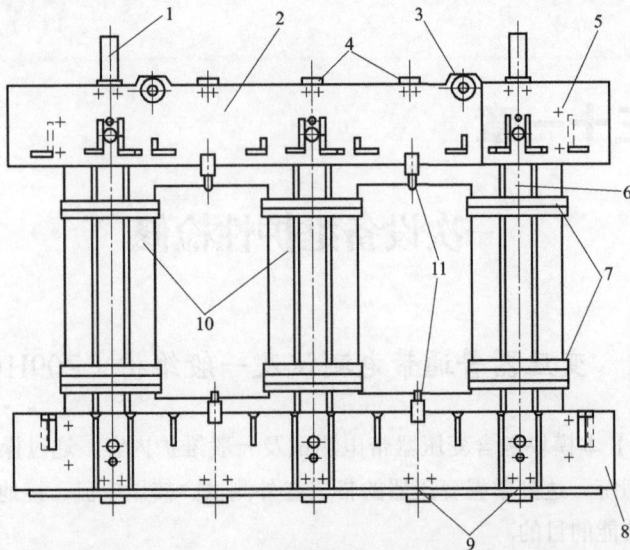

图 Z09I1001Ⅱ−1　大型变压器铁芯典型结构示意图

1—上部定位件；2—上夹件；3—上夹件吊轴；4—横梁；5—拉紧螺杆；6—拉板；
7—环氧绑扎带；8—下夹件；9—垫脚；10—铁芯叠片；11—拉带

3. 铁芯的接地

铁芯及其金属结构件由于所处的电场及磁场位置不同，产生的电位和感应电动势也不同，当两点的电位差达到能够击穿两者之间的绝缘时，便相互之间产生放电，放电的结果使变压器油分解，并容易将固体绝缘破坏，导致事故的发生，为了避免上述情况的出现，铁芯及其他金属结构件（夹件、绕组的金属压板等）必须接地，使它们处于等电位（零电位）。

铁芯的接地必须是一点接地。虽然相邻铁芯片间绝缘电阻较大，但因绝缘膜极薄、正对面积大，所以片间电容很大，对于在交流电磁场中工作的铁芯来说通过片间电容的耦合，整个铁芯电位接近，可视为有效接地。但当铁芯两点（或多点）接地时，若两个（或多个）接地点处于不同的叠片级上，因处于交变电磁场中，两个接地点之间的铁芯片将有一定的感应电动势，并经大地形成回路产生一定的电流，这个电流将导致局部过热，严重的将烧毁接地片甚至铁芯，影响变压器的安全运行。

（三）变压器的绕组

1. 绕组的作用

绕组是变压器的最主要构成部件之一，是构成与变压器标注的某一电压值相对应的电气线路的一组线匝。电能由一次绕组转换为磁场能后经铁芯传递至二次绕组，在二次绕组中再转换为电能，实现电磁转换。

2. 常见绕组

变压器绕组基本上都采用铜导线。从绕组的结构形式来看，110kV 及以上的变压器由过去采用静电圈补偿结构形式发展到纠结连续式、全纠结式以及插入电容式等结构，导线采用换位导线和复合导线。变压器常见绕组定义如下：

（1）高压绕组。具有最高额定电压的绕组。

（2）低压绕组。具有最低额定电压的绕组。

（3）中压绕组。多绕组变压器中的一个绕组 其额定电压在最高额定电压和最低额定电压之间。

（4）稳定绕组。在星形—星形联结或星形—曲折形联结的变压器中为减小星形联结绕组的零序阻抗而专门设计的一种辅助的三角形联结的绕组。此绕组只有在三相不连接到外部电路时才称稳定绕组。

（5）公共绕组。自耦变压器有关绕组的公共部分。

（四）变压器的器身

变压器的铁芯、绕组、绝缘件和引线装配成为器身。器身绝缘的布置与变压器的电压等级有关。图 Z09I1001Ⅱ–2 是某高压 110kV 级分级绝缘端部出线的器身绝缘结构示意。

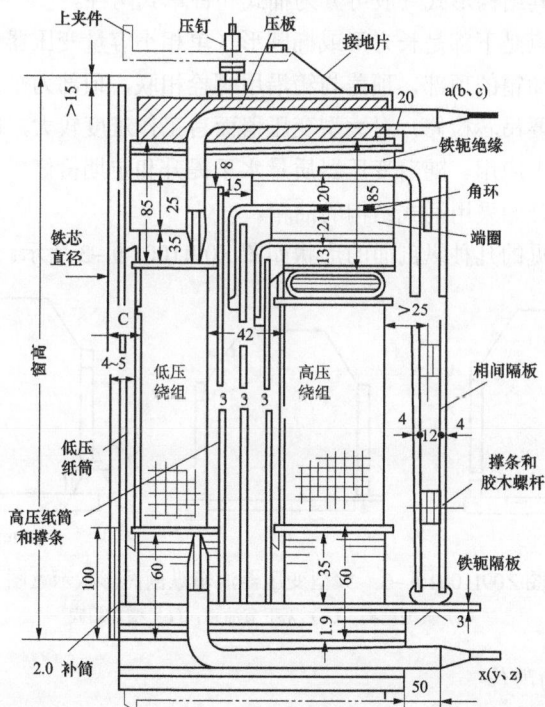

图 Z09I1001Ⅱ–2　110kV 级分级绝缘端部出线的器身绝缘结构示意图

（五）变压器的引线

变压器中连接绕组端部、开关、套管等部件的导线称为引线，它将外部电源电能输入变压器，又将传输电能输出变压器。引线一般有三类：绕组线端与套管连接的引出线、绕组端头间的连接引线以及绕组分接与开关相连的分接引线。

（六）变压器的油箱

1. 油箱的作用

油浸式变压器的油箱是保护变压器器身的外壳和盛装变压器油的容器，又是变压器外部结构件的装配骨架，同时通过变压器油将器身损耗产生的热量以对流和辐射的方式散至大气中。

2. 油箱的基本要求

作为盛装变压器油的容器，油箱的第一个要求就是要密封而无渗漏，它包含两个方面的含义：① 所有钢板和焊线不得渗漏；② 机械连接的密封处不漏油。其次，作为保护外壳支持外部结构件的骨架，油箱应有一定的机械强度和安装各外部构件所需要的一些必备的零部件。

变压器油箱按其结构形式一般可分为桶式和钟罩式两种。

桶式油箱的特点是下部是长方形或椭圆形（单相小容量变压器也有用圆形）的油桶结构，箱沿设在油箱的顶部，顶盖与箱沿用螺栓相联，顶部为平顶箱盖。桶式油箱的变压器大修时需要吊芯检修，对大型变压器而言工作难度较大，以前主要在小型变压器及配电变压器上应用。随着变压器质量水平提升和定期检修概念的淡化，大型变压器也越来越多地开始采用桶式结构的油箱。

钟罩式油箱常见的几种纵剖面的形状如图 Z09I1001Ⅱ–3 所示。

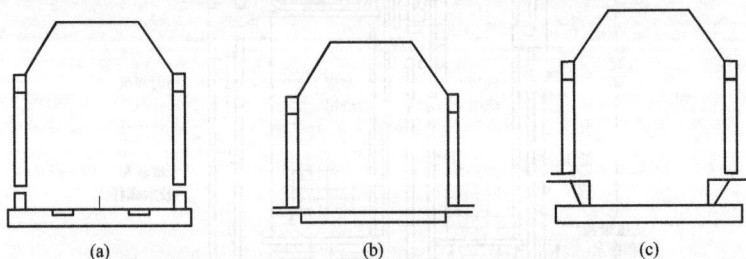

(a)   (b)   (c)

图 Z09I1001Ⅱ–3 大型变压器油箱纵剖面形状示意图
（a）典型结构；（b）无下节油箱；（c）槽形箱底

（七）变压器的附件

变压器的主要附件是套管、分接开关、气体继电器、安全气道（压力释放阀）、吸湿器、信号温度计等。

二、电力变压器带电测试

（一）带电红外测试

1. 带电红外测试的原理及测试目的

（1）带电红外测试的原理。红外线是一种电磁波（是肉眼看不见的），存在波动性和粒子性等性质。波长在 0.75～1000μm 之间。自然界任何物体只要温度高于绝对零度（-273.16℃）就会产生电磁波（辐射能），带有物体表面的温度特征信息。不同的材料、不同的温度、不同的表面光度、不同的颜色等，所发出的红外辐射强度都不同。红外测试就是通过仪器测试这种物体表面辐射的红外线，以反映物体表面辐射能量密度的分布情况，即温度场（红外成像）。

（2）带电红外测试的目的。通过被动的、非接触式的检测获得物体表面的红外热分布图，定量地测量所需位置的温度。红外测试能够在设备发生故障之前，快速、准确、安全地发现故障。

2. 测试仪器及操作要点

（1）测试仪器的基本要求。对红外热像仪主要参数选择如下：

1）不受测量环境中高压电磁场的干扰，图像清晰，稳定，具有图像锁定、记录和必要的图像分析功能。

2）具有较高的像素，一般不小于 240×340。

3）测量时的响应波长，一般在 8～14μm。

4）空间分辨率应满足实测距离的要求，一般对变电站内电气设备实测距离不小于 500m，对输电线路实测距离不小于 1000m。

5）具有较高的测量精确度和合适的测温范围，一般精确度不小于 0.1℃，测温范围为-50～600℃。

（2）操作方法。

1）一般检测。仪器在开机后需进行内部温度校准，待图像稳定后即可开始工作。

一般先远距离对所有被测设备进行全面扫描，发现有异常后，再有针对性地近距离对异常部位和重点被测设备进行准确检测。

仪器的色标温度量程宜设置在环境温度加 10～20K 的温升范围。

有伪彩色显示功能的仪器，宜选择彩色显示方式，调节图像使其具有清晰的温度层次显示，并结合数值测温手段，如热点跟踪、区域温度跟踪等手段进行检测。

应充分利用仪器的有关功能，如图像平均、自动跟踪等，以达到最佳检测效果。

环境温度发生较大变化时，应对仪器重新进行内部温度校准，校准方法按仪器的说明书进行。

作为一般检测，被测设备的辐射率一般取 0.9 左右。

2）精确检测。检测温升所用的环境温度参照体应尽可能选择与被测设备类似的物体，且最好能在同一方向或同一视场中选择。

在安全距离允许的条件下，红外仪器宜尽量靠近被测设备，使被测设备（或目标）尽量充满整个仪器的视场，以提高仪器对被测设备表面细节的分辨能力及测温准确度，必要时，可使用中、长焦距镜头。

为了准确测温或方便跟踪，应事先设定几个不同的方向和角度，确定最佳检测位置，并可做上标记，以供今后的复测用，提高互比性和工作效率。

正确选择被测设备的辐射率，特别要考虑金属材料表面氧化对选取辐射率的影响，辐射率选取具体可参见表 Z09I1001Ⅱ-1。

表 Z09I1001Ⅱ-1　　　　常用材料发射率的参考值

材料	温度（℃）	发射率近似值	材料	温度（℃）	发射率近似值
抛光铝或铝箔	100	0.09	棉纺织品（全颜色）	—	0.95
轻度氧化铝	25～600	0.10～0.20	丝绸	—	0.78
强氧化铝	25～600	0.30～0.40	羊毛	—	0.78
黄铜镜面	28	0.03	皮肤	—	0.98
氧化黄铜	200～600	0.61～0.59	木材	—	0.78
抛光铸铁	200	0.21	树皮	—	0.98
加工铸铁	20	0.44	石头	—	0.92
完全生锈轧铁板	20	0.69	混凝土	—	0.94
完全生锈氧化钢	22	0.66	石子	—	0.28～0.44
完全生锈铁板	25	0.80	墙粉	—	0.92
完全生锈铸铁	40～250	0.95	石棉板	25	0.96
镀锌亮铁板	28	0.23	大理石	23	0.93
黑亮漆（喷在粗糙铁上）	26	0.88	红砖	20	0.95
黑或白漆	38～90	0.80～0.95	白砖	100	0.90
平滑黑漆	38～90	0.96～0.98	白砖	1000	0.70
亮漆（所有颜色）	—	0.90	沥青	0～200	0.85
非亮漆	—	0.95	玻璃（面）	23	0.94
纸	0～100	0.80～0.95	碳片	—	0.85
不透明塑料	—	0.95	绝缘片	—	0.91～0.94
瓷器（亮）	23	0.92	金属片	—	0.88～0.90
电瓷	—	0.90～0.92	环氧玻璃板	—	0.80
屋顶材料	20	0.91	镀金铜片	—	0.30
水	0～100	0.95～0.96	涂焊料的铜	—	0.35
冰	—	0.98	铜丝	—	0.87～0.88

将大气温度、相对湿度、测量距离等补偿参数输入，进行必要修正，并选择适当的测温范围。

记录被检设备的实际负荷电流、额定电流、运行电压，被检物体温度及环境参照体的温度值。

3．测试周期

基准周期：220kV 变压器，3 个月；66～110kV 变压器，1 年。

4．工艺标准

检测变压器箱体、储油柜、套管、引线接头及电缆等，既要注意温度的大小，也要注意温差规律，测量时应该记录环境温度、负荷大小及其前 3h 的变化情况、冷却装置开启组数，分析时应注意这些影响因素。

（1）人员要求。红外检测属于设备带电检测，检测人员应具备以下条件：

1）熟悉红外诊断技术的基本原理和诊断程序，了解红外热像仪的工作原理、技术参数和性能，掌握热像仪的操作程序和使用方法。

2）了解被检测设备的结构特点、工作原理、运行状况和导致设备故障的基本因素。

3）熟悉本标准，接受过红外热像检测技术培训，并经相关机构培训合格。

4）具有一定的现场工作经验，基本掌握本专业作业技能及《国家电网公司电力安全工作规程（变电部分）》的相关知识，并经《国家电网公司电力安全工作规程（变电部分）》考试合格。

（2）一般检测要求。

1）被检设备是带电运行设备，应尽量避开视线中的封闭遮挡物，如门和盖板等。

2）环境温度一般不低于 5℃，相对湿度一般不大于 85%；天气以阴天、多云为宜，夜间图像质量为佳；不应在雷、雨、雾、雪等气象条件下进行，检测时风速一般不大于 5m/s，现场观察可参照表 Z09I1001Ⅱ-2；

表 Z09I1001Ⅱ-2　　　　　　　　风 级、风 速 与 现 象

风级	风速（m/s）	风名	地 面 现 象
0	0～0.2	无风	静烟直上
1	0.3～1.5	软风	烟能表示风向，树叶略有摇动
2	1.6～3.3	轻风	人脸感觉有风，树叶有微响，旗开始飘动
3	3.4～5.4	微风	树叶和很细的树枝摇动不息，旗展开
4	5.5～7.9	和风	能吹起地面的灰尘和纸张，小树枝摇动

3）户外晴天要避开阳光直接照射或反射进入仪器镜头，在室内或晚上检测应避开灯光的直射，宜闭灯检测。

4）检测电流致热型设备，最好在高峰负荷下进行。否则，一般应在不低于 30% 的额定负荷下进行，同时应充分考虑小负荷电流对测试结果的影响。

（3）精确检测要求。除满足一般检测的环境要求外，还应满足以下要求：

1）风速一般不大于 0.5m/s；

2）设备通电时间不小于 6h，最好在 24h 以上；

3）检测期间天气为阴天、夜间或晴天日落 2h 后；

4）被检测设备周围应具有均衡的背景辐射，应尽量避开附近热辐射源的干扰，某些设备被检测时还应避开人体热源等的红外辐射；

5）避开强电磁场，防止强电磁场影响红外热像仪的正常工作。

（4）判断方法。

1）表面温度判断法。主要适用于电流致热型和电磁效应引起发热的设备。根据测得的设备表面温度值，对照 GB/T 11022—2011《高压开关设备和控制设备标准的共同技术要求》中高压开关设备和控制设备各种部件、材料及绝缘介质的温度和温升极限的有关规定，结合环境气候条件、负荷大小进行分析判断。

2）同类比较判断法。根据同组三相设备、同相设备之间及同类设备之间对应部位的温差进行比较分析。对于电压致热型设备，应结合图像特征判断法进行判断；对于电流致热型设备，应结合相对温差判断法进行判断。

3）图像特征判断法。主要适用于电压致热型设备。根据同类设备的正常状态和异常状态的热像图，判断设备是否正常。

注意应尽量排除各种干扰因素对图像的影响，必要时结合电气试验或化学分析的结果，进行综合判断。

4）相对温差判断法。主要适用于电流致热型设备。特别是对小负荷电流致热型设备，采用相对温差判断法可降低小负荷缺陷的漏判率。

5）档案分析判断法。分析同一设备不同时期的温度场分布，找出设备致热参数的变化规律，判断设备是否正常。

6）实时分析判断法。在一段时间内使用红外热像仪连续检测某被测设备，观察设备温度随负载、时间等因素变化的方法。

变压器的热像特征判据见表 Z09I1001Ⅱ-3、Z09I1001Ⅱ-4。

表 Z09I1001Ⅱ-3　　　　变压器电流致热型设备缺陷诊断判据

部位	热像特征	故障特征	缺 陷 性 质		
			一般缺陷	严重缺陷	危急缺陷
接头和线夹	以线夹和接头为中心的热像，热点明显	接触不良	温差不超过15K，未达到严重缺陷的要求	热点温度＞80℃或δ≥80%	热点温度＞110℃或δ≥95%
套管柱头	以套管顶部柱头为最热的热像	柱头内部并线压接不良	温差超过10K，未达到严重缺陷的要求	热点温度＞55℃或δ≥80%	热点温度＞80℃或δ≥95%

表 Z09I1001Ⅱ-4　　　　变压器电压致热型设备缺陷诊断判据

部位	热 像 特 征	故障特征	温差（K）
高压套管	热像特征呈现以套管整体发热热像	介质损耗偏大	2~3
	热像为对应部位呈现局部发热区故障	局部放电故障，油路或气路的堵塞	
充油套管	热像特征是以油面处为最高温度的热像，油面有一明显的水平分界线	油位异常	

5. 注意事项

（1）防止人员触电。在测温作业中应注意与带电设备保持足够的安全距离；夜间测试应携带足够的照明设备和通信设施；有必要触碰不带电的金属构架和设备外壳时，应做好防感应电的措施和准备，避免检测人员伤害和测温仪器损坏。

（2）防止仪器损坏。强光源会损伤红外成像仪，严禁使用红外成像仪测量强光源物体（如太阳）。

6. 案例

（1）套管柱头内部接触不良。在对220kV某变电站进行红外检测时发现，3号主变压器高压套管B相严重发热，达117.1℃，温差为92.6K。后停电进行检查，检修人员检查绕组引线与套管连接部分（将军帽）。当打开套管引线连接端盖时，发现引线定位销与端盖内壁间放电，见图Z09I1001Ⅱ-4。

（2）变压器油位偏低。运行状态下的变压器油会比周围环境温度高，油枕内部有油部分与无油部分也会形成温度差异，这些差异在红外图像中表现为明显的灰度分界线。图Z09I1001Ⅱ-5可以很好地解释说明，如遇到表计故障，红外测温可以确定真实的油位情况，给运维及检修人员提供判定依据。

（3）变压器散热器油路堵塞（油管阀门未打开）。当变压器油路管道堵塞时，其热像特征是堵塞部分的管道或散热器因未参加油循环而呈现低温区，其他部分温度相对较高，两者温度明显不同，红外图谱可以清晰反应，见图Z09I1001Ⅱ-6。

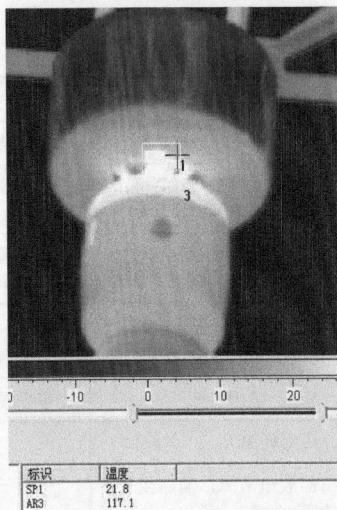

图 Z09I1001Ⅱ-4　故障套管红外及解体图

图 Z09I1001Ⅱ-5　变压器油位偏低

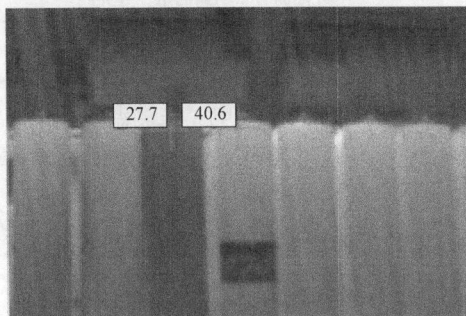

图 Z09I1001Ⅱ-6　变压器散热器油路堵塞

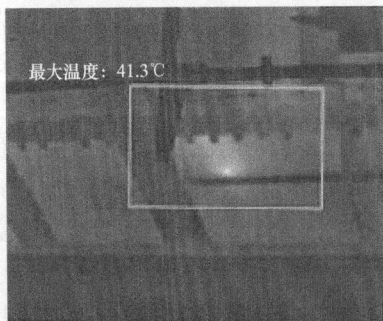

图 Z09I1001Ⅱ-7　变压器磁屏蔽
不良引起的局部过热

（4）变压器磁屏蔽不良引起的局部过热。变压器常见异常发热是由于变压器漏磁及磁场分布不均匀引起的涡流在该部位产生电位差。其热像特征是以漏磁穿过区域为中心，层次分明的不规则圆环，见图 Z09I1001Ⅱ-7。

（5）变压器大盖螺栓因漏磁发热。如图 Z09I1001Ⅱ-8 所示，变压器漏磁引起大盖螺栓局部发热近 200℃，这是由于变压器漏磁导致上下油箱之间有电流通过，若个别大盖螺栓接触电阻大，则会发热至较高温度。

（6）变压器高压套管 B 相缺油。套管中上部缺油，红外测温会出现明显的温度差异，同样是利用运行中绝缘油温度较高的原理。图 Z09I1001Ⅱ-9 显示该套管 B 相缺油缺陷。

图 Z09I1001Ⅱ-8　变压器大盖螺栓因漏磁发热　　图 Z09I1001Ⅱ-9　变压器高压套管 B 相缺油

（二）铁芯接地电流测量

1. 铁芯接地电流测量原理、目的

（1）变压器铁芯接地的原理。变压器正常运行时，带电的绕组及引线与油箱间构成的电场为不均匀电场，铁芯和其他金属构件就处于该电场中。铁芯及其金属结构件由于所处的电场及磁场位置不同，产生的电位和感应电动势也不同，当两点的电位差达到能够击穿两者之间的绝缘时，便相互之间产生放电，放电的结果使变压器油分解，并容易将固体绝缘破坏，导致事故的发生，为了避免上述情况的出现，铁芯及其他金属结构件（夹件、绕组的金属压板等）必须接地，使它们处于等电位（零电位）。

（2）铁芯接地电流测量的目的。如果铁芯在某个位置出现另外一点或一点以上接地时，则称多点接地态。因为，变压器铁芯硅钢片之间绝缘总阻值仅几十欧姆，其作用是用来限制涡流，在高压电场中可视为通路。当铁芯或其他金属构件有 2 点或 2 点以上接地时，因处于交变电磁场中，两个接地点之间的铁芯片将有一定的感应电动势，并经大地形成回路产生一定的电流，则接地点之间形成的回路中将会有环流出现，引起局部过热，导致绝缘分解，产生可燃性气体，还可能使接地片熔断，或烧坏铁芯，导致铁芯电位悬浮，产生放电，使变压器不能继续运行。在运行条件下，测量流经铁芯接地线的电流，可以实时检查铁芯的绝缘情况是否良好，因为一旦出现铁芯多点接地，流经铁芯接地线的电流就会明显增加，正常情况下，应不大于 100mA。

2. 测试仪器及操作要点

（1）测试仪器的选用。测量变压器接地电流时采用的仪器是钳形电流表。根据接地引下线的截面合理选取内径尺寸相符钳形电流表；宜选用多量程的钳形电流表，最小量程宜在 300mA，最大量程不小于 50A。

（2）操作要点。

1）记录测试日期、变压器编号。

2）打开电流表钳口，套住扁铁（线），钳口完全吻合后才可测量，稳定 3s，读取测量数据。

3）记录数据。

4）关闭电流表，装入表盒。

3. 测试周期、工艺标准

不大于 100mA，当大于 100mA 时应引起注意。

4. 注意事项

（1）当出现多点接地并接地不良时有可能造成触电，因此禁止用手直接触及铁芯引下扁铁。

（2）漏磁通引起钳形电流表指示的电流随负荷大小而变与铁芯接地电流是矢量相加，因此测量时避开变压器铁芯下端部的漏磁通集中区域，避免出现干扰。

5. 案例

变压器测量铁芯接地电流案例。

（1）铁芯接地电流测量前的准备。

1）作业人员明确作业标准，使全体作业人员熟悉作业内容、作业标准。

2）工器具检查、准备，工器具检查应完好、齐全。

3）危险点分析、预控，工作票安全措施及危险源点预控到位。

4）履行工作票许可手续，按工作内容办理工作票，并履行工作许可手续。

5）召开开工会，分工明确，任务落实到人，安全措施、危险源点明了。

（2）铁芯接地电流测量的实施。

1）根据变压器本体上的标示，确定变压器的铁芯接地引下线（见图 Z09I1001Ⅱ-10）。

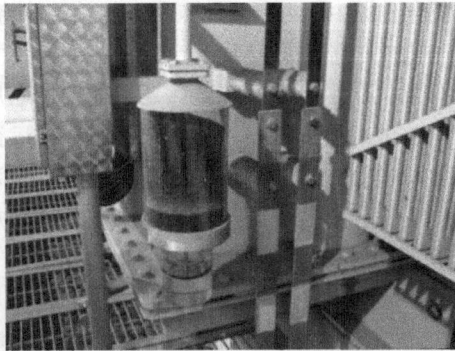

图 Z09I1001Ⅱ-10　确定铁芯接地引下线

2）打开电流表钳口，套住扁铁（线），钳口完全吻合后才可测量（见图Z09I1001Ⅱ-11）。

3）稳定3s，读取测量数据（见图Z09I1001Ⅱ-12）。

图Z09I1001Ⅱ-11 电流表钳口套住扁铁（线）　　图Z09I1001Ⅱ-12 读取测量数据

4）记录数据，关闭电流表，装入表盒。

（3）铁芯接地电流测量的结束。

1）清理工作现场，将工器具全部收拢并清点，废弃物按相关规定处理，材料回收清点；

2）召开收工会，记录本次检修内容，确认有无遗留问题；

3）验收、办理工作票终结，恢复修试前状态、办理工作票终结手续；

4）按规范填写修试记录。

（三）接地电阻测量

1. 测量接地电阻的原理及目的

（1）接地的意义。接地是利用大地为正常运行、发生故障及遭受雷击等情况下的电气设备提供对地电流并构成回路，从而保证电气设备和人身的安全。

（2）测量接地电阻原理。接地极或自然接地极的对地电阻和接地线电阻的总和，称为接地装置的接地电阻。接地电阻的数值等于接地装置对地电压与通过接地极流入地中电流的比值。接地装置工频接地电阻的数值，等于接地装置的对地电压与通过接地装置流入地中的工频电流的比值。接地装置的对地电压是指接地装置与地中电流场的实际零位区之间的电位差。

测量接地电阻的主要方法如下：

1）三极法。三极法的三极是指图Z09I1001Ⅱ-13上的被测接地装置G、测量用的电压极P和电流极C。图中测量用的电流极C和电压极P离被测接地装置G边缘的距离为$d_{GC}=(5\sim10)D$和$d_{GP}=(0.5\sim0.6)d_{GC}$，$d_{GC}$为电流极长度，$d_{GP}$为电压极长度，

D 为被测接地装置的最大对角线长度，点 P 可以认为是处在实际的零电位区内。如果想较准确地找到实际零电位区，可以把电压极沿测量用电流极与被测接地装置之间连接线方向移动三次，每次移动的距离约为 d_{GC} 的 5%，测量电压极 P 与接地装置 G 之间的电压。如果电压表的三次指示值之间的相对误差不超过 5%，则可以把中间位置作为测量用电压极的位置。

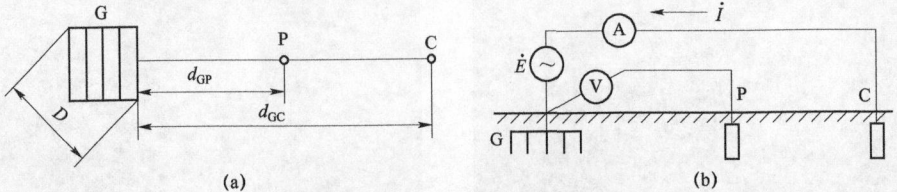

图 Z09I1001Ⅱ-13 三极法的原理接线图

（a）电极布置图；（b）原理接线图

G—被测接地装置；P—测量用的电压极；C—测量用的电流极；E—测量用的工频电源；

A—交流电流表；V—交流电压表；D—被测接地装置的最大对角线长度

$$R_G = U_G/I$$

式中 R_G——接地装置的工频接地电阻；

U_G——接地装置 G 与电压极 P 之间的电位差。

如果在测量工频接地电阻时 d_{GC} 取（5～10）D 值有困难，那么可以采取补偿法。常用的补偿法为图 Z09I1001Ⅱ-15 夹角 30 度法、图 Z09I1001Ⅱ-14 直线 0.618 法（$d_{GP}=0.618d_{GC}$）。同时 d_{GC} 不小于 2D。

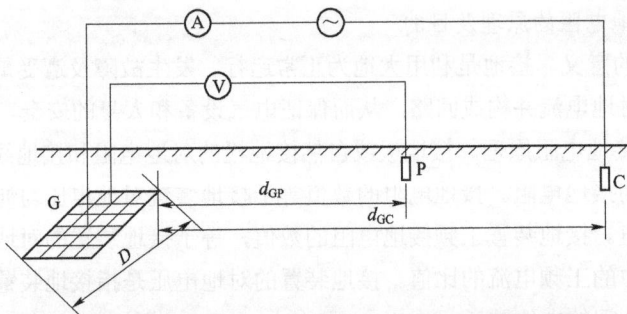

图 Z09I1001Ⅱ-14 直线 0.618 法的原理接线图

采用 0.618 法时，由于电流线和电压线沿同一方向，电流线和电压线间存在互感，会影响电压的测量值。因此，在现场条件许可时，尽量采用夹角 30 度法。如确实需要使用 0.618 法，应使电流线和电压线的最小距离在 3m 以上。

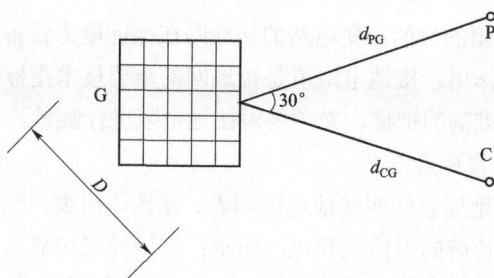

图 Z09I1001Ⅱ–15 夹角 30 度法的原理接线图

2）四极法。当被测接地装置的最大对角线 D 较大，或在某些地区（山区或城区）按要求布置电流极和电压极有困难时，可以利用变电所的一回输电线的两相导线作为电流线和电压线。由于两相导线即电压线与电流线之间的距离较小，电压线与电流线之间的互感会引起测量误差。图 Z09I1001Ⅱ–16 是消除电压线与电流线之间互感影响的四极法的原理接线图。图 Z09I1001Ⅱ–16 的四极是指被测接地装置 G，测量用的电流极 C 和电压极 P 以及辅助电极 S。辅助电极 S 离被测接地装置边缘的距离 $d_{GS}=30\sim100m$。用高输入阻抗电压表测量点 2 与点 3、点 3 与点 4 以及点 4 与点 2 之间的电压 U_{23}、U_{34} 和 U_{42}。由电压 U_{23}、U_{34} 和 U_{42} 以及通过接地装置流入地中的电流 I，得到被测接地装置的工频接地电阻。

$$R_G = \frac{1}{2U_{23}I}(U_{42}^2 + U_{23}^2 + U_{34}^2)$$

式中 R_G——接地装置的工频接地电阻；

         U_{23}——测量点 2 与点 3 之间的电压；

         U_{34}——测量点 3 与点 4 之间的电压；

         U_{42}——测量点 4 与点 2 之间的电压。

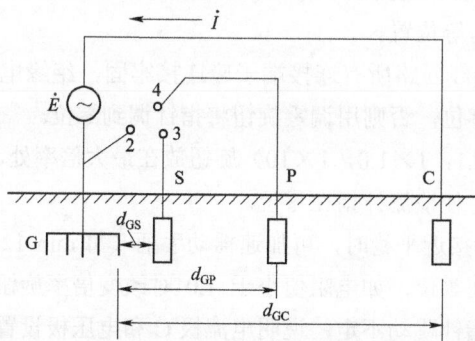

图 Z09I1001Ⅱ–16 四极法测量工频接地电阻的原理接线图

G—被测接地装置；P—测量用的电压极；C—测量用的电流极；S—测量用的辅助电极

（3）测量接地电阻的目的。变电站的接地网在保证电力设备的安全运行和人身安全方面起着决定性的作用。接地电阻值是接地网的重要技术指标。为了对接地网的接地电阻有一个真实、准确的把握，必须要对接地电阻进行测量。

2. 测试仪器及操作要点

（1）摇表法。接地摇表又叫接地电阻摇表、接地电阻表、绝缘电阻测试仪。接地摇表按供电方式分为传统的手摇式和电池驱动；接地摇表按显示方式分为指针式和数字式。

常用的 ZC-8 型接地电阻测量仪有三个端钮（E、P、C）和四端钮（C1、PI、C2、P2）两种。使用四个端钮的测量仪 C1 和 P1 端钮短接后再与被测体连接，如图 Z09I1001Ⅱ-17 所示。

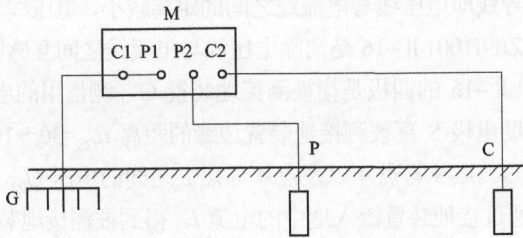

图 Z09I1001Ⅱ-17　摇表法接线图

测量步骤如下：

1）用 GPS 测距仪测定所测变电站最大对角线长度 D。

2）为避免测量引线互感对测量结果的干扰，宜采用夹角 30 度法，施放电压线和电流线，长度都为 $2D$，电压线和电流线之间的夹角为 30°，将电流极 C 和电压极 P 分别打入地下 0.5m 左右。电流极 C 和电压极 P 打入地的土质必须坚实，不能设置在泥地、回填土、树根旁等位置。

3）正确接线，接线回路所有连接端子应连接牢固，绝缘电阻表放置平稳，检查检流计指针是否指在零位，否则用调零旋钮将指针调到零位。

4）将倍率（1×0.1，1×1.0，1×10）旋钮放在最大倍率处，这时慢慢摇动手柄，同时旋转电阻值旋钮，使检流计指在零位。

5）当检流计指针接近平稳时，可加速摇动手柄（每 min 120 次），并转动电阻值旋钮，使指针平稳指在零位，如电阻值小于 1.0 时改变倍率旋钮重新遥测。如果缓慢转动手柄时，检流表指针跳动不定，说明电流极 C 和电压极设置的地面土质不密实或有某个接头接触点接触不良，此时应重新检查电流极 C 和电压极的地面或各接头。

6）待指针平稳后，记录数据。

7）接地电阻包含引线电阻（P1、C1 短接，用 1 根引线接至接地网），应扣除引线电阻（引线电阻测量方法为将引线接在 P1、C1 和 P2、C2 端，接地摇表所测得的电阻）。

8）在确认数据后撤去所有试验设备、工器具和接线，最后拆试验（工作）保护接地线。

（2）工频大电流法。工频大电流法就是通过提高试验时注入地中的电流来减小现场的电磁干扰，增大信噪比，注入地中的电流一般在 50A 以上。根据现场实际测量经验，采用 380V 的隔离变压器输出电流一般可在 50A 左右，如图 Z09I1001Ⅱ–18 所示。如果要提高注入地中的电流，可从两方面解决：一是降低电流线回路的电阻，即降低所敷设的电流极接地电阻和截面较大的电流回路导线，利用架空线路和已有的可利用接地极是较好的办法；二是提高电流回路两端的电压，可通过特制的输出不同电压等级的隔离变压器来实现，如隔离变压器输入 220V 或 380V，输出电压抽头为 380V、700V 和 1000V，也可按照需求增加其他电压抽头；也可通过使用两台同型号的 6kV 或 10kV 配电变压器来实现，即将高压侧并联供电，低压侧串联来提高输出电压，如图 Z09I1001Ⅱ–19 所示，输出电压可达到 600V。

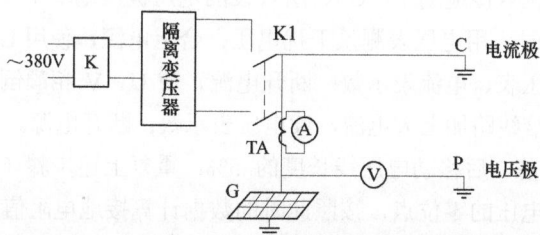

图 Z09I1001Ⅱ–18　工频大电流法测接地电阻的原理接线
K—自动开关；K1—隔离开关；TA—电流互感器；A—电流表；V—电压表

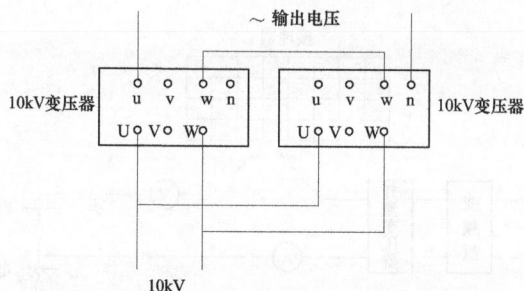

图 Z09I1001Ⅱ–19　两台同型号 10kV 配电变压器实现高压输出

测量步骤如下：

（1）根据接地网的形式、大小，输电线路的走向，地下埋设管道、河流的位置等综合因素确定电流线、电压线的敷设长度和敷设方向。

（2）用手持式 GPS 定位仪确定电流极和电压极的位置，根据实际情况在电流极处敷设一个小型地网，地网的接地电阻越小越好。为避免测量引线互感对测量结果的干扰，采用夹角 30°法，施放电压线和电流线，长度都为 2D，电压线和电流线之间的夹角为 30°。

（3）选择接地网内的注入电流点，一般选在地网的中心位置附近，通常选择变压器处入地。

（4）根据输出电流的大小选择电流线的截面和穿心式电流互感器的匝数，截面一般要在 12mm² 左右，穿心式电流互感器的匝数要满足二次电流不超过 5A 的量程要求。

（5）在选择后所确定的电压极、电流极处打下测试电极（极打入地下的长度应大于 0.5m）。按图 Z09I1001Ⅱ-18 进行接线，将电流线的两端分别与接地网内的注入电流点接地端子（G）、所敷设的电流极接地端子（C）良好连接，将电压表两端分别和接地网内的注入电流点接地端子（G）、所敷设的电压极接地端子（P）良好连接。

（6）未合电源时，用电压表测量干扰电压；合上电源，使用 U、V 相序，给线路加上大电流，读电压表、电流表示数；断开电源，使 U、V 相颠倒位置；合上电源，使用 V、U 相序，给线路加上大电流，读电压表示数；断开电源。

（7）将电压极前、后移动电压线长度的 5%，重复上述步骤（6），当电压表示数变化不大时，即为电压的零位点，按照此时的数据计算接地电阻值。

（8）变频法。采用变频小电流法测试大型接地装置的接地阻抗，入地电流不得低于 1A，测试频率异于工频又尽量接近工频，推荐频率范围为 40～60Hz，测试结果应推导至工频。测量的电气接线图如图 Z09I1001Ⅱ-20 所示。

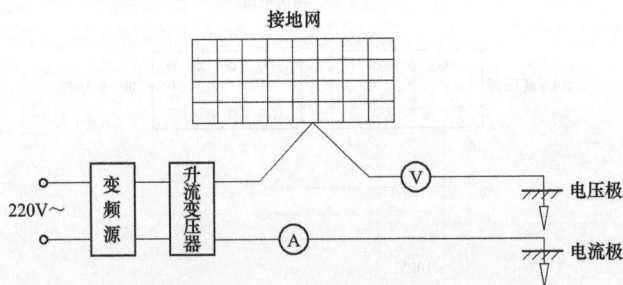

图 Z09I1001Ⅱ-20　变频法电气接线图

测量步骤如下：

（1）前 5 个步骤与工频大电流法测试步骤相同。

（2）调节变频设备的测试频率，使其与电流表、电压表频率一致。

（3）操作变频设备（按照变频设备操作说明书进行），进行测量。

（4）测量完成后，切断电源，将电压极前、后移动电压线长度的 5%，重复上述步骤（3）。当电压表示数变化不大时，即为电压的零位点。

（5）将变频设备的测试频率分别调为 40Hz、45Hz、55Hz、60Hz，在以上频率的情况下，测量电压为零电位的接地电阻。

（6）取其平均值作为接地电阻的测量结果。

3. 测试周期、工艺标准

根据《交流电气装置的接地设计规范》（GB/T 50065—2011）、《电力设备预防性试验规程》（DL/T 596—2005）及《输变电设备状态检修试验规程》（Q/GDW 188—2013）的规定：接地电阻与土壤的潮湿程度密切相关，因此应尽量在干燥季节测量，不应在雷、雨、雪天中进行。测试周期在正常情况下每 5～6 年测试一次为宜，如果有地网改造或其他必要时应进行针对性测试。

关于接地装置的接地阻抗的要求，在 DL/T 596 中要求 $R \leqslant 2000/I$；在 DL/T 621《交流电气装置的接地》中要求 $R \leqslant 2000/I$，难以达到这一要求时，可适当放宽，但不得大于 5Ω，且应对转移电位可能引起的危害采取必要的技术措施。此外，还应验算接触电压和跨步电压等。这样不同的变电站接地网的接地阻抗可能差异很大，因此，接地装置的接地阻抗没有具体数字要求，而是符合运行要求。所谓符合运行要求，就是每个变电站，按照当时的设计，对接地网的接地阻抗会有一个要求。同时考虑到接地装置可能出现腐蚀劣化，要求接地阻抗不超过初值的 1.3 倍。1.3 倍这个数字是考虑了接地装置的接地阻抗在测量中存在一定分散性、并结合实际测量结果确定的。不同的测量方法，测量值会有差异，比较应在同等测量条件下进行。

4. 注意事项

（1）待测接地体应先进行除锈等处理，以保证可靠的电气连接。

（2）施放线时，注意不得随意拉扯，以防长线受力拉断、弹起触及高压部位；如借用架空线路作为电流线，应采取必要的安全措施。电流线间的接头应可靠连接并缠绕绝缘胶带，穿越马路时应采取必要的安全措施。

（3）电流、电压线的走向应避免与其连接的接地体、金属管道、水沟（水渠）平行，接地测试极必须在接地网以外且最小距离为总测试引线长度；采用工频法时，为避免运行中的输电线路的影响，应尽可能使测量线远离运行中的输电线路或与其垂直。

（4）试验应选择在晴朗干燥的天气进行，不能在雨后立即进行。雷雨天气禁止进行该项作业。

（5）电流极和电压极应设专人看守，加压期间不得触碰电流极或电压极。

5. 摇表法测量变压器接地电阻案例

（1）摇表法测量变压器接地电阻前的准备。

1）作业人员明确作业标准，使全体作业人员熟悉作业内容、作业标准。

2）工器具检查、准备，工器具检查应完好、齐全。

3）危险点分析、预控，工作票安全措施及危险源点预控到位。

4）履行工作票许可手续，按工作内容办理工作票，并履行工作许可手续。

5）召开开工会，分工明确，任务落实到人，安全措施、危险源点明了。

（2）摇表法测量变压器接地电阻的实施。

1）确定所测变电所最大对角线长度 D、当单一接地体时省略；

2）合理布置试验设备、安全围网（栏）、绝缘垫等；

3）记录试验日期，试验性质，试验人员，天气情况，仪器仪表的名称、型号、编号等，并进行测试点及设备编号核对；

4）施放试验设备接地线、施放工作保护接地线；

5）施放测试引线：采用三角形布置法，施放电压线和电流线，长度都为 $2D$，电压线和电流线之间的夹角为30°；

6）在选择后所确定的电压极、电流极处打下测试电极（极打入地下的长度应大于0.5m），其与电压、电流线连接应可靠；

7）接线回路所有连接端子应连接牢固，仪表量程放在合适挡位；

8）启动测试仪器，读取测试值。

（3）摇表法测量变压器接地电阻的结束。

1）清理工作现场，将工器具全部收拢并清点，废弃物按相关规定处理，材料回收清点；

2）召开收工会，记录本次检修内容，确认有无遗留问题；

3）验收、办理工作票终结，恢复修试前状态、办理工作票终结手续；

4）按规范填写修试记录。

三、变压器停电一般维护

1. 变压器停电清扫检查的目的

变压器瓷件清扫是防污闪的重要措施，通过清扫外绝缘污垢，恢复其原有的绝缘水平。瓷套表面应无污垢沉积。

2. 准备工作

工器具及材料见表 Z09I1001Ⅱ-5。

表 Z09I1001Ⅱ-5　　　　　　　器 具 及 材 料

序号	名　　称	型号规格（精度）	单位	数量	备注
1	人字梯	1.5～1.8m	把	1	
2	刷子		台	若干	
3	无纺布		kg	若干	
4	溶剂（汽油、酒精、煤油）		瓶	若干	
5	纱手套		付	2	
6	高架车（升降平台）		台	1	

3. 工艺流程及标准

（1）绝缘瓷套外表应无污垢沉积，无破损伤痕；法兰处无裂纹，与瓷瓶胶合良好。

（2）冲洗和擦拭以清洁瓷套表面。

（3）一般污秽：用抹布擦净绝缘子表面。

（4）含有机物的污秽：用浸有溶剂（汽油、酒精、煤油）的抹布擦净绝缘子表面，并用干净抹布最后将溶剂擦干净。

（5）黏结牢固的污秽，用刷子刷去污秽层后用抹布擦净绝缘子表面。

4. 注意事项

（1）与带电部分保持安全距离，防止误碰带电设备；注意高架车（升降平台）作业时与周围相邻带电设备的安全距离。高架车旋转斗运转过程中注意不要碰撞瓷套，防止瓷套损坏。

（2）高处作业人员必须系安全带，为防止感应电，工作前先挂接地线；

【思考与练习】

1. 概述红外检测的判断方法。

2. 常用的接地电阻测量方法有哪些？

◢ 模块2　断路器普通带电测试及一般维护（Z09I1002Ⅱ）

【模块描述】本模块包含断路器普通带电测试及一般维护内容；通过操作过程详细介绍、操作技能训练，达到掌握断路器带电红外测试，停电外观清扫、检查技能的目的。

【模块内容】

一、断路器基本结构原理

（一）高压断路器的作用

断路器是指能带电切合正常状态的空载设备，能开断、关合和承载正常的负荷电流，并且能在规定的时间内承载、开断和关合规定的异常电流（如短路电流）的电器。断路器是电力系统中最重要的控制和保护设备，额定电压为 3kV 及以上的断路器为高压断路器。

在关合状态时应为良好的导体，不仅能对正常电流而且对规定的短路电流也应能承受其发热和电动力的作用，断口间、对地及相间要具有良好的绝缘性能。在关合状态的任何时刻，能在不发生危险过电压的条件下，在尽可能短的时间内开断额定短路电流及以下的电流。在开断状态的任何时刻，在短时间内安全地关合规定的短路电流。

（二）高压断路器基本结构

高压断路器的类型很多，结构比较复杂，但从总体上由以下几部分组成：

（1）开断元件。开断元件包括断路器的灭弧装置和导电系统的动、静触头等。

（2）支持元件。支持元件用来支撑断路器器身，包括断路器外壳和支持瓷套。

（3）底座。底座用来支撑和固定断路器。

（4）操动机构。操动机构用来操动断路器分、合闸。

（5）传动系统。传动系统将操动机构的分、合运动传动给导电杆和动触头。

（三）高压断路器的类型及型号含义

1. 高压断路器的类型

按照灭弧介质的不同，断路器可划分为以下几种类型。

（1）油断路器。采用油作为灭弧介质的断路器，称为油断路器，可分为多油断路器和少油断路器。其触头是在油中开断、接通的。目前这种断路器在电力系统中基本淘汰。

（2）压缩空气断路器。利用高压力压缩空气作为灭弧介质的断路器，称为压缩空气断路器。压缩空气除作为灭弧介质外，还作为触头断开后的绝缘介质。

（3）真空断路器。利用真空的高介质强度来灭弧的断路器，称为真空断路器。触头在真空中开断、接通，在真空条件下灭弧。

（4）SF_6 断路器。采用 SF_6 气体作为灭弧介质的断路器，称为六氟化硫断路器。SF_6 气体具有优良的灭弧性能和绝缘性能。

（5）自动产气断路器和磁吹断路器。利用固体产气材料在电弧高温作用下分解出的气体来熄灭电弧的断路器，称为产气断路器。在空气中由磁场将电弧吹入灭弧栅中，使电弧拉长、冷却而熄灭的断路器，称为磁吹断路器。

2. 高压断路器的型号含义

高压断路器型号含义如下：

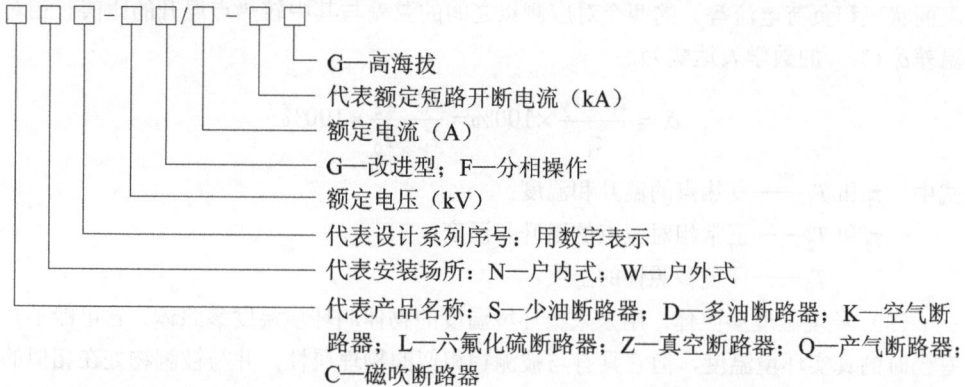

- G—高海拔
- 代表额定短路开断电流（kA）
- 额定电流（A）
- G—改进型；F—分相操作
- 额定电压（kV）
- 代表设计系列序号：用数字表示
- 代表安装场所：N—户内式；W—户外式
- 代表产品名称：S—少油断路器；D—多油断路器；K—空气断路器；L—六氟化硫断路器；Z—真空断路器；Q—产气断路器；C—磁吹断路器

例如：型号 LW10B-252（H）/4000-50 中，L 表示六氟化硫断路器，W 表示户外式，10B 表示设计系列序号，252（H）表示额定电压（kV）为 252kV，4000 表示额定电流为 4000A，50 表示额定短路开断电流为 50kA。

3. 高压断路器操动机构种类

断路器的分、合闸动作是靠操动机构来实现的。按操动机构所用操作能源的能量形式不同，操动机构可分为以下几种。

（1）手力操动机构（CS）：指用人力合闸的操动机构。

（2）电磁操动机构（CD）：指用电磁铁合闸的操动机构。

（3）弹簧操动机构（CT）：指事先用人力或电动机使弹簧储能实现合闸的弹簧操动机构。

（4）液压操动机构（CY）：指以高压油推动活塞实现合闸与分闸的操动机构。

（5）弹簧储能液压机构（AHMA 或 HMB）：这种机构综合了弹簧机构和液压机构的优点，采用差动式工作缸，弹簧储能液压—连杆混合传动方式。

（6）气动操动机构（CQ）：指用压缩空气推动活塞实现合闸与分闸的操动机构。

二、断路器带电测试

（一）断路器带电红外测试

1. 带电红外测试基本概念

（1）带电设备。传导负荷电流（试验电流）或加有运行电压（试验电压）的设备。

（2）温升。指用同一检测仪器相继测得的被测物表面温度和环境温度参照体表面温度之差。

（3）温差。用同一检测仪器相继测得的不同被测物或同一被测物不同部位之间的温度差。

（4）相对温差。指设备状况相同或基本相同（指设备型号、安装地点、环境温度、表面状况和负荷电流等）的两个对应测点之间的温差与其中较热点温升的比值。相对温差 δ_t（%）的数学表达式为

$$\delta_t = \frac{\tau_1 - \tau_2}{\tau_1} \times 100\% = \frac{T_1 - T_2}{T_1 - T_0} \times 100\%$$

式中　τ_1 和 T_1——发热点的温升和温度；

　　　τ_2 和 T_2——正常相对应点的温升和温度；

　　　T_0——环境参照体的温度。

（5）环境温度参照体。用来采集环境温度的物体叫环境温度参照体。它可能不具有当时的真实环境温度，但它具有与被测物相似的物理属性，并与被测物处在相似的环境之中。如对于断路器而言，若测得引线连接部位发热，那么环境温度参照体则应选择类似搭接金具的金属部件，而不宜选择瓷瓶或其他材质的金属。

（6）外部缺陷。凡致热效应部位裸露，能用红外检测仪器直接检测出的缺陷。

（7）内部缺陷。凡致热效应部位被封闭，不能用红外检测仪器直接检测，只能通过设备表面的温度场进行比较、分析和计算才能确定的缺陷。

2. 带电红外测试原理和目的

（1）带电红外测试的原理。红外线是一种电磁波（是肉眼看不见的），存在波动性和粒子性等性质。波长在 0.75μm 和 1000μm 之间。自然界任何物体只要温度高于绝对零度（-273.16℃）就会产生电磁波（辐射能），带有物体表面的温度特征信息。不同的材料、不同的温度、不同的表面光度、不同的颜色等，所发出的红外辐射强度都不同。红外测试就是通过仪器测试这种物体表面辐射的红外线，以反映物体表面辐射能量密度的分布情况，即温度场（红外成像）。

（2）带电红外测试的目的。通过被动的、非接触式的检测获得物体表面的红外热分布图，定量地测量所需位置的温度。红外测试能够在设备发生故障之前，快速、准确、安全地发现故障。

断路器红外带电测试可发现的缺陷主要有：

1）断路器连接引线搭接不良引起的发热；

2）断路器灭弧室内部件接触不良、松动等引起的外瓷套整体温度不一致；

3）二次接线松动发热等。

3. 测试仪器及操作要点

（1）测试仪器的基本要求。

1）便携式红外热像仪能满足精确检测的要求，测量精度和测温范围满足现场测试要求，性能指标较高，具有较高的温度分辨率及空间分辨率，具有大气条件的修正模型，操作简便，图像清晰、稳定，有目镜取景器，分析软件功能丰富。

2）手持式红外热像仪能满足一般检测的要求，有最高点温度自动跟踪，采用LCD 显示屏，可无取景器，操作简单，仪器轻便，图像比较清晰、稳定。

（2）操作方法。

1）一般检测。仪器在开机后需进行内部温度校准，待图像稳定后即可开始工作。

一般先远距离对所有被测设备进行全面扫描，发现有异常后，再有针对性地近距离对异常部位和重点被测设备进行准确检测。

仪器的色标温度量程宜设置在环境温度加 10～20K 左右的温升范围。

有伪彩色显示功能的仪器，宜选择彩色显示方式，调节图像使其具有清晰的温度层次显示，并结合数值测温手段，如热点跟踪、区域温度跟踪等手段进行检测。

应充分利用仪器的有关功能，如图像平均、自动跟踪等，以达到最佳检测效果。

环境温度发生较大变化时，应对仪器重新进行内部温度校准，校准方法按仪器的说明书进行。

作为一般检测，被测设备的辐射率一般取 0.9 左右。

2）精确检测。检测温升所用的环境温度参照体应尽可能选择与被测设备类似的物体，且最好能在同一方向或同一视场中选择。

在安全距离允许的条件下，红外仪器宜尽量靠近被测设备，使被测设备（或目标）尽量充满整个仪器的视场，以提高仪器对被测设备表面细节的分辨能力及测温准确度，必要时，可使用中、长焦距镜头。

为了准确测温或方便跟踪，应事先设定几个不同的方向和角度，确定最佳检测位置，并可做上标记，以供今后的复测用，提高互比性和工作效率。

正确选择被测设备的辐射率，特别要考虑金属材料表面氧化对选取辐射率的影响，辐射率选取具体可参见表 Z09I1002 Ⅱ-1。

表 Z09I1002 Ⅱ-1　　　　　常用材料发射率的参考值

材料	温度（℃）	发射率近似值	材料	温度（℃）	发射率近似值
抛光铝或铝箔	100	0.09	棉纺织品（全颜色）	—	0.95
轻度氧化铝	25～600	0.10～0.20	丝绸	—	0.78
强氧化铝	25～600	0.30～0.40	羊毛	—	0.78
黄铜镜面	28	0.03	皮肤	—	0.98
氧化黄铜	200～600	0.61～0.59	木材	—	0.78

续表

材　料	温度（℃）	发射率近似值	材　料	温度（℃）	发射率近似值
抛光铸铁	200	0.21	树皮	—	0.98
加工铸铁	20	0.44	石头	—	0.92
完全生锈轧铁板	20	0.69	混凝土	—	0.94
完全生锈氧化钢	22	0.66	石子	—	0.28～0.44
完全生锈铁板	25	0.80	墙粉	—	0.92
完全生锈铸铁	40～250	0.95	石棉板	25	0.96
镀锌亮铁板	28	0.23	大理石	23	0.93
黑亮漆（喷在粗糙铁上）	26	0.88	红砖	20	0.95
黑或白漆	38～90	0.80～0.95	白砖	100	0.90
平滑黑漆	38～90	0.96～0.98	白砖	1000	0.70
亮漆（所有颜色）	—	0.90	沥青	0～200	0.85
非亮漆		0.95	玻璃（面）	23	0.94
纸	0～100	0.80～0.95	碳片	—	0.85
不透明塑料	—	0.95	绝缘片	—	0.91～0.94
瓷器（亮）	23	0.92	金属片	—	0.88～0.90
电瓷	—	0.90～0.92	环氧玻璃板	—	0.80
屋顶材料	20	0.91	镀金铜片	—	0.30
水	0～100	0.95～0.96	涂焊料的铜	—	0.35
冰		0.98	铜丝	—	0.87～0.88

　　将大气温度、相对湿度、测量距离等补偿参数输入，进行必要修正，并选择适当的测温范围。

　　记录被检设备的实际负荷电流、额定电流、运行电压，被检物体温度及环境参照体的温度值。

　　4. 测试周期

　　220kV 断路器设备：3 个月；110kV/66kV 及以下断路器设备：6 个月。

　　5. 工艺标准

　　检测断路器各连接引线、瓷瓶以及二次接线端等，既要注意温度的大小，也要注意温差规律，测量时应该记录环境温度、负荷大小及其前 3h 的变化情况，分析时应注意这些影响因素。某些线路负荷时间分布不均匀，应尽量在大负荷时间段测试。

　　（1）一般检测要求。

　　1）被检设备是带电运行设备，应尽量避开视线中的封闭遮挡物，如门和盖板等。

2）环境温度一般不低于 5℃，相对湿度一般不大于 85%；天气以阴天、多云为宜，夜间图像质量为佳；不应在雷、雨、雾、雪等气象条件下进行，检测时风速一般不大于 5m/s，现场观察可参照表 Z09I1002Ⅱ-2；

表 Z09I1002Ⅱ-2 风级、风速与现象

风级	风速（m/s）	风名	地 面 现 象
0	0～0.2	无风	静烟直上
1	0.3～1.5	软风	烟能表示风向，树叶略有摇动
2	1.6～3.3	轻风	人脸感觉有风，树叶有微响，旗开始飘动
3	3.4～5.4	微风	树叶和很细的树枝摇动不息，旗展开
4	5.5～7.9	和风	能吹起地面的灰尘和纸张，小树枝摇动

3）户外晴天要避开阳光直接照射或反射进入仪器镜头，在室内或晚上检测应避开灯光的直射，宜闭灯检测。

4）检测电流致热型设备，最好在高峰负荷下进行。否则，一般应在不低于 30% 的额定负荷下进行，同时应充分考虑小负荷电流对测试结果的影响。

（2）精确检测要求。精确检测时除满足一般检测的环境要求外，还应满足以下要求：

1）风速一般不大于 0.5m/s；

2）设备通电时间不小于 6h，最好在 24h 以上；

3）检测期间天气为阴天、夜间或晴天日落 2h 后；

4）被检测设备周围应具有均衡的背景辐射，应尽量避开附近热辐射源的干扰，某些设备被检测时还应避开人体热源等的红外辐射；

5）避开强电磁场，防止强电磁场影响红外热像仪的正常工作。

（3）判断方法。

1）表面温度判断法。主要适用于电流致热型和电磁效应引起发热的设备。根据测得的设备表面温度值，对照 GB/T 11022—2011 中高压开关设备和控制设备各种部件、材料及绝缘介质的温度和温升极限的有关规定，结合环境气候条件、负荷大小进行分析判断。

2）同类比较判断法。根据同组三相设备、同相设备之间及同类设备之间对应部位的温差进行比较分析。对于电压致热型设备，应结合图像特征判断法进行判断；对于电流致热型设备，应结合相对温差判断法进行判断。

3）图像特征判断法。主要适用于电压致热型设备。根据同类设备的正常状态和

异常状态的热像图，判断设备是否正常。

注意应尽量排除各种干扰因素对图像的影响，必要时结合电气试验或化学分析的结果，进行综合判断。

4）相对温差判断法。主要适用于电流致热型设备。特别是对小负荷电流致热型设备，采用相对温差判断法可降低小负荷缺陷的漏判率。

5）档案分析判断法。分析同一设备不同时期的温度场分布，找出设备致热参数的变化规律，判断设备是否正常。

6）实时分析判断法。在一段时间内使用红外热像仪连续检测某被测设备，观察设备温度随负载、时间等因素变化的方法。

6. 断路器带电红外测试缺陷判定

（1）红外检测缺陷分类。红外检测发现的设备过热缺陷应纳入设备缺陷管理制度的范围，按照设备缺陷管理流程进行处理。根据过热缺陷对电气设备运行的影响程度分为以下三类：

1）一般缺陷：指设备存在过热，有一定温差，温度场有一定梯度，但不会引起事故的缺陷。这类缺陷一般要求记录在案，注意观察其缺陷的发展，利用停电机会检修，有计划地安排试验检修消除缺陷。对于负荷率小、温升小但相对温差大的设备，如果负荷有条件或机会改变时，可在增大负荷电流后进行复测，以确定设备缺陷的性质，当无法改变时，可暂定为一般缺陷，加强监视。

2）严重缺陷：指设备存在过热，程度较重，温度场分布梯度较大，温差较大的缺陷。这类缺陷应尽快安排处理。对电流致热型设备，应采取必要的措施，如加强检测等，必要时降低负荷电流；对电压致热型设备，应加强监测并安排其他测试手段，缺陷性质确认后，立即采取措施消缺。

3）危急缺陷：指设备最高温度超过 GB/T 11022 规定的最高允许温度的缺陷。这类缺陷应立即安排处理。对电流致热型设备，应立即降低负荷电流或立即消缺；对电压致热型设备，当缺陷明显时，应立即消缺或退出运行，如有必要，可安排其他试验手段，进一步确定缺陷性质。

4）电压致热型设备的缺陷一般定为严重及以上的缺陷。

（2）断路器发热缺陷红外热像特征判据。

1）电流致热型缺陷。由于电流效应引起发热的设备称为电流致热型设备，发热的主要原因有电气接头连接不良、触头接触不良、导线（导体）载流面积不够或断股等。电流致热型设备的热故障可以分为外部热故障和内部热故障。对于磁场和漏磁引起的过热可依据电流致热型设备处理。其缺陷的判断依据见表 Z09I1002Ⅱ-3。

表 Z09I1002Ⅱ-3　　　　　　断路器电流致热型缺陷诊断判据

部位	热像特征	故障特征	缺陷性质		
			一般缺陷	严重缺陷	危急缺陷
接头和线夹	以线夹和接头为中心的热像，热点明显	接触不良	温差不超过15K，未达到严重缺陷的要求	热点温度>80℃或$\delta \geqslant$80%	热点温度>110℃或$\delta \geqslant$95%
动静触头	以顶帽和下法兰为中心的热像，顶帽温度大于下法兰温度	接触不良	温差不超过10K，未达到严重缺陷的要求	热点温度>55℃或$\delta \geqslant$80%	热点温度>80℃或$\delta \geqslant$95%
中间触头	以下法兰和顶帽为中心的热像，下法兰温度大于顶帽温度				
静触头基座	以上端顶帽中部为最高温度的热像				

2）电压致热型缺陷。设备内部的电介质在交流电压作用下产生能量损耗（介质损耗），当介质绝缘性能下降时会引起介质损耗和电容量变大，从而引起设备运行温度增加。其缺陷的判断依据见表 Z09I1002Ⅱ-4。

表 Z09I1002Ⅱ-4　　　　　　断路器电压致热型缺陷诊断判据

部位	热像特征	故障特征	温差（K）
高压套管（瓷套或有机绝缘套）	热像特征呈现以套管整体发热热像	介质损耗偏大	2~3
	热像为对应部位呈现局部发热区故障	局部放电故障	

3）综合致热型缺陷。当设备发热有两种及以上因素造成时，应综合分析缺陷性质。

7.注意事项

（1）防止人员触电。在测温作业中应注意与带电设备保持足够的安全距离；夜间测试应携带足够的照明设备和通信设施；有必要触碰不带电的金属构架和设备外壳时，应做好防感应电的措施和准备，避免检测人员伤害和测温仪器损坏。

（2）防止仪器损坏。强光源会损伤红外成像仪，严禁使用红外成像仪测量强光源物体（如太阳）。

8.案例

断路器各部件发热的红外测温图片见图 Z09I1002Ⅱ-1~图 Z09I1002Ⅱ-4。

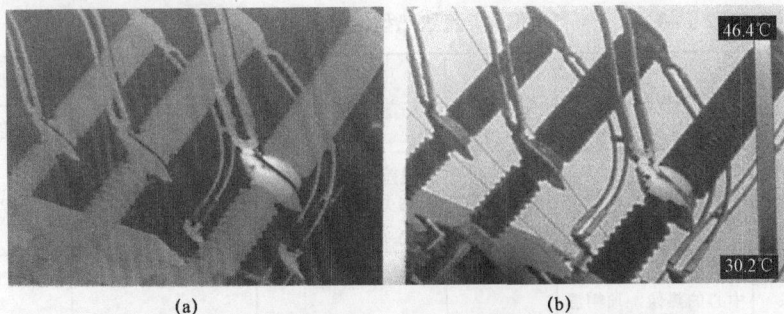

图 Z09I1002Ⅱ-1　220kV SF₆ 断路器 C 相下端接头连接不良
（a）红外图像；（b）图像融合

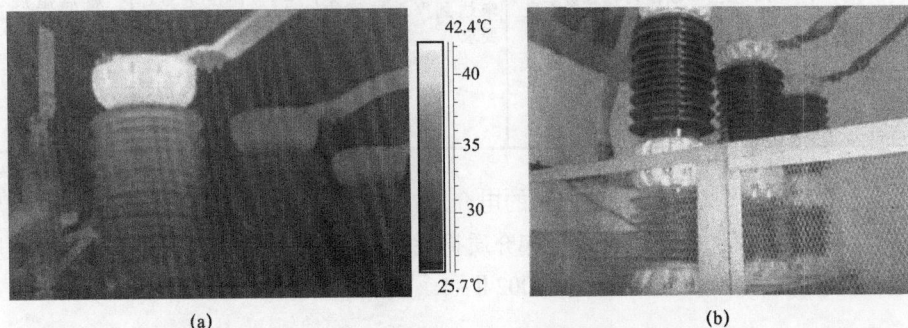

图 Z09I1002Ⅱ-2　35kV SF₆ 断路器内部静触头接触不良
（a）红外图像；（b）可见光图像

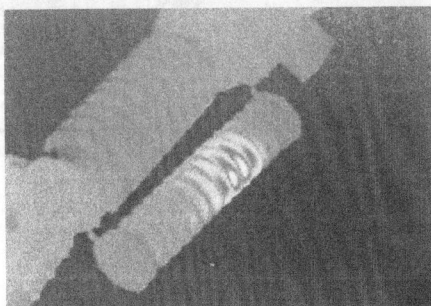

图 Z09I1002Ⅱ-3　高压断路器均压
电容局部过热

图 Z09I1002Ⅱ-4　断路器法兰对绝缘子
放电发热

（二）断路器目测检查

1. 主要目的

断路器目测检查的主要目的是确认断路器是否存在影响安全运行的故障或隐患等。

2. 测试周期、目测内容

与日常巡视检查相比，断路器目测检查内容更详细，要求更细致，应每季度至少安排一次。宜在负荷高峰来临前，以及运方调整可能导致电网相对薄弱之前。

断路器不停电目测检查的主要内容包括：

（1）检查各绝缘子（包括支持绝缘子，灭弧室绝缘子和并联电容器、电阻外套瓷瓶）外表面应无污垢沉积，无破损伤痕，法兰处无裂纹。

（2）检查本体所有螺栓，螺母是否有松动和锈蚀（包括本体与机构连接螺栓）。

（3）检查分合闸指示是否到位并与开关位置相符，各信号指示是否有异常。

（4）SF_6断路器应检查密度表、气体压力，压力异常增大或偏小均应查明原因。

（5）检查机构箱底部是否有碎片、异物，对机构内所有部件进行外观检查。

（6）检查缓冲器外观是否良好，检查油缓冲器有无漏油痕迹。

（7）检查储能指针位置。

（8）液压机构应检查各高压管路、工作缸、储压器、液压泵、低压油管有无渗漏油；油压表是否正常；还应到后台机查询打压是否频繁，如果油泵日平均启动次数大幅提高，表明机构内部可能出现液压油泄漏情况。

（9）气动机构还应检查气压回路、部件是否漏气；空压机是否缺机油、疏水阀是否泄漏、机油是否乳化等。

（10）检查机构箱内所有螺栓、螺钉和插头，检查所有电器元件和二次线，必要时对接线端子进行红外测温以检验接触是否良好。

（11）检查机构箱加热器和门灯功能。

（12）检查机构箱密封情况，达到防尘、防水要求。

3. 不停电目测注意事项

（1）与高压部分保持安全距离，防止误碰带电设备；

（2）防止误碰接线端子及低压裸露带电部分造成低压触电或者设备误动作；

（3）严禁触摸机械转动部件，严禁将身体任何部位伸至机械转动半径范围内，防止断路器突然动作时机械伤害；

（4）GIS组合电器设备的本体、断路器机构目测可参考本模块内容，其他组件（隔离开关、互感器、避雷器等）可参考其他相关设备模块。

（5）开关柜内设备运行时禁止打开高压室门检查，可对外观检查、二次元器件进行检查，并核对各类信号。

三、断路器停电一般维护

断路器一般停电维护工作主要是指断路器的停电清扫检查工作。

1. 断路器停电清扫检查的目的

（1）断路器外瓷套清扫是防污闪的重要措施，通过清扫外绝缘污垢，恢复其原有的绝缘水平。瓷套表面应无污垢沉积，无破损；法兰处无裂纹，与瓷瓶胶合良好。

（2）断路器外观检查，主要检查支架、本体与支架、机构的连接等。

（3）机构箱的检查，除进行上文不停电目测检查外，还可进行分合闸操作、观察储能过程等简单测试，检验设备工作是否正常。

2. 准备工作

（1）维护用工器具见表 Z09I1002Ⅱ-5。

表 Z09I1002Ⅱ-5 　　　　　　　　工 具 器 准 备

序号	名　　称	型号规格（精度）	单位	数量	备　　注
1	活络扳手	12	把	2	
2	梅花扳手	22～24	把	2	
3	梅花扳手	17～19	把	2	
4	梅花扳手	12～14	把	2	
5	套筒头	24、19、17、13、11	只	各1	
6	力矩扳手	0～20Nm 0～100Nm 0～250Nm	把	1 1 1	
7	机油枪		把	1	
8	万用表		只	1	
9	人字梯	1.5～1.8m	把	1	
10	摇表	500V	只	1	
11	电气设备外壳接地线	6mm²	付	2	软钢线
12	电源接线盘	220V	只	1	带漏电保安器
13	高架车（或升降平台）		辆	1	液压升降必须可靠动作
14	吸尘器		台	1	

（2）主要消耗性材料见表 Z09I1002Ⅱ-6。

表 Z09I1002Ⅱ-6 　　　　　　　主 要 消 耗 性 材 料

序号	名　　称	型号规格	单位	数量	备　　注
1	无纺布		kg	5	
2	小毛巾		条	3	
3	导电脂		kg	0.3	
4	白纱带		圈	1	
5	机油	30号	kg	0.5	
6	漆刷	1.5寸	把	5	
7	塑料薄膜		m	30	
8	红漆	小听	听	1	

序号	名　称	型号规格	单位	数量	备　注
9	黄漆	小听	听	1	
10	绿漆	小听	听	1	
11	黑漆	小听	听	1	
12	绝缘胶布		圈		
13	铅笔		支	1	
14	记号笔		支	1	
15	洗手液（或肥皂）		瓶	1	
16	纱手套		付	10	
17	油脂		瓶	1	
18	硅脂		瓶	1	
19	黏合剂		瓶	1	

3. 工艺流程及标准

（1）维护预备状态检查。

1）断路器在分闸位置；

2）断路器已与带电设备隔离并两侧接地；

3）断路器电动机、加热器电源已断开；

4）断路器弹簧储能已释放：进行一次合—分操作以释放操作机构弹簧组能量；

5）控制电源已断开。

（2）本体及支架检查。

1）绝缘瓷套外表应无污垢沉积，无破损伤痕；法兰处无裂纹，与瓷瓶胶合良好。

2）如有污物需冲洗和擦拭以清洁瓷套表面。

3）检查引流板与线夹连接部分，应接触良好，无发热痕迹。

4）检查 SF_6 压力，当气压偏低时，需进行补气；

5）检查本体及支架所有螺栓应无松动、锈蚀。如局部锈蚀应刷漆处理，如严重锈蚀则应更换处理。如有螺栓松动，应按（4）中力矩要求拧紧螺栓。

（3）操作机构的检查与维护。

1）机构箱内控制面板检查，各元件外表应完整，无损坏。

2）控制面板各元件功能检查，打开机构箱，检查照明正常；合上电机和控制回路电源，对开关进行一次合—分操作，分合闸及弹簧储能应指示准确，计数器应正确动作；断开电动机和控制回路电源，对开关进行一次合—分操作，释放弹簧储能。

3）检查加热器功能和投切装置功能，合上加热器电源，检查加热器工作应正常；温控器启动温度整定根据厂家说明书建议值；最后断开加热器电源。

4）对驱动轴、合闸轴等运动部件进行检查，主轴、减速器、连杆、分闸销、惯性飞轮、凸轮等各部件应清洁、润滑，如干燥和锈蚀，则用润滑油润滑。液压机构、气动机构应相应检查各压力组件、管路无渗漏；传动件可注入少量机油防止卡涩。

5）端子排、元件表面积污可用吸尘器仔细清除。

（4）螺栓拧紧时应使用力矩扳，并符合以下力矩要求（各厂家规定均不相同，请参照产品说明书）：

螺栓直径	力矩（N）
M6	4.5
M8	10
M10	20
M12	40
M16	80

4. 注意事项

（1）与高压部分保持安全距离，防止误碰带电设备；注意高架车（升降平台）作业时与周围相邻带电设备的安全距离。高架车旋转斗运转过程中注意不要碰撞瓷套，防止瓷套损坏。

（2）在分、合闸弹簧中存储有能量，机构可能由于大的震动或无意识的接触机构的掣子元件而跳闸。在操作机构和连接系统中有轧伤的危险。因此检查维护前应将机构能量释放。

（3）操作机构内的交直流有可能造成人员触电或操作机构误动。

（4）高处作业人员必须系安全带，为防止感应电，工作前先挂临时接地线。

【思考与练习】

1. 高压断路器按照灭弧介质分类可以分为哪几类？
2. 高压断路器的操作机构有哪几类？分别是利用何种物质传递及储存能量的？
3. 对断路器带电红外测温可发现哪些缺陷？
4. 断路器停电维护工作开始前，应检查断路器哪些状态？

▲ 模块 3 隔离开关普通带电测试及一般维护（Z09I1003 Ⅱ）

【模块描述】本模块包含隔离开关普通带电测试及一般维护内容；通过操作过程详细介绍、操作技能训练，达到掌握隔离开关带电红外检测、停电清扫、传动部件检查、维护，加润滑油技能的目的。

【模块内容】

一、隔离开关基本结构原理

（一）高压隔离开关的作用

隔离开关又称隔离刀闸，是高压开关的一种，因为它没有专门的灭弧装置，所以，不能用来切断负荷电流和短路电流，使用时应与断路器配合，一般对动触头的开断和关合速度没有规定要求。在电力系统中，隔离开关主要有以下用途。

1. 隔离电源

用隔离开关将需要检修的设备与带电的电网隔开，使其具有明显的断开点，以保证检修工作的安全进行。

2. 改变运行方式

在断口两端接近等电位的条件下，带负荷进行拉、合操作，变换双母线或其他不长的并联线路的接线方式。

3. 接通和断开小电流电路

在运行中可利用隔离开关进行以下操作：

（1）接通和断开正常运行的电压互感器和避雷器。

（2）接通和断开励磁电流不超过 2A 的空载变压器。如 35kV 级 1600kVA 及以下或 10kV 级 320kVA 及以下的空载变压器，但当电压在 20kV 及以上时，应使用户外垂直分合式的三联隔离开关。

（3）接通和断开电容电流不超过 5A 的空载线路。如 35kV 户内三联隔离开关可分、合 5km 以下的线路，户内三联隔离开关可分、合电压 10kV、长度 1km 以内的空载电力电缆。

（4）接通和断开未带负荷的汇流空载母线。

（5）户外三联隔离开关可分、合电压为 10kV 及以下，且电流在 15A 以下的负荷电流。

（6）与断路器并联的旁路隔离开关，当断路器在合闸位置时可接通和断开断路器的旁路电流。

（7）接通和断开变压器中性点的接地线。但当中性点接消弧线圈时，只有在系统确认无接地故障时才可进行。

（8）户外带消弧角的三联隔离开关可接通和断开电压为 10kV 及以下，电流为 70A 以下的环路均衡电流。

（二）隔离开关基本结构

隔离开关型号虽然较多，但其基本结构主要由以下几部分组成：

（1）支持底座。支持底座起支持固定的作用，将导电部分、绝缘子、传动机构、操动机构等连接固定为整体。

（2）导电部分。导电部分包括触头、闸刀、接线座等，其作用是传导电流。

（3）绝缘子。绝缘子包括支持绝缘子、操作绝缘子，其作用是使带电部分对地绝缘。

（4）传动机构。传动机构的作用是接受操动机构的力矩，并通过拐臂、连杆、轴齿或操作绝缘子，将运动传给动触头，以完成分、合闸操作。

（5）操动机构。用手动、电动为隔离开关的动作提供动力。

（三）隔离开关的类型及型号含义

1. 隔离开关的分类

（1）按安装场所分为户内式和户外式两种。

（2）按极数分为单极和三极两种。

（3）按每极支柱绝缘子的数目分为单柱式、双柱式和三柱式。

（4）按隔离开关的动作方向分为闸刀式、旋转式、摆动式和插入式四种。

（5）按所配机构分为手动式、电动式、气动式和液压式四种。

（6）按使用环境分为普通型和防污型两种。

（7）按断口两端有无接地装置及附装接地刀闸的数量不同，分为不接地、单接地和双接地三种。

（8）按使用特性的不同，分为一般用、快分用和变压器中性点接地三类。

2. 隔离开关的型号

隔离开关型号含义如下：

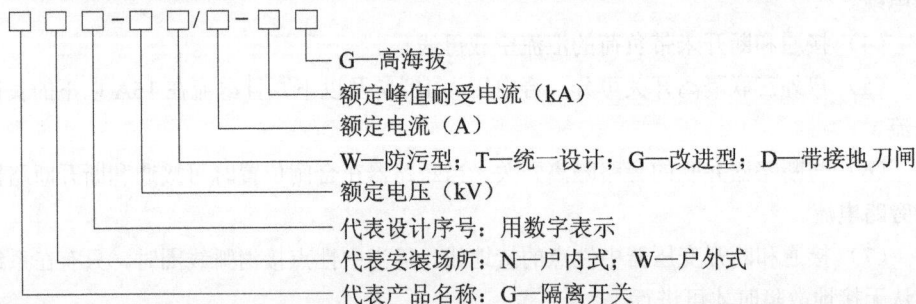

如：GW16–252D/3150 中各部分含义是：G 表示隔离开关，W 表示户外，16 是设计序号，额定电压是 252kV，D 是表示有接地刀闸，额定电流是 3150A。

二、隔离开关带电测试

（一）隔离开关带电红外测试

1. 带电红外测试基本概念

（1）带电设备。传导负荷电流（试验电流）或加有运行电压（试验电压）的设备。

（2）温升。指用同一检测仪器相继测得的被测物表面温度和环境温度参照体表面温度之差。

（3）温差。用同一检测仪器相继测得的不同被测物或同一被测物不同部位之间的温度差。

（4）相对温差。指设备状况相同或基本相同（指设备型号、安装地点、环境温度、表面状况和负荷电流等）的两个对应测点之间的温差与其中较热点温升的比值。相对温差δ_t（%）的数学表达式为

$$\delta_t = \frac{\tau_1 - \tau_2}{\tau_1} \times 100\% = \frac{T_1 - T_2}{T_1 - T_0} \times 100\%$$

式中　τ_1 和 T_1 ——发热点的温升和温度；

τ_2 和 T_2 ——正常相对应点的温升和温度；

T_0 ——环境参照体的温度。

（5）环境温度参照体。用来采集环境温度的物体叫环境温度参照体。它可能不具有当时的真实环境温度，但它具有与被测物相似的物理属性，并与被测物处在相似的环境之中。如对于断路器而言，若测得引线连接部位发热，那么环境温度参照体则应选择类似搭接金具的金属部件，而不宜选择瓷瓶或其他材质的金属。

（6）外部缺陷。凡致热效应部位裸露，能用红外检测仪器直接检测出的缺陷。

（7）内部缺陷。凡致热效应部位被封闭，不能用红外检测仪器直接检测，只能通过设备表面的温度场进行比较、分析和计算才能确定的缺陷。

2. 带电红外测试原理和目的

（1）带电红外测试的原理。红外线是一种电磁波（是肉眼看不见的），存在波动性和粒子性等性质。波长在 $0.75\mu m$ 和 $1000\mu m$ 之间。自然界任何物体只要温度高于绝对零度（$-273.16℃$）就会产生电磁波（辐射能），带有物体表面的温度特征信息。不同的材料、不同的温度、不同的表面光度、不同的颜色等，所发出的红外辐射强度都不同。红外测试就是通过仪器测试这种物体表面辐射的红外线，以反映物体表面辐射能量密度的分布情况，即温度场（红外成像）。

（2）带电红外测试的目的。通过被动的、非接触式的检测获得物体表面的红外热分布图，定量地测量所需位置的温度。红外测试能够在设备发生故障之前，快速、准确、安全地发现故障。

隔离开关红外带电测试可发现的缺陷主要有：

1）隔离开关连接引线搭接不良引起的发热；

2）隔离开关主导电部分发热；

3）绝缘子胶装部位（贴瓷结合处）缺陷引起电位差导致的发热；

4）机构内二次接线松动发热等。

3. 测试仪器及操作要点

（1）测试仪器的基本要求。

1）便携式红外热像仪能满足精确检测的要求，测量精度和测温范围满足现场测试要求，性能指标较高，具有较高的温度分辨率及空间分辨率，具有大气条件的修正模型，操作简便，图像清晰、稳定，有目镜取景器，分析软件功能丰富。

2）手持式红外热像仪能满足一般检测的要求，有最高点温度自动跟踪，采用LCD 显示屏，可无取景器，操作简单，仪器轻便，图像比较清晰、稳定。

（2）操作方法。

1）一般检测。仪器在开机后需进行内部温度校准，待图像稳定后即可开始工作。

一般先远距离对所有被测设备进行全面扫描，发现有异常后，再有针对性地近距离对异常部位和重点被测设备进行准确检测。

仪器的色标温度量程宜设置在环境温度加 10～20K 左右的温升范围。

有伪彩色显示功能的仪器，宜选择彩色显示方式，调节图像使其具有清晰的温度层次显示，并结合数值测温手段，如热点跟踪、区域温度跟踪等手段进行检测。

应充分利用仪器的有关功能，如图像平均、自动跟踪等，以达到最佳检测效果。

环境温度发生较大变化时，应对仪器重新进行内部温度校准，校准方法按仪器的说明书进行。

作为一般检测，被测设备的辐射率一般取 0.9 左右。

2）精确检测。检测温升所用的环境温度参照体应尽可能选择与被测设备类似的物体，且最好能在同一方向或同一视场中选择。

在安全距离允许的条件下，红外仪器宜尽量靠近被测设备，使被测设备（或目标）尽量充满整个仪器的视场，以提高仪器对被测设备表面细节的分辨能力及测温准确度，必要时，可使用中、长焦距镜头。

为了准确测温或方便跟踪，应事先设定几个不同的方向和角度，确定最佳检测位置，并可做上标记，以供今后的复测用，提高互比性和工作效率。

正确选择被测设备的辐射率，特别要考虑金属材料表面氧化对选取辐射率的影响，辐射率选取具体可参见表 Z09I1003Ⅱ-1。

表 Z09I1003Ⅱ-1 　　　　　常用材料发射率的参考值

材料	温度（℃）	发射率近似值	材料	温度（℃）	发射率近似值
抛光铝或铝箔	100	0.09	棉纺织品（全颜色）	—	0.95
轻度氧化铝	25～600	0.10～0.20	丝绸	—	0.78
强氧化铝	25～600	0.30～0.40	羊毛	—	0.78
黄铜镜面	28	0.03	皮肤	—	0.98
氧化黄铜	200～600	0.61～0.59	木材	—	0.78
抛光铸铁	200	0.21	树皮	—	0.98
加工铸铁	20	0.44	石头	—	0.92
完全生锈轧铁板	20	0.69	混凝土	—	0.94
完全生锈氧化钢	22	0.66	石子	—	0.28～0.44
完全生锈铁板	25	0.80	墙粉	—	0.92
完全生锈铸铁	40～250	0.95	石棉板	25	0.96
镀锌亮铁板	28	0.23	大理石	23	0.93
黑亮漆（喷在粗糙铁上）	26	0.88	红砖	20	0.95
黑或白漆	38～90	0.80～0.95	白砖	100	0.90
平滑黑漆	38～90	0.96～0.98	白砖	1000	0.70
亮漆（所有颜色）	—	0.90	沥青	0～200	0.85
非亮漆	—	0.95	玻璃（面）	23	0.94
纸	0～100	0.80～0.95	碳片	—	0.85
不透明塑料	—	0.95	绝缘片	—	0.91～0.94
瓷器（亮）	23	0.92	金属片	—	0.88～0.90
电瓷	—	0.90～0.92	环氧玻璃板	—	0.80
屋顶材料	20	0.91	镀金铜片	—	0.30
水	0～100	0.95～0.96	涂焊料的铜	—	0.35
冰	—	0.98	铜丝	—	0.87～0.88

　　将大气温度、相对湿度、测量距离等补偿参数输入，进行必要修正，并选择适当的测温范围。

　　记录被检设备的实际负荷电流、额定电流、运行电压，被检物体温度及环境参照体的温度值。

　　4. 测试周期

　　220kV 隔离开关设备：3 个月；110kV/66kV 及以下隔离开关设备：6 个月。

　　5. 工艺标准

　　检测隔离开关各连接引线、导电回路、瓷瓶以及二次接线端等，既要注意温度的大小，也要注意温差规律，测量时应该记录环境温度、负荷大小及其前 3h 的变化情况，分析时应注意这些影响因素。某些线路负荷时间分布不均匀，应尽量在大负荷时间段测试。

（1）一般检测要求。

1）被检设备是带电运行设备，应尽量避开视线中的封闭遮挡物，如门和盖板等。

2）环境温度一般不低于 5℃，相对湿度一般不大于 85%；天气以阴天、多云为宜，夜间图像质量为佳；不应在雷、雨、雾、雪等气象条件下进行，检测时风速一般不大于 5m/s，现场观察可参照表 Z09I1003Ⅱ–2；

表 Z09I1003Ⅱ–2　　　　　　　风级、风速与现象

风级	风速（m/s）	风名	地 面 现 象
0	0～0.2	无风	静烟直上
1	0.3～1.5	软风	烟能表示风向，树叶略有摇动
2	1.6～3.3	轻风	人脸感觉有风，树叶有微响，旗开始飘动
3	3.4～5.4	微风	树叶和很细的树枝摇动不息，旗展开
4	5.5～7.9	和风	能吹起地面的灰尘和纸张，小树枝摇动

3）户外晴天要避开阳光直接照射或反射进入仪器镜头，在室内或晚上检测应避开灯光的直射，宜闭灯检测。

4）检测电流致热型设备，最好在高峰负荷下进行。否则，一般应在不低于 30% 的额定负荷下进行，同时应充分考虑小负荷电流对测试结果的影响。

（2）精确检测要求。精确检测时除满足一般检测的环境要求外，还应满足以下要求：

1）风速一般不大于 0.5m/s；

2）设备通电时间不小于 6h，最好在 24h 以上；

3）检测期间天气为阴天、夜间或晴天日落 2h 后；

4）被检测设备周围应具有均衡的背景辐射，应尽量避开附近热辐射源的干扰，某些设备被检测时还应避开人体热源等的红外辐射；

5）避开强电磁场，防止强电磁场影响红外热像仪的正常工作。

（3）判断方法。

1）表面温度判断法。主要适用于电流致热型和电磁效应引起发热的设备。根据测得的设备表面温度值，对照 GB/T 11022—2011 中高压开关设备和控制设备各种部件、材料及绝缘介质的温度和温升极限的有关规定，结合环境气候条件、负荷大小进行分析判断。

2）同类比较判断法。根据同组三相设备、同相设备之间及同类设备之间对应部位的温差进行比较分析。对于电压致热型设备，应结合图像特征判断法进行判断；对于电流致热型设备，应结合相对温差判断法进行判断。

3）图像特征判断法。主要适用于电压致热型设备。根据同类设备的正常状态和异常状态的热像图，判断设备是否正常。

注意应尽量排除各种干扰因素对图像的影响，必要时结合电气试验或化学分析的结果，进行综合判断。

4）相对温差判断法。主要适用于电流致热型设备。特别是对小负荷电流致热型设备，采用相对温差判断法可降低小负荷缺陷的漏判率。

5）档案分析判断法。分析同一设备不同时期的温度场分布，找出设备致热参数的变化规律，判断设备是否正常。

6）实时分析判断法。在一段时间内使用红外热像仪连续检测某被测设备，观察设备温度随负载、时间等因素变化的方法。

6. 隔离开关带电红外测试缺陷判定

（1）红外检测缺陷分类。红外检测发现的设备过热缺陷应纳入设备缺陷管理制度的范围，按照设备缺陷管理流程进行处理。根据过热缺陷对电气设备运行的影响程度分为以下三类：

1）一般缺陷：指设备存在过热，有一定温差，温度场有一定梯度，但不会引起事故的缺陷。这类缺陷一般要求记录在案，注意观察其缺陷的发展，利用停电机会检修，有计划地安排试验检修消除缺陷。对于负荷率小、温升小但相对温差大的设备，如果负荷有条件或机会改变时，可在增大负荷电流后进行复测，以确定设备缺陷的性质，当无法改变时，可暂定为一般缺陷，加强监视。

2）严重缺陷：指设备存在过热，程度较重，温度场分布梯度较大，温差较大的缺陷。这类缺陷应尽快安排处理。对电流致热型设备，应采取必要的措施，如加强检测等，必要时降低负荷电流；对电压致热型设备，应加强监测并安排其他测试手段，缺陷性质确认后，立即采取措施消缺。

3）危急缺陷：指设备最高温度超过 GB/T 11022—2011 规定的最高允许温度的缺陷。这类缺陷应立即安排处理。对电流致热型设备，应立即降低负荷电流或立即消缺；对电压致热型设备，当缺陷明显时，应立即消缺或退出运行，如有必要，可安排其他试验手段，进一步确定缺陷性质。

4）电压致热型设备的缺陷一般定为严重及以上的缺陷。

（2）隔离开关发热缺陷红外热像特征判据。

1）电流致热型缺陷。由于电流效应引起发热的设备称为电流致热型设备，发热的主要原因有电气接头连接不良、触头接触不良、导线（导体）载流面积不够或断股等。电流致热型设备的热故障可以分为外部热故障和内部热故障。对于磁场和漏磁引起的过热可依据电流致热型设备处理。其缺陷判断依据见表 Z09I1003Ⅱ–3。

表 Z09I1003Ⅱ–3　　　　　　隔离开关电流致热型缺陷诊断判据

部位	热像特征	故障特征	缺陷性质		
			一般缺陷	严重缺陷	危急缺陷
接头和线夹	以线夹和接头为中心的热像，热点明显	接触不良	温差不超过 15K，未达到严重缺陷的要求	热点温度＞80℃或 δ≥80%	热点温度＞110℃或 δ≥95%
金属载流导线	以导线为中心的热像，热点明显	软连接导线松股、断股、老化或截面积不够			
转头	以转头为中心的热像	转头接触不良或断股	温差不超过 15K，未达到严重缺陷的要求	热点温度＞90℃或 δ≥80%	热点温度＞130℃或 δ≥95%
刀口	以刀口压接弹簧为中心的热像	弹簧压接不良			

2）电压致热型缺陷。设备内部的电介质在交流电压作用下产生能量损耗（介质损耗），当介质绝缘性能下降时会引起介质损耗和电容量变大，从而引起设备运行温度增加。其缺陷判断依据见表 Z09I1003Ⅱ–4。

表 Z09I1003Ⅱ–4　　　　　　隔离开关电压致热型缺陷诊断判据

部位	热像特征	故障特征	温差（K）
支持瓷瓶/旋转瓷瓶	热像特征呈现以套管整体发热热像	介质损耗偏大	2～3
	热像为对应部位呈现局部发热区故障	局部放电故障	

3）综合致热型缺陷。当设备发热有两种及以上因素造成时，应综合分析缺陷性质。

7. 注意事项

（1）防止人员触电。在测温作业中应注意与带电设备保持足够的安全距离；夜间测试应携带足够的照明设备和通信设施；有必要触碰不带电的金属构架和设备外壳时，应做好防感应电的措施和准备，避免检测人员伤害和测温仪器损坏。

（2）防止仪器损坏。强光源会损伤红外成像仪，严禁使用红外成像仪测量强光源物体（如太阳）。

8. 案例

隔离开关各部件发热的红外测温图片，见图 Z09I1003Ⅱ-1~图 Z09I1003Ⅱ-4。

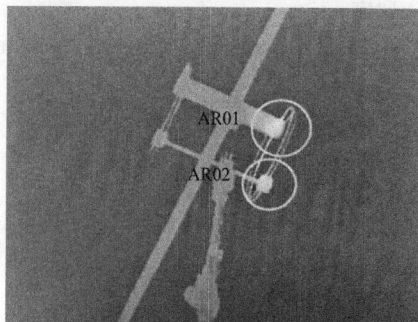

图 Z09I1003Ⅱ-1　220kV 隔离开关
吊环压板接头连接不良

图 Z09I1003Ⅱ-2　高压隔离开关刀口及
转动柱头接触不良

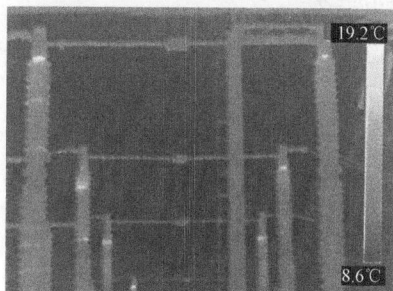

图 Z09I1003Ⅱ-3　隔离开关瓷柱表面
污秽引起局部过热

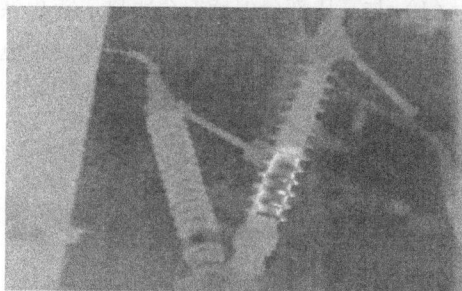

图 Z09I1003Ⅱ-4　高压隔离开关
瓷柱绝缘子裂伤

（二）隔离开关目测检查

1. 主要目的

隔离开关目测检查的主要目的是确认隔离开关是否存在影响安全运行的故障或隐患等情况，决定是否需停电处理。

2. 测试周期、目测内容

与日常巡视检查相比，目测检查内容更详细，要求更细致，应每季度至少安排一次。宜在负荷高峰来临前，以及运方调整可能导致电网相对薄弱之前。

隔离开关不停电目测检查的主要内容包括：

（1）检查各绝缘子（包括支柱绝缘子、旋转绝缘子、操作绝缘子等）外表面有无污垢沉积，法兰面结合处有无裂纹，绝缘子伞裙是否有破损及法兰和绝缘子胶合是否良好。

（2）检查本体所有螺栓、螺母是否有松动和锈蚀。

（3）检查合闸状态的隔离开关刀头啮合面积是否正常，导电臂是否处于正常工作位置，有无合闸过头或回弹、松脱现象。

（4）检查分闸状态的隔离开关导电臂是否分到底。

（5）检查导电回路是否有异常发热痕迹；检查地刀分闸或合闸状态位置是否恰当。

（6）检查隔离开关与本体连接应可靠，无松动；检查分合闸限位装置应良好。

（7）检查机械闭锁连板应处于正常位置。

（8）检查机构箱内所有螺栓、螺钉和插头，检查所有电器元件和二次线，必要时对接线端子进行红外测温以检验接触是否良好。

（9）检查机构箱加热器和门灯功能。

（10）检查机构箱密封情况，应达到防尘、防水要求。

3. 不停电目测注意事项

（1）与高压部分保持安全距离，防止误碰带电设备；

（2）防止误碰接线端子及低压裸露带电部分造成低压触电或者设备误动作；

（3）严禁触摸机械转动部件，严禁将身体任何部位伸至机械转动半径范围内，防止隔离开关突然动作时机械伤害。

三、隔离开关停电一般维护

隔离开关一般停电维护工作主要是指断路器的停电清扫检查工作。

1. 隔离开关停电清扫检查的目的

（1）隔离开关绝缘子清扫是防污闪的重要措施，通过清扫外绝缘污垢，恢复其原有的绝缘水平。瓷套表面应无污垢沉积，无破损；法兰处无裂纹，与绝缘子胶合良好。

（2）隔离开关外观检查，主要检查导电部分、绝缘子、传动连接部分以及操作机构。

（3）除进行上文不停电目测检查外，还可进行分合闸操作等简单测试，检验设备工作是否正常。

2. 准备工作

工器具与材料准备见表 Z09I1003Ⅱ-5。

表 Z09I1003Ⅱ-5　　　　工 器 具 与 材 料 准 备

序号	名称	规格	单位	数量
1	组合工具		套	1
2	万用表	VC96A	只	1
3	摇表	1000V	只	1

序号	名称	规格	单位	数量
4	线盘	220V	只	1
5	梯		架	1
6	人字梯	二节	架	2
7	机油		公斤	0.1
8	中性凡士林		公斤	0.5
9	毛巾		条	20
10	木榔头		把	1
11	砂皮		张	10
12	塑料纸			若干
13	电焊机		台	1
14	汽油		公斤	1

3. 工艺流程及标准

（1）维护预备状态检查。

1）隔离开关确已在检修状态，隔离开关两侧确已停电，并挂设接地线（自带接地刀闸需维护，因此需挂设接地线）；

2）隔离开关电动机、加热器电源已断开；

3）操作电源已断开。

（2）外观检查。

1）目检无异常、无破损，检查外部锈蚀情况、相位识别漆；

2）手动合分一次刀闸及接地刀闸，检查传动部分、导电部分及操作机构的运转状况；

3）检查接地线应完好，连接端的接触面不应有腐蚀现象、连接牢固，螺栓紧固、锈蚀螺栓应更换。

（3）检查清洁绝缘子。

1）使用登高机具或人字梯，用毛巾或抹布挨个擦拭瓷套的伞裙并仔细检查；绝缘子外表无污垢沉积，法兰面处无裂纹，与瓷瓶胶合良好。

2）检查瓷套法兰面的连接螺栓；连接应无松动，如有松动，用相应的力矩紧固。

（4）导电回路检查。

1）导电杆表面无烧伤痕迹、镀银层完好；

2）触指片表面无烧伤痕迹、镀银层完好、清除触片表面氧化层，并涂润滑脂；

3）压力弹簧应完好、不变形；

4）各导电软连接不应断片，接触面不氧化，连接螺栓紧固；

5）检查导电臂其他不用做导电的部件情况，如传动拉杆、齿轮齿条、轴承、导向板等无异常、无破损；

（5）传动装置检查。

1）检查各相间传动连杆情况，检查主动相主传动拐臂情况，连杆应无拱弯现象，各轴销连接应可靠，销应涂润滑脂；

2）检查各传动连杆的连接接头、连动杆可调节拧紧螺母松紧情况，连接螺栓应全部给予复紧；

3）检查垂直操作杆与操动机构输出轴连接夹件的连接情况；

4）检查机械联锁装置。

（6）接地刀闸检查。

1）地刀静触头座与主刀静触头座之间应连接牢固、固定螺栓应紧固，静触头表面清擦光洁，并薄涂润滑油；

2）接地刀闸动臂与水平连杆连接的夹件，螺栓应紧固，接地软连线不应断股；

3）检查平衡弹簧不应变形及断裂现象，紧固卡套螺丝应紧固，平衡弹簧应有预扭力；

4）检查各传动连杆连接夹件螺栓的连接情况，并全部给予紧固；

5）分闸位置时，接地刀闸动臂应与接地刀闸支架可靠地靠上。

（7）操作机构检查。

1）检查变速齿轮箱转动时应无异常响声，运转平稳；电动机转动正常，绝缘良好。

2）辅助开关每副触点导通检查，应接触可靠，切换正确。

3）机构箱内部接线端子排、各接触器等电气元件的二次接线连接可靠，接线螺丝紧固，接线端子无氧化现象。

4）手动接地操作机构在通电情况下，考核主刀在合闸位置时，接地刀闸的电磁锁被锁住（线圈应不通电），主刀在分闸位置时，接地刀闸的电磁锁被释放（线圈应通电）。

5）检查加热器及投切性能，加热器电源开关接通电源时，加热器工作应正常。

6）检查箱体及箱门防水性能，要求箱体外部无锈蚀，箱门关闭紧密，箱门内密封条完整有弹性，无进水迹象。

（8）螺栓拧紧时应使用力矩扳，并符合以下力矩要求：

螺栓直径	力矩（N）
M6	4.5
M8	10
M10	20
M12	40
M16	80

4. 注意事项

（1）与高压部分保持安全距离，防止误碰带电设备；注意高架车（升降平台）作业时与周围相邻带电设备的安全距离。高架车旋转斗运转过程中注意不要碰撞瓷套，防止瓷套损坏。

（2）瓷瓶禁止攀爬，使用人字梯或登高机具。

（3）高处作业人员必须系安全带，为防止感应电，工作前先挂临时接地线。

（4）操作机构内的交直流有可能造成人员触电或操作机构误动。

（5）维护工作中需操作隔离开关时，应确认防误功能投入，确认所执行操作不会造成误送电；临时操作结束应及时断开各电源。

【思考与练习】

1. 隔离开关的用途是什么？

2. 隔离开关不停电目测检查的主要内容有哪些？

3. 对隔离开关带电红外测温可发现哪些缺陷？

▲ 模块4　互感器普通带电测试及一般维护（Z09I1004Ⅱ）

【模块描述】本模块包含互感器普通带电测试及一般维护内容；通过操作过程详细介绍、操作技能训练，达到掌握互感器带电红外测试、接地导通测试，停电外观清扫、检查技能的目的。

【模块内容】

一、互感器的分类及作用

1. 互感器的分类

互感器按性质主要分为电压互感器和电流互感器两大类。也有把电压互感器和电流互感器合并形成一体的互感器，称为组合式互感器。

2. 互感器的作用

互感器是一种利用电磁原理进行电压、电流变换的变压器类设备（光电互感器除外），在电力系统广泛使用。互感器与测量仪表和计量装置配合，可以测量一次系统的电压、电流和电能；与继电保护和自动装置配合，可以对电网各种故障进行电气保护以及实现自动控制。其作用归纳为：

（1）将一次系统的电压或电流信息准确地传递到二次设备。

（2）将一次系统的高电压或大电流变换为二次侧的低电压或小电流，使二次设备装置标准化、小型化，并降低了对二次设备的绝缘要求。

（3）由于互感器一、二次之间有足够的绝缘强度，能使二次设备和工作人员与一次系统设备在电方面很好地隔离，从而保证了二次设备和工作人员的人身安全。

二、电压互感器

电压互感器是将一次系统的高电压变换成标准低电压（100V、$100/\sqrt{3}$ V、100/3V）的电气设备。

（一）电压互感器的特点

电压互感器与变压器有所不同，它是一种特殊的变压器，其主要功能是传递电压信息，而不是输送电能。其特点归纳为：

（1）电压互感器的二次负载是一些高阻抗的测量仪表和继电保护的电压绕组，二次电流很小，因而内阻抗压降很小，相当于变压器空载运行，所以二次电压基本上就等于二次电动势。

（2）电压互感器二次绕组不能短路运行。因为电压互感器内阻抗很小，短路时二次侧产生的电流很大，会有烧坏电压互感器的危险。

（3）二次侧绕组必须一端接地。因为电压互感器一次侧与高压直接连接，若运行中互感器一、二次绕组之间的绝缘皮击穿，高压电即会窜入二次回路，危及二次设备和工作人员的人身安全。

（二）电压互感器的分类

电压互感器的种类很多，分类方法也很多，主要有以下几类：

（1）按相数分，有单相和三相电压互感器。

（2）按绕组数分，有双绕组、三绕组及四绕组电压互感器。

（3）按绝缘介质分，有干式、浇注式、油浸式和气体绝缘电压互感器。

（4）按结构原理分，有电磁式和电容式两种，电磁式又分为单级式和串级式。

（5）按使用条件分，有户内型和户外型电压互感器。

（三）电压互感器的结构

电压互感器按其结构原理分为电磁式电压互感器和电容式电压互感器。

1. 电磁式电压互感器的结构

电压互感器以电磁感应为其工作原理的均称为电磁式电压互感器。按其绝缘介质不同，可分为干式及浇注式电压互感器、油浸式电压互感器、SF₆气体绝缘电压互感器等。这些电压互感器虽然采用的绝缘介质不同，但总体结构相似，其主要部件均有铁芯、绕组组成的器身，绝缘套管及零部件等。

2. 电容式电压互感器的结构

电容式电压互感器简称 CTV，其主要由电容分压器和电磁单元两部分组成，电磁单元则由中间变压器、补偿电抗器及限压装置、阻压器等组成。

按照电容分压器和电磁单元的组装方式不同，可分为叠装式（又称一体式）和分装式（又称分体式）两大类。目前国内常见的大都采用叠装式结构，电容分压器叠装在电磁单元油箱之上，电容分压器的下节端盖上有一个中压出线套管和一个低压端子出线套管，伸入电磁单元内部与电磁单元相连。

电容式电压互感器有以下特点：

（1）除具有电磁式电压互感器的全部功能外，同时可兼做载波通信的耦合电容器。

（2）绝缘可靠性高。耦合电容器耐雷电冲击能力强。

（3）不存在电磁式电压互感器与断路器断口电容的串联铁磁谐振。

（4）价格比较便宜，电压等级越高越有优势。

（四）电压互感器的基本原理

1. 电磁式电压互感器的基本原理

电磁式电压互感器是一种特殊变压器，其工作原理与变压器相同。电磁式电压互感器实际上就是一种小容量、大电压比的降压变压器，它的一次绕组与电源、二次绕组与负载都遵守并联接线原则。电压互感器的容量很小，接近于变压器空载运行情况，运行中电压互感器一次电压不会受二次负荷的影响，二次电压在正常使用条件下实质上与一次电压成正比。

串级式电压互感器，就是把一次绕组分成匝数相等的 n 个部分，每一个等分匝数制成的一个绕组分别套在各自的铁芯柱上，构成串级中的一级，再将各级绕组串联起来，U 端接高压，N 端接地。110kV 串级式电压互感器一般设一个闭路铁芯分成两个绕组串联（两级），220kV 一般设两个闭路铁芯分成四个绕组串联（四级），二次绕组都绕在最末一级的铁芯柱上。

2. 电容式电压互感器的基本原理

电容式电压互感器由电容分压单元和电磁单元两部分组成。如图 Z09I1004Ⅱ-1 所示，电容式电压互感器通过电容分压单元获得系统电压的分压，再通过电磁单元实现一、二次的隔离和电压的变换，即由系统一次电压 U_p 分压为中压 U_m，再由 U_m 变换为二次电压 U_b。

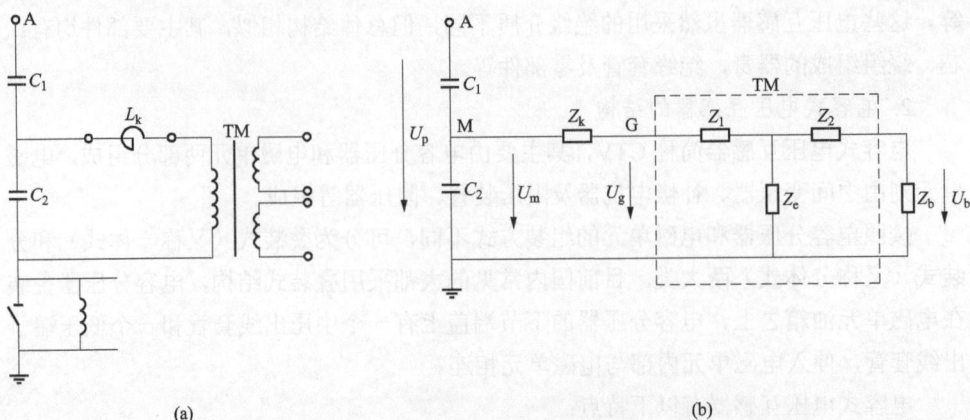

图 Z09I1004Ⅱ–1　电容式电压互感器原理接线及等效电路

（a）原理接线；（b）等效电路

C_1、C_2—由耦合电容器组成的分压器；L_k—电抗器；TM—电磁式中间变压器；Z_b—中间变压器的二次负载；Z_k—电抗器阻抗；Z_e—中间变压器励磁阻抗；Z_1—中间变压器一次绕组阻抗；Z_2—中间变压器二次绕组阻抗；U_p—电容分压电压，归算到中间变压器输入端的电压；U_m—M 点的电压；U_g—中间变压器一次侧电压；U_b—中间变压器二次侧电压

设计时，使分压电容与电抗器符合串联谐振条件，并使其电阻很小，则 $R_k = \dfrac{1}{j\omega(C_1 + C_2)}$，$R_k \approx 0$，因而中间变压输入电压 $U_p = C_1 / (C_1 + C_2)$，$U_p = U_m$，中间变压器输入电压 U_p 仅与分压电容有关。这样，电容式电压互感器即成为输入电压为 U_p 的电磁式电压互感器。

三、电流互感器

电流互感器是一种专门用于变换电流的特种变压器，其基本原理与变压器没有多大的差别，它的一次绕组匝数很少，与线路串联，二次绕组匝数很多，与仪表及继电保护装置的电流线圈相串联。

1. 电流互感器的特点

电流互感器与变压器有所不同，其有以下特点：

（1）电流互感器二次回路负载阻抗很小，相当于变压器的短路运行。一次电流由线路的负载决定，不由二次电流决定。因而，二次电流几乎不受二次负载的影响，只随一次电流的变化而变化。

（2）电流互感器二次绕组不允许开路运行。因为二次电流对一次电流产生的磁通是去磁作用，如果二次开路，则一次电流全部作为励磁用，铁芯过饱和，二次绕组开路两端产生很高的电动势，从而产生高的电压，同时铁损也增加，有烧毁互感器的可能。

（3）电流互感器二次侧一端必须接地，以防止一、二次绕组之间绝缘击穿时危及仪表和人身安全。电流互感器二次绕组只允许有一点接地，否则在两接地点间形成分流回路，影响装置正确动作。

2. 电流互感器的分类

（1）按使用条件分，有户内型和户外型电流互感器。

（2）按绝缘介质分，有干式电流互感器、浇注式电流互感器、油浸式电流互感器和气体绝缘电流互感器。

（3）按安装方式分，有贯穿式电流互感器、支柱式电流互感器、套管式电流互感器和母线式电流互感器。

（4）按一次绕组匝数分，有单匝式电流互感器和多匝式电流互感器。

（5）按电流比变换分，有单电流比电流互感器、多电流比电流互感器和多个铁芯电流互感器。

（6）按二次绕组所在位置分，有正立式电流互感器和倒立式电流互感器。

（7）按保护用电流互感器技术性能分，有稳定特性型电流互感器和暂态特性型电流互感器。

（8）按电流变换原理分，有电磁式电流互感器和光电式电流互感器。

3. 电流互感器的结构

目前我国主要生产和使用的是电磁式电流互感器。按其主绝缘划分有干式、浇注式、油纸绝缘和 SF_6 气体绝缘式等多种，其结构有很大的不同。

（1）浇注式电流互感器。由树脂、填料、固化剂等按一定比例混合，浇注到装有互感器一、二次绕组及其附件的模具内，固化成型后即成为浇注式电流互感器。浇注式电流互感器又分为半浇注（或称半封闭）和全浇注（或称全封闭）两种。

（2）油浸式电流互感器。油浸式电流互感器基本结构由底座、器身、储油柜和瓷套四大组件组成。瓷套是互感器的外绝缘，并兼做油的容器。66kV 及以上电流互感器的储油柜上装有串、并联接线装置，用于改变一次绕组的匝数。

油浸式电流互感器按主绝缘结构不同，可以分为纯油纸绝缘的链形结构和电容油纸绝缘结构两种。

电容式绝缘结构电流互感器又分为正立式和倒立式两种。电流互感器的二次绕组处于下部油箱中，主绝缘置于一次绕组或一、二次绕组上，这种结构称为正立式；带有主绝缘的二次绕组处于互感器上部的电流互感器称为倒立式。

（3）SF_6 气体绝缘电流互感器。SF_6 气体绝缘电流互感器分独立式和套装式两类。独立式即单独安装使用；套装式即与其他变电装置配套使用，如 GIS 等。独立式 SF_6

气体绝缘电流互感器大都采用倒立式结构。

独立式 SF$_6$ 气体绝缘电流互感器为了防爆，在产品头部外壳的顶部装有防爆片，爆破压力一般取 0.7～0.8MPa。为了监视 SF$_6$ 气体压力是否符合技术要求，在底座设有阀门和 SF$_6$ 气体压力表及密度继电器，当 SF$_6$ 漏气量达到一定程度，内部压力达到报警压力时，发出补气信号。

4. 电流互感器的基本原理

电流互感器其基本原理与变压器没有多大的差别，是一种专门用于变换电流的特种变压器，也称为变流器。它的一次绕组匝数很少，与线路串联；二次绕组外部回路串接有测量仪表、继电保护、自动装置等二次设备。由于二次侧各类阻抗很小，正常运行时二次侧接近于短路状态。二次电流 I_2 在正常使用条件下实质上与一次电流成正比，二次负荷对一次电流不会影响，其工作原理如图 Z09I1004Ⅱ–2 所示。

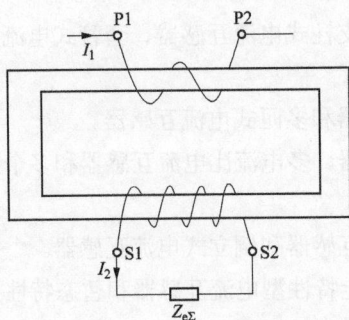

图 Z09I1004Ⅱ–2　电流互感器的工作原理

根据变压器工作原理，当 I_1 流过互感器匝数为 N_1 的一次绕组时，将产生一次磁通势 I_1N_1，一次磁通势又叫一次安匝。同理二次电流 I_2 与二次绕组匝数 N_2 的乘积为二次磁通势 I_2N_2，又叫二次安匝。一次磁通势与二次磁通势的相量和即为励磁磁通势，$\dot{I}_1N_1 + \dot{I}_2N_2 = \dot{I}_0N_1$，这就是电流互感器的磁通势平衡方程。当忽略励磁电流时，磁通势平衡方程化简为

$$\dot{I}_1N_1 \cong \dot{I}_2N_2$$

若以额定值表示，有

$$\dot{I}_{1N}N_2 \cong \dot{I}_{2N}N_2$$

则额定电流比为

$$K_N = I_{1N}/I_{2N} = N_2/N_1$$

四、新型互感器简介

1. 光电式互感器

与传统电磁式互感器利用电磁耦合原理，采用金属导体传递电流或电压信息不同，光电式互感器是利用光电子技术和电光调制原理，用玻璃光纤来传递电流和电压信息的一种新型互感器。与电磁式互感器相比，光电式互感器有如下特点：

（1）绝缘结构简单，体积小，质量轻，造价低；

（2）无铁芯、无磁饱和及铁磁谐振引发的问题；

（3）抗电磁干扰性能好，低压侧开路不会出现高电压的危险；

（4）频率响应范围宽，动态范围大，测量准确度高；

（5）不充油，无燃烧、爆炸等危险；

（6）能适应电力计量与保护的数字化、微机化和自动化的发展潮流。

2. 其他类型互感器

（1）电阻、电容分压型电压变换器。电阻、电容分压型电压变换器如图 Z09I1004 Ⅱ-3 所示。与常规电容式电压互感器原理相同，不同的是其额定容量是毫瓦级，二次输出电压不超过±5V，因此要求 R_1（或 Z_{C1}）应达到数兆欧级以上，而 R_2（或 Z_{C2}）应在千欧数量级，其空载变比为 $K_2=R_2/(R_1+R_2)$ 或 $K_2=C_1/(C_1+C_2)$，只有负载阻抗 $Z \gg R_2$（或 Z_{C2}）时才能满足精度要求，并需要进行屏蔽。

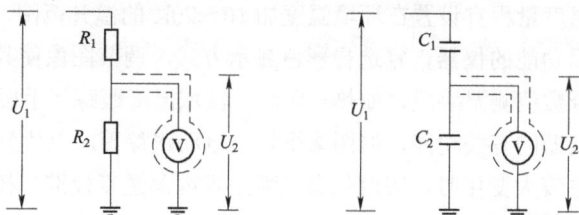

图 Z09I1004 Ⅱ-3　电阻、电容分压型电压变换器

（2）微型电流互感器和罗戈夫斯基电流变换器。微型电流互感器是带铁芯的小信号电流互感器，罗戈夫斯基电流变换器是缠绕在非磁性材料小截面芯子的线圈，它们的工作原理都是电磁感应原理。

五、互感器带电测试

（一）带电红外测试

1. 带电红外测试的原理及测试目的

（1）带电红外测试的原理。红外线是一种电磁波（是肉眼看不见的），存在波动性和粒子性等性质。波长在 0.75～1000μm 之间。自然界任何物体只要温度高于绝对零度（-273.16℃）就会产生电磁波（辐射能），带有物体表面的温度特征信息。不同的材料、不同的温度、不同的表面光度、不同的颜色等，所发出的红外辐射强度都不同。红外测试就是通过仪器测试这种物体表面辐射的红外线，以反映物体表面辐射能量密度的分布情况，即温度场（红外成像）。

（2）带电红外测试的目的。通过被动的、非接触式的检测获得物体表面的红外热分布图，定量地测量所需位置的温度。红外测试能够在设备发生故障之前，快速、准确、安全地发现故障。

2. 测试仪器及操作要点

（1）测试仪器的基本要求（层次少时，可不用）。

1）便携式红外热像仪能满足精确检测的要求，测量精度和测温范围满足现场测试要求，性能指标较高，具有较高的温度分辨率及空间分辨率，具有大气条件的修正模型，操作简便，图像清晰、稳定，有目镜取景器，分析软件功能丰富。

2）手持式红外热像仪能满足一般检测的要求，有最高点温度自动跟踪，采用LCD 显示屏，可无取景器，操作简单，仪器轻便，图像比较清晰、稳定。

（2）操作方法。

1）一般检测。仪器在开机后需进行内部温度校准，待图像稳定后即可开始工作。

一般先远距离对所有被测设备进行全面扫描，发现有异常后，再有针对性地近距离对异常部位和重点被测设备进行准确检测。

仪器的色标温度量程宜设置在环境温度加 10～20K 的温升范围。

有伪彩色显示功能的仪器，宜选择彩色显示方式，调节图像使其具有清晰的温度层次显示，并结合数值测温手段，如热点跟踪、区域温度跟踪等手段进行检测。

应充分利用仪器的有关功能，如图像平均、自动跟踪等，以达到最佳检测效果。

环境温度发生较大变化时，应对仪器重新进行内部温度校准，校准方法按仪器的说明书进行。

作为一般检测，被测设备的辐射率一般取 0.9 左右。

2）精确检测。检测温升所用的环境温度参照体应尽可能选择与被测设备类似的物体，且最好能在同一方向或同一视场中选择。

在安全距离允许的条件下，红外仪器宜尽量靠近被测设备，使被测设备（或目标）尽量充满整个仪器的视场，以提高仪器对被测设备表面细节的分辨能力及测温准确度，必要时，可使用中、长焦距镜头。

为了准确测温或方便跟踪，应事先设定几个不同的方向和角度，确定最佳检测位置，并可做上标记，以供今后的复测用，提高互比性和工作效率。

正确选择被测设备的辐射率，特别要考虑金属材料表面氧化对选取辐射率的影响，辐射率选取具体可参见表 Z09I1004Ⅱ-1。

表 Z09I1004Ⅱ-1 　　　　　常用材料发射率的参考值

材料	温度（℃）	发射率近似值	材料	温度（℃）	发射率近似值
抛光铝或铝箔	100	0.09	棉纺织品（全颜色）	—	0.95
轻度氧化铝	25～600	0.10～0.20	丝绸	—	0.78
强氧化铝	25～600	0.30～0.40	羊毛	—	0.78

续表

材料	温度（℃）	发射率近似值	材料	温度（℃）	发射率近似值
黄铜镜面	28	0.03	皮肤	—	0.98
氧化黄铜	200～600	0.61～0.59	木材	—	0.78
抛光铸铁	200	0.21	树皮	—	0.98
加工铸铁	20	0.44	石头	—	0.92
完全生锈轧铁板	20	0.69	混凝土	—	0.94
完全生锈氧化钢	22	0.66	石子	—	0.28～0.44
完全生锈铁板	25	0.80	墙粉	—	0.92
完全生锈铸铁	40～250	0.95	石棉板	25	0.96
镀锌亮铁板	28	0.23	大理石	23	0.93
黑亮漆（喷在粗糙铁上）	26	0.88	红砖	20	0.95
黑或白漆	38～90	0.80～0.95	白砖	100	0.90
平滑黑漆	38～90	0.96～0.98	白砖	1000	0.70
亮漆（所有颜色）	—	0.90	沥青	0～200	0.85
非亮漆	—	0.95	玻璃（面）	23	0.94
纸	0～100	0.80～0.95	碳片	—	0.85
不透明塑料	—	0.95	绝缘片	—	0.91～0.94
瓷器（亮）	23	0.92	金属片	—	0.88～0.90
电瓷	—	0.90～0.92	环氧玻璃板	—	0.80
屋顶材料	20	0.91	镀金铜片	—	0.30
水	0～100	0.95～0.96	涂焊料的铜	—	0.35
冰	—	0.98	铜丝	—	0.87～0.88

将大气温度、相对湿度、测量距离等补偿参数输入，进行必要修正，并选择适当的测温范围。

记录被检设备的实际负荷电流、额定电流、运行电压，被检物体温度及环境参照体的温度值。

3. 测试周期

基准周期：220kV，3 个月；66～110kV，1 年。

4. 工艺标准

检测高压引线连接处、互感器本体等，红外热像图显示应无异常温升、温差和（或）相对温差。

（1）人员要求。红外检测属于设备带电检测，检测人员应具备以下条件：

1）熟悉红外诊断技术的基本原理和诊断程序，了解红外热像仪的工作原理、技术参数和性能，掌握热像仪的操作程序和使用方法。

2）了解被检测设备的结构特点、工作原理、运行状况和导致设备故障的基本因素。

3）熟悉本标准，接受过红外热像检测技术培训，并经相关机构培训合格。

4）具有一定的现场工作经验，基本掌握本专业作业技能及《国家电网公司电力安全工作规程（变电部分）》的相关知识，并经《国家电网公司电力安全工作规程（变电部分）》考试合格。

（2）一般检测要求。

1）被检设备是带电运行设备，应尽量避开视线中的封闭遮挡物，如门和盖板等。

2）环境温度一般不低于 5℃，相对湿度一般不大于 85%；天气以阴天、多云为宜，夜间图像质量为佳；不应在雷、雨、雾、雪等气象条件下进行，检测时风速一般不大于 5m/s，现场观察可参照表 Z09I1004Ⅱ-2。

表 Z09I1004Ⅱ-2　　　　　　　　风 级、风 速 与 现 象

风级	风速（m/s）	风名	地 面 现 象
0	0～0.2	无风	静烟直上
1	0.3～1.5	软风	烟能表示风向，树叶略有摇动
2	1.6～3.3	轻风	人脸感觉有风，树叶有微响，旗开始飘动
3	3.4～5.4	微风	树叶和很细的树枝摇动不息，旗展开
4	5.5～7.9	和风	能吹起地面的灰尘和纸张，小树枝摇动

3）户外晴天要避开阳光直接照射或反射进入仪器镜头，在室内或晚上检测应避开灯光的直射，宜闭灯检测。

4）检测电流致热型设备，最好在高峰负荷下进行。否则，一般应在不低于 30% 的额定负荷下进行，同时应充分考虑小负荷电流对测试结果的影响。

（3）精确检测要求。除满足一般检测的环境要求外，还应满足以下要求：

1）风速一般不大于 0.5m/s；

2）设备通电时间不小于 6h，最好在 24h 以上；

3）检测期间天气为阴天、夜间或晴天日落 2h 后；

4）被检测设备周围应具有均衡的背景辐射，应尽量避开附近热辐射源的干扰，某些设备被检测时还应避开人体热源等的红外辐射；

5）避开强电磁场，防止强电磁场影响红外热像仪的正常工作。

（4）判断方法。

1）表面温度判断法。主要适用于电流致热型和电磁效应引起发热的设备。根据测得的设备表面温度值，对照 GB/T 11022—2011 中高压开关设备和控制设备各种部件、材料及绝缘介质的温度和温升极限的有关规定，结合环境气候条件、负荷大小进行分析判断。

2）同类比较判断法。根据同组三相设备、同相设备之间及同类设备之间对应部位的温差进行比较分析。对于电压致热型设备，应结合图像特征判断法进行判断；对于电流致热型设备，应结合相对温差判断法进行判断。

3）图像特征判断法。主要适用于电压致热型设备。根据同类设备的正常状态和异常状态的热像图，判断设备是否正常。

注意应尽量排除各种干扰因素对图像的影响，必要时结合电气试验或化学分析的结果，进行综合判断。

4）相对温差判断法。主要适用于电流致热型设备。特别是对小负荷电流致热型设备，采用相对温差判断法可降低小负荷缺陷的漏判率。

5）档案分析判断法。分析同一设备不同时期的温度场分布，找出设备致热参数的变化规律，判断设备是否正常。

6）实时分析判断法。在一段时间内使用红外热像仪连续检测某被测设备，观察设备温度随负载、时间等因素变化的方法。

（5）互感器的热像特征判据见表 Z09I1004Ⅱ-3、表 Z09I1004Ⅱ-4。

表 Z09I1004Ⅱ-3　　　　　互感器电流致热型设备缺陷诊断判据

部位	热像特征	故障特征	缺　陷　性　质		
			一般缺陷	严重缺陷	危急缺陷
接头和线夹	以线夹和接头为中心的热像，热点明显	接触不良	温差不超过 15K，未达到严重缺陷的要求	热点温度＞80℃或δ≥80%	热点温度＞110℃或δ≥95%
内连接	以串并联出线头或大螺杆出线夹为最高温度的热像或以顶部铁帽发热为特征	螺杆接触不良	温差超过 10K，未达到严重缺陷的要求	热点温度＞55℃或δ≥80%	热点温度＞80℃或δ≥95%

表 Z09I1004Ⅱ-4　　　　　互感器电压致热型设备缺陷诊断判据

部　　位	热像特征	故障特征	温差（K）
10kV 浇注式电流互感	以本体为中心整体发热	铁芯短路或局部放电增大	4
油浸式电流互感	以瓷套整体温升增大，且瓷套上部温度偏高	介质损耗偏大	2～3
10kV 浇注式电压互感器	以本体为中心整体发热	铁芯短路或局部放电增大	4
油浸式电压互感器（含电容式电压互感器的互感器部分）	以整体温升偏高，且中上部温度高	介质损耗偏大、匝间短路或铁芯损耗增大	2～3

5. 注意事项

（1）防止人员触电。在测温作业中应注意与带电设备保持足够的安全距离；夜间测试应携带足够的照明设备和通信设施；有必要触碰不带电的金属构架和设备外壳时，应做好防感应电的措施和准备，避免检测人员伤害和测温仪器损坏。

（2）防止仪器损坏。强光源会损伤红外成像仪，严禁使用红外成像仪测量强光源物体（如太阳）。

6. 案例

[案例1] 电容式电压互感器 A、B 相电磁单元中间变压器异常发热

经停电发现该电容式电压互感器内部绝缘缺陷存在劣化情况，如进一步发展将导致电压互感器内部主绝缘击穿，油箱烧毁、绝缘子炸裂等设备严重故障，见图 Z09I1004Ⅱ-4。

[案例2] 电流互感器介质损耗增大引起的整体发热

经停电发现该电流互感器介质损耗远超注意值，通过红外测温避免了一起设备事故，见图 Z09I1004Ⅱ-5。

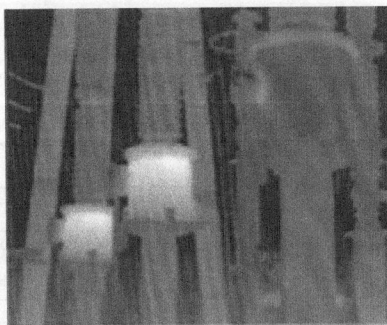

图 Z09I1004Ⅱ-4　电容式电压
互感器电磁单元异常发热

图 Z09I1004Ⅱ-5　电流互感器介损增大
引起的整体发热

[案例3] 倒立式电流互感器接头发热

该缺陷比较常见，是由于运行时间较久远螺丝存在松动导致，见图Z09I1004Ⅱ-6。

[案例4] 电流互感器变比接头连接不良发热

该缺陷是变比接头螺丝松动导致，见图Z09I1004Ⅱ-7。

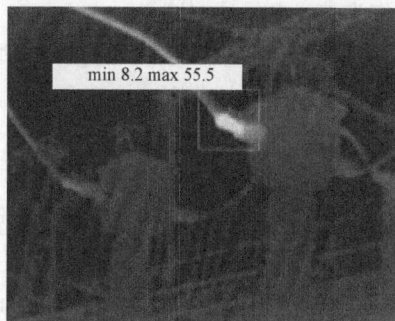

图 Z09I1004Ⅱ-6　倒立式电流
互感器接头发热

图 Z09I1004Ⅱ-7　电流互感器变比
接头连接不良发热

（二）接地导通测试

1. 接地导通的原理及测试目的

电气设备的接地引下线连通设备接地部分与接地网，对设备运行安全至关重要。虽然在制作接地装置时，已对接地引下线联结处做了防腐处理，但位于土壤中的连接点仍会因长期受到物理、化学等因素的影响而腐蚀，使触点电阻升高，造成故障隐患甚至使设备失地运行。

接地装置的电气完整性是接地装置特性参数的一个重要方面。接地导通试验的目的是检查接地装置的电气完整性，即检查接地装置中应该接地的各种电气设备之间、接地装置的各部分及各设备之间的电气连接性，一般用直流电阻值表示。保持接地装置的电气完整性可以防止设备失地运行，提供事故电流泄流通道，保证设备的安全运行。

2. 试验仪器、设备的选择

选用专门仪器接地导通电阻测试仪，仪器的分辨率为 1mΩ，准确度不低于 1.0 级，仪器输出电流范围为 10～50A。

3. 试验过程及步骤

（1）试验接线。接地导通试验接线，如图 Z09I1004Ⅱ-8 所示。

（2）试验步骤。

1）选取参考点和测试点，并做标示。先找出与接地网连接良好的接地引下线作

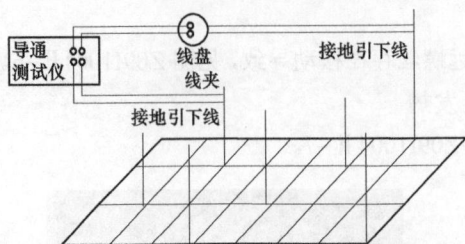

图 Z09I1004Ⅱ-8　接地导通试验接线图

为参考点，考虑到变电站场地可能比较大，测试线不能太长，宜选择被测电流互感器间隔的断路器接地引下线为基准，在各相电流互感器的接地引下线上选择一点作为该设备导通测试点。

2）准备好仪器设备，将接地导通电阻测试仪输出连接分别连接到参考点、测试点。

3）打开仪器电源，调节仪器使输出某一电流值，记录相应的直流电阻值。

4）调节仪器使输出为零，断开电源，将测试点移到下一位置，依次测试并记录。

4. 试验注意事项

（1）试验应在天气良好情况下进行，遇有雷雨情况时应停止测量，撤离测量现场。

（2）试验中应对测试点擦拭、除锈、除漆，保持仪器线夹与参考点、测试点的接触良好，减小接触电阻的影响。

（3）为确保历年测试点的一致，便于对比，可对测试中各参考点、设备的测试引下线等做好记录，可能时做标记以便识别。

（4）试验中应测量不同场区之间地网的导通性。

（5）当发现测试值在 50mΩ 以上时，应反复测试验证。

（6）试验时一人操作仪器、记录数据，两人负责移动线夹以对不同点进行测试。

（7）电压线夹应放置在电流线夹下方，以除去接触电阻的影响。

5. 试验标准及要求

（1）状况良好的设备测试值应在 50mΩ 以下；

（2）50～200mΩ 的设备（连接）状况尚可，宜在以后理性测试中重点关注其变化，重要的设备宜在适当时候检查处理；

（3）0.2～1Ω 的设备（连接）状况不佳，对重要的设备应尽快检查处理，其他设备宜在适当时候检查处理；

（4）1Ω 以上的设备与主网未连接，应尽快检查处理。

6. 接地导通测量案例

（1）互感器接地导通测量前的准备。

1）作业人员明确作业标准，使全体作业人员熟悉作业内容、作业标准。

2）工器具检查、准备，工器具检查应完好、齐全。

3）危险点分析、预控，工作票安全措施及危险源点预控到位。

4）履行工作票许可手续，按工作内容办理工作票，并履行工作许可手续。

5）召开开工会，分工明确，任务落实到人，安全措施、危险源点明了。

（2）互感器接地导通测量的实施。

1）选择间隔内的断路器的接地引下线为基准点；

2）施放试验设备接地线、施放工作保护接地线；

3）合理布置试验设备、温湿度计、绝缘垫等；

4）记录试验日期，试验性质，仪器仪表的名称、型号、编号，基准点、测试点设备所有引下接地的编号及核对；

5）试验回路接线，施放线时，注意不得随意拉扯，以防长线受力拉断、弹起触及高压部位；

6）将短的测试线测量钳夹与基准点接地引下线可靠连接（电压与电流测试线应分开，且电压线在测试回路的内侧）；

7）将长的测试线测量钳夹分别与各测试点接地引下线可靠连接（电压与电流测试线应分开，且电压线在测试回路的内侧）；

8）打开电源开关，按下"测量"键测试。

（3）互感器接地导通测量的结束。

1）清理工作现场，将工器具全部收拢并清点，废弃物按相关规定处理，材料回收清点；

2）召开收工会，记录本次检修内容，确认有无遗留问题；

3）验收、办理工作票终结，恢复修试前状态、办理工作票终结手续；

4）按规范填写修试记录。

六、互感器停电一般维护

（一）电磁式电压互感器和电流互感器一般维护

1. 金属膨胀器的检查

（1）渗漏、油位指示、压力释放装置、固定与连接、外观。

（2）检查方法：目测、力矩扳手。

（3）质量要求：

1）膨胀器密封可靠，无渗漏，无永久变形。

2）油位指示或油温压力指示机构灵活，指示正确。

3）盒式膨胀器的压力释放装置完好正常，波纹膨胀器上盖与外罩连接可靠，不得锈蚀卡死，保证膨胀器内压力异常增高时能顶起上盖。

4）各部螺钉紧固，盒式膨胀器的本体与膨胀器连接管路畅通。

5）无锈蚀，漆膜完好。

2. 储油柜的检查

（1）油位计、渗漏、橡胶隔膜、吸湿器、引线、外观。

（2）检查方法：目测、力矩扳手。

（3）质量要求：

1）油位计完好。

2）各部密封良好，无渗漏。

3）隔膜完好，无外渗油渍。

4）吸湿器完好无损。硅胶干燥，油杯中油质清洁，油量正常。

5）一次引接线连接可靠。

6）无锈蚀。

3. 瓷套的检查

（1）外观。

（2）检查方法：目测。

（3）质量要求：

1）检查瓷套有无破损、裂痕、掉釉现象。瓷套破损可用环氧树脂修补裙边小破损，或用强力胶粘接修复碰掉的小瓷块。如瓷套径向有穿透性裂纹，外表破损面超过单个伞裙 10%，或破损总面积虽不超过单个伞裙 10%但同一方向破损伞裙多于 2 个的，应更换瓷套。

2）检查增爬裙的黏着情况及憎水性。若有黏着不良，应补粘牢固，若老化失效应予更换。

3）检查防污涂层的憎水性，若失效应擦净重新涂覆。

4. 油箱底座的检查

（1）外观、渗漏、二次部分、压力释放装置、放油阀。

（2）检查方法：目测、力矩扳手。

（3）质量要求：

1）铭牌、标志牌完备齐全。外表清洁，无积污，无锈蚀，漆膜完好。

2）各部密封良好，无渗漏，螺栓紧固。

3）二次接线板应完整、绝缘良好、标志清晰，无裂纹、起皮、放电、发热痕迹。

4）小瓷套应清洁、无积污、无破损渗漏、无放电烧伤痕迹。

5）油箱式电压互感器的末屏、电压互感器的 N（X）端引出线及互感器二次引线的接地端，应与底箱接地端子可靠连接。

6）膜片完好，密封可靠。

7）密封良好，油路畅通、无渗漏。

5. 绝缘电阻测试

（1）检修内容：>1000MΩ。

（2）检查方法：用 2500V 绝缘电阻表。

（3）质量要求：数值比较低于 1000MΩ，可能是绕组受潮、变压器油含水量高，如换油后绝缘电阻仍然低则应干燥绕组。

（二）电容式电压互感器一般维护

（1）分压电容器的检查。

1）参照油浸式互感器瓷套检查的方法检查电容器本体密封情况。

2）检查方法：目测。

3）质量要求：参照油浸式互感器瓷套检查质量要求。分压电容器应密封良好，无渗漏。

（2）电磁单元油箱和底座的检查。

1）参照油浸式互感器箱和底座检查的方法检查油位，必要时按工艺要求补油。

2）检查方法：目测。

3）质量要求：参照油浸式互感器油箱和底座检查质量要求。油箱油位应正常。

（3）单独配置阻尼器的检查。

1）检修内容：对单独配置的阻尼器进行检查清扫，紧固各部螺栓。

2）检查方法：目测。

3）质量要求：阻尼器外观完好，接线牢靠。

（4）外表面的检查。

1）检修内容：清洁度。

2）检查方法：目测。

3）质量要求：外面应洁净、无锈蚀，漆膜完整。

（三）SF₆ 互感器一般维护

SF₆ 互感器用 SF₆ 气体作为主绝缘，互感器为全封闭式，气体密度由密度继电器监控，压力超过限值可通过防爆膜或减压阀释放。

（1）检查一次引线连接，如有过热，应清除氧化层，涂导电膏或重新紧固。

（2）检查气体压力表和 SF₆ 密度继电器应完好，如有破损应更换新品，SF₆ 气体压力低于规定值时应补气。

（四）互感器停电清扫检

互感器瓷件清扫是防污闪的重要措施，通过清扫外绝缘污垢，恢复其原有的绝缘水平。瓷套表面应无污垢沉积，无破损；法兰处无裂纹，与瓷瓶胶合良好。

（1）准备工作。

工器具及材料见表 Z09I1004Ⅱ-5。

表 Z09I1004Ⅱ-5　　　　　　　器 具 及 材 料

序号	名　　　称	型号规格（精度）	单位	数量	备注
1	人字梯	1.5～1.8m	把	1	
2	刷子		台	若干	
3	无纺布		kg	若干	
4	溶剂（汽油、酒精、煤油）		瓶	若干	
5	纱手套		付	2	
6	高架车（升降平台）		台	1	

（2）工艺流程及标准。

1）绝缘瓷套外表应无污垢沉积，无破损伤痕；法兰处无裂纹，与瓷瓶胶合良好。

2）冲洗和擦拭以清洁瓷套表面。

3）一般污秽：用抹布擦净绝缘子表面。

4）含有机物的污秽：用浸有溶剂（汽油、酒精、煤油）的抹布擦净绝缘子表面，并用干净抹布最后将溶剂擦干净。

5）黏结牢固的污秽，用刷子刷去污秽层后用抹布擦净绝缘子表面。

（3）注意事项。

1）与带电部分保持安全距离，防止误碰带电设备；注意高架车（升降平台）作业时与周围相邻带电设备的安全距离。高架车旋转斗运转过程中注意不要碰撞瓷套，防止瓷套损坏。

2）高处作业人员必须系安全带，为防止感应电，工作前先挂接地线。

【思考与练习】

1. 电流互感器按绝缘介质分类有几种类型？

2. 概述互感器电压致热型设备缺陷诊断判据。

▲ 模块 5　母线普通带电测试及一般维护（Z09I1005Ⅱ）

【模块描述】本模块包含母线普通带电测试及一般维护内容；通过操作过程详细介绍、操作技能训练，达到掌握母线带电红外测试，停电母线桥清扫、维护、检查技能的目的。

【模块内容】

一、母线基本介绍

（一）母线的作用

母线是指在变电站中各级电压配电装置的连接线，以及变压器等电器设备和相应配电装置的连接线，大都采用矩形或圆形截面的裸导线或绞线，这统称为母线。

母线的作用是汇集、分配和传送电能。

（二）母线的分类

母线按照外形和机构，大致可以分为以下三类：

（1）硬母线。包括矩形母线、槽形母线、管形母线等。

（2）软母线。包括铝绞线、铜绞线、钢芯铝绞线、扩径空心导线等。

（3）封闭母线。包括共箱母线、分相母线等。

（三）母线装置的组成

各母线装置部件根据各功能位置的不同，大致可将母线装置分为硬母线、软母线、绝缘子、金具、穿墙套管等部分。

二、母线装置带电测试

（一）母线装置带电红外测试

1. 带电红外测试基本概念

（1）带电设备。传导负荷电流（试验电流）或加有运行电压（试验电压）的设备。

（2）温升。指用同一检测仪器相继测得的被测物表面温度和环境温度参照体表面温度之差。

（3）温差。用同一检测仪器相继测得的不同被测物或同一被测物不同部位之间的温度差。

（4）相对温差。指设备状况相同或基本相同（指设备型号、安装地点、环境温度、表面状况和负荷电流等）的两个对应测点之间的温差与其中较热点温升的比值。相对温差 δ_t（%）的数学表达式为

$$\delta_t = \frac{\tau_1 - \tau_2}{\tau_1} \times 100\% = \frac{T_1 - T_2}{T_1 - T_0} \times 100\%$$

式中　τ_1 和 T_1 ——发热点的温升和温度；

τ_2 和 T_2 ——正常相对应点的温升和温度；

T_0 ——环境参照体的温度。

（5）环境温度参照体。用来采集环境温度的物体叫环境温度参照体。它可能不具

有当时的真实环境温度，但它具有与被测物相似的物理属性，并与被测物处在相似的环境之中。如对于断路器而言，若测得引线连接部位发热，那么环境温度参照体则应选择类似搭接金具的金属部件，而不宜选择瓷瓶或其他材质的金属。

（6）外部缺陷。凡致热效应部位裸露，能用红外检测仪器直接检测出的缺陷。

（7）内部缺陷。凡致热效应部位被封闭，不能用红外检测仪器直接检测，只能通过设备表面的温度场进行比较、分析和计算才能确定的缺陷。

2. 带电红外测试原理和目的

（1）带电红外测试的原理。红外线是一种电磁波（是肉眼看不见的），存在波动性和粒子性等性质。波长在 $0.75\sim1000\mu m$ 之间。自然界任何物体只要温度高于绝对零度（$-273.16℃$）就会产生电磁波（辐射能），带有物体表面的温度特征信息。不同的材料、不同的温度、不同的表面光度、不同的颜色等，所发出的红外辐射强度都不同。红外测试就是通过仪器测试这种物体表面辐射的红外线，以反映物体表面辐射能量密度的分布情况，即温度场（红外成像）。

（2）带电红外测试的目的。通过被动的、非接触式的检测获得物体表面的红外热分布图，定量地测量所需位置的温度。红外测试能够在设备发生故障之前，快速、准确、安全地发现故障。

母线装置红外带电测试可发现的缺陷主要有：

1）搭接面接触不良引起的发热。

2）导体受损，如软母线绞线断股、散股。

3）绝缘子表面污秽引起的表面泄漏电流增大而发热；绝缘子串中存在低值绝缘子，表现为绝缘子间温差大；合成绝缘子局部受潮发热。

4）涡流引起的发热。

3. 测试仪器及操作要点

（1）测试仪器的基本要求。

1）便携式红外热像仪能满足精确检测的要求，测量精度和测温范围满足现场测试要求，性能指标较高，具有较高的温度分辨率及空间分辨率，具有大气条件的修正模型，操作简便，图像清晰、稳定，有目镜取景器，分析软件功能丰富。

2）手持式红外热像仪能满足一般检测的要求，有最高点温度自动跟踪，采用LCD 显示屏，可无取景器，操作简单，仪器轻便，图像比较清晰、稳定。

（2）操作方法。

1）一般检测。仪器在开机后需进行内部温度校准，待图像稳定后即可开始工作。

一般先远距离对所有被测设备进行全面扫描，发现有异常后，再有针对性地近距离对异常部位和重点被测设备进行准确检测。

仪器的色标温度量程宜设置在环境温度加 10～20K 左右的温升范围。

有伪彩色显示功能的仪器，宜选择彩色显示方式，调节图像使其具有清晰的温度层次显示，并结合数值测温手段，如热点跟踪、区域温度跟踪等手段进行检测。

应充分利用仪器的有关功能，如图像平均、自动跟踪等，以达到最佳检测效果。

环境温度发生较大变化时，应对仪器重新进行内部温度校准，校准方法按仪器的说明书进行。

作为一般检测，被测设备的辐射率一般取 0.9 左右。

2）精确检测。检测温升所用的环境温度参照体应尽可能选择与被测设备类似的物体，且最好能在同一方向或同一视场中选择。

在安全距离允许的条件下，红外仪器宜尽量靠近被测设备，使被测设备（或目标）尽量充满整个仪器的视场，以提高仪器对被测设备表面细节的分辨能力及测温准确度，必要时，可使用中、长焦距镜头。

为了准确测温或方便跟踪，应事先设定几个不同的方向和角度，确定最佳检测位置，并可做上标记，以供今后的复测用，提高互比性和工作效率。

正确选择被测设备的辐射率，特别要考虑金属材料表面氧化对选取辐射率的影响，辐射率选取具体可参见表 Z09I1005Ⅱ-1。

表 Z09I1005Ⅱ-1　　　　　常用材料发射率的参考值

材料	温度（℃）	发射率近似值	材料	温度（℃）	发射率近似值
抛光铝或铝箔	100	0.09	棉纺织品（全颜色）	—	0.95
轻度氧化铝	25～600	0.10～0.20	丝绸	—	0.78
强氧化铝	25～600	0.30～0.40	羊毛	—	0.78
黄铜镜面	28	0.03	皮肤	—	0.98
氧化黄铜	200～600	0.61～0.59	木材	—	0.78
抛光铸铁	200	0.21	树皮	—	0.98
加工铸铁	20	0.44	石头	—	0.92
完全生锈轧铁板	20	0.69	混凝土	—	0.94
完全生锈氧化钢	22	0.66	石子	—	0.28～0.44
完全生锈铁板	25	0.80	墙粉	—	0.92
完全生锈铸铁	40～250	0.95	石棉板	25	0.96
镀锌亮铁板	28	0.23	大理石	23	0.93

材料	温度（℃）	发射率近似值	材料	温度（℃）	发射率近似值
黑亮漆（喷在粗糙铁上）	26	0.88	红砖	20	0.95
黑或白漆	38～90	0.80～0.95	白砖	100	0.90
平滑黑漆	38～90	0.96～0.98	白砖	1000	0.70
亮漆（所有颜色）	—	0.90	沥青	0～200	0.85
非亮漆	—	0.95	玻璃（面）	23	0.94
纸	0～100	0.80～0.95	碳片	—	0.85
不透明塑料	—	0.95	绝缘片	—	0.91～0.94
瓷器（亮）	23	0.92	金属片	—	0.88～0.90
电瓷	—	0.90～0.92	环氧玻璃板	—	0.80
屋顶材料	20	0.91	镀金铜片	—	0.30
水	0～100	0.95～0.96	涂焊料的铜	—	0.35
冰	—	0.98	铜丝	—	0.87～0.88

将大气温度、相对湿度、测量距离等补偿参数输入，进行必要修正，并选择适当的测温范围。

记录被检设备的实际负荷电流、额定电流、运行电压，被检物体温度及环境参照体的温度值。

4. 测试周期

330kV 及以上设备：1 个月；220kV 设备：3 个月；110kV/66kV 及以下设备：6 个月。

5. 工艺标准

逐一检测母线导体、导体连接、金具、绝缘子、支架等。既要注意温度的大小，也要注意温差规律，测量时应该记录环境温度、负荷大小及其前 3h 的变化情况，分析时应注意这些影响因素。

（1）一般检测要求。

1）被检设备是带电运行设备，应尽量避开视线中的封闭遮挡物，如门和盖板等。

2）环境温度一般不低于 5℃，相对湿度一般不大于 85%；天气以阴天、多云为宜，夜间图像质量为佳；不应在雷、雨、雾、雪等气象条件下进行，检测时风速一般不大于 5m/s，现场观察可参照表 Z09I1005Ⅱ-2。

表 Z09I1005Ⅱ-2　　　　　　风 级、风 速 与 现 象

风级	风速（m/s）	风名	地 面 现 象
0	0～0.2	无风	静烟直上
1	0.3～1.5	软风	烟能表示风向，树叶略有摇动
2	1.6～3.3	轻风	人脸感觉有风，树叶有微响，旗开始飘动
3	3.4～5.4	微风	树叶和很细的树枝摇动不息，旗展开
4	5.5～7.9	和风	能吹起地面的灰尘和纸张，小树枝摇动

3）户外晴天要避开阳光直接照射或反射进入仪器镜头，在室内或晚上检测应避开灯光的直射，宜闭灯检测。

4）检测电流致热型设备，最好在高峰负荷下进行。否则，一般应在不低于 30% 的额定负荷下进行，同时应充分考虑小负荷电流对测试结果的影响。

（2）精确检测要求。精确检测时除满足一般检测的环境要求外，还应满足以下要求：

1）风速一般不大于 0.5m/s；

2）设备通电时间不小于 6h，最好在 24h 以上；

3）检测期间天气为阴天、夜间或晴天日落 2h 后；

4）被检测设备周围应具有均衡的背景辐射，应尽量避开附近热辐射源的干扰，某些设备被检测时还应避开人体热源等的红外辐射；

5）避开强电磁场，防止强电磁场影响红外热像仪的正常工作。

（3）判断方法。

1）表面温度判断法。主要适用于电流致热型和电磁效应引起发热的设备。根据测得的设备表面温度值，对照 GB/T 11022—2011 中高压开关设备和控制设备各种部件、材料及绝缘介质的温度和温升极限的有关规定，结合环境气候条件、负荷大小进行分析判断。

2）同类比较判断法。根据同组三相设备、同相设备之间及同类设备之间对应部位的温差进行比较分析。对于电压致热型设备，应结合图像特征判断法进行判断；对于电流致热型设备，应结合相对温差判断法进行判断。

3）图像特征判断法。主要适用于电压致热型设备。根据同类设备的正常状态和异常状态的热像图，判断设备是否正常。

注意应尽量排除各种干扰因素对图像的影响，必要时结合电气试验或化学分析的结果，进行综合判断。

4）相对温差判断法。主要适用于电流致热型设备。特别是对小负荷电流致热型设备，采用相对温差判断法可降低小负荷缺陷的漏判率。

5）档案分析判断法。分析同一设备不同时期的温度场分布，找出设备致热参数的变化规律，判断设备是否正常。

6）实时分析判断法。在一段时间内使用红外热像仪连续检测某被测设备，观察设备温度随负载、时间等因素变化的方法。

6. 母线设备带电红外测试缺陷判定

（1）红外检测缺陷分类。红外检测发现的设备过热缺陷应纳入设备缺陷管理制度的范围，按照设备缺陷管理流程进行处理。根据过热缺陷对电气设备运行的影响程度分为以下三类：

1）一般缺陷：指设备存在过热，有一定温差，温度场有一定梯度，但不会引起事故的缺陷。这类缺陷一般要求记录在案，注意观察其缺陷的发展，利用停电机会检修，有计划地安排试验检修消除缺陷。对于负荷率小、温升小但相对温差大的设备，如果负荷有条件或机会改变时，可在增大负荷电流后进行复测，以确定设备缺陷的性质，当无法改变时，可暂定为一般缺陷，加强监视。

2）严重缺陷：指设备存在过热，程度较重，温度场分布梯度较大，温差较大的缺陷。这类缺陷应尽快安排处理。对电流致热型设备，应采取必要的措施，如加强检测等，必要时降低负荷电流；对电压致热型设备，应加强监测并安排其他测试手段，缺陷性质确认后，立即采取措施消缺。

3）危急缺陷：指设备最高温度超过 GB/T 11022—2011《高压开关设备和控制设备标准的共用技术要求》规定的最高允许温度的缺陷。这类缺陷应立即安排处理。对电流致热型设备，应立即降低负荷电流或立即消缺；对电压致热型设备，当缺陷明显时，应立即消缺或退出运行，如有必要，可安排其他试验手段，进一步确定缺陷性质。

4）电压致热型设备的缺陷一般定为严重及以上的缺陷。

（2）母线设备发热缺陷红外热像特征判据。

1）电流致热型缺陷。由于电流效应引起发热的设备称为电流致热型设备，发热的主要原因有电气接头连接不良、触头接触不良、导线（导体）载流面积不够或断股等。电流致热型设备的热故障可以分为外部热故障和内部热故障。对于磁场和漏磁引起的过热可依据电流至热型设备处理。其缺陷的判断依据见表 Z09I1005Ⅱ–3。

表 Z09I1005Ⅱ–3　　　母线设备电流致热型缺陷诊断判据

部位	热像特征	故障特征	缺 陷 性 质		
			一般缺陷	严重缺陷	危急缺陷
金属导线	以导线为中心的热像，热点明显	软连接导线松股、断股、老化或截面积不够	温差不超过15K，未达到严重缺陷的要求	热点温度>80℃或$\delta \geqslant$80%	热点温度>110℃或$\delta \geqslant$95%

续表

部位	热像特征	故障特征	缺 陷 性 质		
			一般缺陷	严重缺陷	危急缺陷
金属接头 导线连接器（耐张线夹、接续管、修补管、并沟线夹、跳线线夹、T 型线夹、设备线夹等）	以线夹和接头为中心的热像，热点明显	接触不良	温差不超过15K，未达到严重缺陷的要求	热点温度>90℃或δ≥80%	热点温度>130℃或δ≥95%

2）电压致热型缺陷。设备内部的电介质在交流电压作用下产生能量损耗（介质损耗），当介质绝缘性能下降时会引起介质损耗和电容量变大，从而引起设备运行温度增加。其缺陷的判断依据见表 Z09I1005Ⅱ–4。

表 Z09I1005Ⅱ–4   母线设备电压致热型缺陷诊断判据

部位	热 像 特 征	故障特征	温差（K）
高压套管（穿墙套管、支柱绝缘子等）	热像特征呈现以套管/支柱绝缘子整体发热热像	介质损耗偏大	2～3
	热像为对应部位呈现局部发热区故障	局部放电故障	
片式瓷绝缘子	正常绝缘子串的温度分布同电压分布规律，即呈现不对称的马鞍形，相邻绝缘子温差很小，以铁帽为发热中心的热像图，其比正常绝缘子温度高	低值绝缘子发热（绝缘电阻在 10～300MΩ）	1
	发热温度比正常绝缘子要低，热像特征与绝缘子相比，呈暗色调	零值绝缘子发热（0～10MΩ）	
	其热像特征是以瓷盘（或玻璃盘）为发热区的热像	由于表面污秽引起绝缘子泄漏电流增大	0.5
合成绝缘子	在绝缘良好和绝缘劣化的结合处出现局部过热，随着时间的延长，过热部位会移动	伞裙破损或芯棒受潮	0.5～1
	球头部位过热	球头部位松脱、进水	

3）综合致热型缺陷。当设备发热有两种及以上因素造成时，应综合分析缺陷性质。

7. 注意事项

（1）防止人员触电。在测温作业中应注意与带电设备保持足够的安全距离；夜间测试应携带足够的照明设备和通信设施；有必要触碰不带电的金属构架和设备外壳时，应做好防感应电的措施和准备，避免检测人员伤害和测温仪器损坏。

（2）防止仪器损坏。强光源会损伤红外成像仪，严禁使用红外成像仪测量强光源物体（如太阳）。

8. 案例

母线设备发热的红外测温图片，见图 Z09I1005Ⅱ-1～图 Z09I1005Ⅱ-5。

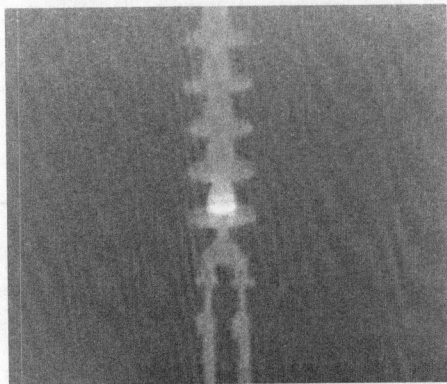

图 Z09I1005Ⅱ-1　低值绝缘子发热

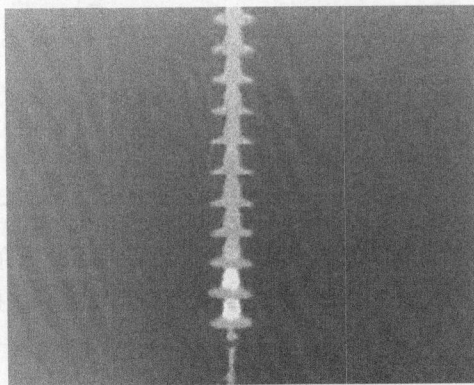

图 Z09I1005Ⅱ-2　钢帽发热异常为低值绝缘子

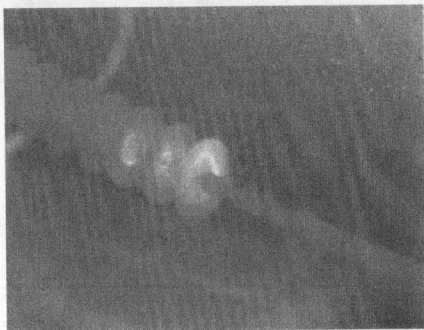

图 Z09I1005Ⅱ-3　污秽绝缘子发热

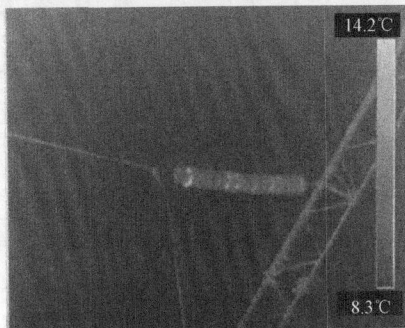

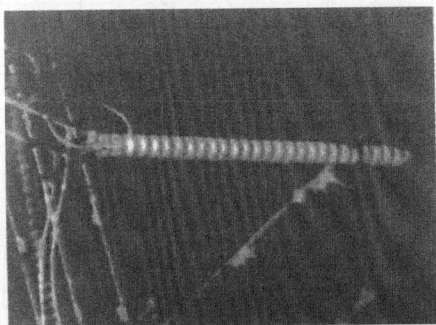

图 Z09I1005Ⅱ-4　发暗的为零值绝缘子

图 Z09I1005Ⅱ-5　穿墙套管支撑钢板涡流发热

（二）母线装置目测检查

1. 主要目的

母线目测检查的主要目的是确认母线装置是否存在影响安全运行的故障或隐患等情况，决定是否需停电处理。

2. 测试周期、目测内容

与日常巡视检查相比，目测检查内容更详细，要求更细致，应每季度至少安排一次。宜在负荷高峰来临前，以及运方调整可能导致电网相对薄弱之前。

母线不停电目测检查的主要内容包括：

（1）检查母线导体有无受损、变形以及发热痕迹；检查软母线是否有断股、散股现象。

（2）检查支持绝缘子外观是否良好，是否有破损掉瓷、裂纹或放电痕迹。

（3）检查金具连接是否可靠，所有螺栓、螺母是否有松动和锈蚀。

（4）检查绝缘子有无明显异常电晕和放电现象。

（5）检查支架是否牢固、有无锈蚀和局部发热。

3. 不停电目测注意事项

与高压部分保持安全距离，防止误碰带电设备。

三、母线装置停电一般维护

母线一般停电维护工作主要是指断路器的停电清扫检查工作。

1. 停电清扫检查的目的

（1）隔离开关瓷瓶清扫是防污闪的重要措施，通过清扫外绝缘污垢，恢复其原有的绝缘水平。瓷套表面应无污垢沉积，无破损；法兰处无裂纹，与绝缘子胶合良好。

（2）隔离开关外观检查，主要检查导电部分、绝缘子、传动连接部分以及操作机构。

（3）除进行上文不停电目测检查外，还可进行分合闸操作等简单测试，检验设备工作是否正常。

2. 准备工作

工器具与材料准备见表 Z09I1005Ⅱ-5。

表 Z09I1005Ⅱ-5　　　　工 器 具 与 材 料 准 备

序号	名称	规　格	单位	数量
1	组合工具		套	1
2	安全带		套	若干

序号	名称	规　格	单位	数量
3	摇表	1000V	只	1
4	线盘	220V	只	1
5	梯		架	1
6	人字梯	二节	架	2
7	中性清洗剂		kg	足量
8	中性凡士林		kg	0.5
9	清洁布		条	20
10	木榔头		把	1
11	砂皮		张	10
12	塑料纸			若干
13	金属刷（钢丝刷）		把	2
14	汽油		kg	1
15	调节垫	用于支柱瓷绝缘子调整		足量
16	油漆	黑、红、绿、黄	桶	4
17	漆刷	25mm	把	4
18	导电脂		kg	0.5

3. 工艺流程及标准

（1）维护预备状态检查。

1）母线设备确已停电；办理工作许可手续。

2）与工作成员交代危险点，分配工作任务。

（2）硬母线的检查。

1）清扫母线，清除积灰和脏污；检查相序颜色，要求颜色鲜明，必要时应重新刷漆或补刷脱漆。

2）检修母线接头，要求接头应接触良好，无过热现象；螺栓紧固，用力矩扳手逐个检查复紧。若接头接触不可靠，应将接头解开，用砂纸打磨结合面，均匀涂抹导电脂后装复。

3）检修绝缘子，要求绝缘子清洁完好，用绝缘电阻表测量母线的绝缘电阻应符合规定，若母线绝缘电阻较低，应找出原因并消除，必要时更换损坏的绝缘子。

4）对涂刷了 RTV 防污涂料和防污伞裙的绝缘子可不进行清扫（另外进行憎水性试验）。

5）检查母线的固定情况，要求母线固定平整、牢靠，要求螺栓、螺母、垫圈齐全，无锈蚀，片撑条均匀。

（3）软母线的检查

1）清扫母线各部分，使母线本身清洁并且无断股和松股现象；

2）清扫绝缘子串上的积灰和脏污，更换表面发现裂纹的绝缘子；

3）对涂刷了 RTV 防污涂料和防污伞裙的绝缘子可不进行清扫（另外进行憎水性试验）；

4）绝缘子串各部件的销子和开口销应齐全，损坏者应更换。

（4）螺栓拧紧时应使用力矩扳，并符合以下力矩要求：

螺栓直径	力矩（N）
M6	4.5
M8	10
M10	20
M12	40
M16	80

4. 注意事项

（1）与高压部分保持安全距离，防止误碰带电设备；注意高架车（升降平台）作业时与周围相邻带电设备的安全距离。高架车旋转斗运转过程中注意不要碰撞瓷套，防止瓷套损坏。

（2）瓷瓶禁止攀爬，使用人字梯或登高机具。

（3）高处作业人员必须系安全带，为防止感应电，工作前先挂临时接地线。

（4）母线上工作时应有防止零部件跌落措施。

【思考与练习】

1. 母线装置大致由那几个部分组成？

2. 母线按照外形结构分类可分为哪三类？

3. 母线不停电目测内容主要有哪些？

4. 对母线设备进行红外测试可以发现哪些发热缺陷？

▲ 模块 6 避雷器普通带电测试及一般维护（Z09I1006Ⅱ）

【模块描述】本模块包含避雷器普通带电测试及一般维护内容；通过操作过程详细介绍、操作技能训练，达到掌握避雷器带电红外测试、接地导通测试，停电清扫、维护、检查技能的目的。

【模块内容】

一、避雷器带电测试

（一）带电红外测试

1. 带电红外测试的原理及测试目的

（1）带电红外测试的原理。红外线是一种电磁波（是肉眼看不见的），存在波动性和粒子性等性质。波长在 0.75μm 和 1000μm 之间。自然界任何物体只要温度高于绝对零度（−273.16℃）就会产生电磁波（辐射能），带有物体表面的温度特征信息。不同的材料、不同的温度、不同的表面光度、不同的颜色等，所发出的红外辐射强度都不同。红外测试就是通过仪器测试这种物体表面辐射的红外线，以反映物体表面辐射能量密度的分布情况，即温度场（红外成像）。

（2）带电红外测试的目的。通过被动的、非接触式的检测获得物体表面的红外热分布图，定量地测量所需位置的温度。红外测试能够在设备发生故障之前，快速、准确、安全地发现故障。

2. 测试仪器及操作要点

（1）测试仪器的基本要求。对红外热像仪主要参数选择如下：

1）不受测量环境中高压电磁场的干扰，图像清晰，稳定，具有图像锁定、记录和必要的图像分析功能。

2）具有较高的像素，一般不小于 240×340。

3）测量时的响应波长，一般在 8～14μm。

4）空间分辨率应满足实测距离的要求，一般对变电站内电气设备实测距离不小于 500m，对输电线路实测距离不小于 1000m。

5）具有较高的测量精度和合适的测温范围，一般精度不小于 0.1℃，测温范围为 50～600℃。

（2）操作方法。

1）一般检测。仪器在开机后需进行内部温度校准，待图像稳定后即可开始工作。

一般先远距离对所有被测设备进行全面扫描，发现有异常后，再有针对性地近距离对异常部位和重点被测设备进行准确检测。

仪器的色标温度量程宜设置在环境温度加 10～20K 的温升范围。

有伪彩色显示功能的仪器，宜选择彩色显示方式，调节图像使其具有清晰的温度层次显示，并结合数值测温手段，如热点跟踪、区域温度跟踪等手段进行检测。

应充分利用仪器的有关功能，如图像平均、自动跟踪等，以达到最佳检测效果。

环境温度发生较大变化时，应对仪器重新进行内部温度校准，校准方法按仪器的说明书进行。

作为一般检测，被测设备的辐射率一般取 0.9 左右。

2）精确检测。检测温升所用的环境温度参照体应尽可能选择与被测设备类似的物体，且最好能在同一方向或同一视场中选择。

在安全距离允许的条件下，红外仪器宜尽量靠近被测设备，使被测设备（或目标）尽量充满整个仪器的视场，以提高仪器对被测设备表面细节的分辨能力及测温准确度，必要时，可使用中、长焦距镜头。

为了准确测温或方便跟踪，应事先设定几个不同的方向和角度，确定最佳检测位置，并可做上标记，以供今后的复测用，提高互比性和工作效率。

正确选择被测设备的辐射率，特别要考虑金属材料表面氧化对选取辐射率的影响，辐射率选取具体可参见表 Z09I1006Ⅱ-1。

表 Z09I1006Ⅱ-1　　　　　　常用材料发射率的参考值

材料	温度（℃）	发射率近似值	材料	温度（℃）	发射率近似值
抛光铝或铝箔	100	0.09	棉纺织品（全颜色）	—	0.95
轻度氧化铝	25～600	0.10～0.20	丝绸	—	0.78
强氧化铝	25～600	0.30～0.40	羊毛	—	0.78
黄铜镜面	28	0.03	皮肤	—	0.98
氧化黄铜	200～600	0.61～0.59	木材	—	0.78
抛光铸铁	200	0.21	树皮	—	0.98
加工铸铁	20	0.44	石头	—	0.92
完全生锈轧铁板	20	0.69	混凝土	—	0.94
完全生锈氧化钢	22	0.66	石子	—	0.28～0.44
完全生锈铁板	25	0.80	墙粉	—	0.92
完全生锈铸铁	40～250	0.95	石棉板	25	0.96
镀锌亮铁板	28	0.23	大理石	23	0.93
黑亮漆（喷在粗糙铁上）	26	0.88	红砖	20	0.95
黑或白漆	38～90	0.80～0.95	白砖	100	0.90
平滑黑漆	38～90	0.96～0.98	白砖	1000	0.70
亮漆（所有颜色）	—	0.90	沥青	0～200	0.85

材料	温度（℃）	发射率近似值	材料	温度（℃）	发射率近似值
非亮漆	—	0.95	玻璃（面）	23	0.94
纸	0～100	0.80～0.95	碳片	—	0.85
不透明塑料	—	0.95	绝缘片	—	0.91～0.94
瓷器（亮）	23	0.92	金属片	—	0.88～0.90
电瓷	—	0.90～0.92	环氧玻璃板	—	0.80
屋顶材料	20	0.91	镀金铜片	—	0.30
水	0～100	0.95～0.96	涂焊料的铜	—	0.35
冰	—	0.98	铜丝	—	0.87～0.88

将大气温度、相对湿度、测量距离等补偿参数输入，进行必要修正，并选择适当的测温范围。

记录被检设备的实际负荷电流、额定电流、运行电压，被检物体温度及环境参照体的温度值。

3. 测试周期（层次少时，可不用）

基准周期：220kV；3 个月；66～110kV，1 年。

4. 工艺标准

用红外热像仪检测避雷器本体及电气连接部位，红外热像图显示应无异常温升、温差和（或）相对温差。

（1）人员要求。红外检测属于设备带电检测，检测人员应具备以下条件：

1）熟悉红外诊断技术的基本原理和诊断程序，了解红外热像仪的工作原理、技术参数和性能，掌握热像仪的操作程序和使用方法。

2）了解被检测设备的结构特点、工作原理、运行状况和导致设备故障的基本因素。

3）熟悉本标准，接受过红外热像检测技术培训，并经相关机构培训合格。

4）具有一定的现场工作经验，基本掌握本专业作业技能及《国家电网公司电力安全工作规程（变电部分）》的相关知识，并经《国家电网公司电力安全工作规程（变电部分）》考试合格。

（2）一般检测要求。

1）被检设备是带电运行设备，应尽量避开视线中的封闭遮挡物，如门和盖板等。

2）环境温度一般不低于 5℃，相对湿度一般不大于 85%；天气以阴天、多云为宜，夜间图像质量为佳；不应在雷、雨、雾、雪等气象条件下进行，检测时风速一般不大于 5m/s，现场观察可参照表 Z09I1006Ⅱ-2。

表 Z09I1006Ⅱ-2 风级、风速与现象

风级	风速（m/s）	风名	地 面 现 象
0	0～0.2	无风	静烟直上
1	0.3～1.5	软风	烟能表示风向，树叶略有摇动
2	1.6～3.3	轻风	人脸感觉有风，树叶有微响，旗开始飘动
3	3.4～5.4	微风	树叶和很细的树枝摇动不息，旗展开
4	5.5～7.9	和风	能吹起地面的灰尘和纸张，小树枝摇动

3）户外晴天要避开阳光直接照射或反射进入仪器镜头，在室内或晚上检测应避开灯光的直射，宜闭灯检测。

4）检测电流致热型设备，最好在高峰负荷下进行。否则，一般应在不低于 30% 的额定负荷下进行，同时应充分考虑小负荷电流对测试结果的影响。

（3）精确检测要求。除满足一般检测的环境要求外，还应满足以下要求：

1）风速一般不大于 0.5m/s；

2）设备通电时间不小于 6h，最好在 24h 以上；

3）检测期间天气为阴天、夜间或晴天日落 2h 后；

4）被检测设备周围应具有均衡的背景辐射，应尽量避开附近热辐射源的干扰，某些设备被检测时还应避开人体热源等的红外辐射；

5）避开强电磁场，防止强电磁场影响红外热像仪的正常工作。

（4）判断方法。

1）表面温度判断法。主要适用于电流致热型和电磁效应引起发热的设备。根据测得的设备表面温度值，对照 GB/T 11022 中高压开关设备和控制设备各种部件、材料及绝缘介质的温度和温升极限的有关规定，结合环境气候条件、负荷大小进行分析判断。

2）同类比较判断法。根据同组三相设备、同相设备之间及同类设备之间对应部位的温差进行比较分析。对于电压致热型设备，应结合图像特征判断法进行判断；对于电流致热型设备，应结合相对温差判断法进行判断。

3）图像特征判断法。主要适用于电压致热型设备。根据同类设备的正常状态和异常状态的热像图，判断设备是否正常。

注意应尽量排除各种干扰因素对图像的影响，必要时结合电气试验或化学分析的结果，进行综合判断。

4）相对温差判断法。主要适用于电流致热型设备。特别是对小负荷电流致热型设备，采用相对温差判断法可降低小负荷缺陷的漏判率。

5）档案分析判断法。分析同一设备不同时期的温度场分布，找出设备致热参数的变化规律，判断设备是否正常。

6）实时分析判断法。在一段时间内使用红外热像仪连续检测某被测设备，观察设备温度随负载、时间等因素变化的方法。

（5）避雷器的热像特征判据见表 Z09I1006Ⅱ-3。

表 Z09I1006Ⅱ-3　　　　　　避雷器电压致热型设备缺陷诊断判据

部位	热像特征	故障特征	温差（K）
避雷器	正常为整体轻微发热，较热点一般在靠近上部且不均匀，多节组合从上到下各节温度递减，引起整体发热或局部发热为异常	阀片受潮或老化	0.5～1

5. 注意事项

（1）防止人员触电。在测温作业中应注意与带电设备保持足够的安全距离；夜间测试应携带足够的照明设备和通信设施；有必要触碰不带电的金属构架和设备外壳时，应做好防感应电的措施和准备，避免检测人员伤害和测温仪器损坏。

（2）防止高处坠落。若必须登高进行测温时，应正确佩戴安全帽和使用安全带，作业时安全带应系在主材和牢固的构件上，严禁低挂高用，工作移位时不得失去安全带的保护。

（3）防止仪器损坏。强光源会损伤红外成像仪，严禁使用红外成像仪测量强光源物体（如太阳）。

6. 案例

避雷器阻性电流增大发热的红外测温图片如图 Z09I1006Ⅱ-1 所示。

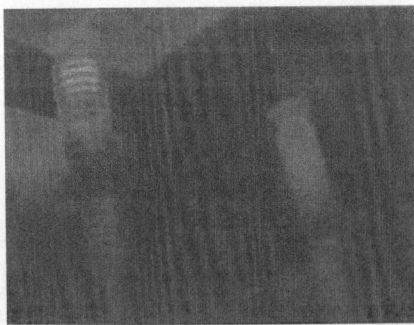

图 Z09I1006Ⅱ-1　避雷器阻性电流增大发热

（二）接地导通测试

1. 接地导通的原理及测试目的

电气设备的接地引下线连通设备接地部分与接地网，对设备运行安全至关重要。虽然在制作接地装置时，已对接地引下线联结处做了防腐处理，但位于土壤中的联结点仍会因长期受到物理、化学等因素的影响而腐蚀，使触点电阻升高，造成故障隐患甚至使设备失地运行。

接地装置的电气完整性是接地装置特性参数的一个重要方面。接地导通试验的目的是检查接地装置的电气完整性，即检查接地装置中应该接地的各种电气设备之间、接地装置的各部分及各设备之间的电气连接性，一般用直流电阻值表示。保持接地装置的电气完整性可以防止设备失地运行，提供事故电流泄流通道，保证设备的安全运行。

2. 试验仪器、设备的选择

选用专门仪器接地导通电阻测试仪，仪器的分辨率为 $1m\Omega$，准确度不低于 1.0 级，仪器输出电流范围为 $10\sim50A$。

3. 试验过程及步骤

（1）试验接线。接地导通试验接线，如图 Z09I1006Ⅱ-2 所示。

（2）试验步骤。

1）选取参考点和测试点，并做标示。先找出与接地网连接良好的接地引下线作为参考点，考虑到变电站场地可能比较大，测试线不能太长，宜选择被测避雷器间隔的断路器或主变接地引下线为基准，在各相避雷器的接地引下线上选择一点作为该设备导通测试点。

图 Z09I1006Ⅱ-2　接地导通试验接线图

2）准备好仪器设备，将接地导通电阻测试仪输出连接分别连接到参考点、测试点。

3）打开仪器电源，调节仪器使输出某一电流值，记录相应的直流电阻值。

4）调节仪器使输出为零，断开电源，将测试点移到下一位置，依次测试并记录。

4. 试验注意事项

（1）试验应在天气良好情况下进行，遇有雷雨情况时应停止测量，撤离测量现场。

（2）试验中应对测试点擦拭、除锈、除漆，保持仪器线夹与参考点、测试点的接触良好，减小接触电阻的影响。

（3）为确保历年测试点的一致，便于对比，可对测试中各参考点、设备的测试引下线等做好记录，可能时做标记以便识别。

（4）试验中应测量不同场区之间地网的导通性。

（5）当发现测试值在 $50m\Omega$ 以上时，应反复测试验证。

（6）试验时一人操作仪器、记录数据，两人负责移动线夹以对不同点进行测试。

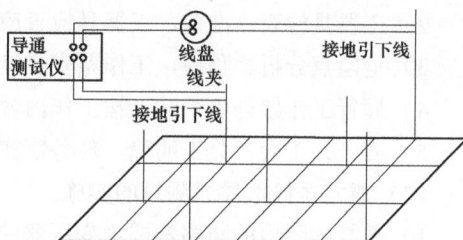

（7）电压线夹应放置在电流线夹下方，以除去接触电阻的影响。

5. 试验标准及要求

（1）状况良好的设备测试值应在 50mΩ 以下；

（2）50～200mΩ 的设备（连接）状况尚可，宜在以后理性测试中重点关注其变化，重要的设备宜在适当时候检查处理；

（3）0.2～1Ω 的设备（连接）状况不佳，对重要的设备应尽快检查处理，其他设备宜在适当时候检查处理；

（4）1Ω 以上的设备与主网未连接，应尽快检查处理。

6. 接地导通测量案例

（1）避雷器接地导通测量前的准备。

1）作业人员明确作业标准，使全体作业人员熟悉作业内容、作业标准。

2）工器具检查、准备，工器具检查应完好、齐全。

3）危险点分析、预控，工作票安全措施及危险源点预控到位。

4）履行工作票许可手续，按工作内容办理工作票，并履行工作许可手续。

5）召开开工会，分工明确，任务落实到人，安全措施、危险源点明了。

（2）避雷器接地导通测量的实施。

1）选择间隔内的断路器或主变压器的接地引下线为基准点；

2）施放试验设备接地线、施放工作保护接地线；

3）合理布置试验设备、温湿度计、绝缘垫等；

4）记录试验日期，试验性质，仪器仪表的名称、型号、编号，基准点、测试点设备所有引下接地的编号及核对；

5）试验回路接线，施放线时，注意不得随意拉扯，以防长线受力拉断、弹起触及高压部位；

6）将短的测试线测量钳夹与基准点接地引下线可靠连接（电压与电流测试线应分开，且电压线在测试回路的内侧）；

7）将长的测试线测量钳夹分别与各测试点接地引下线可靠连接（电压与电流测试线应分开，且电压线在测试回路的内侧）；

8）打开电源开关，按下"测量"键测试。

（3）避雷器接地导通测量的结束。

1）清理工作现场，将工器具全部收拢并清点，废弃物按相关规定处理，材料回收清点；

2）召开收工会，记录本次检修内容，确认有无遗留问题；

3）验收、办理工作票终结，恢复修试前状态、办理工作票终结手续；

4）按规范填写修试记录。

二、避雷器停电一般维护

1. 避雷器停电清扫检查的目的

避雷器瓷件清扫是防污闪的重要措施，通过清扫外绝缘污垢，恢复其原有的绝缘水平。瓷套表面应无污垢沉积，无破损；法兰处无裂纹，与瓷瓶胶合良好。

2. 准备工作

工器具及材料见表 Z09I1006Ⅱ-4。

表 Z09I1006Ⅱ-4 　　　　器 具 及 材 料

序号	名　　称	型号规格（精度）	单位	数量	备注
1	人字梯	1.5~1.8m	把	1	
2	刷子		台	若干	
3	无纺布		kg	若干	
4	溶剂（汽油、酒精、煤油）		瓶	若干	
5	纱手套		付	2	
6	高架车（升降平台）		台	1	

3. 工艺流程及标准

（1）绝缘瓷套外表应无污垢沉积，无破损伤痕；法兰处无裂纹，与瓷瓶胶合良好。

（2）冲洗和擦拭以清洁瓷套表面。

（3）一般污秽：用抹布擦净绝缘子表面。

（4）含有机物的污秽：用浸有溶剂（汽油、酒精、煤油）的抹布擦净绝缘子表面，并用干净抹布最后将溶剂擦干净。

（5）黏结牢固的污秽，用刷子刷去污秽层后用抹布擦净绝缘子表面。

4. 注意事项

（1）与带电部分保持安全距离，防止误碰带电设备；注意高架车（升降平台）作业时与周围相邻带电设备的安全距离。高架车旋转斗运转过程中注意不要碰撞瓷套，防止瓷套损坏。

（2）高处作业人员必须系安全带，为防止感应电，工作前先挂接地线。

【思考与练习】

简述避雷器电压致热型设备缺陷诊断判据。

模块 7　无功补偿装置普通带电测试及一般维护（Z09I1007Ⅱ）

【模块描述】 本模块包含无功补偿装置普通带电测试及一般维护内容；通过操作过程详细介绍、操作技能训练，达到掌握无功补偿装置带电红外测试、停电清扫、维护、检查技能的目的。

【模块内容】

一、无功补偿装置结构和原理

（一）电抗器的基本结构

1. 空芯式电抗器

空芯式电抗器的结构形式多种多样。如用混凝土将绕好的电抗器绕组装成一个牢固的整体，则称为水泥电抗器；如用绝缘压板和螺杆将绕好的绕组拉紧，则称为夹持式空芯电抗器；如将绕组用玻璃丝包绕成牢固整体，则称为绕包式空芯电抗器。空芯电抗器通常是干式的，也可以是油浸式结构。

（1）水泥电抗器。它是一个无导磁材料的空芯电感线圈。电抗器的绕组是用导线在同一平面上绕成螺线形的饼式线圈叠成，沿线圈圆周均匀对称的位置上设有支架并浇灌水泥成为水泥支柱作为管架，将饼式线圈固定在管架上。

（2）干式空芯电抗器。干式空芯电抗器的优点是：维护简单，运行安全；无导磁材料，不存在铁磁饱和，电感值不会随电流变化而变化；线性度好；采用铝合金星形吊臂结构，机械强度高，涡流损耗小，可满足绕组分数匝的要求；所有接头全部焊接到上、下吊架的铝接线臂上，一般不用螺栓连接，以保证绕组的高度可靠性；并可避免油浸式电抗器漏油、易燃等缺点。

2. 铁芯式电抗器

铁芯式电抗器也有单相与三相、油浸式与干式之分。铁芯带气隙是铁芯电抗器铁芯的特点。

（二）电容器的基本结构

电力电容器的结构，主要由外壳、电容元件、液体和固体绝缘、紧固件、引出线和套管等元件组成，电容器的结构图如图 Z09I1007Ⅱ–1 所示。

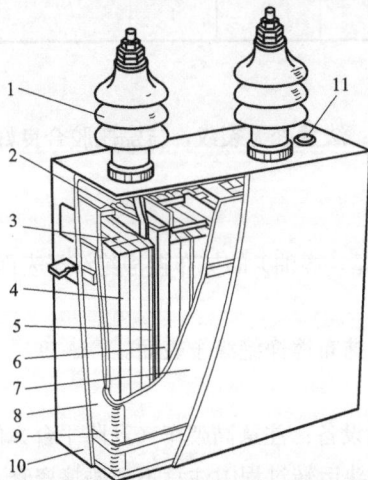

图 Z09I1007Ⅱ–1　电容器的结构图

1—出线套管；2—出线连接片；3—连接片；
4—电容元件；5—出线连接片固定板；
6—组间绝缘；7—包封件；8—夹板；9—紧箍；
10—外壳；11—封口盖

并联补偿电容器最常见的分为集合式和分散式，其实体外形如图 Z09I1007Ⅱ-2 所示。对于分散式电容器，一般主要布置在户内，在绝大多数情况下仅仅是对单个损坏的电容单元的更换，工作较为简单。如果要进行整体的更换，目前也是更换为运行维护更为简单的集合式，所以本部分内容注重介绍集合式并联补偿电容器的更新安装。

（a）　　　　　　　　　　　　（b）

图 Z09I1007Ⅱ-2　电容器实体外形图
（a）集合式电容器；（b）分散式电容器

二、带电红外测试

1. 带电红外测试的原理及测试目的

（1）带电红外测试的原理。红外线是一种电磁波（是肉眼看不见的），存在波动性和粒子性等性质。波长在 0.75μm 和 1000μm 之间。自然界任何物体只要温度高于绝对零度（-273.16℃）就会产生电磁波（辐射能），带有物体表面的温度特征信息。不同的材料、不同的温度、不同的表面光度、不同的颜色等，所发出的红外辐射强度都不同。红外测试就是通过仪器测试这种物体表面辐射的红外线，以反映物体表面辐射能量密度的分布情况，即温度场（红外成像）。

（2）带电红外测试的目的。通过被动的、非接触式的检测获得物体表面的红外热分布图，定量地测量所需位置的温度。红外测试能够在设备发生故障之前，快速、准确、安全地发现故障。

2. 测试仪器及操作要点

（1）测试仪器的基本要求（层次少时，可不用）。对红外热像仪主要参数选择如下：

1）不受测量环境中高压电磁场的干扰，图像清晰，稳定，具有图像锁定、记录和必要的图像分析功能。

2）具有较高的像素，一般不小于 240×340。

3）测量时的响应波长，一般在 8～14μm。

4）空间分辨率应满足实测距离的要求，一般对变电站内电气设备实测距离不小于 500m，对输电线路实测距离不小于 1000m。

5）具有较高的测量精确度和合适的测温范围，一般精确度不小于 0.1℃，测温范围为 50～600℃。

（2）操作方法。

1）一般检测。仪器在开机后需进行内部温度校准，待图像稳定后即可开始工作。

一般先远距离对所有被测设备进行全面扫描，发现有异常后，再有针对性地近距离对异常部位和重点被测设备进行准确检测。

仪器的色标温度量程宜设置在环境温度加 10～20K 的温升范围。

有伪彩色显示功能的仪器，宜选择彩色显示方式，调节图像使其具有清晰的温度层次显示，并结合数值测温手段，如热点跟踪、区域温度跟踪等手段进行检测。

应充分利用仪器的有关功能，如图像平均、自动跟踪等，以达到最佳检测效果。

环境温度发生较大变化时，应对仪器重新进行内部温度校准，校准方法按仪器的说明书进行。

作为一般检测，被测设备的辐射率一般取 0.9 左右。

2）精确检测。检测温升所用的环境温度参照体应尽可能选择与被测设备类似的物体，且最好能在同一方向或同一视场中选择。

在安全距离允许的条件下，红外仪器宜尽量靠近被测设备，使被测设备（或目标）尽量充满整个仪器的视场，以提高仪器对被测设备表面细节的分辨能力及测温准确度，必要时，可使用中、长焦距镜头。

为了准确测温或方便跟踪，应事先设定几个不同的方向和角度，确定最佳检测位置，并可做上标记，以供今后的复测用，提高互比性和工作效率。

正确选择被测设备的辐射率，特别要考虑金属材料表面氧化对选取辐射率的影响，辐射率选取具体可参见表 Z09I1007Ⅱ-1。

表 Z09I1007Ⅱ-1　　　　　　　常用材料发射率的参考值

材　料	温度（℃）	发射率近似值	材　料	温度（℃）	发射率近似值
抛光铝或铝箔	100	0.09	棉纺织品（全颜色）	—	0.95
轻度氧化铝	25～600	0.10～0.20	丝绸	—	0.78
强氧化铝	25～600	0.30～0.40	羊毛	—	0.78
黄铜镜面	28	0.03	皮肤	—	0.98
氧化黄铜	200～600	0.61～0.59	木材	—	0.78
抛光铸铁	200	0.21	树皮	—	0.98
加工铸铁	20	0.44	石头	—	0.92
完全生锈轧铁板	20	0.69	混凝土	—	0.94
完全生锈氧化钢	22	0.66	石子	—	0.28～0.44
完全生锈铁板	25	0.80	墙粉	—	0.92
完全生锈铸铁	40～250	0.95	石棉板	25	0.96
镀锌亮铁板	28	0.23	大理石	23	0.93
黑亮漆（喷在粗糙铁上）	26	0.88	红砖	20	0.95
黑或白漆	38～90	0.80～0.95	白砖	100	0.90
平滑黑漆	38～90	0.96～0.98	白砖	1000	0.70
亮漆（所有颜色）	—	0.90	沥青	0～200	0.85
非亮漆	—	0.95	玻璃（面）	23	0.94
纸	0～100	0.80～0.95	碳片	—	0.85
不透明塑料	—	0.95	绝缘片	—	0.91～0.94
瓷器（亮）	23	0.92	金属片	—	0.88～0.90
电瓷	—	0.90～0.92	环氧玻璃板	—	0.80
屋顶材料	20	0.91	镀金铜片	—	0.30
水	0～100	0.95～0.96	涂焊料的铜	—	0.35
冰	—	0.98	铜丝	—	0.87～0.88

将大气温度、相对湿度、测量距离等补偿参数输入，进行必要修正，并选择适当的测温范围。

记录被检设备的实际负荷电流、额定电流、运行电压，被检物体温度及环境参照体的温度值。

3. 测试周期

电容器基准周期：1 年或自定。

电抗器基准周期：参照变压器。

4. 工艺标准

检测电容器及其所有电气连接部位，红外热像图显示应无异常温升、温差和（或）相对温差。

（1）人员要求。红外检测属于设备带电检测，检测人员应具备以下条件：

1）熟悉红外诊断技术的基本原理和诊断程序，了解红外热像仪的工作原理、技术参数和性能，掌握热像仪的操作程序和使用方法。

2）了解被检测设备的结构特点、工作原理、运行状况和导致设备故障的基本因素。

3）熟悉本标准，接受过红外热像检测技术培训，并经相关机构培训合格。

4）具有一定的现场工作经验，基本掌握本专业作业技能及《国家电网公司电力安全工作规程（变电部分）》的相关知识，并经《国家电网公司电力安全工作规程（变电部分）》考试合格。

（2）一般检测要求。

1）被检设备是带电运行设备，应尽量避开视线中的封闭遮挡物，如门和盖板等。

2）环境温度一般不低于 5℃，相对湿度一般不大于 85%；天气以阴天、多云为宜，夜间图像质量为佳；不应在雷、雨、雾、雪等气象条件下进行，检测时风速一般不大于 5m/s，现场观察可参照表 Z09I1007Ⅱ-2。

表 Z09I1007Ⅱ-2　　　　　　　风级、风速与现象

风 级	风速（m/s）	风 名	地面现象
0	0～0.2	无风	静烟直上
1	0.3～1.5	软风	烟能表示风向，树叶略有摇动
2	1.6～3.3	轻风	人脸感觉有风，树叶有微响，旗开始飘动
3	3.4～5.4	微风	树叶和很细的树枝摇动不息，旗展开
4	5.5～7.9	和风	能吹起地面的灰尘和纸张，小树枝摇动

3）户外晴天要避开阳光直接照射或反射进入仪器镜头，在室内或晚上检测应避开灯光的直射，宜闭灯检测。

4）检测电流致热型设备，最好在高峰负荷下进行。否则，一般应在不低于 30% 的额定负荷下进行，同时应充分考虑小负荷电流对测试结果的影响。

（3）精确检测要求。除满足一般检测的环境要求外，还应满足以下要求：

1）风速一般不大于 0.5m/s；

2）设备通电时间不小于 6h，最好在 24h 以上；

3）检测期间天气为阴天、夜间或晴天日落 2h 后；

4）被检测设备周围应具有均衡的背景辐射，应尽量避开附近热辐射源的干扰，某些设备被检测时还应避开人体热源等的红外辐射；

5）避开强电磁场，防止强电磁场影响红外热像仪的正常工作。

（4）判断方法。

1）表面温度判断法。主要适用于电流致热型和电磁效应引起发热的设备。根据测得的设备表面温度值，对照 GB/T 11022—2011 中高压开关设备和控制设备各种部件、材料及绝缘介质的温度和温升极限的有关规定，结合环境气候条件、负荷大小进行分析判断。

2）同类比较判断法。根据同组三相设备、同相设备之间及同类设备之间对应部位的温差进行比较分析。对于电压致热型设备，应结合图像特征判断法进行判断；对于电流致热型设备，应结合相对温差判断法进行判断。

3）图像特征判断法。主要适用于电压致热型设备。根据同类设备的正常状态和异常状态的热像图，判断设备是否正常。

注意应尽量排除各种干扰因素对图像的影响，必要时结合电气试验或化学分析的结果，进行综合判断。

4）相对温差判断法。主要适用于电流致热型设备。特别是对小负荷电流致热型设备，采用相对温差判断法可降低小负荷缺陷的漏判率。

5）档案分析判断法。分析同一设备不同时期的温度场分布，找出设备致热参数的变化规律，判断设备是否正常。

6）实时分析判断法。在一段时间内使用红外热像仪连续检测某被测设备，观察设备温度随负载、时间等因素变化的方法。

（5）无功补偿装置的热像特征判据见表 Z09I1007Ⅱ-3、表 Z09I1007Ⅱ-4。

表 Z09I1007Ⅱ-3　无功补偿装置电流致热型设备缺陷诊断判据

部位	热像特征	故障特征	缺陷性质		
			一般缺陷	严重缺陷	危急缺陷
接头和线夹	以线夹和接头为中心的热像，热点明显	接触不良	温差不超过15K，未达到严重缺陷的要求	热点温度>80℃或 $\delta \geqslant 80\%$	热点温度>110℃或 $\delta \geqslant 95\%$
套管柱头	以套管顶部柱头为最热的热像	柱头内部并线压接不良	温差超过10K，未达到严重缺陷的要求	热点温度>55℃或 $\delta \geqslant 80\%$	热点温度>80℃或 $\delta \geqslant 95\%$
熔丝	以熔丝中部靠电容侧为最热的热像	熔丝容量不够			
熔丝座	以熔丝座为最热的热像	熔丝与熔丝座之间接触不良			

表 Z09I1007Ⅱ-4　　无功补偿装置电压致热型设备缺陷诊断判据

部位	热像特征	故障特征	温差（K）
电容器	热像一般以本体上部为中心的热像图，正常热像最高温度一般在宽面垂直平分线的 2/3 高度左右，其表面温升略高，整体发热或局部发热	介质损耗偏大，电容量变化、老化或局部放电	2～3
电抗器充油套管	热像特征是以油面处为最高温度的热像，油面有一明显的水平分界线	缺油	

5. 注意事项

（1）防止人员触电。在测温作业中应注意与带电设备保持足够的安全距离；夜间测试应携带足够的照明设备和通信设施；有必要触碰不带电的金属构架和设备外壳时，应做好防感应电的措施和准备，避免检测人员伤害和测温仪器损坏。

（2）防止仪器损坏。强光源会损伤红外成像仪，严禁使用红外成像仪测量强光源物体（如太阳）。

6. 案例

空芯电抗器 A 相过热的红外测温图片如图 Z09I1007Ⅱ-3 所示。

电容器介损偏大引起的整体发热的红外测温图片如图 Z09I1007Ⅱ-4 所示。

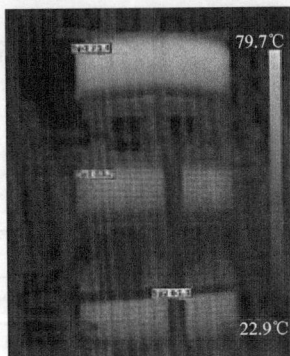

图 Z09I1007Ⅱ-3　空芯电抗器 A 相过热　图 Z09I1007Ⅱ-4　电容器介损偏大引起的整体发热

三、油浸式电抗器的维护、检查

（1）检查温度和油位。

1）查看油面温度计和绕组温度计的指示，确认示数在正常范围之内，查看油位计指示，确认示数在正常范围之内。

2）核对油温和油位之间的关系，确认其符合标准曲线。

3）检查各温度指示器和铁磁式油位计的刻度盘上无潮气凝结。

（2）渗漏油检查。检查油箱、阀门、油管路等各密封处无明显渗漏油情况。

1）检查法兰、蝶阀等处无渗漏油情况。

2）检查冷却器上不存在明显的脏污。

3）检查套管外部及其安装法兰等处无明显的渗漏痕迹。

4）检查套管外部无明显的裂纹、破损、放电痕迹、严重的脏污等异常现象。

（3）噪声和振动检查。

1）检查冷却器运转过程中无不正常的噪声和振动。

2）检查并确认运行中的变压器无不正常的噪声和振动。

（4）储油柜检查。

1）检查储油柜各部位及相关联管、阀门等附件应不存在渗漏油现象。

2）检查油位计应外观良好，指示清晰。

3）检查干燥剂的状态，常用的干燥剂在状态良好时应是蓝色。检查油盒的油位是否正常，呼吸器及管道畅通，呼吸功能正常。

（5）气体继电器检查。检查集气盒中的气体集聚集情况，正常情况应无气体聚集。

（6）低压控制回路检查。检查端子箱、控制箱等的密封情况，不应有进水或积灰等现象。检查接线端子应无松动、锈蚀现象，电气元件应完整无缺损。

（7）压力释放阀检查。检查本体压力释放阀应无明显的渗漏痕迹，无曾经动作过的迹象。

四、干式电抗器的维护、检查

（1）不停电时干式电抗器的检查项目和质量要求。

1）检查表面脏污情况及有无异物。要求外观完整无损，外包封表面清洁、无裂纹、无脱落现象，无爬电痕迹，无动物巢穴等异物；支柱绝缘子金属部位无锈蚀，支架牢固，无倾斜变形；基础无塌陷、混凝土脱落情况。

2）检查表面是否明显变色，外观引线、接头应无过热和变色。

3）声音是否正常，应无异常振动和声响。

4）各部件有无过热现象，用红外测温应无过热现象。

（2）停电时干式电抗器检修项目和质量要求。

1）检查导电回路接触是否良好，测量绕组直流电阻，与出厂或历史数据比较，并联电抗器变化不得大于1%，串联电抗器（非叠装的）变化不得大于2%。

2）检查绝缘性能是否良好，绝缘电阻不能低于2500MΩ。

3）检查电抗器上下汇流排应无变形裂纹现象。

4）检查电抗器绕组至汇流排引线是否存在断裂、松焊现象。

5）检查电抗器包封与支架间紧固带是否有松动、断裂现象，应不存在松动、断裂现象。

6）检查接线桩头应接触良好，无烧伤痕迹，必要时进行打磨处理，装配时应涂抹适量导电脂。

7）检查紧固件应紧固无松动现象。

8）检查器身及金属件应无变色无过热现象。

9）检查防护罩及防雨隔栅有无松动和破损。

10）检查支座绝缘及支座是否紧固并受力均匀。支座应绝缘良好，支座应紧固且受力均匀。

11）检查通风道及器身的卫生。必要时用内窥镜检查，通风道应无堵塞，器身应卫生无尘土、脏物，无流胶、裂纹现象。

12）检查电抗器包封间导风撑条是否完好牢固。

13）检查表面涂层有无龟裂脱落、变色，必要时进行喷涂处理。

14）检查表面憎水性能，应无浸润现象。

15）检查铁芯有无松动及是否有过热现象。

16）检查绝缘子是否完好和清洁，绝缘子应无异常情况、且干净。

五、电容器的维护、检查

（1）电容器逐个放电。

（2）检查各个电容器、箱壳上面的漏油情况。

（3）检查熔断器弹簧是否有锈蚀、松弛、卡涩等现象，更换有问题的熔断器。

（4）电容器发生对地绝缘击穿，电容器的损失角正切值增大，箱壳膨胀及开路等故障，需要在有专用修理电容器设备的工厂中进行修理或更换。

（5）分散式电容器单个电容器损坏，如电容量超标、渗漏严重、鼓肚、膨胀、绝缘下降时必须更换。

（6）检查引线是否连接牢靠，平整，是否存在发热现象。

（7）检修完毕后试验。

六、无功补偿装置的停电清扫

电容器、电抗器瓷件清扫是防污闪的重要措施，通过清扫外绝缘污垢，恢复其原有的绝缘水平。瓷套表面应无污垢沉积。

1. 准备工作

工器具及材料见表 Z09I1007Ⅱ-5。

表 Z09I1007Ⅱ-5　　　　　　　器 具 及 材 料 表

序号	名　称	型号规格（精度）	单位	数量	备注
1	人字梯	1.5～1.8m	把	1	
2	刷子		台	若干	
3	无纺布		kg	若干	
4	溶剂（汽油、酒精、煤油）		瓶	若干	
5	纱手套		付	2	
6	高架车（升降平台）		台	1	

2. 工艺流程及标准

（1）绝缘瓷套外表应无污垢沉积，无破损伤痕；法兰处无裂纹，与瓷瓶胶合良好。

（2）冲洗和擦拭以清洁瓷套表面。

（3）一般污秽：用抹布擦净绝缘子表面。

（4）含有机物的污秽：用浸有溶剂（汽油、酒精、煤油）的抹布擦净绝缘子表面，并用干净抹布最后将溶剂擦干净。

（5）黏结牢固的污秽，用刷子刷去污秽层后用抹布擦净绝缘子表面。

3. 注意事项

（1）与带电部分保持安全距离，防止误碰带电设备；注意高架车（升降平台）作业时与周围相邻带电设备的安全距离。高架车旋转斗运转过程中注意不要碰撞瓷套，防止瓷套损坏。

（2）高处作业人员必须系安全带，为防止感应电，工作前先挂接地线。

【思考与练习】

1. 简述电容器电压致热型设备缺陷诊断判据。

2. 简述不停电时干式电抗器的检查项目和质量要求。

▲ 模块 8　变压器的一般异常消缺处理（Z09I1008Ⅲ）

【模块描述】本模块包含变压器的一般异常消缺内容；通过操作过程详细介绍、操作技能训练，达到掌握变压器硅胶更换技能的目的，了解不停电渗漏油消缺处理、冷却系统故障消缺处理的方法。

【模块内容】

一、变压器的常见异常缺陷

（1）变压器油箱常见异常缺陷为渗漏油、锈蚀、声响异常、油温过高等。

（2）变压器储油柜常见异常缺陷为渗漏油、锈蚀、金属膨胀器指示卡滞、金属膨胀器破损、隔膜破损、胶囊破损、油位过低、油位不可见、油位过高、油位模糊、油位计破损、油位异常发信等。

（3）变压器净油器常见异常缺陷为渗漏油、锈蚀等。

（4）变压器呼吸器常见异常缺陷为堵塞、硅胶筒玻璃破损、硅胶罐干燥器损坏、硅胶变色、油封玻璃破损、油封油过多、油封油过少等。

（5）变压器本体端子箱常见异常缺陷为锈蚀、密封不良、受潮、进水、加热器损坏等。

（6）变压器灭火装置常见异常缺陷为装置报警、控制故障、管道锈蚀、阀门故障、感温线故障、排油注氮装置断流阀动作等。

（7）变压器套管常见异常缺陷为渗漏油、油位过高、油位过低、油位不可见、油位模糊、油位计破损、发热、外绝缘破损等。

（8）变压器导电接头和引线常见异常缺陷为线夹与设备连接平面出现缝隙，螺丝明显脱出，引线随时可能脱出；线夹破损断裂严重，对引线无法形成紧固作用；引线断股或松股；发热等。

（9）变压器冷却器系统常见异常缺陷为渗漏油；冷却器全停；冷却器交流总电源无法进行切换；单组冷却器工作方式无法进行切换；冷却器Ⅰ段电源故障或Ⅱ段电源故障；潜油泵马达故障、声音异常、振动等；潜油泵渗油；风扇停转、风扇电机故障等；风扇风叶碰壳、脱落、破损或声音异常；油流继电器指示方向指示相反或无指示；散热片（管）严重污秽、锈蚀；控制箱空开合不上；指示灯不亮；光字牌不亮；外壳锈蚀；密封不良；受潮进水；加热器损坏等。

（10）变压器有载开关操动机构常见异常缺陷为传动轴脱落、卡涩、电源缺相、接触器故障、电机故障等；调节过程中发生滑挡现象；调挡时空气开关跳开；操作次数超过厂家规定值；机构动作后指示无变化或变化错误等。

（11）变压器有非电量保护常见异常缺陷为气体继电器渗漏油、轻瓦斯发信、重瓦斯动作、防雨措施破损；压力释放阀漏油、喷油、动作、触点发信；测温装置指示不正确、现场与监控系统温度不一致、指示看不清、触点发信等。

二、变压器的一般异常消缺处理

（一）密封件渗漏油

1. 渗漏油的原因

（1）密封件质量不符合使用要求。

（2）密封件损坏或老化。

（3）密封件选用尺寸不当或位置不正。

（4）在装配时，对密封垫圈过于压紧，超过了密封材料的弹性极限，使其产生永久变形（变硬）而起不到密封作用或套管受力时使密封件受力不均匀。

（5）密封面不清洁（如焊渣、漆瘤或其他杂物）或凹凸不平，密封垫圈与其接触不良，导致密封不严，如套管 TA 的二次出线处。

（6）在装配时，密封件没有压紧到位而起不到密封作用。

（7）密封环（法兰）装配时，将每个螺栓一次紧固到位，造成密封环受力不均而渗油。

（8）焊缝出现裂纹或有砂眼。

（9）内焊缝的焊接缺陷，油通过内焊缝从螺孔处渗出。

（10）焊接较厚板时没有坡口或坡口不符合焊接要求，有假焊现象。

（11）平板钻透孔焊螺杆时，背面焊接不好造成渗漏油。

（12）非钻透平板发生钻透现象。

（13）箱盖或法兰在装配时与连接件间产生应力而翘曲变形，出现密封不严。

2. 渗漏油的不停电处理

（1）密封件渗漏油的不停电处理方法。仅适用于在保持与带电部分足够安全距离的密封件因没有压紧到位而起不到密封作用渗漏油处理。紧固螺栓、螺母不得一次完成紧固，应按图 Z09I1008Ⅲ-1～图 Z09I1008Ⅲ-3 所示顺序均匀地循环紧固，至少循环 2～3 次以上，特别是最后一次紧固应用手动完成。

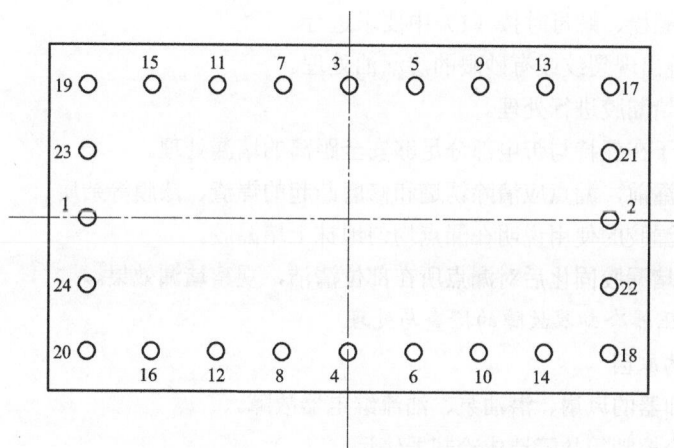

图 Z09I1008Ⅲ-1　长方形盖板紧固螺栓顺序

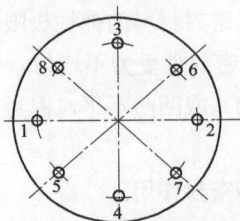

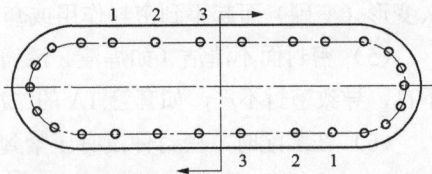

图 Z09I1008Ⅲ-2　圆形法兰密封紧固螺栓顺序　　图 Z09I1008Ⅲ-3　箱沿密封紧固螺栓顺序

（2）由于密封件原因引起的渗漏油，一般采用更换密封件的方法进行处理。只适用于分体式变压器的散热器上部渗漏油处理。

1）在更换密封件前，关闭散热片的进出口阀门，如果阀门关不严，则不能不停电更换。

2）更换的密封件材料应选用丁腈橡胶。

3）更换的密封件尺寸与原密封槽和密封面的尺寸应相配合，清洁密封件并检查应无缺陷，矩形密封件其压缩量应控制在正常范围的 1/3 左右，圆形密封件其压缩量应控制在正常范围的 1/2 左右。

4）在更换新的密封件前，所有大小法兰的密封面和密封槽均应清除锈迹和修磨凸起的焊渣、漆膜等杂质，以及补平砂孔沟痕，要保证密封面平整光滑清洁。

5）对于无密封槽的法兰，密封件安装过程中要用密封胶把密封件固定在法兰的密封面上。

6）紧固螺栓、螺母时按（1）中要求进行。

（3）焊缝出现裂纹或有砂眼的渗漏油处理。

1）采取堵漏胶进行处理。

2）适用于在保持与带电部分足够安全距离的堵漏处理。

3）在堵漏前，漏点应清除锈迹和修磨凸起的焊渣、漆膜等杂质。

4）按堵漏胶的使用说明在漏点均匀地抹上堵漏胶。

5）等待堵漏胶固化后对漏点所在部位清洁，观察堵漏效果。

（二）变压器冷却器故障的检查与处理

1. 故障的原因

（1）冷却器的风扇、潜油泵、油流继电器故障。

（2）风冷控制箱故障造成冷却器停运。

（3）风冷却器散热器风道间有堵塞。

2. 故障的现象

（1）冷却器的风扇、潜油泵故障停运。

（2）油流继电器不能正确指示油流方向。

（3）油温异常升高。

3. 故障的处理

（1）主变压器不停电更换故障潜油泵。

1）在更换潜油泵前，关闭潜油泵进出口阀门，拧开潜油泵放油孔，将潜油泵及管道内的剩油放入油桶中。如果潜油泵进出口阀门关不严，则不能不停电更换油泵，只能在变压器停电检修时采取抽真空更换油泵。

2）更换潜油泵时应使用专用工具拆除潜油泵接线、潜油泵进出口法兰螺栓，将潜油泵拆下。

3）更换新油泵，调换潜油泵密封件，潜油泵进出口法兰螺栓要从对角线的位置依次紧固。

4）更换好潜油泵后，复装潜油泵接线，保证潜油泵接线盒和电缆接口密封应良好。

5）打开潜油泵进出口阀门对潜油泵和管道放气注满油，应先打开潜油泵放气阀，再略微打开潜油泵出油阀，使变压器油缓慢注入潜油泵和管道内，待放气阀出油后，关闭放气阀，随后打开潜油泵的出油阀和进油阀，注意阀门打开后应检查确保蝶阀杆固定锁牢，以防止在运行中阀门自动关闭，造成油回路故障。

6）检查潜油泵本体、放油孔、各平面接口及潜油泵进出口法兰应无渗漏油。

（2）主变压器不停电更换故障风扇。

1）在更换风扇前，应检查确认风扇电源应拉开，拉开风扇控制回路小开关和熔丝。

2）拆开风扇防护罩，拆卸风叶，拆去风扇电动机接线和电动机固定螺栓，用专用滑轮和绳子将电动机扎牢并吊下，再将新电动机调换上。

3）调整电动机的同心度，左、右间隙不对时可直接移动电动机，高低不对时可调整底脚垫片。调整好电动机同心度后，紧固电动机底脚螺栓，并接好电动机接线，检查电动机引线各桩头螺栓应紧固，接线盒应密封好，可用密封胶进行密封。

4）装上风扇叶子，螺栓应均匀紧固，并检查风叶与风筒间隙上下左右应相等，最后装上风扇护罩。

5）合上冷却风扇电源，检查风扇转向应正确。

6）测量风扇三相电压，偏差应在380V（±5%）以内。

7）测量风扇三相电流应基本平衡，三相电流差值不超过平均值的10%，三相电流值不超过电动机额定电流值。

（3）主变压器不停电更换故障油流继电器。

1）在更换前首先要将冷却系统切换开关放至停用并拉开电源空气开关、控制回路小开关和熔丝。

2）关闭油流继电器两侧阀门，松开油流继电器的 4 个螺栓，将油流继电器内的剩油放入油桶中。如果油流继电器两侧阀门关不死，则不能不停电更换，只能在变压器停电检修时采取抽真空更换油流继电器。

3）将油流继电器接线拆下，并做好记录，更换油流继电器及密封件，油流继电器螺栓要从对角线位置依次紧固。

4）按拆卸时的记号接好油流继电器接线，用万用表检测接线应正确，用绝缘电阻表检测绝缘应良好，一副动断触点和一副动合触点要按分控电气接线图接正确。

5）先打开油流继电器的放气阀，再打开油泵进油阀使变压器油进入油流继电器及管道，待放气阀出油后立即关闭放气阀，然后打开油泵出油阀，检查所有关闭过的阀门应在打开位置，检查阀门应有止动装置且可靠。

6）启动潜油泵，检查油流继电器指针应指在流动位置且无晃动、检查冷却器工作信号灯应亮、检查应无渗漏油、检查其他放至备用状态的部件应无启动。停用潜油泵时，油流继电器指针应指在停止位置。

（4）风冷控制箱常见故障的处理方法。

1）风冷控制箱常见故障为热继电器动作或空气开关跳闸，热继电器一般用作过载和缺相保护，空气开关一般用作短路保护。

2）将自动投入运行的备用冷却器组改投到"运行"位置。

3）如果是空气开关跳闸，应检查回路中有无短路故障点，可将故障冷却器组投"停用"位置，重新合上空气开关，若再次跳闸，则说明从空气开关到冷却器组控制箱之间的电缆有故障。若空气开关合上后未再次跳闸，则说明冷却器组控制箱及电动机之间的回路有问题。

4）如果是热继电器动作，可在恢复热继电器位置时，弄清是潜油泵电动机还是风扇电动机过载。再次短时投入冷却器组，观察油泵和风扇的电动机，并做如下处理：

a. 整组冷却器组不启动，应检查三相电压是否正常，是否缺相。

b. 若潜油泵过载，应稍等片刻，再恢复热继电器位置。

c. 若发现某个风扇声音异常，摩擦严重，可在控制箱内将故障风扇的电动机端子接线取下，恢复热继电器位置，然后试投入该冷却器组。

d. 如果气温很高，可能引起热继电器动作，可打开控制箱门冷却片刻，再次投入。

e. 若潜油泵声音异常，冷却器组不能继续运行，应更换潜油泵。

f. 检查热继电器 RJ 触点接触情况，如果热继电器损坏，应由检修人员及时更换。

（5）检查风冷却器散热器风道间有无隙堵塞，如有应用高压水枪（水压一般为 3～

5bar）清洗冷却器组管，清洗工艺如下：

1）清洗前，使冷却器停止运行，拆下风扇保护罩和风扇叶片，这样冷却器的前后都能彻底清洗。

2）先用吸尘器在进风侧从上至下吸掉灰尘、杂物。

3）用高压水枪冲洗，由出风侧往进风侧方向冲洗，勿使杂物进入中间管簇，以免杂物落入死区。

（三）变压器硅胶更换处理

1. 缺陷的现象

吸湿器内硅胶超过 2/3 变色。

2. 缺陷处理案例

（1）硅胶更换前的准备。

1）作业人员明确作业标准，使全体作业人员熟悉作业内容、作业标准。

2）工器具检查、准备，工器具应完好、齐全。

3）备品备件检查、准备，备品备件参数应符合要求。

4）危险点分析、预控，工作票安全措施及危险源点预控到位。

5）履行工作票许可手续，按工作内容办理工作票，并履行工作许可手续。

6）召开开工会，分工明确，任务落实到人，安全措施、危险源点明了。

（2）硅胶更换的实施。

1）更换前应检查并确认呼吸器管道畅通，油杯有气泡；若无气泡，需将重瓦斯改接信号，如图 Z09I1008Ⅲ-4 所示。

图 Z09I1008Ⅲ-4　更换前检查呼吸器管道

2）先取下油杯，将吸湿器从变压器上卸下，卸下过程中时应注意玻璃罩安全，吸湿器卸下后妥善放置，倒出内部硅胶，见图 Z09I1008Ⅲ-5。

图 Z09I1008Ⅲ-5　卸下吸湿器并倒出硅胶

3）检查玻璃罩，清洁内部，密封垫进行更换。玻璃罩清洁完好，密封良好，注意玻璃罩中滤网放置位置。

4）把干燥硅胶装入吸湿器，离顶盖留下 1/5 高度空隙，新装硅胶应经干燥，颗粒不小于 3mm，见图 Z09I1008Ⅲ-6。

5）下部油杯内注入清洁变压器油，加油至正常油位线，复装油杯时，旋紧后回转小半圈，确保呼吸器畅通。

6）复装后观察呼吸器呼吸正常，见图 Z09I1008Ⅲ-7。

图 Z09I1008Ⅲ-6　干燥硅胶装入吸湿器　　　图 Z09I1008Ⅲ-7　观察呼吸器呼吸正常

（3）硅胶更换的结束。

1）清理工作现场，将工器具全部收拢并清点，废弃物按相关规定处理，材料回收清点；

2）召开收工会，记录本次检修内容，有无遗留问题；

3）验收、办理工作票终结，恢复修试前状态、办理工作票终结手续；

4）按规范填写修试记录。

【思考与练习】

简述变压器渗漏油的原因。

▶ 模块9　断路器的一般异常消缺处理（Z09I1009Ⅲ）

【模块描述】本模块包含断路器的一般异常消缺内容；通过操作过程详细介绍，达到了解断路器 SF_6 定性检漏、不停电操作机构异常消缺处理技能的目的。

【模块内容】

一、断路器基本结构原理

参考本章模块2断路器普通带电测试及一般维护（Z09I1002Ⅱ）。

二、真空断路器一般异常

（一）真空断路器常见异常

1. 真空断路器本体故障

（1）真空灭弧室真空度降低；

（2）回路电阻超标；

（3）本体绝缘降低。

2. 操动机构故障

（1）二次回路电气故障；

（2）储能电动机、分闸线圈、合闸线圈和行程开关等机械元件故障。

（二）真空断路器常见异常原因分析

1. 真空度降低的原因

（1）真空灭弧室的材质或制作工艺存在问题，真空灭弧室本身存在微小漏点；

（2）真空灭弧室内波纹管的材质或制作工艺存在问题，多次操作后出现漏点。

2. 回路电阻超标的原因

（1）真空断路器触头烧损；

（2）导电回路接触不良。

三、SF_6 断路器一般异常

（一）断路器本体的故障异常现象、故障原因及处理方法

断路器本体的故障现象、故障异常原因及处理方法见表 Z09I1009Ⅲ-1。

表 Z09I1009Ⅲ-1　断路器本体的故障现象、故障原因及处理方法

故障现象	故障原因	处 理 方 法
SF_6 气体密度过低，发出报警	（1）气体密度继电器有偏差。 （2）SF_6 气体泄漏。 （3）防爆膜破裂	（1）检查气体密度继电器的报警标准，看密度继电器是否有偏差。 （2）检查最近气体填充后的运行记录，确认 SF_6 气体是否泄漏，如果气体密度以每年 0.05%的速度下降，必须用检漏仪检测，更换密封件和其他已损坏部件。 （3）检查是否内部气体压力升高而使防爆膜破裂，如果确认是电弧的原因，必须更换灭弧室
SF_6 气体微水量超标、水分含量过大	（1）检测时，环境温度过高。 （2）干燥剂不起作用	（1）检测时温度是否过高，可在断路器的平均温度+25℃时，重新检测。 （2）检查干燥剂是否起作用，必要时更换干燥剂，抽真空，从底部充入干燥的气体
导电回路电阻值过大	（1）触头连接处过热、氧化，连接件老化。 （2）触头磨损	（1）触头连接处过热、氧化或者连接件老化，则拆开断路器，按规定的方式清洁、润滑触头表面，重新装配断路器并检查回路电阻。 （2）触头磨损，则对其进行更换
触头位置超出允许值	弧触头磨损	弧触头磨损，则需更换触头
三相联动操作时相间位置偏差	（1）操作连杆损坏。 （2）绝缘操作杆损坏	更换损坏的操作连杆，检查各触头有无可能的机械损伤

（二）断路器的操动机构的故障异常现象、故障原因及处理方法

SF_6 断路器在运行中产生的故障现象，绝大多数是由操动机构和控制回路的元件故障引起的。所以要求运维人员必须熟悉断路器的操动机构以及控制保护回路，以便在断路器出现故障异常时能够正确地判断、分析和处理。

（1）液压操动机构故障现象、故障原因及处理方法见表 Z09I1009Ⅲ-2。

表 Z09I1009Ⅲ-2　　　　液压操动机构常见故障现象、故障原因及处理方法

故障现象		故障原因	处 理 方 法
建压时间过长或建不起压力	液压泵建压时间过长	整个建压时间过长的原因： （1）吸油回路有堵塞，吸油不畅通，滤油器有脏物堵住。 （2）液压泵低压侧空气未排尽。 （3）油箱油位过低，油量少。 （4）液压泵吸油阀钢球密封不严，或只有一个柱塞工作	（1）检查吸油回路是否堵塞而引起吸油不畅通，对其进行清理；检查滤油器是否有脏物堵住，必要时，过滤或更换新的液压油。 （2）排尽液压泵低压侧空气；拧紧接头，防止漏气。 （3）检查油箱油位是否过低，必要时加注油。 （4）检查液压泵吸油阀钢球的密封，修理，或者更换密封圈
		液压泵建立一定压力后，建压时间变长的原因： （1）柱塞座与吸油阀之间的尼龙密封垫不住高压油。 （2）柱塞和柱塞座配合间隙过大。 （3）高压油路有泄漏。 （4）高压放油阀未关严	（1）修理或者更换柱塞座与吸油阀之间的尼龙密封垫。 （2）检查柱塞和柱塞座配合间隙，重新研磨，或者更换零件。 （3）检查高压油路是否有泄漏，修理或更换密封圈。 （4）检查高压放油阀是否关严，修理或更换零件

续表

故障现象		故障原因	处 理 方 法
建压时间过长或建不起压力	液压泵建不起压力	（1）高压放油阀未关紧，或止回阀钢球没有复位。 （2）合闸二级阀未关严。 （3）液压泵本身有故障，吸油阀密封不严，柱塞与柱塞座配合间隙过大。 （4）安全阀动作未复位	（1）检查高压放油阀是否关紧，止回阀钢球是否复位，修理或更换零件。 （2）检查合闸二级阀，重新研磨，或者更换零件。 （3）检查安全阀动作是否复位，必要时更换安全阀
油压下降到启泵压力但不能自动启泵		（1）电源、电动机是否完好。 （2）停/启泵微动开关触点是否卡涩。 （3）热继电器、延时继电器是否损坏	（1）检查电源和电动机，进行修理或者更换。 （2）检查停/启泵微动开关触点是否卡涩，进行修理；或更换微动开关。 （3）对损坏的热继电器、延时继电器进行修理和更换
在断路器操作过程中，控制阀发生大量喷油		（1）动作电压过高。 （2）液压油工作压力过低。 （3）手动操作用力不均。 （4）一、二级阀动作不灵活等	（1）调节分合闸线圈的间隙，或者用润滑剂润滑擎子装置，防止断路器动作电压过高。 （2）检查储压器，防止漏氮气；检查控制电动机启动触点，如损坏，进行修理。 （3）检查一、二级阀动作灵活性，修理、或更换零件
高低压油回路管道接头处渗漏油		在紧固接头前应先拧松接头螺帽，检查卡套是否松动和有弹性，接合面有无损伤与杂质	先拧松接头螺帽，检查卡套是否松动和有弹性，接合面有无损伤与杂质，如有损坏，进行修理或更换
拒动	拒合 — 合闸铁芯未启动	合闸线圈端子无电压： （1）二次回路接触不良，连接螺钉松。 （2）熔丝熔断。 （3）辅助开关触点接触不良，或未切换。 （4）SF_6 气体压力低或液压低闭锁	（1）检查、拧紧连接螺钉，使二次回路接触良好。 （2）修理辅助开关接触不良的触点，或更换辅助开关。 （3）测量合闸线圈端子电压，如果没有电压，检查 SF_6 气体压力，确定原因，必要时补气。 （4）将液压机构储能至额定压力
	拒合 — 合闸铁芯未启动	合闸线圈端子有电压： （1）合闸线圈断线或烧坏。 （2）铁芯卡住。 （3）二次回路连接过松，触点接触不良。 （4）辅助开关未切换	（1）检查、拧紧连接螺钉，使二次回路接触良好。 （2）修理辅助开关接触不良的触点，或更换辅助开关。 （3）测量合闸线圈端子电压，如果有电压，检查合闸线圈是否断线或烧坏，铁芯是否卡住，必要时更换线圈
	拒合 — 合闸铁芯已启动，工作缸活塞杆不动	（1）合闸线圈端子电压太低。 （2）合闸铁芯运动受阻。 （3）合闸铁芯撞杆变形，或行程不够，合闸一级阀打不开。 （4）合闸控制油路堵塞。 （5）分闸一级阀未复归	（1）修理，或者更换合闸线圈。 （2）清洗，过滤或更换液压油，防止合闸控制油路堵塞。 （3）检查分闸一级阀是否复归，必要时修理分闸一级阀

续表

故障现象			故 障 原 因	处 理 方 法
拒动	拒分	分闸铁芯未启动	分闸线圈端子无电压： （1）二次回路连接过松，触点接触不良。 （2）熔丝熔断。 （3）辅助开关接触不良，或未切换。 （4）SF_6 气体低压力或液压低闭锁	（1）检查、拧紧连接螺钉，使二次回路接触良好。 （2）修理辅助开关接触不良的触点，或更换辅助开关。 （3）测量分闸线圈端子电压，如果没有电压，检查 SF_6 气体压力，确定原因，必要时补气，或进行修理。 （4）将液压机构储能至额定压力
			分闸线圈端子有电压： （1）分闸线圈断线或烧坏。 （2）分闸铁芯卡住。 （3）二次回路连接过松，触点接触不良。 （4）辅助开关未切换	（1）检查、拧紧连接螺钉，使二次回路接触良好。 （2）修理辅助开关接触不良的触点，或更换辅助开关。 （3）测量分闸线圈端子电压，如果有电压，检查分闸线圈是否断线或烧坏，铁芯是否卡住，必要时更换线圈
		分闸铁芯已启动，工作缸活塞杆不动	（1）分闸线圈端子电压太低。 （2）分闸铁芯空程小，冲力不足或铁芯运动受阻。 （3）阀杆变形，行程不够，分闸阀未打开。 （4）合闸保持回路漏装节流孔接头	（1）修理，或者更换分闸线圈。 （2）清洗，过滤或更换液压油，防止闸控制油路堵塞。 （3）检查合闸保持回路是否漏装节流孔接头，如果是，安装节流孔
误动	合闸即分		（1）合闸保持回路节流孔受堵。 （2）分闸一级阀未复归，或密封不严。 （3）分闸二级阀活塞锥面密封不严	检查和清洗分闸一级阀、二级阀；必要时，清洗或更换液压油
液压泵频繁启动打压	分闸位置液压泵频繁启动打压		外泄漏： （1）工作缸活塞出口端密封不良。 （2）储压器活塞杆出口端密封不良。 （3）管路连接头渗漏。 （4）高压放油阀密封不良或未关严	拆下检查工作缸、储压器的活塞出口端密封性，更换接头或者密封圈；检查管路连接头密封性，更换接头或者密封圈；检查高压放油阀密封性，修理、重新研磨或更换密封圈
	分闸位置液压泵频繁启动打压		内泄漏： （1）工作缸活塞上密封圈失效。 （2）合闸一级阀密封不良。 （3）合闸二级阀密封不良。 （4）液压泵卸载止回阀关闭不严	检查工作缸活塞出口端和液压卸载止回阀的密封性，更换密封圈；检查合闸一级阀、合闸二级阀的密封性，清洗合闸一级阀、二级阀，必要时更换液压泵
液压泵频繁启动打压	合闸位置液压泵频繁启动打压		外泄漏： （1）工作缸活塞出口端密封不良。 （2）储压筒塞杆出口端密封不良。 （3）管路连接头渗漏。 （4）高压放油阀密封不良或未关严	拆下检查工作缸、储压器的活塞出口端密封性，更换接头或者密封圈；检查管路连接头密封性，更换接头或者密封圈；检查高压放油阀密封性，修理、重新研磨或更换密封圈
			内泄漏： （1）工作缸活塞上密封圈失效。 （2）分闸一级阀密封不良。 （3）分闸二级阀活塞密封圈失效，或分闸二级阀活塞锥面密封不良。 （4）液压泵卸载止回阀关闭不严	检查工作缸活塞出口端和液压卸载止回阀的密封性，更换密封圈；检查分闸一级阀、分闸二级阀的密封性，清洗分闸一级阀、二级阀，必要时更换液压泵

续表

故障现象		故障原因	处理方法
液压泵频繁启动打压	分、合闸位置液压泵均频繁启动	外泄漏： （1）工作缸活塞出口端密封不良。 （2）储压筒活塞杆出口端密封不良。 （3）管路连接头渗漏。 （4）高压放油阀密封不良或未关严	拆下检查工作缸、储压器的活塞出口端密封性，更换接头或者密封圈；检查管路连接头密封性，更换接头或者密封圈；检查高压放油阀密封性，修理、重新研磨或更换密封圈
		内泄漏： 液压泵卸载止回阀关闭不严	检查液压泵卸载止回阀的密封性，更换密封圈
漏氮报警装置自动发信		漏氮	进行测量，确定原因，如确实发生漏氮，补充气体
加热器不工作		加热器或温湿控制器损坏	更换加热器；修理或更换温湿控制器

（2）弹簧操动机构常见故障现象、故障原因及处理方法见表 Z09I1009Ⅲ–3。

**表 Z09I1009Ⅲ–3　　　　弹簧操动机构常见故障现象、
故障原因及处理方法**

故障现象			故障原因	处理方法
拒动	拒合	合闸铁芯未启动	合闸线圈端子无电压： （1）二次回路接触不良，连接螺钉松。 （2）熔丝熔断。 （3）辅助开关触点接触不良，或未切换。 （4）SF$_6$ 气体低压力闭锁	（1）检查、拧紧连接螺钉，使二次回路接触良好。 （2）修理辅助开关接触不良的触点，或更换辅助开关。 （3）测量合闸线圈端子电压，如果没有电压，检查 SF$_6$ 气体压力，确定原因，必要时补气
			合闸线圈端子有电压： （1）合闸线圈断线或烧坏。 （2）合闸铁芯卡住。 （3）二次回路连接过松，触点接触不良。 （4）辅助开关未切换	（1）检查、拧紧连接螺钉，使二次回路接触良好。 （2）修理辅助开关接触不良的触点，或更换辅助开关。 （3）测量合闸线圈端子电压，如果有电压，检查合闸线圈是否断线或烧坏，铁芯是否卡住，必要时更换线圈
		合闸铁芯已启动	（1）合闸线圈端子电压太低。 （2）合闸铁芯运动受阻。 （3）合闸铁芯撞杆变形，行程不足。 （4）合闸掣子扣入深度太大。 （5）扣合面硬度不够，变形，摩擦力大，"咬死"	（1）修理，或者更换合闸线圈。 （2）检查合闸掣子扣入是否过深，扣合面是否变形，进行修理，必要时更换零件
拒动	拒分	分闸铁芯未启动	分闸线圈端子无电压： （1）二次回路接触不良，连接螺钉松。 （2）熔丝熔断。 （3）辅助开关触点接触不良，或未切换。 （4）SF$_6$ 气体低压力闭锁	（1）检查、拧紧连接螺钉，使二次回路接触良好。 （2）修理辅助开关接触不良的触点，或更换辅助开关。 （3）测量分闸线圈端子电压，如果没有电压，检查 SF$_6$ 气体压力，确定原因，必要时补气，或进行修理

故障现象			故障原因	处 理 方 法
拒动	拒分	分闸铁芯未启动	分闸线圈端子有电压： （1）分闸线圈断线或烧坏。 （2）分闸铁芯卡住。 （3）二次回路连接过松，触点接触不良。 （4）辅助开关未切换	（1）检查、拧紧连接螺钉，使二次回路接触良好。 （2）修理辅助开关接触不良的触点，或更换辅助开关。 （3）测量分闸线圈端子电压，如果有电压，检查分闸线圈是否断线或烧坏，铁芯是否卡住，必要时更换线圈
		分闸铁芯未启动	（1）分闸线圈端子电压太低。 （2）分闸铁芯空程小，冲力不足或铁芯运动受阻。 （3）分闸掣子扣入深度太浅，冲力不足。 （4）分闸铁芯撞杆变形，行程不足	（1）修理，或者更换分闸线圈。 （2）检查分闸掣子扣入是否过浅，冲力不够，进行修理，必要时更换零件
误动		储能后自动合闸	（1）合闸掣子扣入深度太浅，或扣入面变形。 （2）合闸掣子支架松动。 （3）合闸掣子变形锁不住。 （4）牵引杆过"死点"距离太大，对合闸掣子撞击力太大	检查合闸掣子扣入深度、扣入面、支架、牵引杆过"死点"距离等，进行修理、适当的调整，或者更换零件
误动		无信号自动分闸	（1）二次回路有混线，分闸回路两点接地。 （2）分闸掣子扣入深度太浅，或扣入面变形，扣入不牢。 （3）分闸电磁铁最低动作电压太低。 （4）继电器触点因某种原因误闭合	（1）检查二次回路是否有混线，使之控制良好。 （2）检查分闸掣子扣入深度和扣入面，修理，或者更换零件。 （3）测量分闸电磁铁最低动作电压，如果其值太低，调整分闸线圈的间隙，或者更换线圈。 （4）检查继电器，修理触点，或者进行更换
		合闸即分	（1）二次回路有混线，合闸同时分闸回路有电。 （2）分闸掣子扣入深度太浅，或扣入面变形，扣入不牢。 （3）分闸掣子不受力时，复归间隙调得太大。 （4）分闸掣子未复归	（1）检查二次回路是否有混线，使之控制良好。 （2）检查分闸掣子的扣入深度、复归间隙等情况，修理，或者更换零件
弹簧储能异常		弹簧未储能	（1）电动机过流时保护动作。 （2）接触器回路不通或触点接触不良。 （3）电动机损坏或虚接。 （4）机械系统故障	（1）检查储能电动机是否过电流保护。 （2）检查接触器回路和触点接触情况，进行修理，使控制良好。 （3）检查机械系统是否故障，进行修理；必要时，更换零件
		弹簧储能未到位	限位开关位置不当	检查限位开关位置，重新进行调整
		弹簧储能过程中打滑	棘轮或大小棘爪损伤	检查棘轮、大小棘爪是否有损伤，处理，必要时更换

（3）液压弹簧操动机构常见故障现象、故障原因及处理方法见表 Z09I1009Ⅲ-4。

表 Z09I1009Ⅲ-4　　液压弹簧操动机构常见故障现象、故障原因及处理方法

异常现象			故障原因	处理方法
建压时间过长或建不起压力	液压泵建压时间过长		整个建压时间过长： （1）吸油回路有堵塞。 （2）油箱油位过低，油量少	（1）检查吸油回路是否堵塞而引起吸油不畅通，对其进行清理；检查滤油器是否有脏物堵住，必要时，过滤或更换新的液压油。 （2）检查油箱油位是否过低，必要时加注油
			液压泵建立一定压力后，建压时间变长： （1）柱塞座与吸油阀之间的尼龙密封垫封不住高压油。 （2）高压放油阀未关严	（1）修理或者更换柱塞座与吸油阀之间的尼龙密封垫。 （2）检查高压放油阀是否关严，修理或更换零件
	液压泵建不起压力		（1）高压放油阀未关紧，或止回阀钢球没有复位。 （2）合闸二级阀未关严。 （3）液压泵本身有故障，吸油阀密封不严，柱塞与柱塞座配合间隙过大。 （4）安全阀动作未复位	（1）检查高压放油阀是否关紧，止回阀钢球是否复位，修理或更换零件。 （2）检查合闸二级阀，重新研磨或者更换零件。 （3）检查安全阀动作是否复位，必要时更换安全阀
油压下降到启泵压力但不能自动启泵			（1）电源、电动机是否完好。 （2）停/启泵微动开关触点是否卡涩。 （3）热继电器、延时继电器是否损坏	（1）检查电源和电动机，进行修理或者更换。 （2）检查停/启泵微动开关触点是否卡涩，进行修理；或更换微动开关。 （3）对损坏的热继电器、延时继电器进行修理和更换
拒动	拒合	合闸铁芯未启动	合闸线圈端子无电压： （1）二次回路接触不良，连接螺钉松。 （2）熔丝熔断。 （3）辅助开关触点接触不良，或未切换。 （4）SF_6 气体压力低或液压低闭锁	（1）检查、拧紧连接螺钉，使二次回路接触良好。 （2）修理辅助开关接触不良的触点，或更换辅助开关。 （3）测量合闸线圈端子电压，如果没有电压，检查 SF_6 气体压力，确定原因，必要时补气。 （4）将液压机构储能至额定压力
			合闸线圈端子有电压： （1）合闸线圈断线或烧坏。 （2）铁芯卡住。 （3）二次回路连接过松，触点接触不良。 （4）辅助开关未切换	（1）检查、拧紧连接螺钉，使二次回路接触良好。 （2）修理辅助开关接触不良的触点，或更换辅助开关。 （3）测量合闸线圈端子电压，如果有电压，检查合闸线圈是否断线或烧坏，铁芯是否卡住，必要时更换线圈
		合闸铁芯已启动，工作缸活塞杆不动	（1）合闸线圈端子电压太低。 （2）合闸铁芯运动受阻。 （3）合闸铁芯撞杆变形，或行程不够，合闸一级阀未打开。 （4）合闸控制油路堵塞。 （5）分闸一级阀未复归	（1）修理，或者更换合闸线圈。 （2）清洗，过滤或更换液压油，防止合闸控制油路堵塞。 （3）检查分闸一级阀是否复归，必要时修理分闸一级阀

续表

异常现象			故障原因	处理方法
拒动	拒分	分闸铁芯未启动	分闸线圈端子无电压： （1）二次回路连接过松，触点接触不良。 （2）熔丝熔断。 （3）辅助开关接触不良，或未切换。 （4）SF$_6$气体低压或液压低闭锁	（1）检查、拧紧连接螺钉，使二次回路接触良好。 （2）修理辅助开关接触不良的触点，或更换辅助开关。 （3）测量分闸线圈端子电压，如果没有电压，检查 SF$_6$ 气体压力，确定原因，必要时补气，或进行修理。 （4）将液压机构储能至额定压力
			分闸线圈端子有电压： （1）分闸线圈断线或烧坏。 （2）分闸铁芯卡住。 （3）二次回路连接过松，触点接触不良。 （4）辅助开关未切换	（1）检查、拧紧连接螺钉，使二次回路接触良好。 （2）修理辅助开关接触不良的触点，或更换辅助开关。 （3）测量分闸线圈端子电压，如果有电压，检查分闸线圈是否断线或烧坏，铁芯是否卡住，必要时更换线圈
		分闸铁芯已启动，工作缸活塞杆不动	（1）分闸线圈端子电压太低。 （2）分闸铁芯空程小，冲力不足或铁芯运动受阻。 （3）阀杆变形，行程不够，分闸阀未打开。 （4）合闸保持回路漏装节流孔接头	（1）修理，或者更换分闸线圈。 （2）清洗，过滤或更换液压油，防止闸控制油路堵塞。 （3）检查合闸保持回路是否漏装节流孔接头，如果是，安装节流孔
误动	合闸即分		（1）合闸保持回路节流孔受堵。 （2）分闸一级阀不复归，或密封不严。 （3）分闸二级阀活塞锥面密封不严	检查和清洗分闸一级阀、二级阀；必要时，清洗或更换液压油
液压泵频繁启动打压	分闸位置液压泵频繁启动打压		外泄漏： （1）工作缸活塞出口端密封不良。 （2）高压放油阀密封不良或未关严	拆下检查工作缸的活塞出口端密封性，更换接头或者密封圈；检查高压放油阀密封性，修理、重新研磨或更换密封圈
			内泄漏： （1）工作缸活塞上密封圈失效。 （2）合闸一级阀密封不良。 （3）合闸二级阀密封不良。 （4）液压泵卸载止回阀关闭不严	检查工作缸活塞出口端和液压泵卸载止回阀的密封性，更换密封圈；检查合闸一级阀、合闸二级阀的密封性，清洗合闸一级阀、二级阀，必要时更换液压油
	合闸位置液压泵频繁启动打压		外泄漏： （1）工作缸活塞出口端密封不良。 （2）高压放油阀密封不良或未关严	拆下检查工作缸的活塞出口端密封性，更换接头或者密封圈；检查管路连接接头密封性，更换接头或者密封圈；检查高压放油阀密封性，修理、重新研磨或更换密封圈
			内泄漏： （1）工作缸活塞上密封圈失效。 （2）分闸一级阀密封不良。 （3）分闸二级阀活塞密封圈失效，或分闸二级阀活塞锥面密封不良。 （4）液压泵卸载止回阀关闭不严	检查工作缸活塞出口端和液压泵卸载止回阀的密封性，更换密封圈；检查分闸一级阀、分闸二级阀的密封性，清洗分闸一级阀、二级阀，必要时更换液压泵

续表

异 常 现 象		故 障 原 因	处 理 方 法
液压泵频繁启动打压	分、合闸位置液压泵均频繁启动	外泄漏： （1）工作缸活塞出口端密封不良。 （2）高压放油阀密封不良或未关严	拆下检查工作缸的活塞出口端密封性，更换接头或者密封圈；检查管路连接头密封性，更换接头或者密封圈；检查高压放油阀密封性，修理、重新研磨或更换密封圈
		内泄漏： 液压泵卸载止回阀关闭不严	检查液压泵卸载止回阀的密封性，更换密封圈

四、SF₆断路器 SF₆ 气体定性检漏

（一）SF₆检漏意义及方法介绍

1. SF₆断路器检漏的意义

对于充装 SF_6 气体的断路器，必须具有良好的密封性能，不能产生泄漏，原因是：

（1） SF_6 气体担负着绝缘和灭弧的双重任务，所以为了保证设备安全可靠运行，就要求不能漏气。

（2）密封结构越好，设备外部水蒸气往内部渗透量也越小，所充 SF_6 气体的含水量的增长就越慢，因此也必须要求漏气量越小越好。

任何一种电气设备，无论密封结构如何优良，也不能达到绝对不漏气，只是程度大小的差别。所以正常使用的气体压力是一个给定的范围，最高值为额定压力，最低值为闭锁压力，两者之差通常不超过 0.1MPa，在接近闭锁压力值的位置给出一个报警压力值。当设备内部气体泄漏到报警压力值时，由密度继电器发出电信号进行报警，这时必须对设备补气。每一种产品的技术条件中都规定了本产品的年漏气量。

从原理上讲，对 SF_6 断路器应监视 SF_6 气体的密度，而不是监视气体的压力。但是在工程实践中要监视其密度是非常困难的事情。只能测量气体的压力，再通过一定的压力—温度修正，比较粗略地估计 SF_6 气体是否漏气。在现行的有关运行规程中规定，运行人员在记录气体压力的同时，要记录环境温度，再根据环境温度下的压力折算到20℃时的压力，看是否发生变化，通过比较来判断 SF_6 气体是否泄漏。

2. SF₆电气设备的检漏方法

SF_6 电气设备的检漏有两种方法：定性检测，定量检测。

（1）定性检测。定性检漏只能确定 SF_6 电气设备是否漏气，判断是大漏还是小漏，不能确定漏气量，也不能判断年漏气率是否合格。定性检测的主要方法是检漏仪检测

法，采用校验过的 SF_6 气体检漏仪，沿被测面以大约 $25\sim5025mm/s$ 的速度移动，无泄漏点发现，则认为密封良好。这种方法一般用于 SF_6 设备的日常维护。

（2）定量检测。可以判断产品是否合格，确定漏气率的大小，主要用于设备制造、安装、大修和验收。根据国家标准规定，SF_6 漏气程度的大小可以用绝对漏气率 F 和相对年漏气率 F_y 表示。绝对漏气率 F，简称漏气率，它是单位时间内的漏气量，以 $MPa \cdot m^3/s$ 为单位。相对年漏气率 F_y，简称年漏气率，它是设备或隔室在额定充气压力下，在一定时间内测定的漏气量换算成一年时间的漏气量与总充气量之比，以年漏气百分率表示。定量检测有四种方法：扣罩法（整体检测法）；挂瓶法；局部包扎法；压力降法。本文不对定量检测作详细阐述。

（二）断路器 SF_6 气体定性检漏作业流程

说明：本 SF_6 气体定性检漏作业流程适用于六氟化硫设备（不带电部位）现场作业。

1. 准备工作

工器具、仪器仪表、材料备品见表 Z09I1009Ⅲ-5。

表 Z09I1009Ⅲ-5 　　　　工器具、仪器仪表、材料备品

序号	名　称	型号及规格	单位	数量	备注
1	个人常用工具		套	1	
2	手持式检漏仪（定性）	XP-1A 或其他符合要求的手持式检漏仪	台	1	
3	工具袋	帆布、肩挎式	个	1	有高处作业时
4	保险带	双控	付	1	有高处作业时
5	安全帽		顶	1	1 顶/人
6	碱性电池	2 号	节	2	或与所用检漏仪匹配的电池
7	探头	带保护帽、适配所用检漏仪	个	1	
8	酒精	无水酒精	瓶	1	
9	无毛纸		张	2	适量
10	充气接口	与待检设备配套	套	1	
11	SF_6 气体及充气装置	≤10kg；微水含量≤64.11μL/L	瓶	1	测量仪器及设备补压用

2. 危险点分析与预防控制措施

危险点分析与预防控制措施见表 Z09I1009Ⅲ-6。

表 Z09I1009Ⅲ-6 　　　　　危险点分析与预防控制措施

序号	防范类型	危险点	预防控制措施
1	人身触电	（1）误入带电间隔	工作前应明确工作地点；工作中监护到位，及时制止、纠正不安全作业行为
		（2）误碰设备带电部位	工作前应明确设备带电部位，保持做够安全距离，工作中监护到位，及时制止、纠正不安全作业行为
		（3）误碰周边带电设备	需要对周边运行端子做好防止误碰的安全措施；保持做够安全距离，工作中监护到位，及时制止、纠正不安全作业行为
2	防高处坠落	登高作业	使用绝缘梯、保险带等登高、防护工具
3	机械伤害	身体与设备磕碰	进入工作现场必须戴安全帽
4	过量吸入 SF_6 及其有毒分解物	（1）进入室内不通风	户内 SF_6 配电装置地位区应安装氧量仪或 SF_6 泄露报警仪；进入前应通风 15min 以上，避免单人进入
		（2）进入低洼区	不进入与 SF_6 配电装置相通的低洼区；必须进入应避免单人进入，并在进入前应通风 15min 以上
		（3）设备泄漏量大，人站在下风处	检漏操作前人尽量站在上风口，或带正压式呼吸器

3. 检漏工作标准

检漏仪定性检漏工作标准见表 Z09I1009Ⅲ-7。

表 Z09I1009Ⅲ-7 　　　　　检漏仪定性检漏工作标准

序号	检查项目	工艺标准	注意事项
1	检漏仪电池检查	打开电源开关，发光二极管将显示复位指示 2s（左灯绿色，其他灯橙色），通过观察发光二极管检查电池电量（最左边的发光二极绿色为正常，其他颜色表示电量不足需换电池）	电量不足需换电池
2	检漏仪清零	清零：设置当前环境下 SF_6 浓度零值：开机后按复位按钮，1s 后仪器重置零值，忽略探头周围存在的 SF_6 气体，以当前环境 SF_6 浓度为零值	
3	检漏仪灵敏度调整	开机后仪器默认为灵敏度 5 级，此时可听到间隔稳定的"嘟、嘟"声，如果需要可通过灵敏度调整键改变灵敏度；最左边的发光二极管表示 1 级（最低灵敏度）。从左边数，2～7 级由相应数目的发光二极管表示，所有的发光二极管全亮时表示 7 级（最高灵敏度）；灵敏度可在操作中的任何时候进行调整，不会影响检测；当泄漏不能被测出时，才调高灵敏度。当复位操作不能使仪器"复位"时，才调低灵敏度	
4	检漏前目测检查待检设备	气隔压力是否降低，目测检查所有管道、接口、密封面，有无密封胶、硅脂等溢出、损坏、腐蚀等痕迹	
5	检漏操作探头移动	探头要围绕被检部件移动，速率要求不大于 25～50mm/s，并且离表面距离不大于 5mm，要完整地围绕部件移动	防止漏检

续表

序号	检查项目	工 艺 标 准	注意事项
6	有风的区域的检漏	有风的区域，即使大的泄漏也难发现。在这种情况下，最好遮挡住潜在泄漏区域	防止因风速过大稀释检漏区域SF$_6$气体浓度
7	探头误报警	探头接触到湿气或溶剂时可能报警；检漏时避免探头接触上述物质	防止探头污染，影响检测结果
		注意不要污染探头，如果部件非常脏。或有凝固物应用无毛纸擦掉或用无水酒精清洁后用无毛纸掉。不能使用其他清洁剂或溶剂，因为它们会对探头产生影响	

五、操作机构不停电处理一般异常

（一）断路器机构日常检查处理主要项目

（1）检查所有电气元件及接线外观是否破损，机构箱内部接线端子排、各接触器等电气元件的二次接线连接应可靠，接线螺丝紧固，接线端子无氧化现象；

（2）机构箱内主要部件检查可参考本章模块 2 断路器普通带电测试及一般维护模块（Z09I1002Ⅱ）内相关内容；

（3）检查箱体内所有紧固螺栓、螺钉应无松动现象，开口销齐全、开口；

（4）箱体外部无锈蚀，箱门关闭紧密，箱门内密封条完整有弹性，无进水迹象；

（5）检测加热器是否正常工作，加热器更换处理可参考本章模块 10 隔离开关的一般异常消缺处理（Z09I1010Ⅲ）内相关内容。

（二）液压机构的排气

说明：本部分液压机构排气内容参考西门子公司提供的断路器维护作业指导书内容。本部分内容仅介绍断路器在运行状态下的排气，一般不能把机构压力释放至零，因此仅介绍了该液压机构油泵排气方法，该排气处理能临时解决频繁打压问题。

1. 异常现象

断路器在运行中偶尔会发生油泵连续运转或频繁起泵的情况，此时断路器液压系统的油压会维持在一个相对较低的压力水平，关闭油泵的电源后，液压系统的油压值能够保持不变（由此可以说明系统的内漏基本不存在）。

2. 原因分析

断路器长时间运行后，导致在液压系统油泵低压区聚积了一定量的气体，由于气体的存在，油泵不能有效地将液压油从低压部分输出到高压部分，从而出现油泵持续运转而油压不能升高的情况。严重时油泵还会由于液压油自润滑功能被气体削弱而导致相关的电气故障（接触器烧毁）或机械故障（油泵损坏）。

3. 油泵排气方法

现场解决该类问题只要对油泵进行排气即可，断路器不退出运行时的排气方法如下所述（排气位置见图 Z09I1009Ⅲ-1）：

（1）关闭油泵回路的电机电源；

（2）将油泵上的排气塞部分松开，保持松开的状态，当排出的油无气泡时，用手拧紧排气塞；

（3）合上电机电源开关，泄压至油泵自动打压（泄压阀位置见图 Z09I1009Ⅲ-2）；

（4）反复以上步骤（1）～（3），排气直至泵体内无气体排出；

（5）关闭油泵排气螺栓并拧紧，合上电机电源；

（6）再次泄压至油泵启动，计算一下到自动停泵的时间（补压时间大致为10s左右）；

（7）结束操作，锁紧泄压螺栓。

4. 注意事项

（1）由于断路器未能退出运行，排气时严禁碰触接触器。

（2）油压严禁泄至自动重合闸闭锁压力的下限值以下。

（3）油泵顶部的排气孔小螺栓为紫铜螺栓，表面有镀层，拧紧时切勿拧断。

（4）操作时所需的工具：8″开口扳手（两把）、10″开口扳手、酒精、抹布适量。

（5）所需时间：根据油泵低压部分气体量的多少，所用的时间有所差异，以排尽气体为标准。

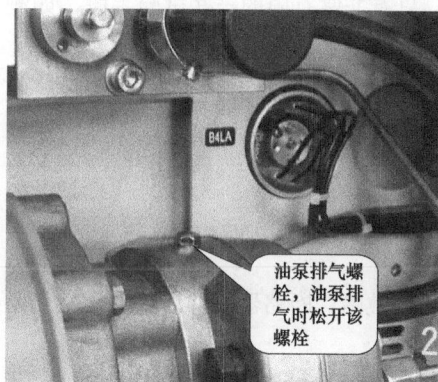

图 Z09I1009Ⅲ-1　油泵排气塞

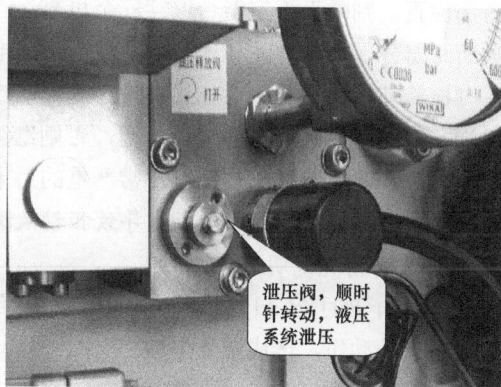

图 Z09I1009Ⅲ-2　泄压阀

六、案例

（一）某 220kV 断路器回路电阻超标故障

某变电站 220kV 柱式断路器检修前进行导电回路电阻的测量，分别测得 U、V、

W 三相的电阻值为 68、64、102μΩ，该断路器制造厂家规定的标准为≤78μΩ，W 相明显偏大、超标。

1. 分析

查阅该断路器上次的试验报告（三年前），U、V、W 三相的导电回路电阻值分别为 66、65、70μΩ，结果合格。

查阅该断路器的交接试验报告，U、V、W 三相的导电回路电阻值分别为 64、66、68μΩ，结果合格。

按照试验规程规定，断路器导电回路电阻数值应符合制造厂家的规定，并且不大于交接试验值的 1.2 倍。

查阅到该断路器在整个运行周期内，有 6 次开断短路电流的记录。

由以上初步判断，该断路器灭弧室触头可能烧损，或者触头连接处过热氧化。

2. 解体检查

将故障灭弧室返厂解体检查，发现该断路器灭弧室的动触头、静触头在电弧作用下，都有大面积的烧损。

3. 处理

在故障灭弧室返厂解体的同时，制造厂家为该变电站更换了新的灭弧室，安装调试后，断路器重新投入运行。

一般情况下，现场没有条件进行灭弧室的解体检修，甚至没有条件进行灭弧室的内部检查，判断灭弧室能否继续安全可靠运行，只有非常有限的一些试验手段，如测量断路器分、合闸时间和速度等，导电回路电阻的测量是其中很有效的一种手段。

检修前后的试验中，如果发现导电回路电阻值异常或者超标，一定要引起足够的重视，判断出原因所在，进行处理，否则继续运行安全隐患极大，可能会引发断路器触头烧融，甚至灭弧室炸裂等非常严重的后果。

（二）10kV 断路器凸轮卡塞导致拒动故障

1. 故障情况说明

2009 年 8 月 21 日，某变电站 10kV JY 线线路故障，断路器重合后拒动，主变压器后备保护动作，造成某变电站 10kVⅡ段母线失压。

故障设备型号 ZN12W12/1250–31.5，生产日期 2002 年 9 月。

2. 检查处理情况

事故后对 10kV JY 线断路器本体及机构进行检查，各零部件完好。多次对断路器进行特性试验，低电压动作，回路电阻试验以及触头行程、压缩行程测量，均正常。

在断路器检查操作过程中，发现该断路器在机构合闸过程中有时会连续出现"合闸后凸轮不能释放"现象，即储能轴在合闸弹簧力的作用下反向转动，带动凸轮压在三角杠杆上的滚珠轴承上（见图 Z09I1009Ⅲ-3），通过主传动轴使断路器合闸。但有时凸轮不能完成合闸循环，凸轮将三角杠杆上的滚珠轴承压至合闸位置后被其卡住，不能越过其最高点。此时分闸挚子虽然能保持断路器处于合闸状态，但是无法进行分闸（检查分闸挚子运动良好，无卡涩现象）。出现故障状态时即使分闸挚子被打开也不能使断路器分闸，因为断路器必须执行完合闸全过程才能具备分闸条件。此时通过储能电机转动带动凸轮（时间约 2s）或者手动下压杠杆使凸轮越过杠杆上的滚珠轴承，才能完成合闸全过程，机构分闸功能恢复正常，厂家称为"两响"状态。

图 Z09I1009Ⅲ-3　合闸时凸轮压在三角杠杆滚珠轴承上的状态

针对 JY 线断路器"两响"状态，对其连接杠杆的长度进行了调整，伸长半扣或缩短半扣断路器均能正常分合。最终将连接杠杆伸长半扣，断路器分合操作多次，未再出现合闸凸轮卡涩现象，测试各参数也均合格。

为了进一步查找、分析断路器"两响"原因，分别对相同厂家相同型号的四台备用断路器进行检查、测试。首先对该四台断路器进行分闸合闸传动试验，未发现异常，测量开距、压缩行程、机械特性，均在合格范围，然后调整连杆长度测量凸轮与三角杠杆间隙及断路器特性变化。

在以上状态下，进行了断路器特性、触头开距、压缩行程测试，测试结果全部合格。通过对四台断路器测试数据的分析统计，可以看出凸轮间隙数据的离散性较大，规律性不强，可靠分合闸间隙在 1.35 与 2.45 之间变化，凸轮间隙尺寸与连杆长度、配合公差等因素有关，连杆可调范围也不同，每台断路器的间隙都不同，该型断路器存在加工工艺不高、公差大等问题。

经咨询有关厂家，反映该类型断路器出现过相同现象，同时厂家反馈，造成该现象的原因主要为：合闸弹簧与分闸弹簧及超程弹簧的做功（弹簧拉力/压力）相对不足。

3. 原因分析

根据现场故障现象及检查情况，得出凸轮卡涩主要有以下两种原因：

（1）连杆运动副的多个轴由于加工工艺不良或润滑不良，造成合闸操作做功大幅增加，原有弹簧输出的操作功无法满足整个运动副的合闸需求。

（2）弹簧长期处于储能拉伸状态，弹簧长期受力疲劳，弹簧输出的操作做功无法满足整个运动副的合闸需求。

【思考与练习】

1. 真空断路器的常见异常有哪些？

2. SF_6 断路器本体异常有哪些？

3. SF_6 断路器气体检漏有何意义？

4. SF_6 设备检漏分哪两种方法？哪种方法能判断 SF_6 漏气率？

5. 试述 SF_6 检漏工艺流程及标准。

▲ 模块 10　隔离开关的一般异常消缺处理（Z09I1010Ⅲ）

【模块描述】本模块包含隔离开关的一般异常消缺内容；通过操作过程详细介绍，达到了解隔离开关导电回路检查、维护、不停电操作机构异常消缺处理技能的目的。

【模块内容】

一、隔离开关基本结构原理

参考本章模块 3　隔离开关普通带电测试及一般维护（Z09I1003Ⅱ）。

二、隔离开关一般异常缺陷及原因分析

（一）隔离开关常见缺陷

（1）触头弹簧的压力降低，触头的接触面氧化或积存油泥而导致触头发热；

（2）传动及操作部分的润滑油干涸，油泥过多，轴销生锈，个别部件生锈以及产生机械变形等，以上情况存在时，可导致隔离开关的操作费力或不能动作，距离减小以致合不到位和同期性差等缺陷；

（3）绝缘子断头、绝缘子折伤和表面脏污等。

（二）缺陷原因分析

在各种缺陷和故障中，比较普遍发生的是机构问题，包括锈蚀、进水受潮、润滑干涸、机构卡涩、辅助开关失灵等，这些缺陷不同程度上导致开关分、合闸不正常。因此，拒动和分、合闸不到位发生最多。其次是导电回路接触不良，正常运行时发热，

严重时可使隔离开关退出运行。其主要原因是隔离开关触头弹簧失效，使接触面接触不良。对安全运行威胁最大的是绝缘子断裂故障。合闸后自动分闸故障也有发生，但后果却很严重。

1. 绝缘子断裂故障

支柱绝缘子和旋转绝缘子断裂问题每年都有发生，运行多年的老产品居多，也有是刚投运的新产品。

绝缘子断裂事故至今仍不能有效地予以防止。支柱绝缘子断裂，特别是母线侧支柱绝缘子断裂，会引发母差保护动作，使变电站全停，造成重大事故。

绝缘子断裂的主要原因是绝缘子本身工艺质量问题，也有选型不当引起的抗弯抗扭能力不足。

2. 传动机构问题

隔离开关在出厂时或安装后刚投运时，分、合闸操作还比较正常。但运行几年后，就会出现各种各样问题。有的因机构进水，操作时转不动，有的会发生操作时连杆扭弯，还有的在连杆焊接处断裂而操作不动，由于机构卡涩问题会引起各种故障。操作失灵首先是机械传动问题，早期使用的机构箱容易进水、凝露和受潮，转动轴承防水性能差，又无法添加润滑油。隔离开关长期不操作，机构卡涩，轴承锈死时强行操作往往导致部件损坏变形。

底座内轴承的严重锈蚀和干涩是造成隔离开关拒动的主要原因，其他与传动系统相连部位（如机构主轴、转动臂、连杆的活动位置等）的锈蚀只是引起操作的困难。

3. 导电回路发热

隔离开关运行中常常发生导电回路异常发热，可能是触指压紧弹簧压力（拉力）达不到要求，也可能是触指接触不良造成的，还有是长期运行后，接触面氧化、锈蚀使接触电阻增加而造成。运行中弹簧长期受压缩（拉伸），并由于工作电流引起发热，使弹性变差，恶性循环，最终造成烧损。有些触头镀银层工艺差，厚度得不到保证，易磨损露铜，导电杆被腐蚀等。此外，还有合闸不到位或剪刀式钳夹结构夹紧力达不到要求等问题。导电回路接触不良发热的主要原因是弹簧锈蚀、变细、变形，以致弹力下降。机构操作困难引起分、合位置错位及插入不够。接线板螺钉年久锈死，接触压力下降。接触面藏污纳垢，清理不及时。涂抹导电物质不当造成隔离开关接触电阻增大发热等。

4. 进水与防锈问题

隔离开关机构箱（传动箱）进水以及轴承部位进水现象很普遍。金属零部件的锈蚀问题也十分严重。老产品，凡是金属部件，大多会发生不同程度的锈蚀，锈蚀包括外壳、连杆、轴销等。加之连杆、轴销润滑措施不当，导致机械传动失灵。

隔离开关运行中，雨水顺着连接头的键槽流入垂直连杆内。因连杆下部与连接头焊死不通，进入垂直连杆内的雨水，日积月累后造成管内壁生锈严重，致使钢管强度大幅度降低，操作中造成多起垂直连杆扭裂的故障。又冬季来临时管内结冰，体积的膨胀可能造成钢管破裂，致使本体与机构脱离。此时隔离开关失去闭锁能力，有可能在运行中自动分闸，形成严重的误分事故。

三、一般异常缺陷处理

（一）接触部分过热处理

1. 准备工作

检修工作开始前，根据发热情况，完成人员、工器具、材料、备品、备件的准备工作。工器具、材料、备件应按实际需要量进行准备并适当留有裕度，具体见表 Z09I1010Ⅲ-1。

表 Z09I1010Ⅲ-1　　　　工 器 具 与 材 料 准 备

序号	名称	规格	单位	数量
1	组合工具		套	1
2	安全带		套	若干
3	梯		架	1
4	人字梯	二节	架	2
5	中性清洗剂		kg	足量
6	中性凡士林		kg	0.5
7	清洁布		条	20
8	木榔头		把	1
9	砂皮		张	10
10	金属刷（钢丝刷）		把	2
11	汽油		kg	1
12	导电脂		kg	0.5
13	连接螺栓	螺栓、螺母、垫圈、弹垫	套	足量
14	金属除锈剂		瓶	1

2. 处理原则与标准

（1）应停电处理，处理时应认真执行导电回路检修工艺及质量标准，需参考产品使用说明书。

（2）解体检修时，严禁使用有缺陷的劣质线夹、螺栓等零部件，用压接式设备线夹替换螺栓式设备线夹，接头接触面要清洗干净并及时涂抹导电脂，螺栓使用正确、紧固力度适中。

（3）对过热频率较高的母线侧隔离开关，要保证检修到位、保证检修质量。对接线座部位，要重点检查导电带两端的连接情况，保证两端面清洁、平整、涂抹导电脂、压接紧密。对触头部位，要保证触头的光洁度，并涂抹中性凡士林，检查触头的烧伤情况，必要时要更换触头、触指，左触头的触指座要打磨干净，有过热、锈蚀现象的弹簧应更换。要保证三相分合闸同期，右触头的插入深度符合要求和两侧触指压力均匀。为检验检修质量，还应测量回路接触电阻，保证各接触面接触良好。

（4）涂在隔离开关触头及触杆上导电膏的量不易掌握，致使隔离开关再次发热。处理方法是针对这种活动导电接触面，应严格控制导电膏的涂抹量。首先将活动接触面使用无水酒精清洗干净，在导电面上抹一层均匀少量的导电膏，马上用布擦干净，使导电面上只留下微量的薄层导电膏。

（5）螺栓拧紧时应使用力矩扳手，并符合以下力矩要求：

螺栓直径　力矩（N）

M6　　4.5

M8　　10

M10　　20

M12　　40

M16　　80

3. 注意事项

（1）工作中与高压部分保持安全距离，防止误碰带电设备；高处作业人员必须系安全带，为防止感应电，工作前先挂临时接地线。

（2）瓷瓶禁止攀爬，使用人字梯或登高机具。

（二）拒分、据合处理

1. 传动机构及传动系统造成的拒分拒合

（1）原因。机构箱进水，各部轴销、连杆、拐臂、底架甚至底座轴承锈蚀卡死，造成拒分拒合。

（2）处理方法。对传动机构及锈蚀部件进行解体检修，更换不合格元件。加强防锈措施，涂润滑脂，加装防雨罩。传动机构问题严重或有先天性缺陷时应更换。

2. 电气问题造成的拒分拒合

（1）原因。三相电源开关未合上、控制电源断线、电源熔丝熔断、热继电器误动切断电源、二次元件老化损坏使电气回路异常而拒动、电动机故障等原因都会造成电动机构分、合闸时，电动机不启动，隔离开关拒动。

（2）处理方法。电气二次回路串联的控制保护元器件较多，包括小型开关、转换开关、交流接触器、限位开关及联锁开关、热继电器等。任一元件故障，就会导致隔离开关拒动。当按分合闸按钮不启动时，要首先检查操作电源是否完好，其次检查各相关元件。发现元件损坏时应更换，并查明原因。二次回路的关键是各个元件的可靠性，必须选择质量可靠的二次元件。

（三）分、合闸不到位

1. 机构及传动系统造成的分、合闸不到位

（1）原因。机构箱进水，各部轴销、连杆、拐臂、底架甚至底座轴承锈蚀，造成分合不到位。连杆、传动连接部位、闸刀触头架支撑件等强度不足断裂，造成分合闸不到位。

（2）处理方法。对机构及锈蚀部件进行解体检修，更换不合格元件。加强防锈措施，采用二硫化钼锂。更换带注油孔的传动底座。

2. 隔离开关分、合闸不到位或三相不同期

（1）原因。分、合闸定位螺钉调整不当。辅助开关及限位开关行程调整不当。连杆弯曲变形使其长度改变，造成传动不到位等。

（2）处理方法。检查定位螺钉和辅助开关等元件，发现异常进行调整，对有变形的连杆，应查明原因及时消除。此外，在操作现场，当出现隔离开关合不到位或三相不同期时，应拉开重合，反复合几次，操作时应符合要求，用力适当。如果还未完全合到位，不能达到三相完全同期，应安排计划停电检修。

（四）操作机构不停电检查处理

（1）检查所有电气元件及接线外观是否破损，机构箱内部接线端子排、各接触器等电气元件的二次接线连接应可靠，接线螺丝紧固，接线端子无氧化现象；

（2）操作过程中应注意马达及齿轮运动是否有异常声音。辅助开关切换应正确灵活。

（3）检查箱体内所有紧固螺栓、螺钉应无松动现象，开口销齐全、开口；

（4）箱体外部无锈蚀，箱门关闭紧密，箱门内密封条完整有弹性，无进水迹象；

（5）检测加热器是否正常工作。

以下重点介绍加热器的更换工作：

（1）加热器故障现象。

1）加热器空气开关投入，加热器不发热；

2）加热器空气开关投入即跳开。

（2）处理原则。

1）规格型号符合现场要求；

2）安装位置可靠，对周边二次线、电缆等物件无影响，防止加热器启用后造成电缆、二次线烫伤损坏。

（3）危险点分析。

1）误入带电间隔，工作前应熟悉工作地点带电部位；

2）带电更换加热器引起触电，更换前应拉开加热器电源或退下加热器电源熔丝，用万用变测量确认无电；

3）误碰周边带电设备，需要对周边运行端子做好防止误碰的安全措施；

4）二次回路误接线，拆线前需做好拆线记录；

5）机械伤害，工作前确认操作电源、电机电源拉开，防止更换工作中机构突然启动。

（4）更换加热器的主要步骤。

1）核查加热器的规格、参数；

2）准备新的同规格、同参数的加热器，并且测试合格；

3）完成危险点防范措施；

4）拆下加热器，安装新加热器，固定牢靠，恢复二次接线，接线正确，紧固；

5）恢复安全措施；

6）加热器试送电，检验是否正常启动，手动投入加热状态时应逐渐发热。

（5）其他注意事项。

1）需携带经测试合格的万用表、绝缘电阻表等；

2）确认无短路后加热器方可通电工作，严防短路引起交流失电；

3）接触器相同规格、参数的含义：外观尺寸一致，额定电压、额定电流一致；

4）工作结束后，应做好消缺等相关记录。

四、案例

（一）隔离开关引线线夹异常发热

某变电站红外测温人员到66kV进行红外诊断，室外温度28℃，发现66kV主进线甲隔离开关W相线路侧线夹与接线板136℃（160A）。同时发现主进线甲U相线路侧线夹与接线板45℃，V相线路侧线夹与接线板49℃。经过对比属于过热故障。

1. 原因分析

2009年6月5日上午经过检修人员结合红外热像图片及现场分析，确认隔离开关线夹过热原因可能为两个固定螺栓松动造成接触不良。

2. 故障处理

2009年6月5日下午进行停电检修，发现为两个固定螺栓松动造成两接触面接触不良，主要原因是两个固定螺栓没有弹簧垫圈，经过长时间的运行造成螺栓氧化松动。对两接触面进行打磨处理并更换带有弹簧垫圈的螺栓。

3. 防范措施

螺栓松动与接触面积不足是质量问题，不是疑难技术问题，设备安装及维护时，检修维护人员要有强烈的质量意识和责任心，对每个部位严格把关、严格要求。

（二）220kV 隔离开关对地闪络故障

1. 故障情况说明

9 月 5 日，某变电站 220kV Ⅰ、Ⅱ段母线按计划安排停役，需进行倒排操作，14:00在进行 RB Ⅰ 路 287 断路器倒排操作，现场合上 2872 隔离开关后，对 2871 隔离开关进行分闸操作，当 2871 隔离开关分闸到位时，2871 水平伸缩式隔离开关枴臂曲起，B相动触头枴臂导电杆内所积污水流出，沿着支柱绝缘子和操作绝缘子流下，积水引起2871B 相隔离开关支柱绝缘子对地闪络。

2. 故障情况检查

2871B 相隔离开关支柱绝缘子表面有明显的对地闪络痕迹，如图 Z09I1010 Ⅲ-1 所示。

事故后发现隔离开关下方仍有大量遗留积水，颜色混浊、味道很臭，取导电杆残留水样分析试验，积水的导电率达 20 000μs/cm（是淡水导电率的 67 倍），判定以上事故原因是该隔离开关未设计排水孔。

图 Z09I1010 Ⅲ-1　外观检查情况

3. 故障原因分析

经过分析，判断事故原因是隔离开关存在制造缺陷，由于隔离开关导电杆未设计排水孔，在长期的运行过程中引起内部积水。操作过程中，2871 隔离开关由合闸转为分闸时，B 相动触头枴臂导电杆内部所积大量污水流出，沿着支柱绝缘子和操作绝缘子流下，行程导电通路，2871B 相隔离开关支柱绝缘子靠近法兰和底座处有明显的闪络烧伤痕迹。

【思考与练习】

1. 简述隔离开关一般异常缺陷种类并分析原因。

2. 试述隔离开关接触部分过热处理过程。

3. 隔离开关操作机构不停电检查主要项目有哪些？

◢ 模块 11　互感器的一般异常消缺处理（Z09I1011Ⅲ）

【模块描述】本模块包含互感器的一般异常消缺内容；通过操作过程详细介绍、操作技能训练，达到掌握电压互感器熔丝异常消缺处理技能的目的。

【模块内容】

一、互感器常见一般缺陷

一般缺陷是指上述危急、严重缺陷以外的设备缺陷。指性质一般，情况较轻，对安全运行影响不大的缺陷。例如下列情况。

（1）储油柜轻微渗油。

（2）设备上缺少不重要的部件。

（3）设备不清洁，有锈蚀现象。

（4）二次回路绝缘有所下降。

（5）非重要表计指示不准。

（6）其他不属于危急、严重的设备缺陷。

出现一般缺陷，运行人员将缺陷内容记入相关记录，由负责人汇总按月度汇报。一般缺陷可在一个检修周期内结合设备检修、预试等停电机会进行消缺。

二、互感器常见缺陷原因及处理

1. 互感器进水受潮

（1）主要现象。绕组绝缘电阻下降，介质损耗超标或绝缘油微水超标。

（2）原因分析。产品密封不良，使绝缘受潮，多伴有渗漏油或缺油现象，以老型号互感器为多，通过密封改造后，这种现象大为减少。

（3）处理办法。应对互感器器身进行干燥处理，如轻度受潮，可用热油循环干燥处理，严重受潮者，则需进行真空干燥。对老型号非全密封结构互感器，应进行更换或加装金属膨胀器。

2. 绝缘油油质不良

（1）主要现象。绝缘油介质损耗超标，含水量大，简化分析项目不合格，如酸值过高等。

（2）原因分析。原制造厂油品把关不严，加入了劣质油；或运行维护中，补油时未做混油试验，盲目补油。

（3）处理办法。新产品返厂更换处理。如是投运多年的老产品，可根据情况采用换油或进行油净化处理。

3. 绝缘油色谱超标

（1）主要现象。设备运行中氢气或甲烷单项含量超过注意值，或者总烃含量超过注意值。

（2）原因分析。对于氢气单项超标可能与金属膨胀器除氢处理或油箱涤化工艺不当有关，如果试验数据稳定，则不一定是故障反映，但当氢气含量增长较快时，应予注意。甲烷单项过高，可能是绝缘干燥不彻底或老化所致。对于总烃含量高的互感器，应认真分析烃类气体成分，对缺陷类型进行判断，并通过相关电气试验进一步确诊。当出现乙炔时应予高度重视，因为它是反映放电故障的主要指标。

（3）处理办法。首先视情况补做相关电气试验，进一步判断缺陷性质。如判断为非故障原因，可进行换油或脱气处理。如确认为绝缘故障，则必须进行解体检修，或返厂处理或更换。

三、电磁式电压互感器常见故障的处理

1. 谐振故障

（1）故障现象。中性点非有效接地系统中，三相电压指示不平衡。一相降低（可为零）而另两相升高（可达线电压），或指针摆动，可能是单相接地故障或基频谐振。如三相电压同时升高，并超过线电压（指针可摆到头），则可能是分频或高频谐振。中性点有效接地系统，母线倒闸操作时，出现相电压升高并以低频摆动，一般为串联谐振现象。

（2）故障处理。操作前应有防谐振预案，准备好消除谐振措施。操作过程中，如发生电压互感器谐振，应采取措施破坏谐振条件以消除谐振。在系统运行方式和倒闸操作中，应避免用带断口电容的断路器投切带有电磁式电压互感器的空母线，运行方式不能满足要求时，应采取其他措施，例如更换为电容式电压互感器。对电容式电压互感器应注意可能出现自身铁磁谐振，安装验收时对速饱和阻尼方式要严格把关，运行中应注意对电磁单元进行认真检查，如发现阻尼器未投入或出现异常，互感器不得投入运行。

2. 二次电压降低

（1）故障现象。二次电压明显降低，可能是下节绝缘支架放电、击穿或下节一次绕组匝间短路。

（2）故障处理。这种互感器的严重故障，从发现到互感器爆炸时间很短，应尽快汇报调度，采取停电措施，在此期间不得靠近异常互感器。

四、电容式电压互感器二次电压异常的主要原因及处理

（1）二次电压波动。引起的主要原因可能为：二次连接松动，分压器低压端子未接地或未接载波线圈，电容单元被间断击穿，铁磁谐振。

（2）二次电压低。引起的主要原因可能为：二次接触不良，电磁单元故障或电容单元损坏。

（3）二次电压高。引起的主要原因可能为：电容单元损坏，分压电容接地端未接地。

（4）开口三角电压异常升高。引起的主要原因为：某相互感器电容单元故障。

（5）二次无电压输出。引起的主要原因为：一次接线端子绝缘不良或直接碰及油箱。

上述异常的处理办法为：在安全确保的条件下进行带电检查，必要时停电进行相关电气试验检查，判断引起异常的原因，针对异常原因进行相关处理，必要时进行更换。

五、电流互感器带电异常的处理

（1）电流互感器过热。可能是一次端子内外接头松动，一次过负荷或二次开路。应立即停运，经相关检查、试验，查找过热原因，并进行消除，必要时进行更换、增大变比。

（2）电流互感器产生异常声响。可能是有电位悬浮、末屏开路及内部绝缘损坏，二次开路，铁芯或零件松动。应立即停运，经相关检查、试验，查找原因，必要时进行更换。

六、互感器 SF$_6$ 气体含水量超标处理

运行中应监测互感器 SF$_6$ 气体含水量不超过 300μL/L，若超标应尽快退出运行，并通知厂家处理。

七、电压互感器熔丝异常处理

（一）互感器熔丝异常的现象

（1）熔断相电压明显下跌，三相线电压彼此不相等，三相接地指示灯亮度不一致；

（2）电压回路断线，信号动作；

（3）接地信号动作。

（二）互感器熔丝异常的处理案例

（1）互感器熔丝更换前的准备。

1）作业人员明确作业标准，使全体作业人员熟悉作业内容、作业标准。

2）工器具检查、准备，工器具应完好、齐全。

3）备品备件检查、准备，备品备件参数应符合要求，试验合格。

4）危险点分析、预控，工作票安全措施及危险源点预控到位。

5）履行工作票许可手续，按工作内容办理工作票，并履行工作许可手续。

6）召开开工会，分工明确，任务落实到人，安全措施、危险源点明了。

（2）互感器熔丝更换的实施。

1）核对手车上高压熔丝的规格、参数；

2）检查熔丝下桩头以下高压设备外观是否正常，并逐相测量手车上熔丝是否完好；

3）核对新熔丝的规格、参数，并测量新熔丝是否完好；

4）将熔断相熔丝换上新熔丝；

（3）互感器熔丝更换的结束。

1）清理工作现场，将工器具全部收拢并清点，废弃物按相关规定处理，材料回收清点；

2）召开收工会，记录本次检修内容，确认有无遗留问题；

3）验收、办理工作票终结，恢复修试前状态、办理工作票终结手续；

4）汇报调度将压变恢复送电，并检查三相电压是否正常；

5）如再次发生熔断，则汇报调度将压变继续改冷备用，汇报上级申请检修处理；

6）如三相电压正常，无其他异常情况时，向调度申请恢复相关保护、电容器；

7）按规范填写修试记录。

【思考与练习】

电容式电压互感器二次电压异常的主要原因是什么？

◢ 模块 12 母线的一般异常消缺处理（Z09I1012Ⅲ）

【模块描述】本模块包含母线的一般异常消缺内容；通过操作过程详细介绍，达到了解母线桥异常消缺处理技能的目的。

【模块内容】

一、母线一般异常缺陷及原因分析

（1）接头因接触不良，电阻增大，造成发热，严重时接头发红；

（2）绝缘子绝缘不良，使母线对地的绝缘电阻降低，严重时发生对地闪络；

（3）当大的故障电流通过母线时，在电动力和弧光作用下，使母线发生弯曲、折断或烧伤等现象；

（4）软母线加工工艺不良或母线受到机械伤害引起的导线散股、断股等。

二、一般异常缺陷处理

母线在运行过程中会发生各类异常及缺陷，最为常见的便是发热缺陷。母线发生变形、断裂、烧伤等故障时应将相应受损段更换，下文着重介绍母线接头发热的处理。

1. 准备工作

检修工作开始前，根据发热情况，完成人员、工器具、材料、备品、备件的准备工作；工器具、材料、备件应按实际需要量进行准备并适当留有裕度，具体见表Z09I1012Ⅲ-1。

表 Z09I1012Ⅲ-1　　　　　工 器 具 与 材 料 准 备

序号	名称	规格	单位	数量
1	组合工具		套	1
2	安全带		套	若干
3	梯		架	1
4	人字梯	二节	架	2
5	中性清洗剂		公斤	足量
6	中性凡士林		公斤	0.5
7	清洁布		条	20
8	木榔头		把	1
9	砂皮		张	10
10	金属刷（钢丝刷）		把	2
11	汽油		kg	1
12	导电脂		kg	0.5
13	连接螺栓	螺栓、螺母、垫圈、弹垫	套	足量
14	金属除锈剂		瓶	1

2. 工艺流程及标准

（1）拆除接头连接螺栓，螺栓锈蚀卡涩时可喷涂少量金属除锈剂；拆下连接引线/母排。

（2）用有机溶剂清除导体表面的脏污、氧化膜使导线表面清洁。

（3）检查接触面应平整无凹凸、无烧伤痕迹。若表面不平，可将搭接板垫于硬质平面上，用木榔头敲击整平；若有轻微烧伤痕迹，可用锉刀或砂布打磨直至两搭接面可以良好契合。

（4）为搭接面均匀涂抹薄薄一层导电脂。

（5）搭接回装，更换锈蚀螺栓，更换线夹上失去弹性或损坏的各个垫圈。

（6）用力矩扳手拧紧各螺母。

（7）螺栓拧紧时应使用力矩扳手，并符合以下力矩要求：

螺栓直径　力矩（N）

M6	4.5
M8	10
M10	20
M12	40
M16	80

3. 注意事项

（1）母线在运行一段时间以后，线夹、搭接部分的螺母还会发生松动，运行中注意螺母松动情况。

（2）必要时可测试接头接触电阻来检验搭接是否良好。

（3）工作中与高压部分保持安全距离，防止误碰带电设备；高处作业人员必须系安全带，为防止感应电，工作前先挂临时接地线。

（4）绝缘子禁止攀爬，使用人字梯或登高机具。

（5）母线上工作时应有防止零部件跌落措施。

【思考与练习】

1. 母线常见故障有哪些？原因有哪些？

2. 试述母线接头发热处理过程。

模块 13　避雷器的一般异常消缺处理（Z09I1013Ⅲ）

【模块描述】本模块包含避雷器的一般异常消缺内容；通过操作过程详细介绍，达到了解避雷器一般异常消缺、在线监测仪异常消缺处理技能的目的。

【模块内容】

一、氧化锌避雷器常见故障类型及其危害

避雷器的常见缺陷主要有由于螺丝松动、锈蚀等原因造成均压环脱落；泄漏电流表指示异常；计数器动作不正常；由于指针脱落、指针卡涩等表计原因造成功能异常，无法正确显示动作次数；泄漏电流表密封不良、玻璃破裂、进水。氧化锌避雷器常见故障类型主要有受潮、参数选择不当、结构设计不合理、操作不当、老化。这些故障轻则会造成避雷器绝缘下降、老化加快，重则会引起避雷器在运行电压下或过电压下爆炸损坏而危及系统安全运行。

二、氧化锌避雷器常见故障原因

（1）避雷器密封不良或漏气，使潮气或水分侵入。主要原因有：

1）金属氧化物避雷器的密封胶圈永久性压缩变形的指标达不到设计要求，装入金属氧化物避雷器后，易造成密封失效，使潮气或水分侵入。

2）金属氧化物避雷器的两端盖板加工粗糙、有毛刺，将防爆板刺破导致潮气或水分侵入。有的金属氧化物避雷器的端盖板采用铸铁件，但铸造质量极差、砂眼多，加工时密封槽因此而出现缺口，使密封胶圈装上后不起作用，潮气或水分由缺口侵入。

3）组装时漏装密封胶圈或将干燥剂袋压在密封圈上，或是密封胶圈位移，或是没有将充氮气的孔封死等。

4）装氮气的钢瓶未经干燥处理，就灌入干燥的氮气，致使氮气受潮，在充氮时将潮气带入避雷器中。

5）瓷套质量低劣，在运输过程中受损，出现不易观察的贯穿性裂纹，致使潮气侵入。

6）总装车间环境不良，或是经长途运输后，未经干燥处理而附着有潮气的阀片和绝缘件装入瓷套内，使潮气被封在瓷套内。

上述两种途径受潮所产生的结果是相同的。从事故后避雷器残骸可以看出，阀片没有通流痕迹，阀片两端喷铝面没有发现大电流通过后的放电斑痕。而在瓷套内壁或阀片侧面却有明显的闪络痕迹，在金属附件上有锈斑或锌白，这就是金属氧化物避雷器受潮的证明。

（2）参数选择不当原因。近年来在 3～66kV 中性点不接地或经消弧线圈接地系统中的金属氧化物避雷器，在单相接地或谐振过电压下动作损坏较多。分析认为造成金属氧化物避雷器动作时损坏的主要原因是对其额定电压和持续运行电压的取值偏低。

金属氧化物避雷器的额定电压是表明其运行特性的一个重要参数，也是一种耐受工频电压的能力指标。在 GB/T 11032—2000《交流无间隙金属氧化物避雷器》中对它的定义为"施加到避雷器端子间最大允许的工频电压有效值"。众所周知，金属氧化物避雷器的阀片耐受工频电压的能力是与作用电压的持续时间密切相关的。在定义中未给出作用电压的持续时间，所以不够严密，并且取值也偏低。

持续运行电压也是金属氧化物避雷器的重要特性参数，该参数的选择对金属氧化物避雷器的运行可靠性有很大的影响。GB/T 11032—2000 对持续电压的定义为"在运行中允许持久地施加在避雷器端子上的工频电压有效值"。它应覆盖电力系统运行中可能持续地施加在金属氧化物避雷器上的工频电压最高值。

（3）结构设计不合理原因。

1）有些避雷器厂家片面追求体积小、重量轻，造成瓷套的干闪、湿闪电压太低。

2）固定阀片的支架绝缘性能不良，有的甚至用青壳纸卷阀片，复合绝缘的耐压强度难以满足要求。

3）阀片方波通流容量较小，使用在某些场合不配合。

（4）操作不当原因。运行部门操作不当也是造成金属氧化物避雷器损坏或爆炸的一个原因。操作人员误操作，将中性点接地系统变为局部不接地系统，致使施加到某台金属氧化物避雷器两端的电压大大超过其持续运行电压。例如某地区有两个变电所发生的两起事故就属于操作不当引起的。当时在变压器与系统分开、中性点不接地的情况下，没有合中性点接地刀闸就进行系统操作，导致金属氧化物避雷器损坏。

（5）老化问题原因。运行统计表明，国产金属氧化物避雷器由于老化引起的损坏极少，而进口金属氧化物避雷器，爆炸的主要原因是阀片的质量差。其质量差主要是老化特性不好，有些公司的产品存在问题；其次是阀片的均一性差，使电位分布不均匀，运行一段时间后，部分阀片首先劣化，造成避雷器参考电压下降，阻性电流和功率损耗增加，由于电网电压不变，则金属氧化物避雷器内其余正常的阀片因荷电率（荷电率为金属氧化物避雷器最大运行相电压的峰值与其直流参考电压或工频参考电压峰值之比）增高，负担加重，导致老化速度加快，形成恶性循环，最终导致该金属氧化物避雷器发生热崩溃。

三、在线监测仪异常消缺处理

1. 缺陷的现象

（1）计数器动作试验不合格；

（2）在线监测仪进水受潮，玻璃破裂；

（3）在线监测仪指针卡涩，指示异常。

2. 在线监测仪更换案例

（1）在线监测仪更换前的准备。

1）作业人员明确作业标准，使全体作业人员熟悉作业内容、作业标准。

2）工器具检查、准备，工器具应完好、齐全。

3）备品备件检查、准备，备品备件参数应符合要求，试验合格。

4）危险点分析、预控，工作票安全措施及危险源点预控到位。

5）履行工作票许可手续，按工作内容办理工作票，并履行工作许可手续。

6）召开开工会，分工明确，任务落实到人，安全措施、危险源点明了。

（2）在线监测仪的实施。

1）线监测仪指示偏大，则应进行避雷器的带电测试，排除避雷器本体内阀片老化导致的指示偏大。

2）先用截面不小于 $25mm^2$ 的软铜线短接在线监测仪，以保证避雷器的接地状态良好。

3）拆除异常的在线监测仪。

4）安装新的在线监测仪，安装过程中应避免碰触到短接软铜线。

5）检查在线监测仪连接情况。

6）拆除短接软铜线，记录在线监测仪读数，并与同间隔其他相避雷器的在线监测仪以及原始记录进行比较。如指示仍异常，则需申请停电检查处理。

（3）在线监测仪的结束。

1）清理工作现场，将工器具全部收拢并清点，废弃物按相关规定处理，材料回收清点；

2）召开收工会，记录本次检修内容，确认有无遗留问题；

3）验收、办理工作票终结，恢复修试前状态、办理工作票终结手续；

4）按规范填写修试记录。

【思考与练习】

1. 概述避雷器的常见缺陷。

2. 在线监测仪异常缺陷有哪些？

模块 14　无功补偿装置的一般异常消缺处理（Z09I1014Ⅲ）

【模块描述】本模块包含无功补偿装置的一般异常消缺内容；通过操作过程详细介绍、操作技能训练，达到掌握无功补偿装置硅胶更换、电容器熔丝异常消缺处理技能的目的。

【模块内容】

一、电抗器及组部件常见缺陷

（一）电抗器渗漏油

1. 渗漏油的类型

（1）密封件渗漏油。

（2）焊缝渗漏油。

2. 渗漏油的原因

（1）密封件质量不符合使用要求。

（2）密封件损坏或老化。

（3）密封件选用尺寸不当或位置不正。

（4）在装配时，对密封垫圈过于压紧，超过了密封材料的弹性极限，使其产生永久变形（变硬）而起不到密封作用或套管受力时使密封件受力不均匀。

（5）密封面不清洁（如焊渣、漆瘤或其他杂物）或凹凸不平，密封垫圈与其接触不良，导致密封不严。

（6）在装配时，密封件没有压紧到位而起不到密封作用。

（7）密封环（法兰）装配时，将每个螺栓一次紧固到位，造成密封环受力不均而渗油。

(8) 焊缝出现裂纹或有砂眼。

(9) 内焊缝的焊接缺陷，油通过内焊缝从螺孔处渗出。

(10) 焊接较厚板时没有坡口或坡口不符合焊接要求，有假焊现象。

(11) 平板钻透孔焊螺杆时，背面焊接不好造成渗漏油。

(12) 非钻透平板发生钻透现象。

(13) 箱盖或法兰在装配时与连接件间产生应力而翘曲变形，出现密封不严。

（二）电抗器套管上部接线板发热

1. 故障的原因

套管导电杆和接线板接触不良。

2. 故障的现象

运行中用红外热像仪检测变压器套管导接线板温度明显偏高。

（三）电抗器本体储油柜油位异常故障

1. 故障的原因

(1) 储油柜的吸湿器堵塞。

(2) 储油柜的胶囊袋或隔膜损坏。

(3) 管式油位计的小胶囊袋输油管堵塞。

(4) 储油柜存在大量气体。

(5) 指针式油位计失灵。

2. 故障的现象

(1) 电抗器本体储油柜油位计油位显示异常升高或降低。

(2) 用红外热像仪测量的实际油位与油位计显示不符。

（四）电抗器冷却器故障

1. 故障的原因

(1) 冷却器的风扇故障。

(2) 风冷控制箱故障造成冷却器停运。

2. 故障的现象

冷却器的风扇停运。

（五）电抗器硅胶更换处理

1. 缺陷的现象

吸湿器内硅胶超过 2/3 变色。

2. 缺陷的处理

(1) 更换前应检查并确认呼吸器管道畅通，油杯有气泡。若无气泡，需将重瓦斯改接信号。

（2）先取下油杯，再缓慢打开吸湿器，防止放出残气时引起瓦斯动作。将吸湿器从变压器上卸下，妥善放置，倒出内部硅胶。卸下过程中时应注意玻璃罩安全。

（3）检查玻璃罩，清洁内部。

（4）检查吸湿器底部的滤网有无堵塞现象，如有则进行检修或更换。

（5）在吸湿器中倒入合格的硅胶，离顶盖留下 1/5 高度空隙。复装油杯时，旋紧后回转小半圈，确保呼吸器畅通。

（6）检查吸湿器底部油杯内的油位应高于呼吸口，否则应添加变压器油。

（7）复装后观察呼吸器正常。

二、电力电容器的一般异常及电容器熔丝异常消缺处理

1. 并联电容器运行中常见的故障及危害

并联电容器常见的故障主要有渗漏油、外壳膨胀变形、温度过高、外绝缘闪络、异常声响、额定电压选择不当等，其主要危害为电容器绝缘下降、电容击穿、保护动作，无功投入不足甚至爆炸起火危及系统安全运行。

2. 并联电容器常见故障的原因

（1）渗、漏油。它是一种常见的异常现象，主要原因是：出厂产品质量不良；运行维护不当；长期运行缺乏维修，以致外皮生锈腐蚀而造成电容器渗、漏油。处理：若外壳渗、漏油不严重可将外壳渗漏处除锈、焊接、涂漆。

（2）电容器外壳膨胀，说明内部已出现严重的绝缘故障。应更换电容器。

（3）电容器温升高。应改善通风条件，如其他原因，应查明原因进行处理。如系电容器的问题应更换电容器。

（4）电容器绝缘子表面闪络放电。其原因是瓷绝缘有缺陷、表面脏污，应定期检查，清脏污，对分散式电容器，套管绝缘不能恢复时应更换电容器单元。

（5）异常声响。电容器在正常情况下无任何声响，发现有放电声或其他不正常声音，说明电容器内部有故障应立即停止电容器运行，进行检修或更换电容器。

（6）电容器额定电压选择不当。并联电容器一般都带有串联电抗器，由于电抗器电压和电容器电压相位相反，在母线电压一定的情况下，会造成电容器相间电压增大，因此在电容器选型订货时，必须按照串联电抗率选择合适额定电压的电容器。如果电容器额定电压选择较低，则由于电容器过压能力较弱，势必将大大降低电容器的使用寿命。

3. 电容器熔丝（熔断器）异常消缺处理

电容器熔断器常见异常缺陷为安装角度不正确，熔丝座、熔丝接头发热，弹簧松弛或断裂等。

（1）熔断器的构成。熔断器通常由管体、熔丝和防摆装置等三部分组成。

1）管体。一般由环氧酚醛布管、金属管帽和安装螺栓等组成。管体系用来装设熔丝，并起绝缘隔离与防护作用，金属管帽作为防爆与安装连接用，在小电流规格还起到与熔体对接导电的作用；安装时用螺栓将熔断器固定于折成 120° 角的接线板上（不同厂家安装角度参见安装说明书），而后再固定连接在汇流排上。

2）熔丝。由连接端子、熔体、尾线及灭弧管等组成，是熔断器的关键部分（见图 Z09I1014Ⅲ-1）。熔体系熔断器动作时预定熔化的导电体。对于小电流规格采用片状连接端子与管帽对接通电；对于大电流规格采取带有螺纹的连接端子与管帽中的螺孔紧密镶嵌并与接线板固定连接通电，以及熔体与尾线机械压接和灭弧管自攻螺纹固定方式等工艺措施以改善性能。灭弧管起产气帮助灭弧作用。

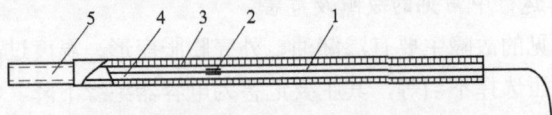

图 Z09I1014Ⅲ-1　熔丝的结构示意图
1—尾线；2—压接管；3—灭弧管；4—熔体；5—接线端子

3）防摆装置。由支架、弹簧及隔离管等组成。支架和弹簧采用不锈钢材料适合于户外使用。熔丝的尾线穿过隔离管（弹簧）与支架端头一起安装在电容器接线端上，并使隔离管受力平衡处于垂直状态（不同厂家安装角度参见安装说明书）。当熔体熔断，尾线在弹簧拉力和气体喷逐力的作用下射出时，该防摆装置能限制尾线摆动范围，并防止带电尾线与电容器外壳或柜架碰触放电。

（2）熔断器故障原因。外置熔断器故障原因大致有以下几类。

1）熔丝接触不良。熔丝安装时接触不良，接触电阻过大，运行时熔丝过热，热量传到熔丝的合金上，高温导致熔丝加速熔断。

2）熔丝前次故障受损，再次运行时熔断。在分散式电容器出现熔丝熔断故障时，当时其他未熔断的熔丝也会因过热而受损。若处理故障时没有被及时更换，当电容器再次投运时，在正常电流下，受损的熔丝极易熔断，造成电容器反复故障。

3）弹簧拉力不满足设计要求（安装角度不当，弹簧锈蚀、卡涩、失去弹力）。喷逐式熔断器是自产气纵吹弧与外弹簧强力拉弧相结合的熄弧结构。若弹簧拉力偏大，在开断过程中熔丝管内气体压力还没有来得及建立起来，对纵吹熄弧不利。若拉力偏小，就无法释放出熔断器熔断时尾线迅速摆脱熔断器所需要的能量，尾线不能迅速脱离重燃区又起不到强力拉弧作用，造成重燃机会，导致事故扩大。

4）熔丝不匹配。

5）熔丝质量缺陷。

6）散热问题，熔断器属热敏感元器件，温度的高低对其性能必然产生影响。

（3）熔断器缺陷处理。

1）在运行巡视时，注意熔断器有无变形情况，包括熔断器管体变形，位置指示器明显位移（可能因弹簧变松或熔体发热拉长或内部熔丝接头脱开等所致）、内熔管脱落滑出等，以及熔断器有局部过热或放电痕迹，金属件（特别是弹簧）有否明显的锈蚀情况。结合装置停电检查，注意弹簧的拉力是否正常。及时更换有问题的外熔断器，避免因外熔断器开断性能变差而复燃导致事故扩大。

2）电容器发生极间短路故障后，应将该相或与故障电容器相并联的所有电容器的熔断器全部更换掉。在故障放电时，这些完好电容器的熔丝有可能已发生过热。特别是对于全膜电容器，由于采用凸箔式结构，自身的杂散电感较小，故障时放电电流将可能超过熔丝允许的涌流值，过热会使熔断器的特性变坏。

3）安装五年以上的户外用外熔断器应及时更换。

4. 电力电容器熔丝更换案例

（1）熔管的安装。将固定支座、熔管、熔芯按顺序安装于电容器汇流排上，如图Z09I1014Ⅲ-2所示，熔管的安装角度参见安装说明书。

（2）弹簧安装

将线夹、垫圈、弹簧和螺母应按安装说明书顺序安装于电容器端子上，如图Z09I1014Ⅲ-3所示。

图 Z09I1014Ⅲ-2 熔管、固定支架、熔芯安装实物图

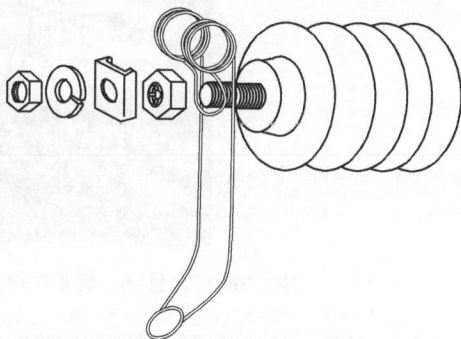

图 Z09I1014Ⅲ-3 线夹、垫圈、弹簧和螺母安装示意图

（3）熔断器熔芯尾线的安装。

1）拉直熔断器熔芯尾线以保证没有纠缠，如图 Z09I1014Ⅲ-4 所示。

2）把熔芯尾线穿过弹簧顶部的孔眼然后回到弹簧底部孔眼，然后把弹簧顶部推到熔管下方，如图 Z09I1014Ⅲ-5 所示，弹簧的安装角度参见安装说明书。

图 Z09I1014Ⅲ-4　拉直熔断器熔芯尾线　　　图 Z09I1014Ⅲ-5　弹簧安装

3）把熔断器的熔芯尾线缠绕在电容器端子的螺杆上（线夹与螺母之间），旋紧外面的螺母，如图 Z09I1014Ⅲ-6 所示。

4）修整过长的熔断器熔芯尾线，如图 Z09I1014Ⅲ-6 所示。

图 Z09I1014Ⅲ-6　旋紧螺母并修整过长的熔断器熔芯尾线

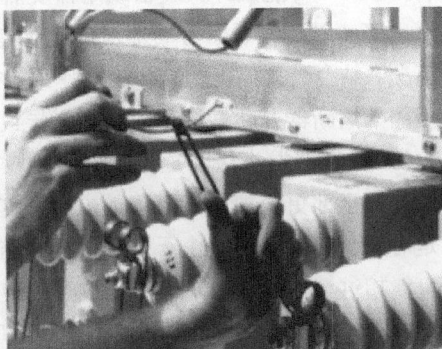

（4）检查。检查熔断器弹簧和熔管的安装角度确保符合说明书要求。

【思考与练习】

1. 概述电容器的常见缺陷。

2. 概述电容器熔丝更换过程。

第三十二章

二次设备维护性检修

◤ 模块 1　继电保护、二次回路及监控系统的一般性维护
（Z09I2001 Ⅱ）

【模块描述】本模块包含继电保护、二次回路及监控系统一般性维护内容；通过操作过程详细介绍、操作技能训练，达到掌握保护装置、二次回路及监控系统的红外测温、辅助设施维护、例行检查技能的目的。

【模块内容】

本文过对继电保护、二次回路及监控系统一般维护工作内容进行介绍，主要对作业流程、危险点过程分析及控制措施、技术要求及注意事项等方面进行阐述，并辅以一定案例来说明维护工作。

一、保护装置及二次回路例行试验和诊断性试验

保护装置和二次回路例行试验即对保护装置及其所连接的二次回路，运用继电保护校验设备进行整组回路传动或分合闸试验，确保保护装置及二次回路逻辑、出口等回路完整和正确，满足保护设备投运条件，一般以整组传动的形式进行。

保护装置及二次回路的诊断性试验主要用于检查保护装置的二次回路以及与相关保护配合的接口设备是否良好，如高频保护的通道交换，非电量保护的二次电缆绝缘测试等工作。

（一）危险点分析及控制措施

例行试验的危险点及控制措施可参照各保护装置对应的标准化作业指导书进行。

诊断性试验根据试验内容进行危险点分析并采取相关控制措施。如非电量保护的二次电缆绝缘测试，应注意二次电缆拆除时应有相应安措卡，恢复时应认清端子排位置，严防误接线；绝缘测试应按照芯—芯和芯—地分别进行测试；非电量绝缘测试完毕应对电缆进行放电工作，防止电缆残余电荷打伤工作人员或保护设备。

（二）测试项目、技术要求和注意事项

保护装置和二次回路的例行试验应该校验保护装置在故障及重合闸过程中的动作

情况和保护回路正确性，对于 220kV 双重化配置的保护设备，应该将同一被保护设备的所有保护装置连在一起进行整组检查试验，并参照标准化作业指导书要求，模拟一定故障类型，带实际断路器进行整组试验。应该注意的是不允许用卡继电器触点、短触点或类似的人为手段做保护装置的整组试验。

非电量保护绝缘测试工作中，应注意工器具的选择和应用，根据规程要求，二次回路的绝缘电阻检查应使用 1000V 的摇表。

二、保护装置插件或继电器更换

目前微机型保护装置均以插件安装在机箱的母板上，各插件之间通过总线进行信息和信号的传输。由于微机型保护装置上基本都是电子元器件，因此插件寿命与运行环境有很大关系，当运行过程中出现装置告警或异常时就有可能是保护装置的插件出现了问题需要进行更换。下面以某保护面板损坏为例，进行插件更换说明。

（一）作业流程

保护插件更换流程如图 Z09I2001 Ⅱ–1 所示。

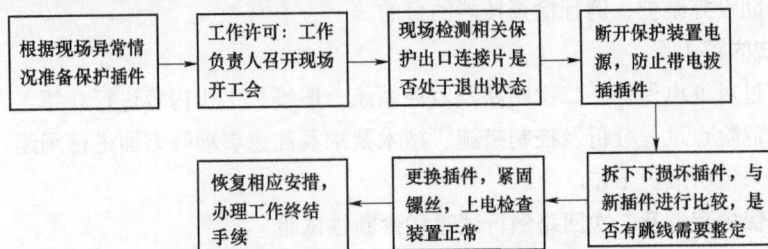

图 Z09I2001 Ⅱ–1　保护插件更换流程图

（二）危险点分析及控制措施

（1）插件更换前，必须确认保护装置已退出运行，不会引起保护误跳出口。

（2）插件更换时，必须在无电状态下进行，严防带电拔插插件引起插件损坏。

（3）如在插件上更换芯片或更换 CPU 等集成芯片较多的插件时，应该有防止人身静电损坏集成电路芯片的措施。不建议在插件上进行元器件更换，不对插件上元器件使用电烙铁，如必须进行时，应由厂家技术人员进行操作。

（4）新插件安装前，必须和原插件进行认真核对，特别是涉及跳线、拨轮的位置，应该与原插件保持一致；对于部分厂家的人机对话插件，还涉及通信地址。如遇到上述情况必须在更换前将通信地址记录下，更换后及时整定，避免出现设备异常告警。

（三）测试项目、技术要求和注意事项

根据不同类型的保护插件更换，一般需要进行以下相关测试。

（1）对于更换 CPU、逻辑插件、操作或出口插件的保护设备，则应该根据标准化

作业指导书对保护装置进行保护校验，通过各种故障模拟和整组传动来检查保护设备逻辑和出口功能的正确性，并核对监控系统信息的正确性。

（2）对于更换采样插件、模数转换插件的保护设备，应根据标准化作业指导书采样和零漂检测要求进行采样测试由外部加入电压、电流的交流模拟量来检查保护设备采样是否正确。

（3）对于更换电源插件的保护设备，通过上电检查保护设备是否恢复正常。对于具备测试条件的保护装置，应对其 24V、12V、5V 电源进行测试，保证新电源的可靠性。

三、二次设备的红外测温

（一）作业流程

红外测温作业流程如图 Z09I2001Ⅱ–2 所示。

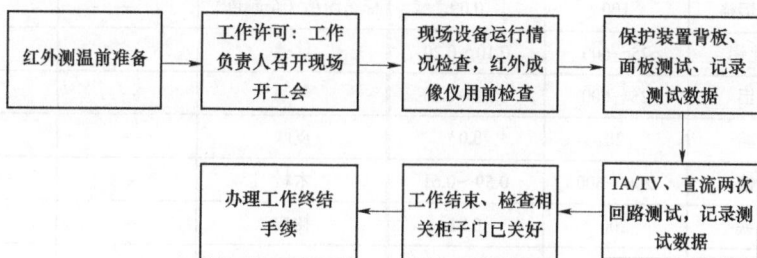

图 Z09I2001Ⅱ–2　红外测温作业流程图

（二）危险点分析及控制措施

1. 防止人员误触电

应注意与带电设备的安全距离，移动测量时应小心行进，避免跌碰。红外检测人员在测量过程中不得随意进行任何电气设备操作或改变、移动、接触运行设备及其附属设施。当需要打开柜门或移开遮栏时，应在变电站站长（专责）监护下进行。

2. 防止仪器损坏

强光源会损伤红外成像仪，严禁用红外成像仪测量强光源物体（如太阳、探照灯等）。检测时应注意仪器的温度测量范围，不能把摄温探头随意长时间对准温度过高的物体。

（三）测试项目、技术要求和注意事项

1. 测试前的准备工作

（1）了解测量现场情况及试验条件。搜集需监测变电站内设备或线路的负荷周期，选择高峰负荷时段进行红外监测，查阅相关技术资料、相关规程等，了解缺陷情况。

（2）测试仪器、设备准备。检查红外成像仪存储卡空间是否足够，电池电能是否足够，并查阅测试仪器检定证书的有效期。

（3）办理工作票并做好试验现场安全和技术措施。进入试验现场后，办理工作票并做好试验现场安全措施，并向其余试验人员交代工作内容、带电部位、现场安全措施、现场作业危险点，以及明确人员分工。

2. 现场测试步骤及要求

（1）开机后设备自检正常，根据环境温度调整仪器背景温度（记录环境温度）。

（2）在仪器上调整受检目标发射率，按表 Z09I2001Ⅱ-1 进行，并设置色标温度量程。

表 Z09I2001Ⅱ-1　　　　　　常用材料发射率的参考值

材　料	温度（℃）	发射率近似值	材　料	温度（℃）	发射率近似值
抛光铝或铝箔	100	0.09	棉纺织品（全颜色）	—	0.95
轻度氧化铝	25～600	0.10～0.20	丝绸	—	0.78
强氧化铝	25～600	0.30～0.40	羊毛	—	0.78
黄铜镜面	28	0.03	皮肤	—	0.98
氧化黄铜	200～600	0.59～0.61	木材	—	0.78
抛光铸铁	200	0.21	树皮	—	0.98
加工铸铁	20	0.44	石头	—	0.92
完全生锈轧铁板	20	0.69	混凝土	—	0.94
完全生锈氧化钢	22	0.66	石子	—	0.28～0.44
完全生锈铁板	25	0.80	墙粉	—	0.92
完全生锈铸铁	40～250	0.95	石棉板	25	0.96
镀锌亮铁板	28	0.23	大理石	23	0.93
黑亮漆（喷在粗糙铁上）	26	0.88	红砖	20	0.95
黑或白漆	38～90	0.80～0.95	白砖	100	0.90
平滑黑漆	38～90	0.96～0.98	白砖	1000	0.70
亮漆（所有颜色）	—	0.90	沥青	0～200	0.85
非亮漆	—	0.95	玻璃（面）	23	0.94
纸	0～100	0.80～0.95	碳片	—	0.85

（3）再将仪器测量距离调至较远（根据变电站大小或线路远近调整），进行大范围的一般检测，寻找可疑的发热点。

（4）将背景温度和测量距离调整至适当值，对可疑发热点做精确检测，以区分电压或电流引起的发热及综合致热。

（5）对可疑发热点进行拍摄时，应有设备整体成像、发热点的局部成像以及可供参考的同类正常设备的对比成像。

（6）成像后应记录成像设备的编号、相别以及发热点的方位，并与图像编号相对应。

（7）收集发热设备的实时负荷情况及最高负荷情况。

3. 测试注意事项

（1）应尽量选择在阴天或夜间进行测量，晴天时应选择在背光面进行测量，强日照天气严禁测量。晴天测试时阳光在设备表面形成反射（尤其是绝缘子表面），红外成像仪会误测反射表面温度（通常会在 200℃ 以上）。室内检测宜闭灯进行，被测物应避免灯光直射。

（2）测量时环境的温度不宜低于 5℃，空气相对湿度不宜大于 85%。不应在有雷、雨、雾、雪及风速超过 5m/s 的环境下进行检测。

（3）针对不同的检测对象选择不同的环境温度参照体。

（4）测量设备发热点、正常相的对应点及环境温度参照体的温度值时，应使用同一仪器相继测量。

（5）应从不同方位进行检测，测出最热点的温度值。

（6）记录异常设备的实际负荷电流和发热相、正常相及环境温度参照体的温度值。

（四）测试结果分析及测试报告编写

1. 测试结果分析

（1）测试标准及要求。根据 DL/T 664—2016《带电设备红外诊断应用规范》规定：

1）对电流致热设备判断见 DL/T 664—2016 附录 H。

2）对电压致热设备判断见 DL/T 664—2016 附录 I。

3）高压开关设备和控制设备各种部件、材料和绝缘介质的温度和温升极限判断见 DL/T 664—2016 附录 G。

（2）测试结果分析。一般来说运行设备发热可分为：电流通过导体引起发热（如电气设备与金属部件的连接、金属部件与金属部件的连接的接头和线夹等）、运行设备在电压下绝缘受潮或劣化引起发热（如电流互感器、电压互感器、耦合电容器、移相电容器、高压套管、充油套管、氧化锌避雷器、绝缘子、电缆头等）、涡流引起设备金属表面发热（变压器、电抗器等）等三大类。

1）表面温度及温升判断法：温升是指被测设备表面温度和环境温度参照体表面温度之差。一般用于电流或电磁效应引起的发热，根据测得的设备表面温度值，及环境气候条件、负荷大小结合 DL/T 664—2016 附录 G 进行分析判断。凡温度（或温升）超过标准者可根据设备温度超标的程度、设备负荷率的大小、设备的重要性及设备承受机械应力的大小来确定设备缺陷的性质。

2）温差判断法：温差值是指不同被测设备或同一被测设备不同部位之间的温度差。对于电压致热型设备（如电压互感器、耦合电容器、避雷器等），根据同类设备的正常及异常状态的热成像图，结合 DL/T 664—2016 附录 I 进行分析判断。必要时可配合色谱及电气试验结果综合分析，确定缺陷的性质及处理意见。一旦温差值超过标准，视为危急缺陷。

3）相对温差判断法：对电流致热型设备，若发现设备的导流部分热态异常，应按下式算出相对温差值，再按 DL/T 664—2016 附录 H，进行分析判断，即

$$\delta_t = \frac{\tau_1 - \tau_2}{\tau_1} \times 100\% = \frac{T_1 - T_2}{T_1 - T_0} \times 100\%$$

式中　T_1——发热点的温升和温度；

　　　T_2——正常相对应点的温升和温度；

　　　T_0——环境参照体的温度。

4）同类比较判断法：根据同组三相设备、同相设备之间及同类设备之间对应的温差，结合温差判断法、相对温差判断法进行比较分析、判断。

5）档案分析判断法：对同一设备不同时期的温度场进行分析，找出设备致热参数的变化规律，判断设备是否正常。

6）实时分析判断法：在一段时间内连续检测被测设备，找出被测设备温度随负荷、时间等因素的变化。

7）在现场测量时由于环境温度不断变化，当环境温度高于 40℃时，DL/T 664—2016 附录 G 中所列"温升"作为参考值，以"温差"作为判断值。

8）某些设计制造不合理的电气设备用导磁材料做外壳，而且没有采取限制磁通的措施，因涡流损耗大而发热。对涡流引起设备金属表面发热在分析时，可用表面温度判断法进行分析判断。

9）在现场测量时，根据表 Z09I2001Ⅱ-2 中所列的现象，判断风速的大小，以便进行一般检测和精确检测。

表 Z09I2001Ⅱ-2　　　　　风 级、风 速 与 现 象

风 级	风速（m/s）	地 面 现 象
0	0～0.2	静烟直上
1	0.3～1.5	烟能表示风向，树叶略有摇动
2	1.6～3.3	人脸感觉有风，树叶有微响，旗开始飘动
3	3.4～5.4	树叶和很细的树枝摇动不息，旗展开

续表

风　级	风速（m/s）	地　面　现　象
4	5.5～7.9	能吹起地面的灰尘和纸张，小树枝摇动
5	8.0～10.7	有叶的小树摇摆，内陆水面有水波
6	10.8～13.8	大树枝摆动，电线有呼呼声，举伞困难
7	13.9～17.1	全树摆动，迎风步行不便

一般检测时环境温度一般不低于 5℃，相对湿度一般不大于 85%，天气以阴天、多云为宜，最好在夜间进行，在室内或晚上检测应避开灯光直射，宜闭灯检测。风速一般不大于 5m/s，应尽量避开视线中的封闭遮挡物。检测电流致热设备，最好在高峰负荷下进行。否则，一般应在不低于 30% 的额定负荷下进行，同时应充分考虑小负荷电流对测试结果的影响。

精确检测时除了满足上述要求外，还应满足：风速一般不大于 0.5m/s；设备通电时间不小于 6h，最好在 24h 以上；检测期间天气为阴天、夜间或晴天日落 2h 后；被检测设备周围应具有均衡的背景辐射，应尽量避开附近热辐射源的干扰，在某些设备被检时还应避开人体热源等的红外辐射；避开强电磁场，防止强电磁场影响红外热像仪的正常工作。其测温表格如图 Z09I2001Ⅲ-3 所示。

10）对保护装置应在装置背板、面板测试温度；对二次回路应在同一回路不同部位，不同相别之间测试各相对温差。重点检查 TA、TV 二次回路接线端子和直流电源回路。

2. 测试报告编写

测试结束后应对图片进行分析处理，形成报告。测试报告内应包含测量时环境条件（包括风速、环境温度、湿度）、日期、时间、发热设备整体热图、发热局部热图、可对比的成像热图，还应有热成像仪的编号、测试距离等，发热设备的编号、相别、发热位置的方位以及所在线路的实时负荷、最高负荷和额定负荷情况、试验人员等，红外检测报告如图 Z09I2001Ⅱ-3 所示。

四、保护装置版本升级、版本更新

微机型保护设备一个显著的特点，可以根据系统中出现的问题不断对程序进行完善，以适应现场运行要求。因此保护装置的版本升级和更新也是现场较为常规的工作。一般而言有保护装置版本升级和更新有三种方式：① 厂家提供装有程序芯片的插件，现场只需更换插件即可；② 厂家提供程序芯片，现场需要对原插件上的芯片进行更换；③ 厂方人员到现场对装置进行程序灌入。

电气设备红外检测报告						
1. 检测工况：						
单位/站、线				仪器编号		
设备名称（电压等级）						
测试仪器		图像编号			辐射系数	
负荷电流（检测时）		额定电流			测试距离	
天气		环温		湿度		风速
检测时间						
2. 图像分析：						
红外图像				可见光图像		
3. 诊断分析和缺陷性质：						
4. 建议处理意见：						
5. 备注：						
检测人员：			审核：			日期：

图 Z09I2001Ⅱ-3　精准红外测温表格

（一）作业流程

作业流程参照插件更换作业流程。

（二）危险点分析及控制措施

（1）对于方式①，危险点及控制措施同插件更换。

（2）对于方式②，芯片更换时，应该使用专门的芯片起拔器，并有专门的防静电措施，芯片插入时，必须认清插入位置，保证芯片的各个引脚都牢靠地进入底座，严防在插入过程中出现引脚弯曲或折断的情况。

（3）对于由厂家人员配合进行的程序升级或更新工作，应严防使用带有病毒的电脑设备进行程序升级。

（4）严防升级和更新程序与上级调度部门要求不一致。

（三）测试项目、技术要求和注意事项

（1）对于升级或更新保护版本的保护装置，应该根据标准化作业指导书对保护装置进行保护校验，通过各种故障模拟和整组传动来检查保护设备逻辑和出口功能的正确性，并核对监控系统信息的正确性。

（2）核对升级后程序版本及校验码，与上级专业部门要求一致。

（3）一旦发现版本升级后出现异常情况，应检查升级程序或芯片是否有问题，并在确认为程序问题时，及时向调度部门反映情况。

五、定值修改

（一）作业流程

定值修改作业流程如图 Z09I2001Ⅱ-4 所示。

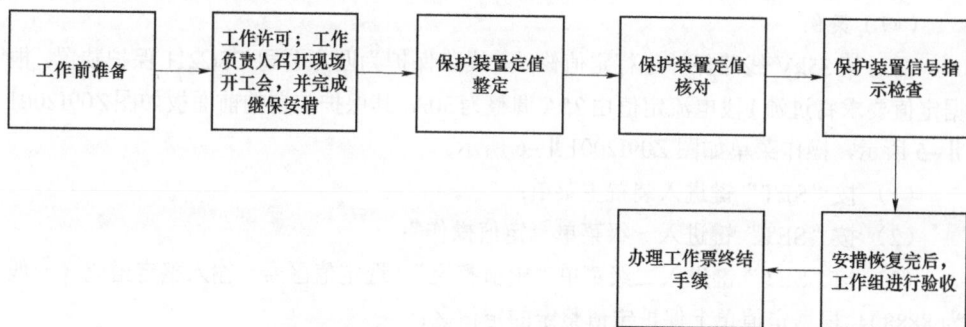

图 Z09I2001Ⅱ-4　定值修改作业流程图

（二）危险点分析及控制措施

（1）防止误碰与工作无关的运行设备。工作前应检查有关出口压板是否已退出；在相邻的运行屏前后应设有明显标志（如红布幔等），在同屏运行设备上应设有明显标志（如红布幔等）；工作结束后，压板状态必须与工作前状态一致。

（2）防止保护误整定。工作前应确认最新定值单；定值调整确认后需检查装置是否有异常告警，防止定值调整后超过保护装置整定范围；定值核对无误后，并打印一份定值留存。

（三）技术要求和注意事项

（1）在整定定值前必须先确定保护定值区号，避免整定在错误定值区。

（2）严格按照各保护装置说明书要求进行定值更改和相关控制字、压板的操作，如南瑞继保线路保护 RCS-901A 要求"当某项定值不用时，如果是过量继电器（比如过流保护、零序电流保护）则整定为上限值；如是欠量继电器（比如低频保护低频定值、低电压保护低压定值）则整定为下限值；时间整定为 100s，功能控制字退出，硬压板打开"；长园深瑞的 BP-2C 母差保护要求"将所有未使用的保护段的投退型定值设为'退出'，数值型定值恢复至最大值"。

（3）定值整定结束后必须认真核对确保保护装置内整定定值与定值单要求一致。只有控制字、软压板状态（若未设置则不判）、硬压板状态（若未设置则不判）均有效时才可投入相应保护元件，否则退出该保护元件。

（4）对于需多定值区整定的定值单如旁路定值、母差定值需在整定后在定值单上注明各线路旁代时的定值区编号，同时将所有定值区打印出后进行核对。

（5）对于部分定值单上的定值为一次值，如距离保护，需要先进行折算后才能进行整定，折算方法如下：

$$整定定值 = 定值单定值 \times TA 变比 / TV 变比$$

（四）案例

需对某 35kV 线路保护进行定值修改，线路保护为四方公司 CSC211 保护装置，根据定值要求将过流 I 段电流定值由 25A 调整为 30A。其保护装置的前面板如图 Z09I2001 II-5 所示，操作菜单如图 Z09I2001 II-6 所示。

（1）按"SET"键进入装置主菜单；

（2）按"SET"键进入一级菜单"定值操作"；

（3）按"SET"键进入二级菜单"定值整定"，选定值区号，输入整定密码（一般为 8888），根据定值单上保护定值整定的定值区；

（4）按"SET"键显示所有定值，用"上、下"选择键找到"过流电流 I 段"定值；

（5）选定后用"左、右"移动光标，"上、下"改动内容，将"25A 调整为 30A"后按"SET"键；

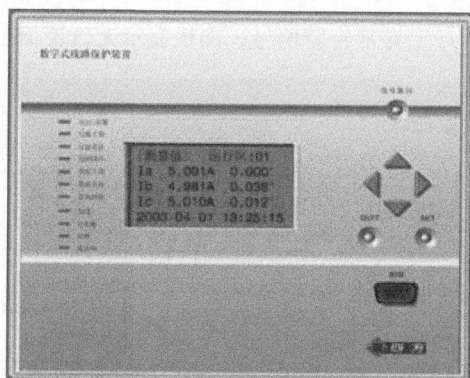

图 Z09I2001 Ⅱ−5 保护装置前面板

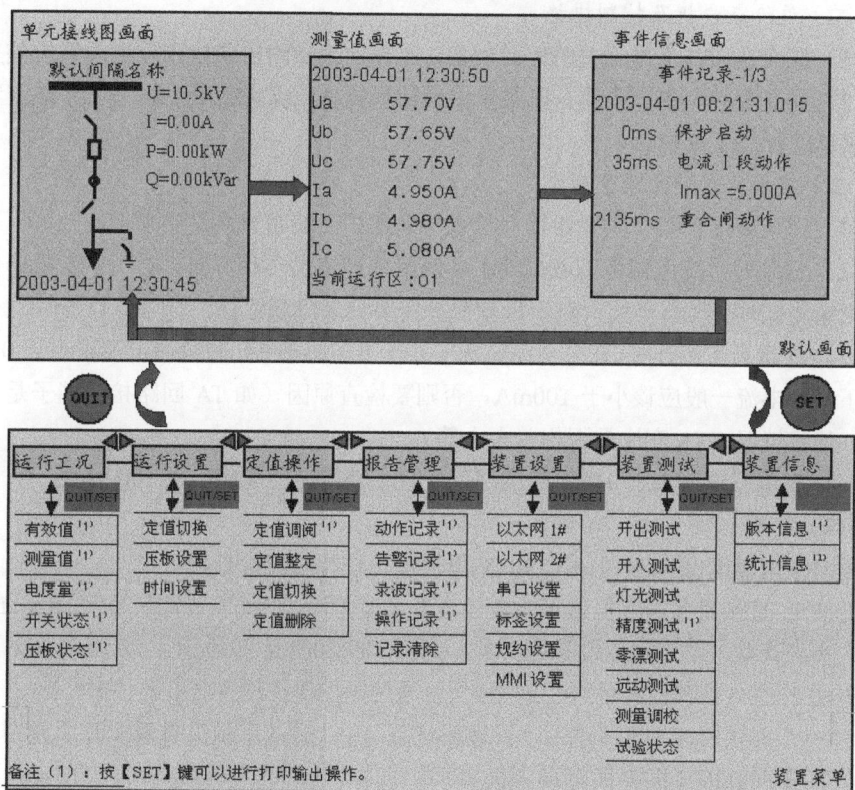

图 Z09I2001 Ⅱ−6 CSC211 线路保护装置的操作菜单

（6）按"QUIT"键退至主菜单；

（7）再次进入定值区核对定值或通过后台机调阅定值与定值单核对；

（8）检查面板指示灯无异常告警信号、面板显示无告警信息；

（9）工作结束。

六、保护装置差流检查

（一）作业流程

保护装置差流检查流程如图 Z09I2001Ⅱ-7 所示。

图 Z09I2001Ⅱ-7　保护装置差流检查

（二）危险点分析及控制措施

（1）防止误碰与工作无关的运行设备。工作前确认清需要检查差流的保护装置。

（2）防止保护菜单误操作。在菜单中确认只能进入保护装置说明书上允许查看差流的菜单进行差流查看。

（三）技术要求和注意事项

（1）差流查看前确认主变压器保护或母差保护负荷是否满足要求。

（2）记录好主变压器各侧或母线上各间隔的潮流大小和方向，对于主变压器保护还应记录测试时变压器档位、对于母差保护需要记录母联位置。

（3）注意正常运行时（在总负荷电流不小于 $0.3I_n$，各单元的负荷电流不小于 $0.04I_n$ 情况下）差电流一般应该小于 100mA，否则要检查原因（如 TA 回路接线端子是否有松动、绝缘情况，TA 变比是否相差太大等）。

（4）在母联电流大于 $0.04I_n$ 的情况下检查小差电流一般应小于 100mA。

（四）案例

需对某南瑞继保 RCS-915A 220kV 母差保护进行差流检查。

方法 1：直接在保护装置显示面板上查看大差差流，根据装置液晶显示 DIA、DIB、DIC 大小来查看大差差流是否满足要求，如图 Z09I2001Ⅱ-8 所示。

方法 2：进入管理板菜单查看差流大小。通过操作保护装置面板上按键"↑"、"↓"、"←"、"→"和"ENT"键可进入"管理板状态"中"计算差流"查看实时大差和小差差流，如图 Z09I2001Ⅱ-9 所示。

七、端子箱清扫工作

（一）作业流程

端子箱清扫作业流程如图 Z09I2001Ⅱ-10 所示。

```
****_*_**  **:**:**
```

UI:000.00V　　　　UII:000.00V

IM:000.00A　　　　DIA:000.00A

DIB:000.00A　　　　DIC:000.00A

I01:000.00A　　　　I02:000.00A

I03:000.00A　　　　I04:000.00A

I05:000.00A

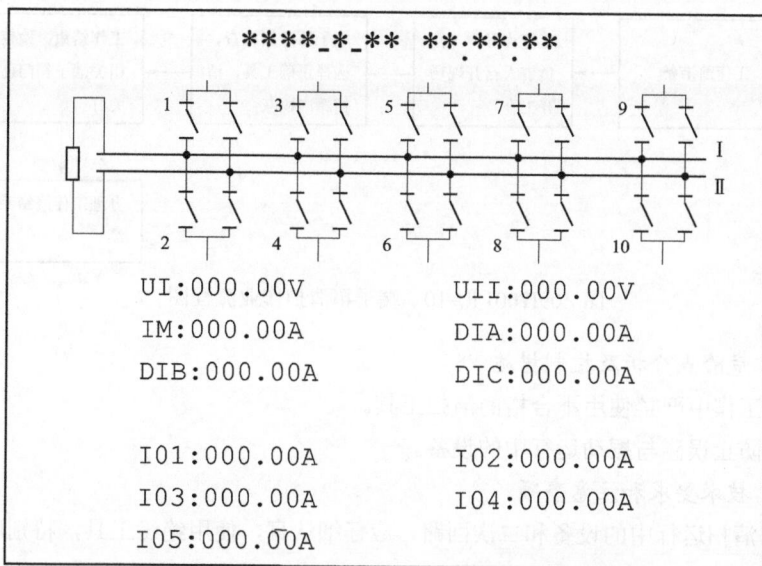

图 Z09I2001Ⅱ-8　RCS915A 母差保护显示液晶屏

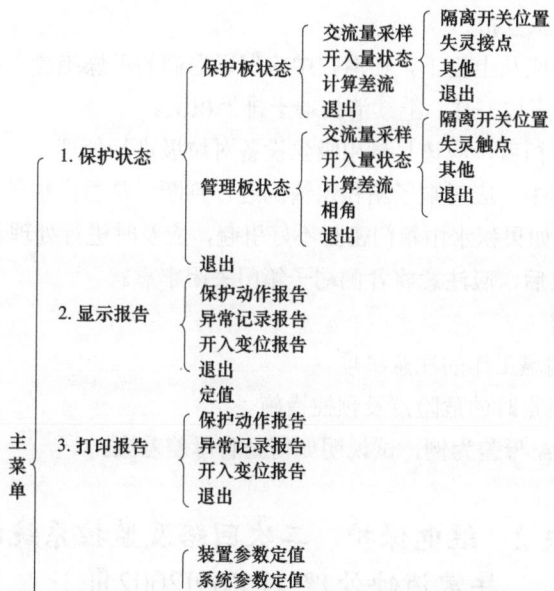

主菜单

1. 保护状态
- 保护板状态
  - 交流量采样
  - 开入量状态
    - 隔离开关位置
    - 失灵接点
    - 其他
    - 退出
  - 计算差流
  - 退出
- 管理板状态
  - 交流量采样
  - 开入量状态
    - 隔离开关位置
    - 失灵触点
    - 其他
    - 退出
  - 计算差流
  - 相角
  - 退出
- 退出

2. 显示报告
- 保护动作报告
- 异常记录报告
- 开入变位报告
- 退出

3. 打印报告
- 定值
- 保护动作报告
- 异常记录报告
- 开入变位报告
- 退出

- 装置参数定值
- 系统参数定值

图 Z09I2001Ⅱ-9　RCS915A 母差保护装置操作菜单

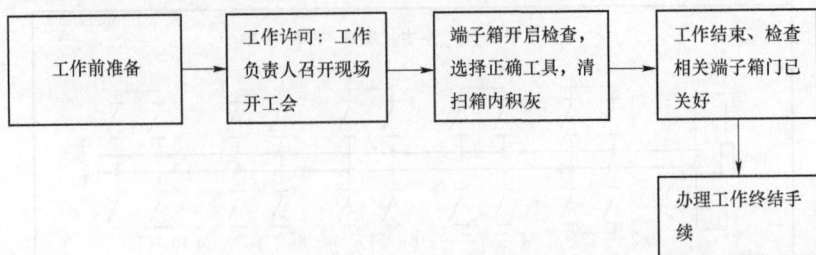

图 Z09I2001 II −10　端子箱清扫作业流程图

（二）危险点分析及控制措施

（1）工作中严禁使用不合格的清扫工具。

（2）防止误碰与振动运行中的设备。

（三）技术要求和注意事项

（1）清扫运行中的设备和二次回路，应仔细认真，使用绝缘工具，特别应注意防止振动和误碰。

（2）对于清扫中用的毛刷，吹风设备应做好绝缘措施，用绝缘胶布将清扫工具上裸露的金属部分可靠包扎。

（3）清扫工作应从上而下，在清扫中应保证毛刷的干燥绝缘，严禁用清理过端子箱内积水或潮湿的清扫工具，继续清扫端子排上积灰。

（4）端子箱清扫后，应该尽量用吸尘设备对垃圾进行处理。

（5）清扫过程中，应对端子箱积水情况进行判断，是否由端子箱门不紧密引起，应及时处理积水，如果积水由箱门密封不好引起，应及时进行处理箱门密封问题。

（6）工作结束后，应注意将各侧端子箱门关闭牢靠。

【思考与练习】

1. 简述红外测温工作的注意事项。

2. 简述定值整定时的危险点及预控措施。

3. 以 RCS915A 母差为例，试说明如何查看母差差流。

▲ 模块 2　继电保护、二次回路及监控系统的一般异常消缺处理（Z09I2002 III）

【模块描述】本模块包含继电保护、二次回路及监控系统的一般异常消缺处理内容；通过操作过程详细介绍，达到了解继电保护装置插件或继电器更换、二次回路的一般异常消缺、监控系统的一般异常消缺处理技能的目的。

【模块内容】

继电保护、二次回路及监控系统发生异常后，直接影响变电站的监视、控制、测量以及保护功能。因此对继电保护、二次回路及监控系一般异常应及时进行准确分析，找出异常部位和原因并进行处理。

一、简单的继电保护、二次回路及监控系统异常及缺陷分析

（一）简单的继电保护、二次回路异常及缺陷分析

（1）保护及自动装置正常运行时"运行""充电"指示灯熄灭

（2）保护屏继电器故障、冒烟、声音异常等。

（3）微机保护装置自检报警。

（4）主控屏发出"保护装置异常或故障""保护电源消失""交流电压回路断线""电流回路断线""直流断线闭锁""直流消失"等光字信号，且不能复归。

（5）保护高频通道异常，测试中收不到对端信号，通道异常告警。

（6）收发信机收信电平比正常低，收发信机"保护故障"或收发信电压较以往的值有较大的变化。

（二）简单的自动装置二次回路异常及缺陷分析

自动装置常见异常及故障的现象主要有：

（1）对时不准。

（2）前置机无法调取报告，不能录波。

（3）主机死机，自动重启，频繁启动录波，录波报告出错。

（4）插件损坏。

（5）交、直流回路电压异常或断线。

（6）控制屏中央信号发"故障录波呼唤""故障录波器异常或故障""装置异常"信号。

（三）简单的系统通信和自动化设备异常及缺陷分析

（1）系统通信故障。

（2）系统程序错误。

（3）"看门狗"告警。

（4）硬盘空间告警。

（5）工作站死机，屏幕信息不变化或屏幕显示紊乱。

（6）其他异常现象且无法消除。

（7）交换机电源指示异常。

（8）端口的 LED 指示灯异常点亮或熄灭。

（9）监控系统 UPS 主机屏 UPS 故障停机。

（10）监控系统站级控制层操作异常。

（11）监控系统站控级层瘫痪。

（12）监控系统主单元或 I/O 装置、测控单元异常。

二、简单的继电保护、二次回路及监控系统异常及缺陷处理一般原则

二次设备的异常及缺陷处理，必须严格遵守《国家电网公司电力安全工作规程（变电部分）》、调度规程、现场运行规程、现场异常运行处理规程，以及各级技术管理部门有关规章制度、安全措施的规定。

在缺陷和异常处理过程中，运行人员应沉着果断，认真监视表计、信号指示，并做好记录，对设备的检查要认真、仔细，正确判断异常设备的范围及性质，汇报术语准确、简明。

（一）继电保护和自动装置缺陷、异常处理原则

（1）严禁打开装置机箱进行查找或处理。

（2）停用保护和自动装置，必须经调度同意。

（3）投、退直流电源时，应注意考虑对保护的影响，防止直流消失或投入时误动跳闸。

（4）继电保护和自动装置在运行中，发生下列情况之一者，应退出有关装置，汇报调度和上级，通知专业人员处理。

1）继电器有明显故障，触点振动很大或位置不正确，有误动作的可能。

2）装置出现异常可能误动。

3）电压回路断线或者电流回路开路可能造成误动时。

4）按复归按钮复归，如不能复归则根据显示信息检查告警原因，能处理的进行处理，不能处理的报专业人员处理。如四方系列保护装置在投退功能压板后会发开入变位告警；BP–2B 型和 RCS–915 型母差保护在隔离开关操作后发出隔离开关变位告警，上述告警按复归按钮复归即可恢复正常运行。

5）检查有无交流电压回路断线或差流异常信号，如因交流失电引起保护告警，应退出可能误动的保护或自动装置，再处理交流失电。

6）装置自检告警应观察保护告警信息，打印故障报告，按照现场规程或保护说明书进行处理，不能准确判断时报专业人员处理。

7）发现保护或自动装置发出闭锁信号时，应立即退出被闭锁的保护功能，然后汇报调度，检查闭锁原因，运行人员能处理的应立即处理（如能够恢复的交流电压或电流消失故障），不能处理的应报专业人员处理。同时分析保护闭锁对运行设备的影响，做好事故预测和应急处理准备。

（二）二次回路缺陷、异常处理的一般原则

（1）必须按符合实际的图纸进行工作。

（2）停用保护和自动装置，必须经调度同意。

（3）在互感器二次回路上查找故障时，必须考虑对保护及自动装置的影响，防止误动或拒动。

（4）投、退直流熔断器时，应考虑对保护的影响，防止直流消失或投入时误动跳闸。取直流电源熔断器时，应先取正极，后取负极；装熔断器时，顺序与此相反。目的是防止因寄生回路而误动跳闸。

（5）带电用表计测量时，必须使用高内阻电压表（如万用表等），防止误动跳闸。

（6）防止造成电流互感器二次开路，电压互感器二次短路或接地。

（7）使用的工具应合格并绝缘良好，尽量使必须外露的金属部分减少，防止发生接地、短路或人身触电事故。

（8）拆动二次接线端子，应先核对图纸及端子标号，做好记录和明显的标记，及时恢复所拆接线，并应核对无误，检查接触是否良好。

（9）检查信号回路电源是否正常，如小断路器跳闸（或熔断器熔断）应试合小断路器（或更换熔断器），再次跳闸（或熔断）应检查回路中有无接地或短路点，处理后再恢复送电。

（10）断路器事故跳闸后，蜂鸣器不响时，首先按信号试验按钮，蜂鸣器仍不响，则说明事故信号装置故障。这时，应检查冲击继电器及蜂鸣器是否断线或接触不良，电源熔断器是否熔断或接触不良。若按试验按钮蜂鸣器响，则应检查控制断路器和断路器的不对应启动回路，包括断路器辅助触点（或位置继电器触点）、控制断路器触点及辅助电阻等。

（11）设备发生异常工作状态时，预告信号警铃不响、光字牌不亮。可能的原因是：光字牌中两灯泡均已损坏或接触不良、信号电源熔断器熔断或接触不良、启动该信号的继电器的触点接触不良等。此时，应用转换开关检查光字牌，若所有光字牌均不亮，就要检查信号电源，若只有个别不亮，则应更换灯泡。

（12）若光字牌信号发出，警铃不响，首先应按预告信号试验按钮，若警铃还是不响，则说明预告信号装置故障，这时，应检查冲击继电器及警铃是否断线或接触不良。若按试验按钮后警铃响，则应检查光字牌信号转换开关的触点是否导通、连接线是否断线或接触不良。

（三）监控综合自动化系统异常处理的原则

（1）由变电站微机监控系统程序出错、死机及其他异常情况产生的软故障的一般处理方法是重新启动。

1）若监控系统某一应用功能出现软故障，可重新启动该应用程序。

2）若监控系统某台计算机完全死机（操作系统软件故障等情况造成），必须重新启动该台计算机并重新执行监控应用程序。

3）变电站监控系统网络在传输数据时由于数据阻塞造成通信死机，必须重新启动传输数据的 HUB。

4）任何情况下发现监控系统应用程序异常，都可在满足必需的监视、控制能力的前提下，重新启动异常计算机。

5）重新启动计算机或任何应用程序前，应先征得调度和专业班组同意，采用热启动的方式重新启动，避免直接关机重启造成计算机或程序损坏。

（2）微机监控系统通信中断的处理。

1）应判断该装置通信中断是由保护装置异常引起的，还是由站内计算机网络异常引起的。

2）一般来说，若装置通信中断是由保护装置异常引起的，则该装置还会有"直流消失"信号。

3）大多数的通信中断信号是由站内计算机网络异常引起的，可通过监控网络总复归命令，以重新确认网络的通信状态。

4）当监控系统某个电压等级通信全部中断时，应检查相应的公用屏、HUB 或光纤盒工作是否正常。

5）对计算机网络异常引起的通信中断，处理时不得对该保护装置进行断电复位。

6）工作站、监控主机死机或网络中断短时间内不能恢复时，应加强设备监视，派人到控制室、继电保护室和现场监视设备运行情况，并应对主变压器的负荷和冷却系统运行情况做重点检查。

（3）在监控机上不能对一次设备进行操作时的处理步骤。

1）当操作员工作站，发生拒绝执行遥控命令时，应立即停止操作，检查发出的操作命令是否符合"五防"逻辑关系，操作过程中所选设备与操作对象是否一致，若"五防"系统有禁止操作的提示，说明该操作命令有问题，必须检查是否为误操作。发生不一致时，应立即停止一切操作，立即报告调度和专业管理部门。

2）检查"五防"程序运行是否正常，"五防"机与监控机通信是否正常，必要时可重新启动"五防"计算机并重新执行"五防"程序。

3）检查装置遥控压板、远方/就地把手、测控装置的运行状态是否正常，若远方控制闭锁，应将远方/就地选择开关切换至"远方"位置。对不能自行处理的按缺陷上报。

4）当监控系统不能进行遥控操作，潮流数据为死数据（不随时间变化）、通信窗口显示红灯闪烁时，判断为通信中断，应检查通道中各设备运行是否正常。

5）检查被操作设备的操作电源开关是否已送上。

6）检查被操作设备的断路器控制装置运行是否正常。

7）检查出故障原因后，运行人员能处理的应立即处理，不能处理的应报专业人员处理。

8）如由于监控机或网络传输系统故障造成设备不能操作，短时间内不能恢复时，可在一次设备控制装置上进行操作。

三、操作案例分析

（一）风冷接触器损坏更换

缺陷：某110kV变电站风冷系统中一组风冷不工作，现场检查为该组风冷中有一个接触器损坏，需更换。

1. 准备工作

准备工作安排见表 Z09I2002Ⅲ-1。

表 Z09I2002Ⅲ-1　　　　　　准 备 工 作 安 排

序号	内　容	标　准	备注
1	更换工作前做好现场查看工作	查看工作包括检查设备运行环境、设备电源来源、周围带电设备及更换时影响到的其他设备	
2	根据本次工作，组织作业人员学习作业指导书，使全体作业人员熟悉作业内容、危险点源、安全措施、进度要求、作业标准、安全注意事项	要求所有工作人员都明确本次校验工作的内容、进度要求、作业标准及安全注意事项	
3	开工前一天，准备好作业所需仪器仪表、工器具、相关材料、相关图纸、备品备件、相关技术资料	仪器仪表、工器具应试验合格，满足本次作业的要求，材料应齐全，图纸及资料应符合现场实际情况	
4	根据现场工作时间和工作内容填写工作票	工作票应填写正确，并按《国家电网公司电力安全工作规程（变电部分）》执行	

2. 劳动组织

劳动组织见表 Z09I2002Ⅲ-2。

表 Z09I2002Ⅲ-2　　　　　　劳 动 组 织

序号	人员类别	职　责	作业人数
1	工作负责人	（1）对工作全面负责，在检修工作中要对作业人员明确分工，保证工作质量。 （2）负责检查工作票所列安全措施是否正确完备和工作许可人所做的安全措施是否符合现场实际条件，必要时予以补充。 （3）工作前对工作班成员进行危险点告知，交代安全措施和技术措施，并确认每一个工作班成员都已知晓	1
2	工作班成员	安装、调试、维修、更新接触器（指示灯），确保其动作的准确性	1

3. 人员要求

人员要求见表 Z09I2002Ⅲ-3。

表 Z09I2002Ⅲ-3　　　　　人 员 要 求

序号	内　　容
1	现场工作人员的身体状况、精神状态良好，着装符合要求
2	所有作业人员必须具备必要的电气知识，基本掌握本专业作业技能及《国家电网公司电力安全工作规程（变电部分）》的相关知识，并经考试合格
3	新参加电气工作的人员、实习人员和临时参加劳动的人员（管理人员、临时工等），应经过安全知识教育后，并经考试合格方可下现场参加指定的工作，并且不得单独工作
4	具备必要的电气知识，熟悉保护设备，掌握保护设备有关技术标准要求，持有保护校验职业资格证书

4. 备品备件与材料

备品备件与材料见表 Z09I2002Ⅲ-4。

表 Z09I2002Ⅲ-4　　　　备 品 备 件 与 材 料

序号	名称	型号及规格	单位	数量	备注
1	接触器（指示灯）	220V/380V AC（220V/380V DC）	只	1	数量、规格根据现场实际需求
2	绝缘胶布	绝缘胶布	卷	2	
3	硬导线			若干	
4	记号笔	极细	支	1	
5	纱手套		付	3	

5. 工器具与仪器仪表

工器具与仪器仪表见表 Z09I2002Ⅲ-5。

表 Z09I2002Ⅲ-5　　　　工 器 具 与 仪 器 仪 表

序号	名称	型号及规格	单位	数量	备注
1	工具箱		套	1	
2	数字式万用表	FLUKE	块	1	
3	安全帽		顶		人均一顶
4	绝缘电阻表		块	1	

6. 技术资料

技术资料见表 Z09I2002Ⅲ-6。

表 Z09I2002Ⅲ-6　　　　技 术 资 料

序号	名　　称
1	风冷系统二次接线图

7. 危险点分析与预防控制措施

危险点分析与预防控制措施见表 Z09I2002Ⅲ-7。

表 Z09I2002Ⅲ-7　　　　　　　危险点分析与预防控制措施

序号	防范类型	危险点	预防控制措施
1	人身触电	误入带电间隔	工作前应熟悉工作地点带电部位
		接、拆低压电源	(1) 必须使用装有漏电保护器的电源盘
			(2) 螺丝刀等工具金属裸露部分除刀口外包绝缘
			(3) 接拆电源时至少有两人执行，必须在电源开关拉开的情况下进行
			(4) 临时电源必须使用专用电源，禁止从运行设备上取得电源
		误碰周边带电设备	拉开风冷总电源及损坏接触器的电源，用万用表测量确认无电，对于无法拉总电源的接触器或指示灯，需要对周边接触器做好防止误碰周边带电设备的安全措施
2	二次回路错误	接线错误	拆线前需做好拆线记录
3	风冷停用时间过长	主变压器损坏	严格控制风冷停用时间
4	机械伤害	落物打击	进入工作现场必须戴安全帽

8. 工作流程

根据风冷系统设备的结构、工艺及作业环境，将更换工作的全过程优化为最佳的校验步骤顺序，如图 Z09I2002Ⅲ-1 所示。

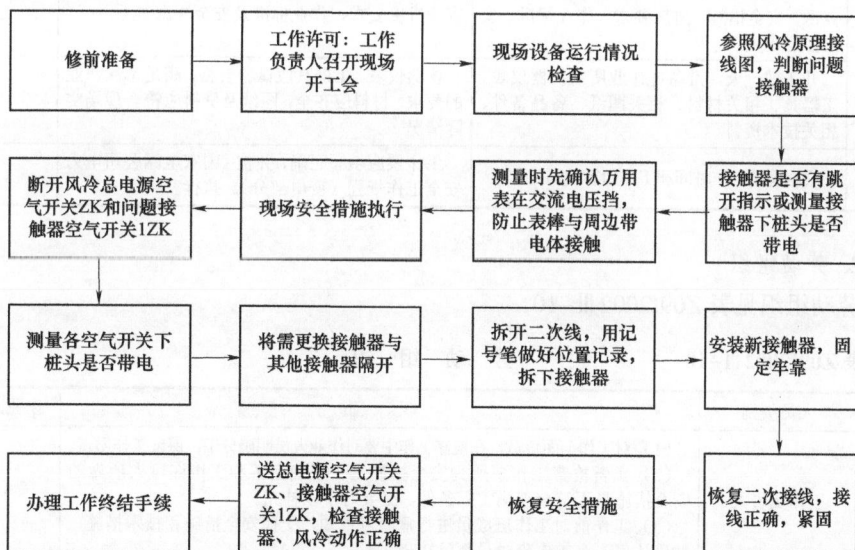

图 Z09I2002Ⅲ-1　风冷系统接触器更换作业流程图

9. 更换接触器标准

更换接触器标准见表 Z09I2002Ⅲ-8。

表 Z09I2002Ⅲ-8　　　　　　更 换 工 作 标 准

序号	检查项目	工艺标准	注意事项
1	接触器安装前检查	外观完好，无损坏，规格型号符合现场要求	
2	二次回路接线检查	接线正确，所有接触器接线与原有接线一致，回路紧固可靠，布线合理不影响设备运行	严防错接线；用万用表测量时应使用交流电压挡
3	接触器安装检查	安装牢靠，与周边接触器间隔距离合适	
4	接触器通电检查	线圈通电后，主触头动作正常，衔铁吸合后应无异常响声	

（二）加热器二次回路缺陷消除

1. 准备工作安排

准备工作安排见表 Z09I2002Ⅲ-9。

表 Z09I2002Ⅲ-9　　　　　　准 备 工 作 安 排

序号	内　容	标　准	备注
1	更换工作前做好现场查看工作	查看工作包括检查设备运行环境、设备电源来源、周围带电设备及更换时影响到的其他设备	
2	根据本次工作，组织作业人员学习作业指导书，使全体作业人员熟悉作业内容、危险点源、安全措施、进度要求、作业标准、安全注意事项	要求所有工作人员都明确本次校验工作的内容、进度要求、作业标准及安全注意事项	
3	开工前一天，准备好作业所需仪器仪表、工器具、相关材料、相关图纸、备品备件、相关技术资料	仪器仪表、工器具应试验合格，满足本次作业的要求，材料应齐全，图纸及资料应符合现场实际情况	
4	根据现场工作时间和工作内容填写工作票	工作票应填写正确，并按《国家电网公司电力安全工作规程（变电部分）》执行	

2. 劳动组织

劳动组织见表 Z09I2002Ⅲ-10。

表 Z09I2002Ⅲ-10　　　　　　劳 动 组 织

序号	人员类别	职　责	作业人数
1	工作负责人	（1）对工作全面负责，在检修工作中要对作业人员明确分工，保证工作质量。 （2）负责检查工作票所列安全措施是否正确完备和工作许可人所做的安全措施是否符合现场实际条件，必要时予以补充。 （3）工作前对工作班成员进行危险点告知，交代安全措施和技术措施，并确认每一个工作班成员都已知晓	1
2	工作班成员	安装、调试、维修、更新加热器及其二次回路，确保加热功能良好	1
3	其他		

3. 人员要求

人员要求见表 Z09I2002Ⅲ-11。

表 Z09I2002Ⅲ-11   人 员 要 求

序号	内　　容
1	现场工作人员的身体状况、精神状态良好，着装符合要求
2	所有作业人员必须具备必要的电气知识，基本掌握本专业作业技能及《国家电网公司电力安全工作规程（变电部分）》的相关知识，并经考试合格
3	新参加电气工作的人员、实习人员和临时参加劳动的人员（管理人员、临时工等），应经过安全知识教育后，并经考试合格方可下现场参加指定的工作，并且不得单独工作
4	具备必要的电气知识，熟悉保护设备，掌握保护设备有关技术标准要求，持有保护校验职业资格证书

4. 备品备件与材料

备品备件与材料见表 Z09I2002Ⅲ-12。

表 Z09I2002Ⅲ-12   备 品 备 件 与 材 料

序号	名　　称	型号及规格	单位	数量	备注
1	加热器	220V AC	只	1	
2	绝缘胶布	绝缘胶布	卷	2	
3	硬导线			若干	
4	记号笔	极细	支	1	
5	纱手套		付	3	

5. 工器具与仪器仪表

工器具与仪器仪表见表 Z09I2002Ⅲ-13。

表 Z09I2002Ⅲ-13   工 器 具 与 仪 器 仪 表

序号	名　　称	型号及规格	单位	数量	备注
1	工具箱		套	1	
2	数字式万用表	FLUKE	块	1	
3	安全帽		顶		人均一顶
4	兆欧表		块	1	

6. 技术资料

技术资料见表 Z09I2002Ⅲ-14。

表 Z09I2002Ⅲ-14　　　　　　技 术 资 料

序号	名 称
1	端子箱二次接线图
2	

7. 危险点分析与预防控制措施

危险点分析与预防控制措施见表 Z09I2002Ⅲ-15。

表 Z09I2002Ⅲ-15　　　　　危险点分析与预防控制措施

序号	防范类型	危险点	预防控制措施
1	人身触电	（1）误入带电间隔	工作前应熟悉工作地点带电部位
		（2）带电更换加热器	拉开加热器电源或退下加热器电源熔丝前，用万用变测量确认无电
		（3）误碰周边带电设备	需要对周边运行端子做好防止误碰的安全措施
2	二次回路错误	接线错误	拆线前需做好拆线记录
3	机械伤害	落物打击	进入工作现场必须戴安全帽
4	其他		

8. 工作流程

根据加热系统设备的结构、工艺及作业环境，将更换工作的全过程优化为最佳的校验步骤顺序，如图 Z09I2002Ⅲ-2 所示（本作业指导书参照图 Z09I2002Ⅲ-3 端子箱加热器原理接线图，现场实施以现场图纸为参照）。

图 Z09I2002Ⅲ-2　端子箱加热器更换作业流程图

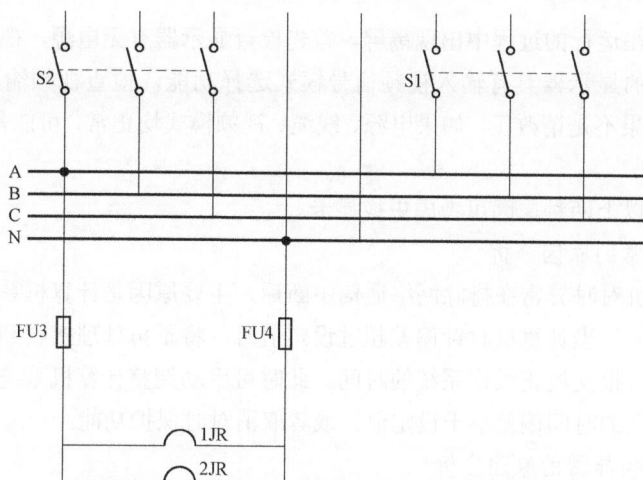

图 Z09I2002Ⅲ-3　端子箱加热器原理接线图

9. 更换加热器标准

更换加热器标准见表 Z09I2002Ⅲ-16。

表 Z09I2002Ⅲ-16　　　　更 换 工 作 标 准

序号	检查项目	工艺标准	注意事项
1	加热器检查	外观完好，无损坏，规格型号符合现场要求	
2	安装位置	安装位置可靠，对周边二次线、电缆等物件无影响	防止加热器启用后造成电缆、二次线烫伤损坏
3	加热器通电检查	无短路，通电后加热器开始工作	严防短路引起交流失电

（三）厂站端监控系统一般异常缺陷处理

厂站工作站（后台机）一般有以下异常货缺陷：① 网络异常；② 显示器黑屏；③ 对时异常；④ 双机切换异常等。

1. 网络异常的原因分析

先检查网线是否正常，如正常可检查网卡是否工作正常，有没有被禁用。如果正常可检查固定的 IP 地址是否被修改。排除以上原因可考虑更换网卡。

2. 显示器黑屏的原因分析

（1）如果是开机无显示，一般是因为显卡与主板接触不良造成，将显卡与主板接触良好即可。对于一些集成显卡的主板，如果显存共用主内存，则需注意内存条的位置，一般在第一个内存条插槽上应插有内存条。由于显卡原因造成的开机无显示故障，开机后一般会发出一长两短的蜂鸣声。

（2）如果在运行的过程中出现黑屏，首先检查显示器有无电源，视频输入线是否插接良好。有的显示器具有输入视频信号模式选择功能，检查视频输入模式是否为 VGA 模式，如果不是请改正。如果电源、线缆、视频模式均正常，可能是显示器损坏，更换显示器。

（3）排除以上两种原因可考虑更换显卡。

3. 对时异常的原因分析

后台计算机对时异常在排除网络通信中断后，主要原因是计算机系统应用软件具备对时保护功能，当计算机时钟偏差超过设定值时，将不再处理接收到的对时报文，即不会根据对时报文校正操作系统的时间。此时可手动调整计算机系统时间，使之和站内时钟源之间的时间偏差小于设定值。或者取消对时保护功能。

4. 双机切换异常的原因分析

双后台计算机系统，需设置主备机节点，当主机故障时备机自动升级为值班机。当主机恢复正常运行时，备机自动降为备用机。双机切换异常主要原因，一是主备机之间通信故障，导致主机故障时不能与备机传递信息，从而备机不会自动升级为值班机，此时应检查双机之间的网络通信并排除故障。二是主机或备机切换软件出错，需重装切换程序。

5. 案例

某变电站后台监控计算机时钟快了 20min，不能自动校时的处理实例。

经检查后台计算机网络通信及其他功能均正常，系统对时保护时间设定为 10min。因此，判断为计算机时钟超出对时保护时间设定值，导致计算机对时异常。此时手动调整计算机系统时间，使之和站内时钟源之间的时间偏差小于 10min，经自动校时后，计算机时钟与 GPS 时钟一致。

【思考与练习】

1. 简述二次回路一般故障有哪些及处理原则。
2. 如何处理监控显示器黑屏故障？
3. 简述厂站端监控系统一般异常缺陷。
4. 试分析显示器黑屏的原因及处理方法。
5. 如何处理微机监控系统通信中断缺陷？

第三十三章

站用交、直流系统维护性检修

▲ 模块1 站用交、直流系统的例行试验和专业
巡检（Z09I3002Ⅲ）

【模块描述】本模块包站用交、直流系统的例行试验和专业巡检内容；通过操作过程详细介绍，达到了解站用交、直流系统专业巡检，蓄电池动、静态放电测试技能的目的。

【模块内容】

一、站用电交流系统

（一）站用电交流系统的作用

站用电交流系统的作用是为直流系统、开关的储能、有载调压、站用照明等用电设备提供交流电源。

（二）站用电交流系统的接线方式

常规的站用交流系统大都采用两台站用变压器Ⅱ段母线带分段的接线方式及两台站用变压器电源自投单母接线方式，如图 Z09I3002Ⅲ-1 为两台站用变压器电源自投单母接线方式。

运行方式（以上图接线方式为例）：正常运行时，主供电源运行，备用电源待用。当主供电源检修或异常消失时，备用电源自动投入，保证交流站用电源可靠供电，防止全站失电。

（三）专业巡检

（1）站用交流系统应定期对备用电源投入装置进行切换检查，保证装置的正常运行，提高站用电源的可靠性。

（2）表计的检查：电压、电流表应准确、指示正常、表计完好，电压表切换应正常。

（3）标示牌或标签：屏面、表计、指示灯及其他元件标签标牌应齐全、准确、完好、清洁，对不清楚的应进行更换。

1号站用
变压器

交流公共母线段

2号站用
变压器

1QF　　　3QF　ATS　　　　　　　　　　　　　　　　4QF　　　2QF

1QS　　　3QS　　　　　　　　　　　　　　　　4QS　　　2QS

交流 I 段母线　　　　　　　　　交流 II 段母线

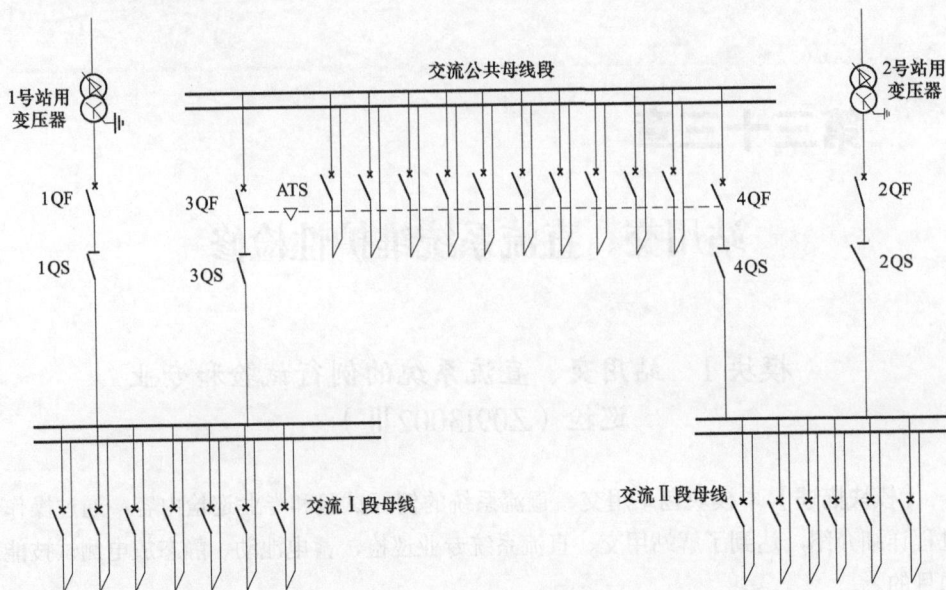

图 Z09I3002Ⅲ-1　220kV 变电站站用电交流系统的接线方式

（4）检查馈电指示灯：所有馈电指示灯灯具应完好。

（5）馈电母线的检查：母线接头处应无放电痕迹、过热、烧焦等异常现象。

二、直流系统

（一）直流系统的作用

直流屏通用名为智能免维护直流电源屏，简称直流屏，通用型号为 GZDW。简单地说，直流屏就是提供稳定直流电源的设备。发电厂和变电站中的电力操作电源现今采用的都是直流电源，它为控制负荷和动力负荷以及直流事故照明负荷等提供电源，是当代电力系统控制、保护的基础。

（二）直流系统的接线方式

常规的直流系统接线图如图 Z09I3002Ⅲ-2 所示。

直流系统的配置：直流系统由交配电单元、充电模块单元、降压硅链单元、直流馈电单元、配电监控单元、监控模块单元及绝缘监测等单元组成。

（三）专业巡检

1. 蓄电池及蓄电池室的巡视检查

（1）查看蓄电池运行记录簿及电压测量表，了解直流电源系统运行情况，蓄电池充电是否正常，与往常的电压测量表对比有无落后电池，直流负荷变化情况和绝缘情况等。

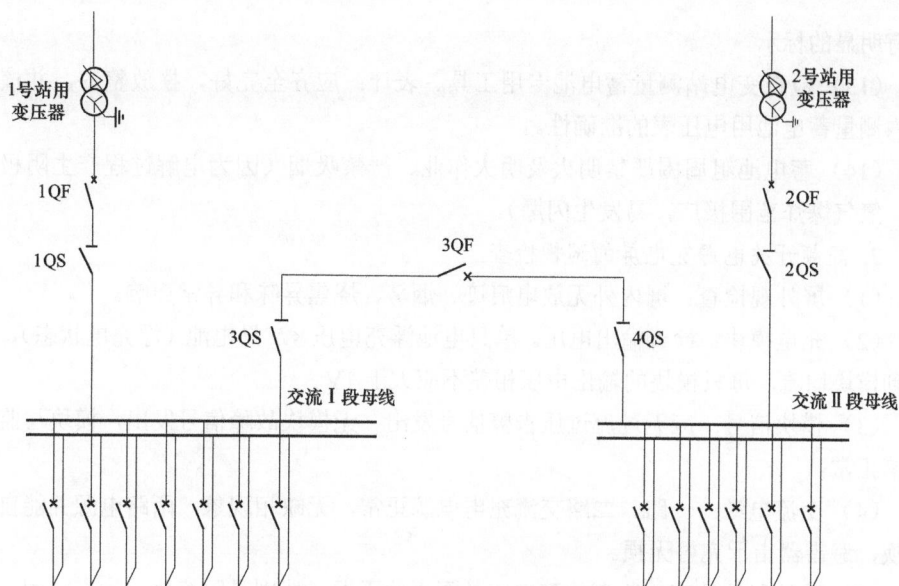

图 Z09I3002Ⅲ-2　220kV 变电站直流系统的接线方式

（2）单只蓄电池电压：温度在 25℃时，各蓄电池间浮充电压差符合相关规定。

（3）蓄电池室：门窗应完好，关闭严密，墙壁、蓄电池支架应无腐蚀，房屋无渗漏水，阳光不能直射到蓄电池上。

（4）通风降温装置：通风降温装置应能运转正常。

（5）空调装置：是否完好。

（6）照明设备：正常直流事故照明灯应完好。

（7）蓄电池容器：完整清洁，无电解液外流现象，支架清洁干燥。

（8）检查标示电池：检查标示电池电压、比重，注意有无落后电池，并核对与变电站蓄电池运行记录是否相符合。

（9）检查蓄电池外观及连接情况：蓄电池外观无膨胀、无裂纹、无漏液，极桩头无锈蚀、无发热，并有凡士林，连接螺丝应紧固。

（10）蓄电池室温度：蓄电池周围的环境温度应保持在 5～25℃，低于 5℃或高于 25℃时应及时开启空调，调节环境温度。在温度过高的情况下，可打开蓄电池屏的前后柜门，降低温度。

（11）蓄电池组正、负极抽头母线及绝缘子：应完好清洁，无裂纹、损伤和放电痕迹。

（12）蓄电池的摆放、编号、标示：蓄电池摆放整齐，编号完整清晰、标示电池应有明显的标示。

（13）检查变电站测量蓄电池专用工具、表计：应齐全完好，摆放整齐，并核对站内测量蓄电池用电压表的准确性。

（14）蓄电池组周围严禁明火及明火作业、严禁吸烟（因为电解过程产生阴极氢气，氢气爆炸范围极广，易发生闪爆）。

2. 高频开关电源充电屏的巡视检查

（1）屏外观检查：屏内外无放电痕迹、烟雾、烧焦异味和异常声响。

（2）充电模块：检查输出电压。单只电池浮充电压×N只电池（浮充电状态），考虑到模块均流，每只模块的输出电压相差不应大于 1V。

（3）模块信号：应无过流过压告警信号发出、无模块故障信号发出，模块与监控通信正常。

（4）交流电源：一路、二路交流充电电源正常，无缺相现象，两路电源并能自动切换，避雷器指示完好无损。

（5）监控器的检查：所有的整定值是否正确无误（特别是限流值、均充时间、均充电压、浮充电压）；显示及控制程序应正确；无监控器故障发出；监控器上显示的状态和数据与实际的状态和数据一致。

（6）运行方式：充电模块应处于对蓄电池浮充电状态。

（7）检查模块温度：模块风扇应正常运转，模块无过热现象。

（8）清洁：每半年应对模块的进风罩进行清尘一次，防止灰尘长期积累影响散热。内部清洁根据实际情况而定。

（9）表计的检查：充电电压、充电电流、控制电压、控制电流应准确、指示正常、表计完好。

（10）标示牌或标签：屏面、表计、指示灯及其他元件标签标牌应齐全、准确、完好、清洁，对不清楚的应进行更换。

（11）充电设备保险：直流输出熔断器及信号熔断器应完好，并对信号熔断器进行试验，应能正常报警；如遇熔断器熔断光字牌亮，不应盲目更换熔断器，以免扩大故障，而应检查出故障原因并尽快消除。

（12）检查备用充电设备：启用备用充电机，检查备用充电设备应能正常运行。

（13）检查高频开关电源模块的稳流精度、稳压精度、纹波系数是否合格，一年检查一次。

3. 馈电装置的巡视检查

（1）检查母线电压：母线电压的整定值为 220V，系统上限 242V，下限 198V；超过此值，直流屏上对应直流母线电压异常光字牌亮。

（2）绝缘监察装置：无告警信号发出或异常现象。

（3）检查绝缘情况：220V 直流系统绝缘电阻值应大于 25kΩ，直流系统各支路绝缘电阻值应大于 20kΩ。如有接地情况，应及时进行处理。处理方法应严格按照直流接地查找顺序和相关规程规定进行。

（4）模拟接地试验：用一只 10kΩ 电阻模拟接地，检查绝缘监察装置能否正常报警。微机型的装置应能正常报出相应的支路。可选未接负载的支路进行试验。每年一次。

（5）确认装置整定值：应查看装置整定参数，如绝缘监察装置不能正常报警时，应对本装置重新进行调试，对参数重新进行整定。

（6）检查直流负荷情况：检查直流负荷电流有无突增，如有应查明原因。

（7）检查馈电指示灯：所有馈电指示灯灯具应完好。

（8）检查馈电开关：所有馈电开关应完好，标签标牌应齐全、准确、完好、清洁，对不清楚的应进行更换。

（9）检查"馈电跳闸"信号回路：用备用馈电开关进行模拟跳闸试验，应正常发信号。

（10）参照直流系统主接线图检查运行方式：双路供电回路，每个回路只送一段馈电开关电源；另一段馈电开关作为备用，其指示灯用来监视环路电源是否正常，Ⅰ、Ⅱ段母联开关正常时应在"分位"。

（11）馈电母线的检查：母线接头处应无放电痕迹、过热、烧焦等异常现象。

（12）检查馈电开关上、下级配合：馈电开关上、下级配合大于 2 级。

（四）蓄电池的容量试验

（1）新投或大修新更换的阀控蓄电池组，第一年进行一次核对性放电，运行 1 年以后，每 2 年进行一次核对性放电，4 年以后应每年进行一次核对性放电。

1）发电厂或变电所只有一组蓄电池组，不能退出运行，也不能做全核对性放电，只允许用 I_{10} 电流放出其额定容量的 50%，在放电过程中，蓄电池组端电压不能低于 $2V \cdot N$。放电后，应立即用 I_{10} 进行恒流充电–恒压充电–浮充电运行，反复 2～3 次充放电后，可认为蓄电池组得到活化，容量得到恢复。

2）发电厂或变电所具有两组蓄电池组的，则一组运行，另一组断开负荷，进行全核对性放电，放电电流为 I_{10} 恒流。当单体电压终止电压为 1.8V 时，停止放电，放电过程记录蓄电池组端电压。如蓄电池第一次核对性放电就放出额定容量，则不再放电，充满容量后就可投入运行。若三次放充都达不到额定容量的 80%，可判该组蓄电池年限已到，并安排更换。阀控蓄电池电压偏差值及放电终止电压见表 Z09I3002Ⅲ–1。

表 Z09I3002Ⅲ−1   阀控蓄电池电压偏差值及放电终止电压对照

阀控密封铅酸蓄电池	标称电压（V）		
	2V	6V	12V
运行中的电压偏差值	±0.05	±0.15	±0.3
开路电压最大最小压差值	0.03	0.04	0.06
放电终止电压值	1.8	5.4（1.8×3）	10.8（1.8×6）

（2）新投或大修新更换的防酸蓄电池组，第一年每 6 个月进行一次核对性放电，运行 1 年以后，每 1～2 年进行一次核对性放电，6 年以后应每年进行一次核对性放电。

1）发电厂或变电所只有一组蓄电池组，不能退出运行，也不能做全核对性放电，只允许用 I_{10} 电流放出其额定容量的 50%，在放电过程中，单体蓄电池不能低于 1.9V。放电后，应立即用 I_{10} 进行恒流充电，当蓄电池组电压到达（2.3～2.33）V·N 时转为恒压充电，当充电电流下降到 $0.1I_{10}$ 时，因转为浮充电运行，反复几次充放电后，可认为蓄电池组得到活化，容量得到恢复。

2）发电厂或变电所具有两组蓄电池组的，则一组运行，另一组断开负荷，进行全核对性放电，放电电流为 I_{10} 恒流。当单体电压终止电压为 1.8V 时，停止放电，放电过程记录蓄电池组端电压，单体蓄电池端电压，电解液密度。如蓄电池第一次核对性放电就放出额定容量，则不再放电，充满容量后就可投入运行。若三次放充都达不到额定容量的 80%，可判该组蓄电池年限已到，并安排更换。

（3）镉镍蓄电池组长期运行在浮充的每年必须进行一次核对性放电。

1）发电厂或变电所只有一组蓄电池组，不能退出运行，也不能做全核对性放电，只允许用 I_5 电流放出其额定容量的 50%，在放电过程中，每隔 0.5h 记录蓄电池组端电压。当蓄电池组端电压下降到 1.17V·N 时，应停止放电，立即用 I_5 进行恒流充电，反复 2～3 次充放电后，可认为蓄电池组容量得到恢复。

2）发电厂或变电所具有两组蓄电池组的，则一组运行，另一组断开负荷，进行全核对性放电，放电电流为 I_5 恒流，终止电压为 1V·N，放电过程中每隔 0.5h 记录蓄电池组端电压，每隔 1h 记录单体蓄电池端电压。若三次放充都达不到额定容量的 80%，可判该组蓄电池年限已到，并安排更换。

（五）运行及注意事项

（1）正常运行时，直流充电柜上"Ⅰ路交流"或"Ⅱ路交流"红灯亮，"工作""上行通信""下行通信"信号灯亮，运行人员巡视设备时应检查液晶屏显示数据与屏上表计指示是否相符。

（2）控制母线电压应保持在 198～250V，合闸母线电压应保持在 200～280V（我们站控制母线及合闸母线是一条母线，未分开）；当母线电压过高或过低时，直流电源监控器会报警并显示相关信息内容。

（3）在两段直流母线分段运行时，严禁将Ⅰ、Ⅱ段直流母线的环形负荷同时合上，因为环形负荷同时给上时，将造成Ⅰ、Ⅱ段母线通过负荷而并联运行。正常运行时，Ⅰ段母线上所接馈线开关均合上。

（4）直流充电柜充电模块为风冷模块，必须保持模块的散热风道通畅。注意风扇的进口和出口处不能堵物。

【思考与练习】

1. 站用电交流系统的接线方式有哪些？

2. 站用电直流系统的配置有哪些？

3. 蓄电池的核对性放电周期是如何规定的？

模块2 站用交、直流系统的一般异常消缺处理（Z09I3001Ⅱ）

【模块描述】本模块包含站用交、直流系统的一般异常消缺处理内容；通过操作过程详细介绍、操作技能训练，达到掌握站用交、直流系统的一般异常消缺处理技能的目的。

【模块内容】

一、站用交流系统一般异常消缺处理

（一）站用电备用电源不能自投

故障原因分析、处理方法见表Z09I3001Ⅱ-1。

表 Z09I3001Ⅱ-1　　　　　故障原因分析、处理方法

序号	原因分析	处理方法
1	备用电源无压	合上备用电源
2	采样熔断器损坏	更换采样熔断器
3	电压采样继电器损坏	更换电压继电器
4	二次回路接线松动	检查二次回路并紧固

（二）电压表显示不正确

（1）检查交流采样线连接是否可靠，如果二次回路接线有松动，检查二次回路并紧固。

（2）检查熔断器是否正常，如果熔断器损坏应更换。

（3）检查电压切换开关是否正常，如果不正常应及时更换。

（三）案例

（1）某变电站采用两台站用变压器，梅兰日兰智能控制装置，单母运行的站用电交流电源屏，在正常运行时，所用 400V 交流系统自动切换装置无故瞬间失压多次，现场检查，进线电压正常，熔断器完好，进一步检查发现进线电压采样继电器上有接线松动，使交流断路器合闸线圈得电时有时无，导致电源自投入装置多次动作，后经过对接线紧固后恢复正常运行。

（2）某变电站采用两台站用变压器二段母线带分段的接线方式，正常运行时采用单台站用变压器供两端母线，在现场定期站用变切换试验时，出现了 2 号交流站用变柜站用电Ⅱ段交流断路器无法投入合闸。现场检查，进线电压正常，熔断器完好，接线也无异常，进一步检查，发现Ⅱ段交流进线电压继电器触点损坏，导致Ⅱ段交流断路器合闸线圈无法得电，无法投入合闸，更换进线电压继电器后恢复正常。

二、站用直流系统一般异常消缺处理

（一）交流电压显示不准确

充电柜交流输入正常，主监控器显示交流电压为 0V。

（1）检查交流采样线到采样盒的连接是否可靠，特别注意交流零线的连接。

（2）检查采样盒的工作电源是否正常，可重新插拔采样盒与主监控之间的连接线。

（二）直流电压测不到

充电柜充电模块输出正常，监控系统显示电压（合母、控母、电池）为 0V，此时应检查：

（1）检查接线是否正确，端子是否插到位。

（2）检查监控系统和直流采样盒通信是否正常。

（三）充电模块常见故障

故障原因分析、处理方法见表 Z09I3001Ⅱ-2。

表 Z09I3001Ⅱ-2　　　　故障原因分析、处理方法

序号	现象描述	原因分析	处理方法
1	模块无输出	电源未输入	检查输入电源
		输入过、欠压保护	检查输入电源电压
		输出过压保护	检查输出电压
		模块插头与屏柜插座接触不良	检查接插件
2	模块输出时有时无	过温保护	减轻负载或降低环境温度
			检查屏柜上的导风板安装是否适当

序号	现象描述	原因分析	处理方法
3	模块内散热风扇不转	负载轻或空载	状态正常
		风扇故障	更换风扇
4	模块故障灯亮	模块处于过温保护状态	按上述第2项处理
		模块处于输入保护状态	交流有过欠压、或缺相现象
		输出故障	输出过压或短路
		未开机	正常关机时故障灯应亮
		风扇故障	按上述第3项处理

（四）直流接地的查找和处理方法

（1）直流接地判别标准：220V 直流系统两极对地电压绝对值差超过 40V 或绝缘降低到 25kΩ以下，110V 直流系统两极对地电压绝对值差超过 20V 或绝缘降低到7kΩ以下，应视为直流系统接地。

（2）同一直流母线段出现同时两点接地时，应立即采取措施消除，避免由于直流同一母线两点接地，造成继电保护或开关误动故障。当出现直流系统一点接地时，应及时消除。

（3）在无法快速判别接地故障点时，应采用便携式绝缘检测设备进行探查。

（4）直流系统接地后，应立即查明原因，根据接地选线装置指示或当日工作情况、天气和直流系统绝缘状况，找出接地故障点，并尽快消除。

（5）使用拉路法查找直流接地时，至少应由两人进行。

（6）拉路查找应遵循"先次要后重要，先户外后户内"的原则进行，一般按照事故照明、辅助设施、信号回路、保护及控制回路、整流装置和蓄电池回路，对于 TV 并列装置等重要工作电源严禁拉路。

（7）凡涉及继电保护及自动装置的直流电源回路在拉路前应征得调度同意，停用相应保护装置并做好安全措施后执行。

（五）案例

（1）某变电站直流系统采用艾默生的充电模块和直流监控装置，N+1 的模块配置，单组 18 节 SPRING100AH 蓄电池组，正常运行中，直流屏直流监控装置发"充电模块故障""控母欠压"信号，现场检查发现直流监控装置上显示控母电压为197V，实际在控母上测量为223V，采样熔断器正常，二次接线紧固，进一步检查发现直流采样模块采样不准，更换直流采样模块（PFU-3）后，恢复正常。

（2）某变电站直流系统采用艾默生的充电模块和直流监控装置，N+1 的模块配置，单组 18 节马拉松 100AH 蓄电池组，正常运行中，直流屏直流监控装置发"电池组单体电压超限"、后台机发"电池仪故障单体电池异常"，现场检查发现直流屏直流监控装置 14 号、15 号蓄电池单节显示为 12.3V，用万用表在 14 号、15 号蓄电池测量端电压均为 13.5V 正常，检查发现蓄电池采样熔断器熔断，更换蓄电池采样熔断器后仍未恢复，进一步检查发现电池采样模块变送不正常，更换电池采样模块后回复正常。

【思考与练习】

1. 站用电备用电源不能自投的原因？
2. 直流充电模块故障灯亮的原因？
3. 直流电压表显示不正常的原因？

第三十四章

变电运行相关规程及制度

◢ 模块 1 各级安全规程（Z09B8001 Ⅰ）

【模块描述】本模块介绍保证电力安全生产的各种规定、要求、方法和措施。通过对国家电网有限公司电力安全工作规程的学习，掌握电力安全生产的各种规定、要求、方法和措施。

【模块正文】

为了便于变电运维人员学习、了解和运用《国家电网公司电力安全工作规程（变电部分）》，本模块对该规程进行整理归纳，但不做规程条文解释，具体内容参见国家电网公司《国家电网公司电力安全工作规程（变电部分）》原文。

一、总则

本章主要介绍了制定本规程的原则和本规程制定的依据，明确了作业现场、作业人员的基本条件、教育和培训要求、违反《安规》时应采取的措施、试验和推广新技术、新工艺、新设备、新材料的要求、电气设备的高压和低压的定义以及本规程的适用范围等。

二、高压设备工作的基本条件

本章从一般安全要求、高压设备的巡视、倒闸操作、高压设备上工作等四个方面详细规定了在高压设备上工作的基本条件。

三、保证安全的组织措施

本章首先介绍了电气设备上安全工作的组织措施应包含的条款，然后分别阐述了现场勘查制度、工作票制度、工作许可制度、工作监护制度、工作间断、转移和终结制度等各个条款具体操作范围和要求。

四、保证安全的技术措施

本章就保证安全的技术措施［停电、验电、接地、悬挂标示牌和装设遮栏（围栏）］做了明确的规定和要求。

五、线路作业时变电站和发电厂的安全措施

本章规定了线路作业时停、送电的具体要求。

六、带电作业

本章主要规定了带电作业的范围、条件和一般安全技术措施，并就等电位作业、带电断、接引线、带电短接设备、带电水冲洗、带电清扫机械作业、感应电压防护、高架绝缘斗臂车作业、保护间隙、带电检测绝缘子、低压带电作业、带电作业工具的保管、使用和试验等十一个方面进行了详细的规定和要求。

七、发电机、同期调相机和高压电动机的检修、维护工作

本章主要对在发电机、同期调相机和高压电动机所进行的检修、维护工作中工作票的办理、所采取的措施等进行了规定。

八、在六氟化硫（SF_6）电气设备上的工作

本章对装有 SF_6 电气设备的场所防止对人员伤害必须采取的措施、工作人员在 SF_6 电气设备上工作应注意的事项进行了规定。

九、在低压配电装置和低压导线上的工作

本章对在低压配电装置的低压导线上的工作应填用的工作票、安全措施和注意事项进行了规定。

十、二次系统上的工作

本章对在继电保护、安全自动装置、仪表、通信系统以及自动化等二次系统上工作，根据现场工作的不同情况应采用第一、二种工作票以及二次工作安全措施票办理进行了规定，并对遇到异常情况的处理、工作前的准备、带电互感器二次回路工作应采取的措施、工作结束进行了规定。

十一、电气试验

本章对高压试验应采用的工作票、试验负责人要求、试验现场措施的布置以及试验过程中、变更试验接线、试验结束后的基本要求进行了规定，并分别就使用携带型仪器测量工作、使用钳形电流表的测量工作以及使用绝缘电阻表测量绝缘的工作应填用的工作票、安全措施和注意事项进行了规定。同时规定了直流换流阀厅内的试验工作要求。

十二、电力电缆工作

本章对电力电缆工作应填用的第一种和第二种工作票范围、电力电缆资料等的基本要求进行了规定，并对电力电缆进行施工、运行巡视、试验等作业时的安全措施进行了详细规定。

十三、一般安全措施

本章主要对进入生产现场人员的安全措施，工作场所照明和事故照明要求，在户

外变电站和高压室使用和搬动梯子、管子要求及所采取的措施进行了规定，并对电气设备着火处理原则、各类工具使用以及焊接、切割工作要求和动火工作票的办理、管理级别划定及职责进行了规定。

十四、起重与运输

本章主要对起重与运输设备使用时的一般安全注意事项，各式起重机、起重工器具、人工搬运的基本要求及所应采取的措施进行了规定。

十五、高处作业

本章主要对高处作业的定义、作业安全带系挂原则及注意事项进行了要求，并对使用梯子和在阀厅的工作要求及所采取的措施进行了规定。

十六、附录

本章通过给出附录 A～附录 Q，具体是变电站（发电厂）倒闸操作票格式、变电站（发电厂）第一种工作票格式、电力电缆第一种工作票格式、变电站（发电厂）第二种工作票格式、电力电缆第二种工作票格式、变电站（发电厂）带电作业工作票格式、变电站（发电厂）事故应急抢修单格式、二次工作安全措施票格式、标示牌式样、绝缘安全工器具试验项目、周期和要求、带电作业高架绝缘斗臂车电气试验标准表、登高工器具试验标准表、常用起重设备检查和试验的周期及要求、变电站一级动火工作票格式、变电站二级动火工作票格式、动火管理级别的划定、紧急救护法等《安规》涉及内容的执行格式进行了规范和统一。

【思考与练习】

1. 《国家电网公司电力安全工作规程》中规定的作业现场的基本条件有哪些？
2. 发现有违反《安规》的情况，应该怎么办？
3. 对作业人员的《安规》考试应多长时间进行一次？
4. 运用中的电气设备指的是什么？

参 考 文 献

[1] 张全元. 变电站现场事故处理及典型案例分析（一）[M]. 北京：中国电力出版社，2008.

[2] 张全元. 变电运行现场技术问答（第三版）[M]. 北京：中国电力出版社，2016.

[3] 廖自强，余正海. 变电运行事故分析及处理 [M]. 北京：中国电力出版社，2004.

[4] 张红艳. 变电运行（220kV）（上、下册）. 北京：中国电力出版社，2010.

[5] 马振良，吕惠成，焦日升. 10～500kV 变电站事故预想与事故处理 [M]. 北京：中国电力出版社，2006.

[6] 陈家斌. 变电运行与管理技术 [M]. 北京：中国电力出版社，2004.

[7] 万千云，梁惠盈，齐立新，万英. 电力系统运行实用技术问答（第二版）[M]. 北京：中国电力出版社，2005.

[8] 天津电力公司. 变电运行现场操作技术 [M]. 北京：中国电力出版社，2004.

[9] 上海超高压输变电公司. 变电运行操作技能必读 [M]. 北京：中国电力出版社，2001.

[10] 国家电力调度通信中心. 电网典型事故分析（1999～2007 年）[M]. 北京：中国电力出版社，2008.

[11] 刘万顺，黄少锋，徐玉琴. 电力系统故障分析（第三版）[M]. 北京：中国电力出版社，2010.

[12] 王树声. 变电检修. 北京：中国电力出版社，2010.